2.1 Umweltanalyse
2.5 Stakeholderanalyse

1.7 Unternehmenskulturanalyse
1.8 Kernkompetenzanalyse
1.9 Reifegradmodelle
1.10 7-S-Modell
1.16 Stärken-Schwächen-Analyse
3.1 SWOT-Analyse
5.1 SWOT-Normstrategien

4.4 Leitbild (Vision, Mission, Kernwerte)
5.4 Szenariotechnik
5.9 Geschäftsmodellentwicklung

1.5 Kostenstrukturanalyse
5.7 Break-even-Analyse
7.2 Case Study Technologieeinsatzplanung

1.4 Erfahrungskurvenanalyse
1.9 Reifegradmodelle
1.11 Ursache-Wirkungs-Analyse (Ishikawa)
1.12 Wertkettenanalyse
7.1 Case Study Logistikoptimierung

5.3 Scoring-Modelle
5.5 Gap-Analyse
5.6 Balanced Scorecard

1.2 XYZ-Analyse
1.3 Lebenszyklusanalyse
2.4 Substitutionsanalyse

1.15 Weitere Portfolioanalysen
5.2 Portfolio-Normstrategien

1.1 ABC-Analyse
2.2 Zielgruppenanalyse

1.6 Zufriedenheitsanalyse
5.8 Quality Function Deployment

1.13 Marktwachstum-Marktanteils-Portfolioanalyse
1.14 Marktattraktivität-Wettbewerbsstärken-Portfolioanalyse
2.7 Branchenstrukturanalyse

kteure

2.3 Konkurrenzanalyse
2.6 Benchmarking
4.3 Marktpositionierung nach Treacy und Wiersema

nteraktion

4.1 Marktfeldstrategien nach Ansoff
4.2 Wettbewerbsstrategien nach Porter

Asum/Kerth/Klein/Wohlert

Die besten Strategietools in der Praxis

Asum/Kerth/Klein/Wohlert

DIE BESTEN STRATEGIETOOLS IN DER PRAXIS

Welche Werkzeuge brauche ich wann?

Wie wende ich sie an?

Wo liegen die Grenzen?

7., überarbeitete und erweiterte Auflage

HANSER

MIX
Papier aus verantwortungsvollen Quellen
FSC® C016439

ISBN: 978-3-446-47420-8

E-Book-ISBN: 978-3-446-47467-3

Bibliografische Information der Deutschen Nationalbibliothek:

Die Deutsche Nationalbibliothek verzeichnet diese Publikation in der Deutschen Nationalbibliografie; detaillierte bibliografische Daten sind im Internet unter http://dnb.d-nb.de abrufbar.

www.hanser-fachbuch.de

Lektorat: Lisa Hoffmann-Bäuml

Herstellung: Carolin Benedix

Umschlaggestaltung: Max Kostopoulos

Titelmotiv: © stock.adobe.com/eyewave

Druck und Bindung: Hubert & Co – eine Marke der Esser bookSolutions GmbH, Göttingen

Satz: Eberl & Koesel Studio, Kempten

Printed in Germany

Vorwort

Strategietools in der Praxis erscheint nun in 7. Auflage und die Nachfrage ist ungebrochen. Die überarbeitete und erweiterte Auflage fasst sämtliche relevante Strategieinstrumente in einem Buch zusammen und liefert somit ein obligatorisches Standardwerk für alle Praktiker, wie auch für Studenten und Wissenschaftler. Neu hinzugekommen sind die Themen Geschäftsmodellentwicklung sowie agiles Projektmanagement.

Das Werk umfasst somit eine praxisorientierte „Toolbox", als Werkzeugkiste zur Verbesserung von Prozessen, Lösung von Herausforderungen und Beantwortung strategischer Fragestellungen. Die vorgestellten Werkzeuge ermöglichen ein effizientes und effektives Handeln in einer sich schnell verändernden Unternehmensumwelt und liefern so die Basis für die langfristige Wettbewerbs- und Innovationsfähigkeit von Unternehmen.

Der Praxisbezug der Tools wird dabei durch die Autorenschaft, bestehend aus hochrangigen Experten aus namhaften Unternehmen und Institutionen, gewährleistet. Die Ergänzung durch renommierte Wissenschaftler schafft die ideale Kombination aus Theorie und Praxis!

Der Wegweiser, konkrete Beispiele aus der Praxis und Leitfragestellungen ermöglichen ein gezieltes und einfaches Handling sowie ein leichtes Verständnis der Instrumente. Die Anwendbarkeit in der Praxis stand dabei immer im Vordergrund und wird durch eine Vielzahl von Anwendungshilfen, die als Vorlagen zum Download zur Verfügung stehen, unterstrichen.

Durch die konsequente Anwendungsorientierung ermöglicht das Buch die zielführende Auseinandersetzung mit strategischen Fragestellungen sowie die effiziente und effektive Umsetzung in der Praxis. Die vielen positiven Rezensionen und Feedbacks aus der Wissenschaft bestätigen die Anwendbarkeit gleichermaßen auch in der praxisorientierten Forschung & Lehre.

Die kritische Diskussion der Inhalte mit Praktikern und Wissenschaftlern garantiert die wissenschaftliche Korrektheit und praxisnahe Anwendbarkeit der Tools gleichermaßen. Dabei wurden sowohl Originalquellen als auch Veröffentlichungen zu diesen Themen gesichtet und eingearbeitet. Für die vertiefende Beschäftigung mit den jeweiligen Strategietools stehen Ihnen für jedes Kapitel Literaturhinweise zur Verfügung, so dass Sie an geeigneter Stelle weitere Informationen erhalten können.

Wir danken auf diesem Wege noch einmal unserem Industriebeirat für die freundliche Unterstützung bei der Validierung und Aktualisierung der Praxisbeispiele. Auf der nächsten Seite ist der Beirat aus Unternehmensexperten in alphabetischer Reihenfolge aufgeführt.

Wir wünschen Ihnen viel Spaß und Erfolg beim Erarbeiten und Umsetzen Ihrer Strategie!

Herbst 2023 — Heiko Asum, Klaus Kerth, Jürgen Klein, Marleen J. Wohlert

Der Beirat

Andreas Biermeier
Geschäftsführer
Zentis Logistik Service GmbH
Praxisbeispiel: ABC-Analyse (siehe Kapitel 1.1)

Dr. David Frink
Vorstand
Gerry Weber International AG
Praxisbeispiel: Break-even-Analyse (siehe Kapitel 5.7)

Raimo Hübner
Vorstand
GPM Deutsche Gesellschaft für Projektmanagement e.V.
Praxisbeispiel: Projektmanagement (siehe Kapitel 7.4)

Ingo Kufferath
Vorstand
GKD - Gebr. Kufferath AG
Praxisbeispiel: Marktwachstum-Marktanteils-Portfolio (siehe Kapitel 1.13)

Hans-Joachim Molka
Geschäftsführer
Römheld GmbH
Praxisbeispiel: Scoring-Modelle (siehe Kapitel 5.3)

Horst Robertz
Geschäftsführer
Dr. Babor GmbH & Co. KG
Praxisbeispiel: XYZ-Analyse (siehe Kapitel 1.2)

Prof. Dr.-Ing. Carl-Dieter Wuppermann
Beratender Ingenieur
cdwuppermann innovation & strategy CDWIS
Praxisbeispiel: Ursache-Wirkungs-Analyse (Ishikawa, siehe Kapitel 1.11)

Einleitung

Die Veränderungsgeschwindigkeit und -intensität, der Unternehmen heute weltweit begegnen, nehmen rasant zu.

Das vorliegende Buch erläutert deshalb ca. 40 etablierte Strategieinstrumente, die sich in der Praxis durchgesetzt haben und zum Handwerk eines jeden Unternehmens gehören, um effizient Entscheidungen vorzubereiten.

Die mit dem Veränderungsbedarf einhergehenden Transformationen sind umfassende und komplexe Vorhaben. Um die Um- oder Neugestaltung bestehender Strukturen und Verhaltensweisen erfolgreich zu bewältigen, muss das Management dazu befähigt werden, eine Kombination aus sach- und verhaltensbezogenen Veränderungsmaßnahmen umzusetzen.

Die vorliegende Ausgabe setzt an diesem Punkt an und ergänzt die umfassende Sammlung von Methoden und Instrumenten des strategischen Managements durch ein Kapitel zum Management von umfassenden Veränderungsprozessen.

Der **Aufbau des Buches** orientiert sich an dem Strategieprozess, wie er in Unternehmen tagtäglich intuitiv oder bewusst als Rahmen für Analysen, Strategieentwicklungen und -umsetzungen dient. Sämtliche Strategieinstrumente des Buches sind diesem Prozess logisch zugeordnet und werden in entsprechendem Gedankenfluss vorgestellt. Dennoch ist das Buch auch oder gerade als Nachschlagewerk hervorragend geeignet, da die einzelnen Kapitel zwar in sachlogischer Reihenfolge positioniert sind, aber nicht zwingend inhaltlich aufeinander aufbauen und somit isoliert nachvollzogen werden können, wobei notwendige Verknüpfungen grundsätzlich beschrieben sind.

Der Inhalt ist bewusst unabhängig gewählt – sowohl von Branchen, Produkten und Funktionen als auch von aktuellen Trends bzw. Zyklen. Daher sind die Inhalte allgemein gültig und können auf die individuelle Branche und insbesondere das Unternehmen angepasst werden. Als Anwendungshilfen dienen Ihnen verschiedene Instrumente, welche die praktische Arbeit vereinfachen und den Spaß an dem Buch noch weiter steigern sollen:

Die Kapitel sind für eine bessere **Orientierung** inhaltlich gleich strukturiert. So finden Sie in jedem Kapitel die gleiche Untergliederung. **Leitfragen** zu Beginn eines jeden Kapitels verschaffen auch Lesern ohne Fachkenntnisse einen Eindruck von dem Zweck und dem Anwendungsgebiet des Instruments. Innerhalb der Kapitel tauchen vier Typen von **Informationskästchen am Seitenrand** auf, wenn einzelne Themenbereiche besonders wissenswert erscheinen. **Dabei wird zwischen „Merke", „Checkliste", „Tipp" und „Beachte" unterschieden:**

MERKE:
Das Merke-Kästchen fasst wichtige Punkte zusammen.

BEACHTE:
Das Beachte-Kästchen verweist auf kritische Bereiche und mögliche Missverständnisse.

TIPP:
Das Tipp-Kästchen zeigt Hinweise, die das Arbeiten erleichtern.

CHECKLISTE:
Das Checklisten-Kästchen stellt die zu bearbeitenden Schritte dar.

Als Leitfaden dient der **Wegweiser**, der jedes Kapitel einleitet. Er beschreibt den Strategieprozess mit den einzelnen Teilabschnitten. Die Leitfragen weisen Ihnen den genauen Weg, der für Ihr spezifisches Problem zu wählen ist. Zusätzlich gibt es einen Leitfragenkatalog, der sämtliche Leitfragen aller Kapitel umfasst. Er stellt einen Überblick über mögliche Problemstellungen dar und dient somit als ergänzendes Inhaltsverzeichnis aus problemorientierter Perspektive.

Die siebte Auflage wurde in Kapitel 5 „Strategische Planung" um die Geschäftsmodellentwicklung ergänzt. Außerdem sind in den Umsetzungsmethoden in Kapitel 7 nun Agile Projektmanagementmethoden zu finden, dabei werden die am häufigsten genutzten agilen Methoden „Scrum" und „Kanban" vorgestellt.

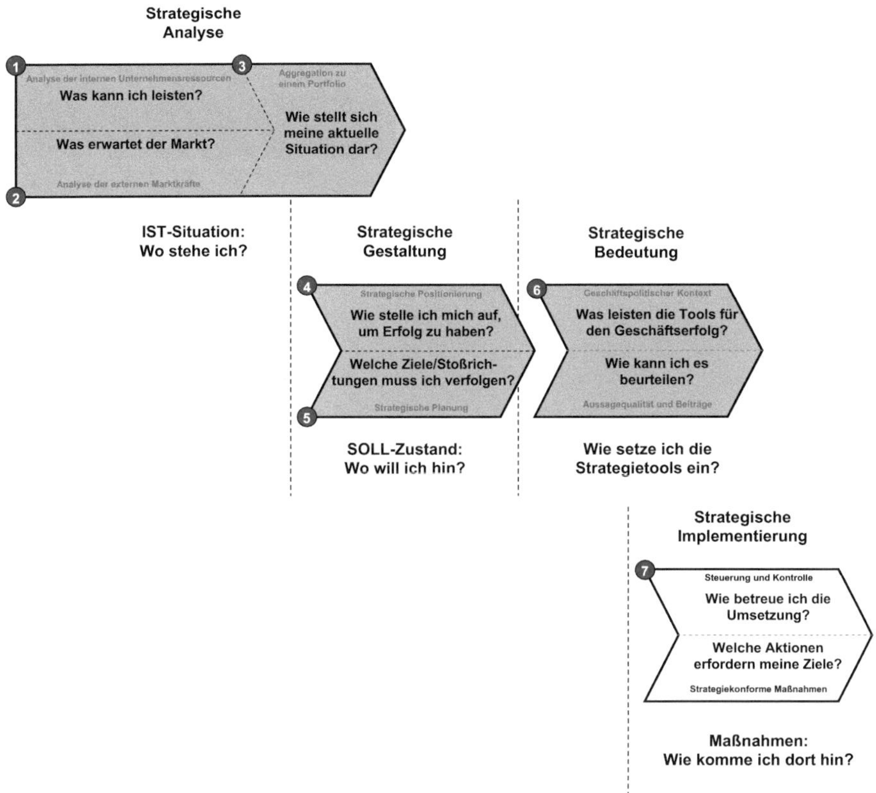

Ergänzend haben wir einen **Entscheidungsbaum** konstruiert, der Sie bei Bedarf auf den Leitfragen basierend stufenweise zu dem passenden Instrument leitet. Dieser hat keinen Anspruch auf Vollständigkeit und dient nur als grobe Orientierungshilfe. Selbstverständlich wurde ein Stichwortverzeichnis eingerichtet, damit die Funktion des Nachschlagewerks voll ausgenutzt werden kann.

Als besondere Beigabe erhalten Sie zum Download auf *www.plus.hanser-fachbuch.de* eine Toolbox mit definierten und leeren Vorlagen für sämtliche Instrumente. In den Kapiteln wird an entsprechender Stelle auf die jeweiligen Vorlagen verwiesen.

Ziel ist, dass Sie unkompliziert und schnell Vorlagen und Grafiken in Ihre Arbeit integrieren und auf diese Weise noch besser die Instrumente anwenden und umsetzen können.

Zur besseren Lesbarkeit wird in dem Buch das generische Maskulinum verwendet. Die in dem Buch verwendeten Personenbezeichnungen beziehen sich auf alle Geschlechter.

Inhalt

Leitfragenkatalog

Im Folgenden sind sämtliche Leitfragen aufgelistet, auf welche die einzelnen Strategieinstrumente in diesem Buch Bezug nehmen, wobei hierbei die Abfolge und Strukturierung des Buchinhalts eingehalten wird. Die Leitfragen sind hinreichend allgemein formuliert, so dass sich konkrete Fragestellungen zuordnen lassen.

Nehmen Sie sich die Zeit, den Fragenkatalog zu lesen und priorisieren Sie für sich die Themenkomplexe, in welchen Sie sich mit Ihren individuellen, unternehmerischen Herausforderungen wieder finden. Betrachten Sie dabei die Leitfragen auch im Kontext des allgemeinen, diesem Buch als Struktur dienenden Strategieprozesses, der auch dem *Wegweiser* zu Grunde gelegt ist. Auf diese Weise bietet das Buch den direkten Einstieg zum **richtigen Strategietool** für die praktische Anwendung.

ANALYSE DER INTERNEN UNTERNEHMENSRESSOURCEN

Was kann ich leisten?

Was können wir gut/was können wir nicht?

1.1 ABC-Analyse

- Wie bzw. in welchen Bereichen sollte ich meine Prioritäten setzen?
- Welche Bereiche sind besonders wichtig für mich?
- Was kann ich unter Umständen auch vernachlässigen?
- Wo sind die größten Erfolgshebel?

1.2 XYZ-Analyse

- Welche Regelmäßigkeit weist der Artikelverbrauch auf?
- Wie gut können Artikelbedarfe vorhergesagt werden?
- Wie planbar sind die Artikelgruppen?

1.3 Lebenszyklusanalyse

- Wie viel Potenzial steckt in meinem Produkt?
- Wann muss ich es erneuern?
- Wann muss ich wie stark werben?
- Welchen Absatz kann ich wann erwarten?

1.4 Erfahrungskurvenanalyse

- Wie viel Erfahrung haben wir aufgebaut?
- Wie wirkt sich unsere Routine aus?
- Welche Ausbringungsmenge, welcher Marktanteil ist nötig, um die Stückkosten wesentlich zu verringern?

1.5 Kostenstrukturanalyse

- Wie gliedern sich unsere Kosten auf?
- In welchen Bereichen liegen die Trends der Kostenveränderungen?
- Welche Möglichkeiten zur Kostensenkung haben wir?

1.6 Zufriedenheitsanalyse

- Wie zufrieden sind Kunden und Mitarbeiter?
- Welches sind die wichtigsten Merkmale, um die Zufriedenheit dieser Gruppen zu gewährleisten?
- Wie werden wir von Kunden und Mitarbeitern wahrgenommen?
- Welche Bereiche weisen bezüglich der Zufriedenheit noch Schwachstellen auf?
- In welche Maßnahmen müssten wir investieren, um die Zufriedenheit bei Kunden und Mitarbeitern zu steigern?

1.7 Unternehmenskulturanalyse

- Inwieweit stimmen die gelebten Werte und Normen mit unserem Leitbild überein?
- Fördert die Unternehmenskultur unseren Erfolg oder behindert sie ihn?
- Was können wir tun, damit wir die Unternehmenskultur für unseren Erfolg nutzen?

1.8 Kernkompetenzanalyse

- Welche Fähigkeiten sind für den Erfolg der Vergangenheit verantwortlich?
- Welche dieser Fähigkeiten können wir ausbauen, um auch in Zukunft erfolgreich zu sein?

1.9 Reifegradmodelle

- Wie „gut“ ist meine Arbeit?
- Wo sind Ansatzpunkte für Verbesserungen?
- Welche Maßnahmen muss ich zuerst ergreifen, um meine Potenziale zu nutzen?

1.10 7-S-Modell

- Was sind die wichtigsten Erfolgsfaktoren in einer effektiven Organisation?
- In welcher Beziehung stehen die jeweiligen Erfolgsfaktoren zueinander?
- Wie können wir unsere Strategie mit den anderen Erfolgsfaktoren abstimmen?

1.11 Ursache-Wirkungs-Analyse (Ishikawa-Diagramm)

- Welche Ursache hat ein abgrenzbares Phänomen oder betriebliches Problem?
- Was sind die Hauptursachen, was die Nebenursachen?
- Wie ist die Zusammenarbeit verschiedener Verantwortungsbereiche im Unternehmen zu fördern?

1.12 Wertkettenanalyse

- Wie viel wird durch welche Aktivitäten verdient?
- Welche Bereiche sollte ich stärken?
- Was sind Schlüsselfaktoren für die eigenen Erträge?
- Wo stehe ich wie zur Konkurrenz?

1.13 Marktwachstum-Marktanteils-Portfolioanalyse (BCG)

- Wie erfolgversprechend ist das eigene Geschäftsportfolio am Markt positioniert?
- Wie sollen Investitionen auf die einzelnen, bestehenden Produkt-Markt-Segmente verteilt werden?
- Wie entscheide ich über die Aufnahme ergänzender Produkt-Markt-Segmente?

1.14 Marktattraktivität-Wettbewerbsstärken-Portfolioanalyse (McKinsey)

- Wie erfolgversprechend ist das eigene Geschäftsportfolio am Markt positioniert?
- Wie sollen Investitionen auf die einzelnen, bestehenden Produkt-Markt-Segmente verteilt werden?
- Wie entscheide ich über die Aufnahme ergänzender Produkt-Markt-Segmente?

1.15 Weitere Portfolioanalysen

- Wie lassen sich mehrdimensionale Einflüsse übersichtlich darstellen und interpretieren?
- Wie können grundverschiedene Objekte in einem einheitlichen Analyseraster miteinander verglichen werden?

1.16 Stärken- und Schwächenanalyse

- Was sind meine Stärken?
- Was sind meine Schwächen?
- Wo liege ich diesbezüglich gegenüber meinen Wettbewerbern?
- Wo muss ich mich verbessern?

ANALYSE DER EXTERNEN MARKTKRÄFTE

Was erwartet der Markt?

Was wollen unsere Kunden?

Auf was müssen wir uns einstellen?

2.1 Umweltanalyse

- Welche externen Faktoren beeinflussen unser Geschäft?
- Wie entwickeln sich die Trends?
- Wie können wir die Tendenzen für uns sicht- und nutzbar machen?

2.2 Zielgruppenanalyse

- Wer sind unsere Kunden?
- Welche Kundentypen wollen wir für unser Produkt gewinnen?
- Wen wollen wir mit unseren Marketingaktivitäten erreichen?

2.3 Konkurrenzanalyse

- Wer sind unsere Wettbewerber?
- Welcher Konkurrent bewegt sich wo auf dem Markt/in welchem Marktsegment?
- Wie sieht sein Produktportfolio aus?
- Welche Stärken und Schwächen haben die Wettbewerber?

2.4 Substitutionsanalyse

- Wie können wir damit umgehen, dass ständig neue Entwicklungen und Technologien aufkommen?
- Was können wir tun, um unser Sortiment trotz Trends zeitgemäß zu halten?

2.5 Stakeholderanalyse

- Welches sind die wichtigsten Spieler für den Erfolg unseres Unternehmens?
- Wie stark schätzen wir die Einflussnahme des Stakeholders auf uner Unternehmen?
- Wo liegen Risikopotenziale?
- Welche Chancen ergeben sich für uns?

2.6 Benchmarking

- Was können wir tun, um zu den Besten zu gehören?
- Wie können wir den Bedarf und die Ziele festlegen, um zum Weltklassestandard aufzuschließen?
- Wie können wir einzelne Unternehmensprozesse auf Verbesserungspotenziale untersuchen?
- Wie können wir unsere Verbesserungsmaßnahmen überprüfen?

2.7 Branchenstrukturanalyse

- Wie wird sich unsere Branche entwickeln?
- Welche Einflussfaktoren bestimmen den Wettbewerb?
- Welche Schritte werden unsere Konkurrenten unternehmen und wie können wir darauf reagieren?
- Wie kann unser Unternehmen langfristig wettbewerbsfähig bleiben?

AGGREGATION ZU EINEM SWOT-PORTFOLIO

Wo stehe ich?

Wie stellt sich meine aktuelle Situation dar?

3 SWOT-Analyse

- Welche Informationen müssen bei der Strategieentwicklung beachtet werden?
- Wie kann eine unternehmerische Ausgangssituation erfasst werden?
- Wie können verschiede Analysen zu einem Gesamtüberblick zusammengefasst werden?

STRATEGISCHE POSITIONIERUNG

Wie stelle ich mich auf, um Erfolg zu haben?

4.1 Marktfeldstrategien nach Ansoff

- Welche verschiedenen Wachstumsstrategien bieten sich mir?
- Wie erfolgt die Auswahl?
- Wie plane ich die Ausweitung des Leistungsangebots?

4.2 Wettbewerbsstrategien nach Porter

- Wie profiliert man sich am Markt?
- Welchen Fokus soll man setzen?
- Worauf müssen sich die Prozesse konzentrieren, was sollten die Kernprozesse sein?

4.3 Marktpositionierung nach Treacy und Wiersema

- Wie gelangt man zur Marktführerschaft?
- Welche strategischen Optionen bieten sich an?
- Wie muss die Organisation für unterschiedliche Strategietypen angepasst werden?
- In welchen Bereichen müssen wir die Besten sein?

4.4 Leitbild (Vision, Mission, Kernwerte)

- Wie sehen wir unser Unternehmen, wie ist unser Selbstverständnis?
- Welche Werte verfolgen wir in unserer Arbeit?
- Was ist der Sinn unserer Arbeit, was ist die Aufgabe?
- Wie soll das Unternehmen langfristig aufgestellt sein, wo sehen wir Schwerpunkte?

STRATEGISCHE PLANUNG

Welche Ziele/Stoßrichtungen muss ich verfolgen? Wie wähle ich Maßnahmen aus?

5.1 SWOT-Normstrategien

- Welche Handlungsoptionen stehen mir offen?
- Welche strategischen Optionen bieten sich mir aufgrund meiner momentanen Lage?
- Wie setze ich meine Stärken richtig ein?

5.2 Portfolio-Normstrategien

- In welche Geschäftseinheiten sollte investiert werden?
- Wie sollten die Unternehmensressourcen sinnvoll auf das Leistungsspektrum verteilt werden?
- Welche strategischen Optionen ergeben einzelne Geschäftseinheiten?

5.3 Scoring-Modelle

- Wie soll zwischen verschiedenen Optionen ausgewählt werden?
- Mit welcher Option erzielt man den höchsten Nutzen?
- Welche Optionen bieten welche Vorteile?

5.4 Szenariotechnik

- Wie kann ich die Einflussfaktoren meines Geschäfts besser einschätzen?
- Wie kann ich ohne präzise Vorhersagen Handlungsalternativen konstruieren, damit ich schnell reagieren kann?

5.5 Gap-Analyse

- Erreichen wir unser Ziel, wenn wir so weitermachen wie bisher?
- Worin bestehen die Lücken zur festgelegten Strategie?
- Welche Maßnahmen bieten sich an, um die strategischen Zielwerte zu erreichen?

5.6 Balanced Scorecard

- Wie können wir die entwickelte Strategie in den Arbeitsalltag integrieren und umsetzen?
- Wie können wir Prozesse und Projekte unter Berücksichtigung der Strategie steuern?
- Wie können wir unseren Mitarbeitern die Strategie näher bringen?
- Wie können wir den Überblick über den Erfolg unserer Maßnahmen behalten?

5.7 Break-even-Analyse

- Ab wann rechnet sich eine Investition?
- Wie entwickeln sich Ein- und Auszahlungen bezogen auf eine konkrete Investition?
- Wann wird die Gewinnzone erreicht?

5.8 Quality Function Deployment (QFD)

- Welche Produktmerkmale wünscht der Kunde?
- Welche Kundenanforderungen können am besten mit den Produktmerkmalen umgesetzt werden?
- Wie erreiche ich den höchsten Erfüllungsgrad an Kundenwünschen?

5.9 Geschäftsmodellentwicklung

- Wie kann ich ein bestehendes bzw. neues Geschäftsmodell überprüfen bzw. entwickeln?
- Welche Schlüsselfaktoren gilt es im Rahmen der Geschäftsmodellentwicklung zu berücksichtigen?
- Wie verdiene ich auf Basis meines Geschäftsmodells Geld?

7.1 Case Study Logistikoptimierung

- Wie lassen sich effiziente Logistikprozesse gestalten?
- Mit welchen Mitteln kann die Bedarfsvorhersage verbessert werden?
- Wie können Bestände gesenkt und kann der Lieferservice trotzdem erfüllt werden?
- Wie lassen sich Beschaffungsprozesse standardisieren und Prozesskosten senken?

7.2 Case Study Planung und Bewertung des effizienten Technologieeinsatzes

- Wie kann der Technologieeinsatz anwendungsfallspezifisch und mit vertretbarem Aufwand geplant werden?
- Wie können die Nutzenpotenziale einer Investitionsentscheidung monetär bewertet werden?
- Durch welche Methoden lässt sich die Unsicherheit der Entscheidungsvorlage verbessern?
- Wie kann die Wirtschaftlichkeitsbewertung von Projekten transparent und belastbar durchgeführt werden?

1 Analyse der internen Unternehmensressourcen

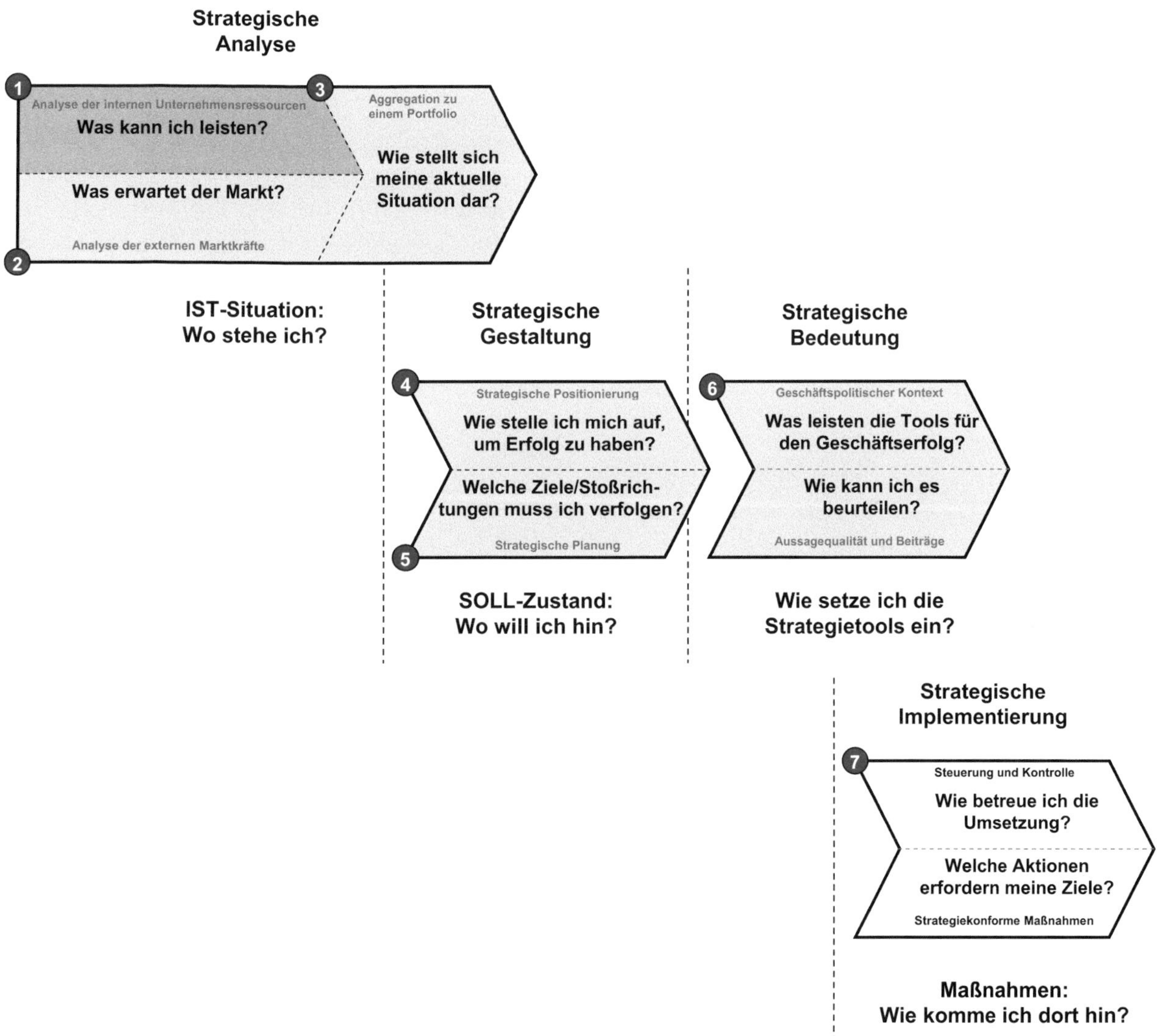

1.1 ABC-Analyse

LEITFRAGEN: Wie bzw. in welchen Bereichen sollte ich meine Prioritäten setzen?
- Welche Bereiche sind besonders wichtig für mich?
- Was kann ich unter Umständen auch vernachlässigen?
- Wo sind die größten Erfolgshebel?

1.1.1 Zielsetzung und Anwendungsgebiet

Die ABC-Analyse ist ein Instrument zum Vorbereiten und Erleichtern von Entscheidungen. Ziel ist es, das Augenmerk des Managements auf die Unternehmensbereiche zu richten, die die höchste wirtschaftliche Bedeutung haben. Entsprechend dem Verhältnis von Mitteleinsatz (Menge) und Zielerreichung (Wert) wird eine Unterteilung in drei Klassen (A, B, C) vorgenommen, welche im Ergebnis eine Aussage darüber treffen, wie die Bereiche zu priorisieren sind. Es wird demnach untersucht, ob ein bestimmter Mitteleinsatz von besonderer Relevanz für das Ergebnis ist.

MERKE: ABC-Analysen basieren auf Ist-Daten. Die Ableitung von Maßnahmen bedingt zusätzlich Soll-Daten.

Mit der ABC-Analyse können beispielsweise in der Materialwirtschaft Teile und Lieferanten klassifiziert werden, in der Produktion können fixe Kosten untersucht werden und im Vertrieb ist eine Kunden- und Produktsegmentierung möglich. Die Unternehmensleitung kann so entscheiden, ob sie einzelne Tätigkeiten selbst verrichten oder delegieren sollte.

1.1.2 Beschreibung

Die ABC-Analyse geht auf H. Ford Dickie (General Electric Company) aus dem Jahr 1951 zurück. Der Titel seines Artikels „Shoot for Dollars, not for Cents" lässt bereits auf die Intention dieses Tools schließen: Das Wichtige soll von weniger Wichtigem getrennt werden.

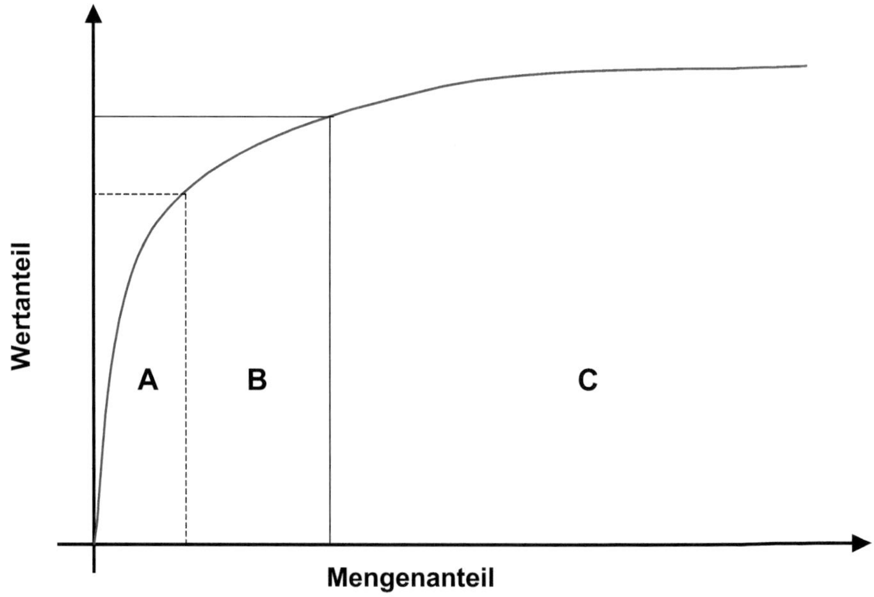

BILD 1.1 Lorenz-Kurve zur Visualisierung einer ABC-Analyse

Aufbauend auf die Pareto-Regel 80/20 (die 80/20-Regel besagt, dass ungefähr 20 % des Ressourceneinsatzes, Zeit, finanzielle Mittel etc., zu 80 % des Ergebnisses führen) werden effiziente Erzeugnisse bzw. Prozesse gesucht, die bei geringem Mengenanteil einen hohen Wertanteil generieren. Dabei erreichen Untersuchungsobjekte der Klasse A bei ca. 5 bis 15 % Mengenanteil einen Wertanteil von ca. 60 bis 85 %. Im Bereich der Klasse B werden etwa 10 bis 25 % Wertanteil durch 20 bis 40 % Mengenanteil generiert. Klasse C schließlich benötigt ca. 50 bis 75 % Mengenanteil für nur 5 bis 15 % Wertanteil. Bild 1.1 fasst diese Verhältnisse zusammen.

Grafisch veranschaulichen lassen sich die Ergebnisse mit Hilfe der Lorenz-Kurve (benannt nach dem amerikanischen Statistiker Max O. Lorenz, 1880 bis 1962). Aufgrund der ungleichen Verhältnisse zwischen Wert- und Mengenanteil entsteht eine konkav geformte Kurve.

Klasse	Wertanteil (%)	Mengenanteil (%)
A	~ 60–85 %	~ 5–15 %
B	~ 10–25 %	~ 20–40 %
C	~ 5–15 %	~ 50–75 %

Im Abschnitt A steigt die Kurve noch progressiv, es wird also ein hoher Wert mit einer geringen Menge erzeugt. Im Bereich B lässt die Progression nach und im Bereich C kehrt sich das Verhältnis schließlich um: Es wird mit einem großen Mengenanteil ein geringer Wert erreicht. Da die Grenzen zwischen den Klassen willkürlich festgelegt werden können, kann die Form der Kurve je nach Untersuchung variieren.

1.1.3 Voraussetzungen und notwendiger Input

Die Qualität der Ist-Daten ist entscheidend für den Erfolg der ABC-Analyse. Sie müssen über die zu klassifizierenden Objekte in jeweils den gleichen Wert-, Mengen- und Verbrauchseinheiten geführt werden bzw. sich entsprechend verrechnen lassen. Dabei sollten die Erhebungszeiträume und Sachbeziehungen übereinstimmen, um solide Aussagen ableiten zu können.

1.1.4 Vorgehensweise

Schritt 1:	Problem definieren
Schritt 2:	Erstellen einer Wert-Mengen-Tabelle
Schritt 3:	Prozentuale Anteile bestimmen und kumulieren
Schritt 4:	Klassengrenzen festlegen
Schritt 5:	Grafische Darstellung
Schritt 6:	Konsequenzen der Klassierung ableiten

BILD 1.2 Vorgehensweise bei der ABC-Analyse

CHECKLISTE: Definieren Sie zunächst das Problem und die Mengen- und Wertkomponente. ■

Schritt 1: Problem definieren

Zunächst müssen die zu untersuchenden Objekte und Merkmale (z. B. Menge = Anzahl Kostenstellen, Wert = Gemeinkosten) festgelegt werden. Wie skizziert, kann die ABC-Analyse in unterschiedlichen Bereichen Anwendung finden, so dass hier auch entsprechend verschiedene Untersuchungsobjekte definiert werden können. Beispielsweise könnten auch sämtliche Einzelteile eines Produkts als Menge definiert werden, um zu untersuchen, welche Teile einen wie hohen Anteil an den Rohstoffausgaben haben.

Schritt 2: Erstellen einer Wert-Mengen-Tabelle

Die Objekte und die zugehörigen Werte werden dann in einer Wert-Mengen-Tabelle erfasst und in absteigender Form nach ihrem Wert sortiert, siehe Bild 1.3.

Kostenstelle	Gemeinkosten
1	7.000,–
2	16.500,–
3	4.500,–
4	2.000,–

Kostenstelle	Gemeinkosten
2	16.500,–
1	7.000,–
3	4.500,–
4	2.000,–
Summe	30.000,–

BILD 1.3 Wert-Mengen-Tabellen zur ABC-Analyse

Schritt 3: Prozentuale Anteile bestimmen und kumulieren

Für die Mengen- und Wertkomponenten werden im Anschluss zuerst die prozentualen Anteile ermittelt und danach kumuliert, siehe Bild 1.4.

Kostenstelle	Mengenanteil [%]	Gemeinkosten	Wertanteil [%]
2	10	16.500,–	55
1	15	7.000,–	23,3
3	35	4.500,–	15
4	40	2.000,–	6,7
Summe:	100	30.000,–	100

Kumulierter prozentualer Mengenanteil	Kumulierter prozentualer Wertanteil	
10	55	**Klasse A**
25	78,3	
60	93,3	**Klasse B**
100	100	**Klasse C**

BILD 1.4 Wert-Mengen-Tabellen (prozentual kumuliert) zur ABC-Analyse

Schritt 4: Klassengrenzen festlegen

Bild 1.4 zeigt, dass die Klassen nach einem selbst zu wählenden Schlüssel unterteilt werden. Dabei können die genannten Verhältnisse zwischen Mengenanteil und Wertanteil als Richtwerte dienen.

Schritt 5: Grafische Darstellung

Die grafische Darstellung erfolgt über die beschriebene Lorenz-Kurve. Dafür werden auf der horizontalen Achse (Abszisse) die Mengenanteile in Prozent, auf der vertikalen Achse (Ordinate) die Wertanteile in Prozent abgetragen und die entsprechenden Wert-Mengen-Kombinationen eingetragen. Die Verbindung der einzelnen Punkte ergibt eine Lorenz-Kurve, die Unterteilung in A-, B- und C-Bereiche erfolgt entsprechend der gewählten Klassifizierung. Bild 1.5 zeigt die entsprechende Grafik zu dem Beispiel.

TIPP: Für eine zweckmäßige Darstellung der ABC-Verteilung sind Strecken anstatt der eigentlich korrekten Kurve ausreichend.

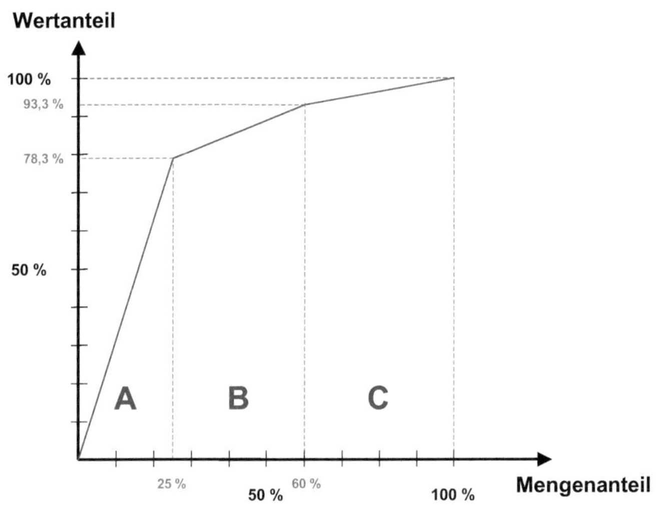

BILD 1.5 Beispiel einer ABC-Verteilung

Schritt 6: Konsequenzen der Klassierung ableiten

Aus den Klassen können schließlich effizienzsteigernde Maßnahmen abgeleitet werden. So handelt es sich bei den Elementen der **A-Klasse** je nach Art um wichtige Aufgaben oder Lieferanten, hochwertige oder kritische Teile, umsatzstarke Kunden oder Teile. Ihnen gebührt höchste Aufmerksamkeit und das Management sollte sich besonders um diese Kategorie bemühen.

Die Elemente der **B-Klasse** sind ihrer Bedeutung nach mittelwertig. Diese Aufgaben bzw. ihre Überwachung können delegiert werden, die Umsetzung sollte aber regelmäßig kontrolliert werden.

Die **C-Klasse** ist von verhältnismäßig geringer Bedeutung, Beobachtung durch das Management ist nicht in großem Umfang nötig. Wenn möglich, gilt es hier zu standardisieren, bei Delegation genügen sporadische Stichprobenkontrollen.

MERKE:

A-Klasse: hohe Bedeutung und Aufmerksamkeit, selten Delegation.

B-Klasse: mittelwertige Bedeutung, regelmäßige Kontrollen.

C-Klasse: geringe Bedeutung, Standardisierung und Delegation.

1.1.5 Vor- und Nachteile

Vorteile	Nachteile

• **Einfache Anwendung**
• **Komplexität der Planung wird reduziert**
• **Führt zu effizientem und bewusstem Ressourceneinsatz**
• **Übersichtliche Darstellung**
• **Methode themenübergreifend einsetzbar**
	• **Notwendigkeit konsistenter (vergleichbarer) Daten**
	• **Heuristisches, mathematisch nicht eindeutiges Verfahren:**
	  • Fokus auf Kategorie A führt nicht notwendig zu mehr Effizienz (wenn dort z. B. deutlich weniger Optimierungspotenzial besteht)
	  • Klasseneinteilung erfolgt willkürlich, somit sind Fehlentscheidungen um Klassengrenzen möglich

TABELLE 1.1 Vor- und Nachteile der ABC-Analyse

1.1.6 Praxisbeispiel

Die Zentis GmbH & Co. KG mit Hauptsitz in Aachen ist einer der weltweit führenden Hersteller von Konfitüren, süßen Cremes, Süßwarenprodukten und Fruchtzubereitungen. Allein am Stammsitz Aachen beschäftigt Zentis heute rund 1.300 Mitarbeiter. Der Bruttoumsatz belief sich im Jahr 2009 auf ca. 699 Millionen Euro. Das Tochterunternehmen Zentis Logistik Service GmbH (im Folgenden abgekürzt als Zentis) ist innerhalb der Unternehmensgruppe für die Supply Chain Aktivitäten, angefangen vom Vertrieb bis hin zum Einkauf, zuständig.

Um die Wettbewerbsfähigkeit weiter zu steigern und die Marktposition sicherzustellen, beschäftigt sich Zentis intensiv mit dem Thema Supply Chain Management (SCM). Ziel ist eine nachhaltige Senkung der Bestandskosten bei gleichbleibendem Lieferservicegrad. Ein wesentliches Instrument zur Handhabung und Optimierung der komplexen Planungs- und Steuerungsprozesse stellt dabei die differenzierte Behandlung unterschiedlicher Artikel im Sinne einer Artikelklassifizierung dar.

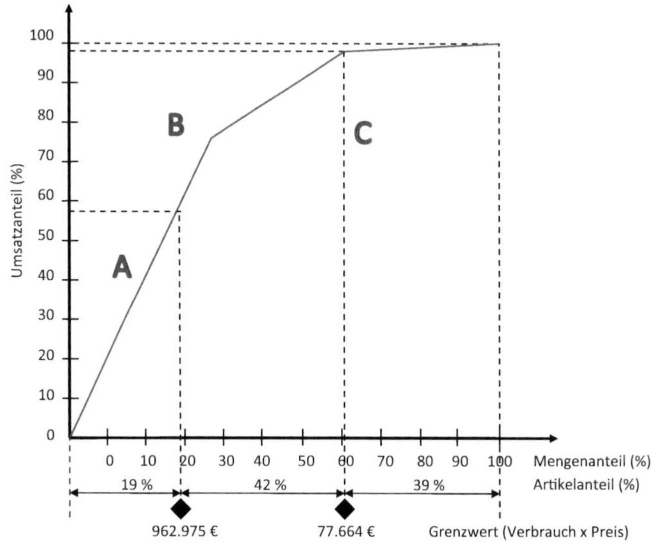

BILD 1.6 Beispiel einer ABC-Artikelklassifizierung bei Zentis

Im Bereich der Rohwarenbeschaffung werden Artikel unter anderem danach unterschieden, bei welchen Bedarfsmengen sie welche Kosten verursachen. Diese Kriterien wurden im Rahmen der Problemdefinition abgeleitet (Schritt 1). Anschließend wurde auf Basis der in den Systemen verfügbaren Stamm- und Bewegungsdaten eine Wert-Mengen-Tabelle erstellt (Schritt 2). Darauf aufbauend wurden dann die prozentualen Anteile kumuliert (Schritt 3) und die Klassengrenzen festgelegt (Schritt 4). Als A-Artikel wurden solche Rohstoffe klassifiziert, die bei nur geringen Bedarfsmengen vergleichsweise hohe Kosten verursachen. Auf der anderen Seite wurden bedarfsintensive aber kostengünstige Artikel als C-Artikel zusammengefasst. Durch die Anwendung eines entsprechenden Planungstools konnten diese Schritte toolgestützt ausgeführt werden, so dass die großen Datenmengen einfach analysiert und gehandhabt werden konnten. Die Zuordnung der einzelnen Artikel zu den einzelnen Artikelklassen kann darüber hinaus zu jeder Zeit grafisch dargestellt werden (Schritt 5). Bild 1.6 zeigt einen Auszug der in der Analysephase identifizierten Artikelklassen.

Anhand der so vorgenommenen Klassifizierung können heute unterschiedliche Planungsstrategien je Artikelklasse realisiert werden (Schritt 6). So erfordert die Beschaffung von A-Artikeln einen höheren Genauigkeitsgrad und die intensivere Auseinandersetzung mit optimalen Bestellmengen ist gerechtfertigt. Darüber hinaus wird für diese Artikel eine einsatzsynchrone Beschaffung angestrebt, das bedeutet, die entsprechenden Waren werden möglichst „just in time“ geplant. Auf der anderen Seite erfolgen die Planungen von C-Artikeln durch eine hier sinnvoll einsetzbare stochastische Unterstützung weitestgehend vereinfacht und automatisiert. Bedarfsprognosen, Meldebestände und Bestellmengen werden systemseitig empfohlen und vom Disponenten nur überschrieben, wenn dieser gegenüber dem System einen Informationsvorsprung besitzt (beispielsweise bzgl. des zu erwartenden Abfrageverhaltens des Kunden). Insgesamt können sich die Disponenten so in Zukunft auf kritische Artikel fokussieren, während hingegen Standardrohstoffe aufwandsarm aber mit hinreichender Genauigkeit geplant werden.

1.1.7 Vorlagen zum Download

Im Downloadbereich stehen eine exemplarische Lorenz-Kurve sowie Muster-Tabellen zur Kumulierung der Mengen- und Wertkomponenten zur Verfügung.

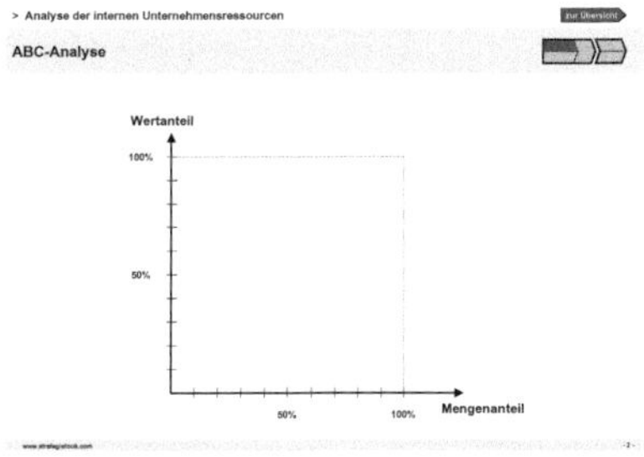

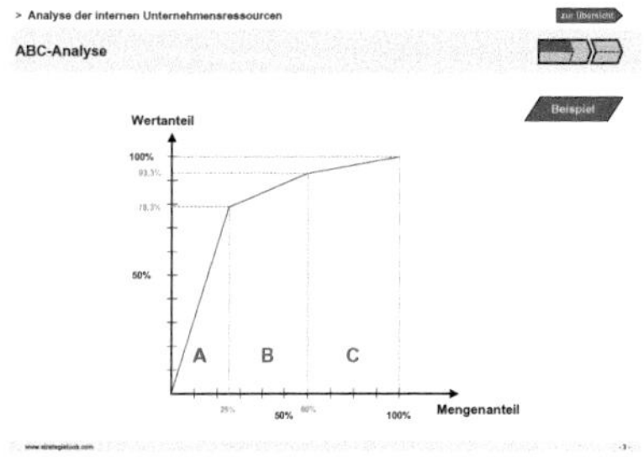

1.1.8 Verwandte und weiterführende Themen

Aufgrund der universellen Einsetzbarkeit der ABC-Analyse fällt es schwer, bestimmte Bezüge zu einzelnen verwandten Themen aufzulisten. Wie skizziert, kann die ABC-Analyse grundsätzlich immer angewendet werden, wenn analysiert werden muss, welche Bereiche/Objekte einen besonders hohen Einfluss auf ein beliebiges Ergebnis haben. Eine solche Fragestellung kann in unterschiedlichsten Analysen von Interesse sein, so dass entsprechend Verwandtschaften zu fast allen Strategieinstrumenten abgeleitet werden könnten.

1.1.9 Literaturhinweise

ARNOLDS, H. / HEEGE, F. / TUSSING, W. (2013): *Materialwirtschaft und Einkauf: praxisorientiertes Lehrbuch*, Springer Verlag, Wiesbaden 2013.

DICKIES, H. F. (1951): „ABC Inventory Analysis Shoots for Dollars, not Pennies", in: *Factory Management and Maintenance*, 1951, 109. Jg., S. 92-94.

GROCHLA, E. (1978): *Grundlagen der Materialwirtschaft*, 3. Aufl., Gabler Verlag, Wiesbaden 1978.

1.2 XYZ-Analyse

LEITFRAGEN: Welche Regelmäßigkeit weist der Artikelverbrauch auf?

- Wie gut können Artikelbedarfe vorhergesagt werden?
- Wie planbar sind die Artikelgruppen?

1.2.1 Zielsetzung und Anwendungsgebiet

TIPP: Mit Hilfe einer Wertegruppierung können Artikel gemäß bestimmter Kriterien in sinnvolle Klassen unterteilt werden.

Die XYZ-Analyse ist, ebenso wie die ABC-Analyse, eine einfache und wirksame Entscheidungsmethode mit vielfachen Einsatzmöglichkeiten. So kann mit Hilfe dieses Werkzeugs eine methodisch unterstützte Analyse zur Materialdisposition durchgeführt werden. Im Gegensatz zur ABC-Analyse, welche eine Wertegruppierung der Artikel vornimmt, wird das Artikelsortiment bei der XYZ-Analyse gemäß der vorliegenden Verbrauchsstruktur klassifiziert. Unter diesem Kriterium lassen sich Empfehlungen zu den Beschaffungsprinzipien für einzelne Artikel ableiten und Entscheidungen bezüglich der Bedarfsplanung des Artikelspektrums herbeiführen. Die Zielsetzung besteht darin, das gesamte Artikelsortiment gemäß der Regelmäßigkeit des Artikelbedarfs in Klassen einzuteilen und für jede dieser Klassen eine segmentspezifische Beschaffungsstrategie festzulegen sowie eine Bevorratungsentscheidung auf Basis der Planbarkeit der Artikel zu treffen. Hierdurch kann der Aufwand für die Beschaffung und Bevorratung der Artikel nachhaltig minimiert werden.

1.2.2 Beschreibung

BEACHTE: Die XYZ-Analyse wird häufig auch als RSU-Analyse bezeichnet

Die XYZ-Analyse wurde ursprünglich von Disponenten entwickelt, die die Bevorratung von unregelmäßigen und sporadischen Artikeln durch geeignete Dispositionsmethoden optimieren wollten. In der Literatur wird die XYZ-Analyse oftmals auch als RSU-Analyse bezeichnet, wobei die Buchstaben R für regelmäßig, S für saisonal bzw. sporadisch und U für unregelmäßig stehen.

Grundlage der XYZ-Analyse sind historische Verbrauchsdaten der einzelnen Artikel. Anhand der Zeitreihen wird für jeden Artikel eine spezifische Verbrauchsschwankungskennzahl ermittelt. Diese gibt Aufschluss über die Höhe der Volatilität der Nachfrage und ermöglicht eine Gewichtung der Artikel nach ihrer Verbrauchsstruktur. Im Rahmen der XYZ-Analyse erfolgt eine Einteilung des Artikelsortiments in drei Klassen. Danach werden Artikel mit einer konstanten Verbrauchsrate der **Klasse X** zugeordnet. Untersuchungsobjekte der **Klasse Y** sind durch einen unregelmäßigen bzw. schwankenden Verbrauch im Untersuchungshorizont gekennzeichnet. Dem Bereich der **Klasse Z** werden Artikel zugeteilt, die einen äußerst unregelmäßigen Verbrauch bzw. eine stark schwankende Nachfrage aufweisen. Die Intensität der Verbrauchsschwankungen lässt gleichsam Rückschlüsse auf die Vorhersagegenauigkeit des Bedarfs der Artikel zu. Hierbei gilt folgender Zusammenhang: Je regelmäßiger die Verbrauchsraten der Artikel sind, desto exakter lässt sich der zukünftige Bedarf des Artikels vorhersagen. Tabelle 1.2 zeigt die zu unterscheidenden Klassen.

In der Regel ist es sinnvoll, die klassische dreigliedrige Einteilung zusätzlich um die Kategorie der Artikel mit sporadischem Nachfragemuster (Ersatzteile, Promotionartikel) zu ergänzen. Artikel, die unregelmäßig und selten sporadisch nachgefragt werden, weisen in der Mehrzahl Nullbedarfe auf (nicht nachgefragt in einer Periode). Bei der so genannten XYZ(S)-Analyse (der Buchstabe S steht für sporadisch) werden neben der Variabilität des Verbrauchs zusätzlich die Nullbedarfe der Artikel, d. h. Perioden ohne Verbrauch untersucht und berücksichtigt. Als Maß zur Ermittlung von sporadischen Artikeln wird der so genannte Nullperiodenanteil (NPE) herangezogen. Die Berücksichtigung des Nullperiodenanteils ist deshalb wichtig, da sich die Artikel der **S-Klasse** nur schwer bzw. überhaupt nicht prognostizieren lassen und eine alternative Planungsstrategie erarbeitet werden muss.

TIPP: Je nach Branche und Artikel (z. B. Konsumgüterbranche mit vielen Promotionsartikeln) kann es sinnvoll sein, die XYZ-Analyse um die Klasse der sporadischen Artikel (S-Klasse) zu ergänzen, da diese Klasse im Rahmen der Ergebnisauswertung und der Ableitung von Maßnahmen oftmals gesonderte Planungsstrategien erfordert.

Die Klassengrenzen können jeweils frei festgelegt werden und unterliegen keinen festen Vorgaben. Um allerdings verlässliche Schlussfolgerungen für den Bedarfsverlauf der Artikel ziehen zu können, sollte die Erarbeitung der Intervallgrenzen dem jeweiligen Artikelsortiment entsprechen bzw. an die vorliegende Branche angepasst werden. Gegebenenfalls kann eine Sensitivitätsanalyse weiteren Aufschluss über eine geeignete Klasseneinteilung geben. Die folgende Tabelle 1.3 gibt eine Übersicht bezüglich der Klasseneinteilung mit beispielhaften Intervallgrenzen für die Verbrauchsschwankungskennzahl (NPE steht für Nullperiodenanteil).

Klasseneinteilung der XYZ-Analyse	Nachfragemuster	Prognostizierbarkeit	Bestandsrisiko	Artikelbeispiel
Klasse 1: **X-Artikel** regelmäßiger, konstanter Verbrauch 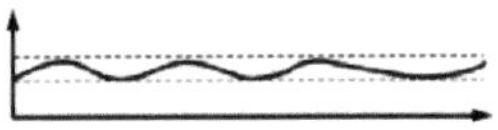	regelmäßiger, konstanter Verbrauch	sehr hohe Vorhersagegenauigkeit, langfristig planbar	minimales Bestandsrisiko	Schmierstoffe für eigene Maschinen
Klasse 2: **Y-Artikel** unregelmäßiger Verbrauch 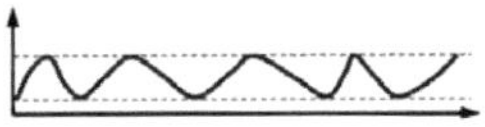	gelegentlich Bedarfsschwankungen	mittlere Vorhersagegenauigkeit, teilweise planbar	mittleres Bestandsrisiko	Bademoden oder Schneeketten im Einzelhandel
Klasse 3: **Z-Artikel** stark schwankender Verbrauch 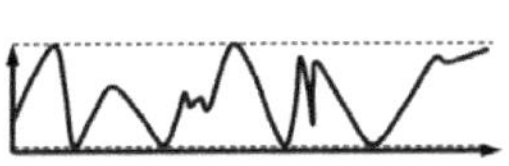	häufige und starke Bedarfsschwankungen	keine definitive Vorhersagemöglichkeit, kaum planbar	hohes Bestandsrisiko	Langsamdreher, Montagekleinteile

TABELLE 1.2 Übersicht bezüglich der Klasseneinteilung der XYZ-Analyse

BEACHTE: Um sinnvolle Analyseergebnisse zu erhalten, ist die Festlegung der Klassengrenzen äußerst wichtig. Daher sollte diese innerhalb einer Projektgruppe diskutiert und beschlossen werden.

Klasse	Verbrauchsschwankungskennzahl (%)
X	$x \leq 40\ \%$
Y	$40\ \% < y \leq 80\ \%$
Z	$80\ \% < z$
S	NPE > 40 %

TABELLE 1.3 Beispielhafte Intervallgrenzen der XYZ(S)-Analyse

MERKE: Messgröße zur Beurteilung der Volatilität der Bedarfe bzw. des Verbrauchs ist der so genannte Variationskoeffizient.

Rechnerische Größe für die Bestimmung der Verbrauchsschwankungskennzahl ist der Variationskoeffizient, der die relative Streuung des Verbrauchs eines Artikels um den Mittelwert einer Datenreihe beschreibt.

Die Ergebnisse der Klassifizierung nach der XYZ-Analyse können analog zur ABC-Analyse grafisch dargestellt werden, wie in Bild 1.7 für eine XYZ-Analyse exemplarisch veranschaulicht.

BEACHTE: Die Konsistenz der Daten entscheidet über die Aussagekraft der Analyse. Es muss daher auf die Qualität der Daten geachtet werden.

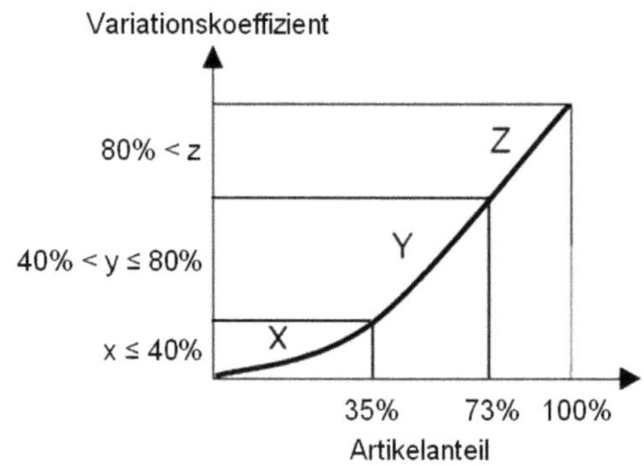

BILD 1.7 Grafische Darstellung der Ergebnisse einer XYZ-Analyse

Aus Bild 1.7 ist zu entnehmen, dass 35 % des untersuchten Artikelsortiments der Kategorie der X-Klasse zuzuordnen sind und damit einen relativ konstanten Nachfrageverlauf (Variationskoeffizient ≤ 40 %) aufweisen. 38 % sind der Klasse der Y-Artikel zuzurechnen, die durch eine moderate bis mittelmäßige Variabilität der Verbrauchsraten charakterisiert ist. Mit einem Anteil von 27 % am Gesamtsortiment sind die Z-Artikel (stark schwankender Nachfrageverlauf) am wenigsten vertreten.

1.2.3 Voraussetzung und notwendiger Input

Ebenso wie bei der ABC-Analyse ist darauf zu achten, dass der historische Verbrauch der Artikel in den jeweils gleichen Verbrauchseinheiten vorliegt bzw. in diese überführt wird. Weiterhin sollte sichergestellt werden, dass der Untersuchungszeitraum über eine hinreichende Anzahl historischer Perioden verfügt, um die Artikel hinsichtlich der Vorhersagegenauigkeit und des Nachfragemusters aussagekräftig beurteilen zu können. Bei Artikeln, deren Produktlebenszyklus kürzer als der Untersuchungszeitraum ist, sollte außerdem darauf geachtet werden, dass bei der Berechnung der Verbrauchsschwankungskennzahl lediglich diejenigen Nullbedarfe der Perioden berücksichtigt werden, die innerhalb des Produktlebenszyklus des jeweiligen Artikels liegen.

BEACHTE: Die Periodenlänge muss so festgelegt werden, dass temporäre Veränderungen im Verbrauchsverhalten so genau wie nötig und die stochastischen Schwankungen soweit wie möglich feststellbar sind.

1.2.4 Vorgehensweise

Schritt 1: Historische Bedarfszeitreihen der Artikel bereitstellen

Für die Analyse müssen ausreichend historische Bedarfe der zu untersuchenden Artikel vorhanden sein. Der Betrachtungszeitraum sollte hierbei mindestens 15 bis 20 Perioden umfassen, da ansonsten keine allgemeingültige Aussagefähigkeit bezüglich der Volatilität der Artikelbedarfe gegeben ist.

Schritt 2: Variationskoeffizienten für die Artikel berechnen

Für die Bedarfszeitreihen wird anhand der vorgestellten Formel der Variationskoeffizient für jeden einzelnen Artikel bestimmt. Zunächst werden hierzu die Standardabweichung und der Mittelwert der Zeitreihe errechnet, und schließlich wird der Quotient aus beiden gebildet. Das Ergebnis ist der jeweilige Variationskoeffizient des Artikels in Prozent, der im Weiteren als Bewertungskriterium für die Einteilung in die Klassen herangezogen wird.

Schritt 3: Kumulierte Variationskoeffizienten aufsteigend sortieren

Um die Ergebnisse grafisch veranschaulichen zu können, werden im nächsten Schritt die Variationskoeffizienten der einzelnen Artikel kumuliert und aufsteigend sortiert.

Schritt 4: Klassengrenzen festlegen

Um nachhaltige Strategien und Maßnahmen für die einzelnen Artikelklassen definieren und festlegen zu können, müssen sinnvolle Klassengrenzen für die XYZ-Analyse erarbeitet werden (siehe hierzu Tabelle 1.3). Diese werden innerhalb einer Expertenrunde diskutiert und beschlossen. Gegebenenfalls kann eine Sensitivitätsanalyse hinsichtlich der Anzahl der Artikel in der jeweiligen Klasse bei der Entscheidung unterstützend wirken und Aufschluss über eine sinnvolle Segmentierung geben.

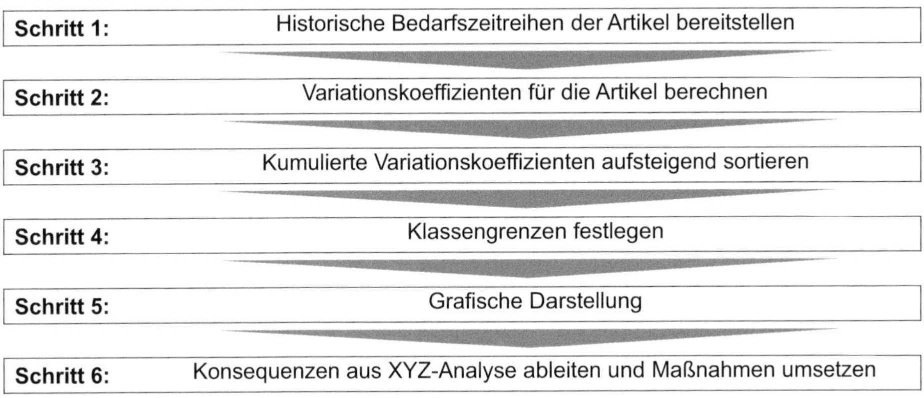

BILD 1.8 Vorgehensweise bei der XYZ-Analyse

Schritt 5: Grafische Darstellung

Auf Basis der kumulierten Variationskoeffizienten der Artikel lässt sich das Ergebnis der XYZ-Analyse grafisch darstellen. Um die XYZ-Verteilungskurve zu erhalten, wird den kumulierten Variationskoeffizienten der Artikel (Ordinate) der Mengenanteil der Artikel (Abszisse) prozentual gegenübergestellt und innerhalb des Diagramms abgetragen. Schließlich werden die Klassengrenzen in das Diagramm eingetragen und die entsprechenden Bereiche benannt.

TIPP: Die Klassengrenzen erst zu diesem Zeitpunkt festlegen, da die Auswirkungen der Klasseneinteilung sofort beurteilt werden können. ■

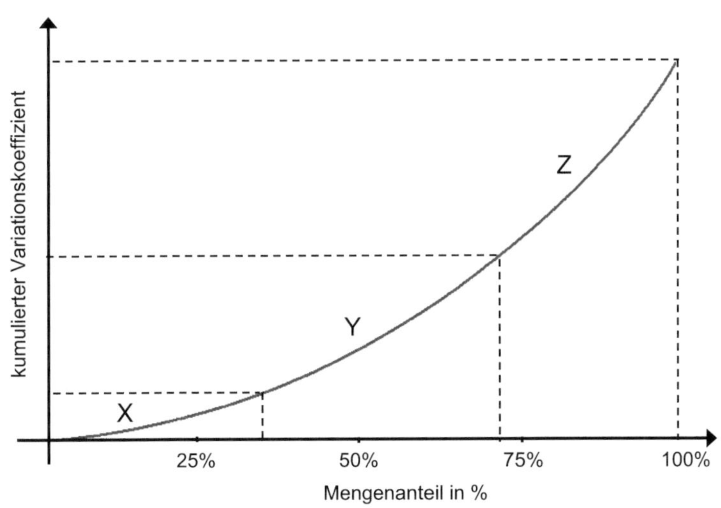

BILD 1.9 Visualisierung der Ergebnisse einer exemplarischen XYZ-Analyse

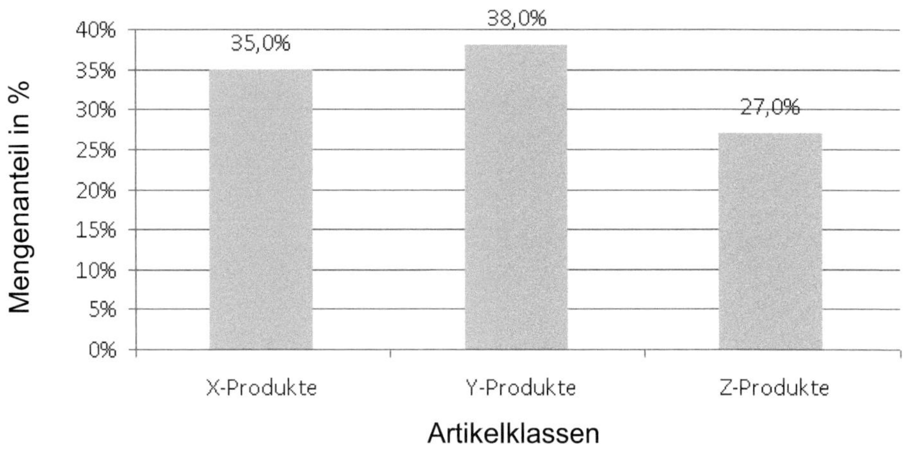

BILD 1.10 Ergebnisse der exemplarischen XYZ-Analyse nach Artikelklassen

MERKE: Im Rahmen von Sensitivitätsanalysen wird untersucht, wie stabil eine gefundene optimale Lösung bei Variation der Inputparameter ist. Hierzu wird jeweils ein Parameter verändert und die Auswirkung auf das Gesamtergebnis analysiert. ■

Schritt 6: Konsequenzen aus XYZ-Analyse ableiten und Maßnahmen umsetzen

Für jede Artikelklasse lassen sich Konsequenzen und Maßnahmen ableiten. Neben Strategien für die Beschaffung können durch eine XYZ-Analyse geeignete Prognoseverfahren für die jeweiligen Klassen festgelegt werden. Weiterhin lassen sich einzelne Dispositionsthematiken, wie beispielweise die Sicherheitsbestandsplanung, besser strukturieren und segmentspezifisch untersuchen, wodurch in der Regel eine bessere Entscheidungsgrundlage gegeben ist.

1.2.5 Vor- und Nachteile

Vorteile	Nachteile
• Einfache Anwendung • Effiziente Methode zur Analyse des Verbrauchsmusters der Artikel • Hilfsmittel zur Entscheidungsunterstützung und Argumentation von Rationalisierungen • Führt zu einer effizienteren Beschaffung und einer verbesserten Bedarfsprognose	• Nur für Artikel geeignet, die über ausreichend historische Verbrauchsdaten verfügen • Subjektive Festlegung der Klassengrenzen • Aussagegültigkeit der Analyse ist zeitlich beschränkt

TABELLE 1.4 Vor- und Nachteile der XYZ-Analyse

MERKE: Bei der Datenanalyse von Bedarfszeitreihen müssen stets auch die Kriterien „Trendverhalten“ und „Saisonalität“ der Artikel beachtet werden. ■

1.2.6 Praxisbeispiel

Die Dr. Babor GmbH & CO. KG mit Hauptsitz in Aachen ist ein international agierendes Unternehmen mit familiärer Tradition und eine der führenden Marken in der Institutskosmetik. Mehr als 40 Distributoren und neun Tochtergesellschaften sorgen für den internationalen Auftritt und sichern so die erfolgsentscheidende Nähe zum Kunden. Die Babor-Gruppe ist heute in über 60 Ländern vertreten und beschäftigt weltweit mehr als 350 Mitarbeiter. Nach internationalen Kosmetikstandards erfolgt in Aachen auf modernen Produktionsanlagen die

Herstellung und Abfüllung von Kosmetikprodukten. Ein vielfältiges Produktsortiment, mit unterschiedlichen Produktlebenszyklen und Absatzmengen, stellt nur einen Bruchteil der komplexen alltäglichen Anforderungen an die Planung der Fertigung dar.

Um den Wünschen und Ansprüchen seiner Kunden gerecht zu werden, sichert Babor diesen eine hohe Lieferbereitschaft zu. Dabei steht das Unternehmen einer stark schwankenden Kundennachfrage auf dem Absatzmarkt gegenüber, was sich unmittelbar auf die Bedarfsprognose der Absatzplanung für die Herstellung der hochwertigen Kosmetikprodukte auswirkt.

Als ein Ansatz zur Reduzierung der Komplexität in der Absatzplanung sowie zur artikelklassenspezifischen Gestaltung der Bedarfsprognose wurde bei Babor die XYZ-Klassifikation gewählt. Hierfür wurde das gesamte Artikelsortiment untersucht und klassifiziert, um darauf aufbauend für jede Artikelklasse ein geeignetes Prognoseverfahren für die Absatzplanung festzulegen. So konnte mit Hilfe der XYZ-Analyse eine Differenzierung des Artikelspektrums im Hinblick auf die Vorhersagegenauigkeit, d. h. die Regelmäßigkeit des Verbrauchs, vorgenommen werden.

Grundlage der XYZ-Analyse waren historische Verbrauchsdaten der einzelnen Artikel. Anhand dieser Zeitreihen wurde für jeden Artikel eine spezifische Verbrauchsschwankungskennzahl ermittelt. Rechnerische Größe war der Variationskoeffizient (V), der die relative Streuung des Verbrauchs eines Artikels um den Mittelwert charakterisiert und somit Aufschluss über den Grad der Nachfragevolatilität gibt.

Zur grafischen Darstellung der Ergebnisse wurden die Variationskoeffizienten der einzelnen Artikel kumuliert und aufsteigend sortiert. Der daraus resultierende Graph ist in Bild 1.11 dargestellt. Die im Graphen markierten Punkte (1, 2) dienten zur ersten Abgrenzung der Klassen untereinander:

- Etwa 14 % des Artikelsortiments waren den X-Artikeln mit einem niedrigen Variationskoeffizienten ($V \approx 0$ bis 0,09) zuzuordnen. Diese zeichneten sich durch einen verhältnismäßig konstanten Verbrauch, nur gelegentliche Bedarfsschwankungen und eine hohe Vorhersagegenauigkeit aus.

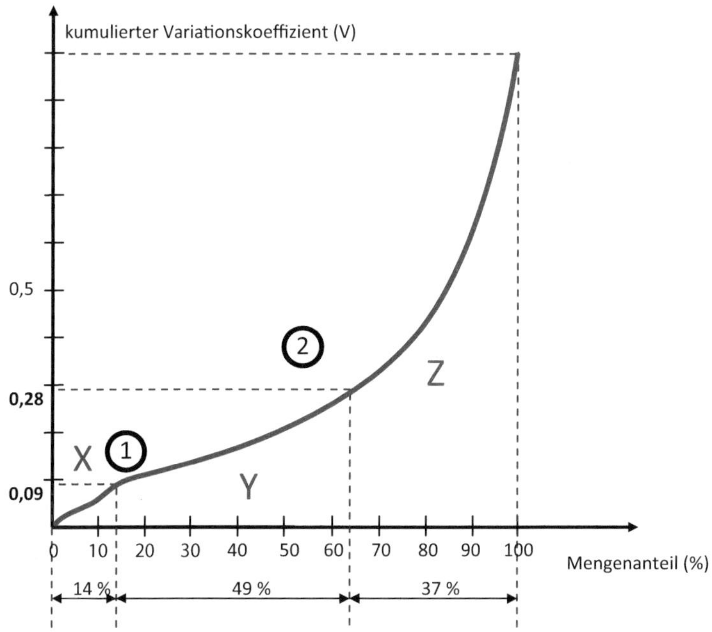

BILD 1.11 Grafische Darstellung der XYZ-Analyse

- Weitere 49 % des Sortiments wurden als Y-Artikel mit mittleren Variationskoeffizienten ($V \approx 0{,}09$ bis 0,28) klassifiziert. Diese Artikel zeigten einen trendmäßigen Verbrauch mit saisonalen Schwankungen und eine dementsprechend mittlere Vorhersagegenauigkeit.

- Die verbleibenden 37 % des Artikelsortiments waren durch einen unregelmäßigen Verbrauch und eine geringe Vorhersagegenauigkeit charakterisiert. Diese Artikel mit einem Variationskoeffizienten V > 0,28 wurden den Z-Artikeln zugeordnet.

Jeder der zuvor definierten Artikelklassen wurden anschließend anforderungsgerechte Prognoseverfahren für die Absatzplanung zugeordnet und im bestehenden Planungssystem (ERP-System) hinterlegt. So konnte beispielsweise aufgrund der geringen Volatilität der X-Artikel die Absatzplanung mit dem einfachen Prognoseverfahren des gleitenden Mittelwerts adäquat unterstützt werden. Demgegenüber erwies sich für den unregelmäßigen Verbrauch der Z-Artikel das Verfahren nach Croston als besonders geeignet. Das Croston-Verfahren berücksichtigt bei der Prognoserechnung zusätzlich die Intervalle und die Anzahl der Perioden ohne Verbrauch.

Insgesamt konnte Babor mit Hilfe der XYZ-Analyse drei geeignete Prognoseverfahren für die jeweiligen Artikelklassen identifizieren.

1.2.7 Vorlagen zum Download

Der Downloadbereich enthält ein exemplarisches XYZ-Diagramm sowie Musterdiagramme zur Darstellung der Ergebnisse einer XYZ-Analyse.

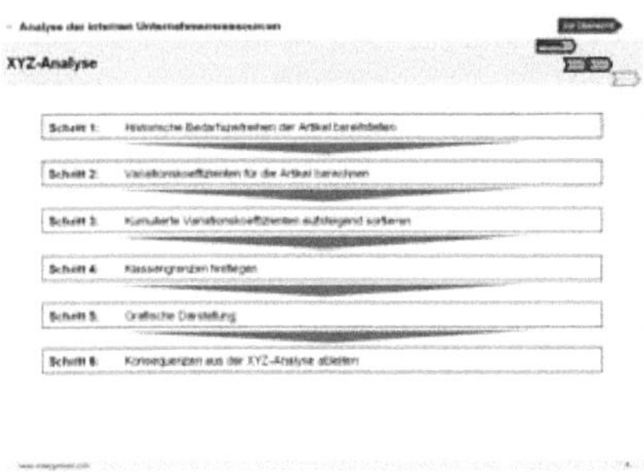

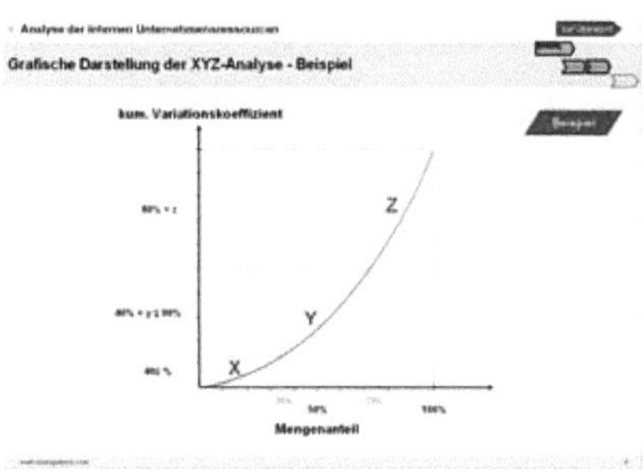

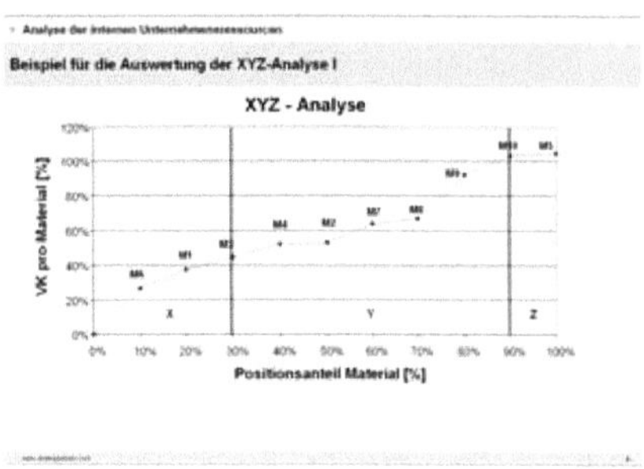

1.2.8 Verwandte und weiterführende Themen

- ABC-Analyse (siehe Kapitel 1.1)
- GMK-Analyse

  Die GMK-Analyse klassifiziert das Material der Größe nach in großes, mittleres und kleines Material. Diese Gliederung dient insbesondere der Differenzierung des Materials unter den Gesichtspunkten der Materialkosten und wird deshalb vor allem im Einkaufscontrolling sowie bei der Untersuchung logistischer Aspekte innerhalb der Lagerplanung eingesetzt.
- Weitere Bestandsdatenanalysen

  Die Gegenüberstellung von Bestandsreichweiten und Wiederbeschaffungszeiten der Artikel erlaubt eine Bewertung der Bestandshöhe. Aus der Gegenüberstellung von Bestandsreichweite und Artikelwert lassen sich erste Schwerpunkte für die Disposition ableiten.

1.2.9 Literaturhinweise

ALICKE, K. (2005): *Planung und Betrieb von Logistiknetzwerken - Unternehmensübergreifendes Supply Chain Management,* 2. Aufl., Heidelberg: Springer-Verlag, S. 31, 2005.

GUDEHUS, T. (2005): *Logistik. Grundlagen, Strategien, Anwendungen,* 3. Aufl., Berlin (u. a.): Springer-Verlag, 2005.

HOPPE, M. (2005): *Bestandsoptimierung mit SAP,* Bonn: Galileo Press, S. 75, 2005.

KILGER, W. (1986): *Industriebetriebslehre,* Wiesbaden: Gabler Verlag, Band 1, S. 295, 1986.

KRALICEK, P. (2003): *Kursbuch Betriebswirtschaft,* Frankfurt (u. a.): Wirtschaftsverlag Ueberreuter, S. 244 f., 2003.

MEYER, J.C. / SANDER, U. (2008): *Bestände senken, Lieferservice steigern – Ansatzpunkt Bestandsmanagement,* In Buchreihe: SCHUH, G. / STICH, V. (Hrsg.): „FIR-Praxis Edition", Band 12. Aachen: Klinkenberg Verlag, S. 31 f., 2008.

SCHUH, G. (2006): *Produktionsplanung und -steuerung. Grundlagen, Gestaltung und Konzepte,* 3. Aufl., Berlin (u. a.): Springer-Verlag, S. 64ff., 2006.

WERNER, H. (2007): *Supply Chain Management,* 3. Aufl., Wiesbaden: Gabler Verlag, S. 189 ff., 2007.

1.3 Lebenszyklusanalyse

LEITFRAGEN:

- Wie viel Potenzial steckt in meinem Produkt?
- Wann muss ich es erneuern?
- Wann muss ich wie stark werben?
- Welchen Absatz kann ich wann erwarten?

1.3.1 Zielsetzung und Anwendungsgebiet

Die Lebenszyklusanalyse verfolgt das Ziel, ein Produkt in seinen Entwicklungsprozess einzuordnen, um so seine Erfolgspotenziale abzuleiten. Dabei wird der Entwicklungsprozess in verschiedene Lebenszyklen unterteilt, die durch unterschiedliche Merkmale charakterisiert sind. Die zeitliche Einordnung im Entwicklungsprozess ermöglicht den Entscheidungsträgern Analysen und Prognosen. Sie können die idealtypischen Merkmale des jeweiligen Lebenszyklus auf das eigene Produkt übertragen und Rückschlüsse ableiten. Direkte Anwendungsgebiete sind beispielsweise die Herleitung von Produktstrategien, die Produktionsprogrammplanung, die Steuerung des Marketingmix oder die Analyse von Kundenverhalten. Weiterhin fungiert die Lebenszyklusanalyse als Grundlage für weiterführende Strategieinstrumente wie z. B. die BCG-Matrix (BCG = Boston Consulting Group) oder diverse Prognosetechniken.

Die Lebenszyklusanalyse ist demnach gleichzeitig Analyse- und Prognoseinstrument. Damit bietet sie leicht nachvollziehbare, allgemein gültige Normstrategien für die einzelnen Lebenszyklen.

1.3.2 Beschreibung

Ihren Ursprung findet die ökonomische Lebenszyklusanalyse in der Evolutionstheorie. Biologische Lebenszyklen wurden seit den 50er Jahren auf wirtschaftliche Fragestellungen übertragen. Als Betrachtungsobjekte kommen grundsätzlich verschiedene wirtschaftliche Konstrukte in Frage. So ist vielfach von Branchen-, Unternehmens- oder beispielsweise Markenlebenszyklen zu lesen. Als populärste Form hat sich jedoch der Produktlebenszyklus herausgestellt. Im Folgenden wird die Lebenszyklusanalyse auf Basis des Produktlebenszyklus vorgestellt, kann aber ohne weiteres auf andere Objekte übertragen werden.

Grundlage der Produktlebenszyklusanalyse ist die Darstellung der Absatz- bzw. Umsatzentwicklung des Produkts im Zeitablauf. Idealtypisch resultiert ein Kurvenverlauf, der in vier Lebenszyklusphasen differenziert werden kann, wobei die Dauer der Phasen vom Kurvenverlauf abhängt (generisch wird in vier Phasen differenziert, wobei mitunter in der Literatur auch Differenzierungen in fünf und mehr Phasen zu finden sind).

MERKE: Der Lebenszyklus differenziert in vier Phasen:

1. Einführung
2. Wachstum
3. Reife
4. Rückgang

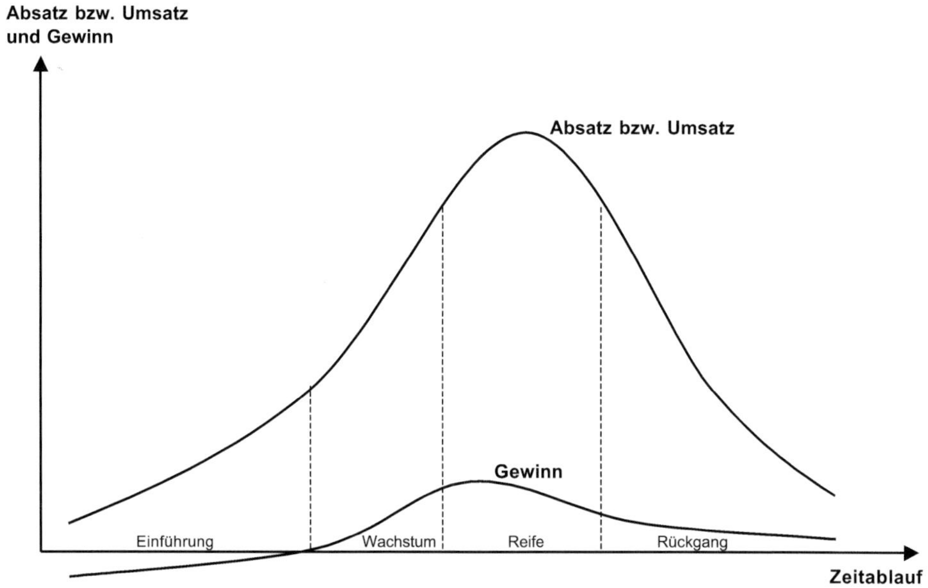

BILD 1.12 Idealtypischer Produktlebenszyklus

Die **Einführungsphase** beginnt mit der Produkteinführung. Die Dauer ist stark abhängig vom Innovationsgrad des Produkts oder der Dienstleistung. Zunächst beschränkt sich der Kundenkreis auf wenige so genannte Innovatoren mit meist relativ hohen Einkommen. In dieser Phase werden nur niedrige Umsätze sowie geringe Gewinne oder gar Verluste erzielt, da neben den angefallenen Entwicklungsausgaben auch Anlaufkosten die Anfangszeit belasten. In der Regel benötigt man relativ hoch qualifizierte Arbeitskräfte, um den Erfahrungsnachteil wettzumachen, der durch den Neueintritt in ein fremdes Produktsegment entsteht. Normalerweise befinden sich zu diesem Zeitpunkt noch wenige direkte Wettbewerber für dieses Produkt am Markt, so dass der Marketingaufwand hoch sein sollte, um möglichst zügig den Bekanntheitsgrad des Produkts zu eigenen Gunsten zu erhöhen.

Hinsichtlich der Produktpreise in der Einführungsphase sind keine allgemein gültigen Ableitungen möglich. Grundsätzlich kann je nach Produkt- und Marktgegebenheiten zwischen zwei allgemeinen Preisstrategien gewählt werden: Skimming- versus Penetrationsstrategie. Die erste sieht einen zunächst hohen Preis und eine selektive Distribution vor, um das Umsatzpotenzial bei den kaufwilligen Innovatoren abzuschöpfen und den Preis mit zunehmendem Marktanteil und abnehmender Exklusivität des Produkts kontinuierlich zu senken. Die zweite geht den umgekehrten Weg und versucht, mit verhältnismäßig niedrigen Preisen und hohem Druck auf den Distributionskanälen möglichst rasch einen hohen Marktanteil zu gewinnen, um später von Wiederholungskäufen in hohem Maße zu profitieren. Die Penetrationsstrategie wird in der Regel dann gewählt, wenn Netzwerkeffekte (z. B. Cross-Selling, d. h. Bestandskunden kaufen auch andere Produkte ihres Portfolios) oder Wechselbarrieren von hoher Bedeutung sind. Die Mobilfunk-Netzbetreiber mit ihren hohen Subventionierungen (Handys für 0 EUR inklusive Vertrag) sind ein klassisches Beispiel für die Penetrationsstrategie.

In der Regel existieren in der Einführungsphase noch wenige Produktvarianten. Das Risiko für den Anbieter ist relativ hoch, da bereits Investitionen getätigt sind, aber noch ungewiss ist, ob die Kunden das Produkt annehmen.

Das Produkt ist in der sich anschließenden **Wachstumsphase** relativ bekannt. Die ursprünglichen Innovatoren wirken im Idealfall als wertvolle Multiplikatoren, indem sie als zufriedene Kunden das Produkt empfehlen. Im Resultat verbreitet sich der Kundenstamm aufgrund erster Wiederholungskäufe und so genannter Nachahmerkäufe. Nachahmer sind zurückhaltende Kunden, die nun mit der Sicherheit zugreifen, dass andere bereits gut bedient wurden. Ein rasches Marktwachstum stellt sich ein und zunehmend mehr direkte Wettbewerber etablieren sich. Die Wachstumsphase ist insbesondere durch ansteigende Gewinnpotenziale charakterisiert, da die Stückkosten sinken und weitere Skalen- und Lerneffekte realisiert werden können. Das Risiko für den Anbieter nimmt stark ab. Skaleneffekte sind Größeneffekte z. B. in der Beschaffung aufgrund der durch höheres Einkaufsvolumen steigenden Macht gegenüber den Lieferanten. Lerneffekte stellen sich z. B. in der Produktion aufgrund von Routine ein und äußern sich in Effizienzsteigerung.

Typischerweise beinhalten Aktionsprogramme in der Wachstumsphase grundsätzlich, eine starke Marktpenetration zu erreichen. Das heißt, Werbung und Vertrieb werden mit dem Ziel intensiviert, den Marktanteil nachhaltig zu erweitern. Die Preise bleiben relativ konstant. Erste Qualitäts- und Produktverbesserungen werden erzielt. Produktionstechnisch wird die Wachstumsphase aufgrund des stark ansteigenden Produktionsbedarfs häufig von Kapazitätsengpässen begleitet. Der Umsatz steigt in der Wachstumsphase erheblich an, die Gewinne steigen weniger, da meistens in Form von Marketingausgaben (häufig direkte Absatzförderungsmaßnahmen) und Qualitätsmanagement in hohem Maße reinvestiert wird.

Die **Reifephase** ist meistens die längste Phase eines Produktlebens. Die Reife beginnt dann, wenn das starke Wachstum der Umsätze nachlässt und sie sich nur noch langsam entwickeln. Der Markt für das Produkt ist weitestgehend gesättigt und der Absatz wird hauptsächlich von Wiederholungskäufern getragen.

Während der Reifephase sind die Anzahl der Wettbewerber und damit die Konkurrenz maximal. Marktanteilserweiterungen sind in der Regel nur über Preissenkungen realisierbar. Der Cashflow ist hoch, der Umsatz relativ konstant und die Gewinne zwar ebenfalls hoch, doch stetig fallend, da Absatzförderungsmaßnahmen verstärkt notwendig werden. Absatzförderungsmaßnahmen in Form von Sonderrabatten und Preisschlachten müssen jedoch grundsätzlich kritisch betrachtet werden, da sie nur kurzfristige Wirkung zeigen. Nachhaltige Wettbewerbsvorteile lassen sich damit nicht erzielen, da die Konkurrenten zwangsläufig mitziehen werden, um die eigene Marktposition zu behaupten und eine Preisspirale den gesamten Marktpreis ruinieren könnte (so genannter ruinöser Wettbewerb).

Ziel der Anbieter muss es in dieser Phase sein, den Marktanteil zu verteidigen, dabei aber den Preis nicht zu stark zu senken, um die Margen des reifen Produkts möglichst lange abzuschöpfen. Insbesondere Markt- und Produktmodifikationen sind geeignet, um die Reifephase auszudehnen. Unter Marktmodifikation bzw. -diversifikation versteht man die Ausweitung der Absatzmöglichkeiten, also die Suche nach (a) ergänzenden Märkten oder (b) neuen, erweiterten und alternativen Einsatzmöglichkeiten. Das heißt, man könnte beispielsweise in der Holzindustrie versuchen, spezielle Holzsorten neben ihrer originären Verwendung für Möbel ebenso als Material für die Automobilinnenausstattung einzusetzen und zu vermarkten. Produktmodifikationen sollen hingegen gesteigerte Vermarktungsmöglichkeiten durch Qualitäts- und Ausstattungsverbesserungen oder eine Variantensteigerung versprechen. Design-Evolutionen fallen gleichfalls unter die Kategorie Produktmodifikationen. Allgemein ist es üblich, dass in der Reifephase die maximale Produktdifferenzierung vorliegt. Markt- und Produktmodifikationen schließen sich keineswegs aus, sondern sollten vielmehr parallel oder nacheinander abgearbeitet werden.

Das Ende der Reifephase wird durch langsam abnehmende Umsätze eingeleitet. Dies geschieht, wenn sich Kunden moderneren bzw. allgemein wettbewerbsfähigeren Produkten oder Substituten zuwenden. Häufig gelingt es den Anbietern, einen solchen Trend durch erneute Produkt- oder Marktmodifikationen aufzufangen und die Reifephase zu verlängern. Die Praxis zeigt in vielen Fällen, dass schwer abzuschätzen ist, wann die

Rückgangsphase endgültig einsetzt. Diese Diskrepanz zwischen idealtypischem Verlauf und in der Praxis künstlich verzerrten Produktlebenszyklen durch erfolgreiche Revitalisierungen ist der zentrale Kritikpunkt der Lebenszyklusanalyse, siehe Abschnitt 1.3.5 Vor- und Nachteile.

MERKE: Bei der Analyse grundsätzlich aufpassen, in welchem Lebenszyklus man sich befindet: Produkt- und Marktlebenszyklus können durchaus das gleiche Produkt beschreiben, befinden sich aber unter Umständen in anderen Phasen.

Die **Rückgangsphase** ist durch stetig fallende Umsätze und niedrige Gewinne charakterisiert. Die Anbieter verabschieden sich zunehmend aus dem Markt, nur wenige bleiben zurück. Die in der Reifephase beschriebenen Wiederbelebungsversuche konnten die Reifephase nicht weiter verlängern und weitere Versuche wären nicht wirtschaftlich. Der Markt besteht nur noch aus wenigen Nachzüglern. Diese zu bedienen macht nur unter erhöhter Kostenkontrolle und gewahrter Produktivität Sinn. Die Stückkosten steigen an und auch die Opportunitätskosten sollten bei der Beurteilung des richtigen Rückzugszeitpunktes in den Fokus der Betrachtung rücken (Ausnahmen existieren in der Theorie, z. B. wenn Kapazitäten vorhanden sind, sie aber nicht anders eingesetzt werden können, oder die weitere Produktion andere Vorteile bringt). Denn selbst bei noch positiven Stückdeckungsbeiträgen muss ständig überprüft werden, ob die Kapazitäten nicht an anderer Stelle gewinnbringender eingesetzt werden könnten.

Sollte die Verzögerung des Ausstiegs trotzdem für einen verbleibenden Zeitraum sinnvoll sein, ist sie zwangsläufig mit einer starken Reduzierung der Variantenvielfalt verbunden. Weiterhin werden Vertriebsausgaben weitestgehend gekürzt. Tabelle 1.5 fasst die Charakteristika der vier Phasen zusammen.

	Einführung	Wachstum	Reife	Rückgang
Merkmale				
Käufer/ Käuferverhalten	Innovatoren mit meist hohem Einkommen/ träge, müssen überzeugt werden	Käuferkreis erweitert/ Kunden akzeptieren ungleiche Qualitätsniveaus	Massenmarkt, Wiederholungskäufer/ Auswahl unter Marken	Erfahrene Kunden, Nachzügler/ anspruchsvoll in der Auswahl
Umsätze	Niedrig	Schnelles Wachstum	Langsames Wachstum	Abnahme
Gewinne	Nicht beachtenswert	Spitzenwerte	Absinkend	Niedrig oder Null
Cash-Flow	Negativ	Mäßig	Hoch	Niedrig
Wettbewerb	Wenige Unternehmen	Zunehmend mehr/ Eintritte, Fusionen und Konkurse	Viele/ Insbesondere Preiswettbewerb	Zunehmend weniger/ Austritte
Risiko	Hoch	Tragbar	Beginnende Konjunkturanfälligkeit	
Aktionen				
Hauptstrategie	Marktanteil ausdehnen	Marktpenetration erhöhen/ Marketing ist Schlüsselfunktion	Marktanteil verteidigen/ Kosten und Marketing-effektivität wichtig	Produktivität sichern/ Kostenkontrolle entscheidend
Marketingausgaben	Hoch	Hoch	Abfallend	Niedrig
Nachdruck auf	Bekanntmachung	Markenpräferenz	Markentreue	Rationalisierung
Distribution	Selektiv/ spezialisiert	Intensiv	Intensiv	Selektiv
Preis	Hoch	Relativ hoch	Fallend bis Tiefpunkt	Niedrig, selten steigend
Produkt	Grundmodell	Verbessert	Differenziert	Rationalisiert
Produktion	Überkapazitäten/ Kleine Serien/ relativ hohe Qualifikation der Arbeitskräfte	Kapazitätsmangel/ Wechsel zur Massenproduktion	Optimale Größe/ große Serien/ geringere Qualifikation der Arbeitskräfte	Überkapazitäten/ Massenproduktion

TABELLE 1.5 Charakteristika der einzelnen Lebenszyklen (in Anlehnung an Porter, 1990)

1.3.3 Voraussetzungen und notwendiger Input

TIPP: Grundsätzlich Eigen- und Fremdbildnis beachten: Häufig ist die Differenz interessant!

Um eine Lebenszyklusanalyse durchzuführen, ist zunächst zu prüfen, ob die notwendigen Daten, die für die Analyse notwendig sind, verfügbar sind. Es geht darum, die Analyse nicht nur auf historische Entwicklungen zu stützen (Umsatz oder Absatzzahlen), sondern auch eine weitere Entwicklung abzuschätzen.

Als Primärquellen können dabei Interviews dienen, die innerhalb der Organisation mit entsprechenden Experten geführt werden. Von Bedeutung ist allerdings auch eine Einschätzung von externen Fachleuten, um ein möglichst umfassendes Bild zu erhalten.

Kennzahlen aus dem Vertrieb (wie z. B. Verkaufszahlen, Kundenabwanderungsraten etc.) fundieren die Lebenszyklusanalyse mit quantitativen Daten. Hierbei ist mit Controlling und Vertrieb zu klären, welche Kennzahlen Aufschluss über die Idee des Lebenszyklus abbilden könnten und welche Kennzahlen Zukunftsprognosen ermöglichen.

Im Rahmen eines Benchmarkings mit ähnlichen Produkten vergleicht man die Zukunftsfähigkeit der eigenen Produkte, indem man Umsatz, Kundenzufriedenheit oder andere Zielgrößen gegenüberstellt.

Als Sekundärquellen können Artikel aus Fachzeitschriften herangezogen werden, die Datenanalysen und -interpretation beinhalten.

Falls zu wenige Daten für eine umfassende Einschätzung zur Verfügung stehen, können schrittweise auch Hypothesen aufgestellt werden, die durch Experten (z. B. aus dem Management und Vertrieb) validiert werden.

MERKE: Eigene Recherchen und Analysen von Dritten geben Aufschluss über die aktuelle Phase im Lebenszyklus. ■

1.3.4 Vorgehensweise

Das in Bild 1.13 dargestellte 4-Phasen-Modell gibt Auskunft über die allgemeine Vorgehensweise zur Herleitung der Lebenszyklen eigener Produkte. Vier Leitfragen bestimmen die vier Phasen:

1. Ist die Analyse überhaupt durchführbar?
2. Wie sehen die Daten aus und wie lassen sie sich interpretieren?
3. Wie entwickeln sich die Verkaufszahlen?
4. Wann werden die zukünftigen Entwicklungen eintreten?

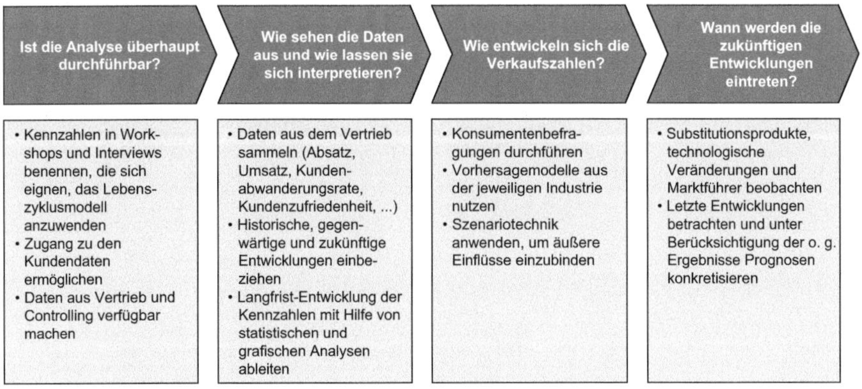

BILD 1.13 4-Phasen-Modell zur Vorgehensweise bei der Lebenszyklusanalyse

TIPP: Die Conjoint-Analyse ermöglicht Aussagen über Kundenpräferenzen. Dadurch kann abgeleitet werden, wie viel Nutzen das Produkt bietet und wie zeitgemäß es noch ist! ■

MERKE: Die vier Phasen sind als revolvierender Prozess zu verstehen, müssen also regelmäßig wiederholt werden. ■

Nachdem es gelungen ist, die Lebenszyklen für das fragliche Produkt darzustellen und Absatzzahlen zu prognostizieren, bieten sich weitere Analysemöglichkeiten an – die jedoch schwer in ein einheitliches Raster zu bringen sind. Man bekommt mit den Lebenszykluskurven ein hilfreiches Instrument an die Hand, die eigene Situation sowohl mit der Konkurrenz als auch mit idealtypischen Charakteristika/Verläufen zu vergleichen, um so Handlungsbedarf zu identifizieren. Man kann z. B. einen eigenen Produktlebenszyklus mit dem des Marktführers oder des direkten Wettbewerbers vergleichen, um so Vor- und Nachteile aufzuspüren. Gleiches gilt für den Vergleich mit den idealtypischen Daten: Entspricht das eigene Verhalten den skizzierten Normstrategien in der jeweiligen Phase? Sollten hier maßgebliche Abweichungen vorkommen, muss die Frage gestellt werden, ob legitime Gründe dafür vorliegen oder ob man entsprechend gegensteuern kann.

MERKE: Die Interpretation der Daten innerhalb der Lebenszyklusanalyse geschieht individuell. ■

1.3.5 Vor- und Nachteile

Vorteile	Nachteile
• Mit Hilfe dieses Ansatzes können Wettbewerbsdynamik und Entwicklungspotenzial eines Marktes erkannt werden • Stellt eine gute Quelle für Produktentscheidungen im Zusammenhang mit weiteren Analysen dar • Bietet eine wichtige Entscheidungsgrundlage im Rahmen der Lebenszykluskostenrechnung	• Phasen sind durch Marketingmaßnahmen, Produktinnovationen und strategische Umorientierungen beeinflussbar, somit nur bedingt als Planungsinstrument geeignet • Länge der Phasen von einer Vielzahl von Faktoren beeinflusst, die für jedes Produkt und jede Branche unterschiedlich sind • Ergebnisse einer Planung nach diesem Modell sind meist konservative Produktstrategien, in denen sich Befürchtungen selbst erfüllen

TABELLE 1.6 Vor- und Nachteile der Produktlebenszyklusanalyse

1.3.6 Praxisbeispiel

Praxisbeispiel I: Facelifting in der Automobilindustrie

Ein klassisches Anwendungsgebiet der Lebenszyklusanalyse ist die Herleitung von Produktstrategien und in diesem Zusammenhang auch die Bestimmung gewinnoptimaler Produktlaufzeiten. Automobilhersteller fragen sich z. B., bis wann sie welches Modell halten, wann sie Modellpflegen vornehmen müssen und ab wann die Modellerneuerung und damit das Ende eines alten Modells (Produkts) unabwendbar ist. Mit Hilfe der Lebenszyklusanalyse und insbesondere auch der Analyse von Produktlebenszyklen der Wettbewerber lassen sich beispielsweise wichtige Informationen für die Bestimmung optimaler Facelift-Zeitpunkte gewinnen. Befindet sich das eigene Produkt in der Reifephase und ein gänzlich neues Modell ist erst in ferner Zukunft realisierbar, sollte der ideale Zeitpunkt für ein Facelift zum einen von der eigenen Umsatzentwicklung abhängen. Zum anderen können aber auch die derzeitigen Lebenszyklen der direkten Konkurrenzprodukte Einfluss auf den Zeitpunkt haben. Als weiteres Beispiel in diesem Kontext dient die allgemeine Zielsetzung, den Übergang von Reife in Rückgang möglichst fließend zu gestalten; in erster Linie, um eine kontinuierliche Auslastung zu gewährleisten. Würde beispielsweise Volkswagen sämtliche Modelle des VW Golfs zeitgleich durch ein ganz neues Modell ersetzen (d. h. ein neuer Produktlebenszyklus würde starten), wären bereits lange vor dem Modellwechsel noch deutlichere Umsatzeinbrüche zu verzeichnen, weil die Kunden auf das neue Produkt warten würden (bei relativ konstanter Preisgestaltung). Deshalb werden die unterschiedlichen Modellvarianten sequenziell, zeitversetzt dem Markt präsentiert.

Praxisbeispiel II: Coca-Cola und die ewige Reifephase

Coca-Cola ist ein gutes Beispiel dafür, wie ein Produkt – und mit ihm die Marke – ständig revitalisiert wird und bislang so nie die Degenerationsphase erreicht hat. Hauptsächlich erreicht Coca-Cola dies durch Marketingmaßnahmen. Neue, prominente Werbeträger, Produktvariationen (z. B. Coca-Cola Zitrone, Coca-Cola Vanille) und die ungebrochene Präsenz auf dem Werbemarkt sind die hauptsächlichen Gründe dafür, dass sich die Reifephase verlängert. Dieses Anwendungsbeispiel verdeutlicht im Spezialfall von Coca-Cola des Weiteren die häufig schwere Differenzierung zwischen isoliertem Produktlebenszyklus, Lebenszyklen ganzer Produktfamilien oder wie im vorliegenden Fall einem Markenlebenszyklus.

Zur zusätzlichen Verdeutlichung sind im Folgenden verschiedene Lebenszykluskurven dargestellt, wobei Bezugsobjekt hier Produktarten sind. Das heißt, im Falle der unten aufgeführten Fernsehgeräte ist der Kurvenverlauf z. B. als ständige Revitalisierung der Produktgruppe Fernseher zu verstehen. Würde hingegen ein Flatscreen-Fernseher als grundsätzlich neues Produkt gesehen, müsste der abgebildete Kurvenverlauf vollkommen anders aussehen, nämlich stark abfallen, da der herkömmliche Röhrenfernseher mittelfristig durch die neue Technik abgelöst wird.

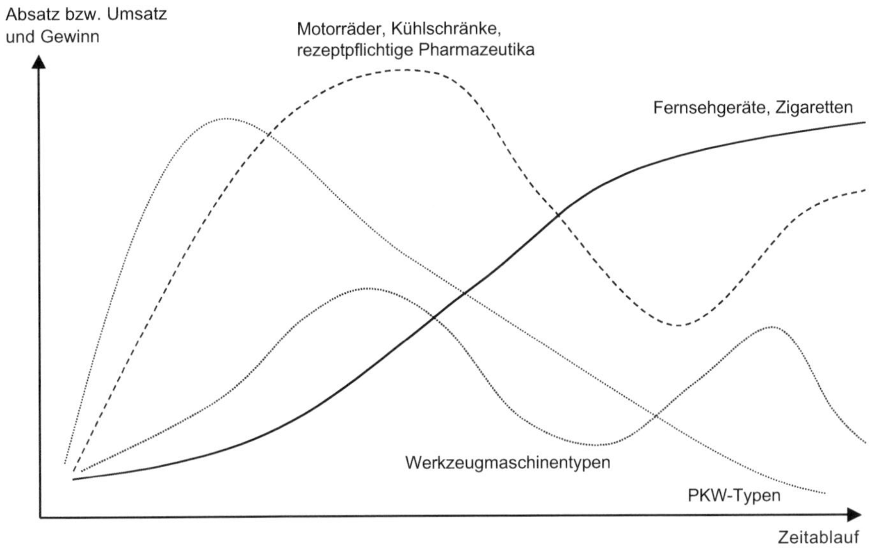

BILD 1.14 Darstellung verschiedener Produktlebenszyklen

1.3.7 Vorlagen zum Download

Im Downloadbereich zum Buch sind PowerPoint-Vorlagen zur Lebenszyklusanalyse abgelegt. Zum einen findet sich dort der visualisierte, idealtypische Produktlebenszyklus sowie zum anderen eine Vorlage zur Ableitung der eigenen Umsatzentwicklung für ein Produkt und dessen Einordnung in die Produktlebenszyklen.

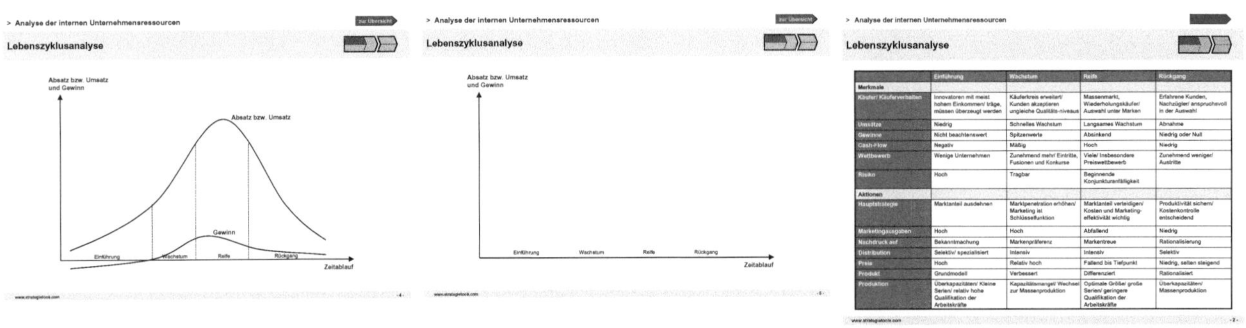

Weiterhin sind auch allgemeine Grafiken und Tabellen aus diesem Kapitel im Downloadbereich verfügbar. Diese können leicht modifiziert werden, um sie für spezielle Fragestellungen in der Praxis anzuwenden.

1.3.8 Verwandte und weiterführende Themen

- Benchmarking

  Durch das Benchmarking können durch den Vergleich zum führenden Unternehmen Hinweise auf die Phase des Produktlebenszyklus gegeben werden. Dadurch können frühzeitig entsprechende Maßnahmen abgeleitet werden.
- Substitutionsanalyse

  Mit der Abschwächung des Lebenszyklus entstehen auf der einen Seite Substitute, die das eigene Produkt mit der Zeit ersetzen. Auf der anderen Seite wird durch die verstärkte Entwicklung von Substituten der Produktlebenszyklus aktiv manipuliert und geschwächt. Die Substitutionsanalyse kann als ein Frühindikator für die Entwicklung des Lebenszyklus herangezogen werden.
- SWOT-Analyse

  Die Erkenntnisse aus der Lebenszyklusanalyse münden als Stärke oder Schwäche in die SWOT-Analyse (SWOT = Strengths, Weaknesses, Opportunities, Threats).
- Szenariotechnik

  Mit Hilfe der Szenariotechnik kann prognostiziert werden, wie sich bestimmte Einflussfaktoren auf den Lebenszyklus auswirken. Dadurch können frühzeitig entsprechende Maßnahmen abgeleitet werden.
- Portfolioanalysen

  Die Portfolioanalysen (insbesondere die BCG-Matrix) beziehen den Lebenszyklus der Produkte als Dimension ein, um sie im Portfolio entsprechend zu positionieren.

1.3.9 Literaturhinweise

BACKHAUS, K. / ERICHSON, B. / PLINKE, W. / WEIBER, R. (2000): *Multivariate Analysemethoden: eine anwendungsorientierte Einführung,* 9. Aufl., Springer Verlag, Berlin 2000

COENENBERG, A. G. (1999): *Kostenrechnung und Kostenanalyse,* 4. Aufl., Landsberg am Lech 1999, S. 484–488

PFEIFFER, W. / BISCHOF, P. (1981): *„Produktlebenszyklen – Instrumente jeder strategischen Produktplanung“,* in: Steinmann, H. (Hrsg.): Planung und Kontrolle, München 1981, S. 133–166

PFEIFFER, W. et al. (1991): *Technologie-Portfolio zum Management strategischer Zukunftsgeschäftsfelder,* 6. Aufl., Göttingen 1991

PORTER, M. E. (1999): *Wettbewerbsstrategie* (Competitive Strategy), 10. Aufl., Campus Verlag, Frankfurt am Main 1990, S. 215–221

1.4 Erfahrungskurvenanalyse

LEITFRAGEN:

- Wie viel Erfahrung haben wir aufgebaut?
- Wie wirkt sich unsere Routine aus?
- Welche Ausbringungsmenge, welcher Marktanteil ist nötig, um die Stückkosten wesentlich zu verringern?

1.4.1 Zielsetzung und Anwendungsgebiet

Die Wettbewerbsfähigkeit eines Unternehmens hängt entscheidend von einem effizienten Kostenmanagement ab. Vorteile gegenüber der Konkurrenz verschaffen nachhaltige Wettbewerbsvorteile, die sich entweder in höheren Margen oder höheren Umsätzen widerspiegeln können. Unternehmerische Entscheidungsträger müssen deshalb einen hohen Fokus auf die zielgerichtete Ressourcenallokation legen und in diesem Zusammenhang die eigene Kostenstruktur (siehe auch Kostenstrukturanalyse, Kapitel 1.5) verstehen und verbessern. Die Erfahrungskurve bietet dafür einen formalen Erklärungsansatz.

Die Kernaussage der Erfahrungskurve lautet, dass in schnell wachsenden Märkten eine Marktanteilsausweitung zu steigenden Ausbringungsmengen und daraus resultierend zu sinkenden Stückkosten führt. Aus der Erfahrungskurve lässt sich somit prinzipiell das Streben nach einem hohen Marktanteil ableiten. Sie bildet damit die wissenschaftliche Grundlage für weiterführende Instrumente und strategische Konzepte, die sich mit Kosteneffekten befassen (z. B. Portfoliomatrix oder generische Wettbewerbsstrategien).

MERKE: Gemäß der Erfahrungskurve sinken die Stückkosten bei steigender Ausbringungsmenge.

Die Erfahrungskurve kann z. B. zu Planungszwecken eingesetzt werden. Die zukünftigen Stückkosten können prognostiziert werden, wenn die so genannte Erfahrungsrate bekannt ist. Dies kann einerseits der Kostenplanung dienen sowie andererseits zur kontinuierlichen Kostenkontrolle eingesetzt werden. Darüber hinaus kann die Erfahrungskurvenanalyse bei der Auswahl der richtigen Strategieoptionen hilfreich sein. In diesem Zusammenhang könnte sich ein Unternehmen einerseits auf bestimmte Geschäfte konzentrieren, in welchen Mengenvorteile realisierbar sind oder andererseits selbst eine Kostenführerschaft anstreben. Das Ziel ist, die eigene Profitabilität zu steigern und damit erweiterte Spielräume für ergänzende Aktionen zur Absicherung oder Ausweitung der eigenen Wettbewerbsposition zu erreichen.

MERKE: Die Erfahrungskurve wird zu Planungszwecken oder Auswahl des Strategietyps eingesetzt.

Zusätzlich kann die Erfahrungskurvenanalyse auch bei Investitionsentscheidungen oder marketingpolitisch im Rahmen der Preissetzung Anwendung finden. Die Diagnose der Kostenstruktur der Branche und die Analyse potenzieller Erfahrungskurveneffekte bei der Konkurrenz sind in Bezug auf eigene Investitionen erfolgskritisch. Ebenso können selbst generierte, erfahrungsbedingt niedrige Stückkosten in Form einer progressiven Preispolitik wertbringend eingesetzt werden, um Markteintritte potenzieller Wettbewerber zu blockieren.

1.4.2 Beschreibung

Die **Erfahrungskurve** beschreibt die Entwicklung der Stückkosten in Abhängigkeit von der hergestellten Ausbringungsmenge. Die Stückkosten sinken dabei bei wachsender Ausbringungsmenge. Mathematisch formuliert nähern sich die Stückkosten somit asymptotisch ihrem Minimum an. Bild 1.15 visualisiert den Zusammenhang zwischen Ausbringungsmenge und Stückkosten.

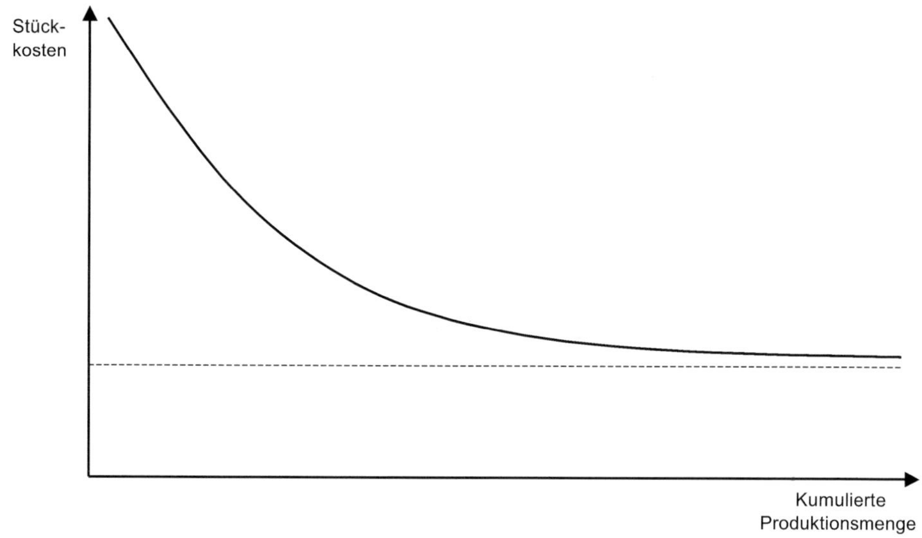

BILD 1.15 Typische Erfahrungskurve

MERKE: Jede Verdoppelung der kumulierten Ausbringungsmenge senkt die Stückkosten um einen gewissen Prozentsatz. ■

BEACHTE: Die Erfahrungskurve senkt keine Kosten, sondern legt Potenziale offen, die durch konsequente Rationalisierungsmaßnahmen genutzt werden müssen. ■

Aus dieser Abhängigkeit der Stückkosten von der Ausbringungsmenge folgt, dass eine Erhöhung des Inputs zu einer überproportionalen Erhöhung des Outputs führt. Per Definition geht man davon aus, dass bei jeder Verdoppelung der kumulierten Ausbringungsmenge die Stückkosten potenziell um einen gewissen Prozentsatz abnehmen. Diese Degressionsrate wird durch die **Erfahrungsrate** bestimmt. Die Stückkosten setzen sich hauptsächlich aus Fertigungskosten, Logistikkosten, Kapitalkosten, Verwaltungskosten und Vertriebskosten zusammen. Die durchschnittliche Degressionsrate liegt bei 20 bis 30 %. Allerdings ist der genaue Wert von der individuellen Branche und der dort optimalen Betriebsgröße abhängig.

Der Kurvenverlauf nimmt exponentiell ab (die Kurve wird immer flacher), da die jeweils zusätzlichen Einsparpotenziale abnehmen, weil sich die Zahl benötigter Produktionseinheiten zur Realisierung der Erfahrungsrate immer weiter verdoppelt.

Durch die Erfahrungskurve werden zunächst ausschließlich Potenziale offen gelegt und keine automatischen Kostendegressionen erwirkt. Das heißt, die Nutzung sich bietender Rationalisierungsmöglichkeiten ist die absolute Voraussetzung für die in der Erfahrungskurve dargestellte Stückkostenentwicklung.

Die Faktoren für den Verlauf der Erfahrungskurve, also die Ursachen für die Stückkostensenkungen, lassen sich wie in Bild 1.16 gliedern.

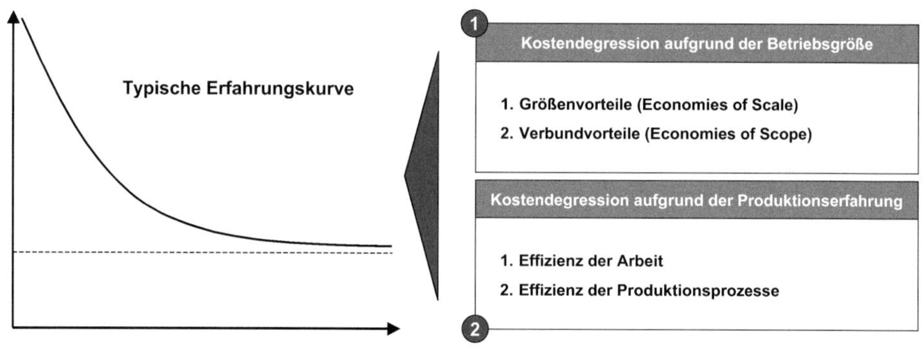

BILD 1.16 Einflussfaktoren der Erfahrungskurve

1. Kostendegression aufgrund der Betriebsgröße

Die Kostendegression aufgrund der Betriebsgröße lässt sich weiter differenzieren. Zum einen können reine Skaleneffekte (Größenvorteile), so genannte Economies of Scale, realisiert werden. Bei erhöhter Stückzahl erreicht das Unternehmen dabei z. B. eine gesteigerte Einkaufsmacht und daraus resultierend günstigere Einkaufskonditionen oder Skaleneffekte in Form einer ausgelasteteren Produktion, so dass fixe Kosten auf mehr Produkteinheiten verteilt werden und somit niedrigere Stückkosten realisiert werden können. Im Ergebnis können jeweils niedrigere Anschaffungskosten sowie ein geringerer Faktorverbrauch je Kapazitätseinheit erzielt werden, was zu niedrigeren Stückherstellkosten führt. Neben den Größen- können außerdem Verbundvorteile (Economies of Scope) erreicht werden, wenn eine gemeinsame Produktion günstiger ausfällt als ein isoliertes Vorgehen. Als Beispiel können hier verschiedene Produkte auf einzelne Funktionen (Forschung und Entwicklung (F&E), Beschaffung, Infrastrukturmanagement etc.) wachsender Leistungsprogramme zurückgreifen. Spezialisierungsvorteile werden erzielt.

MERKE: Die Betriebsgröße birgt Größen- und Verbundvorteile

2. Kostendegression aufgrund von Produktionserfahrung

Analog kann auch hier weiter differenziert werden. Auf der einen Seite spiegelt sich die Produktionserfahrung in der Effizienz der Arbeit wider. Diese kann durch sukzessive Lernprozesse der Arbeitnehmer (durch ständige Wiederholung der Arbeitstätigkeit stellen sich spezifische Fähigkeiten und Übungsgewinne ein), weiter gehende Arbeitsteilung, Arbeitsstrukturierungsmaßnahmen und/oder Verbesserungen der Gestaltung der Arbeit erhöht werden. Die in diesem Zusammenhang abnehmende Kostenentwicklung wird von der so genannten **Lernkurve** abgebildet. Neben der Effizienz der Arbeit führt auch die Effizienz der Produktionsprozesse zu Verbundvorteilen. Die Effizienz der Produktionsprozesse kann dabei durch Methoden- und Systemrationalisierungen verbessert werden. Diese umfassen eine bessere Beherrschung der vorhandenen Produktionstechnologie, eine Einführung moderner Produktionstechniken (Automatisierung, IT-Einsatz), günstigere Faktoreinsatzkombinationen, konstruktive Veränderungen der Produkte oder gezielte Produktstandardisierungen.

MERKE: Die Produktionserfahrung äußert sich in der Effizienz der Arbeit und in der Effizienz der Produktionsprozesse.

Zusammenfassend führen rückgängige Stückkosten bei steigendem Output zu der zwangsläufigen Konsequenz, dass der Marktanteil zu einem entscheidenden Wettbewerbsfaktor wird. Die Erfahrungskurve postuliert demnach die in Bild 1.17 dargestellte Kausalkette.

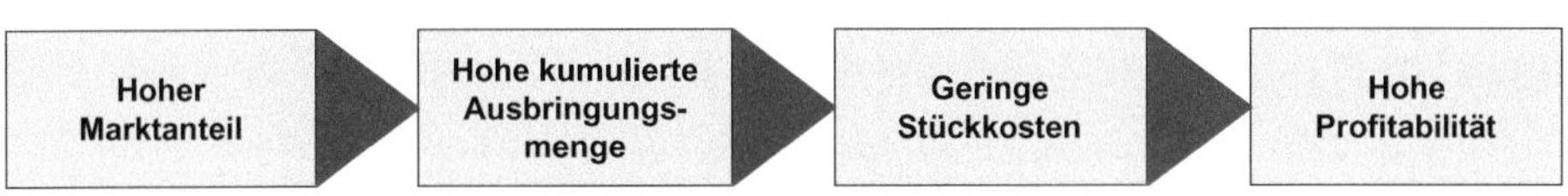

BILD 1.17 Durch die Erfahrungskurve postulierte Argumentationskette

1.4.3 Voraussetzungen und notwendiger Input

Erfahrungswerte selbst sind skurrilerweise die dringendste Voraussetzung zur Durchführung einer soliden Erfahrungskurvenanalyse. Erfahrungen sollten bezüglich der Branche, der Wettbewerber und der eigenen Produktion vorhanden sein, um die Erfahrungsrate beziffern zu können. Je detaillierter das Wissen über historische oder analoge Daten, desto präziser können mit Hilfe der Erfahrungskurvenmethodik zukünftige Stückkosten prognostiziert werden.

Eine weitere Voraussetzung besteht in der strategischen Ausrichtung. Die Erfahrungskurvenanalyse kann nur individuell wertvolle Erkenntnisse bringen, wenn die Kosten eine entsprechend prioritäre Rolle spielen, d. h. im Prinzip die Kostenführerschaft als zentrale strategische Ausrichtung gewählt wurde. Andernfalls spielt der Marktanteil (Beispiel Nischenstrategie) eine bestenfalls untergeordnete Rolle.

Weitere Bedingungen für den Einsatz des Konzepts:

1. **Kosteneffekte** sind in kapitalintensiven Industrien im Besonderen relevant.
2. Starkes **Marktwachstum** ermöglicht erst die notwendige Steigerung der Ausbringungsmenge.
3. Die **Wertschöpfung** erfolgt hauptsächlich im Produktionsprozess, alles andere würde den Hebel reduzieren.

Zusammenfassend sollten sich Erfahrungsvorteile (a) über Größen- und/ oder Verbundvorteile überhaupt generieren lassen und (b) direkt in Kostensenkungen widerspiegeln.

1.4.4 Vorgehensweise

Die Erfahrungskurve ist mehr ein theoretischer Erklärungsansatz für kostenwirksame Erscheinungen in der betriebswirtschaftlichen Praxis und die Grundlage vieler strategischer Instrumente denn ein konkretes Verfahren. Trotzdem wird im Folgenden versucht, eine möglichst allgemein gültige Vorgehensweise zur Anwendung von Erfahrungskurven anzubieten.

MERKE: Die Bestimmung der korrekten Startposition der Erfahrungskurve ist von besonderer Bedeutung.

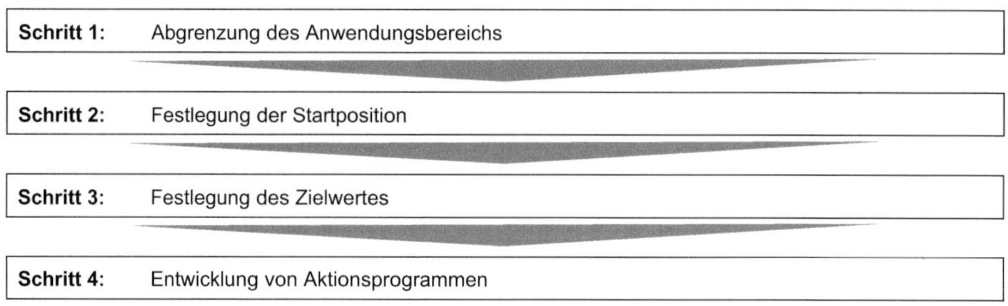

BILD 1.18 Vorgehensweise bei der Erfahrungskurvenanalyse

Schritt 1: Abgrenzung des Anwendungsbereichs

CHECKLISTE: Um Erfahrungen nutzen zu können, müssen die Produkte hinsichtlich Art und Herstellung möglichst homogen sein.

Im ersten Schritt muss der Untersuchungsgegenstand abgegrenzt und müssen die Rahmenbedingungen detailliert untersucht werden, d. h. der Anwendungsbereich der Erfahrungskurve muss spezifiziert werden. Sollen beispielsweise die Produktionskosten eines Computerherstellers untersucht werden, muss konkretisiert werden, welche konkreten Produkte für potenzielle Kostendegressionen in Frage kommen. Das Konzept der Erfahrungskurve verlangt eine ausgeprägte Verwandtschaft in der Herstellung der Produkte, um ableiten zu können, inwieweit sich erfahrungsbedingte Kostensenkungen einstellen. Als Faustregel kann an dieser Stelle die Transferierbarkeit von Know-how fungieren. Sind Erfahrungen unter den verschiedenen Produkten nutzbar (relativ ausgeprägte Homogenität der Produkte), kann entsprechend die gesamte Produktgruppe für die Erfahrungskurvenbetrachtung herangezogen werden. Können Erfahrungen bei der Herstellung des einen, wenn auch technisch verwandten Produkts nicht direkt zu Kostensenkungen bei einem zweiten beitragen, kann keine gemeinsame Betrachtung erfolgen. Würde also am gewählten Beispiel die Produktion von Notebooks aus Erfahrungen bei der Herstellung von PDAs (Personal Digital Assistent) profitieren, weil die Mitarbeiter Prozesse effizienter bearbeiten oder Produktionsprozesse besser ausgelastet würden, könnte man die gesamte Produktgruppe oder gar Branche gemeinsam untersuchen. Es würden sich vermutlich höhere Erfahrungsraten ergeben. Diese Frage muss jedoch absolut individuell und noch vor der Analyse beantwortet werden.

Schritt 2: Festlegung der Startposition

Die Festlegung der Startposition ist im Zusammenhang der Prognose von Kostendegressionen besonders erfolgskritisch. Es muss das Ausgangsniveau der relevanten Stückkosten identifiziert werden. Hierfür ist nicht nur die aktuelle Höhe (diese ist relativ einfach zu bestimmen), sondern insbesondere die Dauer von Interesse, in welcher das Produkt oder die Produktgruppe bereits hergestellt wird. Genauer gesagt, ist es weniger die Dauer als die Ausbringungsmenge bzw. deren Ausbaufähigkeit. Allerdings korreliert diese in der Regel stark mit der zeitlichen Dauer, die das Produkt auf dem Markt ist. Handelt es sich um ein neu entwickeltes Produkt, sind normalerweise höhere Wachstumsraten realisierbar als bei etablierten Produkten. Da per Definition die Ausbringungsmenge jeweils verdoppelt werden muss, um die erfahrungsbedingte Kostendegressionsrate zu erzielen, wäre im letzteren Fall der Hebel signifikant geringer. Weiterhin sollte an dieser Stelle betont werden, dass die weit entwickelte Informationstechnik heutzutage für eine in Relation zu früheren Tagen riesige Transparenz sorgt. Erfahrungswissen ist wesentlich schwerer firmenintern zu bewahren als früher. Dies hat zur Folge, dass Erfahrungskurveneffekte an Bedeutung verlieren, weil sich Unternehmen per se besser aufstellen können, indem Wissen über Produktionsprozesse allgemein leichter zugänglich ist.

Um die Startposition zu bestimmen, sollten branchenübliche Vergleichszahlen herangezogen werden: Wie haben sich die Kostenstrukturen bei Konkurrenten entwickelt und wo steht man dazu in Relation? Die Ermittlung der Ist-Verrichtungszeiten lässt sich weiterhin konkret über zwei unterschiedliche Methoden vornehmen. Sollten bereits eingespielte Produktionsprozesse existieren, kann die Verrichtungszeit über das so genannte Refa-Verfahren bestimmt werden. Es handelt sich hierbei um ein Zeitaufnahmeverfahren, bei welchem zertifizierte Refa-Ingenieure die Prozess- und Verrichtungszeiten von Maschinen und Arbeitern über normierte Regelungen messen und somit die Herstellungszeit pro Stück errechnen können. Sollte die Produktion noch nicht eingespielt sein, können über das so genannte System vorbestimmter Zeiten die Planzeiten berechnet werden, wobei hierbei (a) die nicht vorhandene Routine berücksichtigt werden muss und (b) die Werte streng genommen nicht den Ist-Werten entsprechen, weil diese nur prognostiziert sind. Das System vorbestimmter Zeiten wird im kommenden Schritt erläutert.

Schritt 3: Festlegung des Zielwertes

Die Bestimmung des Zielwertes entspricht der Bestimmung der minimal zu erreichenden Stückkosten, die in Bild 1.15 mit der gestrichelten Linie gekennzeichnet sind. Diese Stückkosten ergeben sich insgesamt nur aus Schätzungen. Grob unterteilt sind die Stückkosten in diesem Zusammenhang von den produktionstechnischen Entwicklungen einerseits und den verrichtungszeitlichen Möglichkeiten andererseits abhängig. Die produktionsprozesstechnischen Potenziale müssen in Abhängigkeit von der derzeitigen technischen Ausstattung und dem Wissen des wirtschaftlich Machbaren geschätzt werden. Die Soll-Verrichtungszeit kann konkret über das bereits angesprochene System vorbestimmter Zeiten errechnet werden. Dieses geht davon aus, dass jede Bewegung in die Summe aus bestimmten Elementarbewegungen zerlegt werden kann. Für diese Elementarbewegungen benötigt der Mensch dann in Abhängigkeit von der Leistungshöhe (wie weit wird die Bewegung ausgeführt?) eine durchschnittliche, bestimmte Zeit. Sämtliche Elementarbewegungen sind für diverse Leistungshöhen in Tabellen festgehalten. Mittels dieser lassen sich somit theoretische Soll-Zeiten für alle möglichen Arbeitsabläufe bestimmen.

CHECKLISTE: Die Lücke zwischen Ist- und Soll-Stückkosten muss quantifiziert werden.

In der Praxis wird man aber häufig einen Branchenvergleich anstreben und auf Erfahrungswerte vergleichbarer Produktionsprozesse zurückgreifen, um zu versuchen, diese auf die eigene Situation zu übertragen. Ziel des Schrittes drei ist die Bestimmung der Lücke und damit des Verbesserungspotenzials zur Reduktion der Stückkosten.

Schritt 4: Entwicklung von Aktionsprogrammen

Kostendegressionseffekte sind kein erfahrungsbedingter Automatismus. Sie sind das Resultat kontinuierlicher Innovations- und Rationalisierungsmaßnahmen. Demnach müssen bestehende Prozesse ständig auf den Prüfstand gestellt werden und im Rahmen kontinuierlicher Verbesserungsprozesse optimiert werden. Dafür sind im Kontext der Erfahrungskurve insbesondere die maßgeblichen Kostentreiber zu identifizieren, um Hebel für Einsparungen offen legen zu können.

MERKE: Folgende Methoden/Ansätze dienen der Ab- und Einleitung konkreter Maßnahmen zur Kostendegression:

- Benchmarking
- Wertkettenanalyse
- Modernisierung
- Vorschlagswesen
- Technische Optimierungen
- Transparenz
- Qualifizierung
- etc.

Ein besonders strukturiertes Vorgehen ist eine konsequente Wertkettenanalyse (siehe auch Kapitel 1.12). Mit ihr wird untersucht, in welchen Wertschöpfungsphasen sich der Einfluss von Erfahrung besonders auf Kosten niederschlägt und in welchen außerdem insbesondere Erfahrungen generiert werden können. Mit dieser Erkenntnis könnten einzelne Wertschöpfungsphasen priorisiert werden, welche im Rahmen von Einsparungsmaßnahmen fokussiert werden sollten. Die Identifizierung konkreter Rationalisierungsmaßnahmen kann weiterhin über gezieltes, prozessorientiertes Benchmarking unterstützt werden (siehe auch Kapitel 2.6). Ziel hierbei ist der Transfer von Methoden und Techniken anderer, spezialisierter Industrien.

Im Folgenden sind weitere mögliche Hebel zur langfristigen Senkung der Stückkosten genannt (nicht sortiert): Modernisierung der Produktionsanlagen und -ausstattung,

- Einrichtung eines betrieblichen Ideenmanagements zur Einbeziehung praktischen Erfahrungswissens der Mitarbeiter,
- Investitionen in die technische Entwicklung zur Optimierung der Produktionsprozesse,
- Einrichtung von Qualitätszirkeln,
- Maximierung von Transparenz und Leistungsorientierung im Herstellungsprozess,
- Qualifizierungsmaßnahmen für die Mitarbeiter etc.

1.4.5 Vor- und Nachteile

Vorteile	Nachteile

• **Fokussierung des Kostenmanagements**
• **Theoretisches Konstrukt, welches Unternehmenswachstum begründet**
• **Solide Aussagen bei bestimmten Rahmenbedingungen:**
  • Wertschöpfung primär in Produktionsprozessen
  • Marktwachstum
  • kapitalintensive Produktion
  • bis dato wenig Erfahrung
• **Logisches, nachvollziehbares Prinzip**
	• **Der Marktanteil ist nicht grundsätzlich erstrebenswert (Nischenstrategie etc.)**
	• **Zielkonflikt: Konzentration auf Kostensenkung widerspricht ggf. notwendiger Produktdifferenzierung**
	• **Messprobleme, schwere Datenerfassung:** Rückgriff auf Preisdaten nötig, aber kritisch, weil sie nicht zwangsläufig Auskunft über die Kostenstruktur geben
	• **Erklärungsansatz eignet sich nicht als isolierte Methode**
	• **Preisspirale kann den Marktpreis für alle Marktteilnehmer kaputt machen:** Die Kostensenkungen müssen preispolitisch geschickt, wertbringend umgesetzt werden

TABELLE 1.7 Vor- und Nachteile der Erfahrungskurvenanalyse

1.4.6 Praxisbeispiel

Da die Erfahrungskurve als allgemeiner Erklärungsansatz fungiert, kann ihre Bedeutung in unterschiedlichsten Bereichen nachgewiesen werden. Nehmen wir als Beispiel die Proposal-Erstellung bei Unternehmensberatungen.

Gibt eine Unternehmensberatung ein Angebot auf für sie noch relativ unbekanntem Terrain ab, so müssen sich die entsprechenden Berater lange in die Branche sowie die Methodik einarbeiten, um entsprechendes Wissen und die richtige Herangehensweise anbieten zu können. Schon beim zweiten Angebot in ähnlichem Kontext können Erfahrungswerte einbezogen werden, sofern das interne Wissensmanagement funktioniert. Je mehr Angebote abgegeben und Projekte erfolgreich für eine Branche oder im Bereich einer bestimmten Thematik bearbeitet wurden, auf desto mehr spezifisches Wissen kann zurückgegriffen werden. Hierzu zählen nicht nur methodisches oder Branchenwissen, sondern beispielsweise auch der Kundenkontakt. Klienten einer speziellen Branche sind häufig ähnlich eingestellt und ihre Reaktionen mit wachsender Erfahrung kalkulierbarer. Der Aufwand und folglich die Kosten pro Proposal sinken also mit steigender Ausbringungsmenge und wachsender Erfahrung.

Als zweites Praxisbeispiel sei als Kontrast zum obigen Dienstleistungsbeispiel die Plattformstrategie des Volkswagen-Konzerns genannt. Piëch verfolgte seit Ende der 90er Jahre bei Volkswagen eine konsequente Plattformstrategie, d. h. viele Konzernmarken, wie beispielsweise Seat, Skoda, Audi oder VW selbst, griffen mit ihren Produkten auf ein und dieselbe Plattform zurück. So steckte beispielsweise, vereinfacht ausgedrückt, unter jedem damaligen Audi A3, Seat Leon oder Skoda Octavia ein Golf IV. Die Zielsetzung dahinter ist die Erreichung damit verbundener, wesentlich höherer Stückzahlen für gleiche Aggregate oder Baugruppen. Gemäß der Erfahrungskurve konnten somit mittels konsequenter Rationalisierungen signifikante Kostensenkungen erreicht werden.

1.4.7 Vorlagen zum Download

Der Downloadbereich zum Buch enthält zu diesem Kapitel nur einen Visualisierungsvorschlag für eine Erfahrungskurve.

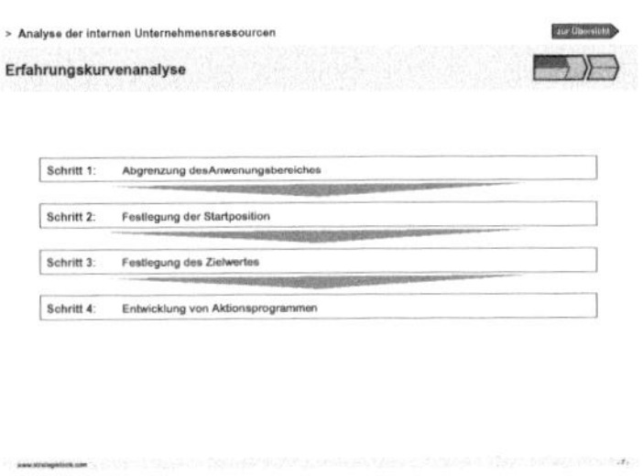

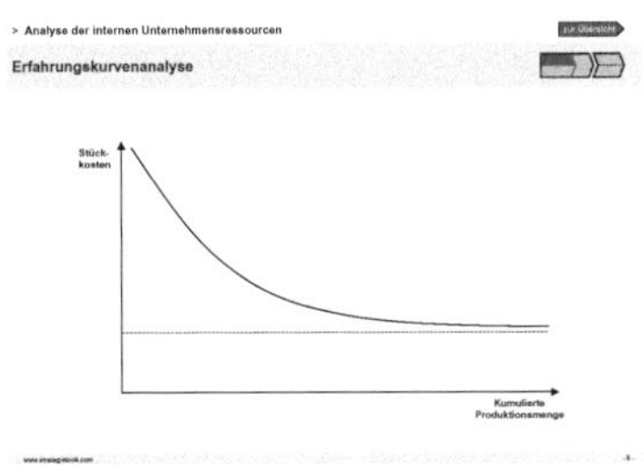

1.4.8 Verwandte und weiterführende Themen

- Marktwachstum-Marktanteils-Portfolioanalyse

  Die Erfahrungskurve bildet eine maßgebliche Erklärungsbasis für die BCG-Matrix, indem sie den Erklärungsansatz für sinkende Kosten und höhere Gewinnerzielung bei steigendem Marktanteil (interne Dimension der BCG-Matrix) bietet.

- Benchmarking

  Prozessorientiertes Benchmarking ist eine zentrale Methode zur Identifikation von Kostensenkungspotenzialen, um Erfahrungskurveneffekte zu realisieren.

- Wettbewerbsstrategien nach Porter

  Die Kostenführerschaft, als eine von Porters definierten, generischen Wettbewerbsstrategien, verfolgt im Wesentlichen die Grundgedanken der Erfahrungskurve und strebt nach Steigerung des Marktanteils, höheren Ausbringungsmengen und damit verbundenen Kostendegressionen.
- Kostenstrukturanalyse

  Mit dem Ziel, Erfahrungskurveneffekte zu erzielen, ist die Durchführung einer detaillierten Kostenstrukturanalyse empfehlenswert, um die entsprechenden Kostentreiber und damit die größten Hebel zu identifizieren.

1.4.9 Literaturhinweise

DUNST, K. (1983): *Portfolio Management,* 2. Aufl., de Gruyter, Berlin/New York 1983 S. 47–52, 65–79, 94–100.

HAX, A. / Majluf, N. (1991): *Strategisches Management – Ein integratives Konzept aus dem MIT,* Campus Verlag, Frankfurt am Main/New York 1991, S. 133 ff.

HENDERSON, B. (1979): *On corporate strategy,* Abt books, Cambridge, Mass. 1979.

1.5 Kostenstrukturanalyse

LEITFRAGEN:

- Wie gliedern sich unsere Kosten auf?
- In welchen Bereichen liegen die Trends der Kostenveränderungen?
- Welche Möglichkeiten zur Kostensenkung haben wir?

1.5.1 Zielsetzung und Anwendungsgebiet

Mit der Kostenstrukturanalyse erhält man Aufschluss darüber, wie sich die Kosten im Unternehmen zusammensetzen. Die Analyse kann dabei auf Unternehmensbereiche, Kostenstellen bzw. Abteilungen oder sogar Produkte heruntergebrochen werden. Die Kenntnis über die Kostenstruktur gibt Anhaltspunkte zur Beurteilung der Wirtschaftlichkeit. Zudem gibt sie Hinweise, in welchen Bereichen Kostensenkungsmaßnahmen möglich und notwendig bzw. lohnenswert sind. Eine regelmäßige Überprüfung der Kostenstruktur zeigt auf, in welchen Bereichen sich Veränderungen ergeben haben.

MERKE: Der Begriff Kostenstruktur beschreibt die Verteilung der Kosten auf verschiedene Blöcke. Diese Kostenblöcke sind nicht einheitlich festgelegt.

Ein weiteres Ziel der Kostenstrukturanalyse ist die Sensibilisierung der Mitarbeiter für Kosten sowie das Gefühl dafür, dass der Mitarbeiter zu der Entwicklung von Umsatz, Kosten und Gewinnen beitragen kann.

1.5.2 Beschreibung

Der Begriff Kostenstruktur beschreibt die Aufteilung der Kosten in verschiedene Kategorien. Eine einheitliche Definition, aus welchen Bestandteilen Kosten strukturiert sind, gibt es dabei nicht, sondern ist abhängig vom Unternehmen. Grundsätzlich wird die Kostenstruktur anhand der einzelnen Kostenarten analysiert (z. B. Personal, Material, Abschreibungen und

Investitionen, Forschung und Entwicklung). Aber auch z.B. die Aufgliederung zwischen variablen und fixen Kosten kann wertvolle Einblicke in die Kostenstruktur geben.

Eine umfassende Kostenstrukturanalyse sollte auf einem Vergleich basieren, um Entwicklungen zu erkennen. Folgende Vergleiche von Kostenstrukturen bieten sich in diesem Zusammenhang an: Zeitlicher Vergleich des Unternehmens, einer Kostenstelle bzw. Abteilung, eines Produkts oder Geschäftsbereichs, um Veränderungen im Zeitablauf deutlich zu machen (z.B. variable Kosten im Jahresvergleich).

- Vergleich von Produkten, Kostenstellen oder Geschäftsbereichen miteinander (z.B. Produkt A mit Produkt B).
- Vergleich des eigenen Unternehmens mit anderen Unternehmen der gleichen Branche.

Meist werden die Vergleichsreihen auch miteinander kombiniert, so dass der innerbetriebliche Vergleich im Zeitablauf als Basis dient und die kritischen Kostenblöcke mit anderen Geschäftsbereichen oder dem Wettbewerb verglichen werden.

Die grafische Abbildung der Kostenstruktur veranschaulicht ihre Komponenten und deren relative und absolute Bedeutung. Mit ihr erhält man die Möglichkeit, Kostentreiber zu erkennen, und man kann analysieren, welche Kostenbestandteile im Zeitablauf angestiegen oder gesunken sind. Dadurch kann man schnell erfassen, welche Bereiche weiterführend analysiert werden sollten. Zudem sind Ziele und Maßnahmen abzuleiten, die zur angestrebten Kostenstruktur führen können. Bild 1.19 stellt eine beispielhafte Kostenstruktur im Vergleich über mehrere Perioden dar.

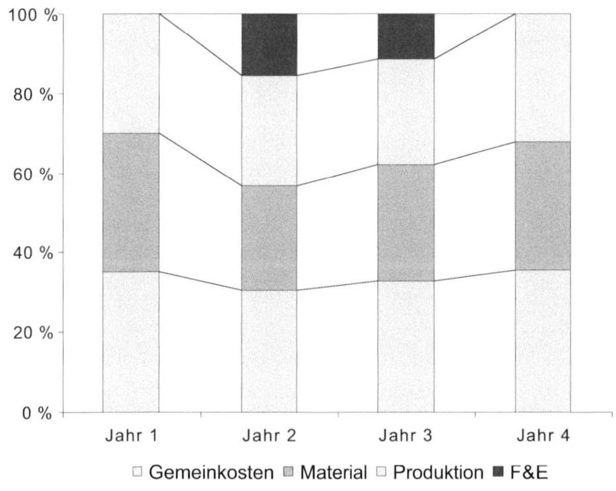

BILD 1.19 Beispielhafte Darstellung einer Kostenstruktur im Zeitvergleich

1.5.3 Voraussetzungen und notwendiger Input

Voraussetzung für eine detaillierte Kostenstrukturanalyse ist maximale Transparenz des internen Rechnungswesens. Für eine Aufstellung der Kostenstruktur sollten die Daten – entsprechend aufbereitet – aus internen Berichten der Finanzabteilung entnommen werden können.

Um die Daten mit anderen Unternehmen der gleichen Branche zu vergleichen, können Bilanzen bzw. Jahresberichte Aufschluss über die Kostenstruktur geben. Falls diese nicht den notwendigen Detaillierungsgrad aufweisen oder gar keine Berichte zur Verfügung stehen, sind Expertenschätzungen heranzuziehen. Oftmals verfügen auch Unternehmensberatungen durch ihre Einblicke in verschiedene Unternehmen über genaue Daten und Informationen, sind aber oftmals durch Vertraulichkeitserklärungen an der Weitergabe der Daten gehindert. Weiterhin können eigene oder branchenweite Benchmarkings Aussagen über die Kostenstruktur einzelner Wettbewerber oder des Branchendurchschnitts enthalten (siehe auch Kapitel 2.6).

1.5.4 Vorgehensweise

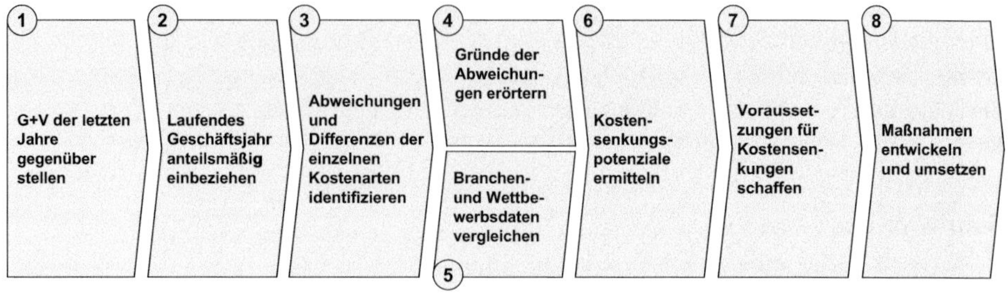

BILD 1.20 Vorgehensweise bei der Kostenstrukturanalyse

> **BEACHTE:** Der Begriff Kosten sollte vorher eindeutig festgelegt werden und die Zurechenbarkeit muss akkurat möglich sein!
>
> Nur vergleichbare Produkte und Bereiche sollten miteinander verglichen werden!
>
> Konkurrenzdaten sollten auf Genauigkeit und Plausibilität geprüft werden!

Schritt 1: Gewinn-und-Verlust-Rechnung der letzten Jahre gegenüberstellen

Im ersten Schritt sind mindestens drei Jahre in die Vergangenheit die Gewinn-und-Verlust-Rechnungen bzw. entsprechenden Kalkulationen aufzubereiten. Dafür muss zunächst entschieden werden, welche Kostenarten analysiert werden sollen (z. B. können Material-, Personal- und sonstige Produktionskosten als Blöcke analysiert oder aber z. B. die Personalkosten näher aufgegliedert und gesondert analysiert werden). Die zurechenbaren direkten Einzelkosten (z. B. Fertigungsmaterial) werden ummittelbar einbezogen, indirekt zurechenbare Kosten (Gemeinkosten wie z. B. Kosten für Strom, Heizung) dagegen anteilsmäßig anhand von Schlüsseln (z. B. genutzte Fläche im Verhältnis zur Gesamtfläche) verrechnet. Welche Schlüssel sich für die Verrechnung von welchen Gemeinkosten eignen, muss individuell aus dem Zusammenhang abgeleitet werden. Die Schlüsselung von Gemeinkosten ist nicht unumstritten und kann leicht zu Verzerrungen und damit zu Fehlentscheidungen führen. Von daher sind noch weitere Instrumente der Kostenrechnung zur Entscheidungsfindung hinzuzuziehen, um eine ausgewogene Entscheidung zu ermöglichen.

Schritt 2: Laufendes Geschäftsjahr anteilsmäßig einbeziehen

Im zweiten Schritt werden die Zahlen aus dem laufenden Geschäftsjahr einbezogen. Allerdings ist darauf zu achten, dass die angelaufenen Kosten für das Gesamtjahr hochgerechnet werden müssen, da der Vergleich sonst nicht möglich ist und die Zahlen verzerrt würden. Je nach Verfügbarkeit können auch Planzahlen herangezogen werden. Bei Hochrechnungen sind saisonale Schwankungen zu berücksichtigen, so dass die Erfahrungen aus den Vorjahren mit einbezogen werden müssen (z. B. Vergleich der vierten Quartale von unterschiedlichen Jahren).

Schritt 3: Abweichungen und Differenzen der einzelnen Kostenarten identifizieren

Im Anschluss werden die einzelnen Kostenbestandteile auf Abweichungen untersucht. Zudem sind diejenigen Kosten zu kennzeichnen, die direkt zur Erbringung der Leistung (bzw. des Produkts) notwendig sind. Oftmals erkennt man in diesem Schritt, dass die Kosten der allgemeinen Verwaltung hoch sind, obwohl sie nicht direkt mit der Leistungserstellung zusammenhängen. Solche Erkenntnisse führen zu weiterführenden Analysen (wie z. B. die Gemeinkostenwertanalyse), da keine direkten Schlüsse abgeleitet werden sollten. Folgt man direkt den Erkenntnissen, würde z. B. der Kundenservice reduziert werden, was langfristig eine Gefahr darstellen kann.

Schritt 4: Gründe der Abweichung erörtern

Im vierten Schritt werden die einzelnen – positiven wie negativen – Abweichungen analysiert und Gründe für diese Abweichungen gesucht. Sind z. B. hohe Investitionen oder umfangreiche Schulungsmaßnahmen notwendig gewesen oder sind die Materialkosten gestiegen, so sind die Hintergründe der Abweichung festzuhalten.

Schritt 5: Branchen- und Wettbewerbsdaten vergleichen

Parallel zum vierten Schritt werden die Kostenbestandteile der Wettbewerber bzw. des Branchendurchschnitts analysiert. Dabei ist zu überprüfen, bei welchen Kostenbestandteilen und in welcher Höhe die Kosten des Unternehmens von denen des Vergleichspartners (Branchendurchschnitt oder Wettbewerber) abweichen. Dadurch lassen sich oftmals Gründe für die Höhe der eigenen Kosten ableiten. Für diesen Schritt können auch Stärken-/Schwächen-Profile herangezogen werden (vgl. Konkurrenzanalyse, Kapitel 2.3).

Schritt 6: Kostensenkungspotenziale ermitteln

Nach den Ist-Analysen der eigenen Kostenstruktur und der des Wettbewerbs sind im sechsten Schritt die Möglichkeiten zur Kostensenkung zu ermitteln. Da die Gründe für die jeweilige Höhe der Kostenbestandteile bereits analysiert wurden, können die Potenziale abgeleitet werden. Gegebenenfalls ist dabei auf ein kreatives Verfahren, z. B. Brainstorming zurückzugreifen, in das auch weitere Mitarbeiter einbezogen werden können (z. B. im Rahmen von Gemeinkostenwertanalysen).

Im Anschluss ist das Kostensenkungspotenzial zu schätzen, so dass daraus entsprechende Ziele formuliert und operationalisiert werden können.

Schritt 7: Voraussetzungen für Kostensenkungen schaffen

Im Anschluss ist zu klären, welche Voraussetzungen geschaffen werden müssen, um das Kostensenkungspotenzial bei den entsprechenden Kostenbestandteilen zu realisieren. Sind z. B. Angebote von Lieferanten einzuholen, um die Materialkosten zu senken, oder sind Kundenanalysen durchzuführen, um deren Prioritäten der Produkteigenschaften einzuschätzen (z. B. könnte die Qualität nicht als wichtig erachtet werden), so sind diese im siebten Schritt zu erarbeiten.

Schritt 8: Maßnahmen entwickeln und umsetzen

Im letzten Schritt werden als Konsequenz Maßnahmen zur Kostensenkung entwickelt und umgesetzt. Dabei können kurzfristig und schnell sowie langfristig umzusetzende Maßnahmen differenziert werden. Eine einfache und schnell zu realisierende Maßnahme wäre z. B. die Abwicklung von Büromaterialbestellungen über eine zentrale Stelle, um Mengenrabatte zu nutzen.

Wichtig ist hierbei, in dem Maßnahmenkatalog die Verantwortlichkeiten und Meilensteine bzw. Endtermine zu definieren.

1.5.5 Vor- und Nachteile

Vorteile	Nachteile
• **Erlaubt einen schnellen und übersichtlichen Einblick in die Kostenaufteilung und -veränderungen** • **Ermöglicht den langfristigen Vergleich der Kostenstruktur**	• **Grundsätzliche Vergleichbarkeit mit anderen Produkten, Unternehmen oder Bereichen kann sich schwierig gestaklten, da unterschiedliche Rahmenbedingungen gelten** • **Verrechnung von Gemeinkosten bzw. auch Variabilisierung von Fixkosten kann zu Fehlentscheidungen und Verzerrungen führen** • **Beschaffung der Daten bei unternehmensübergriefenden Vergleichen ist schwierig**

TABELLE 1.8 Vor- und Nachteile der Kostenstrukturanalyse

1.5.6 Praxisbeispiel

Im Beispiel werden die Kostenarten Verwaltungs-, Personal- und Materialkosten auf Kostensenkungspotenziale analysiert. Bild 1.21 zeigt den Ablauf und die Konsequenzen aus den jeweiligen Analyseschritten.

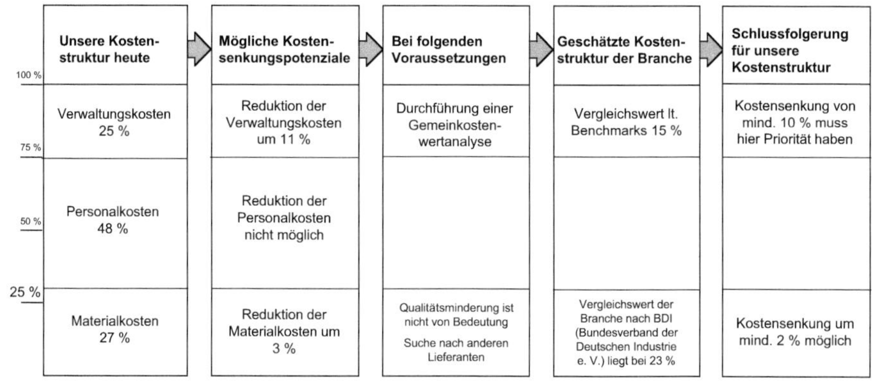

BILD 1.21 Beispiel einer Kostenstrukturanalyse

Die möglichen Kostensenkungspotenziale wurden in einer internen Analyse ermittelt und quantifiziert. In diesem Beispiel scheint es nicht möglich, die Personalkosten zu reduzieren, z. B. aufgrund von geltenden Tarifvereinbarungen. Im Anschluss wurden die Voraussetzungen analysiert, unter denen die Kostensenkungen der entsprechenden Bestandteile möglich sind. Als Vergleich dient die durchschnittliche Kostenstruktur der gesamten Branche. Als Schlussfolgerung werden Ziele abgeleitet, die zur Kostensenkung in den entsprechenden Bereichen führen. Um die Ziele umzusetzen, bedarf es nun noch eines Maßnahmenkataloges, der festlegt, durch welche Veränderungen die Ziele erreicht werden.

1.5.7 Vorlagen zum Download

In den PowerPoint-Vorlagen sind Vorlagen zur grafischen Aufbereitung und Analyse der Kostenstruktur enthalten.

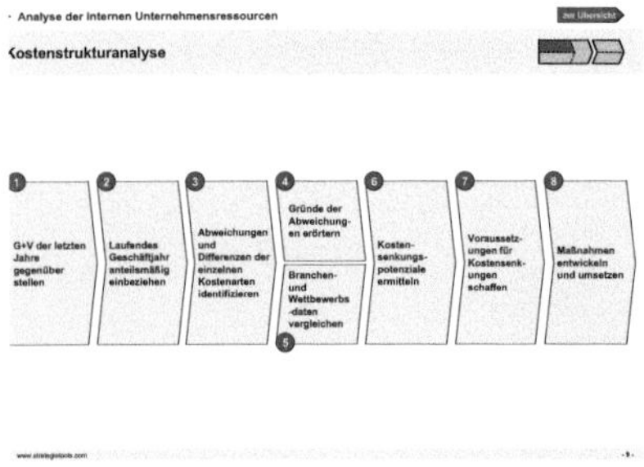

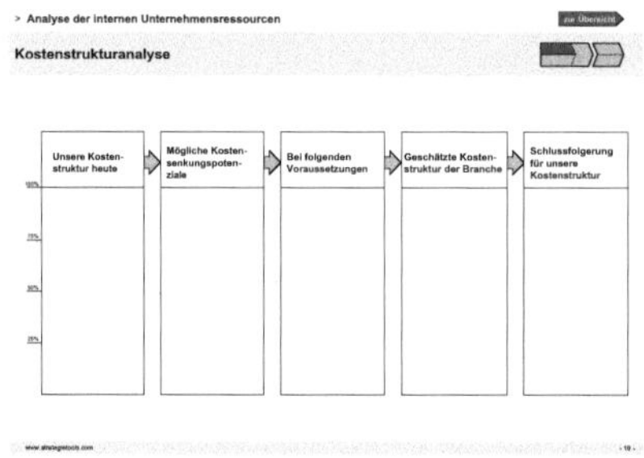

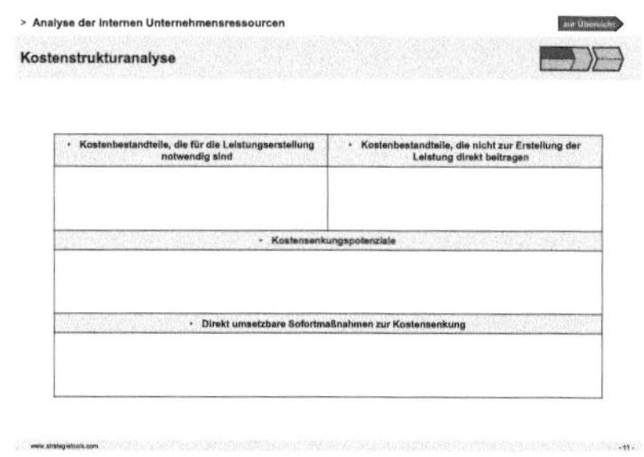

1.5.8 Verwandte und weiterführende Themen

- ABC-Analyse

  Bietet einen Anhaltspunkt für die Einschätzung von Wichtigkeiten bei Lieferanten, Kunden, Kostenträgern etc.

- Benchmarking

  Ermöglicht die Kostenstrukturanalyse des besten Wettbewerbers bzw. eines vergleichbaren Unternehmensbereichs als Anhaltspunkt für Kostensenkungspotenziale.

- Wertkettenanalyse

  Schafft einen Überblick über die Notwendigkeit von Kostenträgern. Die relevante Aussage für die Kostenstrukturanalyse ist, welche Prozesse für die Leistungserstellung notwendig sind.

1.5.9 Literaturhinweise

ELBEN, H. / HANDSCHUH, M. (2004): *Handbuch Kostensenkung,* Wiley-VCH, Weinheim 2004.

HORVÁTH, P. / GLEICH, R. / VOGGENREITER, D. (2001): *Controlling umsetzen,* 3. Aufl., Schäffer-Poeschel Verlag, Stuttgart 2001.

KREMIN-BUCH, B. (2004): *Strategisches Kostenmanagement,* 3. Aufl., Gabler Verlag, Wiesbaden 2004.

1.6 Zufriedenheitsanalyse

LEITFRAGEN:

- Wie zufrieden sind Kunden und Mitarbeiter?
- Welches sind die wichtigsten Merkmale, um die Zufriedenheit dieser Gruppen zu gewährleisten?
- Wie werden wir von Kunden und Mitarbeitern wahrgenommen?
- Welche Bereiche weisen bezüglich der Zufriedenheit noch Schwachstellen auf?
- In welche Maßnahmen müssen wir investieren, um die Zufriedenheit bei Kunden und Mitarbeitern zu steigern?

1.6.1 Zielsetzung und Anwendungsgebiet

Der wirtschaftliche Erfolg eines Unternehmens steht am Ende der Ursache-Wirkungs-Kette, die entscheidend durch die Befriedigung von Mitarbeiter- und Kundenwünschen geprägt wird. Die Zufriedenheitsanalyse ermöglicht es, den Grad der Befriedigung von Kunden- und Mitarbeiterinteressen zu messen und zu kontrollieren. Ziel ist es, die Schwachstellen des Unternehmens aus Sicht der Kunden und Mitarbeiter aufzudecken und entsprechende Maßnahmen zur Zufriedenheitssteigerung einzuleiten. Dadurch kann der Erfolgsfaktor Zufriedenheit als maßgeblicher Treiber des ökonomischen Erfolgs dienen. Der Grund ist, dass motivierte Mitarbeiter dazu beitragen, ständig eine Verbesserung der Produkteigenschaften und der Effizienz zu erlangen, um Kunden Leistungen anzubieten, die hochwertig, nützlich und zugleich ökonomisch sind. Im Bereich der Kundenzufriedenheit sind gleich mehrere Seiten zu beachten: Erstens sind weniger Zeit und Ressourcen darauf zu verwenden, Kundenbeschwerden entgegenzunehmen und zu bearbeiten. Zweitens ist die Mund-zu-Mund-Propaganda nicht zu unterschätzen: Unzufriedene Kunden teilen ihre Erfahrungen bis zu elf Mal den Bekannten und Freunden mit (vgl. Meister/Meister, 2002), zufriedene Kunden hingegen empfehlen Freunden und Bekannten das Produkt weiter (Multiplikatoreffekt). Drittens sind zufriedene Kunden unempfindlicher gegenüber Preissteigerungen bzw. offener beim Kauf von Überkreuzprodukten (Cross-Selling).

1.6.2 Beschreibung

Die Mitarbeiterzufriedenheitsanalyse wurde das erste Mal 1972 von der Kobe-Werft und später von Toyota (beides Japan) eingesetzt. Ziel war die Motivationssteigerung der Mitarbeiter. Der begründende Gedanke dahinter ist, dass motivierte Mitarbeiter dazu beitragen, die Leistungsfähigkeit der Unternehmung zu steigern und sich mehr mit dieser identifizieren.

Die Kundenzufriedenheit spiegelt die Beurteilung der Kunden im Hinblick auf ihre Konsumerfahrungen wider. Es wird davon ausgegangen, dass man zwischen drei Stufen der Zufriedenheit unterscheiden kann: Unzufriedenheit, Zufriedenheit und Begeisterung. Liegt die tatsächliche Leistung unter den Kundenerwartungen, so herrscht Unzufriedenheit (Ist < Soll), entspricht die Leistung den Erwartungen, so herrscht Zufriedenheit (Ist = Soll), und übertrifft gar die Leistung die Erwartungen, so spricht man von Begeisterung (Ist > Soll). (Vgl. Meffert/Bruhn, 2000; Meister/Meister, 2002).

Zur Messung von Wünschen wurde ein Modell entwickelt, das die Wünsche in Basisanforderungen, Funktionalitätswünsche und Begeisterungseigenschaften unterteilt (vgl. Markfort, 1995; Kano, 1984). Bild 1.22 veranschaulicht den Zusammenhang zwischen den Wünschen.

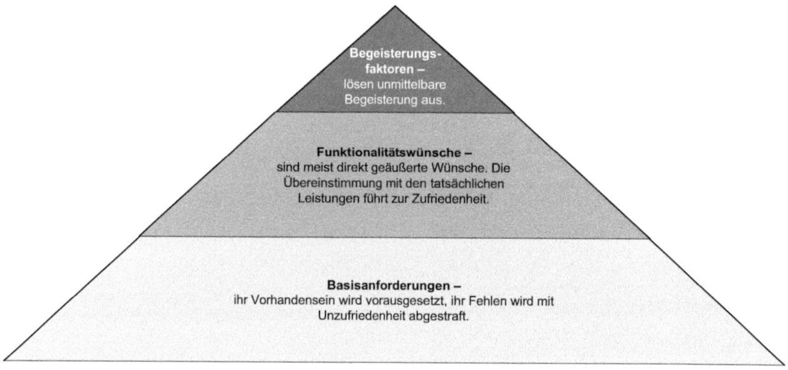

BILD 1.22 Modell zur Einordnung der Wünsche nach Kano

Das Problem in dem Modell besteht darin, dass die Grenzen zwischen den Wunscharten fließend sind und sich mit der Zeit verändern. Aus Begeisterungseigenschaften werden schnell Funktionalitätswünsche und dann Basisanforderungen. Diese Kategorisierung von Wünschen kann aber trotzdem in der Zufriedenheitsanalyse berücksichtigt werden, um zu beurteilen, welche Priorität die jeweilig abgeleitete Maßnahme hat. So könnten Maßnahmen zur Verbesserung der Basisanforderungen wichtig sein, wohingegen Begeisterungsfaktoren erst verbessert werden sollten, sobald die anderen Wünsche erfüllt wurden.

Weiterhin existiert eine Vielzahl von Motivationstheorien, die einen Erklärungsansatz für das Handeln eines Individuums bieten (einen Überblick über die wichtigsten Motivationstheorien gibt Buhner, 1996).

Die praktische Messung der Zufriedenheit ist äußerst komplex, da man sie nicht mit einer Kennzahl ausdrücken kann. Deshalb sind Indikatorenmodelle zu entwickeln, die mit Kennzahlen die Ausprägung der Zufriedenheit ausdrücken. Bei Kundenzufriedenheitsanalysen könnte z. B. die Wiederholkaufrate Indiz dafür sein, dass die Kunden zufrieden sind und deshalb das Produkt wieder kaufen. Weitere potenzielle Kennzahlen wären: Anzahl reklamierter Waren, Cross-Selling-Rate, Anzahl der Käufer, die aufgrund von Empfehlungen einkaufen, Anzahl der Beschwerden bzw. Lob.

Für die Mitarbeiterzufriedenheit kommen beispielsweise folgende Kennzahlen in Betracht: Fluktuationsrate, Anzahl der eingereichten Verbesserungsvorschläge pro Mitarbeiter, Absentismus, Grad der Zielerreichung (im Rahmen des Management by Objectives; Führen nach Zielen, die in Vereinbarungsgesprächen mit dem Mitarbeiter schriftlich fixiert werden), Anzahl der internen oder externen Bewerbungen für eine Stelle.

Die gewonnenen Kennzahlen sind anschließend in einen Gesamtkontext zu überführen, so dass aus den einzelnen Kennzahlen mittels einer adäquaten Gewichtung der Grad an Zufriedenheit angenähert werden kann (z. B. durch Scoring-Modelle, vgl. Kapitel 5.3).

Insgesamt ist es wichtig, zu verstehen, dass die Zufriedenheitsanalyse allein keine Verbesserungen mit sich bringt. Abgeleitete Maßnahmen müssen konsequent umgesetzt, ihr Erfolg muss regelmäßig überprüft und die Maßnahmen müssen gegebenenfalls angepasst werden.

1.6.3 Voraussetzungen und notwendiger Input

Die notwendigen Daten für eine Zufriedenheitsanalyse lassen sich explizit auf drei verschiedene Arten generieren: Interview (per Telefon oder persönlich),

- schriftlicher Fragebogen,
- Beobachtung (bzw. Auswertung bestehender Kennzahlen).

Tabelle 1.9 stellt die wichtigsten Vor- und Nachteile der drei Methoden gegenüber.

Fragebogen	Interview	Beobachtung
Vorteile:	***Vorteile:***	***Vorteile:***
• Geringe Kosten der Datenerhebung • Geringe Kosten der Analyse • Anonymität • Verhindert Vorurteile gegenüber Interviews • Kann geografisch großflächig eingesetzt werden • Erreicht eine hohe Anzahl an Befragten	• Motivierende Wirkung durch Interviewer • Persönlicher Kontakt, dadurch nonverbale Kommunikation • Möglichkeit, die Situation nachzustellen • Geeignet für komplexe Themen • Möglichkeit, nachzufragen	• Direktes Beobachten des Verhaltens statt Annahme bzw. Interpretation • Bestehende Kennzahlen können verwendet werden
Nachteile:	***Nachteile:***	***Nachteile:***
• Geringe Resonanz („Response") • Gefahr, dass er von anderen Personen beantwortet wird • Gefahr, dass wichtige bzw. schwierige Fragen übersprungen werden • Keine Möglichkeite zur Erläuterung bei Unklarheit • Unpassend für einige Empfänger (sprachliche Probleme etc.)	• Kostenintensiv und aufwendig • Soziale Abhängigkeit durch fehlende Anonymität (Befragtem ist es peinlich, ein bestimmte Aussage zu treffen) • Abhängig vom Geschick des Interviewers • Problematisch bei sensiblen Themen	• Nicht möglich, Gefühle zu beobachten, daher Interpretation der Motive notwendig • Subjektivität des Beobachters • Langwierig und aufwendig

TABELLE 1.9 Vor- und Nachteile der drei bedeutendsten Datenquellen

Je nach Zusammenhang und Zweck ist die passende Methode zu wählen (vgl. Meister/ Meister, 2002).

Für die implizite Analyse sind darüber hinaus noch interne Quellen für bestehende, relevante Kennzahlen zu identifizieren (z. B. Vertrieb bzw. Beschwerdeeingang und Personalabteilung). Meist werden die Kennzahlen für andere Zusammenhänge bereits erfasst, so dass sie lediglich für den neuen Zusammenhang zusammengeführt werden müssen.

Zusätzlich sind interne Workshops zur Selbsteinschätzung eine weitere Quelle. Hierzu müssen sich die Teilnehmer allerdings stark in die Kunden hineinversetzen können, was jedoch aufgrund der oftmals vorherrschenden Betriebsblindheit zu Verzerrungen führt.

1.6.4 Vorgehensweise

Im Folgenden wird auf die Differenzierung von Kundenzufriedenheit und Mitarbeiterzufriedenheit verzichtet. Die beschriebene Zufriedenheitsanalyse lässt sich auf beide Gruppen übertragen.

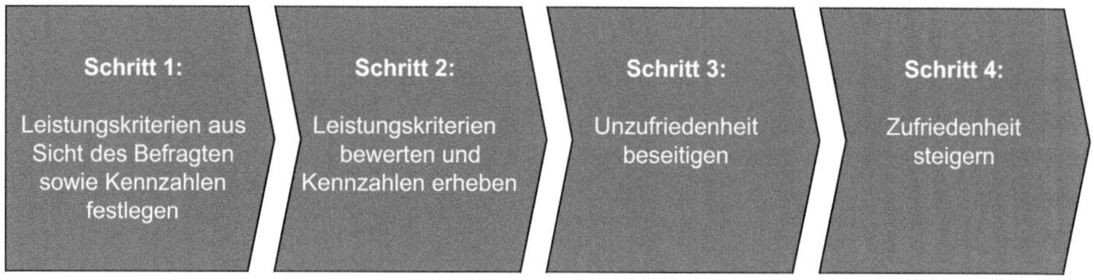

BILD 1.23 Vorgehensweise bei Zufriedenheitsanalysen

Schritt 1: Leistungskriterien aus Sicht des Befragten sowie Kennzahlen festlegen

CHECKLISTE: Legen Sie Leistungskriterien fest, die zur Kundenzufriedenheit beitragen.

- Definieren Sie Kennzahlen, die Kundenzufriedenheit beschreiben.

Im vorbereitenden ersten Schritt sind die **Leistungskriterien** aus Sicht des Befragten (Kunde oder Mitarbeiter) festzulegen. Dazu ist es notwendig, sich in die Lage des „typischen" bzw. durchschnittlichen Kunden oder Mitarbeiters zu versetzen (gegebenenfalls auch im Rahmen von Workshops). Dabei sind ca. zehn bis 20 detaillierte Merkmale (z. B. Produkt-, Arbeitsplatzmerkmale) herauszuarbeiten, die dazu geeignet sind, die Zufriedenheit zu steigern (so genannte „long list").

Anschließend sind die entscheidenden fünf Merkmale herauszufiltern, die der Befragte als solche wahrnimmt (Reduktion der „long list" auf die „short list").

Zusätzlich sind **Kennzahlen** auszuwählen, die als Indikatoren den Grad an Zufriedenheit abbilden. Dazu sollten sowohl „harte" als auch „weiche" Faktoren herangezogen werden, um einen umfassenden Blick auf die Zufriedenheit zu erreichen. „Harte" Faktoren können zahlenmäßig erfasst werden (z. B. Wiederkaufrate, Fluktuation), „weiche" Faktoren bilden die qualitative Aussage der subjektiven Wahrnehmung ab (z. B. Beurteilung von Vorgesetzten, Kunden-/Mitarbeiterzufriedenheit).

Schritt 2: Leistungskriterien bewerten und Kennzahlen erheben

TIPP: Planen Sie genug Zeit für den Fragebogenentwurf bzw. Interviewleitfaden sowie einen Testlauf ein. Schlechte Befragungen sind Basis einer verzerrten Abbildung.

Im zweiten Schritt sind die festgelegten Leistungskriterien durch Befragungen (meist mittels Interview oder Fragebogen) zu bewerten. Als ergänzende Informationsquelle können die zuvor definierten Kennzahlen erhoben werden. Hierzu sind zunächst entsprechende Datenquellen zu identifizieren (z. B. für die Reklamationsrate der Vertrieb bzw. After-Sales, für finanzielle Kennzahlen das Controlling). Die Berichtsstrukturen sind dahingehend anzupassen, dass die Kennzahlen in festgelegten, regelmäßigen Abständen erhoben und an die entsprechende Stelle geleitet werden. Diese Anforderungen sind in so genannten Kennzahlensteckbriefen festzuhalten (eine entsprechende Vorlage finden Sie im Downloadbereich).

Schritt 3: Unzufriedenheit beseitigen

Mit den gewonnenen Informationen sind im dritten Schritt die Schwachstellen der angebotenen Leistung zu ermitteln bzw. die Gründe für eine mögliche Unzufriedenheit. Dazu sind die Ergebnisse aus dem zweiten Schritt auszuwerten, insbesondere auch mit Hilfe von Benchmarkings. In Interviews und Befragungen mit Kunden stellen diese meist direkt die Verbesserungsbedarfe dar.

Notwendig ist die ständige Ausrichtung auf den Kunden: Wenn die Kunden entscheiden könnten, in welche Leistungskriterien investiert werden müsste, um die *Unzufriedenheit zu beseitigen*, gilt es, diese Merkmale zu priorisieren.

Dazu ist ein Katalog abzuleiten, der die notwendigen Maßnahmen zur Beseitigung der Unzufriedenheit beinhaltet. Abschließend sind konkrete Ziele zu definieren und zuzuordnen.

Schritt 4: Zufriedenheit steigern

In einem aufbauenden vierten Schritt sind nun die Begeisterungsfaktoren auszubauen. Voraussetzung ist die vollkommene Beseitigung der Unzufriedenheitsfaktoren. Hierzu ist in einem Brainstorming ein erster Maßnahmenkatalog zu erstellen, der wieder den Kunden im Fokus behält: Wenn die Kunden entscheiden könnten – in welche Leistungskriterien müsste investiert werden, um deren *Zufriedenheit zu steigern?*

Bei der folgenden Priorisierung sind die Maßnahmen nach Kosten-Nutzen-Kriterien zu sortieren, wobei der Nutzen durch die Kundenzufriedenheit repräsentiert ist. Abschließend sind entsprechende Ziele festzuhalten und zuzuordnen.

TIPP: Bei der Zielfestlegung eignet es sich, die Ziele in das Gesamtzielsystem des Unternehmens und anhand von Zielvereinbarungen mit den Mitarbeitern in die Arbeit zu integrieren.

1.6.5 Vor- und Nachteile

Vorteile	Nachteile
• **Analysen geben Einblicke in die wichtigen, aber oft vernachlässigten Erfolgsfaktoren eines Unternehmens** • **Zufriedenheit strahlt unternehmensweit auf viele Bereiche ab** • **Allein das Bestreben, die Zufriedenheit steigern zu wollen, hebt das Image** • **Kundenzufriedenheit ist ein zentraler Punkt in der DIN ISO 9000 ff.**	• **Kundenzufriedenheit führt nicht automatisch zu Folgekäufen – dazu sind weitere Maßnahmen erforderlich (CRM, Zufriedenheitsmanagement, ...)** • **Komplex und objektiv nur schwer messbar** • **Zeitlicher Wandel der Ansprüche und Erwartungen verlangen eine regelmäßige Überprüfung**

TABELLE 1.10 Vor- und Nachteile der Zufriedenheitsanalyse

1.6.6 Praxisbeispiel

Zu den Folgen einer geringen emotionalen Bindung von Mitarbeitern sowie zum aktuellen Stand der Mitarbeiterbindung in Deutschland gibt die Gallup Inc. regelmäßig eine Studie zum Engagement Index heraus. Die aktuelle Studie finden Sie auf der Internetpräsenz der Gallup Group *www.gallup.com*, direkter Link:

https://www.gallup.com/de/472028/bericht-zum-engagement-index-deutschland.aspx.

1.6.7 Vorlagen zum Download

Der Downloadbereich enthält ein Arbeitsblatt zur Darstellung der Zufriedenheit sowie eine Vorlage für Kennzahlensteckbriefe.

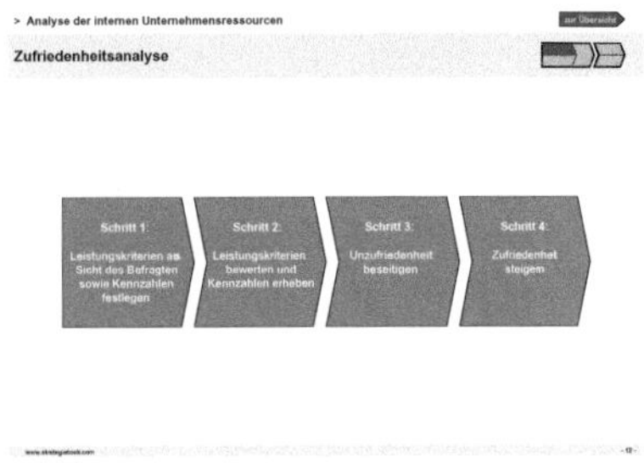

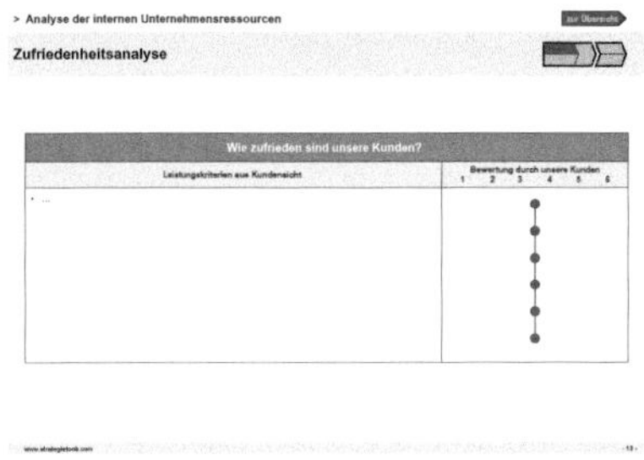

1.6.8 Verwandte und weiterführende Themen

- SWOT-Analyse

  Im Rahmen der SWOT-Analyse werden Mitarbeiter- und Kundenzufriedenheit als interne Stärke bzw. Schwäche einbezogen. Dazu kommen weitere Faktoren, so dass die Zufriedenheit in Relation zu weiteren Erfolgsfaktoren gesetzt wird.
- Balanced Scorecard (BSC)

  Die BSC ist ein Führungsinstrument, das mit Hilfe von vier Perspektiven einen ganzheitlichen Blick auf das Unternehmen ermöglicht. In der BSC werden Mitarbeiter und Kunden durch jeweils eine Perspektive dargestellt, oftmals wird als ein Bestandteil die Zufriedenheit der jeweiligen Gruppe berücksichtigt.
- Lebenszyklusanalyse

  Eine im Zeitablauf sinkende Kundenzufriedenheit kann Indikator für die Abschwächung des Lebenszyklus eines Produkts sein. Hierfür sind dann weitere Analysen erforderlich.
- Substitutionsanalyse

  Je höher die Kundenzufriedenheit ist, desto weniger besteht die Gefahr einer Produktsubstitution und umgekehrt. Dabei stellt die Kundenzufriedenheit einen von vielen Faktoren dar, die eine Produktsubstitution erschweren.

1.6.9 Literaturhinweise

BÜHNER, R. (1996): *Betriebswirtschaftliche Organisationslehre,* 8. bearb. und erg. Aufl., Oldenbourg Verlag, München/Wien 1996.

BÜHNER, R. (2000): *Mitarbeiter mit Kennzahlen führen,* 4. Aufl., Verlag moderne industrie, Landsberg am Lech 2000.

KANO, N. (1984): „Attractive Quality and Must-be Quality", in: Hinshitsu: *Journal of the Japanese Society for Quality Control,* Vol.14 – No. 2, 1984, S. 39–48.

MARKFORD, D. (1995): „Quality Function Deployment", in: *Qualitätsmanagement, Augsburg 1995,* Kap. 5.3.1.

MEFFERT, H. / BRUHN, M. (2000): *Dienstleistungsmarketing: Grundlagen – Konzepte – Methoden,* 3. Aufl., Gabler Verlag, Wiesbaden 2000.

MEISTER, U. / MEISTER, M. (2002): *Kundenzufriedenheit messen und managen,* Carl Hanser Verlag, München/Wien 2002.

RAMME, I. (2000): Marketing – *Einführung mit Fallbeispielen, Aufgaben und Lösungen,* Schäffer-Poeschel Verlag, Stuttgart 2000.

1.7 Unternehmenskulturanalyse

LEITFRAGEN:

- Inwieweit stimmen die gelebten Werte und Normen mit unserem Leitbild überein?
- Fördert die Unternehmenskultur unseren Erfolg oder behindert sie ihn?
- Was können wir tun, damit wir die Unternehmenskultur für unseren Erfolg nutzen?

1.7.1 Zielsetzung und Anwendungsgebiet

Strategische Wettbewerbsvorteile von Unternehmen werden immer weniger über die – meist kopierbaren – greifbaren Fähigkeiten erzielt. Die Unternehmenskultur wird als kaum mess- und greifbarer Bestandteil des Unternehmens zum differenzierenden Profilierungsmerkmal im Wettbewerb. Sie stellt damit einen wichtigen Erfolgsfaktor für die Entwicklung eines Unternehmens dar. Die Unternehmenskulturanalyse verdeutlicht die Kulturelemente und ihren Einfluss auf die Erfolgsentwicklung sowie auf betriebswirtschaftliche Schwachpunkte. Hierzu werden die Grundannahmen über kulturelle Werte in einem Unternehmen offen gelegt und wird eine gemeinsame Verständigungsgrundlage für das gesamte Unternehmen geschaffen. Ziel ist es, den Erfolg des Unternehmens zu erhöhen, indem die Unternehmenskultur bewusst verstanden und gegebenenfalls verändert wird.

Bild 1.25 stellt konkrete Ziele einer Unternehmenskulturanalyse auf möglichen Anwendungsgebieten dar.

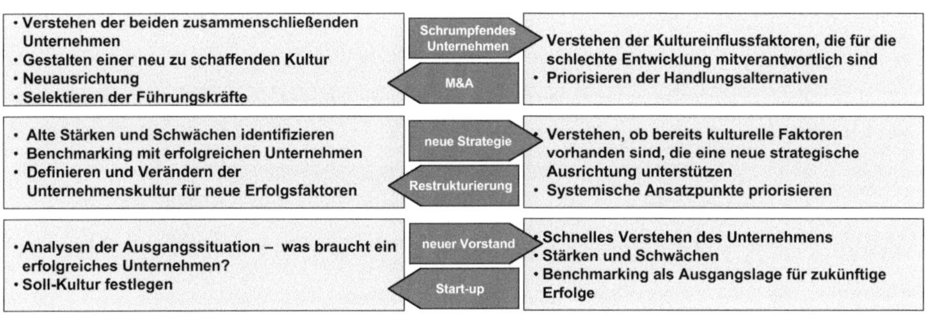

BILD 1.25 Anwendungsgebiete und Ziele von Unternehmenskulturanalysen

1.7.2 Beschreibung

Die Unternehmenskultur wird in der Literatur uneinheitlich definiert und verstanden. Zusammenfassend lässt sie sich definieren als ein Muster von gemeinsamen Überzeugungen und Erwartungen von Mitgliedern einer Organisation (z. B. Mitarbeiter, Führungskräfte, Aufsichtsrat eines Unternehmens). Diese Überzeugungen und Erwartungen schaffen Verhaltensregeln bzw. Normen, die das Verhalten der Individuen (Mitarbeiter) und Gruppen (Abteilungen) in der Organisation nachhaltig gestalten (vgl. Schwartz/Davis, 1981).

Als Abgrenzung zur Unternehmenskultur stellt das Betriebsklima den Übereinstimmungsgrad zwischen der Unternehmenskultur und dem tatsächlichen Verhalten der Mitarbeiter dar. Stimmt also das Verhalten mit der Unternehmenskultur überein, so gilt das Betriebsklima als gut. Weicht das Verhalten von der Unternehmenskultur dagegen ab, so ist das Betriebsklima schlecht. Damit kann das Betriebsklima als kurzfristig und taktisch orientiert charakterisiert werden, wobei die Unternehmenskultur als langfristig und strategisch beschrieben werden kann.

MERKE: Unternehmenskultur ist in der Literatur nicht eindeutig definiert.

Es geht zusammenfassend um die gemeinsamen Normen, die das Verhalten jedes Einzelnen beeinflussen. ■

In der Literatur finden sich zahlreiche Ansätze der Unternehmenskultur, die verschiedene Dimensionen erfassen. Sechs dieser Ansätze werden im Weiteren kurz vorgestellt, um zu verdeutlichen, dass es vielseitige Ansätze gibt, die vollkommen verschiedene Aspekte betrachten. Auf Basis des letzten Ansatzes nach Denison wird die praktische Vorgehensweise abgeleitet.

Der Ansatz von Ansoff geht von der zeitlichen Perspektive aus und betrachtet, welche Einstellung zur zeitlichen Entwicklung die Organisation prägt. Er differenziert dabei zwischen fünf Einstellungen, die in Bild 1.26 dargestellt sind (Ansoff, 1979).

BILD 1.26 Die zeitlichen Dimensionen der Unternehmenskultur nach Ansoff

Im Modell von Deal/Kennedy wird die Unternehmenskultur einer Organisation nach der Feedbackschnelligkeit und Risikobereitschaft beurteilt (Deal/Kennedy, 1987). Bild 1.27 stellt diesen Zusammenhang zur Verdeutlichung dar.

BILD 1.27 Faktoren der Unternehmenskultur nach Deal/Kennedy

Handy/Harrison untersuchen in ihrem Ansatz die Auswirkungen interner Strukturen auf die Organisation und differenzieren auf diese Weise die Unternehmenskultur (Handy, 1978; Harrison, 1972). Bild 1.28 veranschaulicht die vier Arten einer Unternehmenskultur.

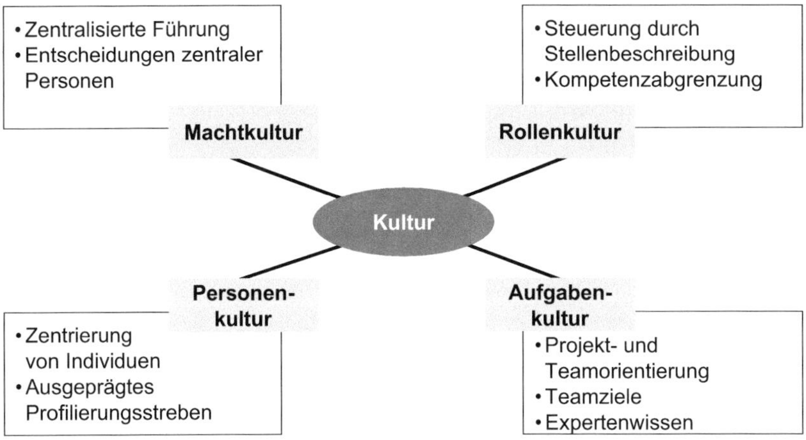

BILD 1.28 Unternehmenskultur nach Handy/Harrison

Trompenaars/Hampden-Turner untersuchen in ihrem Ansatz das Spannungsverhältnis antagonistischer Werte wie z. B. Hierarchie versus Gleichheit, Individualismus versus Kollektivismus, innengerichtete versus außengerichtete Organisation, erworbener Status versus festgelegter Status. Die Aussage ist, dass in einem erfolgreichen Unternehmen die gegensätzlichen Werte in einer optimalen Balance nebeneinander existieren (Trompenaars/Hampden-Turner, 1998).

Ein weiterer Ansatz ist der des bekanntesten Vertreters **Schein,** der in seinem Ansatz die Wahrnehmungsebenen untersucht. Demnach besteht eine Unternehmenskultur aus Elementen, die sich bei jedem Unternehmen unterschiedlich in Form von Werten, Normen und Ausdrucksformen ausprägen (Schein, 1995). Bild 1.29 zeigt die Ebenen, nach denen sich die Unternehmenskultur aufbaut.

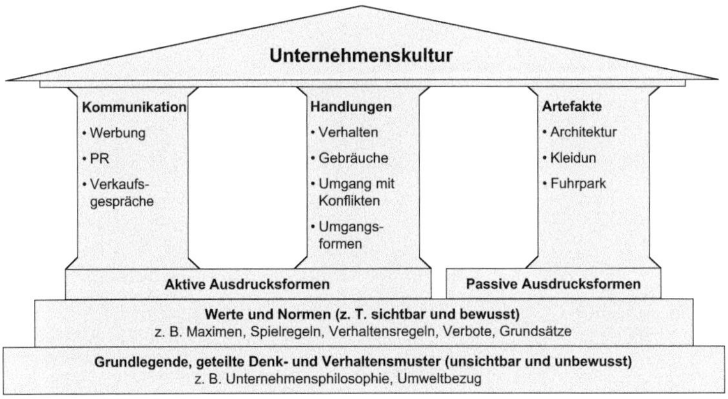

BILD 1.29 Ebenen der Unternehmenskultur nach Schein

Das Modell der Unternehmenskultur nach **Denison** betrachtet die ergebniswirksamen Dimensionen einer Unternehmenskultur. Hierzu verwendet er ein Kulturradar, das die vier Dimensionen bewertet, aus denen jede Unternehmenskultur besteht. Die Dimensionen wiederum bestehen aus jeweils drei Kriterien, die eine Beurteilung vereinfachen sollen (Denison, 2004). Bild 1.30 zeigt die vier Dimensionen einer Unternehmenskultur.

MERKE: Unternehmenskultur besteht nach Denison aus vier Eigenschaften:

- Anpassungsfähigkeit
- Mission
- Konsistenz
- Engagement/Beteiligung

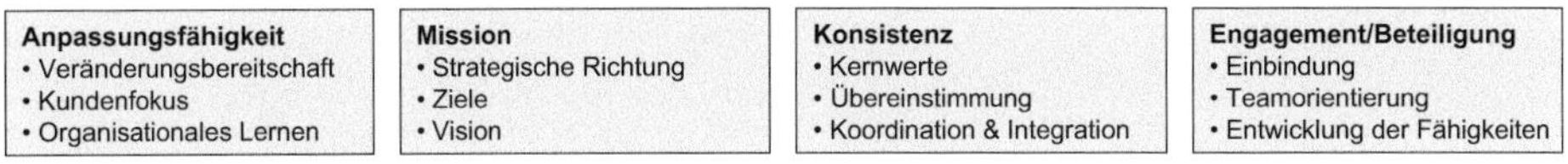

BILD 1.30 Dimensionen der Unternehmenskultur nach Denison

Ist die Dimension der Anpassungsfähigkeit weit ausgeprägt, so zeichnet sich die Unternehmenskultur durch Flexibilität, Agilität, Innovativität und einer lernenden Organisation aus. Die Dimension der Mission dagegen drückt Zielorientierung, Nachhaltigkeit und die Orientierung nach dem Leitbild aus. Die Dimension der Konsistenz sagt Beständigkeit und Ausdauer sowie Orientierung nach Werten aus. Ist dagegen die Dimension Engagement/Beteiligung stark ausgeprägt, so drückt dies Eigenverantwortung, Unternehmertum und die Nutzung von Kompetenz aus. Diese vier Dimensionen werden üblicherweise zur Veranschaulichung in einem Kulturradar abgebildet, in dem das jeweilige Unternehmen seine Stärken und Schwächen in den jeweiligen Dimensionen deutlich machen kann. Die Ausprägungen dieser Dimensionen (und damit das Kulturradar) werden durch Umfragen ermittelt, die zu jeder Dimension und ihrer drei Kriterien durch standardisierte Fragen bei Mitarbeitern und Führungskräften erhoben werden. Bild 1.31 zeigt ein beispielhaftes Kulturradar, das die Ausprägungen der einzelnen Dimensionen und Kriterien durch die grüne Fläche darstellt. Je höher die Ausprägung dabei ist, desto stärker ist die Unternehmenskultur in dieser Dimension entwickelt.

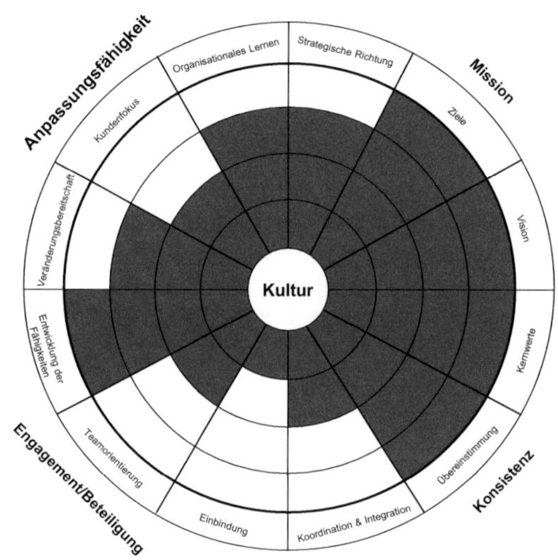

BILD 1.31 Beispielhaftes Kulturradar nach Denison

Zusätzlich zu der Interpretation der einzelnen Dimensionen können dimensionenübergreifend vier Bereiche fokussiert werden, die in Bild 1.32 anhand eines Beispiels dargestellt werden.

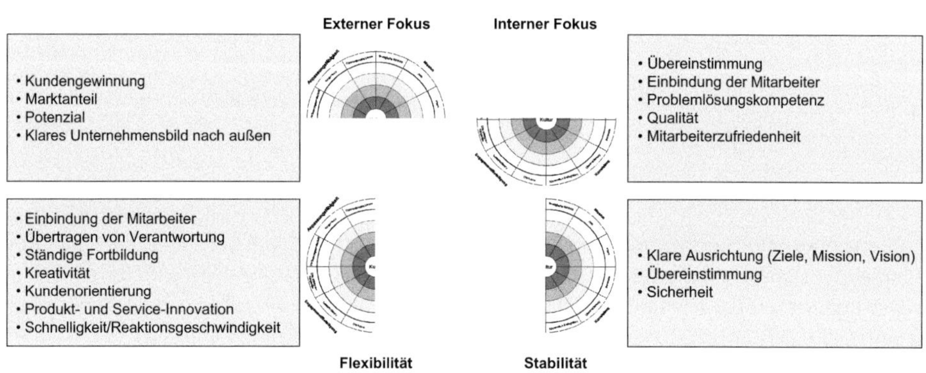

BILD 1.32 Interpretation von beispielhaften Ergebnissen

Der externe Fokus besteht aus den Dimensionen Anpassungsfähigkeit und Mission, der interne Fokus setzt sich aus der Kombination Engagement/Beteiligung sowie Konsistenz zusammen. Flexibilität wird durch die Dimensionen Anpassungsfähigkeit und Engagement/Beteiligung verdeutlicht, Stabilität hingegen durch die Dimensionen Konsistenz und Mission.

Aus allen unterschiedlichen Ansätzen der Unternehmenskultur lassen sich – auf die Praxis übertragen – Erfolgsfaktoren beobachten, die Mitarbeiter als positive Unternehmenskultur empfinden und für sie den Erfolg eines Unternehmens entscheidend prägen. Bild 1.33 veranschaulicht modellübergreifend Faktoren einer erfolgreichen Unternehmenskultur.

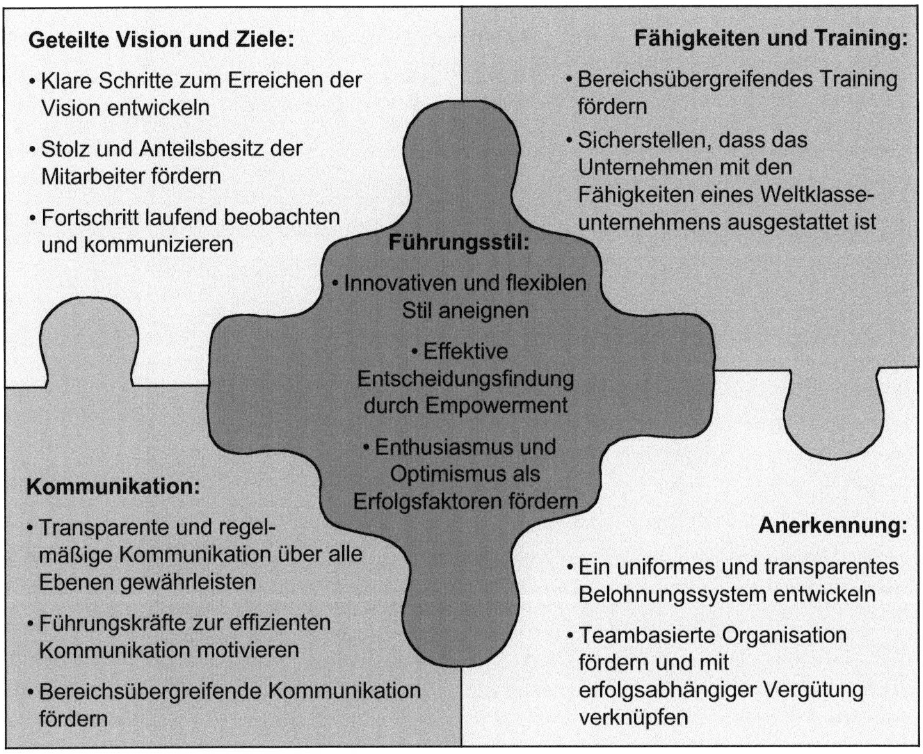

BILD 1.33 Erfolgsfaktoren der Unternehmenskultur

1.7.3 Voraussetzungen und notwendiger Input

- Mitarbeiterinterviews „Face to Face“ (Einzel-/Gruppeninterview):

  Interviews sind im Vorfeld durch einen Leitfaden zu strukturieren. Negative Aspekte sind, dass Mitarbeiterinterviews meist teuer und aufwendig sind. Darüber hinaus kann der Interviewer die Antworten verzerren und es kann bei offenen Fragen und subjektiven Einschätzungen Interpretations- bzw. Verständnisprobleme geben.

- Einteilung in Fokusgruppen und Interviews auf Gruppenebene:

  Hierbei werden die zu befragenden Mitarbeiter zunächst in einheitliche Gruppen eingeteilt (z. B. inhaltlich, fachlich oder hierarchisch), um die Interviews besser auf die jeweiligen Gruppen abzustimmen.

- Schriftliche Umfragen:

  Werden durch einen Fragebogen standardisiert. Als Vorteile gelten die einfache Erhebung bei einer großen Anzahl von Mitarbeitern sowie die Quantifizierbarkeit der Antworten. Negative Aspekte sind die Gefahr, dass Mitarbeiter die Beantwortung nicht ernst nehmen, da sie meist anonym erfolgen, sowie die Problematik, dass vorbestimmte Fragen am Problem vorbeigehen könnten.

  Schriftliche Umfragen eignen sich für eine Erhebung bei einer großen Anzahl bzw. sämtlichen Mitarbeitern.

- Beobachtung:

  Wird z. B. mittels eines Firmenrundgangs erhoben. Dabei werden Faktoren wie Arbeitsplatzgestaltung, Statussymbole und Verhaltensweisen bewertet. Nachteile sind Interpretationsprobleme und Beobachtungsfehler. Zudem ist das Verfahren aufwendig und unterliegt der Stichprobenproblematik.

- Workshops:

  Nachteilig an Workshops ist, dass sie teuer und aufwendig sind sowie der Workshopleiter den Workshopverlauf steuern und verändern kann. Dennoch eignen sie sich für Erhebungen bei Führungskräften, Nachwuchskräften und ausgewählten Mitarbeitern.

- Sekundäre Quellen:

  Bei Heranziehen von sekundären Daten sind für die Unternehmenskulturanalyse relevante Quellen z. B. Statistiken, Schriftstücke und Werbung. Nachteilig sind das Stichprobenproblem sowie Interpretationsprobleme. Vorteilhaft ist, dass die sekundären Quellen günstig und schnell verfügbar sind.

- Projektive Verfahren:

  Als projektives Verfahren wird die freie Auseinandersetzung mit einem Thema zur Aufdeckung grundlegender Werte bezeichnet (z. B. Mal- oder Bastelworkshops). Die Interpretation geschieht durch Beobachter. In Einzel- oder Gruppenaufgaben erläutern die Teilnehmer ihr Verhalten. Nachteilig sind die Abhängigkeit der Beobachter (Interpretationsprobleme, Beobachtungsfehler) sowie die Zeitintensität der Methode.

1.7.4 Vorgehensweise

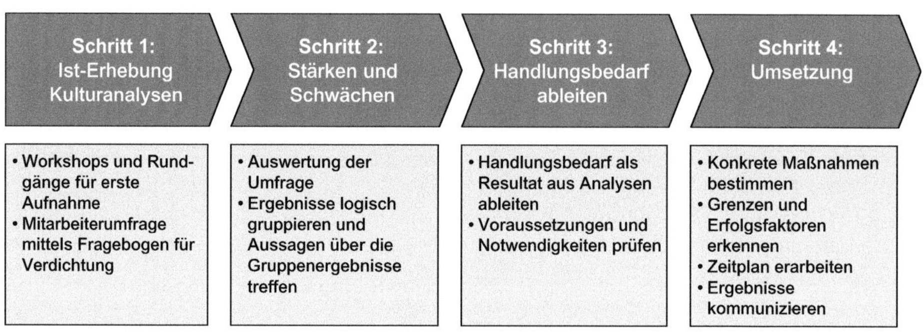

BILD 1.34 Vorgehensweise bei der Unternehmenskulturanalyse

Schritt 1: Ist-Erhebung der Unternehmenskultur

Am Beginn der Unternehmenskulturanalyse stehen Firmenrundgänge, Workshops und die Analyse sekundärer Quellen. Hierbei können die Elemente der Unternehmenskultur nach Schein als Anhaltspunkte dienen (also Kommunikation, Handlungen und Artefakte). Als weiteres Analyseraster kann das Kulturradar nach Denison herangezogen werden (eine Vorlage hierzu finden Sie im Downloadbereich). Ziel ist es, sämtliche gewonnenen Erkenntnisse in die Struktur des Denison-Kulturradars zu überführen, um die Ergebnisse einheitlich bewerten zu können.

Die zweite Stufe der Ist-Erhebung besteht in der Mitarbeiterbefragung. Hierzu dient ein Fragebogen, der auf die unterschiedlichen Dimensionen der Unternehmenskultur eingeht (eine Vorlage mit Fragebogen und Analysefunktion finden Sie im Downloadbereich). Der Fragebogen besteht aus jeweils fünf Leitfragen zu jedem der drei Kriterien pro Dimension. Die Antworten werden auf einer fünfstufigen Skala eingetragen. Die Befragung ist mit einer repräsentativen Auswahl der Mitarbeiter, also Mitarbeiter unterschiedlicher Hierarchieebenen und Bereiche, durchzuführen.

CHECKLISTE: Analysieren Sie die Unternehmenskultur z. B. mittels:

- Betriebsrundgängen,
- Workshops,
- sekundäre Quellen,
- Mitarbeiterbefragungen.

Schritt 2: Herausarbeiten der Stärken und Schwächen

Im zweiten Schritt werden die erhobenen Werte der Umfrage analysiert und die Stärken und Schwächen bewertet. Gruppiert nach den Kulturdimensionen werden die Ergebnisse in das Kulturradar abgetragen (erfolgt bei der Vorlage automatisch).

Die Ergebnisse des Workshops, der Firmenrundgänge und sekundären Quellen werden ebenfalls auf Merkmalsausprägungen mit Hilfe des Kulturradars interpretiert.

Weitere Auswertungen für das Herausarbeiten der Stärken und Schwächen können durch Gruppieren der Dimensionen (interner und externer Fokus, Stabilität und Flexibilität) getätigt werden.

Falls möglich, können auch Benchmarkings herangezogen werden, um noch deutlicher Stärken und Schwächen in der eigenen Unternehmenskultur zu identifizieren. Allerdings gestaltet es sich schwierig, fremde Unternehmen bezüglich der Unternehmenskultur zu benchmarken, daher erscheint lediglich der interne Vergleich mit anderen Geschäftsbereichen realistisch.

Schritt 3: Handlungsbedarf ableiten

Als Resultat der vorhergehenden Analyse wird eine ideale Unternehmenskultur bestimmt. Dabei sollten nicht alle maximal zu erreichenden Werte als Idealwerte dienen, sondern es sollte eine eigene, charakteristische Ideal-Unternehmenskultur bestimmt werden. Zusätzlich sind die Voraussetzungen und Notwendigkeiten zu prüfen, die für die Zielerreichung notwendig sind.

Schritt 4: Umsetzung

Die notwendigen Maßnahmen sind auf Basis der Analyse und Bestimmung der Zielsetzung abzuleiten. Hierbei sind die Maßnahmen konkret zu formulieren, um sie weiter in Arbeitspakete aufteilen zu können (z. B. können die Ausprägungen „Organisationales Lernen“ und „Einbindung“ durch die folgenden Maßnahmen erreicht werden: Wissensmanagementsystem einführen, Intranetnutzung ermöglichen, elektronische Dokumenterfassung etc.).

Um den Erfolg der Maßnahmen zu gewährleisten, sind die Erfolgsfaktoren und Grenzen zu erkennen (Beispiel Mitarbeiterschulungen, damit die Nutzung des Intranets gewährleistet werden kann). Auf diese Weise können die Maßnahmen entsprechend gesteuert werden. Abschließend wird der Zeitplan für die Umsetzung erstellt, werden die Aufgabenpakete definiert und gegebenenfalls an Teams delegiert. Eine regelmäßige Erfolgskontrolle sollte durch die wiederholte Durchführung der Ist-Kulturanalyse (Schritt 1) durchgeführt werden.

TIPP: Immer das oberste Management einbinden, denn Veränderungen der Unternehmenskultur sind Aufgabe des Topmanagements!

1.7.5 Vor- und Nachteil

Vorteile	Nachteile
• **Wichtige Grundlage für Unternehmenserfolg und Strategieumsetzung** • **Eine gute Unternehmenskultur führt zu einem hohen individuellen und unternehmensweiten Grad an Befriedigung grundlegender Bedürfnisse der Mitarbeiter und damit zu hoher Mitarbeiterzufriedenheit**	• **Aufwendige Erhebung** • **Grundlegende Maßnahmen und Instrumente zur Verbesserung sind meist Verhaltensweisen (wie Führungsstil, Kommunikationsverhalten) und damit nur schwer veränderbar**

TABELLE 1.11 Vor- und Nachteile der Unternehmenskulturanalyse

1.7.6 Praxisbeispiel

Die Bertelsmann Stiftung würdigt mit ihrem jährlichen Preis vorbildliche Unternehmenskultur. Die Hilti AG mit Sitz in Schaan, Fürstentum Liechtenstein, erhielt den Carl Bertelsmann-Preis 2003.

Hilti zeige in herausragender Weise, wie eine mitarbeiter- und kundenorientierte Unternehmenskultur sowie vorbildliches Führungsverhalten entscheidend zum wirtschaftlichen Erfolg beitragen können, begründete Prof. Heribert Meffert, Präsidiumsvorsitzender der Bertelsmann Stiftung, die Entscheidung der Jury. Insgesamt hatte die Stiftung 60 europäische Unternehmen eingehend analysiert.

Die Hilti AG (14.600 Mitarbeiter; Umsatz: 2 Mrd. €) ist weltweit führend in der Entwicklung, der Herstellung und dem Vertrieb von qualitativ hochwertigen Produkten und Systemen für den Profi am Bau und in der Gebäudeinstandhaltung. Das Unternehmen überzeuge durch seine konsequente Kundenausrichtung und unternehme große Anstrengungen, Werte und Haltungen an seine Mitarbeiter zu vermitteln, heißt es in der Begründung der Jury. Auszug aus der Begründung: „Alle Mitarbeiter, auch die Mitglieder von Vorstand und Aufsichtsrat, nehmen an kontinuierlichen Unternehmenskultur-Trainings teil. Wesentliche Instrumente der Unternehmenskultur sind Mitarbeiterbefragungen und regelmäßige Führungskräftebeurteilungen.

Der Wertekanon bei Hilti hebt deutlich das Team hervor. Hilti motiviert seine Mitarbeiter zur Übernahme von Verantwortung und setzt dabei konsequent auf eine offene Vertrauenskultur, die Risiken bewusst in Kauf nimmt. Vorbildlich ist auch das klar definierte Corporate-Governance-Modell, das Kompetenzen abgrenzt, Doppelmandate vermeidet und Qualifikationsanforderungen für das Management definiert. Hilti zeichnet sich durch vielfältige Aktivitäten im gesellschaftspolitischen Bereich aus. Die Hilti-Stiftung ist Ausdruck des sozialen und kulturellen Engagements der Inhaber-Familie."

„Hilti ist es in beeindruckender Weise gelungen, marktnahe Entscheidungsstrukturen aufzubauen und den Mitarbeitern unternehmerisches Denken zu vermitteln", lobte Meffert die Führungsprinzipien des Unternehmens. Besonders die Orientierung an zentralen Werten wie Integrität, Selbstverantwortung, Vertrauen, Toleranz und Respekt sei beeindruckend. Der Erfolg von Hilti sei das Ergebnis einer positiven Wechselbeziehung zwischen den Elementen Mitarbeiterzufriedenheit, Kundenzufriedenheit und wirtschaftlicher Ertragskraft. „Das Beispiel Hilti zeigt, wie eine vorbildlich gelebte Unternehmenskultur zum entscheidenden Wettbewerbsvorteil werden kann", sagte Meffert (ohne Verfasser, 2004). Bild 1.35 zeigt die Preisverleihung des Carl Bertelsmann-Preises 2003 in der Stadthalle Gütersloh am 21. September 2003. Im Bild zu sehen sind neben Michael Hilti (Präsident des Verwaltungsrates der

Hilti AG) auch Liz und Reinhard Mohn, Lars Rebien Sørensen (Präsident und CEO von Novo Nordisk A/S) und Ernst Baumann (Mitglied des Vorstandes der BMW Group).

BILD 1.35 Festakt zum Carl Bertelsmann-Preis 2003 (Foto: © Thomas Kunsch / Bertelsmann Stiftung)

1.7.7 Vorlagen zum Download

Im Downloadbereich befindet sich eine Excel-Datei mit einem Fragebogen zur Ermittlung für das Denison Modell wie auch eine PowerPoint-Vorlage für das Kulturradar.

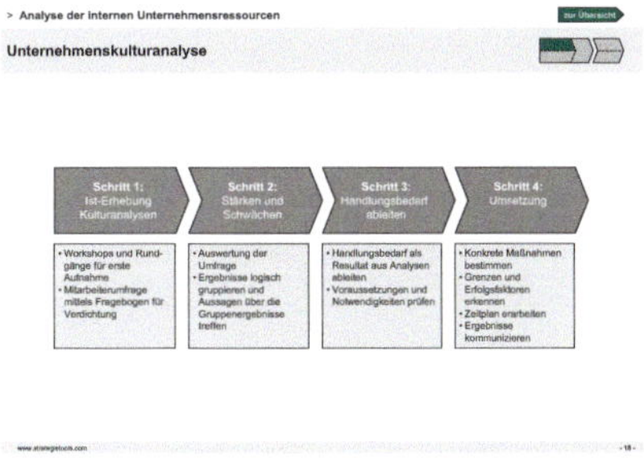

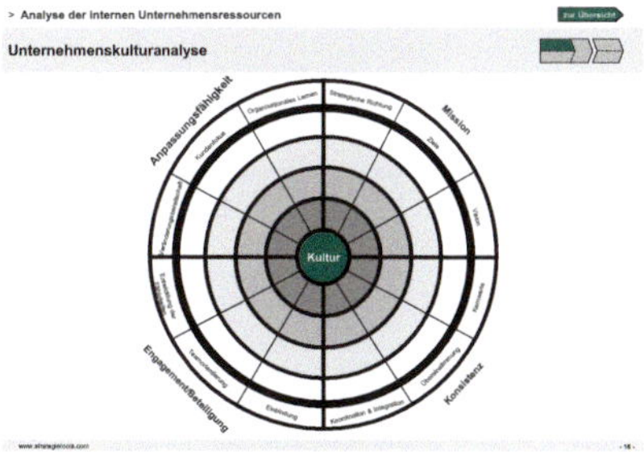

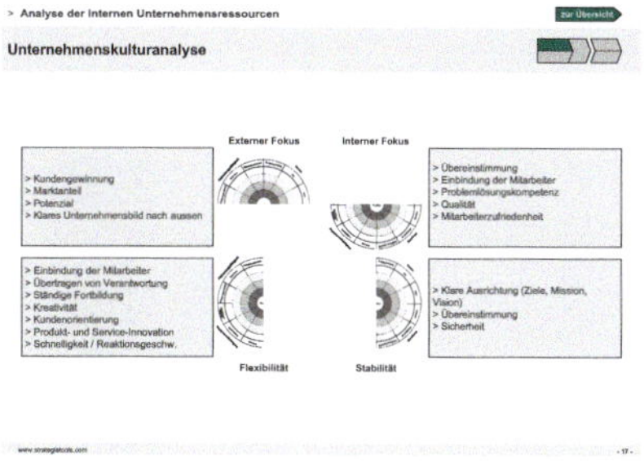

1.7.8 Verwandte und weiterführende Themen

- Benchmarking

  Analyseverfahren, bei dem man sich mit dem „Besten“ misst. Ein solcher Vergleich kann auch in Bezug auf die Unternehmenskultur durchgeführt werden.

1.7.9 Literaturhinweise

ANSOFF, H. I. (1979): *Strategic Management,* London 1979.

DEAL, T. / KENNEDY, A. (1987): *Unternehmenserfolg durch Unternehmenskultur,* Bonn 1987.

DEAL, T. / KENNEDY, A. (1982): *Corporate Cultures,* Reading, Mass. 1982.

DENISON, D. R. (1984): *„Bringing Corporate Culture to the Bottom Line",* in: Organizational Dynamics, 13 (Winter), 1984, p. 5–22.

DENISON, D. R. (2004): http://www.denisonculture.com, 2004.

HANDY, C.B. (1978): *„Zur Entwicklung der Organisationskultur durch Management Development-Methoden",* in: Zeitschrift für Organisation, Nr. 7, 1978, S. 404–410.

HARRISON, R. (1972): *„Understanding your Organizational Character",* in: Harvard Business Review, May/June 1972, p. 119–128.

KERN, H. (1991): *Analyse von Unternehmenskulturen – Eine empirische Studie,* Peter Lang, Frankfurt am Main 1981.

Ohne Verfasser (2004): *www.carl-bertelsmann-preis.de,* 2004.

ROHLOFF, S. (1994): *Die Unternehmenskultur im Rahmen von Unternehmenszusammenschlüssen: Probleme und ausgewählte Lösungsansätze,* Göttingen 1994.

Sackmann, S. (2002): *Unternehmenskultur,* Luchterhand, Neuwied/Kriftel 2002.

SCHEIN, E. H. (1985): *„How Culture forms, develops and changes",* in: Killman, R. H. (Hrsg.): Gaining Control of the Corporate Culture, Jossey-Bass Publishers, San Francisco/London 1985.

SCHEIN, E. H. (1986): *„Wie Führungskräfte Kultur prägen und vermitteln",* in: GDI-Impuls, 2, 1986, S. 23–36.

SCHEIN, E. H. (1995): *Unternehmenskultur – Ein Handbuch für Führungskräfte,* Frankfurt am Main 1995.

SCHWARTZ, H. / DAVIS, S. (1981): *„Matching Corporate Culture and Business Strategy",* in: Organizational Dynamics, 10 (1), 1981, p. 30–48.

TROMPENAARS, F. / HAMPDEN-TURNER, C. (1998): *Riding the Waves of Culture. Understanding Cultural Diversity in Business,* London 1998.

TROMPENAARS, F. (1993): *Handbuch Globales Managen – Wie man kulturelle Unterschiede im Geschäftsleben versteht,* Düsseldorf/Wien/New York/Moskau 1993.

1.8 Kernkompetenzanalyse

LEITFRAGEN:

- Welche Fähigkeiten sind für den Erfolg der Vergangenheit verantwortlich?
- Welche dieser Fähigkeiten können wir ausbauen, um auch in Zukunft erfolgreich zu sein?

1.8.1 Zielsetzung und Anwendungsgebiet

Die Analyse der Kernkompetenzen ermöglicht einem Unternehmen, die besonderen Fähigkeiten zu identifizieren, die den Unternehmenserfolg ausmachen. Durch das bewusste Wahrnehmen, Entwickeln und Nutzen der Kernkompetenzen kann ein Unternehmen seine Wettbewerbsposition effizient ausbauen, indem Leistungen angeboten werden, die auf einzigartige Weise Kundenbedürfnisse befriedigen.

Die Kernkompetenzanalyse legt dabei offen, mit welchen Produkten das Unternehmen in der Vergangenheit erfolgreich war und welche Produkte in der Zukunft von Bedeutung sind. Durch das Übertragen der Erfolgsfaktoren von den erfolgreichen Produkten der Vergangenheit auf neue, erfolgversprechende Produkte, ist es möglich, die Kernkompetenzen nutzbar zu machen und den Wettbewerbsvorteil der Vergangenheit auf neue Produkte zu transferieren.

1.8.2 Beschreibung

Der Kernkompetenzansatz erklärt den Erfolg eines Unternehmens mit Hilfe von Ressourcenausstattungen und bildet einen Gegenpol zu dem markttheoretischen Ansatz, der den Unternehmenserfolg mit der Marktposition des Unternehmens argumentiert. Der Durchbruch des Kernkompetenzansatzes erfolgte durch die Veröffentlichung von Prahalad/Hamel, die 1990 den Erfolg von führenden Unternehmen analysierten. Sie erklärten den Erfolg mit der Nutzung von Kernkompetenzen. Kernkompetenzen stellen ein Bündel von Fähigkeiten und Technologien dar, die einen besonderen Kundennutzen ermöglichen und den Zugang zu weiteren Märkten eröffnen (Prahalad/Hamel, 1990). Kernkompetenzen haben die nachstehenden Kriterien zu erfüllen, um als Kernkompetenz zu gelten:

- wertvoll (d. h. es resultiert ein strategischer Wettbewerbsvorteil),
- selten (bzw. knapp),
- nicht imitierbar (z. B. durch Barrieren gegenüber Konkurrenten),
- nicht (bzw. nur schwer) substituierbar.

Insbesondere intangible Vermögensgegenstände (z. B. Patente, Technologien, Know-how, Erfahrung, Markenwert, besonderes Prozesswissen und Unternehmenskultur) erfüllen diese Kriterien. Die Beispiele zeigen lediglich einzelne Merkmale von Kernkompetenzen, die zusammen mit weiteren Elementen die Kernkompetenz prägen. Die gezielte Weiterentwicklung sowie die Nutzung von Kernkompetenzen zur Bearbeitung anderer Produkte, Kunden oder Regionen verhelfen dem Unternehmen zu einem Vorsprung im Wettbewerb, der von den Konkurrenten durch die genannten Eigenschaften einer Kernkompetenz nicht ohne weiteres aufzuholen ist. Entscheidend ist, dass sich die Unternehmensführung bei der Weiterentwicklung der Kernkompetenzen beispielsweise von einem spezifischen Geschäftsbereich löst und sie übergreifend entwickelt.

Beispiele für Kernkompetenzen:

- Marke: bekannt auch ohne Schriftzug (Coca-Cola, Marlboro),
- Miniaturisierung (Sony),
- Innovation von Klebstoffen und Trägermaterialien (3M, tesa),
- sportlich-dynamisches Fahren (BMW),
- Feinoptik und Präzisionsmechanik (Canon).

1.8.3 Voraussetzungen und notwendiger Input

Das Identifizieren von Kernkompetenzen ist ein langwieriger und aufwendiger Prozess, der eine Reihe von Inputquellen benötigt:

- Expertengespräche und ressortübergreifende Workshop-Serien mit Teilnehmern aus F&E, Produktion, Vertrieb, Service etc.,
- Fachzeitschriften und Interviews unabhängiger Experten,
- kommerzielle Benchmarking-Veröffentlichungen,
- eigene Benchmarking-Aktivitäten,

- umfangreiche Unternehmensanalyse (z. B. auf Organisationsstruktur, Organisationskultur, Wissensmanagement, Technologien, Unternehmensimage, Erfolgsgeschichte),
- Detailanalysen wie Kundenzufriedenheits-, Wertketten-, Substitutions- und Konkurrenzanalysen enthalten Informationen für die Identifikation der Kernkompetenzen,
- interne Dokumente (z. B. Patentdokumente).

1.8.4 Vorgehensweise

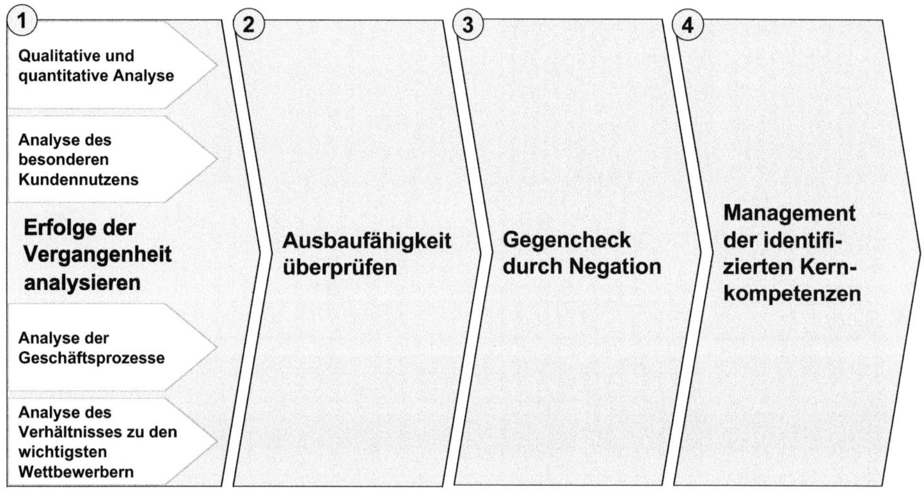

BILD 1.36 Vorgehensweise bei der Analyse der Kernkompetenzen

Schritt 1: Erfolge der Vergangenheit analysieren

Um die Erfolgsgeschichte des Unternehmens zu analysieren, bieten sich vier Analysen an, die sich gegenseitig ergänzen.

Die **quantitative und qualitative Analyse** beleuchtet die Erfolge aus der Vergangenheit und bildet aus den Erfolgen die Schnittmenge. In dieser Überschneidung können bedeutende Fähigkeiten zu finden sein.

Bei dem quantitativen Teil der Analyse werden die Unternehmenskompetenzen systematisch in einer Matrix aufgelistet. Danach wird errechnet, wie oft diese Kompetenzen miteinander kombiniert werden, um Produkte herzustellen. Tabelle 1.12 veranschaulicht die quantitative Analyse.

1	0,7				
2	0,15	0,4			
3	0,6	0,1	0,7		
4	0,2	0,3	0,1	0,3	
5	0,4	0,2	0,6	0,1	0,8
Kompetenz	1	2	3	4	5

TABELLE 1.12 Matrix zur quantitativen Analyse

Im veranschaulichten Beispiel wird Kompetenz 1 in 70 % aller Produkte einfließen. Kompetenz 2 und 1 werden bei 15 % aller Produkte miteinander kombiniert, Kompetenz 3 und 1 in 60 % aller Produkte usw.

Nach dem Formulieren der Matrix wird sie nun, wie in Tabelle 1.12 dargestellt, waagrecht aufsteigend nach der Häufigkeit des Einsatzes der Kompetenzen in den einzelnen Produktionsprozessen geordnet. Es zeigt sich, dass vor allem die Kompetenzen 1, 3 und 5, hier in den untersten Zeilen der Tabelle 1.13 dargestellt, von besonderer Relevanz sind und häufig miteinander kombiniert werden. Offensichtlich sind sie von enormer Bedeutung für das Unternehmen und bilden in ihrer Kombination eine Kernkompetenz. Sowohl die Beziehungen untereinander als auch die so entstehende Kernkompetenz sind nun auf den Ursprung zu untersuchen.

TIPP: Um nicht nur Kombinationen aus zwei Kompetenzen zu betrachten, können Sie als „Kompetenz 1“ auch ein Kompetenzpaket betrachten, das als Ganzes relevant ist.

4	0,3				
2	0,3	0,4			
5	0,1	0,2	0,8		
3	0,1	0,1	0,6	0,7	
1	0,2	0,15	0,4	0,6	0,7
Kompeten z	4	2	5	3	1

$$\text{Kompetenz-Cluster-Inde x } I_{ij} \quad \frac{\text{Anzahl der Produkte, bei denen auf die Kompetenzen i und j zurückgegriffen wird}}{\text{Gesamtzahl aller Produkte}}$$

TABELLE 1.13 Ergebnismatrix im Rahmen der quantitativen Analyse

Diese quantitative Analyse ist durch eine qualitative Bewertung zu ergänzen, um ein umfassendes Bild zu erzeugen.

Die qualitativen Kriterien können die gewonnenen Erkenntnisse unterstützen oder relativieren. Dabei kann die folgende Checkliste unterstützen (die Checkliste finden Sie auch im Downloadbereich).

CHECKLISTE: Analysieren Sie im ersten Schritt:

- qualitative Bedeutung,
- quantitative Bedeutung,
- besonderer Kundennutzen,
- Geschäftsprozesse,
- Verhältnis zum Wettbewerber.

☑ Welche Produkte, Dienstleistungen und Projekte machen uns erfolgreich?
☑ Was waren die erfolgreichsten Produkte der letzten Jahre?
☑ Welche Geschäftsfelder haben sich besonders erfolgreich entwickelt?
☑ Welche Faktoren waren aus unserer Sicht für diesen Erfolg ausschlaggebend?
☑ Wie und von welcher Seite sind diese Projekte und erfolgreichen geschäftlichen Aktivitäten initiiert worden?
☑ Gab es maßgebliche Innovationen von uns in den vergangenen Jahren?
☑ Was hat diese zustande kommen lassen?
☑ Für welche Probleme von Kunden haben wir in jüngster Zeit besonders gute Lösungen gefunden und warum?
☑ Wie war das vor fünf und vor zehn Jahren? Was hat sich seitdem verändert?
☑ Wodurch sind diese Veränderungen eingetreten?

BILD 1.37 Checkliste zur qualitativen Analyse (in Anlehnung an Nagel/Wimmer, 2006)

Eine weitere **Analyse** ist die **des besonderen Kundennutzens**. Hierbei ist durch Kunden-, Vertriebsbefragungen und Absatzanalysen zu klären, worin bei erfolgreichen Produkten der besondere Nutzen für den Kunden besteht. Zusätzlich sollte ermittelt werden, wie der Kunde den wesentlichen Nutzen des eigenen Produkts beschreibt und welche Eigenschaften von besonderer Bedeutung sind. Durch Testberichte und andere Einschätzungen können unterschiedliche Meinungen über das Produkt gewonnen werden, z. B. von Fachleuten, von politischen Entscheidungsträgern und von Mitarbeitern.

TIPP: Es ist hilfreich, eigene Produkte zu analysieren auf Gründe, warum der Kunde ggf. bereit ist, für dieses Produkt mehr zu bezahlen.

Ergänzend können die **Geschäftsprozesse** Aufschluss über mögliche Kernkompetenzen geben. Die Wertkette ist detailliert zu untersuchen, inwieweit die einzelnen Prozesse zum im Vorfeld identifizierten Kundennutzen beitragen. Bei der Analyse kann in die Fachkenntnisse bzw. das Wissen sowie in die Erfahrung in der Anwendung differenziert werden. Bild 1.38 zeigt die zwei Gruppen von Kompetenzen, die auf die Geschäftsprozesse wirken können.

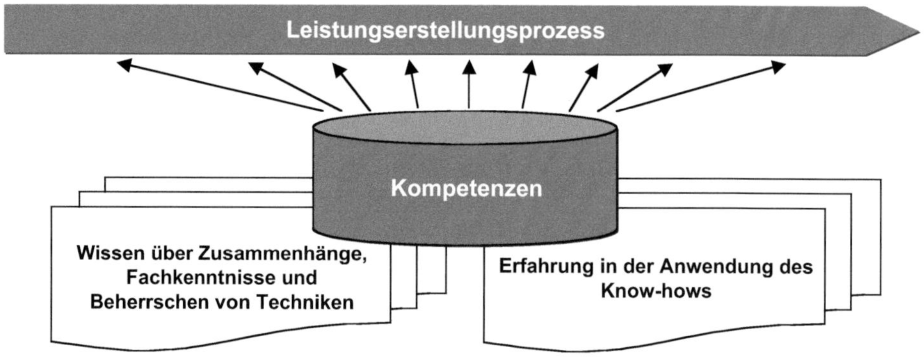

BILD 1.38 Kompetenzen im Geschäftsprozess

TIPP: Erfassen Sie auch das Fremdbild: Wo sehen z. B. Kunden oder Konkurrent die Unterschiede zwischen Wettbewerbern und dem eigenen Unternehmen?

In einer weiteren Analyse wird das **Verhältnis zu den wichtigsten Konkurrenten** betrachtet. Dabei sind Unterschiede und Ähnlichkeiten mit Wettbewerbern zu untersuchen.

Anschließend wird herausgearbeitet, in welchen Bereichen das Kompetenzniveau im eigenen Unternehmen deutlich höher ist als bei den Konkurrenten. Ergänzende Erkenntnisse lassen sich auch gewinnen, indem man ermittelt, welche Eigenschaften der eigenen Produkte kopiert werden (z. B. bei Plagiaten oder im Design etc.) und um welche Eigenschaft die Konkurrenz das eigene Unternehmen beneidet.

Schritt 2: Ausbaufähigkeit überprüfen

Eine Kernkompetenz hat erst Substanz, wenn sie eine Grundlage für die Entwicklung neuer Produkte sowie für die Erschließung neuer Märkte und Kundengruppen bietet. Daher ist im zweiten Schritt das Potenzial abzuschätzen, inwieweit sie übertragbar sind. Meist ist der Umkehrschluss leichter zu ermitteln: Sind die Kompetenzen nur in einem isolierten Geschäftsbereich einsetzbar? Diejenigen Kompetenzen, die diese Frage bestätigen, sind nicht als Kernkompetenz zu verstehen. Vielmehr sollten diejenigen Kompetenzen gezielt aus- und aufgebaut werden, die transferierbar sind. Beispiel ist 3M, die ihre Kompetenzen im Bereich Klebstoffe auf neue Produkte, nämlich auf klebende Notizzettel („Post-it") ausgedehnt haben.

BEACHTE: Ein Unternehmen besitzt in der Regel nicht mehr als fünf Kernkompetenzen.

Schritt 3: Zusammenführen der Kriterien und Gegencheck durch Negation

Im dritten Schritt werden die Erkenntnisse aus den ersten beiden Schritten zusammengeführt und auf Schnittmengen untersucht, die entsprechende Ansatzpunkte für Kernkompetenzen bilden. Bild 1.39 veranschaulicht diesen dritten Schritt. Das Arbeitsblatt finden Sie auch im Downloadbereich.

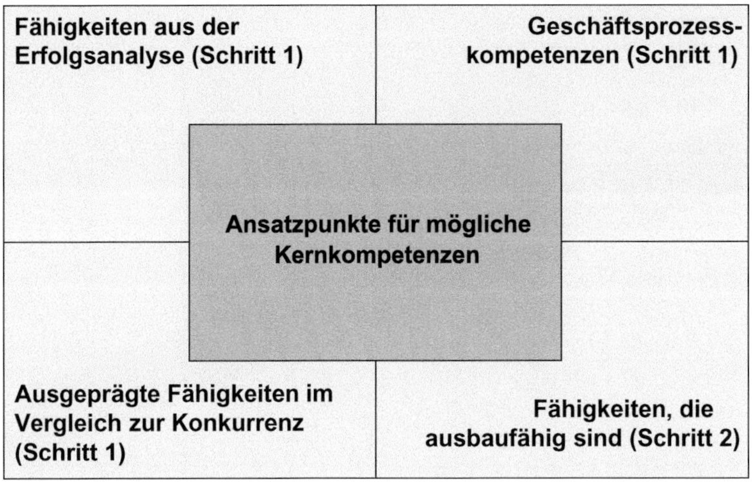

BILD 1.39 Untersuchung der Fähigkeiten (in Anlehnung an Nagel/Wimmer, 2006)

Wenn die Kernkompetenzen des Unternehmens herausgearbeitet wurden, kann der Blick auf die bedeutendsten Misserfolge des Unternehmens Aufschlüsse über die größten Nachteile im Vergleich zur Konkurrenz geben. Grund für den Test ist, dass Kernkompetenzen komplex sind und sich nur schwer identifizieren lassen. Daher sind die identifizierten Kompetenzen von mehreren Perspektiven aus zu betrachten. Dabei können die folgenden Fragen hilfreich sein: Welche Aufträge, an denen Sie interessiert waren, haben Sie nicht bekommen? Was war dafür ausschlaggebend?

- Was waren die schmerzlichsten Flops der vergangenen Jahre? Worauf waren diese zurückzuführen?
- Was hindert potenzielle Kunden am meisten daran, Ihre Leistungen nachzufragen?

Falls Fähigkeiten, die als Kernkompetenzen benannt worden sind, mit den negativen Entwicklungen der Vergangenheit direkt zu tun haben, können es keine Kernkompetenzen sein, die einen Wettbewerbsvorteil bedeuten.

CHECKLISTE: Im dritten Schritt sind folgende Schritte zu tun:

- Zusammenführung der Analysen und Ableiten von Ansatzpunkten von Kernkompetenzen,
- Gegencheck durch Negation „Floptest“. ■

Schritt 4: Management der identifizierten Kernkompetenzen

Im letzten Schritt sind die identifizierten Kernkompetenzen nun in das Kompetenzmanagement zu integrieren. Auch wenn Kernkompetenzen definitionsgemäß nicht imitierbar sein dürfen, können sie dennoch langfristig bewusst auf- und ausgebaut werden. Das bewusste Kernkompetenzmanagement lenkt die Unternehmensressourcen zielgerichtet auf die Stärken des Unternehmens, nämlich seine Kernkompetenzen.

Dazu sind die identifizierten Kernkompetenzen in der Matrix von Bild 1.40 abzubilden.

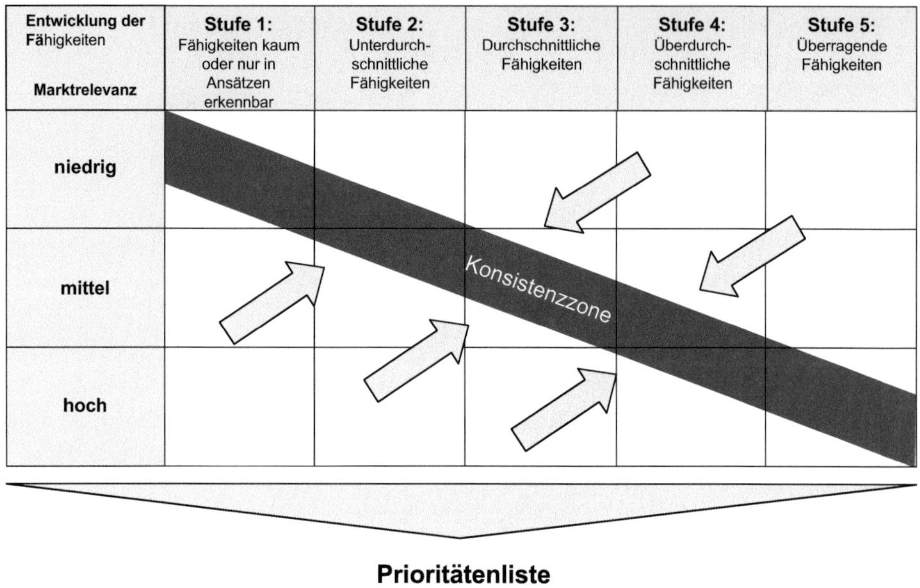

BILD 1.40 Matrix zum Management der Kernkompetenzen

Die Marktrelevanz kann durch Schätzungen oder Expertenbewertungen mittels Punktevergabe (z. B. durch Scoring-Modelle) zugeordnet werden. Das Entwicklungsniveau leitet sich aus dem Identifikationsprozess aus den Schritten 1 bis 3 ab.

Ziel der ersten Phase des Kompetenzmanagements sollte es sein, die Kompetenzen dieser Matrix in die Konsistenzzone zu lenken, die durch die Diagonale gekennzeichnet ist. Bei Kompetenzen mit niedriger Marktrelevanz reicht es aus, sie auf ein niedriges Niveau zurückzudrängen, wohingegen die Kompetenzen mit hoher Marktrelevanz zu überragenden Fähigkeiten auszubauen sind.

Das sich anschließende Kernkompetenzmanagement hat darüber hinaus die Aufgabe, die Kernkompetenzen langfristig gezielt auszubauen und zu erhalten.

Die vorgeschlagene Vorgehensweise erfolgt in Anlehnung an Nagel/ Wimmer, 2006.

1.8.5 Vor- und Nachteile

Vorteile	Nachteile
• **Ursprünge für strategische Wettbewerbsvorteile werden entdeckt und können gezielt gepflegt werden** • **Fokussierter Aufbau des weiteren Erfolgs möglich** • **Übertragen der Kernkompetenzen auf neue Märkte und Produkte möglich, dadurch Nutzen bereits vorhandener Stärken** • **Konzentration auf die Wettbewerbsvorteile und Stärken**	• **Entdecken der Kernkompetenzen gestaltet sich sehr aufwendig** • **Kernkompetenzen sind oftmals nur im Nachhinein beobachtbar** • **Kernkompetenzen müssen aufwendig gepflegt werden**

TABELLE 1.14 Vor- und Nachteile der Kernkompetenzanalyse

1.8.6 Praxisbeispiel

Ein anschauliches Beispiel für Kernkompetenzen bietet der Elektronikgerätehersteller Canon Inc., der im Jahr 1937 gegründet wurde. Basiert auf seinen ersten Produkten (Kameras und Röntgengeräte) weitete das Unternehmen seine Forschung auf den Bereich von Büromaschinen aus und entwickelte im Jahr 1970 die ersten Kopierer für unbeschichtetes Papier. Schließlich baute Canon seine Geschäftsbereiche mit der Entwicklung von Laser- und Tintenstrahldruckern in den 1980ern aus. Im Laufe der Zeit wurden die Kernkompetenzen auf weitere Produkte übertragen. Bild 1.41 veranschaulicht die Ausprägungen von End- und Kernprodukten sowie den Kernkompetenzen bei Canon.

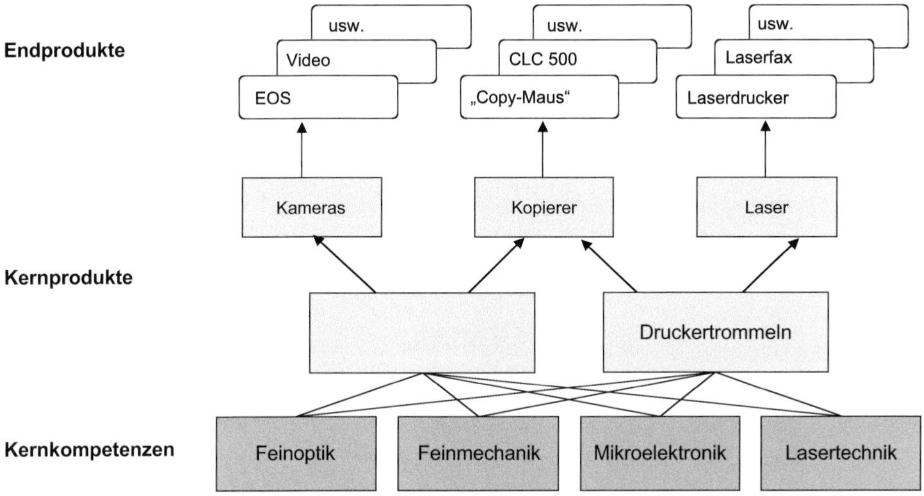

BILD 1.41 End- und Kernprodukte sowie Kernkompetenzen bei Canon

Die Ebene der Endprodukte schlägt sich in Preisen und Marktanteilen nieder. Canon beispielsweise hat sich mit hochwertigen Fotokopiermaschinen eine Marktposition erobert. Darunter liegt die zweite Ebene der Kernprodukte, welche entscheidende Bestandteile der Endprodukte darstellen. Bei Canon sind dies die Produktgruppen (Kameras, Kopierer, Laser) und Gerätebaugruppen (Linsen, Druckertrommeln).

Die dritte und entscheidende Wettbewerbsebene stellt schließlich die Ebene der Kernkompetenzen dar. Canon verfügt hier über herausragende Optik- und Bildverarbeitung, Mikroprozessteuerung sowie Feinmechanik. Die aktuelle Entwicklung zeigt den Ausbau bzw. die erfolgreiche Pflege der Kernkompetenzen: Mit Hilfe der Kernkompetenzen wurde zunächst in dem Bereich analoge Foto- und Videokameras, später auch in dem digitalen Foto- und Videobereich eine erhebliche Marktposition aufgebaut.

1.8.7 Vorlagen zum Download

Im Downloadbereich zum Buch stehen PowerPoint-Vorlagen für die Checkliste (siehe Nagel/Wimmer, 2006) zur Identifikation und das Arbeitsblatt zur Analyse der Fähigkeiten zur Verfügung.

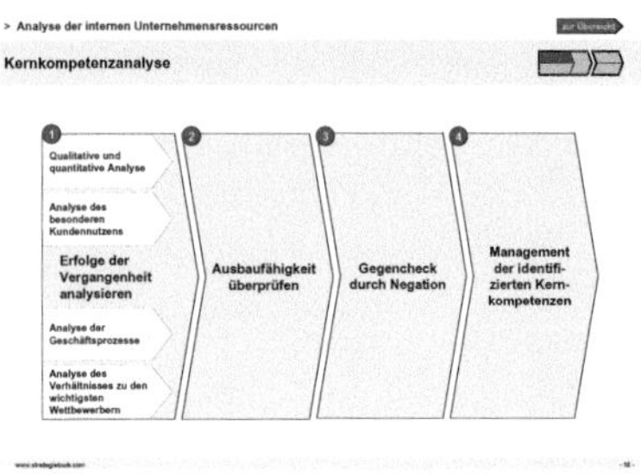

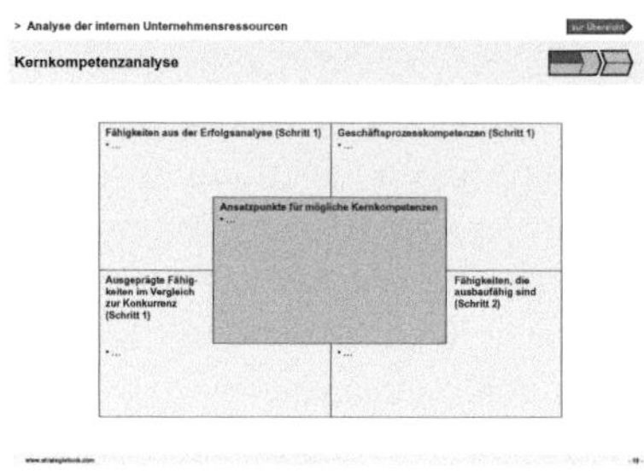

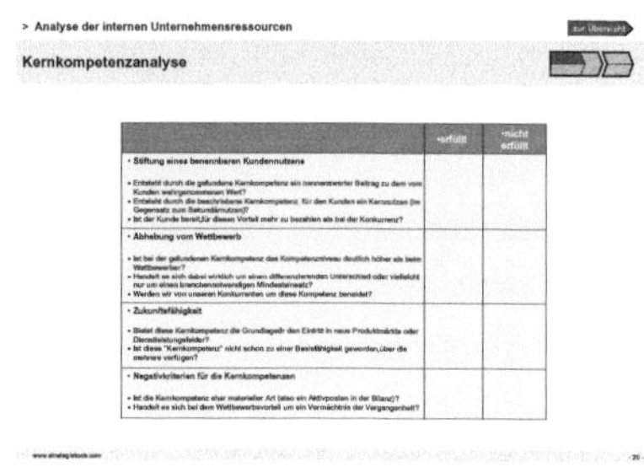

1.8.8 Verwandte und weiterführende Themen

- Benchmarking

  Mit Hilfe des Benchmarkings können Fähigkeiten in Verhältnis zum Wettbewerber gesetzt werden (erforderlich im Schritt 1).
- Wertkettenanalyse

  Im Bereich der Geschäftsprozesse können Erkenntnisse über besondere Fähigkeiten oder Know-how durch die Wertkettenanalyse gewonnen werden (Schritt 1).
- Stärken-/Schwächenanalyse

  Die Stärken-/Schwächenanalyse kann Hinweise auf besondere Fähigkeiten geben, die entweder zu Kernkompetenzen weiter ausgebaut werden können oder sogar schon entwickelt sind.
- Konkurrenzanalyse

  Durch die Konkurrenzanalyse kann ein Überblick über die gegenwärtigen und potenziellen Konkurrenten und deren Stärken – gegebenenfalls sogar Kernkompetenzen – gewonnen werden.

1.8.9 Literaturhinweise

BOUNCKEN, R. B. (2000): *„Dem Kern des Erfolges auf der Spur? State of the Art zur Identifikation von Kernkompetenzen“*, in: Zeitschrift für Betriebswirtschaft, 70. Jg., 2000, Heft 7/8, S. 865–885.

ERPENBECK, J. / VON ROSENSTIEL, L. (2003): *Handbuch Kompetenzmessung – Erkennen, verstehen und bewerten von Kompetenzen in der betrieblichen, pädagogischen und psychologischen Praxis*, Schäffer-Poeschel Verlag, Stuttgart 2003.

HAMEL, G. / PRAHALAD C. K. (1995): *Wettlauf um die Zukunft*, Wirtschaftsverlag Carl Ueberreuter, Wien 1995.

NAGEL, R. / WIMMER, R. (2006): *Systemische Strategieentwicklung*, Klett-Cotta, Stuttgart 2006, S. 201–205.

PRAHALAD, C. K. / HAMEL, G. (1990): *„The Core Competence of the Corporation“*, in: Harvard Business Review, May/June 1990, S. 79–91.

1.9 Reifegradmodelle

LEITFRAGEN:

- Wie „gut" ist meine Arbeit?
- Wo sind Ansatzpunkte für Verbesserungen?
- Welche Maßnahmen muss ich zuerst ergreifen, um meine Potenziale zu nutzen?

1.9.1 Zielsetzung und Anwendungsgebiet

Das Reifegradmodell ist eine einfache und wirksame Methode zur Positionierung des eigenen Unternehmens bzw. der eigenen Organisation auf einem zielorientierten Entwicklungspfad. Als Grundlage dient eine objektive Analyse von Stärken und Schwächen hinsichtlich der Aufbau- und Ablauforganisation. Aufbauend auf dieser Analyse können Verbesserungsmaßnahmen identifiziert, priorisiert und in eine sinnvolle Reihenfolge zur Umsetzung überführt werden. Die Reifegradmethodik unterstützt so das langfristige Ziel, die Leistungsfähigkeit einer Organisation im Sinne eines kontinuierlichen Verbesserungsprozesses zu erhöhen.

MERKE: Bei der Organisation kann es sich sowohl um ein gesamtes Unternehmen als auch um einen Bereich, eine Abteilung oder eine Gruppe handeln.

1.9.2 Beschreibung

Reifegradmodelle lassen sich auf das „Capability-Maturity-Model" (CMM) zurückführen, welches 1986 auf Initiative des US-Verteidigungsministeriums an der Carnegie Mellon University (Pittsburgh) ursprünglich für die Bewertung der Reife von Softwareprozessen entwickelt wurde. Das CMM fasst heute verschiedene Referenzmodelle für unterschiedliche Anwendungsgebiete, insbesondere für die Produktentwicklung, den Produkteinkauf oder die Serviceerbringung, zusammen.

Mit Hilfe von Reifegradmodellen wird die Reife einer Organisation anhand differenzierender Kriterien (z. B. Mitarbeiterqualifikation, -fluktuation oder -zufriedenheit) für definierte Gestaltungsfelder (z. B. Mitarbeiter, Ablauforganisation oder Strategie) innerhalb eines klar abgegrenzten Betrachtungsbereichs (z. B. Unternehmen, Bereich, Abteilung, Arbeitsgruppe etc.) charakterisiert. Die Reife einer Organisation ist dabei ein Maß für den Status der betrachteten Einheit auf einem idealisierten Entwicklungspfad von „chaotisch" bis „kontinuierlich verbessernd". Das primäre Ziel ist die Unterstützung kontinuierlicher Organisationsverbesserungen. Der Fokus liegt dabei nicht ausschließlich auf fachlichen und wertschöpfenden Prozessen. Ebenso werden heute alle denkbaren Unterstützungsprozesse innerhalb einer Organisation, wie beispielsweise die Bereitstellung von Ressourcen oder die Schulung von Mitarbeitern, berücksichtigt.

MERKE: Die Reife einer Organisation ist ein Maß für den Status der betrachteten Einheit auf einem idealisierten Entwicklungspfad von „chaotisch" bis „kontinuierlich verbessernd".

1.9.3 Voraussetzung und notwendiger Input

Elementare Voraussetzung für die Reifegradbestimmung einer Organisation ist die Abgrenzung des Betrachtungsbereichs. Hierbei ist zu klären, ob die gesamte Unternehmung oder nur eine konkrete Abteilung im Fokus der Reifegradermittlung stehen soll. Die einzelnen zur Bewertung herangezogenen Reifegradstufen müssen klar abgegrenzt und ausformuliert werden, um Missverständnisse bei der Beurteilung der einzelnen Stufen auszuschließen. Die Unterstützung durch das Management und eine angemessene Projektdefinition zur Durchführung einer Reifegradermittlung sind dabei Voraussetzungen für den Erfolg.

1.9.4 Vorgehensweise

Zur Veranschaulichung wird die Vorgehensweise am Beispiel der Organisationseinheit „Produktion“ verdeutlicht. Bild 1.42 zeigt das sechsstufige Vorgehen zur Anwendung der Reifegradmethodik.

- Schritt 1: Betrachtungsbereich innerhalb der Organisation eingrenzen
- Schritt 2: Betrachtungsbereich in Gestaltungsfelder untergliedern
- Schritt 3: Kriterien innerhalb der Gestaltungsfelder und Skala zur Bewertung der Reifegrade definieren
- Schritt 4: Kriterien über Reifegrade bewerten
- Schritt 5: Ergebnisse der Bewertung zusammenführen
- Schritt 6: Konsequenzen der Bewertung ableiten und Maßnahmen umsetzen

BILD 1.42 Vorgehensweise zur Anwendung von Reifegradmodellen

Schritt 1: Betrachtungsbereich innerhalb der Organisation eingrenzen

BEACHTE: Die Auswahl der relevanten Kriterien hängt von dem jeweiligen Tätigkeitsfeld, also z. B. der Branche, in welcher die Organisation tätig ist, ab. ■

Reifegradmodelle sind in ihrer Anwendung nicht auf eine bestimmte Branche, einen Unternehmenstyp oder einen Unternehmensbereich festgelegt. Zur Durchführung einer Reifegradbewertung muss zunächst der Betrachtungsbereich bzw. die Organisation, deren Reifegrad bewertet werden soll, definiert und abgegrenzt werden. Für die folgenden Schritte wird beispielhaft der Produktionsbereich eines Unternehmens als Betrachtungsbereich abgegrenzt.

Schritt 2: Betrachtungsbereich in Gestaltungsfelder untergliedern

Im zweiten Schritt wird der zuvor abgegrenzte Betrachtungsbereich, also die Produktion, in typische Gestaltungsfelder unterteilt. Bei den Gestaltungsfeldern handelt es sich um kontextrelevante Themen innerhalb der Produktion. Diese müssen klar abgegrenzt und eindeutig beschrieben werden. Ferner müssen die Ziele innerhalb dieser Gestaltungsfelder aus den übergeordneten Zielen des Betrachtungsobjekts abgeleitet und auf Gestaltungsfeldebene definiert werden. Typische Gestaltungsfelder der Produktion sind beispielsweise die Mitarbeiter, das Materialwesen oder das Controlling.

Schritt 3: Kriterien innerhalb der Gestaltungsfelder und Skala zur Bewertung der Reifegrade definieren

Der dritte Schritt beinhaltet die Definition der Bewertungskriterien sowie der Bewertungsskala zur Ermittlung der Reifegrade in den einzelnen Gestaltungsfeldern. Dabei bilden die Bewertungskriterien die Grundlage der Ermittlung von Reifegraden. Sie müssen so formuliert sein, dass sie typische Handlungsfelder und Praktiken, welche die Fähigkeiten einer Organisation in dem Gestaltungsfeld beschreiben, bewertbar machen. Die Auswahl und Definition der Kriterien orientieren sich am konkreten Betrachtungsbereich des Reifegradmodells. Für die Bewertung der einzelnen Kriterien hat sich in der Praxis eine fünfstufige Skala bewährt. Diese fünf Stufen, Reifegrade genannt, geben den Rahmen für die Bewertung der einzelnen

Kriterien vor. Bild 1.43 zeigt diese fünfstufige Skala für das Beispiel einer Prozessbewertung in einem beliebigen Gestaltungsfeld.

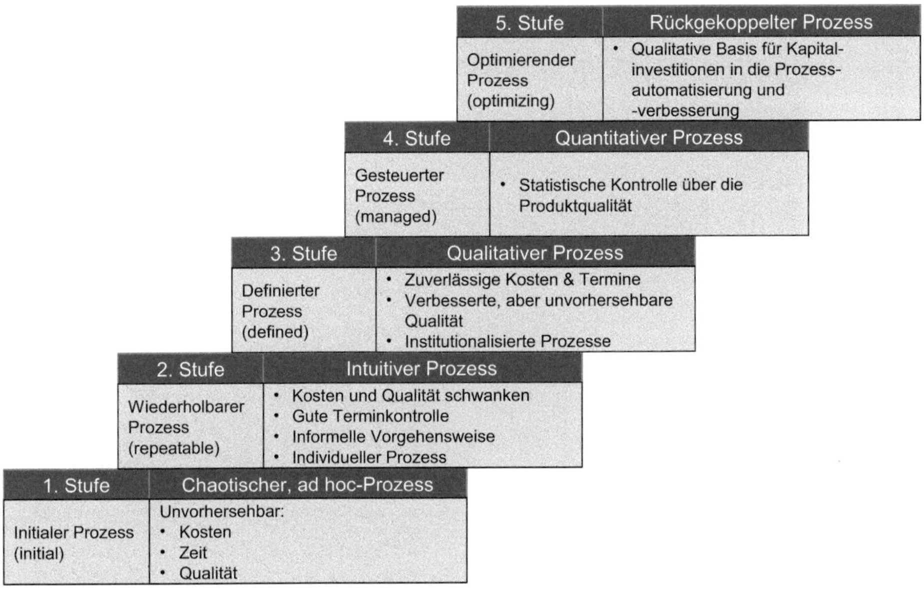

BILD 1.43 Beispiel für eine fünfstufige Reifegradskala

Ein weiteres Beispiel soll für das Gestaltungsfeld Mitarbeiter aufgegriffen werden. Typische Kriterien zur Bewertung dieses Gestaltungsfelds sind beispielsweise die Mitarbeiterfluktuation oder die Mitarbeiterqualifikation. Die Konkretisierung und Bewertung der zuvor definierten Kriterien erfolgt durch die Zuordnung von Fragen und vordefinierten Antworten. Diese Antworten repräsentieren jeweils eine Reifegradstufe und sind auf die der Bewertung zugrundeliegenden Skala abzustimmen. Für das Kriterium Mitarbeiterfluktuation ist beispielhaft die folgende Ausgestaltung zur Bewertung denkbar. Die Antworten orientieren sich an der fünfstufigen Reifegradskala.

Frage: Welche der folgenden Punkte trifft auf das Thema Mitarbeiterfluktuation zu?

- Reifegrad 1: Wir kennen die Gründe für die Mitarbeiterfluktuationen nicht und werten diese deshalb nicht aus.
- Reifegrad 2: Die Gründe für die einzelnen Fälle Mitarbeiterfluktuationen sind uns größtenteils bekannt, eine Auswertung erfolgt jedoch nicht.
- Reifegrad 3: Wir analysieren die Gründe für die Mitarbeiterfluktuationen und versuchen, aus den erzielten Erkenntnissen Gegenmaßnahmen einzuleiten.
- Reifegrad 4: Wir versuchen, gezielte Maßnahmen zur Vermeidung von Fluktuationen einzubringen.
- Reifegrad 5: Der Erfolg der eingeführten Maßnahmen wird regelmäßig analysiert, entsprechende Verbesserungen werden abgeleitet und umgesetzt.

Schritt 4: Kriterien über Reifegrade bewerten

Im vierten Schritt folgt die Bewertung des Reifegrads im Betrachtungsbereich. Hierzu werden sämtliche Kriterien der definierten Gestaltungsfelder, entlang der zugeordneten Fragen unter Verwendung der vordefinierten Antworten, bewertet. Entsprechend der zugrundeliegenden Reifegradmethodik wird, durch Auswahl der auf die Organisation zutreffenden Aussagen, der Reifegrad anhand der zuvor definierten Skala ermittelt. Dieses Vorgehen wird sukzessive für alle Kriterien der Gestaltungsfelder durchgeführt, bis der Reifegrad für jedes Kriterium bekannt ist.

Schritt 5: Ergebnisse der Bewertung zusammenführen

Im fünften Schritt werden die Bewertungsergebnisse quantitativ analysiert. Hierzu wird anhand der Bewertungsergebnisse zunächst ein Reifegrad je Gestaltungsfeld berechnet. Anschließend werden die einzelnen Reifegrade der Gestaltungsfelder gebündelt und zu einem Gesamt-Reifegrad der Organisation zusammengefasst (siehe Bild 1.44).

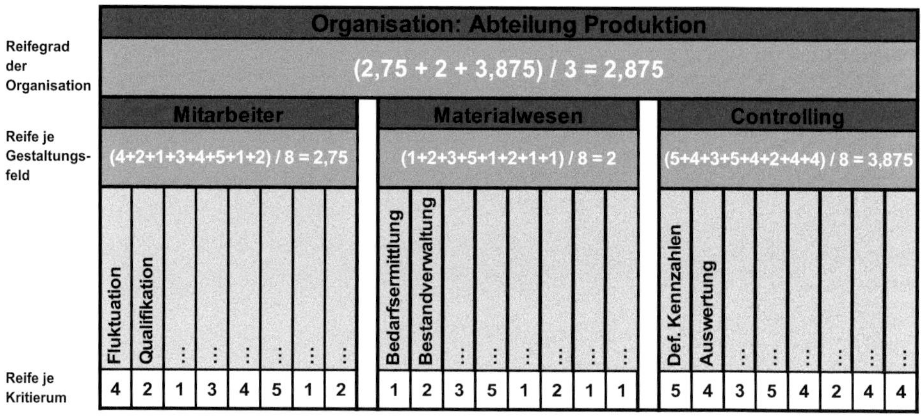

BILD 1.44 Ermittlung des Gesamtreifegrads der betrachteten Organisation

Die Visualisierung der Ergebnisse kann anhand von Radardiagrammen erfolgen. Bei dieser Form der Visualisierung kann der aktuelle Reifegrad der Organisation und der gewünschte Reifegrad abgelesen werden. Gestaltungsfelder, denen das größte Verbesserungspotenzial innewohnt, können so identifiziert und einer Detailanalyse zugeführt werden. Die Untersuchung der Einzelergebnisse ermöglicht die Ableitung gestaltungsfeldspezifischer Maßnahmen zur Verbesserung der Organisation. Der Vergleich aktueller und historischer Reifegrade bietet darüber hinaus die Möglichkeit, die kontinuierliche Verbesserung einer Organisation mittels Vergleichskurven über einen längeren Zeitraum hinweg zu verfolgen.

Schritt 6: Konsequenzen der Bewertung ableiten und Maßnahmen umsetzen

Für jedes untersuchte Gestaltungsfeld lassen sich unternehmensindividuell Konsequenzen und Maßnahmen ableiten. Die Gestaltungsfelder stecken dabei den möglichen Aktionsraum für Maßnahmen zur kontinuierlichen Verbesserung ab. In Abhängigkeit von der Bedeutung der einzelnen Gestaltungsfelder für das Unternehmen und dem identifizierten Verbesserungspotenzial werden die Maßnahmen abschließend in Form einer Verbesserungs-Roadmap gemäß ihrer zeitlichen Abfolge und Priorität geordnet.

1.9.5 Vor- und Nachteile

Vorteile	Nachteile
• Praxisorientierte Methode aus Best-Practices abgeleitet • Hohe Integrationsfähigkeit in den Alltag • Breiter Anwendungsbereich für verschiedene Organisationsformen • Ganzheitlicher Blickwinkel auf die Organisation • Unterstützung für einen kontinuierlichen Verbesserungsprozess	• Kulturwandel oftmals eine Voraussetzung für die erfolgreiche Anwendung im Unternehmen • Erfolg ist stark von der Ausgangssituation im Unternehmen abhängig

TABELLE 1.15 Vor- und Nachteile der Reifegradmethodik

1.9.6 Praxisbeispiel

Historisch gewachsene Strukturen und eine seit Jahren erfolgreiche Expansionsstrategie stellten den Servicebereich eines Herstellers landwirtschaftlicher Maschinen und Anlagen vor massive Herausforderungen. Aufgrund der notwendigen Integration der global verteilten Serviceeinheiten akquirierter Unternehmen in die Organisationstruktur wurde der Wandel von einem ursprünglich auf Zentraleuropa fokussierten Unternehmen zu einem international aufgestellten Unternehmen zu einem Kernaspekt. Weiterhin musste ein Paradigmenwechsel vom Sachgutproduzenten zum Lösungsanbieter vollzogen werden. Um diesen Herausforderungen zu begegnen, bedurfte es vor allem der Fähigkeit, durch die sukzessive Ermittlung von organisatorischen Schwachstellen die kontinuierliche Verbesserung der Serviceleistungen, -strukturen und -prozesse sicherzustellen. Dies sollte auf Basis einer „Standortbestimmung" des Service als Ergebnis eines weltweiten Assessments erfolgen.

Die Grundlage dieses Assessments war ein auf einem Reifegradmodell basierendes servicespezifisches Workshop-Konzept. Ziel der Workshops war es, die Reifegrade der weltweit verteilten Serviceeinheiten zu bestimmen und in einem Benchmark gegenüberzustellen. Darüber hinaus sollten Optimierungspotenziale und bereits vorhandene Best-Practices identifiziert sowie in eine Verbesserungs-Roadmap überführt werden.

Als Ausgangspunkt erfolgte die Auswahl und Gewichtung der Gestaltungsfelder einer Serviceorganisation. Anschließend wurde mit Vertretern der Serviceorganisationen der jeweilige Reifegrad bestimmt, Best Practices identifiziert und der Projektgruppe erläutert. Die Bewertung gründete dabei auf neun Sets von je neun Bewertungskriterien, die mit jeweils fünf standardisierten Antworten beantwortet werden. Diese fünf Antworten sind Indikatoren der Reifegradstufen (siehe Bild 1.45).

Kriterium: Kontinuierlicher Verbesserungsprozess

Haben Sie in Ihrem Unternehmen einen systematischen, kontinuierlichen Verbesserungsprozess (KVP) etabliert?		Organisation	
		Ist Reifegrad	Soll Reifegrad
1.	Wir haben KVP bei uns nicht institutionalisiert.	1	1
2.	KVP beschränkt sich im Wesentlichen auf das betriebliche Vorschlagswesen. Die Mitarbeiter haben keinen Einfluss auf die Umsetzung ihrer Verbesserungsvorschläge.	2	2
3.	Wir haben KVP-Teams installiert. Diese treffen sich unregelmäßig. Die Problemlösung erfolgt weitgehend systematisch. Die erarbeiteten Maßnahmen werden teilweise umgesetzt.	3	3
4.	Unsere KVP-Teams treffen sich regelmäßig. Maßnahmen werden in einem systematischen Problemlösungsprozess erarbeitet. Sämtliche Maßnahmen werden umgesetzt.	4	4
5.	Die Mitarbeiter hinterfragen permanent die Effizienz ihrer Arbeitsabläufe und ihres Umfeldes und leiten selbständig Verbesserungsmaßnahmen ein.	5	5

BILD 1.45 Bewertung des KVP in einem servicespezifischen Reifegradmodell

Im Rahmen der Auswertung erfolgten die Darstellung und der Vergleich der Reifegradprofile und Zielerreichungsgrade der untersuchten Serviceeinheiten auf Kriterien- und Gestaltungsfeldebene. Neben dem Vergleich mit historischen Werten und Sollszenarien lag der Schwerpunkt insbesondere auf dem Benchmarking der Serviceeinheiten untereinander (siehe Bild 1.46).

Abschließend wurden auf Basis der ermittelten Reifegrade Handlungsschwerpunkte abgeleitet, eine Potenzialanalyse durchgeführt und darauf aufbauend eine individuelle Verbesserungs-Roadmap erstellt.

Reifegradprofil

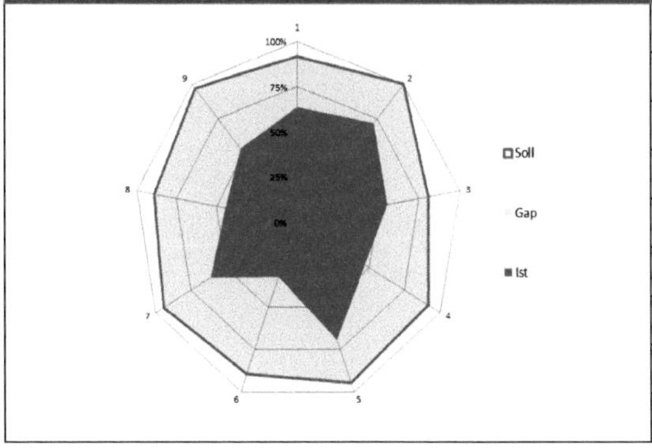

Gestaltungsfelder	
1	Kunde
2	Mitarbeiter
3	Organisation
4	Kultur und Führung
5	Politik und Strategie
6	Controlling
7	Ressourcen
8	Wissensmanagement
9	Leistungen

BILD 1.46 Bewertung des KVP in einem servicespezifischen Reifegradmodell

1.9.7 Vorlagen zum Download

Der Downloadbereich enthält eine Vorlage zur Erstellung von Bewertungskriterien sowie ein Arbeitsblatt zur Berechnung der Reifegrade.

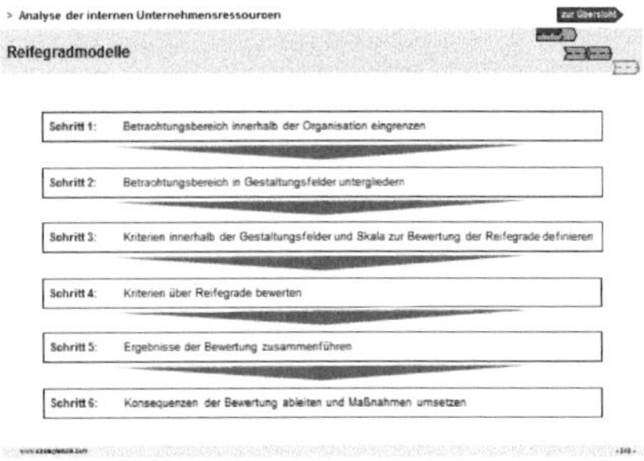

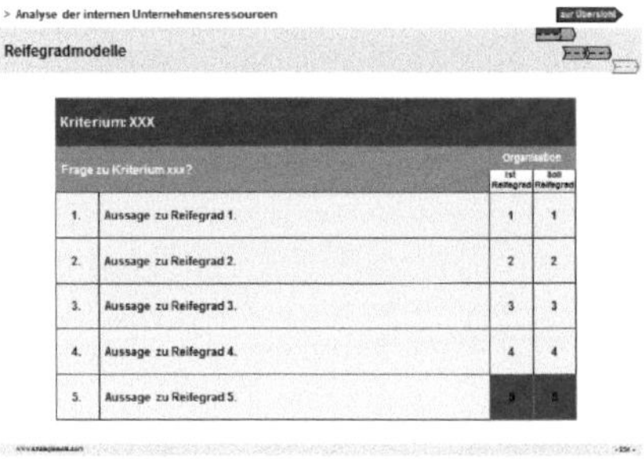

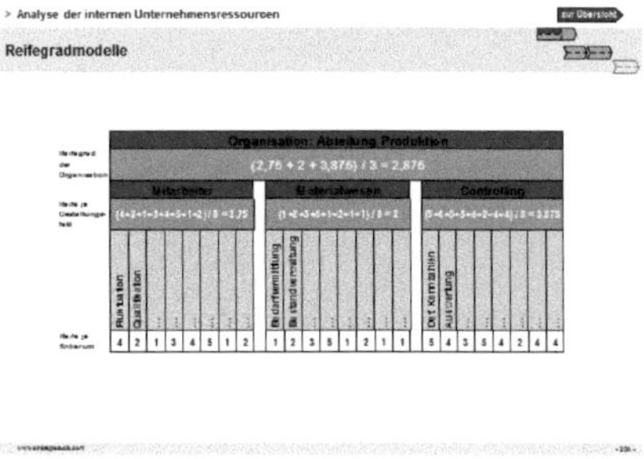

1.9.8 Verwandte und weiterführende Themen

- Benchmarking:

  Gegenstand des Benchmarkings ist die Analyse der eigenen Stellung im Markt im Vergleich zu den besten Wettbewerbern. Ziel ist es, über den Vergleich mit den Besten einer Klasse, von den Besten zu lernen und die eigene Unternehmung zu verbessern.

- Scoring-Modelle:

  Scoring-Modelle unterstützen die Auswahl zwischen verschiedenen Handlungsalternativen unter Rückgriff auf ein Punktebewertungsverfahren (siehe Kapitel 5.3).

- Gap-Analyse:

  Die Gap-Analyse dient dem Abgleich zwischen Ist- und Soll-Größen. Sie bildet die Ausgangssituation für die Analyse von Ursachen, welche die geplante Zielerreichung verhindern und für die Einleitung von Gegenmaßnahmen hohe Relevanz besitzen (siehe Kapitel 5.5).

- Balanced Scorecard:

  Das Modell der Balanced Scorecard fungiert als Kontroll- und Steuerungsinstrument für das Management. Hierbei werden Strategien und Visionen, welche schwer zu greifen sind, in konkrete Größen und messbare Ziele heruntergebrochen und übersichtlich dargestellt (siehe Kapitel 5.6).

1.9.9 Literaturhinweise

BALZERT, H. (1998): *Lehrbuch der Softwaretechnik.* Bd.2: Software-Management, Software-Qualitätssicherung, Unternehmensmodellierung. Spektrum. Heidelberg 1998.

EVERSHEIM, W. (1997): *Qualitätsmanagement für Dienstleister: Grundlagen, Selbstanalyse, Umsetzungshilfen.* Springer Verlag. Berlin, 1997.

FABRY, C. (2010): *IH-Check: Analyse und Verbesserung von Instandhaltungsorganisationen - FIR-Tool zur Status-Quo Analyse und Ableitung von Verbesserungsmaßnahmen für Service Organisationen.* In Unternehmen der Zukunft 2/2010, S. 34-35, 2010.

KNEUPER, R. / HEILMANN, H. (2003): *CMM(I) - Capability Maturity Model (Integration).* In HMD Heft 231. S. 63-70. 2003.

PERSSE, J. R.: *Process Improvement Essentials.* O'Reilly. Sebastopol, Calif 2006.

TREBELS, J.: *Potenzialanalyse weltweit verteilter Serviceorganisationen - ServCHECK bei GEA Farm Technologies GmbH.* In Unternehmen der Zukunft 2/2010, S. 28-30, 2010.

TREBELS, J.: *Diagnose der Serviceorganisation mit ServCHECK.* In Gäbe, R.; Thomann, H. J.: Qualitätsmanagement in Dienstleistungsunternehmen, 23. Aktualisierungs- und Ergänzungslieferung April 2008, Kapitel 13111, S. 1-40, 2008.

1.10 7-S-Modell

LEITFRAGEN:

- Was sind die wichtigsten Erfolgsfaktoren in einer effektiven Organisation?
- In welcher Beziehung stehen die jeweiligen Erfolgsfaktoren zueinander?
- Wie können wir unsere Strategie mit den anderen Erfolgsfaktoren abstimmen?

1.10.1 Zielsetzung und Anwendungsgebiet

Viele Analyseinstrumente konzentrieren sich auf eine Sichtweise in der gesamten Organisation (z. B. Unternehmenskultur und -umwelt). Allerdings sind Misserfolge in der Unternehmensführung oft das Resultat einer derart einseitigen Betrachtungsweise. Das 7-S-Modell umfasst verschiedene Perspektiven und vermittelt eine Übersicht über die Zusammenhänge und Abhängigkeiten unterschiedlicher Faktoren im Unternehmen. Durch diese ganzheitliche Betrachtungsweise kann überprüft werden, inwieweit ein strategischer Plan im Hinblick auf die im Unternehmen vorhandenen Fähigkeiten durchführbar ist. Weiterhin bietet das 7-S-Modell einen Leitfaden, mit dem Schwachstellen im Unternehmen aufgedeckt werden können. Als Ergebnis steht die Erarbeitung einer Strategie, welche auf sämtliche einbezogenen Faktoren abgestimmt ist.

1.10.2 Beschreibung

Das 7-S-Modell („Seven-S-Framework", Pascale/Athos, 1982; Peters/Waterman, 1982) wurde von der Beratungsfirma McKinsey & Company als Reaktion auf Instrumente der Boston Consulting Group (z. B. BCG-Matrix) entwickelt. Ursprünglich wurde es in einer empirischen Untersuchung eingesetzt, in der die Erfolgsfaktoren von einer Reihe amerikanischer Unternehmen analysiert wurden.

MERKE: Das 7-S-Modell schafft einen ganzheitlichen Überblick, indem es drei harte und vier weiche Faktoren abbildet und miteinander in Beziehung setzt.

Das Modell betrachtet insgesamt sieben Faktoren, die den Unternehmenskontext beschreiben. Drei harte Faktoren („Strategy, Structure and Systems") stellen das Erfolgskonzept dar, welches ein Unternehmen gegenüber anderen differenziert. Sie dienen intern als Leitlinie für Entscheidungen. Ergänzend werden vier weiche Faktoren („Style, Skills, Staff and Shared Values") berücksichtigt, die das interne Führungskonzept verkörpern und das Erfolgskonzept lediglich unterstützen. Bild 1.47 veranschaulicht die sieben Faktoren des 7-S-Modells grafisch.

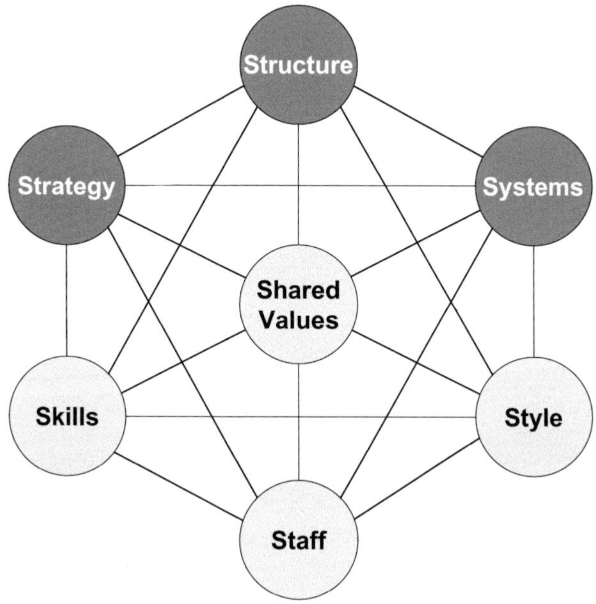

BILD 1.47 Faktoren des 7-S-Modells (in Anlehnung an Peters/Waterman, 1982)

- Strategie (Strategy) beschreibt die Ziele des Unternehmens, allen voran die Sicherung des langfristigen Unternehmenserfolgs. Zusätzlich werden die Maßnahmen beschrieben, die dazu dienen, diese Ziele zu erreichen (z. B. Erschließung neuer Märkte, Erhöhung der Produktion).
- Struktur (Structure) umfasst die Organisation, Hierarchie und Koordination und damit die sachlich-hierarchischen Zusammenhänge des Unternehmens.
- Prozesse (Systems) sind die primären und unterstützenden Prozesse, mit denen das Unternehmen seine Tätigkeiten ausübt (z. B. spezielle IT-Steuerungssysteme, Berichtswesen, Abwicklungsprozesse, Routinen; vgl. Kapitel 1.10).
- Führungsstil (Style) umfasst die Maßstäbe, nach denen das Management Prioritäten setzt und arbeitet. Verhaltensweisen und der Umgang der Führungskräfte mit den Mitarbeitern sind Zeichen für den Führungsstil und die Kultur des Unternehmens (vgl. Kapitel 1.7).
- Mitarbeiter (Staff) sind die Menschen im Unternehmen und die damit zusammenhängenden demografischen und ausbildungstechnischen Merkmale.
- Fähigkeiten (Skills) sind Unternehmensfertigkeiten. Diese sind unabhängig von Einzelpersonen zu verstehen, Canon hat also z. B. seine Fähigkeiten im Bereich der digitalen Bildbearbeitung (vgl. Kapitel 1.8).
- Geteilte Werte (Shared Values) sind der Existenzgrund des Unternehmens. Sie schließen Kernüberzeugungen und Erwartungen der Mitarbeiter an ihr Unternehmen ein. Damit verbinden sie die harten und weichen Faktoren und nehmen die zentrale Stellung im Modell ein.

Grundsätzlich sollte man sich nicht für eine strategische Ausrichtung entscheiden, die den Merkmalen eines der Faktoren widerspricht.

1.10.3 Voraussetzungen und notwendiger Input

Durch Workshops mit Führungskräften unterschiedlicher Bereiche werden die einzelnen Faktoren und die Beziehungen und Abhängigkeiten der Faktoren untereinander herausgearbeitet. Zusätzlich bieten Sekundärmaterial und die Durchführung strukturierter Interviews weitere Informationen.

Detaillierten Input können Einzelanalysen wie z. B. Unternehmenskultur-, Wertketten- oder Kernkompetenzanalyse liefern.

1.10.4 Vorgehensweise

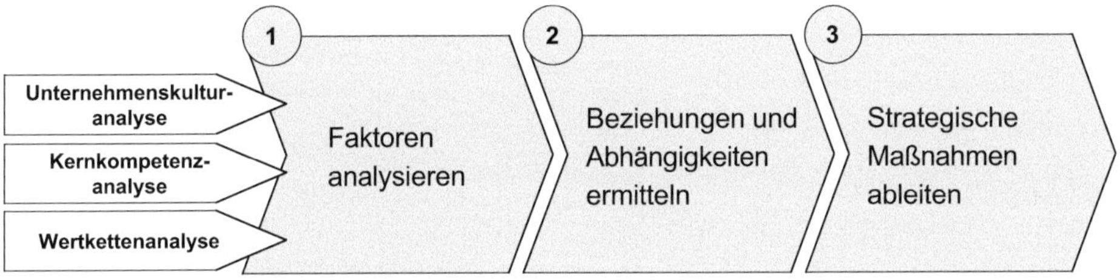

BILD 1.48 Vorgehen beim 7-S-Modell

Schritt 1: Analyse der Faktoren

Bei der Untersuchung der einzelnen Faktoren im Rahmen von Workshops können die folgenden Leitfragen zur Unterstützung dienen (siehe auch im Downloadbereich):

CHECKLISTE: Im ersten Schritt untersuchen Sie in Workshops die einzelnen Faktoren.

Nutzen Sie dabei die angegebene Checkliste.

Strategie:

- Wie gestalten sich Vision und Strategie des Unternehmens?
- Inwieweit sind die angestrebte Strategie und die abgeleiteten Ziele den Mitarbeitern bekannt?
- Wie groß ist die Chance, die angestrebte Strategie kurzfristig tatsächlich umzusetzen?
- Existieren widersprüchliche Ziele?
- Ist die Strategie geeignet, um die zukünftigen Herausforderungen zu bewältigen?
- Ist das Unternehmen deutlich genug gegenüber Wettbewerbern abgegrenzt?
- Wer ist für die Strategieentwicklung verantwortlich? Welche Personen und Abteilungen sind tatsächlich die Treiber der Weiterentwicklung?

Fähigkeiten:

- Über welche herausragenden Fähigkeiten verfügt das Unternehmen?
- Resultieren aus diesen Fähigkeiten Wettbewerbsvorteile?
- Was ist das Wissen über die Kernfähigkeiten im Unternehmen? Ist es an bestimmte Personen gebunden?
- Wie wird Wissen im Unternehmen weitergegeben? Was geschieht mit neuem Fachwissen?
- Gibt es Anreizsysteme für die Wissensaufbereitung und -weitergabe?
- Welche Wissensmanagementsysteme existieren im Unternehmen?
- Wo sehen Sie Entwicklungsbedarf in den Fähigkeiten und Kompetenzen des Unternehmens?

Systeme:

- Welche Prozesse haben im Unternehmen hohe Bedeutung?
- Wie ist die Qualität dieser Prozesse zu beurteilen?

- Wie sind die Abläufe organisiert? Sind sie transparent genug?
- An welchen Schnittstellen treten am häufigsten Konflikte auf?
- Welche formellen und informellen Prozesse gibt es zur Umsetzung der Gesamtstrategie?
- Wo sehen Sie Entwicklungsbedarf in den Prozessen?

Mitarbeiter:

- Entspricht die tatsächliche Personalstruktur den formulierten Vorgaben?
- Sind die Mitarbeiter entscheidendes Kapital oder lediglich „Mittel zum Zweck"?
- Bringen die Stärken des Personals einen Wettbewerbsvorteil gegenüber Konkurrenten?
- Wie werden die Mitarbeiter im Unternehmen gefördert und wie sehen die Entwicklungsmöglichkeiten aus?
- Wie hoch ist die Fluktuation?
- In welchen Bereichen besteht Entwicklungsbedarf hinsichtlich des Personals?

Struktur:

- Wodurch werden die Strukturen im Unternehmen geprägt?
- Entspricht die tatsächliche Struktur der notwendigen Komplexität bzw. Einfachheit?
- Gibt es ein klares Organigramm?
- Wirken die Strukturen auf die Arbeit unterstützend oder eher behindernd?
- Sind die Kompetenzen der Organisationsbereiche ausreichend abgegrenzt?
- Welche Strukturveränderungen sind geplant? Wer ist in den Veränderungsprozess eingebunden?

Führungsstil:

- Welche Regeln und Normen sind von Mitarbeitern unbedingt einzuhalten? Welche Belohnungs- und Bestrafungsmechanismen existieren?
- Wie prägt sich Zusammenarbeit und Kooperation im Unternehmen aus?
- Wie wird mit Fehlern umgegangen?
- Welches Verhältnis besteht innerhalb des Personals?
- Was sind die Eigenschaften der Führung?
- Passt der Führungsstil zur angestrebten Unternehmenskultur?

Geteilte Werte:

- Was sind die gemeinsamen Werte im Unternehmen?
- Welche Unternehmensphilosophie und welches Selbstverständnis prägt das Unternehmen?
- Teilen die Mitarbeiter das Verständnis über diese Werte?
- Erfolgt die Entwicklung der Werte eher in einem starren Rahmen oder ist sie dynamisch und anpassungsfähig?
- Eignen sich die Werte, um die Unternehmenskultur zu fördern?

CHECKLISTE:
Im zweiten Schritt werden die Beziehungen zwischen den Faktoren in Workshops analysiert.

Schritt 2: Ermitteln der Beziehungen zwischen den Faktoren

Nachdem Sie die Inhalte der einzelnen Faktoren genau untersucht haben, müssen die zentralen Beziehungen und Abhängigkeiten zwischen den Faktoren ermittelt werden. Die Beziehungen sollen Aufschluss darüber geben, inwieweit die vorhandenen Fähigkeiten und Werte tatsächlich zur angestrebten Strategie passen.

Hierzu hilft es, die Faktoren in Form einer Matrix abzubilden und die Beziehungen und Konflikte zwischen den jeweiligen Faktoren in jeder Kombination der Faktoren zu benennen und gegebenenfalls eine mögliche Lösung darzustellen. Eine Vorlage hierzu finden Sie im Downloadbereich.

Bild 1.49 veranschaulicht eine solche Analyse der Beziehungen und Abhängigkeiten.

	Mitarbeiter	Fähigkeiten	Führungsstil	Geteilte Werte	Systeme	Struktur	Strategie
Strategie	• Mehr Fachkräfte • Freie Mitarbeiter für Bedarfsspitzen	• ...	• ...	• ...	• ...	• ...	
Struktur	• Teamorganisation für Know-how-Transfer	• ...	• ...	• ...	• ...		
Systeme	• Ausbau der sekundären Prozesse	• ...	• ...	• ...			
Geteilte Werte	• Schärfung der Unternehmens-kultur durch Events	• ...	• ...				
Führungsstil	• Konflikt: alte Werte (Stabilität) vs. junge Werte (erfolgsabhängig)	• ...					
Fähigkeiten	• Mehr Mitarbeiter-schulungen, Jobrotation für Flexibilität						
Mitarbeiter							

BILD 1.49 Matrixdarstellung zur Analyse der Beziehungen

TIPP: Um die Beziehungen abzubilden, tragen Sie die Faktoren in eine Matrix ein. Die Schnittstellen stellen die jeweiligen Beziehungen zwischen den Faktoren dar.

Schritt 3: Strategie ableiten

Als letzter Schritt wird die Entscheidung getroffen, ob die angestrebte Strategie mit den vorhandenen Fähigkeiten und Potenzialen umsetzbar ist. Ist sie es nicht, so muss die Entscheidung getroffen werden, ob entweder die Strategie entsprechend angepasst werden muss oder aber die jeweiligen Faktoren entsprechend verändert werden müssen, um die angestrebte Strategie umzusetzen.

1.10.5 Vor- und Nachteile

Vorteile	Nachteile
• **Stellt eine gute Ausgangsbasis für eine Unternehmensanalyse dar und bietet einen ersten Eindruck** • **Auf Ebene der einzelnen Faktoren können vertiefende Analysemodelle eingesetzt werden, die dann in dem 7-S-Modell zusammengeführt werden können** • **Berücksichtigung der Beziehungen und Abhängigkeiten zwischen den Faktoren, insbesondere auch zwischen harten und weichen Faktoren**	• **Vernachlässigen anderer erfolgskritischer Faktoren, die nicht mit dem Buchstaben „S" beginnen** • **Erläuterungen zum genauen Vorgehen bei der Analyse bleibt der Ansatz schuldig**

TABELLE 1.16 Vor- und Nachteile des 7-S-Modells

1.10.6 Praxisbeispiel

Im folgenden Beispiel werden die Faktoren im Rahmen des 7-S-Modells analysiert und mit Stärken und Schwächen belegt. Das Beispiel zeigt, dass schon die Analyse der Faktoren allein Aufschlüsse über Entwicklungsbedarf im Unternehmen gibt. Bild 1.50 zeigt das 7-S-Modell mit den analysierten Punkten.

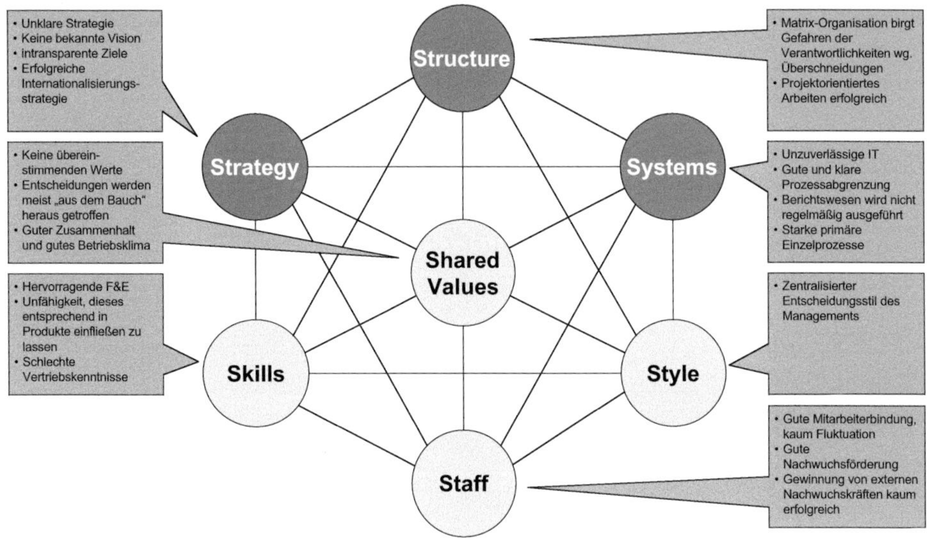

BILD 1.50 Beispielhafte Darstellung der sieben Faktoren

Im Anschluss an die Analyse könnten – wie im Schritt 2 beschrieben – die Beziehungen und Abhängigkeiten innerhalb der Faktoren bestimmt werden. Aber auch mit dieser Analyse alleine könnte das Management Maßnahmen ableiten, um das Unternehmen zu stärken.

1.10.7 Vorlagen zum Download

Die Matrix für die Darstellung und Analyse der Beziehungen zwischen den Faktoren, die Darstellung des Modells sowie die Checkliste für die Analyse der Faktoren sind als PowerPoint-Vorlagen im Downloadbereich zu finden.

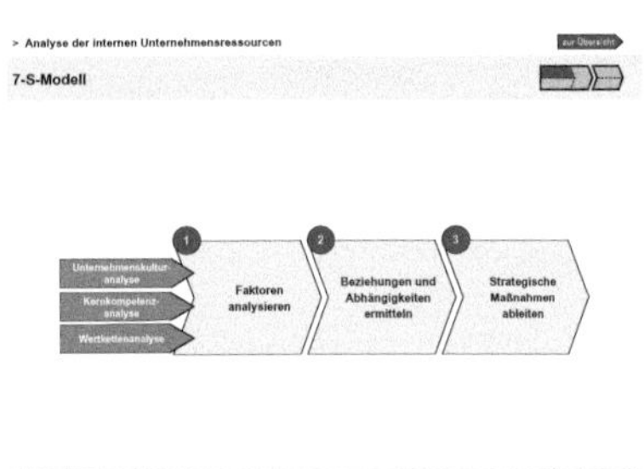
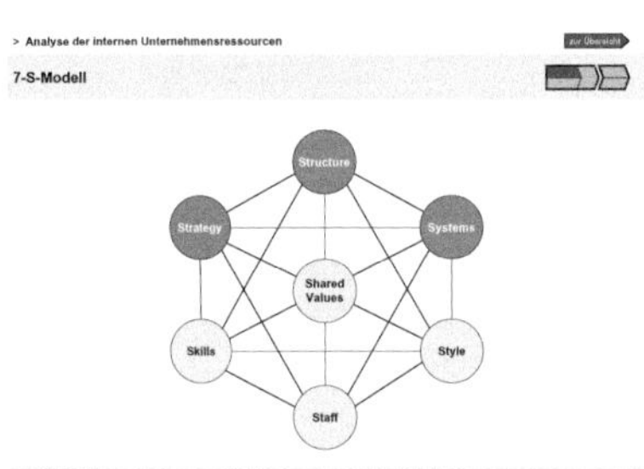
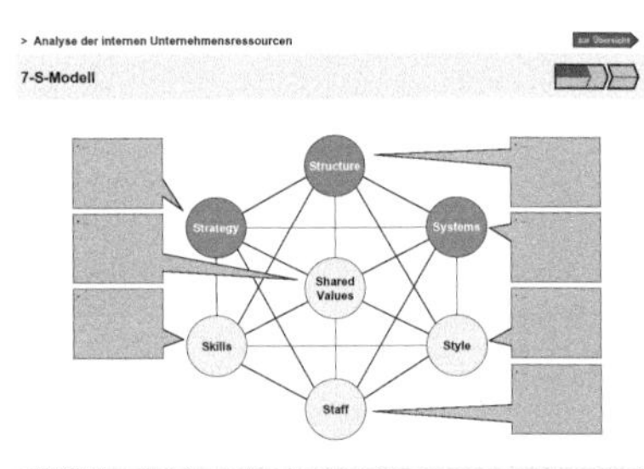

1.10.8 Verwandte und weiterführende Themen

- Unternehmenskulturanalyse
- Die Analyse der Unternehmenskultur kann als detaillierter Input genutzt werden, um den Faktor „Führungsstil" zu analysieren.
- Kernkompetenzanalyse
- Die Analyse der Kernkompetenzen kann als detaillierter Input genutzt werden, um den Faktor „Fähigkeiten" zu analysieren.
- Analyse der Wertkette
- Die Analyse der Wertkette kann als detaillierter Input genutzt werden, um den Faktor „Systeme" zu analysieren.

- Vision, Mission, Kernwerte
- Bildet den Ausgangspunkt für jede Strategieentwicklung und ist auch in diesem Modell im Faktor „Strategie“ zu berücksichtigen.

1.10.9 Literaturhinweise

PASCALE, R. / ATHOS, A. (1982): *The art of Japanese management,* London 1982.

PETERS, T. / WATERMAN, R. (1982): *In search of excellence,* New York 1982.

TEN HAVE, S. / TEN HAVE, W. / STEVENS, F. / VAN DER ELST, M. (2003): *Handbuch Management-Modelle,* Wiley, Weinheim 2003, S. 177–181.

1.11 Ursache-Wirkungs-Analyse (Ishikawa-Diagramm)

LEITFRAGEN:

- Welche Ursache hat ein abgrenzbares Phänomen oder betriebliches Problem?
- Was sind die Hauptursachen, was die Nebenursachen?
- Wie ist die Zusammenarbeit verschiedener Verantwortungsbereiche im Unternehmen zu fördern?

1.11.1 Zielsetzung und Anwendungsgebiet

Ursache-Wirkungs-Zusammenhänge komplexer Probleme lassen sich mit Hilfe von Ishikawa-Diagrammen systematisch erarbeiten und visuell darstellen. Betriebliche Phänomene sind oft komplex. Diese Komplexität bezieht sich zum einen auf die sachlichen Zusammenhänge, die schnell mehrdimensionale Abhängigkeiten umfassen. Zum anderen bedeutet der menschliche bzw. managementmäßige Bereich eine weitere Dimension von Komplexität. Zur Reduzierung von Komplexität bietet es sich daher an, Ishikawa-Diagramme als ein ganzheitliches und systematisches Strategietool einzusetzen. Hiermit lassen sich Ursache-Wirkungs-Zusammenhänge im Team strukturiert und objektiv aufzeigen. Die grafische Darstellung unterstützt das schnelle Verstehen.

MERKE: Ishikawa-Diagramme eignen sich zur Analyse von Problem-, Ereignisursachen, Zuständen und Prozessen.

Operativ dienen Ursache-Wirkungs-Analysen zur Strukturierung abgrenzbarer Phänomene und zur Bewältigung vielfältiger betrieblicher Probleme. Solche Analysen lassen sich auch zur Optimierung bzw. Effizienzsteigerung vorhandener Prozesse als auch bei der Vorbereitung zur Einführung neuer Strukturen und Prozesse einsetzen. Weitere Anwendungen liegen im Qualitätsmanagement, in der Ideensammlung und -verdichtung sowie im kontinuierlichen Verbesserungsprozess (KVP).

1.11.2 Beschreibung

Ursache-Wirkungs-Analysen haben eine lange Tradition. Die systematische sowie möglichst ganzheitliche Erfassung der Ursachen eines Problems und deren visuelle Darstellung im Ishikawa-Diagramm gehen auf dessen Begründer Dr. Kaoru Ishikawa (1915 bis 1989),

MERKE: Wichtigste W-Frage ist **Warum** neben weiteren wie Weshalb, Wieso, Woher, Was, Woran etc.

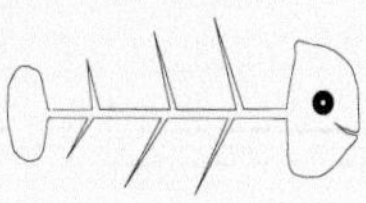

MERKE: Im Ishikawa-Diagramm wird „bottom up" nach Ursachen-Haupt- und Nebenkategorien eines Problems, Ereignisses oder Zustands unterschieden.

Professor an der Tokio Universität, zurück. Bereits seit 1940 entwickelte er methodisch Ursachenkategorien, die sich als Einfluss auf ein Problem, Ereignis oder auf einen Zustand beziehen. Diesen Zusammenhang stellte er in Form einer Fischgräte strukturiert dar. Mit vielfachen W-Fragen werden möglichst umfassend alle relevanten Ursachen einer Wirkung erfasst und hierarchisch in mehreren Ebenen strukturiert (Grätenverzweigungen).

Ishikawa-Diagramme werden auch Ursache-Wirkungs- oder Fischgräten-Diagramme (fishbone diagram) bzw. bei Drehung der Darstellung in die Vertikale (Tannen-)Baumdiagramm genannt. Der Anwendungsdurchbruch erfolgte etwa 1960 in Japan im Rahmen der Entwicklung des Qualitätsmanagements an historisch zitierten Beispielen in den Kawasaki-Werften und bei Mazda Motors.

Die von Dr. Ishikawa vorwiegend für Herstellungsprozesse entwickelten Ursachen-Hauptkategorien sind die sogenannten „6 **M**`s", denen in mehreren Ebenen weitere Ursachen-Nebenkategorien zuzuordnen sind (siehe Bild 1.51). Die „6 **M**`s" charakterisieren den Einfluss durch:

- **M**ensch: Welchen Einfluss haben die Personen selbst (Tagesform, Ausbildung, Schulung, Bedienungsfehler, Erfahrung usw.) oder deren Vorgesetzte, Kollegen?
- **M**aterial: Zustand, Kennwerte, Lagerung etc.
- **M**aschine: Bauart, Leistung, Wartungszustand, Software, Alter etc.
- **M**ethode: Prozesseignung, Dokumentation etc.
- **M**ilieu: Arbeitsklima, Wetter, Gesetze, Betriebsvereinbarungen, Wirtschaftlichkeit etc.
- **M**essung: Prüfmittel, Kalibrierung etc.

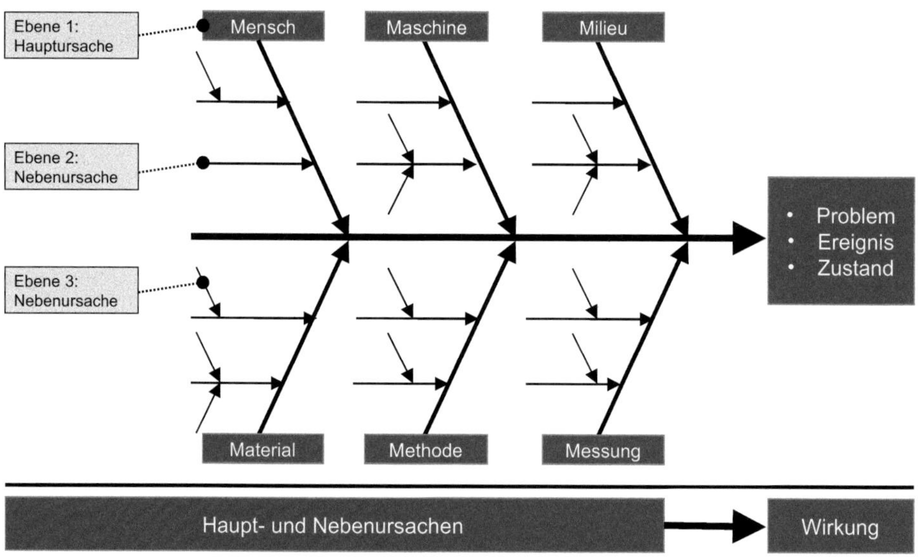

BILD 1.51 Ursache-Wirkungs- oder auch Ishikawa- bzw. Fischgräten-Diagramm

Im Verwaltungs- und Servicesektor werden noch andere Ursachen-Hauptkategorien als relevante Einflussgrößen unterschieden:

- 4 **P**´s: **P**roduct, **P**rice, **P**lace, **P**romotion (Produkt, Preis, Ort, Vorgehensweise), erweitert um **P**eople, **P**rocedures, **P**hysical Evidence, **P**roductivity (Menschen, Abläufe, Aufmachung/Raumgestaltung, Produktivität) zu „8 **P**´s"
- 4 **S**`s: **S**urrounding, **S**uppliers, **S**ystems, **S**kills (Umgebung, Lieferant, Systeme, Fähigkeiten)

1.11.3 Voraussetzung und notwendiger Input

Das Ishikawa-Diagramm ist nur unter zwei wichtigen Voraussetzungen erfolgreich einzusetzen. Zum einen bedarf es einer klaren und prägnanten Beschreibung eines konkret abgegrenzten Problems (z. B. Senkung der Störrate einer Anlage, zu hohe Produkt-Nacharbeitsquote), eines Ereignisses (z. B. temporär auftretender Fehler in der Fertigung) oder eines Zustands (z. B. unterschiedliche Produktivität bei zwei baugleichen Maschinen). Zum anderen ist genau festzulegen, wer an der Ursachenermittlung beteiligt wird. Dabei ist es wichtig, das Problem weder negativ noch positiv zu bewerten, sondern dessen Ursachen möglichst umfassend neutral und wertfrei zu ermitteln. Hilfreich ist hierzu der Einsatz von Kreativtechniken aller Art wie z. B. Brainstorming, Waste Walk mit einer Gruppe von bis zu zehn Personen aus unterschiedlichen Verantwortungsbereichen im Unternehmen. Die Gruppe sollte bei betrieblichen Problemen aus geeigneten Mitarbeitern, beispielsweise aus der Fertigung, der Produktionssteuerung, der Instandhaltung, der IT, dem Qualitätsmanagement und Vertrieb oder der Produktentwicklung bestehen. Nur so wird es möglich, auf die betrieblichen Erfordernisse zugeschnittene Ursachenkategorien (= Fischgräten) im Team objektiv sowie sachlich und neutral aufzustellen und zu bewerten.

TIPP: Fassen Sie bei betrieblichen Problemen Mitarbeiter aller Fakultäten in einer Gruppe zur Ursachenermittlung zusammen.

1.11.4 Vorgehensweise

Die Vorgehensweise zum Aufbau eines Ishikawa-Diagramms lässt sich idealtypisch in acht sequenzielle Schritte untergliedern (siehe Bild 1.52).

Schritt 1:	Bildung einer Kreativgruppe
Schritt 2:	Klare und prägnante Beschreibung des Problems, Ereignisses, Zustands
Schritt 3:	Diagramm mit horizontaler Hauptlinie/-gräte mit Pfeil zum Problem zeichnen
Schritt 4:	Haupt- und Nebenursachen als Einfluss auf das Problem ermitteln und einzeichnen
Schritt 5:	Überprüfung auf Vollständigkeit und auf Detaildatenverfügbarkeit
Schritt 6:	Bewertung und Gewichtung
Schritt 7:	Konsequenzen aus der Ursache-Wirkungs-Analyse ableiten und in Maßnahmen umsetzen
Schritt 8:	Maßnahmen in geeigneten Zeiträumen auf Wirksamkeit überprüfen

BILD 1.52 Vorgehensweise bei der Ursache-Wirkungs-Analyse im Ishikawa-Diagramm

Schritt 1: Bildung einer Kreativgruppe

Bildung einer Arbeitskreativgruppe aus Personen, die mit dem Problem direkt oder auch nur indirekt in Beziehung stehen. Die Führung sollte straff sachorientiert sein und jegliche subjektive Stellungnahmen der Teilnehmer vermeiden helfen. Ishikawa-Diagramme lassen sich auch ohne Kreativgruppe erstellen. Diese Vorgehensweise birgt jedoch die Gefahr, die Vollständigkeit der Ursachenfächer einzuschränken.

Schritt 2: Klare und prägnante Beschreibung des Problems, Ereignisses, Zustands

Formulierung einer klaren und prägnanten Beschreibung eines konkret abgegrenzten Problems (z. B. zu hohe Produkt-Nacharbeitsquote), eines Ereignisses (z. B. temporär auftretender Fehler in der Fertigung) oder eines Zustandes (z. B. unterschiedliche Produktivität bei zwei baugleichen Maschinen).

Schritt 3: Diagramm mit horizontaler Hauptlinie/-gräte mit Pfeil zum Problem zeichnen

Eine wichtige Voraussetzung in der Ishikawa-Vorgehensweise ist die Visualisierung durch Niederschreiben des Problems auf Papier oder auf einem Flip-Chart. Anschließend wird die Hauptgräte oder Hauptachse horizontal, mit dem Pfeil auf das Problem gerichtet, eingezeichnet.

Schritt 4: Haupt- und Nebenursachen als Einfluss auf das Problem ermitteln und einzeichnen

TIPP: Arbeiten sie großflächig, da meist aus Diskussionen heraus weitere Haupt- und Nebenursachen erarbeitet werden. ■

In Diskussion oder durch Brainstorming, z. B. mit der Meta-Plan-Methode, sind die auf das Problem ausgerichteten Hauptursachen als Ebene 1 zu erarbeiten und als Schrägpfeile auf die Hauptgräte einzuzeichnen. Des Weiteren sind die Nebenursachen in hierarchischer Bewertung zu ermitteln und in den Ebenen 2 und 3, als kleinere Pfeile auf die Hauptursachen ausgerichtet, grafisch darzustellen. Der Übersichtlichkeit halber sollten nicht mehr als drei Ursachenebenen in einem Diagramm eingetragen werden. Bei Bedarf sollte dann besser ein weiteres Ursachen-Unterdiagramm erarbeitet werden.

Schritt 5: Überprüfung auf Vollständigkeit und auf Detaildatenverfügbarkeit

MERKE: Mit einer langfristig angelegten, gut strukturierten und „gelebten" Datenlage in Betriebs- und Qualitätsdaten lässt sich viel Aufwand vermeiden – aber Vorsicht vor nicht genutzten Datenfriedhöfen! ■

Die Überprüfung auf Vollständigkeit schließt den Erstellungsprozess ab. Die grafische Darstellung unterstützt das Auffinden noch nicht berücksichtigter Ursachen. Eine weitere Überprüfung ist notwendig, ob für die aufgestellte Ursache überhaupt relevante Detaildaten vorhanden bzw. zukünftig zu erfassen sind, z. B. ergänzende Daten aus der Betriebs- oder der Qualitätsdaten-Erfassung (BDE und QDE).

Schritt 6: Bewertung und Gewichtung

Aus der Bewertung der Detaildaten und durch die Zuordnung einer Gewichtung bezogen auf den Einfluss einer Ursache auf das Problem werden die Ursachen mit der höchsten Wirkung erkennbar. Auf Basis einer guten Detaildatenlage lässt sich beispielsweise mit Hilfe des Ausschlussverfahrens die eine oder andere Ursache ausschließen – das hilft bei der Übersicht!

Schritt 7: Konsequenzen aus der Ursache-Wirkungs-Analyse ableiten und in Maßnahmen umsetzen

MERKE: Vom Zufall zur Zuverlässigkeit. Alle erkannten und bewerteten Nebenursachen, die auch zuverlässig und reproduzierbar sind, können weiter mit einem gewissen Qualitätsanspruch berücksichtigt werden. ■

Ist die Ursache mit dem stärksten Einfluss auf das Problem identifiziert, sind die entsprechenden Konsequenzen abzuleiten, Maßnahmen zu definieren und umzusetzen. Aber Vorsicht, war es wirklich die richtige Ursache?

Schritt 8: Maßnahmen in geeigneten Zeiträumen auf Wirksamkeit überprüfen

Die identifizierten Maßnahmen sind in geeigneten Zeiträumen im Sinne eines kontinuierlichen Verbesserungsprozesses auf ihre Wirksamkeit zu überprüfen und bei Bedarf zu rejustieren.

1.11.5 Vor- und Nachteile

Vorteile	Nachteile
• Einfache Anwendung mit geringem Aufwand möglich • Analytisch gestützte und systematisch erarbeitete Analyse von Problemen, Ereignissen, Zuständen, Prozessen • Gute Visualisierung der Ursache-Wirkung-Zusammenhänge • Guter Erkenntnisgewinn auf der Basis von Gruppenarbeit	• Gefahr von Unübersichtlichkeit bei sehr komplexen Wirkzusammenhängen • Vernetzte Zusammenhänge, Wechselwirkungen und Zeitschienen sind nicht darstellbar

TABELLE 1.17 Vor- und Nachteile der Ursachen-Wirkungs-Analyse im Ishikawa-Diagramm

1.11.6 Praxisbeispiel

Als Beispiel für die Anwendung des Ishikawa-Diagramms auf einen komplexen Ursache-Wirkungs-Zusammenhang wird im Folgenden die Bewältigung von Wiederanlauf- und Leistungsproblemen nach einer umfangreichen Modernisierungsmaßnahme an einem Reversier-Kaltwalzwerk für Spezialstähle bei der ThyssenKrupp Electrical Steel GmbH dargestellt. Bei dem besagten Stahlwerkstoff handelte es sich um kornorientiertes Elektroband, auch Silizium- oder Trafoband genannt, welches funktionsbestimmend in elektrischen Systemen wie beispielsweise Transformatoren Anwendung findet. In einer außergewöhnlich umfangreichen Herstellungs- und Verarbeitungskette stellt die Kaltwalzstufe einen entscheidenden und funktionsbestimmenden Fertigungsschritt dar. Bei diesem wird das bereits durch Beizen und Glühen vorbehandelte, warmgewalzte Band in der Dicke von 2 mm reversierend auf Nenndicken von 0,18 bis 0,35 mm unter bestimmten Temperaturbedingungen und mit einer Emulsion kaltgewalzt.

Ziel der durchgeführten Modernisierungsmaßnahme war der Umbau des Walzgerüstes von einer Handsteuerung auf eine nahezu personenunabhängige, vollautomatische Steuerung und Regelung, verbunden mit einer 10- bis 15-prozentigen Leistungssteigerung. Hierzu wurden verschlissene Stahlteile sowie die Elektrik erneuert, lediglich die Antriebsseite blieb erhalten. Nach dem Wiederanlauf des Walzgerüsts entstanden jedoch erhebliche Probleme, dass für die Dauer von etwa zwei Wochen nahezu keine Produktion möglich war. Erst nach etwa einem Jahr konnte das ursprüngliche Leistungs- und Qualitätsniveau wieder erreicht werden.

In dieser Ausgangslage war die Verwendung des Ursache-Wirkungs-Diagramms nach Ishikawa eine große Hilfe. Zunächst war es wichtig, alle beteiligten Personengruppen von der Geschäftsführung über die Fertigung und Instandhaltung bis hin zu den Fachleuten der Lieferanten regelmäßig an einen Tisch zu bringen (Schritt 1). Dabei galt es insbesondere, eine konstruktive Gesprächsatmosphäre ohne gegenseitige Beschuldigungen aufzubauen, um lösungs- und sachorientiert das Problem „Wiederanlauf und Leistungssteigerung“ (Schritt 2) anzugehen.

Zum Aufbau des Ishikawa-Diagramms wurde zunächst grafisch (und damit auch mental) die Hauptgräte (und damit der Diskussionsfokus) horizontal auf das Problem gerichtet (Schritt 3). Anschließend wurden als Haupt- und Nebenursachen das zu walzende Vormaterial „Warmband“ sowie die Einflüsse der „Voranlagen“ als gegebene Eingangsgröße mit aufgeführt (siehe Bild 1.53). Dabei wurde zunächst der Ursacheneinfluss von „Warmband und Voranlagen“ als konstant angenommen, jedoch in einer späteren Phase in Nebenursachen hinsichtlich Geometrie, Legierung, Oberflächenbeschaffenheit und -zustand aufgegliedert.

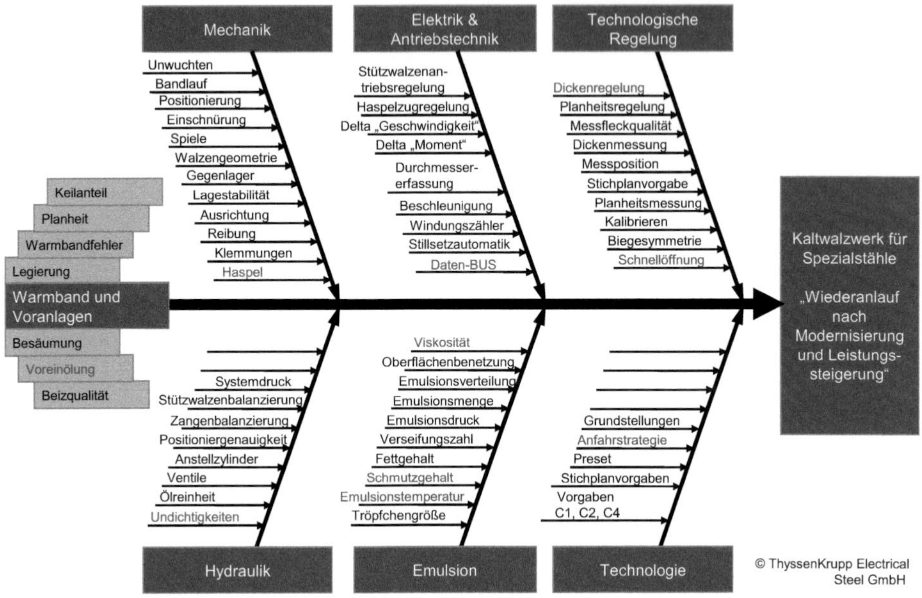

BILD 1.53 Ishikawa-Diagramm für die Leistungssteigerung an einem Kaltwalzwerk für Spezialstähle

Als Hauptursachen wurden die Stränge „Mechanik", „Elektrik mit Antriebstechnik", „Hydraulik", „Emulsion", „technologische Regelungen" sowie die „Technologie" selbst festgelegt. Zu den Hauptursachen wurden anschließend alle nur erdenklichen Nebenursachen in der Gruppe erarbeitet und als eigene Fischgräten aufgezeichnet (Schritt 4, siehe Bild 1.52). Darauf aufbauend erfolgte eine systematische Überprüfung aller Nebenursachen dahingehend, ob ausreichende Detaildaten hinsichtlich der Maß- und Messdokumentationen verfügbar waren und eine Überprüfung, inwieweit deren Erfassung zuverlässig und reproduzierbar erfolgen kann (Schritt 5). Im Sinne des Ausschlussverfahrens wurden daraufhin verschiedene Bauteile der Anlage ersetzt, fixiert oder gerichtet, elektrische und elektronische Abweichungen beseitigt, Korrekturen in Programmen eingepflegt sowie die Emulsion täglich in einem Fremdlabor überprüft.

Als besondere Einflussgrößen wurden dabei „Haspelunwuchten", Emulsionsverschmutzungen durch „Undichtigkeiten" der Hydraulikschläuche und die Erweiterung eines zu gering dimensionierten „Daten-Busses" identifiziert (Schritt 6). In enger Zusammenarbeit mit dem Betrieb und dem Anlagenlieferanten wurden die vorhanden Walzprozessmodelle optimiert und um ein tribologisches Modell erweitert (Schritt 7). Diese Maßnahmen führten schnell zu entsprechenden Leistungssteigerungen und Qualitätsverbesserungen.

MERKE: Die systematische Arbeit mit dem Ishikawa-Diagramm ermöglichte kontinuierliche Verbesserungen bis zu einer Leistungssteigerung um 70 %.

Im Sinne des „never-ending-improvement" wurden auch in den darauf folgenden Jahren vielfältige Verbesserungen durchgeführt. Die heutige Leistung der Kaltwalzstufe liegt bei ca. 170 Prozent bezogen auf die Ausgangslage vor der Modernisierung. Das Ishikawa-Diagramm hat wesentlich dazu beigetragen, den komplexen Ursache-Wirkungs-Zusammenhang in strukturierter Weise transparent zu machen und das Problem „Wiederanlauf und Leistungssteigerung" gemeinsam mit den beteiligten Personengruppen zu lösen.

1.11.7 Vorlagen zum Download

- Der Downloadbereich enthält ein exemplarisches Ishikawa-Diagramm sowie Musterdiagramme zur Darstellung eigener Ursache-Wirkungs-Analysen.

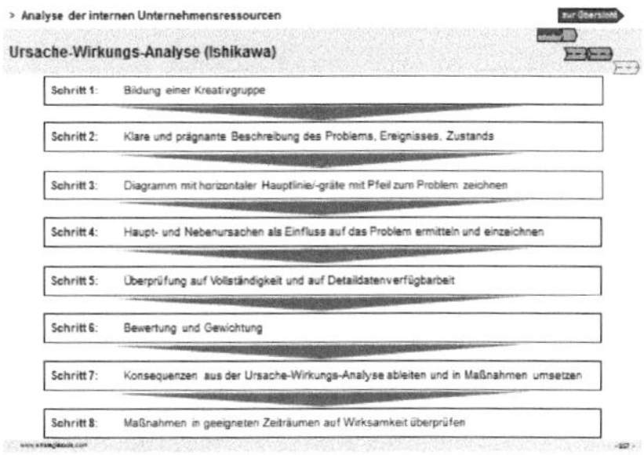

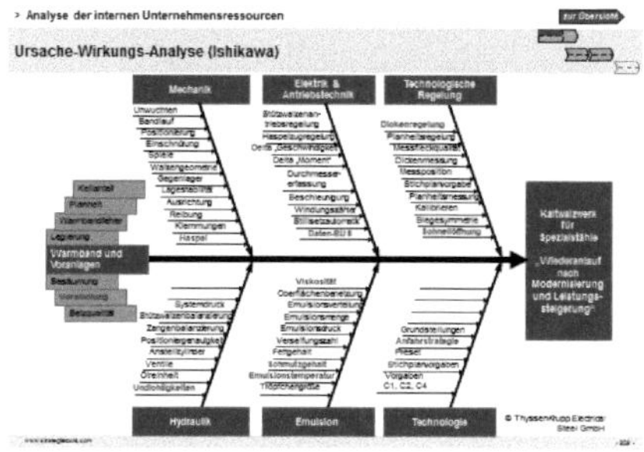

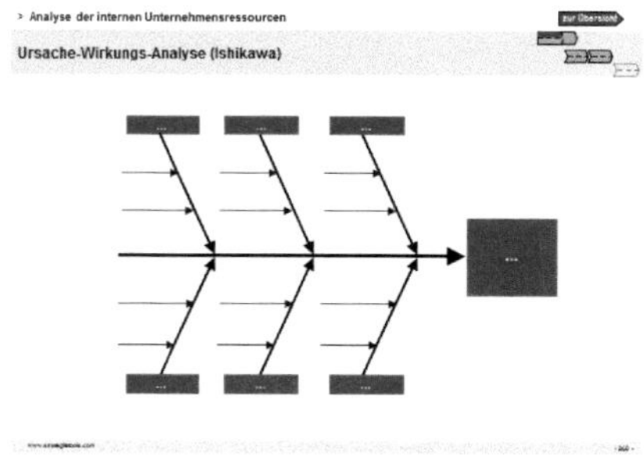

1.11.8 Verwandte und weiterführende Themen

- Stärken-Schwächen-Analyse (siehe Kapitel 1.16)
- Kreativitätstechniken (z. B. Mind-Maping, Meta-Plan-Technik)
- FMEA Fehlermöglichkeits- und Einflussanalyse
- Projektmanagement (siehe Kapitel 7.4)
- Change Management (siehe Kapitel 7.3)

1.11.9 Literaturhinweise

BMI (o.J): *Organisationshandbuch des BMI Bundesministerium des Inneren.* Kapitel 6 „Methoden und Techniken“ – Gesamtredaktion: Bundesverwaltungsamt.

ISHIKAWA, K. (1985): *What is Total Quality Control? The Japanese Way.* First Edition 1985, Prentice Hall, New Jersey/USA.

ROSENTHAL, D. / SUDAU, P. (2004): *Neue Technologien für die Herstellung hochfester dünner Warm- und Kaltbänder.* In: stahl und eisen 124 (2004) 10, S. 23–32.

SCHMITT, R. / PFEIFFER, T. (2007): *Handbuch Qualitätsmanagement.* 5. Aufl., Hanser Verlag.

1.12 Wertkettenanalyse

LEITFRAGEN:

- Wie viel wird durch welche Aktivitäten verdient?
- Welche Bereiche sollte ich stärken?
- Was sind Schlüsselfaktoren für die eigenen Erträge?
- Wo stehe ich wie zur Konkurrenz?

1.12.1 Zielsetzung und Anwendungsgebiet

Die Wertkettenanalyse hilft, die Ursachen für Wettbewerbsvorteile zu identifizieren, um dem Management die Stellhebel zur Verbesserung der strategischen Position und damit der Konkurrenzfähigkeit des Unternehmens aufzuzeigen. Sofern man die Unternehmung als Ganzes betrachtet, fällt die Beurteilung einzelner Unternehmensbereiche nach ihrem Beitrag zum Gesamtergebnis schwer, da unklar bleibt, ob die einzelnen Bereiche ähnlich konkurrenzfähig agieren. Daher sieht das Konzept der Wertkette eine Gliederung in separate, strategisch relevante Aktivitäten vor, deren Beiträge zur Wertschöpfung beziffert und einem Wettbewerbsvergleich unterzogen werden.

Potenzielle Anwendungsgebiete für die Wertkettenanalyse lassen sich in zwei Hauptgebiete gliedern. Erstens gibt die Wertkette Hinweise darauf, wo Wettbewerbsvorteile im eigenen Unternehmen entstehen und kann somit die eigene relative Leistungsstärke abbilden. Dies ist insbesondere bei strukturellen Entscheidungen von Bedeutung, wenn es darum geht, bestimmte Unternehmensbereiche durch Investitionen zu stärken (Ausbau der Kernfähigkeiten) oder im Gegenteil auszugliedern (Outsourcing). Zweitens deckt die Wertkettenanalyse Möglichkeiten zusätzlicher Wettbewerbsvorteile auf und kann somit auch gezielt zur Planung von Expansion bzw. Restrukturierung eingesetzt werden. Zusammenfassend ist die Wertkettenanalyse ein etabliertes Instrument zur Bestimmung der optimalen Wertschöpfungstiefe und findet regelmäßig Anwendung im Vorfeld strategischer Allianzen, Fusionen oder Outsourcing-Bestrebungen.

1.12.2 Beschreibung

Die Wertkette kann als Analyseraster interpretiert werden. Mit dem Ziel weiter gehender Analysen wird das gesamte Geschäftssystem abgebildet, wobei die Wertkette dem Prinzip folgt, sämtliche für die Wertschöpfung relevanten Unternehmensaktivitäten isoliert aufzuschlüsseln. Dabei unterscheidet Michael E. Porter primäre und sekundäre Aktivitäten (Porter, 1986). Primäre Aktivitäten sind diejenigen, welche in den Leistungserstellungsprozess integriert sind. Sie werden entsprechend ihrer Verrichtung angeordnet, idealtypisch in Porters Modell von der Eingangslogistik über Produktion, Marketing und Vertrieb, Ausgangslogistik bis hin zum Service. Sekundäre Aktivitäten ermöglichen die Leistungserstellung erst und werden daher auch unterstützende Aktivitäten genannt. Zwischen sekundären Aktivitäten können Schnittstellen zu allen primären Aktivitäten bestehen, d. h. sie können Querschnittsfunktionen haben. In Porters Modell werden die sekundären Aktivitäten in die Unternehmensinfrastruktur (hierzu zählen beispielsweise sowohl das Finanzmanagement als auch die Führung), die Personalwirtschaft, die Technologieentwicklung und die Beschaffung gegliedert. Allerdings orientieren sich die sekundären Aktivitäten ausschließlich an den primären und müssen demnach individuell für jedes Unternehmen festgelegt werden. Insofern werden Wertketten in den seltensten Fällen in jedem Detail dem Urmodell entsprechen. Bild 1.54 zeigt das generische Modell von Porter und beschreibt die einzelnen Wertschöpfungsaktivitäten mittels Beispielen genauer.

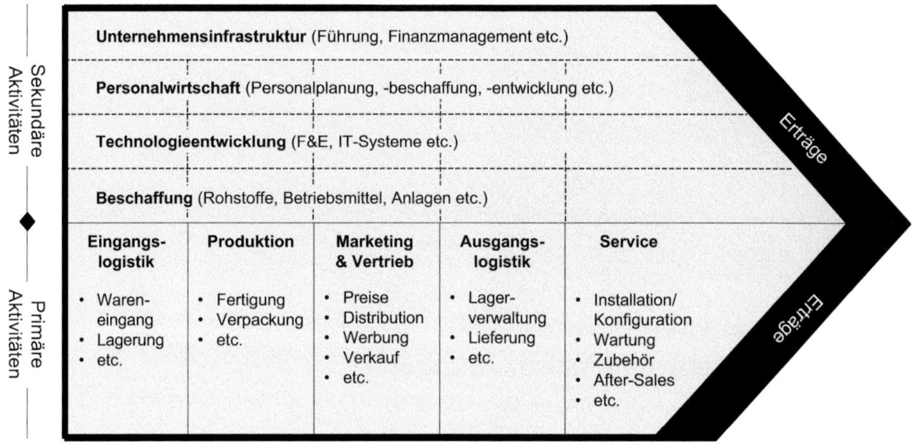

BILD 1.54 Generische Wertkette (Porter, 1986)

Die unterschiedlichen Wertketten aller Unternehmen einer Branche bilden in ihrer Gesamtheit ein Wertschöpfungssystem. Deshalb muss die Wertkettenanalyse für eine Unternehmung auch die Leistungsbeziehungen zwischen den vor- und nachgelagerten Wertketten der Mitbewerber berücksichtigen, um am Ende sämtliche strategischen Optionen aufzeigen zu können.

Die Analyse mit dem Ziel der Identifikation der eigenen Wettbewerbsvorteile beinhaltet die kritische Bewertung der isolierten Unternehmensaktivitäten. In vollem Umfang würde die Analyse je Wertschöpfungsstufe erstens die Untersuchung der relativen Kostenposition, zweitens die Ermittlung der Differenzierungsmöglichkeiten und drittens die Einschätzung der relativen Technologieposition beinhalten. Unter Berücksichtigung dieser einzelnen Ergebnisse kann die relative Wettbewerbsstärke der einzelnen Wertschöpfungsaktivitäten bestimmt und somit eine Aussage über ihren Beitrag zum Unternehmensergebnis getroffen werden. Neben identifizierten Verbesserungspotenzialen bei der bisherigen Leistungserstellung bieten sich Optionen zur Bestimmung der optimalen Wertschöpfungstiefe an, indem beurteilt werden kann, welche Bereiche einerseits unabdingbar und welche andererseits verzichtbar sind. Zusammenfassend seien hier drei wesentliche Varianten betont: Integration, Outsourcing oder Kooperation. Eine detaillierte Erläuterung zu diesen Optionen folgt in Abschnitt 1.12.4 Vorgehensweise.

1.12.3 Voraussetzungen und notwendiger Input

Die detaillierte Kenntnis der Leistungserstellung im Unternehmen ist Grundvoraussetzung für die Wertkettenanalyse. Unabhängig von der Analysetiefe basieren sämtliche Schritte auf der Isolierung, d. h. der gesonderten Betrachtung der einzelnen Wertaktivitäten innerhalb des Unternehmens, welche dieses Wissen benötigt. Die nötigen Prozesskenntnisse können gegebenenfalls mittels Experteninterviews oder Workshops mit Verantwortlichen verschiedener Geschäftsbereiche erhoben werden.

Zusätzliche Teilanalysen machen weiteren Input notwendig. Für eine detaillierte Feststellung der relativen Kostenposition sind beispielsweise entsprechende Daten aus dem Controlling, mindestens aber der Buchhaltung notwendig.

Die größte Herausforderung im Rahmen notwendigen Inputs für die Anwendung einer soliden Wertkettenanalyse bildet in der Regel die Beschaffung von Daten über die Wettbewerber. Problem dabei ist vor allem, dass auch diese Daten den Wertaktivitäten zuzuordnen sind. Sobald die Wettbewerbsbetrachtung über den einfachen Vergleich hinausgeht, welche Leistungen am Markt angeboten werden, also interne Daten benötigt werden, erschwert sich die Datenbeschaffung erheblich.

1.12.4 Vorgehensweise

Schritt 1:	Abbildung des Geschäftsmodells über die Wertkette
Schritt 2:	Analyse der Kostenposition der Wertschöpfungsaktivitäten
Schritt 3:	Identifikation der Differenzierungsmöglichkeiten je Wertschöpfungsaktivität
Schritt 4:	Analyse des Technologieniveaus der Wertschöpfungsaktivitäten
Schritt 5:	Ermittlung der erfolgskritischen Wertschöpfungsaktivitäten
Schritt 6:	Ableitung konkreter Handlungsempfehlungen

BILD 1.55 Vorgehensweise bei der Wertkettenanalyse (in Anlehnung an Eschenbach, 1996)

TIPP: Versuchen Sie, die eigenen primären Wertaktivitäten mittels Individualisierung des generischen Modells von Porter zu bestimmen. ■

Schritt 1: Abbildung des Geschäftsmodells über die Wertkette

Zur Identifikation der Ursachen für Wettbewerbsvorteile reicht die isolierte Betrachtung der Aufbau- und Ablauforganisation nicht aus. Wie beschrieben, müssen hierfür alle für die Wertschöpfung relevanten Aktivitäten differenziert und in ein System gebracht werden. Da die Wertkette auf einer prozessualen Unternehmenssicht basiert, hilft es, sich bei der Bestimmung der eigenen Wertkette am generischen Modell, beginnend mit den **primären Aktivitäten,** zu orientieren. Hierbei müssen die dort verwendeten Begrifflichkeiten individuell auf die eigene Situation übertragen werden. Die entsprechende Prozesskenntnis vorausgesetzt, ist es in den meisten Fällen zweckmäßig, die verschiedenen angebotenen Kundenleistungen zu identifizieren und deren Weg zum Kunden, dem Verrichtungsprinzip folgend, abzubilden. Die **sekundären Aktivitäten** können im Anschluss mit Hilfe der Leitfrage, was zu einem reibungslosen Ablauf der primären Aktivitäten notwendig ist, bestimmt und angeordnet werden.

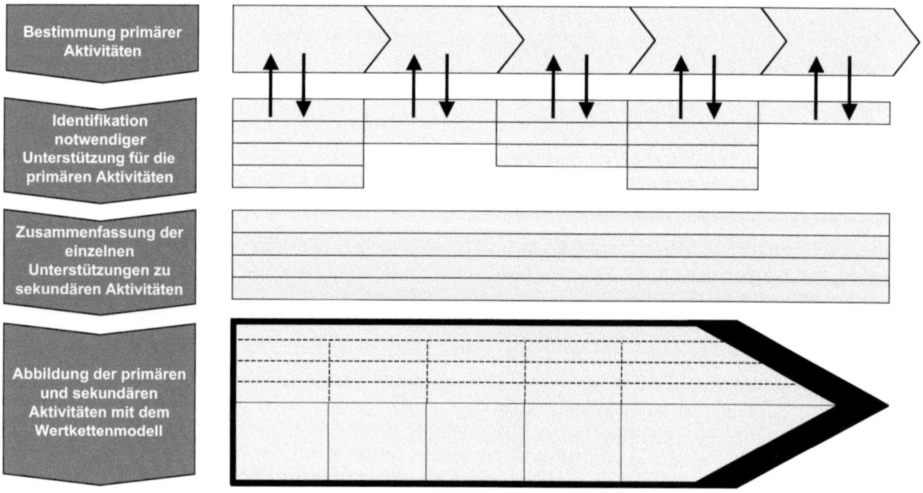

BILD 1.56 Grundsätzliches Vorgehen bei der Abbildung des Geschäftssystems über die Wertkette

MERKE: Die Visualisierung der Wertkette kann vom generischen Modell abweichen.

Die Wertkette muss nicht mit der Aufbauorganisation übereinstimmen. ■

Die Verbindungen zwischen den Aktivitäten können dabei selbstverständlich unternehmensindividuell, also vom generischen Modell abweichend, definiert und auch visualisiert werden. Zum Beispiel wäre eine sekundäre Aktivität denkbar, die sich nicht als Querschnittsfunktion über alle primären Aktivitäten zieht, sondern nur über ausgewählte. Neben dieser klassischen Darstellungsform nach Porter können die einzelnen wertschöpfenden Aktivitäten auch einfacher oder komplexer dargestellt werden. Im einfachsten Fall werden die zentralen Aktivitäten zur Leistungserstellung in Ablaufphasen abgebildet und mit Einflussfaktoren je Phase angereichert. Andererseits können die einzelnen Wertschöpfungsaktivitäten der Wertkette auch noch in ihre jeweiligen Prozessschritte (Schritte innerhalb der einzelnen primären Aktivitäten) differenziert werden. Der angestrebte Detaillierungsgrad sollte sich durch den Untersuchungszweck ergeben. Entsprechende Visualisierungsvorschläge finden Sie im Downloadbereich.

Schritt 2: Analyse der Kostenposition der Wertschöpfungsaktivitäten

Die Analyse der Kostenposition in den Wertschöpfungsstufen basiert im Wesentlichen auf einer aktivitätsorientierten Kostenzuordnung sowie der Identifizierung der Kostentreiber für die einzelnen Positionen (Porter, 1986). Im nächsten Schritt müssen die quantifizierten Kosten in Relation zur Unternehmensgröße betrachtet werden, um das Optimierungspotenzial beurteilen zu können.

An diesem Punkt ist die Ist-Situation weitestgehend abgebildet. Darüber hinaus sollte eine Schätzung von Entwicklungstendenzen hinsichtlich der einzelnen Kosten vorgenommen werden. Zum Beispiel könnte man davon ausgehen, wenn die Vertriebsausgaben hauptsächlich durch den Außendienst verursacht werden, dass sich diese Kostenposition im Zuge ständig steigender Benzin- und Kfz-Unterhaltskosten tendenziell verschlechtern wird, hingegen könnten Kosten für Telekommunikation durch vermehrten Einsatz von Internettelefonen mittelfristig gesenkt werden.

Vor der endgültigen Beurteilung sollte außerdem ein Vergleich mit dem Wettbewerb erfolgen. Um Vergleichbarkeit herzustellen, müssen die Aktivitäten unternehmensübergreifend so einheitlich wie möglich abgegrenzt werden.

Unter Berücksichtigung der Kostenstruktur in Relation zur Unternehmensgröße, der Trends und eines Wettbewerbervergleichs lässt sich die relative Kostenposition der Wertaktivität ableiten. Vor- und Nachteile gegenüber den Wettbewerbern in puncto Kosten können unterschiedliche Ursachen haben, z. B. aus unterschiedlichen Ressourcen bzw. Fähigkeiten sowie aus Größeneffekten, dem Leistungsportfolio, der Effizienz oder Sonstigem resultieren. Für einen gründlichen Wettbewerbervergleich bietet sich der Einsatz von Stärken- und Schwächenprofilen an (siehe auch Kapitel 1.16). Eine allgemeine Checkliste zur Analyse der Kostenposition befindet sich in den PowerPoint-Vorlagen zu diesem Kapitel, in welcher auch die Ergebnisse des Wettbewerbsvergleichs eingetragen werden können.

MERKE:

1. Kosten den Wertaktivitäten zuordnen.
2. Kostentreiber identifizieren.
3. Kostenentwicklung prognostizieren.
4. Kostenvergleich mit Wettbewerb.

Schritt 3: Identifikation der Differenzierungsmöglichkeiten je Wertschöpfungsaktivität

Der analysierten Kostenstruktur muss die Wertschöpfung, also der für den Kunden erzielte Mehrwert, entgegengestellt werden, um Rückschlüsse auf die Wettbewerbsfähigkeit ziehen zu können. Im ersten Schritt müssen hierfür zunächst die Kunden der einzelnen Wertschöpfungsphasen identifiziert werden. Dabei muss beachtet werden, dass die einzelnen Wertschöpfungsaktivitäten unterschiedlich intensiv von den tatsächlichen Käufern des Produkts oder der Dienstleistung wahrgenommen werden. Teilweise entsprechen die Abnehmer der einzelnen Wertaktivitäten nicht den tatsächlichen Kunden des Unternehmens. Unter Umständen entspricht die nächste Wertschöpfungsstufe einem internen Kunden. Die Wünsche der tatsächlichen Endkunden werden rückwärts durch die Wertschöpfungskette bis hin zum Rohstofflieferanten portiert. Entscheidend ist, dass Differenzierungsmöglichkeiten am Markt nur bei den Wertschöpfungsaktivitäten identifiziert werden können, welche einen für den Endabnehmer relevanten Nutzen schaffen, unabhängig davon, wer der Kunde der einzelnen Wertschöpfungsstufe ist (vgl. Porter, 1986).

MERKE: Was der Kunde nicht registriert und honoriert, ist hinsichtlich der Wettbewerbsposition wertlos!

Im Anschluss müssen Präferenzen der Zielgruppe ermittelt werden, um die Kriterien bestimmen zu können, die den Kauf entscheiden. Idealerweise können die Kaufkriterien noch priorisiert werden, um das eigene Leistungsportfolio an den wichtigsten messen zu können. Sind die Kunden und ihre Kaufkriterien eindeutig festgestellt, werden die einzelnen Wertaktivitäten nach Differenzierungsmöglichkeiten untersucht. Vorrangig werden die Differenzierungsmerkmale durch den Vertrieb gesteuert, jedoch werden sie von dort entsprechend durch die Wertschöpfungskette kanalisiert. Die einzelnen Wertschöpfungsstufen haben unterschiedlich viel Einfluss auf die Differenzierungsmerkmale, was es zu untersuchen gilt.

Diese Differenzierungsmöglichkeiten können dann einem detaillierten Wettbewerbsvergleich unterzogen werden und dienen der Beurteilung, ob innerhalb des Unternehmens die Anstrengungen in den kundenrelevanten Bereichen eingesetzt werden oder ob man die eigenen Ressourcen zu wenig zielgerichtet verwendet.

Schritt 4: Analyse des Technologieniveaus der Wertschöpfungsaktivitäten

Im Fokus der Wertkettenanalyse stehen die Schritte 2 und 3. Jedoch kann auch die Technologieentwicklung Einfluss auf die Beurteilung der einzelnen Wertschöpfungsaktivitäten haben. Know-how und fortschrittliche Technologien können sowohl die Kostenposition durch effiziente Prozesse stärken als auch zusätzliche Differenzierungen am Markt ermöglichen. Insofern sollte im Rahmen einer fundierten Analyse das Innovationspotenzial der einzelnen Wertschöpfungsaktivitäten beurteilt und in die Abschlussbewertung mit einbezogen werden.

In der Praxis können entsprechende Recherchen mittels Experteninterviews, Workshops oder Prozessanalysen durchgeführt werden. Die Abbildung des Innovationspotenzials kann auf der Wertkette geschehen. Blankovorlagen finden Sie im Downloadbereich.

Schritt 5: Ermittlung der erfolgskritischen Wertschöpfungsaktivitäten

MERKE: Erfolgskritische Wertaktivitäten bieten eine vorteilhafte Kostenposition, Möglichkeiten der Differenzierung und Innovationspotenzial.

Im Schritt 5 wird eine Aggregation der durchgeführten Teilanalysen durchgeführt. Die Ergebnisse der Schritte 2 bis 4 werden übereinander gelegt und für jede Wertschöpfungsaktivität einzeln miteinander verglichen. Besonders erfolgskritische Wertaktivitäten bieten zahlreiche Profilierungsmöglichkeiten am Markt, verfügen über eine vorteilhafte Kostenposition (insbesondere in Relation zu den Mitbewerbern) und idealerweise über ein hohes und somit für die Zukunft wertvolles technologisches Entwicklungspotenzial. Die Bedeutung der einzelnen Wertaktivitäten für den Unternehmenserfolg nimmt ab, wenn einzelne der genannten Faktoren weniger positiv ausgeprägt sind. Diese Auswertung kann mit Hilfe einer Matrix erfolgen, welche ebenfalls als Vorlage zur Verfügung steht.

Schritt 6: Ableitung konkreter Handlungsempfehlungen

Die Wertkettenanalyse zeigt einerseits operative Verbesserungspotenziale auf. Insbesondere durch die Kostenstrukturanalyse (Schritt 2) wird Einsparungspotenzial identifiziert, das durch geeignete Optimierungsmaßnahmen realisiert werden kann (siehe auch Kapitel 1.5).

Andererseits dient die Wertkettenanalyse zur strategischen Entwicklung der eigenen Wertkette, mit dem Ziel, die Wettbewerbsfähigkeit zu steigern. Die Analyseergebnisse liefern hierfür wichtige Hinweise, da sie eindeutig aufzeigen, welche Wertaktivitäten als erfolgskritisch einzustufen sind. Die Ressourcen des Unternehmens sollten dann primär auf diese konzentriert werden.

Im Folgenden werden die drei wesentlichen strategischen Optionen zur Modifikation der Wertkette vorgestellt und Kriterien zur Auswahl erläutert:

Option 1: Integration

Unter Integration wird das Erbringen von Leistungen durch das Unternehmen selbst („make“) statt Fremdvergabe von Aufträgen („buy“) verstanden. Hierbei wird zwischen vertikaler und horizontaler Integration unterschieden.

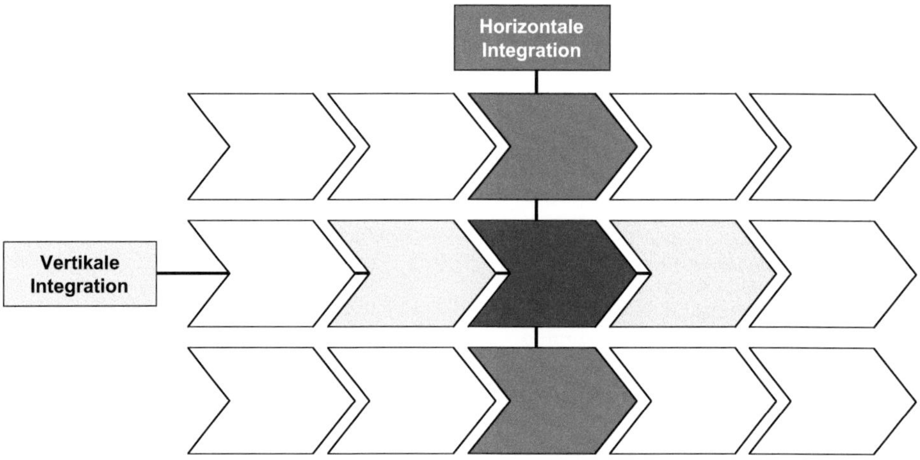

BILD 1.57 Unterscheidung zwischen vertikaler und horizontaler Integration

Unter **vertikaler Integration** versteht man die Zusammenfassung von nach dem Verrichtungsprinzip aufeinander folgender Wertschöpfungsstufen innerhalb des Branchenwertschöpfungssystems. Werden dabei Aktivitäten selbst geleistet, die zuvor durch einen Lieferanten übernommen wurden, spricht man von Rückwärtsintegration. Vorwärtsintegration entspricht der Übernahme von Aktivitäten, die vormals von Kunden abgedeckt wurden.

Horizontale Integration bezeichnet die Hinzunahme von Aktivitäten auf der gleichen Wertschöpfungsstufe, z. B. die Produktion ergänzender Produkte mit dem bestehenden Produktionssystem (siehe auch Kapitel 4.1).

Integration bietet sich grundsätzlich dann an, wenn das Unternehmen über Wettbewerbsvorteile in der jeweiligen Wertschöpfungsstufe verfügt, also die entsprechende Tätigkeit kostengünstiger „hergestellt“ werden kann, als der Zukauf kosten würde. Know-how-Bündelung im Unternehmen sowie Autonomie gegenüber Lieferanten wären weitere Motive.

Gemäß der Vorgehensweise eignet sich die Integration außerdem auch insbesondere für Aktivitäten, welche Profilierungsmöglichkeiten am Markt oder besondere Innovationspotenziale bieten. In beiden Fällen sollte den Wettbewerbern nicht das gewinnträchtige Feld überlassen werden.

Option 2: Outsourcing

Outsourcing bezeichnet das Gegenteil zur Integration. Hier werden gezielt Wertaktivitäten abgestoßen, welche keine Wettbewerbsvorteile versprechen oder explizit Wettbewerbsnachteile aufweisen. Die Kompensation erfolgt über Zukauf der entsprechenden Leistungen und die dabei verfolgte Strategie entspricht einer Konzentration auf die Schlüsselfähigkeiten des Unternehmens (siehe auch Kapitel 1.8).

Option 3: Kooperation

Kooperation bezeichnet eine Mischform zwischen den ersten beiden strategischen Optionen. Einzelne Wertschöpfungsaktivitäten werden von mehreren Partnern gemeinsam durchgeführt, die jeweils eigenständig bleiben und sich nur per Kontrakt (langfristig) aneinander binden. Für erfolgreiche, d. h. für alle Parteien gewinnträchtige Kooperationen sollten sich die Ressourcen und Fähigkeiten optimal ergänzen. Grundsätzlich sind Kooperationen immer dann von hoher Bedeutung, wenn eine Wertschöpfungsaktivität zwar Wettbewerbsvorteile verspricht, aber durch unterschiedliche Gründe eine Selbstherstellung ausgeschlossen ist. Diese Gründe können z. B. auch rechtlicher Natur sein, haben aber in der Regel ihre Ursache in nicht ausreichender finanzieller, technischer oder personeller Ressourcenausstattung.

1.12.5 Vor- und Nachteile

Vorteile	Nachteile

• **Vollständige Abbildung des Geschäftssystems als Wertschöpfungsprozess**
• **Abbildung aller Aktivitäten, die dem Kunden Nutzen stiften**
• **Sehr umfangreiche Identifikation von Wettbewerbsvorteilen mittels Analyse verschiedenster Parameter:**
  • Kostenstruktur
  • Differenzierungsmöglichkeiten
  • Schlüsselkompetenzen
• **Förderung des Verständnisses für Unternehmensprozesse**
• **Aufgrund der Vollständigkeit kann die Wertkette auch zu anderen Zwecken genutzt werden, wenn eine Übersicht der gesamten Unternehmung benötigt wird**
	• **Darstellung der Wertkette bei heterogenen, weitläufig diversifizierten Unternehmen sehr komplex**
	• **Hoher Zeit- und Arbeitsaufwand**
	• **Zuordnung der Kosten zu den Wertaktivitäten schwierig, da die übliche Einteilung nach Kostenarten, -stellen und -trägern nicht einfach übertragbar ist**
	• **Vergleichsdaten der Wettbewerber schwer zu beschaffen**

TABELLE 1.18 Vor- und Nachteile der Wertkettenanalyse

1.12.6 Praxisbeispiel

Starbucks ist eine Kaffeehauskette aus den USA und wurde 1971 in Seattle im US-Bundesstaat Washington gegründet. Zunächst langsam wachsend, hat Starbucks sein Expansionstempo vor allem nach dem Börsengang 1992 rasant gesteigert. Mittlerweile gibt es weltweit mehr als 7.000 Filialen.

Für die Bewertung von Wachstumsoptionen konnte neben weiteren Analyseinstrumenten auf die Wertkettenanalyse zurückgegriffen werden. Bild 1.58 zeigt die Wertkette von Starbuck.

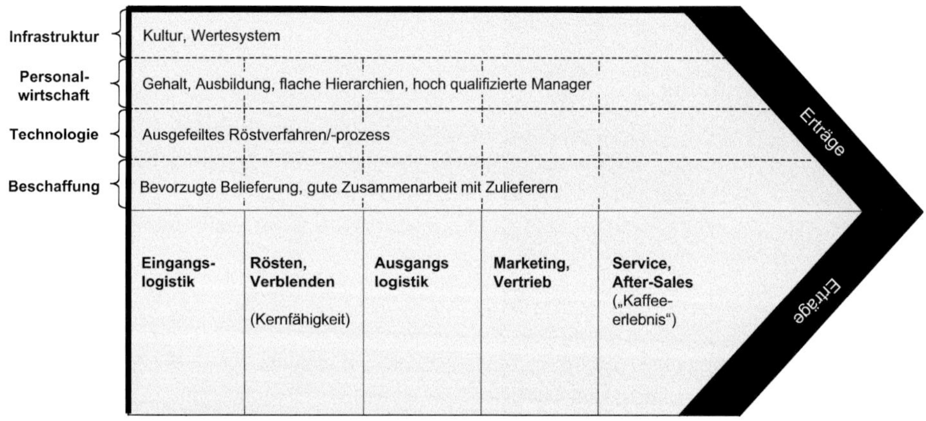

BILD 1.58 Wertkette bei Starbucks

Aus den primären Aktivitäten werden die Stärken herausgearbeitet. Ungewöhnlich ist, dass sämtliche primären Aktivitäten als Stärke bezeichnet werden können und die sekundären Aktivitäten präzise auf die primären abgestimmt sind. Darüber hinaus bildet die Aktivität „Rösten, Verblenden" eine Kernfähigkeit, die in dieser Form nur bei Starbucks eingesetzt wird.

Zur Beurteilung möglicher Wachstumsoptionen wurde u. a. überprüft, inwieweit die jeweilige Option auf die primären Aktivitäten zurückgreift und Wettbewerbsvorteile nutzt. Diese Zuordnung ist in Tabelle 1.19 dargestellt.

Bewertung von Wachstumsstrategien		Wachstumsoptionen				
		Neue Filialen innerhalb USA	Neue Artikel, dieselben Filialen	Neue Filialen im Ausland	Kooperation mit McDonald's	Franchising
Primäre Wertschöpfungsaktivitäten	Eingangslogistik	X	–	X	X	X
	Rösten, Verblenden	X	–	X	X	X
	Ausgangslogistik	X	X	Evtl. kann Konzept übertragen werden	Abhängig von Kooperations-details	X
	Marketing, Vertrieb	X	X	Abhängig vom Hintergrund, ob übertragbar	–	(X)
	Service, After-Sales	X	X	Abhängig vom Hintergrund, ob übertragbar	–	(X)

TABELLE 1.19 Bewertung der Wachstumsoptionen

Durch die vorhergehende Analyse kann beurteilt werden, inwieweit die Stärken auf die jeweilige Wachstumsoption übertragbar sind. Unter Berücksichtigung weiterer Faktoren (rechtliche Rahmenbedingungen, finanzieller Aufwand etc.) können die Wachstumsoptionen nun priorisiert werden. So wurde die Kooperation mit McDonald's als nicht relevant eingestuft, da u. a. ein resultierender Imagewandel (Fastfood versus Kaffeeerlebnis) und eingeschränkte Perspektiven diese Wachstumsoption uninteressant erschienen ließen. Stattdessen expandierte man weltweit und nahm zusätzliche Produkte ins Sortiment (z. B.

Starbucks-Coffeemug). Der Aufwand dieser letztgenannten Option hielt sich in Grenzen und verstärkte das bedeutende „Kaffeeerlebnis“, welches eine wesentliche Eigenschaft des After-Sales in den primären Aktivitäten ist.

1.12.7 Vorlagen zum Download

In den PowerPoint-Vorlagen zu diesem Kapitel befinden sich verschiedene Visualisierungsvorschläge zu Wertketten sowie diverse Vorlagen zur Unterstützung der sechs skizzierten Vorgehensschritte bei der Anwendung der Wertkettenanalyse.

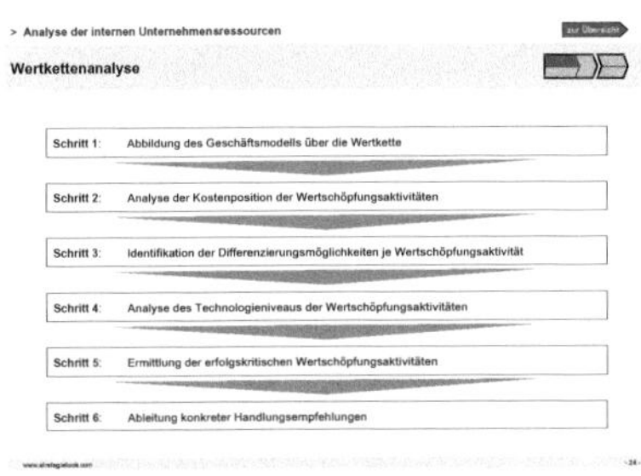

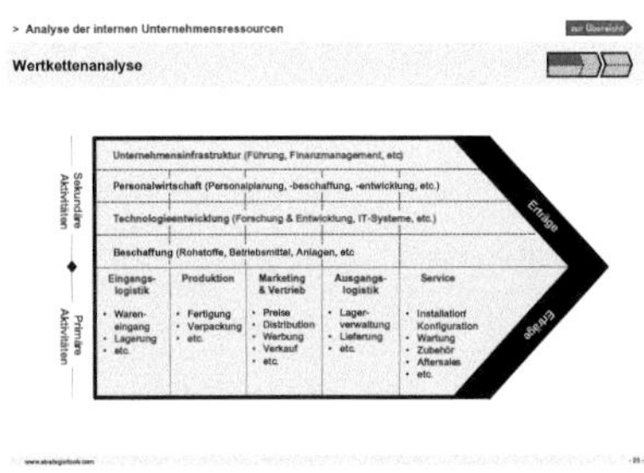

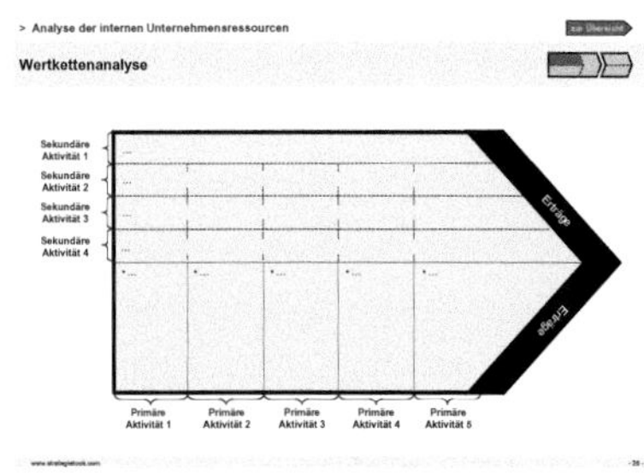

1.12.8 Verwandte und weiterführende Themen

Aufgrund des Umfangs und der Komplexität der Wertkettenanalyse bestehen Verwandtschaften zu zahlreichen anderen Analyseinstrumenten. Hervorzuheben sind hier insbesondere die bereits erwähnte Kostenstruktur- sowie die Stärken- und Schwächenanalyse. Weiterhin können die Ansätze des Benchmarkings im Rahmen des Wettbewerbervergleichs Anwendung finden.

1.12.9 Literaturhinweise

ESCHENBACH, R. (1996): *Controlling,* 2. überarb. und erw. Aufl., Schäffer-Poeschel Verlag, Stuttgart 1996, S. 256–263.

MÜLLER-STEWENS, G. / LECHNER, C. (2003): *Strategisches Management,* Schäffer-Poeschel Verlag, Stuttgart 2003.

PORTER, M. E. (1985): Competitive *Advantage: creating and sustaining superior performance,* Free Press, New York 1985.

PORTER, M. E. (1986): *Wettbewerbsvorteile: Spitzenleistungen erreichen und behaupten* (deutsche Übersetzung von Competitive Advantage), 3. Aufl., Campus Verlag, Frankfurt am Main/New York 1986.

1.13 Marktwachstum-Marktanteils-Portfolioanalyse (BCG)

LEITFRAGEN:

- Wie erfolgversprechend ist das eigene Geschäftsportfolio am Markt positioniert?
- Wie vergleiche ich unterschiedliche Geschäftseinheiten miteinander?
- Wie sollen begrenzte Mittel auf die einzelnen, bestehenden Produkt-Markt-Segmente verteilt werden?
- Wie entscheide ich über die Aufnahme ergänzender Produkt-Markt-Segmente?

1.13.1 Zielsetzung und Anwendungsgebiet

Der Portfolioansatz ist die vielleicht am weitesten verbreitete Methode im strategischen Management und die Marktwachstum-Marktanteils-Portfolioanalyse, besser bekannt als BCG-Matrix, repräsentiert die bekannteste Ausgestaltungsform.

MERKE: Die BCG-Matrix analysiert:

1. Cashflow
2. Deckungsbeitrag
3. Kapitalbedarf
4. Relativer Marktanteil
5. Wachstumsrate

Die BCG-Matrix unterstützt das Management diversifizierter Unternehmen bei der Steuerung des eigenen Leistungsangebots, indem sie eine Analyse der Produkt-Markt-Positionen ermöglicht. Diese erfolgt über die Beschreibung der strategischen Position von einzelnen, unabhängigen Geschäftsbereichen mittels einer 4-Felder-Matrix. Dabei werden Cashflow, Deckungsbeiträge, Kapitalbedarf, relative Marktanteile und Wachstumsraten der Geschäftsbereiche offen gelegt.

Somit können mit Hilfe der BCG-Matrix unterschiedliche Bereiche des Unternehmens miteinander verglichen werden, so dass eine Steuerung der Geschäftseinheiten ermöglicht wird, mit dem Ziel der Ausbalancierung. Dabei bezieht sich die Ausbalancierung im Wesentlichen auf die Abstimmung kapitalbedürftiger mit kapitalerzeugenden Geschäftsbereichen, um eine ausgewogene Struktur aller Geschäftsbereiche zu erreichen.

MERKE: Ziel der BCG-Matrix ist die finanzielle Ausbalancierung des Leistungsangebots.

Gemäß der Gliederung des Buches wird der Fokus dieses Kapitels auf den Analysemöglichkeiten und den daraus ableitbaren Implikationen der BCG-Matrix liegen. Im Kapitel 5 (strategische Planung) werden darüber hinaus auf der BCG-Matrix basierende Normstrategien vorgestellt und diskutiert.

1.13.2 Beschreibung

CHECKLISTE: Die zu untersuchenden Geschäftseinheiten müssen unabhängig voneinander sein.

Die Portfolioanalyse geht auf die Portfeuille-Theorie des Nobelpreisträgers Markowitz zurück, der sich mit Wertpapierportfolios und deren optimaler Mischung nach Rendite-Risiko-Gesichtspunkten beschäftigte (vgl. Markowitz, 1952). Der Analogieschluss der Entscheidungssituation von Finanzmodellen auf den Anwendungsbereich des strategischen Managements wurde Ende der 60er Jahre von dem Unternehmen The Boston Consulting Group (BCG) geleistet (vgl. Henderson, 1973). Analog zum Wertpapierportfolio wird hierbei das Unternehmen als Bündel von Investitionsentscheidungen interpretiert, welches es so zu gestalten gilt, dass ökonomische Werte im Interesse der Anteilseigner geschaffen werden. Im Wesentlichen besteht der Ansatz von BCG in der Darstellung eines Unternehmens als Portfolio von Geschäftseinheiten. Jede dieser Geschäftseinheiten leistet einen Beitrag zum Erfolg des Unternehmens, und durch die Differenzierung in unabhängige Geschäftseinheiten bzw. Produkt-Markt-Segmente kann die strategische Position feiner analysiert werden.

Die BCG-Matrix basiert auf drei grundlegenden Hypothesen:

1. Gewinn und Cashflow steigen mit zunehmendem Marktanteil durch die Wirksamkeit des Erfahrungskurveneffekts.
2. Das Wachstum auf einem Produkt-Markt-Segment folgt weitestgehend der für das Produktfeld geltenden Lebenszykluskurve.
3. Umsatzwachstum ist mit Kapitalbedarf verbunden.

Diese Hypothesen zu Grunde gelegt, gliedert der BCG-Ansatz die Geschäftsbereiche mittels einer Umwelt- und einer Unternehmensachse in eine zweidimensionale 4-Felder-Matrix. Auf der Umweltachse werden dabei die externen, wenig beeinflussbaren Kräfte über das Marktwachstum als zentrales Merkmal charakterisiert. Alle umweltrelevanten Erfolgsfaktoren werden in dieser einzigen Dimension aggregiert abgebildet. Gemäß der geschilderten Hypothese folgt das Marktwachstum dem entsprechenden Produkt- respektive Branchenlebenszyklus (siehe auch Kapitel 1.3). Die interne Situation wird wiederum verdichtet durch ein einziges Merkmal in Form des relativen Marktanteils auf der Unternehmensachse abgebildet. Der absolute Marktanteil würde keine ausreichende Vergleichbarkeit der einzelnen Geschäftsbereiche zulassen (z. B. branchenspezifische Unterschiede), so dass sich der relative Marktanteil als Maß der internen Stärke eines Geschäftsfeldes durchgesetzt hat. Dieser kann im Gegensatz zu den externen Faktoren durch das Unternehmen über entsprechende Maßnahmen beeinflusst werden. Im Zusammenhang des relativen Marktanteils wirkt die erstgenannte Hypothese im Sinne der mit wachsenden Ausbringungsmengen sinkenden Stückkosten als Kernaussage der Erfahrungskurve (siehe Kapitel 1.4). Bild 1.59 visualisiert die skizzierten Wirkungen auf die BCG-Matrix.

MERKE: Zwei verdichtete Indikatoren reichen aus, die Koordinaten auf der BCG-Matrix zu identifizieren:

1. Marktwachstum
2. Relativer Marktanteil

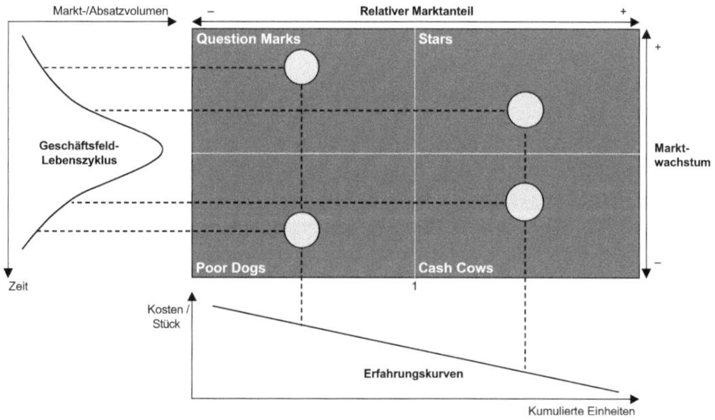

BILD 1.59 Die BCG-Matrix unter Einfluss der Erfahrungs- und Lebenszykluskurve

Neben den zwei Achsen wird die Darstellung der BCG-Matrix um eine dritte Dimension ergänzt. Der Durchmesser der Kreise, die jeweils eine Geschäftseinheit repräsentieren, symbolisiert die Leistung der jeweiligen Einheit, gemessen durch den Umsatz. Im Ergebnis bildet die BCG-Matrix komplexe Geschäftsportfolios, diversifiziert in beliebig vielen Märkten und Produktfeldern, verblüffend simpel über zwei mal zwei Kategorien ab. Dies ist auch der Grund für die weite Verbreitung und Beliebtheit dieses Instruments – auf Berater wie auf Managementseite.

Aus den vier Quadranten des Marktwachstum-Marktanteils-Portfolios lassen sich bestimmte Implikationen ableiten, die anfangs bereits erwähnt wurden. Im Zentrum steht dabei der Kapitalfluss, d. h. die Feststellung, ob die Geschäftseinheit Kapitalbedarf aufweist oder selbiges generiert, wobei hier noch zu differenzieren ist, ob auch welches freigesetzt wird. Neben dem Cashflow können außerdem Aussagen über Deckungsbeiträge, Wachstumsraten und Marktanteile getroffen und in Zusammenhang gebracht werden.

MERKE: 4-Felder-Matrix:

1. Question Marks
2. Stars
3. Cash Cows
4. Poor Dogs

Fragezeichen (Question Marks):

Geschäftseinheiten der Kategorie Fragezeichen unterliegen auf der einen Seite einem hohen Marktwachstum, allerdings konnte bislang nur ein in Relation zu den Wettbewerbern unbedeutender Marktanteil erreicht werden. Das heißt, in diesem Bereich liegen Potenziale für das Unternehmen, die bislang nicht genutzt wurden. Ein aufgrund der schwachen Marktposition niedriger Cashflow trifft auf einen hohen finanziellen Mittelbedarf (hohe Wachstumsraten: Hypothese drei). Im Allgemeinen kann man bei Fragezeichen von niedrigen bis negativen Deckungsbeiträgen ausgehen, so dass mit Verlusten zu rechnen ist. Hinsichtlich der strategischen Planung ergibt sich für die Fragezeichen eine besonders erfolgskritische Entscheidungssituation, da erhebliche Kapitalmengen nötig sind, um diese Geschäftseinheiten am Markt zu stärken (z. B. hoher Marketingaufwand in der Wachstumsphase der Lebenszykluskurve), diese potenziellen Engagements aber noch mit hohen Stückkosten und einem hohen Risiko versehen sind. Das Kapitel 5.2 (Portfolio-Normstrategien) wird detaillierter auf die Schlüsselrolle der Fragezeichen eingehen.

Sterne (Stars):

Die als Sterne bezeichneten Geschäftseinheiten weisen ebenso hohes Wachstumspotenzial auf, da sie auch noch am Anfang ihres Lebenszyklus stehen. Allerdings kann das Unternehmen hier eine starke Wettbewerbsposition in attraktiven Branchen vorweisen, d. h. es verfügt über einen höheren relativen Marktanteil als seine Konkurrenten und ist folglich Marktführer. Gemäß Hypothese eins können aufgrund des hohen Marktanteils hohe Deckungsbeiträge (Stückkostendegression) und Gewinne erreicht werden. Jedoch treffen diese auf einen hohen Kapitalbedarf, um die Marktposition bei hohen Marktwachstumsraten halten bzw. ausbauen zu können, wodurch ein relativ neutraler Cashflow resultiert. Häufig reicht dieser nicht einmal aus, um den Kapitalbedarf des Geschäftsfelds zu decken.

Melkkühe (Cash Cows):

Die als Melkkühe identifizierten Geschäftsbereiche erzeugen in hohem Maße Kapital und bilden damit eine Art Stütze für das Unternehmen im Sinne einer Kapitalabsicherung für Investitionen. Melkkühe verfügen über einen hohen relativen Marktanteil, d. h. eine besondere Wettbewerbsstärke. Dies führt zu hohen Deckungsbeiträgen und Gewinnen. Der Markt stagniert jedoch oder ist tendenziell rückläufig, da sich die Branche oder das Produktfeld in der Lebenszyklusreife bzw. dem -rückgang befindet. Aus diesem Grund wird unter rationalen Gesichtspunkten wenig reinvestiert, so dass Kapital im Sinne eines hohen Cashflows freigesetzt wird.

Arme Hunde (Poor Dogs):

Die armen Hunde definieren sich einerseits über eine schwache Wettbewerbsposition, bedingt durch verschwindend geringe relative Marktanteile, und befinden sich andererseits in unattraktiven Produktfeld-Markt-Segmenten, die durch niedrige bis negative Marktwachstumsraten gekennzeichnet sind. Arme Hunde werden auch als Kapitalfallen bezeichnet, da das durch niedrige Deckungsbeiträge wenige generierte Kapital häufig gerade ausreicht, um den Betrieb zu wahren.

Bild 1.60 fasst die Implikationen der vier Quadranten der BCG-Matrix zusammen.

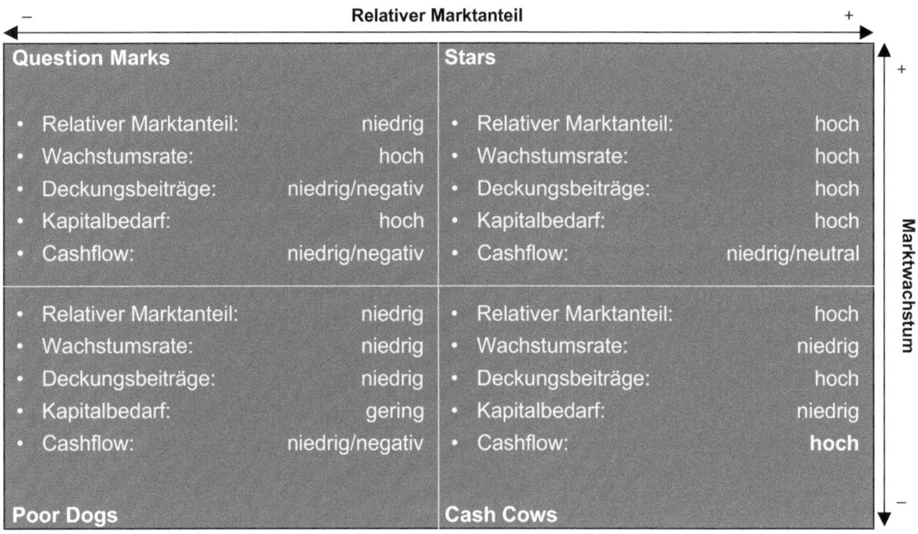

BILD 1.60 Die Implikationen für die vier Quadranten der BCG-Matrix

1.13.3 Voraussetzungen und notwendiger Input

Wie beschrieben, konzentriert sich die BCG-Matrix für jede ihrer Dimensionen auf ein zentrales Merkmal. Somit reduziert sich der notwendige Input auf drei Indikatoren, was den vielleicht größten Vorteil dieses Konzepts ausmacht: Eine übersichtliche Darstellungsform ermöglicht relativ weit reichende Analyseergebnisse.

Für die hier fokussierte BCG-Matrix als Ist-Analyse-Instrument sind folgende Daten nötig: Marktwachstumsdaten der Produkt-Markt-Segmente, Marktanteile der einzelnen Marktteilnehmer sowie deren Umsätze. Grundvoraussetzung für die Anwendung der BCG-Matrix sind total unabhängige Geschäftsbereiche. Ansonsten würde der Kerngedanke einer Ausbalancierung aufgrund von gegenseitigen Abhängigkeiten ad absurdum geführt.

1.13.4 Vorgehensweise

Die Vorgehensweise der Marktwachstum-Marktanteils-Portfolioanalyse kann in zwei Module gegliedert werden, wobei sich dieses Kapitel gemäß dem Buchaufbau auf den Analyseteil konzentriert. Dieser kann wiederum in fünf Phasen unterteilt werden, wie Bild 1.61 verdeutlicht.

CHECKLISTE:

1. Abgrenzung
2. Marktattraktivität
3. Relative Wettbewerbsposition
4. Leistungsbeitrag
5. Analyse/Implikationen

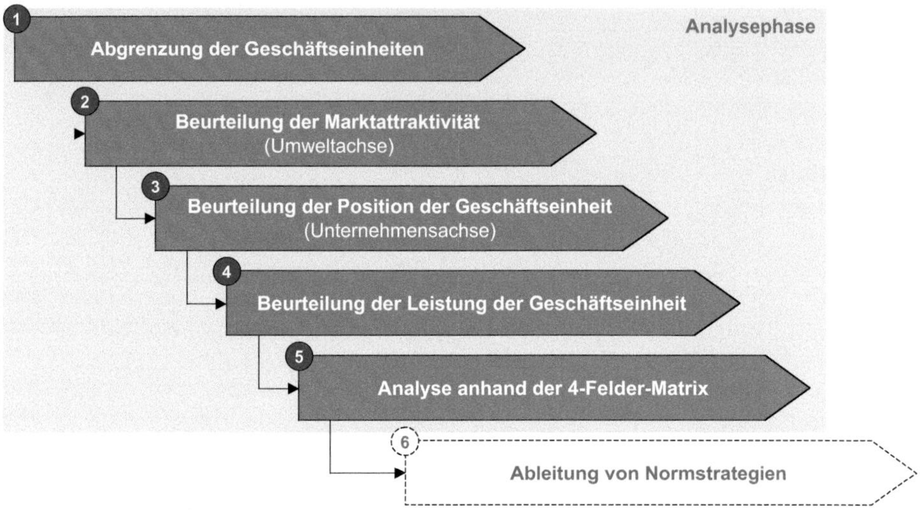

BILD 1.61 Vorgehensweise bei der Marktwachstum-Marktanteils-Portfolioanalyse

Schritt 1: Abgrenzung der Geschäftseinheiten

Die konsequente Abgrenzung der zu untersuchenden Geschäftsbereiche ist absolute Grundvoraussetzung für die Anwendung der BCG-Matrix. Besteht beispielsweise diese Abgrenzung nicht durch die organisatorische Struktur des Unternehmens, muss sie zumindest für diesen Zweck vorgenommen werden. Im Falle lateral diversifizierter Unternehmen stellt sich dieses Problem in der Regel nicht, da die einzelnen Geschäftsbereiche sowohl auf unterschiedlichen Märkten als auch auf anderen Produktfeldern agieren. Soll jedoch mit Hilfe der BCG-Matrix ein Produktportfolio gesteuert werden, ist die Abgrenzung der einzelnen Produktgruppen/-felder erfolgskritisch. Es ist unbedingt darauf zu achten, dass sich die einzelnen Geschäftsbereiche oder z. B. diese Produktgruppen untereinander nicht beeinflussen, d. h. Änderungen im Management des einen dürfen keine Wirkung auf das des anderen haben.

Schritt 2: Beurteilung der Marktattraktivität

Die Marktattraktivität wird mit Hilfe der Marktwachstumsrate als zentraler Indikator auf der vertikalen Ordinate abgetragen. Die Marktwachstumsrate ist dabei vollkommen unabhängig von der Stärke der betrachteten Geschäftseinheit und orientiert sich an dem Branchen- oder Produktlebenszyklus. Beziehungsweise umgekehrt formuliert, lässt sich über das Marktwachstum in Kenntnis branchenspezifischer Vergleichsdaten relativ zuverlässig identifizieren, in welcher Lebenszyklusphase sich das Produkt-Markt-Segment befindet. Die Marktwachstumsrate lässt sich über das Marktvolumen des aktuellen und des Vorjahres errechnen: Marktwachstumsrate gleich Marktvolumen minus Marktvolumen des Vorjahres, geteilt durch das Marktvolumen des Vorjahres mal 100. Bild 1.62 zeigt die Gleichung.

Beurteilung der Marktattraktivität über das Marktwachstum

$$\text{Marktwachstum} = \frac{\text{Marktvolumen} - \text{Marktvolumen Vorjahr}}{\text{Marktvolumen Vorjahr}} \times 100$$

BILD 1.62 Berechnung der Marktwachstumsrate

Das absolute Marktvolumen bietet sich nicht als geeignetes Maß der Attraktivität des Marktes an. Es würde beispielsweise nicht zwangsläufig etwas darüber aussagen, ob dort noch Marktanteile zu gewinnen sind, ohne dabei darauf angewiesen zu sein, dass die Mitbewerber Federn lassen. Weiterhin wären höchst unterschiedliche Produkt-Markt-Segmente eines diversifizierten Unternehmens womöglich nicht aufgrund absoluter Werte miteinander vergleichbar.

Neben der Errechnung der Marktwachstumsraten muss eine adäquate Trennlinie zur Kategorisierung schnell oder langsam wachsender Produkt-Markt-Segmente definiert werden. Prinzipiell kann dieser Wert individuell bestimmt werden. Um das Beispiel aufzugreifen: Werden mittels der BCG-Matrix Produktportfolios einer Branche gesteuert, wird es in diesem Fall ein Leichtes sein, eine Trennlinie zu identifizieren. Man könnte z. B. einfach den Median heranziehen, so dass die Trennlinie entsprechend unter- und überdurchschnittliche Wachstumsraten differenziert. Bei stark diversifizierten Unternehmen muss eine individuelle Regelung gefunden werden. Praktikabel ist beispielsweise die Verwendung des definierten Wachstumsziels der Gesamtunternehmung, welches z. B. auch zur Bewertung potenzieller Investitionen herangezogen oder als Referenzwert im Bereich des Kennzahlen-Controllings verwendet wird. Alternativ könnte analog zum ersten Fall ein branchenübergreifender Mittelwert gebildet werden, welcher die Trennlinie repräsentiert. Die Einheiten der Ordinate (y-Achse) sind somit Prozentwerte.

TIPP: Berücksichtigung der Wachstumsziele bei der Definition der kritischen Trennlinie zwischen „hohen" und „niedrigen" Wachstumsraten.

Schritt 3: Beurteilung der Position der Geschäftseinheit

Die Wettbewerbsstärke des Geschäftsbereichs am Markt wird über den relativen Marktanteil gemessen und auf der Abszisse (x-Achse) der BCG-Matrix abgetragen. Es wird auch hier der relative Wert als verdichtetes Merkmal zur Beurteilung der Wettbewerbsstärke herangezogen, weil der absolute Marktanteil nicht zwangsläufig eine fundierte Auskunft über die Position am Markt gibt, könnte es doch sein, dass ein Wettbewerber einen noch höheren Marktanteil besitzt. Dieser Umstand zeigt sich insbesondere beim Vergleich der einzelnen Geschäftsbereiche diversifizierter Unternehmen, die auf unterschiedlichen, hinsichtlich des Marktanteils nicht vergleichbaren Branchen agieren. Die BCG-Matrix hat jedoch den Anspruch, genau diesen Vergleich solide zu berücksichtigen. Deshalb wird der relative Marktanteil als zentraler Indikator herangezogen und errechnet sich aus dem Umsatz des eigenen Geschäftsbereichs, geteilt durch den des stärksten Konkurrenten (alternativ der drei stärksten Konkurrenten), wie Bild 1.63 zeigt.

Beurteilung der Position des Geschäftsbereichs

$$\text{Relativer Marktanteil} = \frac{\text{Umsatz des Geschäftsbereichs}}{\text{Umsatz des stärksten Konkurrenten}}$$

BILD 1.63 Berechnung des relativen Marktanteils

Nach dieser Formel ergibt sich für alle Marktführer ein relativer Marktanteil größer eins, für alle Nicht-Marktführer ein relativer Marktanteil zwischen null und kleiner eins. Auf der Erfahrungskurve basierende Zusammenhänge zwischen hohem relativem Marktanteil und damit ansteigenden Gewinnen aus sinkenden Stückkosten wurden erläutert.

Die Bestimmung einer adäquaten Trennlinie muss auch im Schritt 3 erfolgen, allerdings weist die Berechnungsformel bereits den Weg: Die natürliche Trennlinie wird bei dem Wert eins liegen und trennt, wie beschrieben, Marktführer von Nicht-Marktführern. Alternativ postulieren einige Autoren auch eine kritische Trennlinie bei 1,5, da erst ab einem erheblichen Marktanteilsvorsprung von etwa 50 % Größenvorteilen wesentliche Wirkungen zeigten. Später wird in einer Abbildung deutlich, dass sogar beide Trennlinien in einer Darstellung realisiert werden könnten.

Schritt 4: Beurteilung der Leistung der Geschäftseinheit

Die dritte Dimension in der BCG-Matrix berücksichtigt die Leistung der einzelnen Geschäftseinheiten und damit ihren Beitrag zum gesamten Unternehmensergebnis. Richtigerweise müssten an dieser Stelle Rentabilitätsaussagen getroffen werden. Allerdings würde dies einen nicht unerheblichen Aufwand bedeuten, weil entsprechende Vergleichszahlen von der Konkurrenz sicher nicht offen gelegt werden. Man verwendet darum standardmäßig den

Umsatz als Vergleichskriterium, da dieser schlicht und einfach leichter zu erheben ist. Die Darstellung in der BCG-Matrix erfolgt über unterschiedlich große Kreise, die jeweils eine Geschäftseinheit repräsentieren. Der Durchmesser des Kreises muss sich dabei proportional am Umsatz orientieren, d. h. wenn ein Kreis einen doppelt so großen Durchmesser hat wie ein anderer, generiert der Geschäftsbereich, der durch den ersten Kreis visualisiert wurde, doppelt so viel Umsatz wie ein zweiter. Bild 1.64 zeigt eine beispielhafte BCG-Matrix, wie sie nach den Schritten 1 bis 4 aussehen könnte.

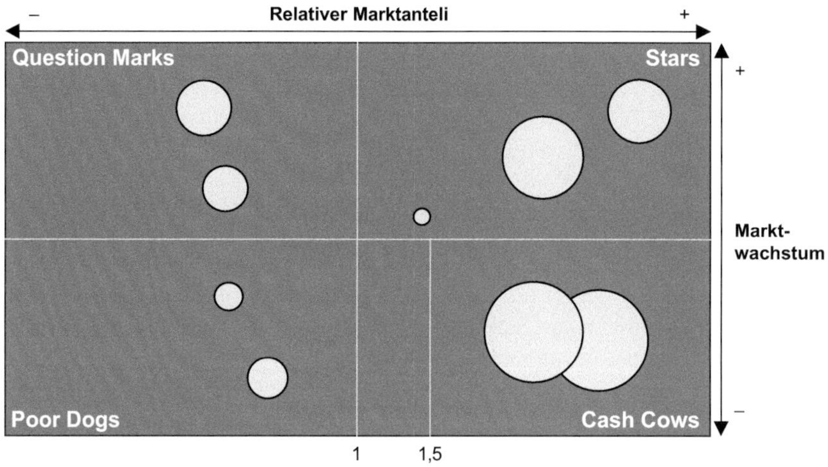

BILD 1.64 Beispielhafte BCG-Matrix

Schritt 5: Analyse anhand der 4-Felder-Matrix

Ausgehend von den genannten Grundannahmen hinsichtlich relativen Marktanteils, Wachstumsrate, Deckungsbeitrag, Kapitalbedarf und Cashflow für die einzelnen Quadranten können einzelne Geschäftsbereiche im fünften Schritt eingeordnet und entsprechende Implikationen abgeleitet werden. Zur besseren Übersicht können die Implikationen für alle Geschäftsbereiche tabellarisch zusammengefasst werden. Diese Tabelle wäre dann eine optimale Basis zur Entwicklung bzw. Ableitung entsprechender Normstrategien zur Steuerung des Leistungsportfolios. Dies wird detailliert im Kapitel 5.2 beschrieben.

1.13.5 Vor- und Nachteile

Vorteile	Nachteile
• Einfaches Modell • Unkomplizierte Datenbeschaffung • Klare Visualisierung/hohes Kommunikationspotenzial • Solide Abbildung komplexer Strukturen mittels weniger, verdichteter Indikatoren • Sehr anerkanntes, etabliertes Strategieinstrument	• Auf Marktführer abgestellt (es müssen Cash Cows im Portfolio sein) • Unterstellte Beziehung zwischen Gewinn und relativem Marktanteil in Realität unter Umständen nicht bestätigt • Abgrenzung der Geschäftseinheiten ggf. schwierig: müssen unabhängig sein • Nur zwei stark vereinfachte Kategorien pro Dimension/unklare Trennlinie • Starke Vereinfachung der Erfolgstreiber auf Marktwachstum und Marktanteil

TABELLE 1.20 Vor- und Nachteile der Marktwachstum-Marktanteils-Portfolioanalyse

1.13.6 Praxisbeispiel

Die GKD Gebr. Kufferath AG ist eine der weltweit führenden technischen Webereien mit Sitz in Düren. Gegründet im Jahr 1925 beschäftigt die GKD Gebr. Kufferath AG 2021 846 Mitarbeiter *(die-deutsche-Wirtschaft.de)*.

Produkte der GKD sind Filtermedien, Prozess- und Transportbänder und technische Gewebe für die Architektur. Um angesichts immer kürzer werdender Technologie- und Nachfragezyklen der von der GKD gefertigten Produkte die Marktchancen optimal zu nutzen, treibt die GKD stets innovative neue Produkte voran und führt ihre Innovationen gemeinsam mit Forschungszentren der Region schnell zur Marktreife. Der hohe Innovationsgrad sowie die kurzen Technologie- und Nachfragezyklen stellen die GKD vor besondere Herausforderungen. Für den Unternehmenserfolg ist es wesentlich, laufend zu untersuchen, wie erfolgreich das eigene Geschäftsportfolio am Markt positioniert ist. Zu diesem Zweck bietet die BCG-Matrix durch die kombinierte Betrachtung der Faktoren Marktwachstum, Marktanteil und Umsatz ein wertvolles Instrument.

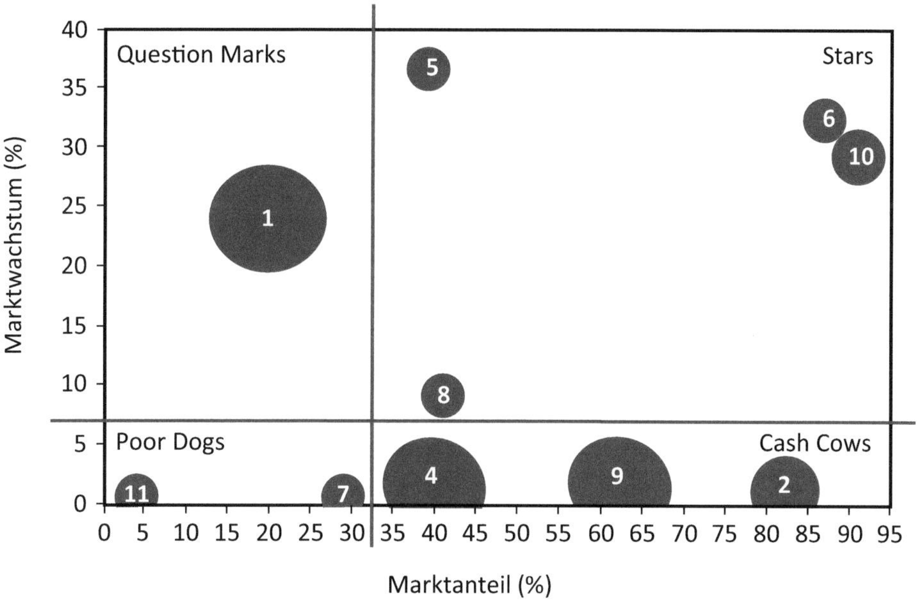

BILD 1.65 Beispiel einer BCG-Matrix bei der GKD Gebr. Kufferath AG

Die mittels der BCG-Matrix zu untersuchenden Geschäftseinheiten müssen konsequent voneinander abgegrenzt sein. Eine solche Abgrenzung wurde zunächst für die Zwecke der BCG-Matrix vorgenommen. Es ergaben sich elf Geschäftseinheiten, die sich untereinander nicht beeinflussen (Schritt 1). Anschließend wurde für jede dieser Geschäftseinheiten die Marktattraktivität beurteilt. Im Anschluss daran wurde eine Trennlinie zur Kategorisierung schnell oder langsam wachsender Segmente definiert (Schritt 2). Im vorliegenden Beispiel wurde diese Trennlinie bei einem Wert von 7 % Marktwachstum gezogen, da dieses der Einschätzung des Unternehmens entspricht. Alle in diesem Anwendungsfall betrachteten Geschäftseinheiten befinden sich in einem wachsenden Markt und die GKD empfindet den Markt, auf dem sie operieren, ab einem Wert von 7 % Wachstum als schnell wachsend. Im nächsten Schritt ist die Position der Geschäftseinheit auf der Unternehmensachse zu beurteilen, indem der Theorie nach der relative Marktanteil der einzelnen Geschäftseinheiten berechnet wird. Dabei nicht den absoluten, sondern den relativen Marktanteil heranzuziehen ist insbesondere bei Unternehmen wichtig, die in Branchen agieren, die hinsichtlich des Marktanteils nicht vergleichbar sind. Da dieses im vorliegenden Fall nicht zutrifft, liefert der absolute Marktanteil vergleichbare Aussagen und wurde daher als Kriterium herangezogen.

Die Trennlinie zur Klassifizierung der Geschäftseinheiten wurde bei einem Wert von 32 % angenommen, da es für die betrachtete Branche realistisch erscheint, etwa ab diesem Wert in Bereiche der Marktführerschaft vorzustoßen. Damit entsprechen die 32 % bei Betrachtung des relativen Marktanteils dem Wert 1 (Schritt 3). Nachdem die abgegrenzten Einheiten nun in der Matrix positioniert sind und entsprechende Trennlinien definiert sind, wurde noch die Leistung der Einheiten beurteilt. Zu diesem Zweck wurden die Einheiten entsprechend ihrem Umsatz mit unterschiedlich großen Kreisen in der Matrix eingezeichnet (Schritt 4). Für die GKD Gebr. Kufferath AG ergab sich nach diesen vier Schritten die in Bild 1.65 gezeigte Matrix.

Anhand der aus der BCG-Matrix abzulesenden Klassifizierung der Geschäftseinheiten in die vier Kategorien können heute entsprechende Implikationen für die jeweiligen Geschäftseinheiten abgeleitet werden (Schritt 5). So wurden z.B. die Geschäftseinheiten 3 und 7, die mit Hilfe der BCG-Matrix als Poor Dogs identifiziert wurden, als Kapitalfallen erkannt. Ebenso wurden die Geschäftseinheiten 4, 9 und 2 im Bereich der Cash Cows zwar als Produkte identifiziert, die zu hohem Deckungsbeitrag und hohen Gewinnen führen, in die jedoch wenig reinvestiert werden sollte. Es wurde darüber hinaus auch erkannt, dass die Geschäftseinheiten 5, 6, 8 und 10 derzeit noch einen hohen Kapitalbedarf aufweisen, diese aber auch ein hohes Wachstumspotenzial haben (Stars). Die Geschäftseinheit 1, die als Question Mark erkannt wurde, weist besondere Potenziale für das Unternehmen aus, jedoch ist hier auch mit Verlusten zu rechnen. Daher ist das Risiko strategischer Entscheidungen bei dieser Geschäftseinheit besonders hoch.

Mittels der BCG-Matrix lassen sich unter Berücksichtigung des Zielsystems der Unternehmung konkrete Ziele und daraus wiederum Aktionsprogramme ableiten.

Gesondert zu betrachten ist die Geschäftseinheit 11. Dabei handelt es sich um eine Neuentwicklung, die etablierte Produkte ablösen kann. Der Markt, der von dieser Geschäftseinheit angegriffen wird, ist sehr groß, wächst aber nicht mehr stark. Obwohl die Geschäftseinheit 11 nach der reinen Analyse der Zahlen damit im Bereich der Poor Dogs angesiedelt ist, bewertet die GKD diese Geschäftseinheit jedoch nicht als Kapitalfalle, sondern sieht hier großes Potenzial. Die GKD betrachtet diese Einheit also als Question Mark, das derzeit zwar noch einen niedrigen Cashflow und hohen Kapitalbedarf aufweist, dem aber auch große Chancen gegenüber stehen.

Dieses Praxisbeispiel zeigt, dass unternehmerische Bewertungen, die fallbezogen von den reinen Zahlen abstrahieren, immer notwendig bleiben. Die Funktionsfähigkeit einer BCG-Matrix wurde aber grundsätzlich noch einmal bestätigt.

1.13.7 Vorlagen zum Download

Im Downloadbereich befinden sich zum einen die vorgestellten Beispiel-Matrizen. Weiterhin sei wiederum auf das Kapitel 5.2 (Portfolio-Normstrategien) verwiesen, in dessen Zusammenhang weitere Grafiken zur BCG-Matrix abgelegt sind.

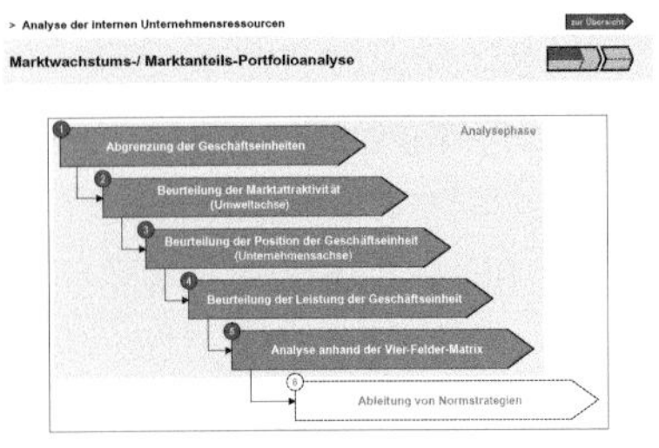

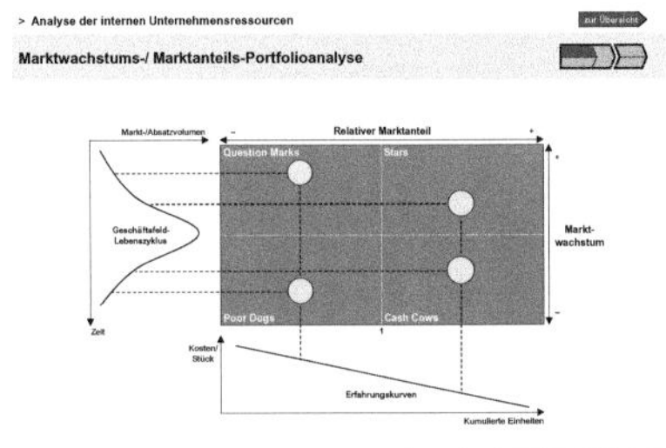

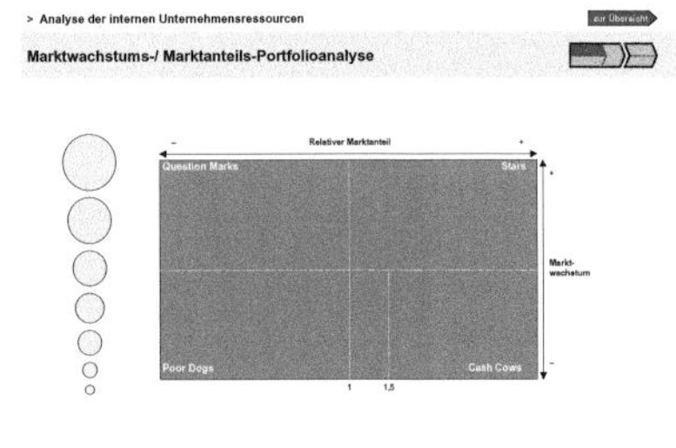

1.13.8 Verwandte und weiterführende Themen

- Lebenszyklusanalyse

  Wie ausführlich beschrieben, basiert die BCG-Matrix auf einer Hypothese, die besagt, dass sich das Marktwachstum am Lebenszyklus orientiert. Die Abtragung des unternehmensexternen Einflusses auf das Marktwachstum-Marktanteils-Portfolio, also die Bewertung der Attraktivität des Produkt-Markt-Segments, setzt die Kenntnis über den entsprechenden Branchen- oder Produktfeldlebenszyklus voraus.
- Erfahrungskurvenanalyse

  Die Erfahrungskurve hat Einfluss auf die Beurteilung des relativen Marktanteils, indem sie eine positivere Wettbewerbsposition mit steigenden Ausbringungsmengen prophezeit. Eine besondere Bedeutung erhält die Erfahrungskurve im Hinblick der Ableitung von Normstrategien, die im Kapitel 5.2 behandelt werden.
- SWOT-Analyse

  Die SWOT-Analyse ist von daher als verwandt zu betrachten, da sie in klassischer Weise eine externe und eine interne Sicht zur Analyse heranzieht. Die BCG-Matrix geht mit der Berücksichtigung einer Umfeld- und einer Unternehmensachse analog vor. Sie ist zwar nicht so universell einsetzbar wie die SWOT-Analyse, liefert dafür aber spezifischere Ergebnisse.

1.13.9 Literaturhinweise

DUNST, K. (1983): *Portfolio Management,* 2. Aufl., de Gruyter, Berlin/New York 1983, S. 47–52, 65–79, 94–100.

HAX, A. C. / MAJLUF, N. S. (1991): *Strategisches Management,* Campus Verlag, Frankfurt am Main/ New York 1991, S. 152–179.

WELGE, K. M. / AL-LAHAM, A. (2001): *Strategisches Management,* 3. Aufl., Gabler Verlag, Wiesbaden 2001, S. 336–349.

1.14 Marktattraktivität-Wettbewerbsstärken-Portfolioanalyse (McKinsey)

LEITFRAGEN:

- Wie erfolgversprechend ist das eigene Geschäftsportfolio am Markt positioniert?
- Wie sollen Investitionen auf die einzelnen, bestehenden Produkt-Markt-Segmente verteilt werden?
- Wie entscheide ich über die Aufnahme ergänzender Produkt-Markt-Segmente?

1.14.1 Zielsetzung und Anwendungsgebiet

MERKE: Das McKinsey-Portfolio ist eine Weiterentwicklung der BCG-Matrix.

Die Branchenattraktivität-Wettbewerbsstärken-Portfolioanalyse, bekannt unter der einfacheren Bezeichnung McKinsey-Portfolio oder -Matrix, stellt eine Weiterentwicklung der BCG-Matrix (vgl. Kapitel 1.13) dar und verfolgt grundsätzlich die gleichen Ziele. Analog unterstützt auch die McKinsey-Matrix das Management bei der Fragestellung, vorhandene

Ressourcen optimal auf die einzelnen Geschäftseinheiten zu verteilen, und bezieht dafür ebenfalls interne und externe Faktoren ein.

Weniger steht hier der einfache Vergleich der Geschäftseinheiten im Vordergrund, da die Methodik der McKinsey-Matrix komplexer ist. Vielmehr ist es das Ziel, geschäftsbereichsindividuelle Strategien zur Planung des eigenen Leistungsangebots abzuleiten. Dadurch, dass deutlich mehr Indikatoren einbezogen werden, eignet sich die McKinsey-Matrix, um zukünftige Entwicklungen zu analysieren und zu berücksichtigen.

MERKE: Das McKinsey-Portfolio gibt Investitionsempfehlungen auf Basis der Branchenattraktivität und der Wettbewerbsstärke.

Die McKinsey-Matrix beurteilt (wie auch schon die einfachere BCG-Variante) abgegrenzte Geschäftseinheiten und dient somit vorrangig diversifizierten Unternehmen als Steuerungsinstrument. Die McKinsey-Matrix fokussiert weitaus weniger einen Kapitalflussausgleich, sondern fungiert rein als Empfehlungsinstrument für Investitionen anhand der Kriterien Branchenattraktivität und Wettbewerbsstärke.

Auch dieses Kapitel wird sich der Struktur des Buches unterordnen und ausschließlich die Analysefunktion der McKinsey-Matrix beschreiben. Der Ableitung entsprechender Normstrategien ist ein eigener Abschnitt im Bereich der strategischen Planung gewidmet (Kapitel 5.2). Weiterhin setzen wir für dieses Kapitel ausnahmsweise zur Vermeidung übertriebener Redundanzen die Inhalte des vorangegangen über die Marktwachstum-Marktanteils-Portfolioanalyse voraus, da einiges aufeinander aufbaut.

1.14.2 Beschreibung

Das McKinsey-Portfolio unterscheidet sich von der BCG-Variante formal durch eine differenziertere Strukturierung des Portfolios mit Hilfe einer 9-Felder-Matrix, um der komplexen Wirklichkeit gerechter zu werden. Weiterhin werden die beiden Dimensionen der McKinsey-Matrix, Branchenattraktivität und relative Wettbewerbsstärke, durch eine Vielzahl von gewichteten Faktoren beschrieben. Diese Faktoren werden zu einem Gesamtwert aggregiert, der das jeweilige Produkt-Markt-Segment charakterisiert.

MERKE: 9-Felder-Matrix mit Unternehmens- und Umfeldachse.

Der grundsätzliche Aufbau mit der Betrachtung der zwei Dimensionen, bestehend aus einer externen und einer internen Perspektive, bleibt jedoch erhalten. Die Umfeldachse repräsentiert dabei wie bei der BCG-Matrix die externen Faktoren, die auf das Unternehmen wirken, aber im Wesentlichen nicht aktiv beeinflussbar sind. In ihrer Summe geben sie Aufschluss über Charakteristika der Branche und bilden die Attraktivität des Produkt-Markt-Segmentes ab, in welchem die Geschäftseinheit agiert. Das Marktwachstum wird hier nicht mehr als einziger verdichteter Indikator verwendet. Vielmehr fügt sich die Branchenattraktivität aus Marktwachstum, Marktqualität, Versorgungslage bezüglich der Ressourcen und sonstiger Umweltsituationen zusammen. Die interne Unternehmensachse repräsentiert wiederum direkt beeinflussbare, kritische Erfolgsfaktoren. Die Wettbewerbsstärke setzt sich dabei nicht mehr allein aus dem relativen Marktanteil, sondern aus der relativen Marktposition, dem relativen Produktionspotenzial, dem relativen Forschungs- und Entwicklungspotenzial sowie der relativen Qualifikation der Führungskräfte und Mitarbeiter zusammen. Eine jeweils detaillierte Untergliederung wird im Rahmen der Vorgehensweise vorgestellt. Das Mehr an berücksichtigten Indikatoren wird weiterhin vor dem Abtragen auf der 9-Felder-Matrix zu einer zentralen Größe verdichtet.

Die Matrix differenziert die beiden Dimensionen jeweils in die Kategorien gering, mittel und hoch. Die Geschäftseinheiten werden analog zur Vorgehensweise bei der BCG-Matrix unter Berücksichtigung einer dritten Dimension, welche Ausdruck in der Größe bzw. Form des Feldes auf der Matrix findet, abgetragen. Allerdings müssen die Geschäftseinheiten im Rahmen des McKinsey-Portfolios nicht zwangsläufig exakt, d. h. genau auf den Achsen beziffert, eingetragen werden. Es reicht unter Umständen, den Geschäftseinheiten jeweils eines der neun Felder zuzuordnen, um Handlungsempfehlungen ableiten zu können. Die genauere Variante erfolgt indes ähnlich dem BCG-Vorbild. Hierbei repräsentiert jedoch der

Kreisdurchmesser das gesamte Marktvolumen und der eigene Marktanteil ist gemäß einer herkömmlichen Kuchengrafik darauf abgetragen.

Die 9-Felder-Matrix des McKinsey-Portfolios bezieht sich auf der horizontalen x-Achse auf die Branchenattraktivität und auf der vertikalen y-Achse auf die Wettbewerbsstärke. Dabei weisen logischerweise die Felder besonders eindeutige Implikationen auf, deren Dimensionen gleichartig und extrem bewertet wurden, worauf im Kapitel 5.2 genauer eingegangen wird.

Hinsichtlich der Analyse der verschiedenen, abgegrenzten Geschäftseinheiten ersetzt der Return on Investment (ROI) den Cashflow als zentrale Zielgröße.

MERKE: ROI anstatt Cashflow als zentrale Zielgröße.

Bild 1.66 zeigt ein exemplarisches Branchenattraktivität-Wettbewerbsstärken-Portfolio.

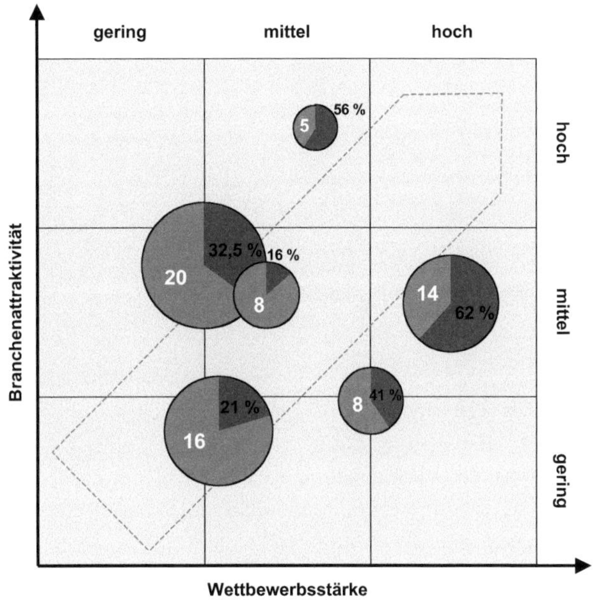

BILD 1.66 Die McKinsey-Matrix mit exemplarischen Geschäftseinheiten

1.14.3 Voraussetzungen und notwendiger Input

Die McKinsey-Matrix funktioniert wie die BCG-Schwester nur, wenn die betrachteten Geschäftseinheiten klar voneinander abgegrenzt sind und sich gegenseitig nicht beeinflussen.

Neben den auch für den Aufbau einer BCG-Matrix benötigten Daten hängt der notwendige Input für eine Branchenattraktivität-Wettbewerbsstärken-Portfolioanalyse von der Anzahl und dem Detaillierungsgrad der berücksichtigten internen und externen Faktoren ab. Weiterhin werden Zielkriterien sowie Gewichtungen dieser Faktoren gebraucht, um per Nutzwertanalyse die berücksichtigten Daten auf einen verdichteten Zielwert je Dimension zu bringen.

1.14.4 Vorgehensweise

Aufgrund der stark verwandten Struktur kann die Vorgehensweise im Ablauf von der Marktwachstum-Marktanteils-Portfolioanalyse übernommen werden. Bild 1.67 verdeutlicht, dass wir wiederum zwei Phasen unterscheiden und sich dieses Kapitel mit der Analyse befasst.

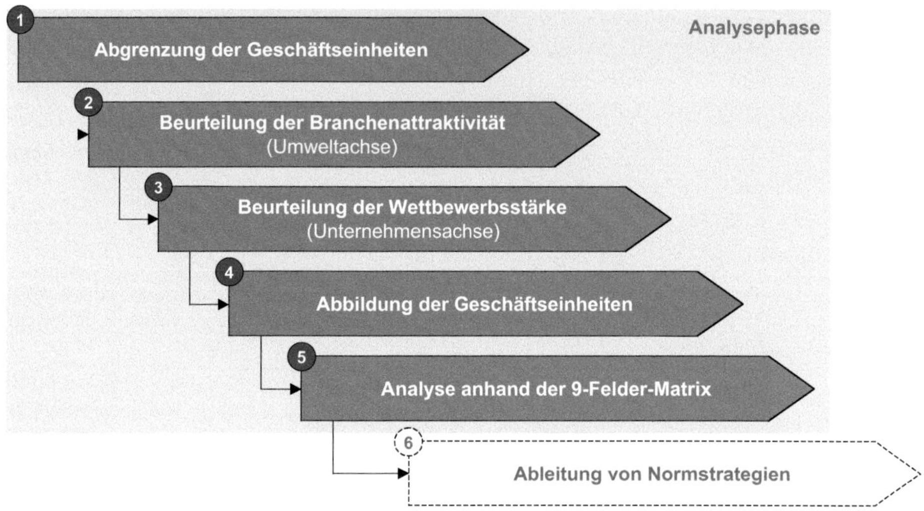

BILD 1.67 Vorgehensweise bei der Branchenattraktivität-Wettbewerbsstärken-Portfolioanalyse

Schritt 1: Abgrenzung der Geschäftseinheiten

Der erste Schritt gleicht dem ersten Schritt im Abschnitt 1.13.4 (BCG-Matrix).

CHECKLISTE: Die zu untersuchenden Geschäftseinheiten müssen unabhängig voneinander sein.

Schritt 2: Beurteilung der Branchenattraktivität

Die Beurteilung der Branchenattraktivität ist, wie skizziert, deutlich umfangreicher gehalten als bei der BCG-Matrix. Um der Komplexität wirtschaftlicher Entscheidungsprozesse in der Realität Rechnung zu tragen, werden unbegrenzt viele Faktoren in die Betrachtung mit einbezogen. Bild 1.68 zeigt eine Übersicht (siehe auch Kapitel 2.1).

BILD 1.68 Faktoren zur Bewertung der Branchenattraktivität

CHECKLISTE: Die Bewertung der Branchenattraktivität berücksichtigt mindestens ...

... Marktwachstum

... Marktqualität

... Versorgungslage

... Umweltsituation

Hinsichtlich der Auswahl der jeweils relevanten Faktoren kann kein grundsätzliches Schema angeboten werden. Für jedes Unternehmen kann die Auswahl der Kriterien, vermutlich aber zumindest deren Gewichtung unterschiedlich sein. Führungskräfte und unter Umständen Mitarbeiter müssen mittels Erfahrungswerten und Branchenexpertise die Auswahl übernehmen. Als Anregung kann an dieser Stelle die Verwendung der Branchenstrukturanalyse nach Porter genannt werden. Über sie können von extern auf das Unternehmen wirkende Kräfte identifiziert und quantifiziert werden (siehe auch Kapitel 2.7).

Nach der Auswahl der Kriterien müssen die Ausprägungen dieser nicht beeinflussbaren Faktoren beziffert werden. Hierfür ist eine geeignete Bewertungsskala zu definieren, und für eine gute Übersicht bieten sich so genannte Profile an, wie sie detailliert im Kapitel 1.16 (Stärken- und Schwächenanalyse) beschrieben werden.

Zur abschließenden Verdichtung der verschiedenen Faktoren zu einer zentralen Größe, welche der Abtragung in der 9-Felder-Matrix dient, kann eine Nutzwertanalyse herangezogen werden (siehe Kapitel 5.3). Die Bewertung der einzelnen Faktoren bzw. vor allem deren Gewichtung wird immer subjektiv bleiben, jedoch gewährleistet eine Nutzwertanalyse zumindest eine intersubjektive Nachvollziehbarkeit. Das heißt, die Aggregation zu einer zentralen Zielgröße geschieht transparent und kann bei entsprechender Dokumentation regelmäßig nachvollzogen werden. Manche Autoren empfehlen explizit eine diskussionsbasierte Verdichtung der Indikatoren seitens der verantwortlichen Führungskräfte, um einerseits eine breite Akzeptanz zu erzielen und andererseits die etwas versteckte Subjektivität der Nutzwertanalyse zu umgehen. Die Entscheidung, welche Methode an dieser Stelle passend ist, ist vom Einzelfall abhängig. Der Downloadbereich stellt sowohl für die Bewertung der Kriterien standardisierte Tabellen als auch Vorlagen für Profile und Nutzwertanalysen zur Verfügung, die in Bild 1.69 angedeutet sind.

TIPP: Das Kapitel „Stärken- und Schwächenanalyse“ schildert den Aufbau von hier hilfreichen Vergleichsprofilen.

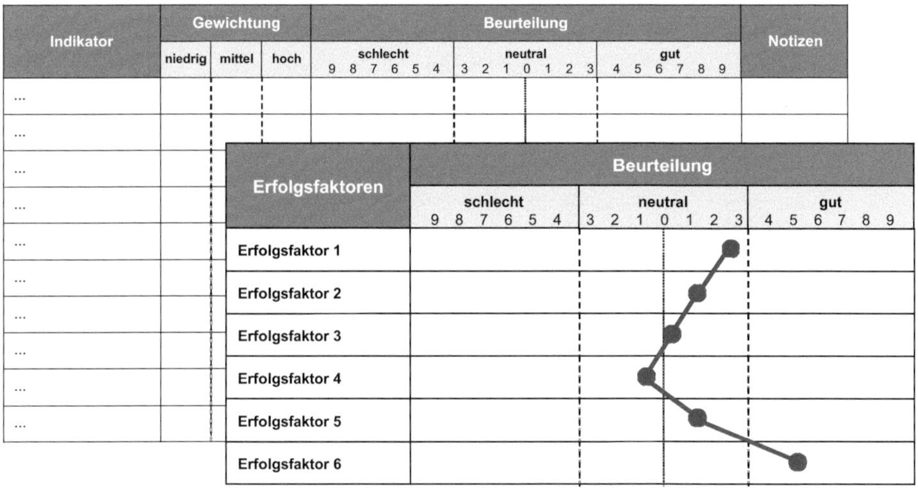

BILD 1.69 Vorlagen zur Verdichtung der betrachteten Indikatoren zu einer zentralen Zielgröße

Schritt 3: Beurteilung der Wettbewerbsstärke

Die Beurteilung der internen Wettbewerbsstärke zur Abtragung auf der horizontalen Unternehmensachse der McKinsey-Matrix erfolgt ebenfalls unter Berücksichtigung unterschiedlich vieler verschiedener Indikatoren. Analog zum Vorgehen bei der BCG-Matrix werden auch sie in Relation zu den Wettbewerbern bewertet, um aussagekräftige, marktbezogene Ergebnisse zu erzielen. Entsprechend der im Schritt 2 vorgestellten Überlegung möchte die McKinsey-Matrix auch bei den internen, direkt beeinflussbaren Erfolgsfaktoren der komplexen unternehmerischen Wirklichkeit Rechnung tragen und betrachtet verschiedenste unternehmerische Stellhebel, die die Wettbewerbsposition der Geschäftseinheit positiv wie negativ beeinflussen können. Leider kann auch an dieser Stelle keine allgemein gültige Liste genannt werden. Die angesprochenen Stellhebel können theoretisch überall entlang der Wertschöpfungskette angesiedelt sein (siehe 1.12). Hinsichtlich einer zielgerichteten Auswahl der besonders relevanten Faktoren sei auf die Vorgehensweise der Stärken- und Schwächenanalyse verwiesen. In diesem Kapitel (siehe Kapitel 1.16) wird eine ausführliche Übersicht potenzieller Erfolgsfaktoren, funktional differenziert, präsentiert. Im Rahmen von Workshops sollten Fach- und Machtpromotoren die für die eigene Situation relevanten Faktoren selektieren und priorisieren. Im Folgenden (Bild 1.70) sind ausgewählte maßgebliche Indikatoren dargestellt, die entsprechend der in der Beschreibung vorgestellten Gliederung geordnet sind.

TIPP: Das Kapitel „Stärken- und Schwächenanalyse“ liefert eine Übersicht potenzieller Einflussgrößen auf die Wettbewerbsstärke.

BILD 1.70 Faktoren zur Bewertung der relativen Wettbewerbsstärke

Analog zur Bewertung der Branchenattraktivität müssen die einzelnen kritischen Erfolgsfaktoren bewertet und anschließend zu einem zentralen Zielwert aggregiert werden. Die dafür im Schritt 2 vorgestellten Wege gelten hier ebenso.

Schritt 4: Abbildung der Geschäftseinheiten

Nachdem Branchenattraktivität und Wettbewerbsstärke bewertet und zu einer Aussage verdichtet wurden, können die Werte auf der 9-Felder-Matrix abgetragen werden. Zwei Methoden sind hierfür im Rahmen der Vorgehensweise zum McKinsey-Portfolio bekannt.

Die einfachere von beiden sieht ausschließlich die Auswahl des entsprechenden Feldes der neun verfügbaren vor. In diesem einfachen Fall ist demzufolge auch die Verdichtung der beiden zentralen Merkmale weniger komplex. Es muss nur jeweils eine Einordnung in eine der drei Kategorien stattfinden, die genauen Abstände verlieren an Bedeutung und können im Resultat nicht mehr abgelesen werden. Der linke Teil des Bildes 1.71 visualisiert dieses Vorgehen für eine Geschäftseinheit, die über eine mittlere Branchenattraktivität und eine hohe Wettbewerbsstärke verfügt.

Die komplexere Variante entspricht im Wesentlichen dem Vorgehen bei der BCG-Variante. Die Koordinaten werden für beide Dimensionen genau bestimmt und entsprechend auf der Matrix abgetragen. Hierfür ist die Festlegung zweier adäquater Skalen für die beiden Dimensionen der Matrix Bedingung, welche sich an den verdichteten Merkmalen der Wettbewerbsstärke und Branchenattraktivität orientieren und eine Ausprägungsspanne bereitstellen muss, die alle analysierten Geschäftseinheiten berücksichtigt. Die Werte und Abstände dieser Skalen hängen also grundsätzlich vom Einzelfall ab. Nach Festlegung der Skalen ist die genaue Positionierung der Geschäftseinheiten mittels der x- und y-Koordinatenabschnitte möglich. Folglich können so auch messbare Abstände zwischen den einzelnen Koordinatenwerten abgebildet werden – unter Umständen ein deutlicher Vorteil gegenüber der einfachen Variante, aber auch mit erheblichem Mehraufwand verbunden.

CHECKLISTE: Die Abbildung kann auf zwei Wegen erfolgen: Auswahl eines Feldes oder Ableitung der genauen Koordinaten.

Wie angedeutet, werden die Geschäftseinheiten üblicherweise differenzierter abgetragen, als dies die BCG-Matrix vorsieht. Der Durchmesser der kreisartig symbolisierten Geschäftseinheiten repräsentiert das gesamte Volumen des Marktes, auf dem die Geschäftseinheit agiert, und in diesem Kreis wird der entsprechende Marktanteil visualisiert. Der rechte Teil des Bildes 1.71 zeigt das Ergebnis, wobei die Ausprägungen der beispielhaften Geschäftseinheiten in der Bewertung der Branchenattraktivität und Wettbewerbsstärke denen der linken, nach dem einfachen Muster abgetragenen Geschäftseinheit gleichen. Es wird deutlich, dass die rechte, komplexere Variante wesentlich feinere Aussagen trifft.

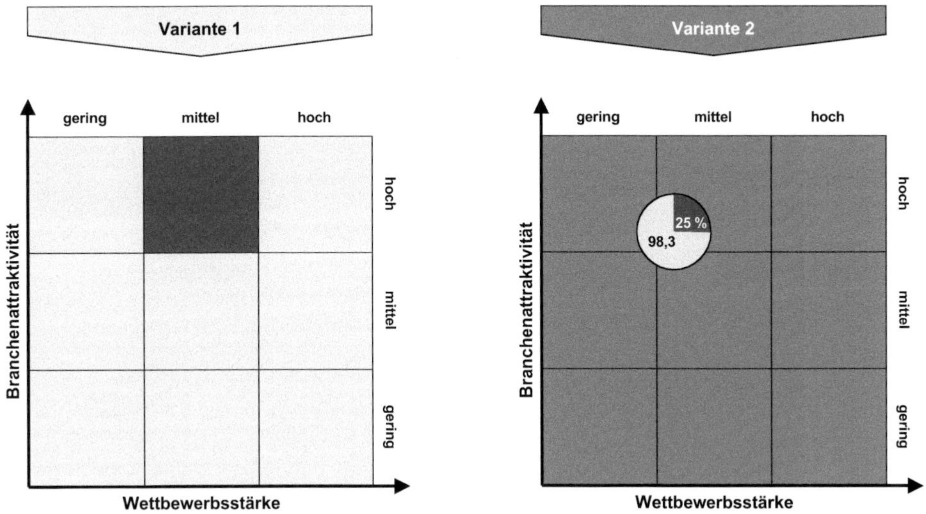

BILD 1.71 Möglichkeiten der Darstellung von McKinsey-Portfolios

Schritt 5: Analyse anhand der 9-Felder-Matrix

Ohne bereits auf die Normstrategien einzugehen, bieten sich verschiedene Analysemöglichkeiten an. Zunächst haben die im Kapitel zur BCG-Matrix beschriebenen Implikationen Bestand, weil auf den Achsen die gleichen Dimensionen abgebildet werden. Das heißt, es können fundierte Aussagen zum Mittelbedarf, zum Ertrag oder zu anderen Merkmalen von Geschäftseinheiten getroffen werden.

Darüber hinaus eignet sich die McKinsey-Matrix besser als das BCG-Portfolio zu Trendanalysen. Da sich hier der auf dem Portfolio festgehaltene Wert zu den Dimensionen aus verschiedenen, dokumentierten Einflussfaktoren zusammensetzt, können Trends über diese genauer bestimmt werden. Die Schätzung der Entwicklung eines einzigen Faktors ist mit großer Unsicherheit verbunden, erst recht, wenn es sich um zentrale Merkmale handelt, die von vielen Seiten Beeinflussung empfinden. Geht man jedoch die Schritte 2 und 3 rückwärts und reduziert die Komplexität des zentralen Merkmals, indem man es in seine einzelnen Bestandteile zerlegt, können für diese isoliert Trends prognostiziert werden. Der Vorteil liegt vor allem darin, dass die Einzelfaktoren spezifischer sind und somit weniger Einflussfaktoren unterliegen. Weiterhin existieren gegebenenfalls Vergleichsdaten, die herangezogen werden können. Die einzelnen Prognosen können danach wieder unter Berücksichtigung der festgelegten Gewichtungen zu dem verdichteten Merkmal zusammengefasst und der Gesamttrend kann geschätzt werden. Das Ganze lässt sich beispielsweise mittels Pfeilen auf dem Portfolio kennzeichnen.

MERKE: Trend- und Sensitivitätsanalysen bieten sich im Rahmen der Analyse des McKinsey-Portfolios an.

Ein weiteres bewährtes Instrument bilden Sensitivitätsanalysen. Hierbei wird untersucht, wie sich die Veränderung eines Einflussfaktors auf die Positionierung der Geschäftseinheit auswirkt. Hierbei ist ebenfalls die Komplexitätsreduzierung über die Einflussgrößen der beiden Dimensionen hilfreich. Beispielsweise könnte so versucht werden, die Wirkung variierender Wachstumsraten auf die Wettbewerbsstärke zu quantifizieren: „Wo stünden wir bei einer Wachstumsrate von x, wo bei einer Wachstumsrate von y?“

1.14.5 Vor- und Nachteile

Vorteile	Nachteile
• Berücksichtigung qualitativer Urteile durch die Scoring-Modelle möglich • Übersichtliche Darstellung komplexer Zusammenhänge • Berücksichtigung einer Vielzahl von Einflussfaktoren • Weniger simplifiziert als die BCG-Matrix und damit zumindest theoretisch solider in der Aussage • Zwingt Management zur systematischen Betrachtung interner und externer Kräfte auf die Unternehmung	• Komplexität höher • Abgrenzung der Geschäftseinheiten erfolgskritisch und schwierig • Subjektivität bei der Verdichtung der Einflussfaktoren • Hoher Aufwand, z. B. Analyse von Expertenwissen zur Bewertung und Gewichtung der Einflussgrößen • Kategorisierung in drei Stufen führt häufig zu mittleren Bewertungen • Kein automatischer Vergleichsmaßstab zur Beurteilung der Branchenattraktivität

TABELLE 1.21 Vor- und Nachteile der Branchenattraktivität-Wettbewerbsstärken-Portfolioanalyse

1.14.6 Praxisbeispiel

Um das Vorgehen bei der McKinsey-Matrix zu verdeutlichen, wird ein fiktives Unternehmen analysiert, das drei Geschäftsbereiche gebildet hat, um die unterschiedlichen Technologien entsprechend zu bündeln. Da das Unternehmen bei begrenzten finanziellen Mitteln hauptsächlich in aussichtsreiche Wachstumsbereiche investieren möchte, wurde von der Unternehmensentwicklung das McKinsey-Portfolio herangezogen. Es bietet im Gegensatz zur BCG-Matrix eine Vielzahl von Indikatoren, die zur Einordnung des jeweiligen Geschäftsbereichs führen. Dazu sind in einem ersten Schritt die Indikatoren auszuwählen und zu bewerten. Die folgenden Bilder 1.72 und 1.73 zeigen die Bewertung der Wettbewerbsstärke und der Branchenattraktivität des Geschäftsbereichs 1 anhand ausgewählter Kriterien.

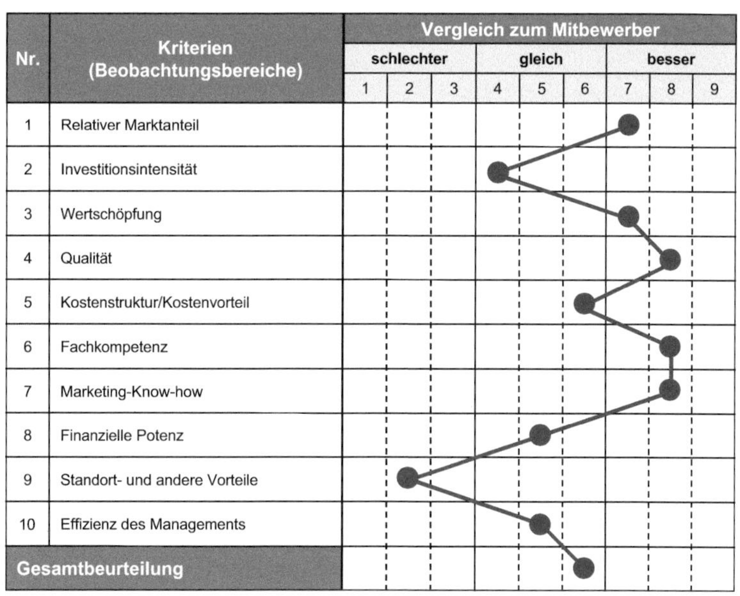

BILD 1.72 Ermittlung der Wettbewerbsstärke des Geschäftsbereichs 1

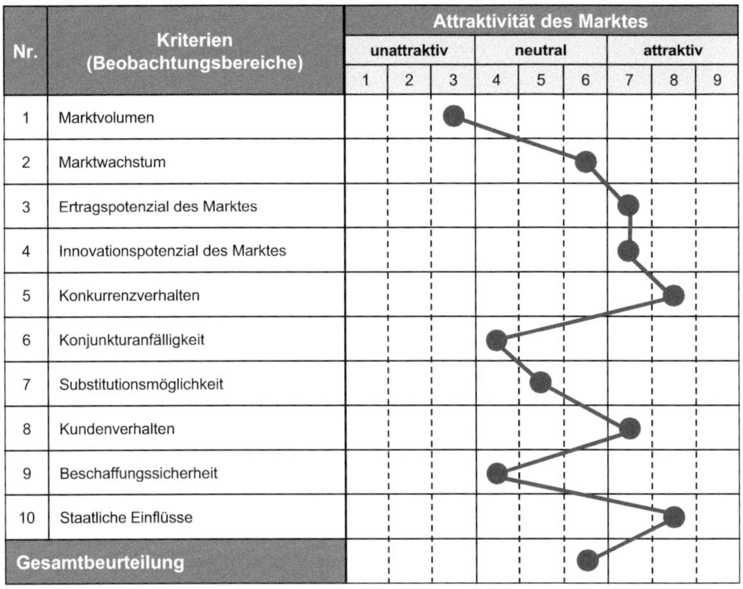

BILD 1.73 Ermittlung der Branchenattraktivität des Geschäftsbereichs 2

Um die Einzelkriterien entsprechend zu gewichten, sind die Ergebnisse in ein Scoring-Modell zu überführen, aus dem sich die gemittelten Durchschnittsergebnisse ableiten lassen. Die Ergebnisse sind für jeden Geschäftsbereich einzeln in das McKinsey-Matrixmodell einzufügen. Bild 1.74 veranschaulicht – ergänzt um die Geschäftsbereiche 2 und 3 – die abgeleitete Matrix.

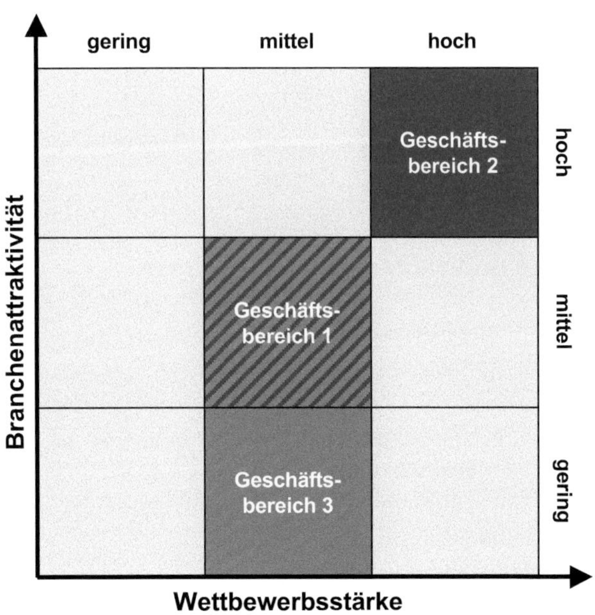

BILD 1.74 Abgeleitete McKinsey-Matrix (vereinfachte Darstellung)

Werden nun die Ergebnisse mit den Normstrategien verbunden, leiten sich die konkreten Empfehlungen ab:

- In den Geschäftsbereich 2 sollte investiert werden, da die eigenen Stärken ausgebaut werden und die Chancen des Marktes genutzt werden sollten (Investitionsstrategie).

- Geschäftsbereich 1 sollte weiter untersucht werden, da er sich in der Zone der Selektionsstrategie befindet. Hierzu sind die Chancen und Risiken im Markt und die internen Stärken und Schwächen durch detaillierte Analysen zu betrachten.
- Geschäftsbereich 3 sollte lediglich als Cashflow-Quelle dienen. Die Investitionen in diesen Bereich sollten eingestellt werden. Zusätzlich sollten die frei werdenden Ressourcen überprüft werden, ob sie in die aussichtsreicheren Geschäftsbereiche überführt werden oder aber durch Verkäufe weitere Cashflows generieren. Falls beide Exit-Strategien keinen Erfolg versprechen, so ist der Geschäftsbereich 3 abzubauen.

Das Unternehmen hat mit seinen drei Geschäftsbereichen ein schwaches Portfolio von Technologien. Zusätzlich zu den Investitions- bzw. Desinvestitionsstrategien der bestehenden Geschäftsbereiche sollten weitere Geschäftsfelder erschlossen werden, um das Unternehmen zu stärken.

1.14.7 Vorlagen zum Download

Der Downloadbereich zum Buch stellt für dieses Kapitel insbesondere Vorlagen zur Visualisierung von McKinsey-Matrizen zur Verfügung. Darüber hinaus werden aber auch standardisierte Tabellen zur Beurteilung der Branchenattraktivität und Wettbewerbsstärke angeboten, welche jedoch in den meisten Fällen für den konkreten Fall inhaltlich angepasst werden müssen.

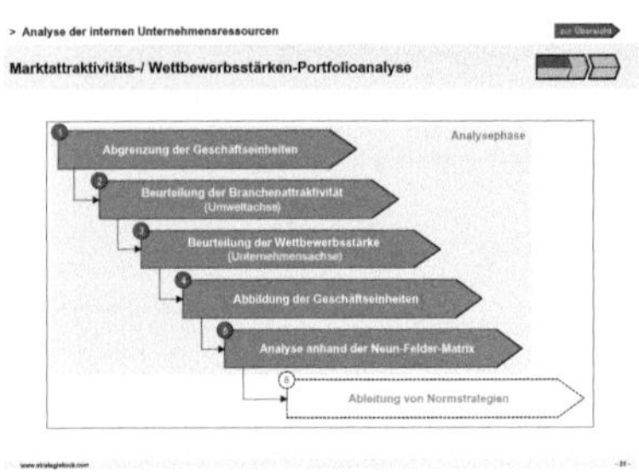

1.14.8 Verwandte und weiterführende Themen

- Marktwachstum-Marktanteils-Portfolioanalyse

  Das Branchenattraktivität-Wettbewerbsstärken-Portfolio repräsentiert eine Weiterentwicklung des Ansatzes von BCG und wurde von der Unternehmensberatung McKinsey & Company im Rahmen eines Projektes in den 70er Jahren für GE entwickelt. Die Verwandtschaft basiert auf der gleichen Herangehensweise an die Optimierung der Ressourcenallokation eines diversifizierten Unternehmens und unterscheidet sich vorrangig in der etwas höheren Komplexität der McKinsey-Variante. Die abgeleiteten Normstrategien weisen grundsätzlich in vergleichbare Richtungen, siehe Kapitel 5.2.
- Stärken- und Schwächenanalyse

  Die McKinsey-Matrix bezieht mehrere Dimensionen in die Beurteilung der relativen Wettbewerbsstärke ein. Die Identifikation hierfür denkbarer kritischer Erfolgsfaktoren gleicht der entsprechenden Auswahl im Rahmen der Stärken- und Schwächenanalyse (Kapitel 1.16), welche auch ihrerseits unternehmensinterne Stärken und Schwächen gegenüber den Marktteilnehmern untersucht.

- Umweltanalyse

  Die Umweltanalyse (Kapitel 2.1) betrachtet diverse Einflussfaktoren, die von externer Seite auf die Unternehmung wirken und somit Einfluss auf die Attraktivität des Produkt-Markt-Segmentes nehmen, auf welchem das Unternehmen agiert. Diese Vorgehensweise lässt sich im Rahmen der Branchenattraktivität-Wettbewerbsstärken-Portfolioanalyse auf die Beurteilung der Branchenattraktivität hinsichtlich einer Geschäftseinheit übertragen.

- SWOT-Analyse

  Analog zur BCG-Matrix kann auch eine Verwandtschaft der SWOT-Analyse zum McKinsey-Portfolio hergeleitet werden. Alle drei Methoden fußen auf der Grundidee, eine unternehmensinterne und eine -externe Perspektive zu berücksichtigen, um Normstrategien für Geschäftseinheiten respektive Unternehmen abzuleiten.

1.14.9 Literaturhinweise

CLIFFORD, D. et al. (1975): *„The game has changed“*, in: McKinsey Quarterly, Fall 1975, S. 2 ff.

HAX, A. C. / MAJLUF, N. S. (1991): *Strategisches Management*, Campus Verlag, Frankfurt am Main/ New York, S. 181–198.

1.15 Weitere Portfolioanalysen

LEITFRAGEN:

- Wie lassen sich mehrdimensionale Einflüsse übersichtlich darstellen und interpretieren?
- Wie können grundverschiedene Objekte in einem einheitlichen
- Analyseraster miteinander verglichen werden?

1.15.1 Zielsetzung und Anwendungsgebiet

Da Portfolioanalysen, wie in den letzten zwei Kapiteln hinreichend erläutert, auf einem äußerst pragmatischen Ansatz basieren und sich darüber hinaus mit ihrer übersichtlichen Darstellungsform behaupten, hat sich eine unübersehbare Vielzahl von Varianten herausgebildet. Manager und deren interne wie externe Berater wählen nicht selten einen Portfolioansatz, um komplexe Zusammenhänge anschaulich zu aggregieren und normative Behauptungen zur Ableitung konkreter Strategien zu nutzen.

Das folgende Kapitel wird einige weitere Portfolioansätze kurz vorstellen, nicht um einen ohnehin nicht erfüllbaren Anspruch auf Vollständigkeit zu postulieren, sondern um die grundsätzliche Vorgehensweise greifbar zu machen. Es handelt sich vielmehr um eine Art Übersicht und nicht um die ausführliche Vorstellung eines konkreten Instruments.

1.15.2 Beschreibung

MERKE: Es können nicht nur Geschäftseinheiten betrachtet werden, sondern ebenso Produkte, Personen, Projekte oder anderes. ■

MERKE: Hinsichtlich der Komplexität werden der zweifaktorielle und der multifaktorielle Ansatz unterschieden. ■

MERKE: Das Technologie-Portfolio bewertet Produkte/Prozesse nach ihrer Technologieattraktivität und der internen Ressourcenstärke. ■

Portfolioanalysen verfolgen grundsätzlich die gleiche Idee: Betrachtungsobjekte (welche nicht zwangsläufig Geschäftseinheiten sein müssen) werden nach zwei Kriterien hin beurteilt und entsprechend auf einer Matrix abgebildet. Im Rahmen der Betrachtung der McKinsey-Matrix wurde skizziert, dass die Beurteilung der Geschäftseinheiten auch gegenüber viel mehr Dimensionen erfolgen kann (multifaktorieller Ansatz), jedoch müssen diese dann immer auf zwei zentrale Größen verdichtet werden. Dieses Prinzip gilt für alle Portfolioansätze. Die diversen Ansätze unterscheiden sich im Wesentlichen nur durch die untersuchten Dimensionen und Betrachtungsobjekte. BCG- und McKinsey-Matrix analysieren jeweils Geschäftseinheiten, theoretisch können aber auch einzelne Produkte, Projekte bis hin zu Mitarbeitern mittels verschiedener Ansätze untersucht und in einem Portfolio eingeordnet werden. Im Folgenden werden repräsentativ für alle weiteren Portfolioanalysen drei spezielle Ausprägungen kurz vorgestellt.

Technologie-Portfolio-Matrix: Ausgehend von der Annahme, dass Technologielebenszyklen langfristiger und träger verlaufen als Produktlebenszyklen, wird der Portfolioansatz auf Technologiepotenziale angewendet (vgl. Pfeiffer/Dögl, 1999). Hierbei werden Produkt- und/oder Prozesstechnologien entlang der einen Achse nach ihrer Ressourcenstärke und entlang der anderen Achse nach ihrer Technologieattraktivität bewertet und positioniert. Die Ressourcenstärke repräsentiert analog zum bekannten Vorgehen die unternehmensinterne Finanz- und Know-how-Stärke in Relation zu den Mitbewerbern. Als Technologieattraktivität wird die externe Umfeldsituation mit den daraus erwachsenden Bedarfsnotwendigkeiten im entsprechenden Technologiebereich bezeichnet, welche wiederum nicht vom Unternehmen selbst beeinflussbar ist. Wie bei der McKinsey-Matrix wird zur Einordnung eine 9-Felder-Matrix gewählt. Bild 1.75 zeigt diese und beinhaltet bereits der Einfachheit halber die mit den Feldern verbundenen Normstrategien.

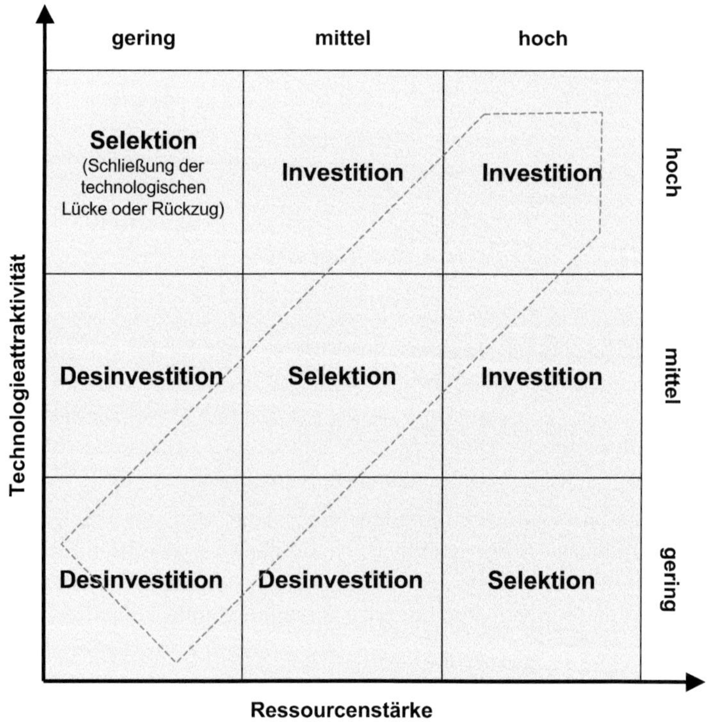

BILD 1.75 Die Technologie-Portfolio-Matrix

Geschäftsfeld-Ressourcen-Portfolio: Dieser Ansatz bezieht die Beschaffungssituation in die Betrachtung mit ein. Die Ressourcenbeurteilung für einzelne Produkte nach Verfügbarkeit und Kostenentwicklung ersetzt hierbei die interne Wettbewerbsstärke und besetzt somit den Platz auf der Unternehmensachse. Die Ressourcen werden wiederum analog zur McKinsey-Matrix in drei Kategorien von kritisch bis nicht kritisch eingeteilt. Die Umweltachse beurteilt die Produkte weiterhin nach ihrer Marktattraktivität unter Berücksichtigung des Produktlebenszyklus und teilt sie ebenfalls in die Kategorien kritisch, neutral und nicht kritisch ein. Bild 1.76 zeigt wiederum das entsprechende Portfolio inklusive der strategischen Beurteilung für die resultierenden Matrixfelder.

MERKE: Das Geschäftsfeld-Ressourcen-Portfolio beurteilt u. a. die Beschaffenheit von Produkten.

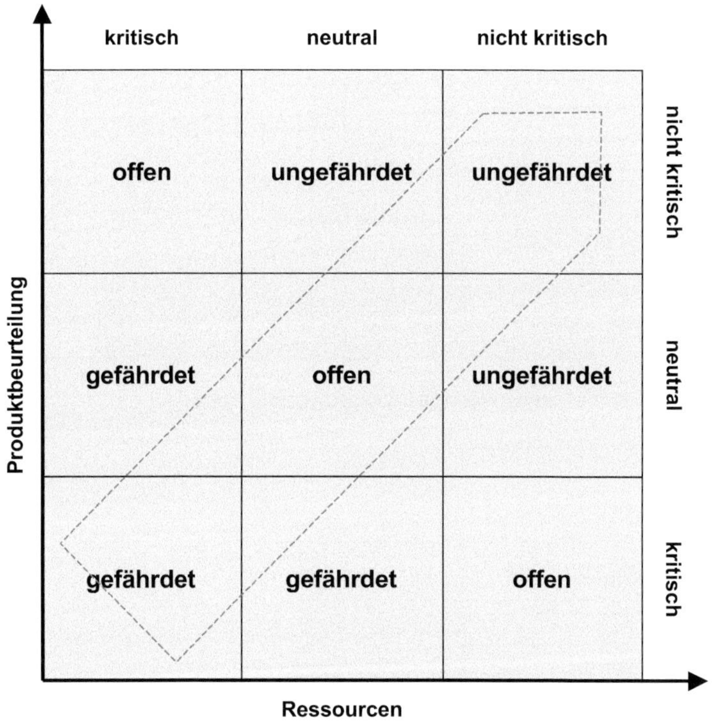

BILD 1.76 Das Geschäftsfeld-Ressourcen-Portfolio

Humanressourcen-Portfolio: Das Humanressourcen-Portfolio ist inhaltlich nun deutlich von den anderen Ansätzen entfernt und soll u. a. verdeutlichen, wie vielseitig der Portfolioansatz nutzbar ist (vgl. Duch, 1984). Das Humanressourcen-Portfolio wird zur Identifikation vorhandener und potenzieller Mitarbeiterressourcen eingesetzt und dient damit sowohl der Ermittlung des Personalbeschaffungs- als auch des Personalentwicklungsbedarfes. Auf der einen Achse werden das derzeitige Leistungsverhalten und/oder das derzeitige Qualifikationsniveau abgetragen, auf der anderen Achse wird das zukunftsorientierte Entwicklungspotenzial beurteilt. Der Matrixaufbau führt beide Dimensionen zusammen. Beide Achsen werden in zwei Kategorien eingeteilt, so dass eine 4-Felder-Matrix resultiert. Bild 1.77 visualisiert diesen Aufbau und skizziert weiterhin die Bezeichnungen der Felder sowie die auf sie bezogenen generischen Strategien im Bereich des Personalmanagements.

MERKE: Das Humanressourcen-Portfolio ordnet Humanressourcen nach aktuellem und potenziellem Leistungsstand.

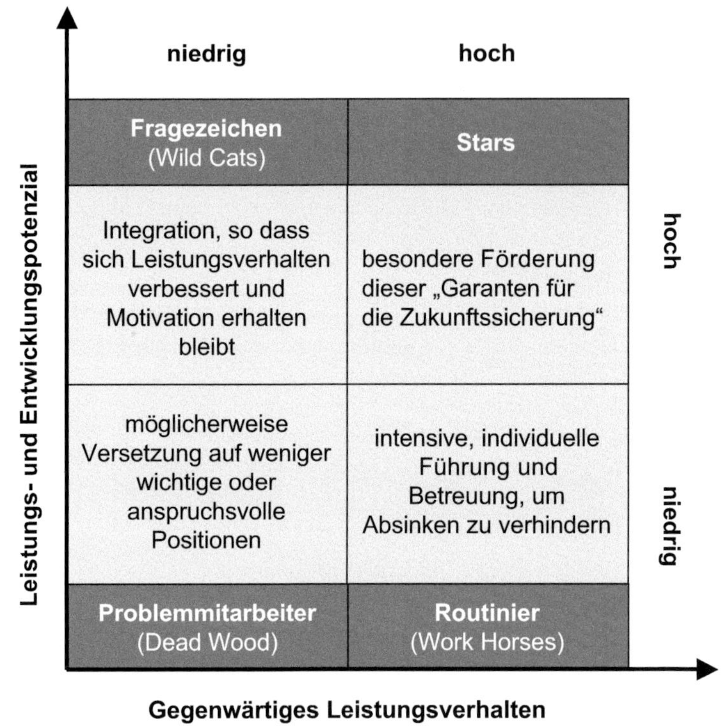

BILD 1.77 Das Humanressourcen-Portfolio

1.15.3 Vorgehensweise

Das im Folgenden skizzierte Vorgehen ist stark verallgemeinert, um eine Gültigkeit für sämtliche Portfolioansätze zu erreichen.

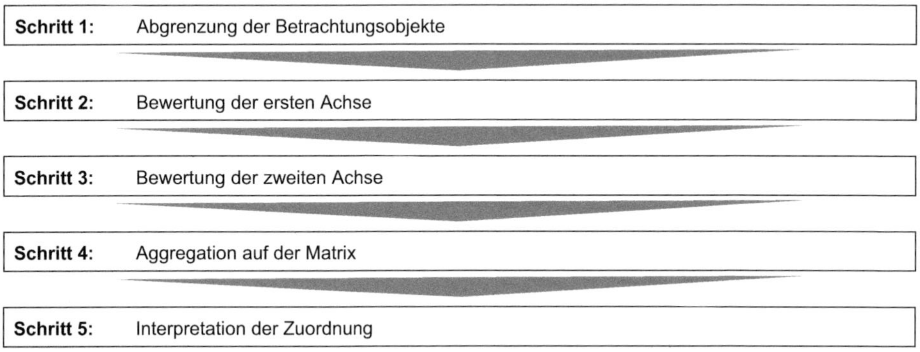

BILD 1.78 Verallgemeinertes Vorgehen bei Portfolioanalysen

Schritt 1: Abgrenzung der Betrachtungsobjekte

CHECKLISTE: Die Betrachtungsobjekte müssen klar abgegrenzt und voneinander unabhängig sein. ■

Wie erwähnt, muss an dieser Stelle mit dem abstrakten Begriff „Betrachtungsobjekt“ operiert werden, da die Portfolioanalyse in unterschiedlichen Kontexten Anwendung finden kann. Grundsätzlich ist hinsichtlich einer fundierten Interpretation der finalen Zuordnung auf eine konsequente Abgrenzung der Betrachtungsobjekte untereinander zu achten. Weiterhin müssen sie voneinander unabhängig sein, da sonst keine Normstrategien isoliert Anwendung finden dürften.

Schritte 2 und 3: Bewertung der Achsen

Unter Bewertung der Achsen wird an dieser Stelle die Beurteilung des Betrachtungsobjektes nach den beiden Dimensionen verstanden. Zu unterscheiden sind im Grunde nur zwei Fälle. Entweder es kann eine direkte Beurteilung aufgrund eines vorab definierten, zentralen Merkmals erfolgen (siehe BCG-Matrix) oder die Betrachtungsobjekte werden über mehrere Faktoren beurteilt (multifaktorieller Ansatz), wobei diese Teilergebnisse dann über eine entsprechende Gewichtung zu einem Gesamturteil verdichtet werden müssen, um dieses auf der Matrix abtragen zu können.

CHECKLISTE: Wie viele Faktoren werden zur Bewertung einbezogen?
Wie werden sie zu einem Merkmal verdichtet?

Schritt 4: Aggregation auf der Matrix

Nach erfolgten Beurteilungen können die Betrachtungsobjekte gemäß ihren Ausprägungen auf der Matrix zugeordnet werden. Im Vorfeld müssen jedoch noch die Achseneinteilungen definiert werden. Häufig besteht die Schwierigkeit in der Festlegung der entsprechenden Übergänge von einer Kategorie zur nächsten. Die Definition muss in der Regel für den Einzelfall erfolgen, die Komplexität dieses Vorgangs wurde im Kapitel zur BCG-Matrix hinreichend beschrieben.

CHECKLISTE: In wie viele Kategorien werden die Achsen eingeteilt?
Wie werden die Übergänge definiert?

Schritt 5: Interpretation der Zuordnung

Im letzten Schritt vor der Ableitung adäquater Normstrategien müssen die zugeordneten Betrachtungsobjekte interpretiert werden. Optimalerweise werden hierfür im Vorfeld übliche Ausprägungen für jedes Matrixfeld charakterisiert. Dies hat in der Regel den Vorteil, dass ohne konkret zugeordnete Betrachtungsobjekte diese Charakterisierung unvoreingenommener und objektiver möglich sein sollte. Die entsprechenden Normausprägungen können dann für die zugeordneten Elemente angewendet werden.

1.15.4 Vor- und Nachteile

Im Folgenden werden allgemeine Vor- und Nachteile von Portfolioansätzen gelistet, welche sich in den vorangegangenen Kapiteln zur BCG- und McKinsey-Matrix ebenfalls wieder finden und dort spezifiziert sind.

Vorteile	Nachteile
• Einfaches Modell • Übersichtliche, verdichtete Darstellung komplexer Zusammenhänge • Klare Visualisierung/hohes Kommunikationspotenzial • Sehr anerkannte, etablierte Vorgehensweise: Empfänger kennt die Methodik im Zweifel und kann sich auf die Interpretation konzentrieren • Geeignet zur Entscheidungsvorbereitung • Systematische Clusterung	• Abgrenzung der Ausprägungen je Achse schwierig und/oder subjektiv • Abgrenzung der betrachteten Dimension erfolgskritisch: müssen voneinander unabhängig sein • Beide Dimensionen häufig zu stark aggregiert, um fundierte Entscheidung im Einzelfall zu treffen • Starke Vereinfachung der Zusammenhänge

TABELLE 1.22 Allgemeine Vor- und Nachteile von Portfolioansätzen

1.15.5 Praxisbeispiel

Das Praxisbeispiel zeigt eine weitere anschauliche Ausprägung der Portfoliomethodik. Der amerikanische General und spätere Präsident Dwight D. Eisenhower gab einem simplen Prinzip seinen Namen, welches dabei hilft, Wesentliches und Unwesentliches zu differenzieren. Das Eisenhower-Prinzip ist von faszinierender Einfachheit und ermöglicht effektives und effizientes Zeitmanagement, indem es sämtliche anfallenden Aufgaben und Projekte sinnvoll strukturiert. Hierbei werden alle anstehenden Tätigkeiten hinsichtlich Dringlichkeit (Achse eins) und Wichtigkeit (Achse zwei) bewertet. Für beide Achsen sind jeweils nur zwei Ausprägungen vorgesehen: dringend und nicht dringend sowie wichtig und unwichtig. Dringlichkeit ist an dieser Stelle rein zeitlich zu interpretieren. Das heißt, dringliche Tätigkeiten sind in der Regel zeitnah terminiert und eine Nichteinhaltung dieses Termins ist mit Sanktionen belegt, die sich nutzenmindernd auswirken. „Wichtig" ist sachlich zu verstehen. Wichtige Tätigkeiten sind erfolgskritisch und somit mit relativem Risiko behaftet. Die Erfüllung wichtiger Aufgaben spendet in der Regel hohen Nutzen. Werden demnach für alle anfallenden Aufgaben und/oder Projekte die Fragen, ob sie (a) dringlich und (b) wichtig sind, beantwortet, können sie im Anschluss innerhalb der 4-Felder-Matrix eingeordnet werden. Bild 1.79 visualisiert eine solche Matrix.

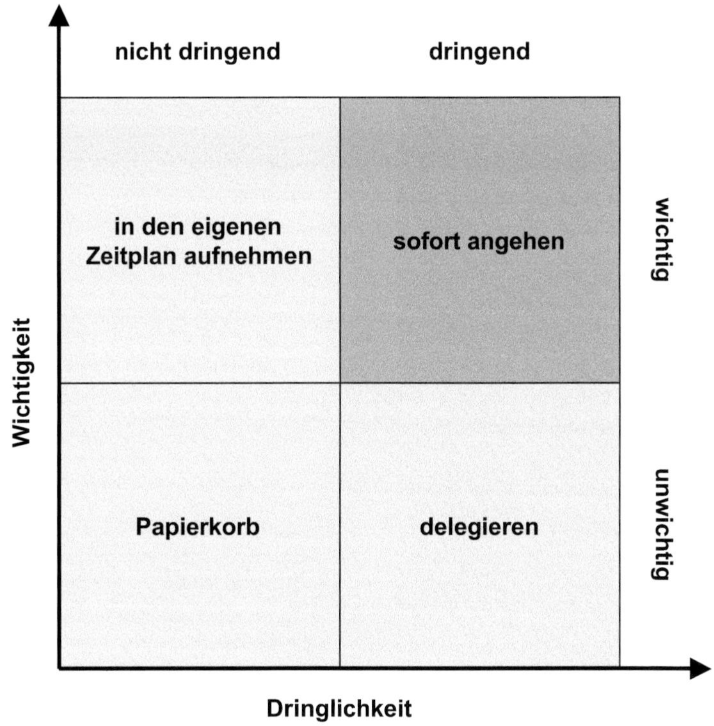

BILD 1.79 Zeitmanagement nach dem Eisenhower-Prinzip

Tätigkeiten, die sowohl wichtig und dringlich sind, besitzen höchste Priorität und sollten umgehend selbst erledigt werden. Dringende Aufgaben, die weniger wichtig sind, sollten delegiert werden, wobei wichtige, aber weniger dringende Tätigkeiten im persönlichen Zeitplan vermerkt werden sollten. Unwichtige und nicht dringende Aufgaben können komplett vernachlässigt bzw. zumindest ganz hinten angestellt werden, soweit eine Vernachlässigung praktisch ausgeschlossen ist.

1.15.6 Vorlagen zum Download

Im Downloadbereich zum Buch finden Sie Vorlagen zur Darstellung der hier angesprochenen Portfolios sowie weiterer denkbarer Ansätze.

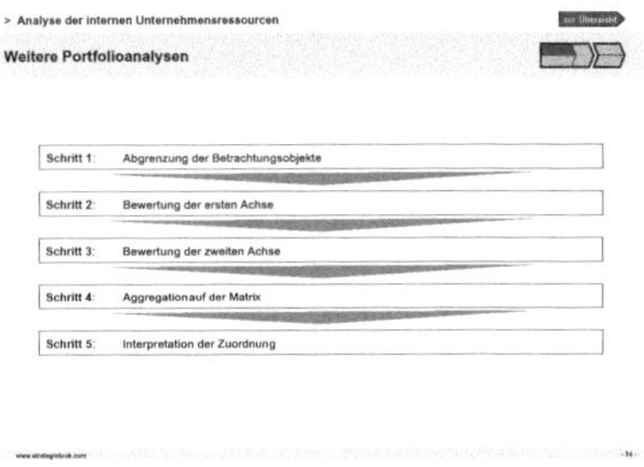

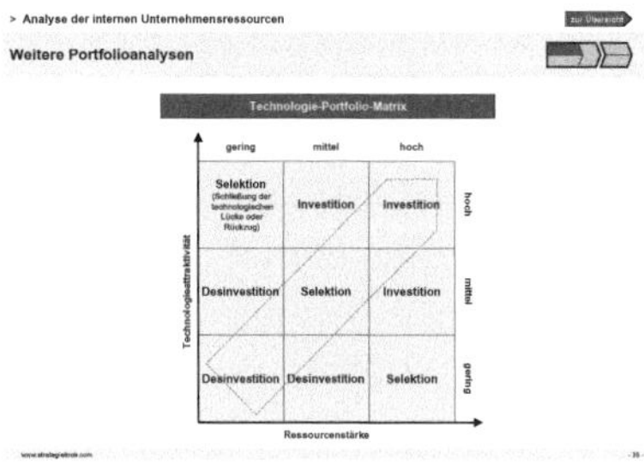

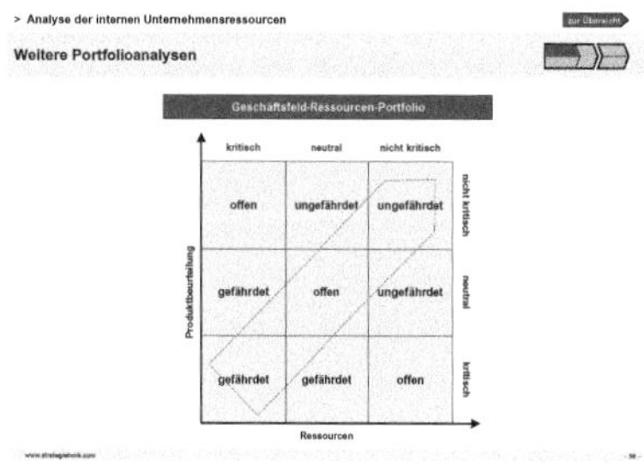

1.15.7 Literaturhinweise

DUCH, K. C. (1984): *„Strategisches Management der Human-Ressourcen“*, in: Wieselhuber, N. / Töpfer, N. (Hrsg.): *Handbuch Strategisches Marketing*, Landsberg am Lech 1984, S. 373–390.

PFEIFFER, W. / DÖGL, R. (1999): *„Das Technologie-Portfolio-Konzept zur Beherrschung der Schnittstelle Technik und Unternehmensstrategie“*, in: Hahn, D. / Taylor, B. (Hrsg.): *Strategische Unternehmensplanung, Strategische Unternehmensführung*, 7. Aufl., Physica-Verlag, Heidelberg/Wien 1999, S. 440–468.

1.16 Stärken-Schwächen-Analyse

LEITFRAGEN:

- Was sind meine Stärken?
- Was sind meine Schwächen?
- Wo liege ich diesbezüglich gegenüber meinen Wettbewerbern?
- Wo muss ich mich verbessern?

1.16.1 Zielsetzung und Anwendungsgebiet

Die Identifikation unternehmensspezifischer Stärken und Schwächen und damit die eigene relative Wettbewerbsstärke sind essenziell für ein erfolgreiches Management. Die Stärken- und Schwächenanalyse steht hierfür als Instrument zur Verfügung. Dieses Wissen über die eigenen Fähigkeiten und Grenzen, differenziert nach Unternehmensbereichen, kann entweder zur Bewertung alternativer Strategien oder zur ständigen Weiterentwicklung der eigenen unternehmerischen Fähigkeiten herangezogen werden, indem Verbesserungspotenziale offen gelegt und gezielt Lösungsansätze angesetzt werden können.

Die Stärken- und Schwächenanalyse kann sowohl zu bestimmten Zwecken einmalig durchgeführt werden als auch im Zuge kontinuierlicher Verbesserungsprozesse regelmäßig. Im zweiten Fall ist neben der zentralen Abbildung von Stärken und Schwächen auch die Identifikation und Visualisierung von Entwicklungspfaden denkbar, um Tendenzen festzustellen.

In der Regel werden die Stärken und Schwächen des eigenen Unternehmens in Relation zu den wichtigsten Wettbewerbern bewertet. Dies erhöht vorrangig die Aussagekraft der identifizierten Ergebnisse, denn eine festgestellte Stärke, die allerdings jeder Wettbewerber besitzt, wirkt nicht als Wettbewerbsvorteil.

1.16.2 Beschreibung

Die Stärken- und Schwächenanalyse besteht im Kern aus einem Profilvergleich. Ausgewählte Erfolgsfaktoren des eigenen Unternehmens werden zur Identifikation von Stärken und Schwächen in Relation zu den wichtigsten Wettbewerbern bewertet. Dabei basiert der Aufbau des Profilvergleichs im Wesentlichen aus der Auswahl aller erfolgskritischen Faktoren für die Wettbewerbsfähigkeit der eigenen Unternehmung sowie der Festlegung einer adäquaten Bewertungsskala. Die Bewertung der Erfolgsfaktoren erfolgt durch systematischen Einbezug des Wissens und der Erfahrungen von Mitarbeitern verschiedener Verantwortungsbereiche, von Kunden sowie durch weitere externe Informationen (Studien, Geschäftsberichte etc.). Auf diese Weise kann eine weitestgehend objektive Bewertung des Unternehmens erreicht werden, die im gemittelten Ergebnis durch eine breite Basis gestützt ist.

Besonders interessant sind im Resultat des Profilvergleichs diejenigen Erfolgsfaktoren, bei denen ein besonderer Unterschied zu den Wettbewerbern festgestellt werden kann.

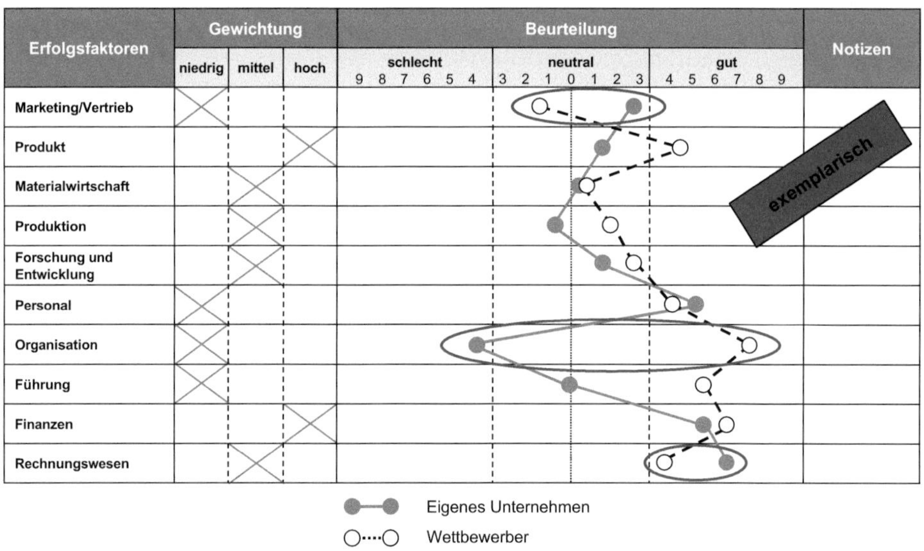

BILD 1.80 Exemplarisches Stärken- und Schwächenprofil

Sollten diese Unterschiede zu eigenen Gunsten ausfallen, d. h. unternehmensspezifische Stärken repräsentieren, sollten die entsprechenden Erfolgsfaktoren zu wertbringenden Wettbewerbsvorteilen ausgebaut werden. Im umgekehrten Fall hat man direkte Verbesserungspotenziale identifiziert.

Die Funktion festgestellter Stärken und Schwächen als Informationsgrundlage zur Bewertung strategischer Handlungsoptionen wurde bereits erwähnt. Allgemein können die Erkenntnisse aus einer soliden Stärken- und Schwächenanalyse außerdem zur Minimierung unternehmerischen Risikos eingesetzt werden, indem man sich einfach darüber bewusst wird, aus welchen Unternehmensbereichen wirtschaftliche Gefahren drohen. Entgegenwirkende Maßnahmen können gestaltet werden.

Sollten Stärken-/Schwächenanalysen in einem regelmäßigen Rhythmus durchgeführt werden, können zusätzlich Erkenntnisse aus den zeitlichen Entwicklungen gezogen werden. Eine regelmäßige Anwendung bietet somit eine Funktion der Steuerung, Planung und vor allem der Erfolgskontrolle.

Tabelle 1.23 bietet als Hilfestellung eine allgemein gültige Checkliste zur Festlegung der erforderlichen unternehmerischen Erfolgsfaktoren, die im Rahmen der Analyse bewertet werden sollten. Eine solche Checkliste erleichtert nicht nur die Auswahl der richtigen Bewertungskriterien, sondern besitzt den positiven Nebeneffekt, dass die Verantwortlichen mit ihrer Verwendung zu systematischen und umfassenden Ansätzen gezwungen werden.

Bereich	Erfolgsfaktoren/Bewertungskriterien
Marketing und Vertrieb	Leistungsangebot, Preisgestaltung, Image, Marktanteil, Marktwachstum, Absatzentwicklung, Distribution, Vertriebsnetz, Werbung, Beschwerdemanagement, Termintreue, Kundenstruktur, Auftragsbearbeitung, Konjunkturanfälligkeit, Kundenservice, Marktbeareitung, Außendienst, Marktforschung, Absatzplanung, Kundentreue etc.
Produkt	Produktportfolio, Qualität, Produktimage, Produktlebenszyklus, Preis-Leistungs-Verhältnis, Design etc.
Materialwirtschaft	Lieferanten, Abhängigkeiten, Einkaufskosten, Qualitätskontrollen, Lagerhaltung, Bestandsüberwachung, optimale Bestellmengen, Bestellrhythmen, Logistik, Kapitalbindung, Lagerumschlag, Lagersystem etc.
Produktion	Anlagen, Technologien, Standort, Produktivität, Kostenstruktur, Auslastung, Flexibilität, Termintreue, Qualitätsmanagement, Grad der vertikalen Integration, Rohstoffversorgung, Arbeitsplatzgestaltung etc.
Forschung und Entwicklung	Prozesse, Know-how, Innovationen, Forschungsaufwand, Kooperationen, Lizenzen, Entwicklungspotenzial etc.
Personal	Fachliche Qualifikation, Professionalität, Aus- und Weiterbildung, Altersstruktur, Anreizstruktur, Entlohnung, Motivation, Lernbereitschaft, Mitarbeiterfluktuation, Betriebsklima, Image als Arbeitgeber etc.
Organisation	Aufbauorganisation, Ablauforganisation, Anpassungsfähigkeit, Strategiekonformität, Informationsmanagement, IT-Einsatz, Projektmanagement, Wissensmanagement etc.
Führung	Qualität der Entscheidungen, Führungsstil, Teamfähigkeit, Ziele, Dynamik, Motivation der Mitarbeiter, Marktorientierung, Transparenz, Delegation, Führungskräftenachwuchs, Altersstruktur der Führungskräfte etc.
Finanzen	Eigenkapitalausstattung, Verschuldungsgrad, Finanzkraft, Liquidität, Gewinnentwicklung, -verwendung, Rentabilität, Cashflow, Finanzplanung, Investitionsplanung etc.
Rechnungswesen	Kostenzuordnung, -kontrolle, -planung, Gewinn- und Umsatzplanung, Frühwarnsysteme etc.

TABELLE 1.23 Allgemeine Übersicht unternehmerischer Erfolgsfaktoren

1.16.3 Voraussetzungen und notwendiger Input

Zur Durchführung einer Stärken- und Schwächenanalyse sind weniger methodische denn detaillierte Kenntnisse über das eigene Unternehmen notwendig. Hierzu sollten Experten sämtlicher zu analysierender Geschäftsbereiche involviert werden, die im Idealfall über ein hohes Maß an Erfahrung verfügen.

Neben fundiertem Wissen über das eigene Unternehmen sind weiterhin vergleichbare Daten über die wichtigsten Wettbewerber notwendig, um die skizzierten Relationen herausarbeiten zu können. Diese Datenbeschaffung gleicht grundsätzlich den Vorgehensweisen bei einer Konkurrenzanalyse (Kapitel 2.3) oder einem Benchmarking (Kapitel 2.6).

1.16.4 Vorgehensweise

MERKE:
1. Kriterien
2. Prozess
3. Bewertung
4. Auswertung

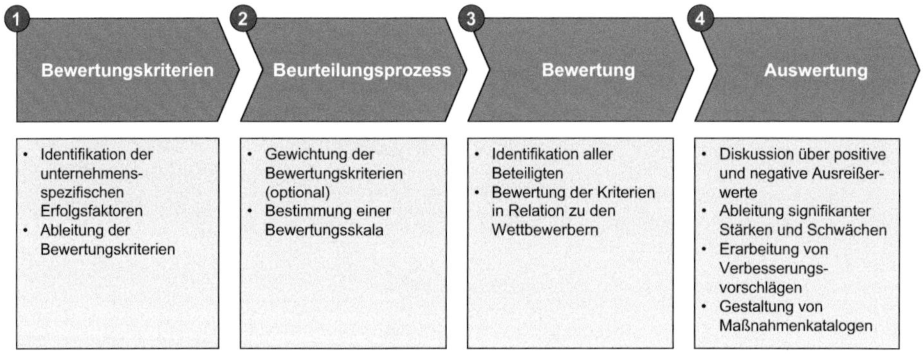

BILD 1.81 Vorgehensweise bei der Stärken- und Schwächenanalyse

Schritt 1: Analyse und Festlegung relevanter Erfolgsfaktoren

TIPP: Die Wertkette kann als sinnvoller Rahmen zur Identifikation der Erfolgsfaktoren dienen.

Zentral sind die zwei Fragen: In welchen Bereichen müssen wir gut aufgestellt sein, um erfolgreich zu sein? Welche Faktoren sind für die eigene Wettbewerbsfähigkeit besonders relevant?

Grundsätzlich bestehen zwei Möglichkeiten bei der Erarbeitung sinnvoller Bewertungskriterien für die Stärken- und Schwächenanalyse. Die erste Alternative ist ein Brainstorming mit Führungskräften. Diese fassen alle für sie relevanten Erfolgsfaktoren des eigenen Unternehmens zusammen. Im Anschluss wird die Liste – der Kriterienkatalog – kategorisiert und mittels einer Checkliste auf Vollständigkeit hin überprüft. Alternative zwei verfolgt das gleiche Ziel, setzt aber an der anderen Seite an. Eine allgemein gültige Checkliste unternehmerischer Erfolgsfaktoren (siehe Tabelle 1.23) wird Punkt für Punkt analysiert und auf das eigene Unternehmen zugeschnitten, d. h. es werden diejenigen Punkte herausgefiltert und ergänzt, die individuell von Relevanz sind. Im Ergebnis liegt ebenfalls wie bei Alternative eins ein Kriterienkatalog vor.

Unabhängig davon, welcher Weg gewählt wird, ist das Ziel dieses ersten Schrittes die Abbildung sämtlicher Erfolgsfaktoren des eigenen Unternehmens, die Einfluss auf die eigene Wettbewerbsstärke haben. Diese sollen im Anschluss bewertet werden.

Die Auswahl der Erfolgsfaktoren muss unter Einbezug der Führungskräfte geschehen. Ob dies in der Praxis in Form von Besprechungen, Einzelinterviews oder Ähnliches abläuft, ist prinzipiell sekundär. Sollten keine allgemeinen Checklisten vorhanden oder diese für eine Individualisierung wenig hilfreich sein, sollte die eigene Wertschöpfungskette herangezogen werden. Anhand dieser können gemäß den primären und unterstützenden Aktivitäten entsprechende Erfolgsfaktoren heruntergebrochen werden (siehe auch Kapitel 1.12).

Schritt 2: Bestimmung des Beurteilungsprozesses

Wenn die Erfolgsfaktoren identifiziert sind, ist die Festlegung einer sinnvollen Bewertungsskala notwendig, mittels welcher die Bewertung der einzelnen Kriterien vorgenommen werden kann. Hierfür gibt es viele denkbare Varianten:

- Noten von Eins bis Sechs (vergleichbar mit Schulnoten),
- banale Kategorisierungen wie z. B. niedrig, mittel, hoch oder A bis C etc.,

- weitere Skalen mit unterschiedlichen Streuungen (z. B. prozentual oder individuelle Größen).

Als geeignet hat sich eine Streuung von negativen Ausprägungen über einen neutralen Wert in positive Bereiche erwiesen. Wobei hier der Wert null als neutrale Beurteilung, der maximale negative Wert als besonders schlechte und der maximale positive als entsprechend optimale Beurteilung zu interpretieren ist, siehe Bild 1.80.

Die Bewertungsskala ist in jedem Fall auf den Einzelfall abzustimmen. Optional können neben dem vorbereiteten Bewertungsbereich auch die einzelnen Erfolgsfaktoren gesondert gewichtet werden, d. h. ihre jeweilige Relevanz zur Bestimmung von unternehmensspezifischen Stärken und Schwächen differenziert werden. Exemplarisch wurde dies in Bild 1.80 über die drei Kategorien niedrig, mittel und hoch vorgenommen. Auch hier sind verschiedenste Varianten denkbar.

Schritt 3: Relative Bewertung der Erfolgsfaktoren

Wie beschrieben, erfolgt die Bewertung durch Mitarbeiter, Kunden und allgemeine Informationen. Ein empfehlenswertes Vorgehen ist eine isolierte und vor allem anonyme Befragung aller Beteiligten, um ein möglichst objektives Ergebnis zu erzielen. Bei der Befragung ist insbesondere auf die Klarstellung der Referenzwerte zu achten, damit die einzelnen Beteiligten nicht ausschließlich bestehende Selbstbilder wiedergeben, sondern gezwungen werden, die einzelnen Faktoren in einen einheitlichen Zusammenhang zu setzen.

MERKE: Die Beurteilung der Bewertungskriterien erfolgt durch Führungskräfte, Mitarbeiter, Kunden und ergänzende Informationen.

Die einfachste Gesamtbewertung eines jeden Erfolgsfaktors geschieht dann durch die Errechnung des Durchschnittswertes. Diese repräsentativen Durchschnittswerte werden abgetragen, miteinander verbunden und man erhält das gewünschte Profil. Bild 1.82 stellt das Ergebnis dieses Vorgehens dar.

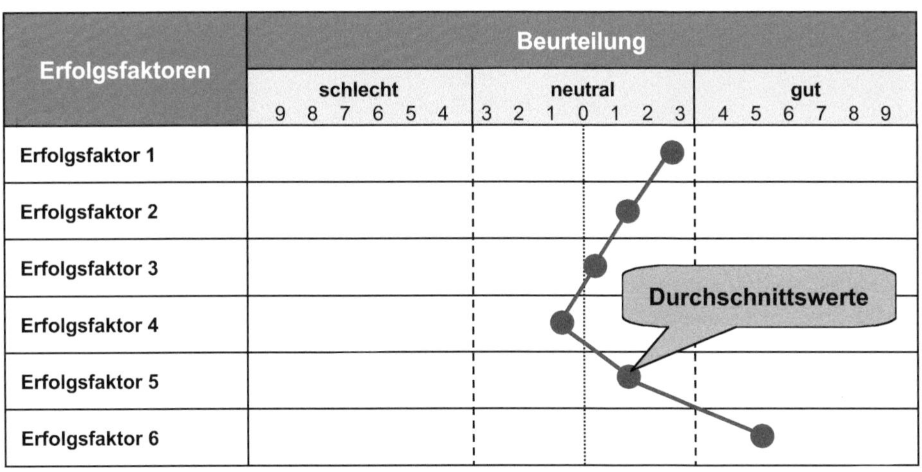

BILD 1.82 Erstellung eines Stärken- und Schwächenprofils

Das Gleiche wird dann für ausgewählte Wettbewerber durchgeführt, um die Unterschiede hervorzuheben und die angesprochenen Schlüsse ziehen zu können. Auf die grafische Aufbereitung des Profilvergleichs sollte nicht verzichtet werden, da sie die Kommunikation erheblich erleichtert.

Schritt 4: Auswertung der Ergebnisse

Im Zuge der Auswertung des erstellten Profilvergleichs sollten insbesondere sowohl besonders positive als auch besonders negative Bewertungen mit den Führungskräften diskutiert werden. Dies erfolgt idealerweise im Rahmen eines gemeinsamen Seminars. Ausgehend von den Ergebnissen und der anschließenden kritischen Diskussion, welche gegebenenfalls Bewertungen näher erläutert und Resultate interpretiert, können Ziele definiert und Aktionsprogramme gestaltet werden.

Die Konsequenzen lassen sich bezüglich ihres zeitlichen Horizonts differenzieren. Zum einen unterstützt das Wissen um unternehmensinterne Stärken und Schwächen die Formulierung einer langfristigen, strategischen Ausrichtung auf den Markt, wobei resultierende Ausprägungen in veränderbare und feststehende Situationen unterschieden werden müssen. Zum anderen kann kurz- und mittelfristig Handlungsbedarf in Form von Verbesserungspotenzialen identifiziert werden.

BEACHTE: Bei wiederholten Stärken- und Schwächenanalysen muss die Vergleichbarkeit gewahrt werden.

Bei Wiederholungen der Stärken-/Schwächenanalyse sollte darauf geachtet werden, dass die Parameter des Profilvergleichs nicht grundsätzlich verändert werden, um eine Vergleichbarkeit der Ergebnisse zu gewährleisten. Zu den Parametern zählen hier insbesondere die Bewertungsskala, die definierten Erfolgsfaktoren im Wesentlichen, vor allem aber auch die Struktur der Beteiligten.

1.16.5 Vor- und Nachteile

Vorteile	Nachteile
• Transparenter Aufbau • Nachvollziehbarkeit für Beteiligte und externe Empfänger der Analyse • Intuitive Umsetzbarkeit • Förderung ganzheitlicher Denkweise des Managements	• Generierung der Wettbewerberdaten oft schwierig

TABELLE 1.24 Vor- und Nachteile der Stärken- und Schwächenanalyse

1.16.6 Praxisbeispiel

Im folgenden Praxisbeispiel wird ein kurzer Einblick in die Ergebnisse einer Stärken-Schwächen-Analyse bei einem britischen Zulieferer von Kupplungen aus der Bahnindustrie gegeben. Im Jahr 2012 prognostizierte die Klutch Inc.[1] ein überproportionales Marktwachstum im After-Sales-Bereich für ihr Produktsegment Kupplungen. Im Rahmen einer neuen strategischen Ausrichtung sollte der After-Sales-Bereich einerseits etabliert und andererseits optimiert werden, damit die Wettbewerber von Klutch Inc. mittel- bis langfristig auf Distanz bleiben.

Aus diesem Grund beauftragte die Firma Klutch Inc. eine deutsche forschungsnahe Unternehmensberatung mit dem Vorhaben, eine umfassende Stärken-Schwächen-Analyse, gemeinsam mit den Führungskräften des After-Sales-Bereichs, durchzuführen. Das Ziel bestand darin, wesentliche Erfolgsfaktoren zu identifizieren, diese systematisch zu analysieren und etwaige Handlungsmaßnahmen abzuleiten. Die Bewertung der Erfolgsfaktoren sollte hierbei stets in Relation zum Wettbewerb gesetzt werden. In diesem Kontext war die Stärken-Schwächen-Analyse ein geeignetes Instrument, um relevante betriebseigene Unternehmensressourcen kritisch zu hinterfragen und neue Maßnahmen abzuleiten, die zur Realisierung des Potenzials im After-Sales-Bereich führen würden.

Nachdem man sich innerhalb der Arbeitsgruppe auf die wesentlichen Erfolgsfaktoren im Kupplungsproduktsegment einigte und eine sinnvolle Bewertungsskala eingerichtet hatte, folgte eine relative Bewertung der Erfolgsfaktoren sowie eine Auswertung der Ergebnisse.

[1] Aus rechtlichen Gründen wurde der wahre Firmenname durch einen fiktiven Firmennamen ersetzt.

Bild 1.83 zeigt einen Auszug[2] des Stärken-Schwächen-Profils der Klutch Inc. mit allen relevanten Erfolgsfaktoren, den entsprechenden Gewichtungen sowie den finalen Beurteilungen im Verhältnis zum Wettbewerb. Die grauen Punkte und Verbindungslinien im Beurteilungsfeld beziehen sich stets auf die Firma Klutch Inc. Demgegenüber stellen die weißen Punkte und gestrichelten Verbindungslinien die Einordnung des Wettbewerbs dar. Wie in Bild 1.84 zu erkennen ist, lagen die bedeutsamsten Unterschiede zwischen Klutch Inc. und dem Wettbewerb in den Bereichen weltweite Präsenz, Umsetzungszeiten von Kundenanfragen, Ablauforganisation sowie After-Sales-Strategie.

Im Einzelnen veranschaulichte das Stärken-Schwächen-Profil, dass die weltweite Präsenz der Klutch Inc. eine wesentliche Stärke des Unternehmens darstellt. Die Manager des After-Sales-Bereichs entschieden daraufhin, dass neben dem Ausbau der weltweiten Präsenz auch die Wahrnehmung des Kunden hinsichtlich der außerordentlich guten After-Sales-Dienstleistungen geschärft werden müsse. Aus diesem Grund sollte ein interdisziplinäres Projektteam aus erfahrenen Marketing- und CRM-Managern zusammengestellt werden, um eine moderne und zielorientierte Kundenkampagne zu konzipieren. Aus der Stärken-Schwächen-Analyse folgt darüber hinaus, dass die technische Kompetenz als eine weitere Unternehmensstärke betrachtet werden kann. Klutch Inc. sah sich in der Lage, mithilfe ihrer hoch qualifizierten und kompetenten Mitarbeiter auf individuelle Kundenbedürfnisse einzugehen und nach Bedarf passgenaue Lösungen zu entwerfen. Folglich entschied die Geschäftsführung des After-Sales-Bereichs, im nächsten Jahr ein höheres Budget für Weiterbildungsseminare zur Verfügung zu stellen, um die technische Kompetenz der Mitarbeiter durch zusätzliche Weiterbildungsmaßnahmen nachhaltig zu sichern.

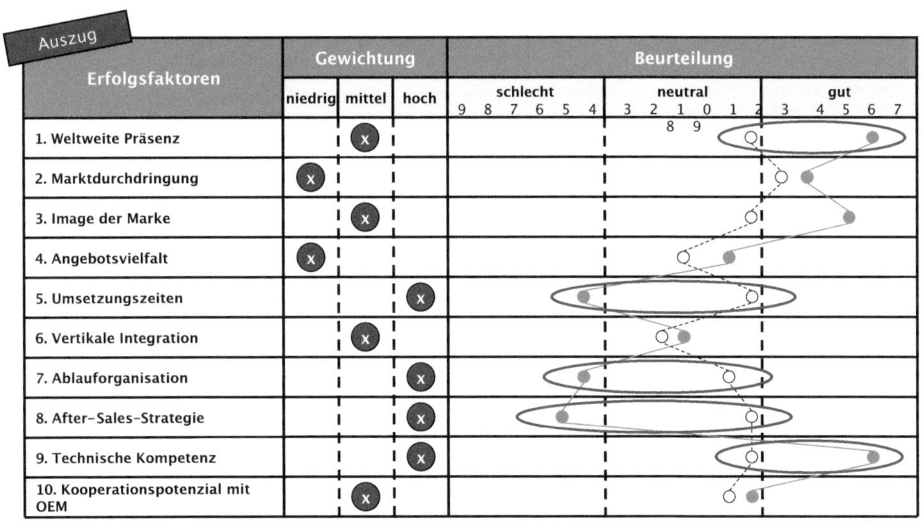

BILD 1.83 Stärken-Schwächen-Profil der Firma Klutch Inc.

Obwohl die Umsetzungszeiten sowie die Ablauforganisation als essenzielle Erfolgsfaktoren eingestuft werden, gehören sie nicht zu den Unternehmensstärken von Klutch Inc. Verglichen zum Wettbewerb, sind diese strategischen Ressourcen nicht zeitgemäß sowie verbesserungsfähig. Da die gesamte Ablauforganisation im After-Sales-Bereich auch erhebliche Auswirkungen auf die Umsetzungszeiten hat, wurde während des Arbeitstreffens vereinbart, dass die forschungsnahe Unternehmensberatung in einem Nachfolgeprojekt eine umfassende Ist-Analyse der After-Sales-Prozesse durchführen werde. Die Intention hinter diesem Vorhaben ist, Qualitäts- und Effizienzverluste in den betriebsorganisatorischen Prozessen transparent zu machen. Zur Verwunderung der Unternehmensberatung wurde die gesamte After-Sales-Strategie des Unternehmens als größte Schwäche identifiziert. Nach

[2] Aufgrund von Platzbeschränkungen wird statt einer Detailanalyse nur ein Auszug des Arbeitstreffens veröffentlicht.

Aussagen der Führungskräfte war der After-Sales-Bereich bisher nie auf der strategischen Agenda der Konzernleitung. Folglich wurden auch keine genauen Rahmenbedingungen an die Leitung des After-Sales-Bereichs kommuniziert, aus denen eine langfristige Geschäftsstrategie abgeleitet werden konnte. Statt den After-Sales-Bereich bisher als zukunftsträchtiges Geschäftsfeld zu etablieren, wurde dieser nur als unterstützende organisatorische Funktion in der Wertschöpfungskette von Klutch Inc. betrachtet. Als Handlungsmaßnahme wurde deswegen vereinbart, die Unterstützung des Topmanagements von Klutch Inc. einzufordern, um genaue Zielvorgaben zu vereinbaren und somit das unternehmerische Handeln jedes einzelnen Mitarbeiters zu forcieren.

Wie in diesem Praxisbeispiel aufschlussreich dargestellt wird, ist die Stärken-Schwächen-Analyse ein wertvolles Instrument, um die Relevanz der betriebsinternen Ressourcen eines Unternehmens innerhalb eines Arbeitstreffens kritisch zu hinterfragen. Unternehmen sollten in regelmäßigen Abständen diese Methodik einsetzen, um sich der eigenen Stärken und Schwächen bewusst zu werden und darauf entsprechend reagieren zu können. Wichtig ist zu beachten, dass nicht nur auf Schwächen reagiert werden muss, sondern auch auf bereits existierende Stärken. Unternehmen sollten nicht nur versuchen, die eigenen Schwächen zu eliminieren, sondern auch Stärken nach Möglichkeit weiterentwickeln, da Unternehmen stets unkontrollierten Marktveränderungen ausgesetzt sind. Es gilt zu beachten, dass Stärken meist nur von temporärer Natur sind und schnell obsolet werden können.

1.16.7 Vorlagen zum Download

Die PowerPoint-Vorlagen zu diesem Kapitel umfassen eine Vorlage für Stärken- und Schwächenprofile, zehn Checklisten zur Identifikation der Erfolgsfaktoren/Bewertungskriterien und einen Visualisierungsvorschlag zu dem allgemeinen Vorgehen bei der Stärken- und Schwächenanalyse.

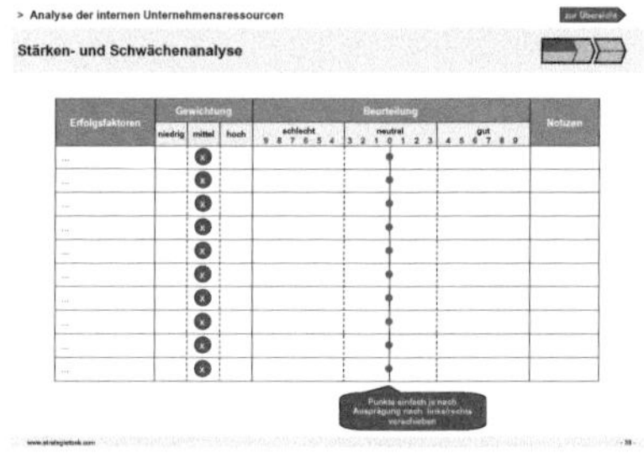

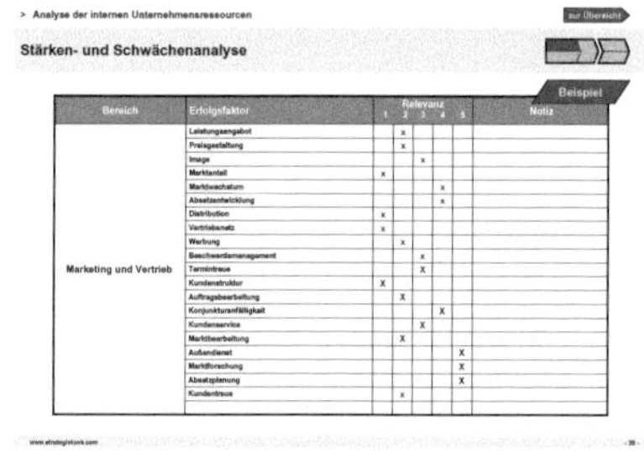

1.16.8 Verwandte und weiterführende Themen

- SWOT-Analyse

  Die SWOT-Analyse aggregiert die Analyse interner Unternehmensressourcen sowie die Analyse externer Marktkräfte zu einem Portfolio. Die Stärken- und Schwächenanalyse speist den unternehmensinternen Teil dieser Übersicht zur Bewertung der Möglichkeiten und Grenzen eines Unternehmens (siehe auch Kapitel 3).

- Konkurrenzanalyse

  Die Konkurrenzanalyse geht bei der Untersuchung der Wettbewerber ähnlich vor wie die Stärken- und Schwächenanalyse, nutzt beispielsweise ebenfalls Profilvergleiche. Sie kann hinzugezogen werden, um die identifizierten Stärken und Schwächen mit vergleichbaren Daten der Wettbewerber in Relation zu setzen (siehe auch Kapitel 2.3).

1.16.9 Literaturhinweise

ANSOFF, H. I. (1965): *„Checklist for Competitive and Competence Profiles“*, in: Corporate Strategy, McGraw-Hill, New York 1965, S. 98 ff.

BUCHELE, R. (1962): *„How to Evaluate a Firm“*, in: California Management Review, Fall 1962, S. 5–16.

PORTER, M. E. (1980): *Competitive Strategy*, Free Press, New York 1980.

PORTER, M. E. (1999): *Wettbewerbsstrategie: Methoden zur Analyse von Branchen und Konkurrenten* (deutsche Übersetzung von Competitive Strategy), 10. Aufl., Campus Verlag, Frankfurt am Main/New York 1999, S. 105–109.

2 Analyse der externen Marktkräfte

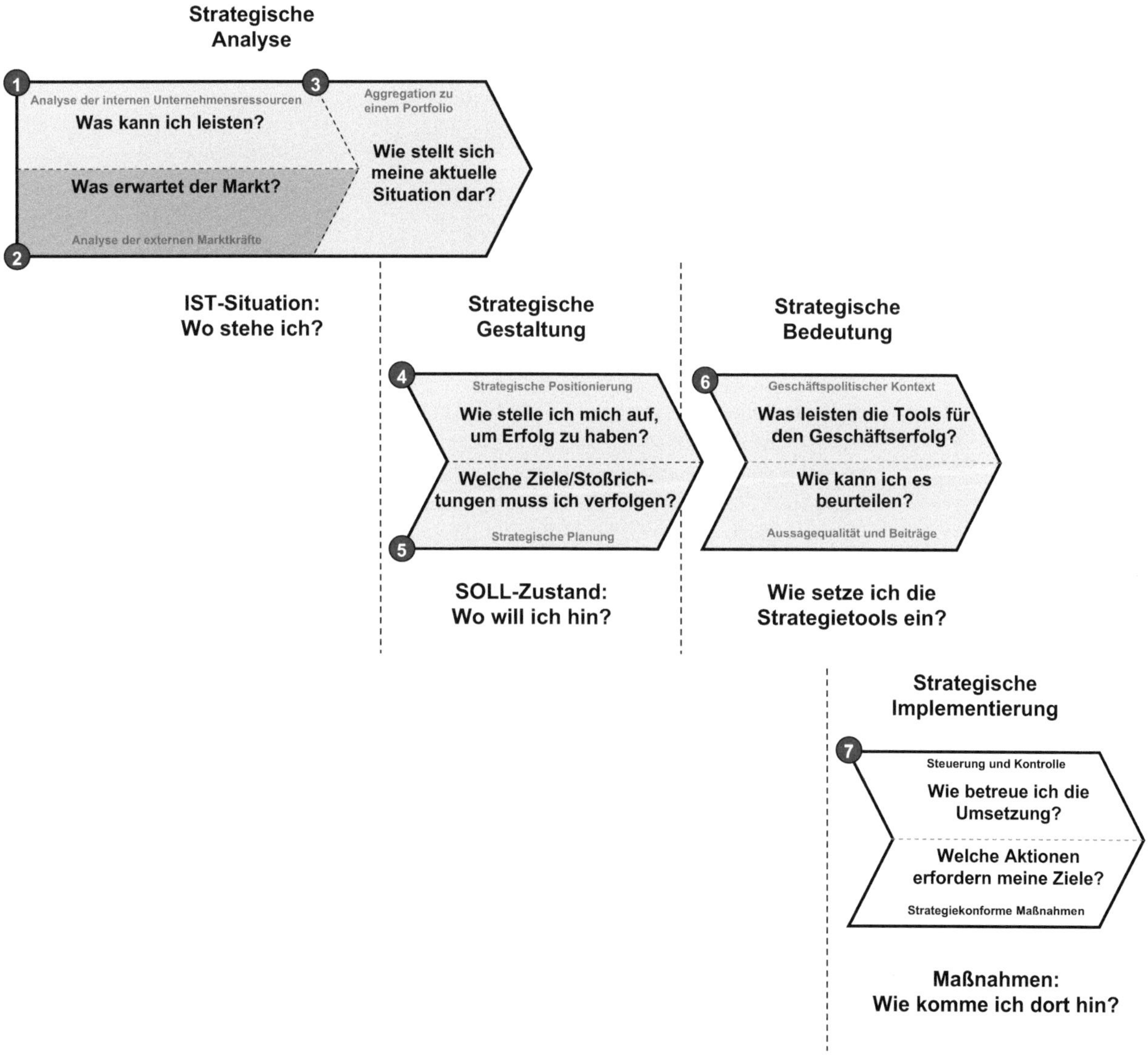

2.1 Umweltanalyse

LEITFRAGEN:

- Welche externen Faktoren beeinflussen unser Geschäft?
- Wie entwickeln sich die Trends?
- Wie können wir die Tendenzen für uns sicht- und nutzbar machen?

2.1.1 Zielsetzung und Anwendungsgebiet

Für jede Organisation ist es entscheidend, wichtige Einflussfaktoren zu beobachten und in die strategischen Entscheidungen mit einzubeziehen. Die Umweltanalyse dient dazu, Entwicklungen in einer vielschichtigen Umwelt abzuwägen und deren Bedeutung für das eigene Unternehmen zu beurteilen. Die laufenden Veränderungen der Unternehmensumwelt, der Branche sowie der Rahmenbedingungen können mit Hilfe des Konzepts beobachtet und erklärt werden. Ein entscheidender Vorteil liegt in der Schnelligkeit (S-Faktor): Dem Unternehmen wird ermöglicht, stets über ein breites Spektrum von Veränderungen informiert zu sein, zum Teil, noch bevor sie in seiner unmittelbaren Umwelt stattfinden. Die Unternehmensführung kann auf diese Weise rechtzeitig agieren und strategische Optionen entwickeln.

2.1.2 Beschreibung

Die Umweltanalyse (oftmals auch als PEST-Analyse bezeichnet; PEST = Political, Economical, Social, Technological) bietet einen analytischen Rahmen, der den Einfluss der folgenden sechs typischen makroökonomischen Faktoren betrachtet, die ein Unternehmen, eine Branche und einen Markt formen (vgl. Fahey, 1999). In der Literatur gibt es eine Reihe von Ansätzen, die auch eine andere Anzahl von Einflussfaktoren benennen. Beispielsweise zählen in der „PEST"-Analyse lediglich vier Faktoren zu der Unternehmensumwelt. Für eine umfassende Darstellung wurde auf den umfangreichsten, aber dennoch logischen Ansatz zurückgegriffen. Abschließend lässt sich sagen, dass die Anzahl und Art der Einflussfaktoren unternehmensspezifisch festgelegt werden müssen und nicht allgemein gültig benannt werden können.

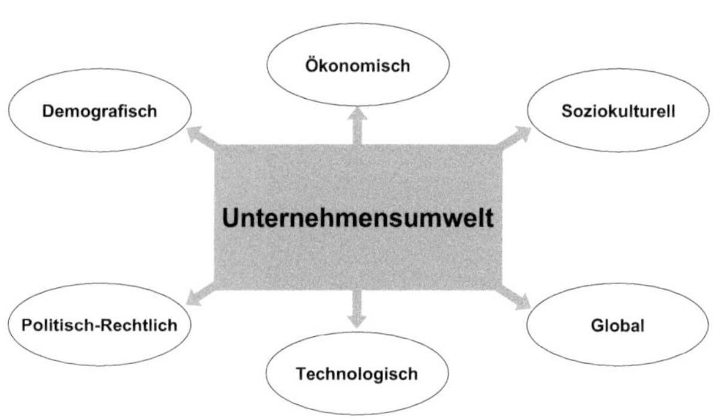

BILD 2.1 Faktoren der Unternehmensumwelt

- Ökonomische Faktoren beeinflussen die Güter- und Kapitalmärkte einer Volkswirtschaft und prägen dort das Nachfrage- und Angebotsverhalten (Fahey/Narayanan, 1986).

- Soziokulturelle Faktoren können zur Veränderung der Werte und Normen sowie der Struktur einer Gesellschaft beitragen.
- Demografische Faktoren verändern die Bevölkerungs- und Altersstruktur sowie die regionale Bevölkerungsverteilung.
- Globale Faktoren betrachten die internationalen Einflüsse wie die Globalisierung und ihren Einfluss auf die heimischen Märkte.
- Technologische Faktoren wirken auf den Einsatz und die Anwendung von Technologien sowie ihren Einfluss auf die Wertschöpfungsprozesse und die produzierten Güter.
- Politisch-rechtliche Faktoren bilden die rechtlichen Restriktionen für die Unternehmung (wie z. B. Gesetze und Verordnungen) ab.

Tabelle 2.1 zeigt beispielhaft die Einzelfaktoren der jeweiligen Kategorien.

Ökonomische Faktoren	Soziokulturelle Faktoren	Globale Faktoren
✓ Gesamtleistung der Volkswirtschaft: Bruttosozialprodukt, verfügbare Einkommen ✓ Geldwertentwicklung: Konsumentenpreise, Großhandelspreise, Rohstoff- und Erzeugerpreise ✓ Außenhandelsentwicklung: Wechselkursentwicklung, Terms of Trade ✓ Öffentliche Finanzen: Staatsquote, Verschuldung, Subventionen ✓ Investitionstätigkeit des privaten und des öffentlichen Sektors ✓ Internationale Währungs- und Zinsentwicklungen ✓ Internationale Verschuldungen ✓ Saisonale Schwankungen	✓ Veränderung der menschlichen Grundbedürfnisse: Nahrung, Kleidung, Lebensraum, Klima, Gesundheit, Umwelt ✓ Gesellschaftliche Werthaltungen ✓ Konsumgewohnheiten ✓ Einstellung zu Bildung und Forschung ✓ Einflüsse von Ethik und Religion ✓ Freizeitverhalten: Bedeutung von Unterhaltung, Sport und Erholung ✓ Arbeitsmentalität, Mobilität, Sparneigung, Einstellungen gegenüber der Wirtschaft ✓ Unternehmerische Grundhaltungen: Sicherheitsstreben, Risikoeinstellungen	✓ Attraktive ausländische Märkte ✓ Neue industrialisierte Länder ✓ Wichtige politische Veranstaltungen ✓ Bedeutende globale grenzübergreifende Märkte ✓ Unterschiedliche kulturelle Attribute
Technologische Faktoren	**Politisch-rechtliche Faktoren**	
✓ Produktinnovationen ✓ Entwicklung der Energie- und Rohstofftechnologien ✓ Verfügbarkeit von ökologischen Ressourcen: Boden, Wasser, Luft, Licht ✓ Verfügbarkeit von Energie: Erdöl, Gas, Strom, Kohle, andere Energiequellen ✓ Staatliche und private Entwicklungsinvestitionen ✓ Produktionstechnologien: Automation, Verfahrenstechnologien ✓ Entwicklung von Schlüsseltechnologien ✓ Substitutionstechnologien ✓ Informations- und Kommunikationstechnologien ✓ Rationalisierungstechnologien	✓ Globale politische Entwicklungstendenzen: lokale oder internationale Konflikte ✓ Stabilität des gesellschaftlichen und politischen Systems ✓ Regierungsform in relevanten Ländern ✓ Entwicklungstendenzen in der Wirtschaftspolitik ✓ Entwicklungen des internationalen Handels: Integration, Protektionismus ✓ Erkennbare Veränderungen nationaler und internationaler Rechtsnormen ✓ Wirtschaftsgesetzgebung (Patentrecht, Produzentenhaftung, Arbeitsrecht) ✓ Änderungen in der Steuerpolitik ✓ Regulation/Deregulation ✓ Rechtssicherheit	

TABELLE 2.1 Mögliche Einflussfaktoren der Umwelt (in Anlehnung an Nagel/Wimmer, 2006)

Die Mehrzahl dieser Einflussfaktoren verändert sich eher langfristig, so dass Unternehmen grundsätzlich die Chance haben, sich frühzeitig auf Veränderungen einzustellen. Dennoch sind gezielte Teilanalysen notwendig, um rechtzeitig Trends zu erkennen, die dazu führen, dass Produkte oder Verfahren (wie z. B. Vertrieb, Marketing) nicht mehr zeitgemäß sind und die Wettbewerbsposition des Unternehmens verschlechtern. Aufgabe der Führungskräfte ist es, den künftigen Entwicklungen zu begegnen durch (vgl. Allaire/Firsirotu, 1989):

- entsprechende Prognosen,
- das Beeinflussen der Umwelt,
- Flexibilität, um schnell und agil auf Veränderungen zu reagieren.

Die Faktoren sind stets regions- und landesspezifisch, so dass ein Faktor (z. B. politisch-rechtliche Sicherheit) abhängig von der Region unterschiedliche Ausprägungen annehmen kann.

Ein erfolgskritischer Faktor der Umweltanalyse ist die laufende Beobachtung der relevanten Unternehmensumwelt. Mit einer einmaligen Aktion ist es kaum möglich, die Faktoren richtig einzuschätzen und Trends zu erkennen.

2.1.3 Voraussetzungen und notwendiger Input

Will man die Umwelt auf mögliche Einflussfaktoren untersuchen, so ist es notwendig, den Einfluss von externen Faktoren auf das Unternehmen zu kennen, die Umweltfaktoren also benennen zu können.

MERKE: Der wichtigste Aspekt bei der Beschaffung liegt in der fortlaufenden Beobachtung des allgemeinen politischen, wirtschaftlichen, technischen und gesellschaftlichen Geschehens. ■

Die folgenden Quellen eignen sich, Veränderungen und Einflüsse der Umwelt zu analysieren und zu bewerten.

- Analystenberichte,
- Branchenreports,
- statistische Ämter (IFO, Bundesamt für Statistik etc.),
- Kammern und Verbände,
- Wirtschaftsforschungsinstitute,
- Landes- und Bundesministerien,
- Messen und Kongresse,
- Wirtschaftsdatenbanken,
- Tagespresse und Fachzeitschriften,
- Brancheneinschätzungen von Banken und Rating-Agenturen,
- internationale Organisationen und Nichtregierungsorganisationen (NGOs).

2.1.4 Vorgehensweise

TIPP: Auf den wichtigsten Einflussfaktor fokussieren und diesen zunächst genau analysieren. Nach und nach Faktoren nach ihrer Wichtigkeit hinzufügen ■

Schritt 1: Überprüfung der Umwelt auf mögliche Auswirkungen auf das Unternehmen

Schritt 2: Auswahl der für die Zukunft des Unternehmens wichtigsten Einflussfaktoren

Schritt 3: Dokumentation und Auswertung der Einflussfaktoren

BILD 2.2 Vorgehensweise bei einer Umweltanalyse

BEACHTE: Nie die wirklich wichtigen Faktoren aus den Augen verlieren und mit unwichtigen Faktoren verwechseln! ■

Schritt 1: Überprüfung der verschiedenen Umwelten auf mögliche Auswirkungen auf das untersuchte Unternehmen

CHECKLISTE: Entwickeln Sie in einem Brainstorming mit Hilfe des vorgegebenen Rahmens die unternehmensrelevanten Einflussfaktoren. ■

Im ersten Schritt wird anhand einer Checkliste (siehe auch im Downloadbereich) untersucht, welche besonderen Herausforderungen in der Unternehmensumwelt bestehen. Dazu können die sechs skizzierten Faktoren als Rahmen dienen, müssen jedoch unternehmensspezifisch angepasst werden. Hierzu werden in Form eines Brainstormings sämtliche Einflussfaktoren aufgelistet, die zunächst ohne Diskussion aufgenommen und den Kategorien zugeordnet werden (z. B. Zuordnung des Einflussfaktors „Bruttoinlandsprodukt“ zu der Kategorie „ökonomische Faktoren“).

Schritt 2: Auswahl der wichtigsten Einflussfaktoren

Als nächster Schritt werden die gesammelten Faktoren in kleinen Teams bzw. in Workshops diskutiert und auf 15 bis 20 wichtige Einflussfaktoren reduziert. Die Faktoren sind dabei so zu wählen, dass sie die wichtigsten Einflüsse abbilden, die für den Erfolg des Unternehmens maßgeblich sein könnten. Es ist zu beachten, dass die Faktoren möglichst konkret benannt und bestimmt werden (z. B. statt „Gesetzesänderungen" lieber „Abschaffung des Rabattgesetzes")

Die Teams sollten so zusammengestellt werden, dass sämtliche relevanten Interessengruppen (z. B. unterschiedliche Abteilungen und Hierarchien) vertreten sind. Damit wird gewährleistet, dass individuelle Einschätzungen und Präferenzen nicht zu stark dominieren. Soweit es möglich ist, können für diesen Schritt auch unabhängige Gruppen (z. B. externe Wissenschaftler oder Unternehmensberater) herangezogen werden. Dadurch entstehen meist neue Perspektiven, die von internen Experten nicht wahrgenommen werden (Betriebsblindheit).

Dieser Austausch ermöglicht zudem, dass in- und außerhalb des Unternehmens verteiltes Wissen in die Analyse einbezogen wird und ein abteilungs- und hierarchieübergreifender Wissenstransfer stattfindet.

CHECKLISTE: In Workshops werden die Einflussfaktoren auf die wichtigsten 15 bis 20 Faktoren reduziert. ■

Schritt 3: Dokumentation und Auswertung der Einflussfaktoren

Im letzten Schritt werden die gesammelten Erkenntnisse dokumentiert und ausgewertet. Da die Analyse fortlaufend weitergeführt werden sollte, müssen Entwicklungen und Trends aus der Dokumentation ableitbar sein. Eine gewissenhafte Dokumentation stellt somit eine Mindestvoraussetzung dar.

Falls neue Faktoren hinzukommen, sollten die Faktoren auch so weit wie möglich für die Vergangenheit erfasst werden, um die Ableitung eines Trends zu ermöglichen.

Werden bestimmte Faktoren hingegen nicht weiter verfolgt, ist in der Dokumentation zu vermerken, warum der Faktor nunmehr als irrelevant angesehen wird.

Die Ergebnisse führen zu der Kernfrage, welche Chancen und Risiken sich für das Unternehmen aus den Einflussfaktoren ergeben. Diese werden in einer Tabelle (Vorlage im Downloadbereich) festgehalten, aus der dann entsprechende Maßnahmen und Konsequenzen abgeleitet werden.

CHECKLISTE: Dokumentieren Sie die Entwicklung der Faktoren und Ihre Entscheidungen über Veränderungen im „Einflussfaktoren-Pool." ■

2.1.5 Vor- und Nachteile

Vorteile	Nachteile
• Behandelt Faktoren (wie z. B. in der soziodemografischen Sicht), die in vielen Branchen eine wichtige, aber nur indirekte Rolle spielen und deshalb oft vernachlässigt werden	• Informationsflut birgt Gefahr der Falschbewertung von Informationen (Unter-/Überbewertung) und Berücksichtigung zu vieler Faktoren • Teuer und aufwendig, sämtliche Faktoren zu bewerten und eine Gruppe von wichtigen Faktoren genau zu analysieren • Als allein stehende Analyse nicht umfassend genug, ist durch z. B. Kunden-, Wettbewerbs- und Marktanalysen zu ergänzen

TABELLE 2.2 Vor- und Nachteile der Umweltanalyse

2.1.6 Praxisbeispiel

Exemplarisch ist an dieser Stelle die Untersuchung der Einflussfaktoren am Beispiel eines Automobilherstellers dargestellt:

Ökonomische Faktoren

	Umweltfaktoren	Bedeutung für unser Unternehmen	Auswirkungen auf unsere Zukunft
1.	Entwicklungen im Bereich der Automobilzulieferer	Eigenständigkeit/Unabhängigkeit der Zulieferer	Machtgefälle und Abhängigkeit sinken
2.	Entwicklungen volkswirtschaftlicher Größen	Indikatoren zukünftiger Absatzpotenziale	Steigende Frühindikatoren beleben Nachfrage
3.	Entwicklung der Wechselkurse	Währungsrisiken	Kalkulierbares Risiko durch Absicherung bzw. Global Sourcing prüfen
4.	Dynamik innerhalb der Absatzmärkte	Geringe Kundenbindung	Durch Konzepte Wiederholkäufer binden

Demografische Faktoren

	Umweltfaktoren	Bedeutung für unser Unternehmen	Auswirkungen auf unsere Zukunft
1.	Bevölkerungsentwicklung	Automobilnachfrage und Notwendigkeit eines Automobils	Funktionale Autos (bzw. Familienautos) gewinnen an Bedeutung

Globale Faktoren

	Umweltfaktoren	Bedeutung für unser Unternehmen	Auswirkungen auf unsere Zukunft
1.	Globalisierungstendenzen	Internationalisierung der Nachfrage	Global Sourcing und Währungsabsicherung, Prüfung der Möglichkeiten, Auslandsmärkte zu erschließen

Soziokulturelle Faktoren

	Umweltfaktoren	Bedeutung für unser Unternehmen	Auswirkungen auf unsere Zukunft
1.	Automobilproblematik in Ballungsräumen	Große Fahrzeuge sind für „Stadtfahrer" unattraktiver	Neue Entwicklungen bei Fahrunterstützung mit Fokus auf Stadtverkehr (Einparkhilfen, …), Kleinwagen (Smart, …)
2.	Neue Formen der Automobilnutzung (z. B. Car Sharing)	Erfordert günstige und vernünftige Alternativen	Fahrzeuge mit minimalen Anschaffungs- und Betriebskosten
3.	Soziopsychologische Veränderungen (Freizeitverhalten, Arbeitsmentalität, …)	Verbindung von Arbeit und Freizeit	Verbindung von z. B. Sportlichkeit, Funktionalität, Prestige und Lifestyle
4.	Trend zur Individualisierung	Erfordert Konzepte einer zielgruppenadäquaten Produktdifferenzierung	Differenzierung/Ausweitung der Sonderausstattungen und Motorisierungen

Politisch-rechtl. Faktoren

	Umweltfaktoren	Bedeutung für unser Unternehmen	Auswirkungen auf unsere Zukunft
1.	Entwicklungstendenzen im ÖPNV	Veränderung der Notwendigkeit eines Automobils	Trend weg von allzu funktionalen Fahrzeugen
2.	Zunehmende Belastung der Halter durch Steuern und Kraftstoffpreise (ggf. Maut)	Da Fahrzeugnebenkosten steigen, auf mögliche „Schlupflöcher" prüfen	Alternative Kraftstoffkonzepte und Lösungen
3.	Zunehmende Abriegelung der Innenstädte	Geringere Attraktivität von Stadtfahrzeugen – Extremfall: Sinken der Nachfrage	Nachfrage entweder nach reinrassigen Stadtfahrzeugen oder Nicht-Stadtfahrzeugen
4.	Verschärfung der Abgasnormen	Anpassung der Konkurrenten an den von uns bereits verwendeten Standard	Geringerer Wettbewerbsvorteil, Prüfen, ob auf andere Technologien übertragbar bzw. ob ausbaubar
5.	Mögliche Verschärfung des Produkthaftungsgesetzes	Garantie- vs. Gewährleistungsregelungen	Genaue Prüfung von Ansprüchen und Haftungsfragen

Technologische Faktoren

	Umweltfaktoren	Bedeutung für unser Unternehmen	Auswirkungen auf unsere Zukunft
1.	Steigende Ansprüche der Kunden an Sicherheit	Bedeutung von passiven und aktiven Sicherheitskonzepten steigt	Orientierung an neuen Sicherheitskonzepten
2.	Forderung nach neuen Antriebskonzepten	Prüfen von neuen Konzepten auf Umsetzbarkeit und Relevanz (Biodiesel, Erdgas, Solar, Brennstoffzellen, Hybrid, …)	Anbieten von Fahrzeugen mit einem neuen Antriebskonzept als Alternative
3.	Günstigere Produktion von Technologien bzw. ausgereifte Technologien	Nutzbarmachung von Technologien durch Telematik, Navigationssysteme, Selbstdiagnosesysteme, …	Technologieorientierung und vermehrter Einsatz von Elektronik auch in Werkstätten und After-Sales
4.	Entwicklung von neuen, zuverlässigeren Werkstoffen	Zunehmender Einsatz neuer Werkstoffe	Leichtere und zuverlässigere Fahrzeuge: Image wird bestätigt

Ökologische Faktoren

	Umweltfaktoren	Bedeutung für unser Unternehmen	Auswirkungen auf unsere Zukunft
1.	Zunehmendes Umweltbewusstsein sämtlicher Käuferschichten	Einbeziehen von entsprechenden Standards und Anforderungen in alle Klassen	Sämtliche Klassen sollten den Ansprüchen der Kunden gerecht werden
2.	Einführung verursachungsgerechter Umweltsteuern	Zunahme der Attraktivität, da unsere Autos relativ günstiger werden (da niedrige Emissionen)	Höhere Nachfrage nach unseren Fahrzeugen/Technologien
3.	Forderungen nach 3-Liter-Auto	Verstärkung der F&E, um auch in diesem Segment vertreten zu sein	Breites Spektrum an ökologischen Alternativen
4.	Neue Vorschriften bei Wiederverwertung/Recycling	Langfristig Recyclingrate auf 90 % erhöhen	Konkurrenzfähige Fahrzeuge ohne Zusatzkosten bei Verschrottung/Nutzung von Recycling-Ressourcen

Aufgrund der Relevanz von ökologischen Einflussfaktoren für die Automobilindustrie wurden die konventionellen Faktoren um diese Kategorie ergänzt.

2.1.7 Vorlagen zum Download

Im Downloadbereich befinden sich eine Muster-Checkliste zu Umweltfaktoren bzw. der Einflüsse im eigenen Unternehmen, Formulare zur Erörterung der Umwelteinflüsse, eine Trendliste mit typischen Faktoren für einen „Schnellcheck" sowie eine Chancen-und-Risiken-Tabelle für Schritt 3 inklusive Spalte für Maßnahmenableitung.

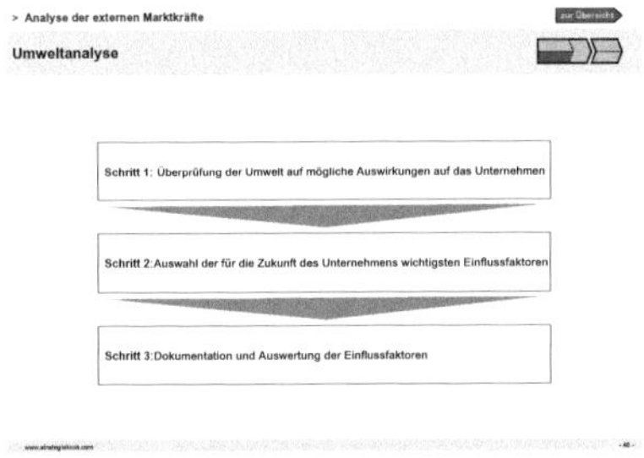

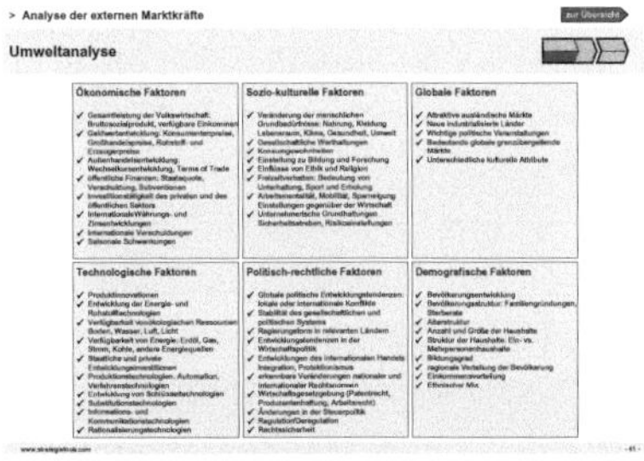

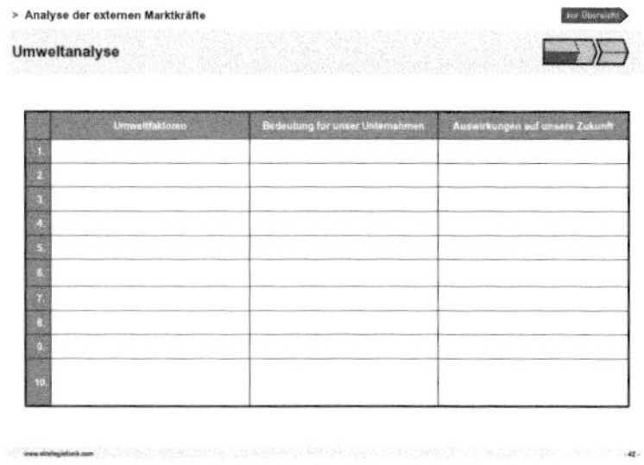

2.1.8 Verwandte und weiterführende Themen

- Konkurrenzanalyse

  Beurteilung und Analyse der Wettbewerber und deren Stärken und Schwächen als weiterer Einflussfaktor.

- Substitutionsanalyse

  Bewertung von Bedrohungen durch Substitution eigener Produkte durch neue Technologien.
- Stakeholderanalyse

  Analyse des Einflusses von relevanten Anspruchsgruppen des Unternehmens.
- Szenariotechnik

  Prognose und Berücksichtigung von politischen Veränderungen bei der Ausarbeitung von möglichen Zukunftsentwicklungen.

2.1.9 Literaturhinweise

ALLAIRE, Y. / FIRSIROTU, M. E. (1989): *„Coping with strategic uncertainty“*, in: *Sloan Management Review*, Spring 1989, S. 7–16.

FAHEY, L. (1999): *Competitors*, John Wiley & Sons, New York 1999.

FAHEY, L. / NARAYANAN, V. K. (1986): *Macroenvironmental Analysis for Strategic Management*, West Publishing Company, St. Paul 1986.

NAGEL, R. / WIMMER, R. (2006): *Systematische Strategieentwicklung*, Klett-Cotta, Stuttgart 2006, S. 132–141.

2.2 Zielgruppenanalyse

LEITFRAGEN:

- Wer sind unsere Kunden?
- Welche Kundentypen wollen wir für unser Produkt gewinnen?
- Wen wollen wir mit unseren Marketingaktivitäten erreichen?

2.2.1 Zielsetzung und Anwendungsgebiet

BEACHTE:
Oftmals basiert das Wissen über vermeintliche Zielgruppen nur auf Annahmen und Vermutungen. Wichtig ist zu wissen, wer der Kunde ist und wie er sich beeinflussen lässt.

Zielgruppenanalysen werden in erster Linie durchgeführt, um Hinweise für Marketingentscheidungen wie z. B. die Zielgruppenbestimmung, die Positionierung und die kundenorientierte Gestaltung des Marketingmix zu erhalten. Ein Unternehmen würde nicht wirtschaftlich arbeiten, wenn es nicht die Wünsche aller denkbaren Kunden zufrieden stellen wollte. Einzelne Angebote, z. B. solche für Eltern mit kleinen Kindern oder für Jugendliche, sind nur an diesen einen begrenzten Personenkreis gerichtet. Aus diesem Grund ist es meist nicht vorteilhaft, ein einheitliches, zielgruppenübergreifendes Angebot auf den Markt zu bringen. Ehe man mit der Planung von Werbe- und Öffentlichkeitsmaßnahmen beginnt, muss man klären, welche Zielgruppen man theoretisch erreichen kann und welche man tatsächlich ansprechen möchte. Mit der Zielgruppenanalyse schafft man somit eine Basis für Marketing- und Vertriebsaktivitäten.

Eine andere Aufgabe der Zielgruppenanalyse liegt darin, bereits festgelegte Zielgruppen zu beobachten und die Werbe- und Marketingkampagnen auf die aktuellen und sich verändernden Bedürfnisse auszurichten und ein entsprechendes Marketingcontrolling einzurichten.

Damit können die spezifischen Anknüpfungspunkte zum Kunden genutzt werden, um ihn direkt anzusprechen.

2.2.2 Beschreibung

Als Zielgruppe werden Gruppen von Personen verstanden, die als wahrscheinliche Käufer für ein Produkt angesehen werden. Sie sind die Gesamtheit all jener Personen, die mit einer bestimmten Marketingaktivität angesprochen werden sollen.

Unter dem Begriff der Zielgruppenanalyse wird die Methode verstanden, ein Bündel von marketingrelevanten Merkmalen, Eigenschaften und Verhaltensweisen einzelner Zielgruppen analytisch zu betrachten und zu interpretieren. Damit soll ein detailliertes Bild der Bedürfnisse und Wünsche dieser Käufer ermittelt werden, damit die richtigen Entscheidungen für zukünftige Marketingaktivitäten getroffen werden können. Dabei sind nicht nur die ökonomischen Merkmale einer Zielgruppe zu untersuchen (z. B. Einkommen, Kaufkraft, verfügbare Zeit), sondern auch qualitative Aspekte (z. B. aus den Bereichen der Psychologie und Soziologie) zu betrachten. Es ist eine möglichst genaue Definition der Zielgruppe erforderlich, um die richtigen Ansprachewege sowie die passende Sprache und Erscheinungsform für diese Gruppe zu wählen.

MERKE: Die Zielgruppenanalyse dient dazu, die begrenzten Mittel eines Unternehmens auf eine abgegrenzte Kundengruppe zu verwenden, um den Kunden zielgerichtet anzusprechen und zu berücksichtigen.

Die Marktsegmentierung dient dazu, die potenziellen und tatsächlichen Kunden in Zielgruppen aufzuteilen, die in ihrem Kaufverhalten und in ihren Kaufabsichten ähnlich sind (z. B. Internetnutzer, klassischer Kaufhauseinkäufer, Katalogbesteller). Die Zielgruppen eines Versandhandels könnten dann z. B. Internetnutzer und Katalogbesteller sein. Hierdurch können die Marketinginstrumente für die jeweilige Zielgruppe geplant werden.

MERKE: Die Anforderungen an die unterteilten Zielgruppen sind:

- intern möglichst homogen,
- voneinander klar abgegrenzt,
- groß genug, damit sich eine Bearbeitung lohnt.

Die Voraussetzungen für die Einteilung in Kundengruppen bzw. Marktsegmente sind, dass die Käufergruppen intern so homogen wie möglich und extern so heterogen wie möglich sind (Homogenitäts- bzw. Heterogenitätsbedingung). Das heißt, dass innerhalb der Gruppen die Eigenschaften möglichst gleichartig sein müssen, zwischen den Gruppen aber klar erkennbare Merkmalsunterschiede bestehen müssen. Weiterhin sollten die Gruppen groß genug sein, damit sich eine gesonderte Bearbeitung der Segmente lohnt (Wirtschaftlichkeitsprinzip). Zur Segmentierung verwendete Variablen sind in Bild 2.3 dargestellt.

BILD 2.3 Mögliche Segmentierungsvariablen

BEACHTE: Praktisch besteht das Dilemma der Marktsegmentierung darin, dass mit der zunehmenden Differenzierung der Zielgruppen diese intern zwar homogener werden, jedoch die Abgrenzung zwischen ihnen umso schwerer fällt.

Bei der Wahl der Segmentierungsvariablen lässt sich feststellen, dass die sozioökonomischen und demografischen Merkmale zwar leicht zu ermitteln sind, aber fraglich ist, ob die Kunden innerhalb einer solchen Zielgruppe auch tatsächlich dieselben Konsumziele haben. Beispielsweise können Jugendliche im Alter von 14 bis 18 Jahren in einer Segmentierungsgruppe zusammengefasst werden, sie haben aber nicht unbedingt dieselben Wünsche (denn die Wünsche sind eher abhängig von der Ausbildung, dem Einkommen der Eltern bzw. dem eigenen Einkommen, der Affinität zu den Medien wie Internet, Handy etc. und weiteren Variablen).

Bei der Segmentierung nach psychografischen Variablen wird zwar eine genaue Eingruppierung möglich, allerdings sind die Merkmale nur mit hohem Aufwand zu erfassen. Zudem stellt die zeitliche Dynamik ein erhebliches Problem dar – die psychografischen Variablen unterliegen schnellen und grundlegenden Änderungen.

Aufbauend auf diesen Einteilungen lassen sich die so genannten hybriden oder zwitterhaften Käufer als besondere Problematik herausstellen. So lässt sich z. B. beobachten, dass ein bestimmter Konsument bereit ist, für Lebensmittel relativ viel Geld auszugeben, wohingegen er bei dem Kauf von Schreibutensilien geizig ist. Das bisher dargestellte stimmige und einseitige Verhalten von Konsumenten existiert in dieser Form lediglich in der Theorie. In der Praxis gibt es eine Fülle von unterschiedlichen hybriden Verhaltensmustern. So möchte der Käufer zwar den Luxus genießen, muss aber aufgrund seiner knappen Mittel sparen. Die Konsequenz dieses Ansatzes ist, dass der Kunde meist vernünftig handelt und sich bei seinen Käufen an zwei Leitfragen orientiert:

- Wie wichtig ist ihm das Produkt?
- Ist der Erwerb mit einem Risiko verbunden?

Ein mit dem Erwerb verbundenes Risiko kann sich ausprägen, indem z. B. der Käufer unsicher ist, ob sein soziales Umfeld das Produkt anerkennt (z. B. bei Kleiderkauf) oder ob er selbst die hohen Anforderungen an den Benutzer erfüllt (z. B. bei Computern und Elektrogeräten). Als anschauliches Beispiel, das eine Reaktion auf den hybriden Käufer verdeutlicht, dient der Lagerverkauf: Hier kann der Käufer anerkannte Markenartikel preisgünstig erwerben.

MERKE: Der Marketingmix ist auf Dauer maßgeblich für den Erfolg der Unternehmung.

Letztendlich sind die Verhaltensmuster und gewählten Segmentierungsmerkmale in die Wahl der Marketinginstrumente einzubeziehen, so dass sich nur zielgruppenspezifische Maßnahmen ableiten lassen.

Nur diejenigen Unternehmen, die ihr Sortiment, ihre Preisgestaltung, ihren Vertrieb und ihre Kommunikationspolitik an ihren Zielgruppen ausrichten, werden auf Dauer erfolgreich sein.

2.2.3 Voraussetzungen und notwendiger Input

Der beste Weg, Merkmale über Zielgruppen herauszufinden, ist, wenn man selbst Teil der Zielgruppe ist. Dies ermöglicht einen authentischen Einblick in die Wünsche und Bedürfnisse der Konsumenten.

Da dies allerdings oftmals nicht möglich ist, kann auch auf den direkten Dialog mit dem Kunden zurückgegriffen werden (z. B. wird man oft beim Einkaufen nach der Postleitzahl des Wohnortes gefragt oder nach dem Medium, durch das man auf das Unternehmen aufmerksam gemacht wurde).

Weiterhin bieten Konkurrenzanalysen und Benchmarking genaue Angaben über die Zielgruppen eines Vergleichsprodukts bzw. über die entsprechende Marketingstrategie, um die jeweilige Zielgruppe zu erreichen.

Ergänzend können Marktstudien und Statistiken herangezogen werden. Allerdings sind sie allein kein Garant für wirtschaftlichen Erfolg. Sie reflektieren die Realität nicht mit der notwendigen, spezifischen Gründlichkeit und basieren meist auf abstrakten Annahmen. Jedoch eignen sie sich zum Vergleich mit den selbst gewonnenen Erkenntnissen. Zahlenmaterial bieten z. B. die Statistiken auf der Internetseite des Statistischen Bundesamtes und Bundesinstituts für Bevölkerungsforschung (BIB). Dort wird ein kostenloser Zugang zu den

Basisdaten und statistischen Grundzahlen zu Bevölkerung, Löhnen und Gehältern, Budget und Ausstattung privater Haushalte geboten.

2.2.4 Vorgehensweise

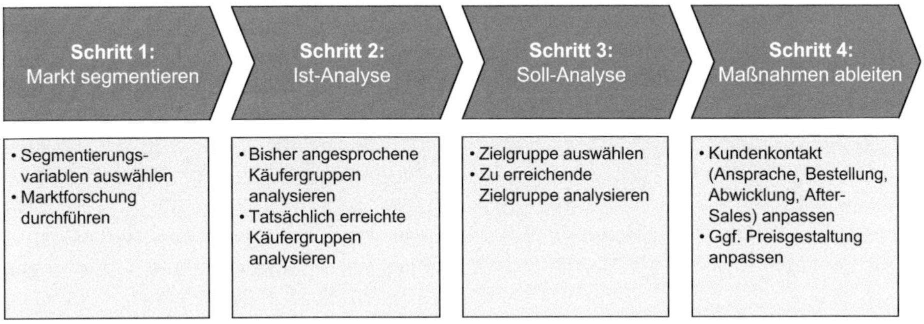

BILD 2.4 Vorgehensweise bei der Zielgruppenanalyse

Im **ersten Schritt** sind die potenziellen und tatsächlichen Käufer durch die **Marktsegmentierung** in Gruppen zu strukturieren, um eine gezielte Bearbeitung der jeweiligen Bedürfnisse zu ermöglichen. Die Auswahl der jeweiligen Segmentierungsvariablen geschieht spezifisch zum jeweiligen Produkt in Workshops oder durch Interviews mit Branchenexperten. Falls keine offensichtliche Unterscheidung der Kundengruppen möglich ist, kann zunächst eine Grobanalyse sämtlicher Segmentierungsvariablen vorgenommen werden, um Wirksamkeit und Ermittelbarkeit abschätzen zu können. Im Laufe der Grobanalyse sind die Segmentierungsvariablen auf die effektivsten Merkmale zu beschränken. Oftmals werden Segmentierungsvariablen auch miteinander kombiniert, um die Produktspezifität präzise abzubilden.

BEACHTE: Die des Öfteren genannte Zielgruppe „breite Bevölkerung" gibt es nicht.

Im Anschluss wird mit Hilfe der gewählten Segmentierungsvariablen die Marktforschung betrieben, indem die Ausprägungen der Variablen untersucht und auf konkrete Recherchen gestützt werden.

In einem **zweiten Schritt** sind die bisher angesprochenen und tatsächlich erreichten Käufergruppen zu analysieren (**Ist-Analyse**). Hierbei können die folgenden Fragen Unterstützung bieten:

- Wer ist der Nachfrager und wer entscheidet über den Kauf?
- Müssen beide Gruppen angesprochen werden oder sind Nachfrager und Entscheider eine Person?
- An wen richtet sich das Produkt?

Die Ist-Analyse kann mit einfachen Mitteln durchgeführt werden, z. B. durch interne Befragungen des Vertriebs bzw. durch Kundenbefragungen. Durch einen anonymisierten Fragebogen können ausführliche Daten wie z. B. Einkommen, verfügbare Zeit und Haushaltsgröße abgefragt werden. Dabei sollten hauptsächlich die gewählten Merkmale der Segmentierung ermittelt werden, um später die bisher erreichten Kunden mit den Zielgruppen zu vergleichen.

TIPP: Visualisieren Sie die Zielgruppen mit Hilfe der Portfoliomatrix. Damit können Sie verdeutlichen, welche Zielgruppen eine relativ hohe Bedeutung bzw. hohes Wachstum aufweisen.

Nachdem die Ist-Analyse Aufschluss über die bisher erreichten Kundengruppen gegeben hat, sind im **dritten Schritt** die zukünftig zu erreichenden Käufer und damit die Zielgruppen zu analysieren (**Soll-Analyse**). Zunächst sind dafür die relevanten Zielgruppen auszuwählen. Die Auswahl der Zielgruppen erfolgt nach strategischen Gesichtspunkten. Oftmals geben die Produktspezifika und die besonderen Stärken des Produkts bzw. des Unternehmens schon erste Hinweise auf die Zielgruppen. Dennoch sind die Chancen und Risiken, insbesondere in Bezug auf die Wachstumsentwicklung zu untersuchen und zu bewerten. Um das Unternehmenswachstum zu gewährleisten, können bestehende Zielgruppen, die einen konstanten Umsatz erzeugen, durch neuere, wachsende Zielgruppen ergänzt werden.

Sind die Zielgruppen anhand der eingeteilten Segmente ausgewählt, sind als Nächstes die Ausprägungen der gewählten Segmentierungsmerkmale zu erfassen und darüber hinaus durch weitere relevante Merkmale zu ergänzen. In diesem Schritt steht der Zweck im Vordergrund, die ausgewählte Zielgruppe „kennen zu lernen".

Aus den gewonnenen Erkenntnissen über die Zielgruppen sind im **vierten Schritt** die weiteren **Maßnahmen** abzuleiten. Dabei ist in Workshops mit Vertretern aus dem Vertrieb eine optimale Kommunikationsstrategie zu erarbeiten. Die Eigenarten, die Charakteristika und das Verhalten der Zielgruppe geben Anhaltspunkte, um neue Wege abzuleiten bzw. um bestehende Vorgehensweisen zu verifizieren. Kern der Kommunikations- und Werbestrategie ist Abstraktion, auf welche Weise sich welche Zielgruppe erfolgreich ansprechen lässt. Ein erfolgreiches Beispiel liefert ein amerikanisches IT-Unternehmen, das auf der Suche nach neuen Programmierern seine Jobanzeigen auf Pizzakartons von Lieferservices drucken ließ. Ein weiteres, verbreitetes Beispiel ist die Gestaltung von individuellen Internetseiten für Investoren, Bewerber, Kunden und Geschäftspartner. Die Identität wird oftmals gleich zu Beginn beim Aufruf der Webseite geprüft und der Nutzer einer bestimmten Zielgruppe zugeordnet.

Zusätzlich ist denkbar, dass die Preisstruktur anzupassen ist. Zum Beispiel bei Unternehmensberatungen, die sich auf Start-ups konzentrieren, sind unkonventionelle Lösungen zu erarbeiten (z. B. Beteiligungsarten), da die Start-ups üblicherweise noch nicht über die entsprechenden Mittel verfügen.

2.2.5 Vor- und Nachteile

Vorteile	Nachteile
• Zielgerichtete Ansprache der Kunden • Differenzierte Befriedigung der Kundenwünsche • Ressourcenschonende Konzentration beim Marketing auf einen Teil der Bevölkerung	• Zweifelhafter Erfolg bei der differenzierten Kundenansprache

TABELLE 2.3 Vor- und Nachteile der Zielgruppenanalyse

2.2.6 Praxisbeispiel

Online-Strategie am Beispiel des Versandhandels

Nur jeder dritte Internetnutzer in Deutschland hat Erfahrungen mit E-Commerce. Der Internetshopper unterscheidet sich noch deutlich vom „Otto Normalbürger". Unternehmen, die an Endverbraucher (Business-to-Consumer) verkaufen und Investitionen für einen Internetauftritt planen, fragen sich deshalb: Sind meine Kunden auch schon im Netz? Wenn ja, kaufen sie auch online? Wenn nein, wer ist bereits im Internet und kauft? Können neue Zielgruppen im Internet erschlossen werden? Welche Anforderungen stellen diese neuen Zielgruppen an unser Unternehmen? Und wie können diese neuen Märkte im Internet erschlossen werden, ohne traditionelle Kunden zu vernachlässigen oder gar zu verlieren?

Segmentierungsmerkmale

Das Einkommen und die Einstellung zu Technologie entscheiden üblicherweise über die Annahme und Nutzung neuer Technologien.

Das Einkommen: Für Menschen mit niedrigem Einkommen bedeutet die Anschaffung eines PC ein größeres Kaufrisiko. Die Gefahr, einen vergleichbaren Rechner schon bald viel günstiger zu erhalten, ist groß. Technologie ist für Menschen mit hohem Einkommen erschwinglicher, sie besitzen mehr „Spielraum" beim Konsum. Diejenigen mit niedrigem Einkommen werden das Internet deshalb verstärkt nutzen, wenn die Kosten für den Zugang und/oder die Gefahr eines schnellen Veraltens des PC sinken.

Die Einstellung zu Technologie: Neben dem Einkommen ist die Einstellung gegenüber Technologie entscheidend für die Annahme des Internets. Sie entscheidet außerdem über die Art und Häufigkeit der Nutzung. Technologie polarisiert Menschen in Technologieoptimisten und -pessimisten. Technologieoptimisten empfinden Technologie als hilfreich im Alltag, sie sind in Bezug auf Technologie ständig gewillt, dazuzulernen. Technologiepessimisten bleiben lange auf dem einmal gelernten Stand und haben Angst, Fehler zu machen. Optimisten nutzen deshalb früher komplizierte Anwendungen, die Lernaufwand erfordern, als Pessimisten.

Anhand der Segmentierung nach Einkommen und Einstellungen werden die Merkmale miteinander kombiniert, um entsprechende Zielgruppen zu identifizieren, die Online-Shopping unterschiedlich schnell annehmen. Typischerweise werden solche Segmentierungen in einer Matrix, wie in Bild 2.5, dargestellt.

Technologieoptimisten mit hohem Einkommen sind „frühe Übernehmer" von neuen Technologien und Internetangeboten wie Online-Shopping. Sie sind sicher im Umgang mit EDV, erfahren im Umgang mit dem Internet und wenig preissensitiv. Frühe Übernehmer, die bereits online einkaufen, erhöhen ihre Ausgaben schnell, im Durchschnitt geben sie im zweiten Online-Jahr doppelt so viel Geld aus wie im ersten. Unter ihnen befinden sich viele Trendsetter und Innovatoren, die Trends auslösen und den Mainstream beeinflussen.

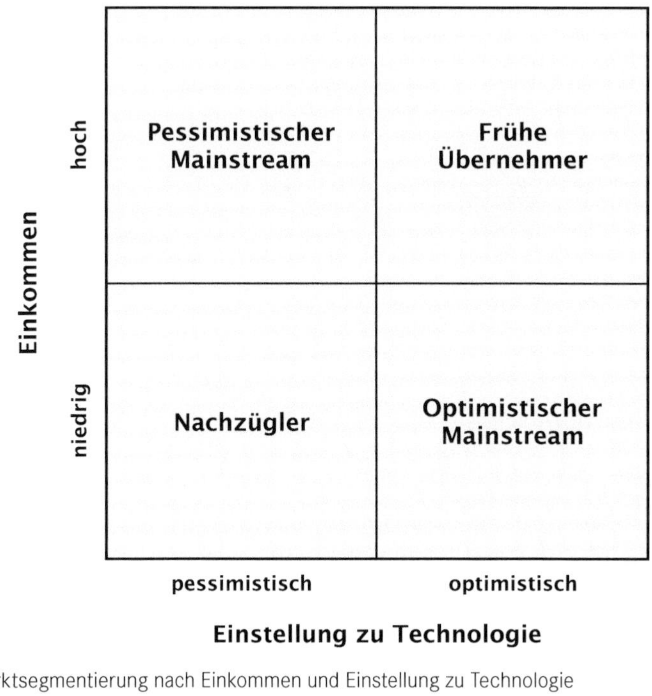

BILD 2.5 Marktsegmentierung nach Einkommen und Einstellung zu Technologie

Technologieoptimisten mit niedrigem Einkommen und -pessimisten mit hohem Einkommen bilden jeweils den „optimistischen" und „pessimistischen Mainstream". Im Gegensatz zu frühen Übernehmern fehlt dem Mainstream entweder die Einstellung oder das Einkommen, um Online-Shopping schnell anzunehmen, er folgt frühen Übernehmern ungefähr zwei Jahre später.

Technologiepessimisten mit niedrigem Einkommen sind Nachzügler und die Letzten, die im Internet einkaufen. Optimistische Prognosen rechnen damit, dass höchstens 30 % aller Nachzügler ins Internet gehen werden.

Für den Versandhandel ergeben sich große Chancen im Internet, denn eine Kundenbasis für den sogenannten Fernabsatz existiert bereits. Die traditionelle Kundenbasis des Versandhandels besteht allerdings häufig aus Nachzüglern bei der Annahme von Online-Shopping. Dem Versandhandel bietet sich im Internet aber auch die Möglichkeit, neue Zielgruppen aus dem Mainstream und den frühen Übernehmern zu erschließen.

Der Versandhandel sollte sein Online-Geschäft an den heutigen Internetkunden ausrichten und traditionelle Kunden nach und nach an das Online-Angebot heranführen. Eine Konzentration auf traditionelle Kunden im Internet hieße vor allem, auf Nachzügler zu fokussieren, bei denen die Wahrscheinlichkeit zu einem Online-Kauf am geringsten ist. Die Strategie sollte folglich sein, frühe Übernehmer sowie den bereits kaufenden Mainstream mit zusätzlichem und speziellem Angebot zu erreichen, während es Nachzüglern so einfach wie möglich gemacht werden muss, aus dem traditionellen Angebot online zu bestellen.

Dieses Beispiel soll aufzeigen, dass detaillierte Marketingstrategien auf Basis der Zielgruppenanalyse erarbeitet werden können. Die Auswirkungen können sich über die gesamte Wertschöpfungskette (Angebotsdarstellung, Bestellung, Lieferung, Zahlung, Feedback, Service) erstrecken, sodass zielgruppenspezifische Konzepte entwickelt werden können.

2.2.7 Vorlagen zum Download

In den PowerPoint-Vorlagen im Downloadbereich ist eine entsprechende Checkliste abgelegt.

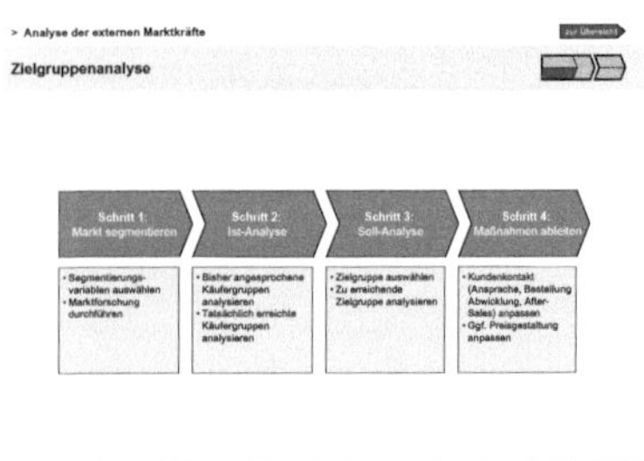

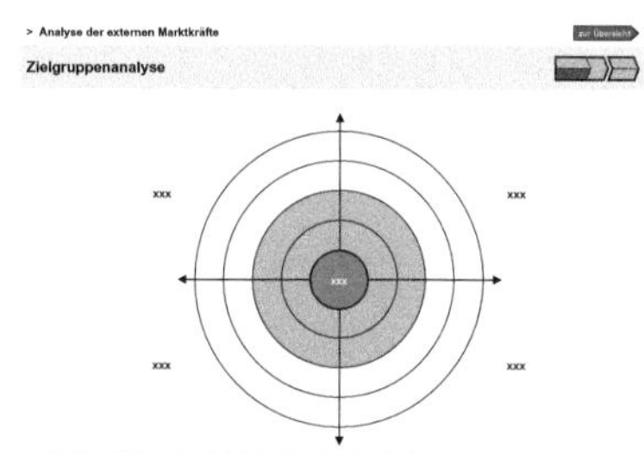

2.2.8 Verwandte und weiterführende Themen

- Konkurrenzanalyse

  Im Rahmen der Konkurrenzanalyse können die relevanten Zielgruppen abgeleitet werden. Zusätzlich gibt sie Aufschluss über die Kommunikationsstrategie der Wettbewerber.

- Substitutionsanalyse

  Die Substitutionsanalyse gibt Anregungen zur Wahl der Zielgruppen bzw. zu den Chancen und Risiken der bestehenden Zielgruppen.

- Ansoff-Portfolio

  Zum Ableiten der Wachstumsoptionen und zur anschließenden Bewertung der Optionen dient das Ansoff-Portfolio.

2.2.9 Literaturhinweise

KOTLER, P. / BLIEMEL, F.: *Marketing Management,* 10. Aufl., Schäffer-Poeschel Verlag, Stuttgart 2001.

MEFFERT, H.: *Marketing,* 9. Aufl., Gabler Verlag, Wiesbaden 2000.

RAMME, I.: *Marketing – Einführung mit Fallbeispielen, Aufgaben und Lösungen,* Schäffer-Poeschel Verlag, Stuttgart 2000.

2.3 Konkurrenzanalyse

LEITFRAGEN:

- Wer sind unsere Wettbewerber?
- Welcher Konkurrent bewegt sich wo auf dem Markt/in welchem Marktsegment?
- Wie sieht sein Produktportfolio aus?
- Welche Stärken und Schwächen haben die Wettbewerber?

2.3.1 Zielsetzung und Anwendungsgebiet

Ziel eines jeden Unternehmens ist es, langfristig wettbewerbsfähig zu bleiben. Dafür ist es erforderlich, sich über die Konkurrenz und damit die Wettbewerber bewusst zu sein und diese einschätzen zu können. Als Instrument hilft die Konkurrenzanalyse, relevante Wettbewerber zu identifizieren, sie zu klassifizieren sowie die Stärken und Schwächen der Konkurrenz zu ermitteln. Diese Kenntnisse über die Strategien und das voraussichtliche zukünftige Verhalten der Konkurrenz dienen als eine wichtige Grundlage bei der Entwicklung eigener Strategien und sind zu berücksichtigen, um langfristige Wettbewerbsvorteile zu sichern.

2.3.2 Beschreibung

Wettbewerber bzw. Konkurrenten sind Unternehmen, die mindestens in einem Geschäftsfeld auf denselben Marktzweck wie das eigene Unternehmen ausgerichtet sind. Im Rahmen der Konkurrenzanalyse werden allerdings nicht nur die zu dem Zeitpunkt aktiven Wettbewerber untersucht, sondern auch Unternehmen, die durch Wachstum oder Strategieänderung zu wichtigen Wettbewerbern werden könnten. Hierzu eignet sich z. B. das Instrument der Radarscreenanalyse (vgl. Abschnitt 2.4.5). Typische Strategien sind dafür z. B.: Markt- oder Produktexpansion, Vorwärts- oder Rückwärtsintegration sowie Fusionen und Akquisitionen (vgl. Kapitel 4.1). Dabei ist es hilfreich, auch die Markteintrittsbarrieren zu untersuchen, um daraus die Konkurrenzstärke ableiten zu können. Die Branchen- und Wettbewerbsdynamik wird durch die Branchenstrukturanalyse weiter analysiert (vgl. Kapitel 2.7).

In einem ersten Schritt sollte man sich jedoch zunächst auf die wirklich relevanten Konkurrenten konzentrieren. Meist sind es zwei bis vier Wettbewerber, welche die Dynamik des jeweiligen Marktes stark beeinflussen, während viele andere lediglich Nachahmer sind.

Bei der Durchführung der Analyse sind die in Bild 2.6 dargestellten Elemente zu betrachten, um eine Aussage über die Bedrohung durch Wettbewerber bei verstärkter Konkurrenz zu treffen.

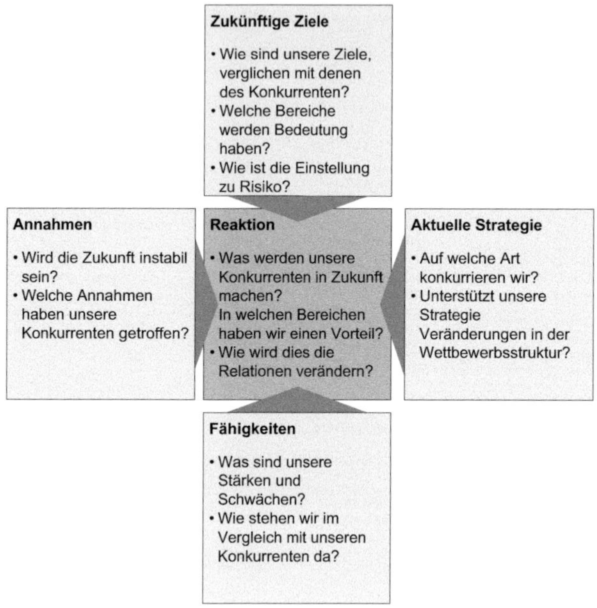

BILD 2.6 Elemente der Konkurrenzanalyse

2.3.3 Voraussetzungen und notwendiger Input

Voraussetzung für die Konkurrenzanalyse ist eine Analyse der eigenen Stärken und Schwächen. Sie gibt im Verlauf der Analyse Aufschluss über die eigene Position im Vergleich zur Konkurrenz.

Im Rahmen der Quellenanalyse kann zwischen Primärquellen und Sekundärquellen unterschieden werden (Tabelle 2.4). Primärquellen liefern Informationen, die in erster Linie (primär) für diese Marktuntersuchung ermittelt und interpretiert werden. Sekundärquellen umfassen dagegen außer- und innerbetriebliches Quellenmaterial, das ursprünglich für andere Zwecke geschaffen wurde, sich aber in zweiter Linie (sekundär) für die beabsichtigte Marktuntersuchung auswerten lässt.

Relevante Primärquellen	Relevante Sekundärquellen
• Gemeinsame Kunden und Lieferanten • Messen, Ausstellungen und Kongresse • Marktforschungsinstitute, Branchenverbände, Kammern, Unternehmensberatungen etc. • Banken und Finanzanalysten • So genannte Pressure Groups, wie Gewerkschaften, Umweltverbände etc. • Ehemalige Mitarbeiter • „Kunden"-Anfragen bei der Konkurrenz, Aufkauf von Konkurrenzprodukten • Patentämter und -datenbanken • Handelsregister	• Veröffentlichungen der Konkurrenten, wie z. B. Geschäftsberichte, Kataloge und Prospekte, Preislisten, Stellenausschreibungen, Internetseiten, Mitarbeiter- und Kundenzeitschriften sowie Pressemitteilungen • Massenmedien, wie Tages-, Wirtschafts- und Fachpresse sowie Rundfunk und Fernsehen • Elektronische Datenbanken • Foren und Beschwerdeseiten im Internet • Fallstudien (angefertigt von z. B. internationalen Business Schools und Hochschulen) • Verbände und staatliche Institutionen • Informationen aus dem eigenen Unternehmen (z. B. Marktforschungsabteilung, Vertrieb, Außendienst)

TABELLE 2.4 Relevante Primär- und Sekundärquellen für die Konkurrenzanalyse

Soweit die zu analysierenden Wettbewerber keinerlei Publizitätspflichten (z. B. Veröffentlichung von Geschäftsberichten) unterliegen, kann es sich als schwierig erweisen, Informationen auf einfachen Wegen wie z. B. über Internet zu beschaffen.

2.3.4 Vorgehensweise

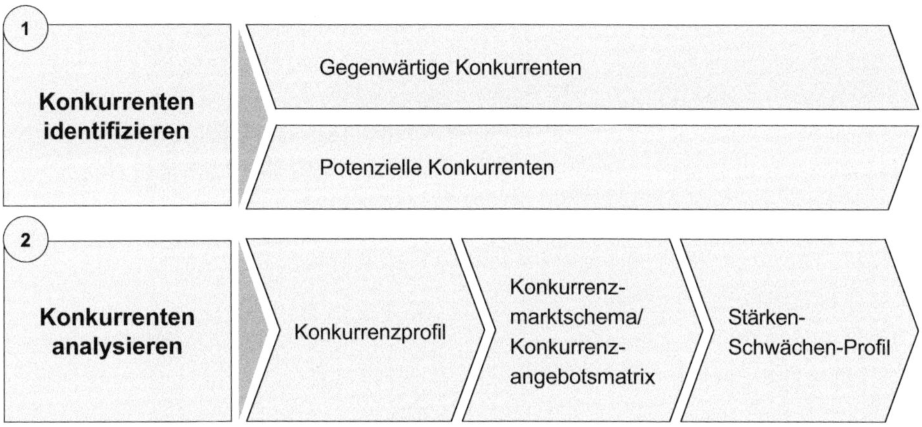

BILD 2.7 Vorgehensweise bei einer Konkurrenzanalyse

Schritt 1: Konkurrenten identifizieren

Im ersten Schritt werden die gegenwärtigen und potenziellen Konkurrenten identifiziert. Dabei sollte die Branche zunächst kriterienbasiert in verschiedene Konkurrenzgruppen eingeteilt werden. Damit wird eine bessere Transparenz und Trennschärfe erzielt, da nicht alle Unternehmen derselben Branche in gleicher Intensität im Wettbewerb zueinander stehen. Als Kriterien eignen sich z. B.:

- die Art der Produkte,
- die genutzten Vertriebswege,
- das Produktspektrum,
- die Technologiestrategie,
- die verfolgte Wettbewerbsstrategie,
- die Preispolitik,
- die Zielgruppe.

BEACHTE: Die Konkurrenzanalyse erfordert einen nicht zu unterschätzenden Zeitaufwand. Daher ist zunächst die Konzentration auf wirklich relevante Mitbewerber empfehlenswert.

Eine Identifikation aller potenziellen Konkurrenten ist in der Regel nicht möglich bzw. mit einem kaum vertretbaren Arbeitsaufwand verbunden. Allerdings ist es hilfreich, wenn diejenigen Unternehmen als potenzielle Konkurrenten einbezogen werden, die auf dasselbe Kundenbedürfnis oder dieselbe Kundengruppe abzielen. Dadurch erkennt man auch diejenigen Unternehmen, die Kundenbedürfnisse mit völlig anderen Produkten zufrieden stellen können.

TIPP: Analysieren Sie zunächst nur grob die Konkurrenten und vervollständigen Sie nach und nach Ihre Analyse.

Das schafft in kurzer Zeit einen ersten Überblick, den Sie später detaillieren.

Um potenzielle Konkurrenten zu identifizieren, sollten zunächst die Markteintrittsbarrieren untersucht werden, die potenziellen Wettbewerbern den Zugang zum Markt erschweren. Das können z. B. sein:

- Hoher Kapitalbedarf

  Für den Eintritt in einen neuen Markt sind erhebliche Investitionen notwendig (z. B. in der Automobilindustrie für F&E, Produktionsanlagen, Imageaufbau durch Werbung etc.).
- Hohe Umstellungskosten

  Für den Kunden entstehen einmalige Kosten, wenn er auf ein neues Produkt umstellt, beispielsweise durch Umschulung von Mitarbeitern oder Integration (z. B. IT-Branche).
- Erschwerter Zugang zu Vertriebskanälen

  Wenn etablierte Unternehmen bereits effiziente Vertriebswege aufgebaut haben, so ist es für neue Konkurrenten schwierig, eine vergleichbare Vertriebsstruktur zu erlangen (z. B. bei Einzelhandelsketten).

- Größenunabhängige Kostennachteile

  Faktoren wie mangelndes Know-how bei Produkttechnologien, fehlender Zugang zu Rohstoffen oder Standortnachteile können bei potenziellen Konkurrenten erhebliche Kostennachteile verursachen.

- Betriebsgrößenersparnisse bei etablierten Unternehmen

  Etablierte Unternehmen können durch hohe Produktionsmengen Betriebsgrößenersparnisse (so genannte Skaleneffekte oder Economies of Scale) realisieren, z. B. durch Mengenrabatte bei Materialbeschaffung. Neue Wettbewerber werden gezwungen, entweder mit hohen Produktionsvolumina einzusteigen oder einen Kostennachteil zu akzeptieren (Problematik z. B. im Bereich der Halbleiterindustrie).

- Ausgeprägtes Image und Marke

  Ein etabliertes Unternehmen kann durch Werbung Kundenbindung erzeugen, so dass die Produkte aus Sicht des Kunden nicht ersetzbar erscheinen.

Mit Hilfe der Kenntnisse über die Markteintrittsbarrieren können potenzielle Wettbewerber bzw. Bedrohungen durch branchenfremde Unternehmen identifiziert werden.

Schritt 2: Konkurrenten analysieren

BEACHTE: Prüfen Sie stets, ob Ihre Angaben relevant sind. Vermeiden Sie irrelevante Angaben. Sie kosten Recherchezeit und lenken von dem eigentlich wichtigen Inhalt ab.

Im nächsten Schritt werden die identifizierten Konkurrenten analysiert. Bei der Konkurrenzanalyse ist festzustellen, welches Stärken-Schwächen-Profil die einzelnen Firmen im Vergleich zum eigenen Unternehmen haben.

Zur Analyse eignet es sich, **Wettbewerberprofile** zu erstellen (entsprechende Vorlage sowie eine Checkliste im Downloadbereich). Ziel des Profils ist es, einen detaillierten Einblick in das Konkurrenzunternehmen zu erhalten, um Ansatzpunkte für strategische Maßnahmen zu ermitteln.

Tabelle 2.5 zeigt typische Inhalte eines Wettbewerberprofils, gegliedert nach „harten" und „weichen" Faktoren

Zahlen und Fakten	Weiche Faktoren
✓ Umsatz	✓ Erkennbare Strategien
✓ Marktanteil	✓ Managementqualität
✓ Rechtsform	✓ Mitarbeiterzusammensetzung
✓ Standorte/Niederlassungen	✓ Image/Ruf
✓ Gesellschafter/Anteilseigner	✓ Markenportfolio
✓ Mitarbeiterzahl	✓ Qualität
✓ Finanzkraft	✓ Service/Wartung
✓ Produkte/Leistungen	✓ Marketingmix
✓ Stärken/Schwächen	✓ Kunden/Referenzkunden
✓ Beteiligungen	✓ Stärken/Schwächen
✓ Unternehmenswert	✓ Kooperationen
	✓ Lizenzen
	✓ Patente

TABELLE 2.5 Kriterien zur Erstellung eines Wettbewerberprofils

TIPP: Nehmen Sie auch die Stärken, die der Konkurrent als solche bezeichnet, auf – ganz gleich, ob sie der Wahrheit entsprechen.

Eventuell kann die Falscheinschätzung aus eigener Sicht auch eine Schwäche des Konkurrenten sein.

Häufig bietet die Vergangenheit des Unternehmens Ansatzpunkte für die Ableitung eines Profils. Dabei können folgende Kriterien die Untersuchung leiten:

- Aktuelle Situation des Wettbewerbers im Vergleich zu seiner jüngeren Vergangenheit, Beobachten der positiven und negativen Veränderungen.
- Misserfolge aus der Historie des Wettbewerbers, die eine Offenheit für sinnvolle strategische Optionen behindern könnten.
- Erfolgsgeschichte des Wettbewerbers, da oftmals an bewährte Konzepte angeknüpft wird.
- Reaktion des Konkurrenten auf bestimmte Branchenereignisse.

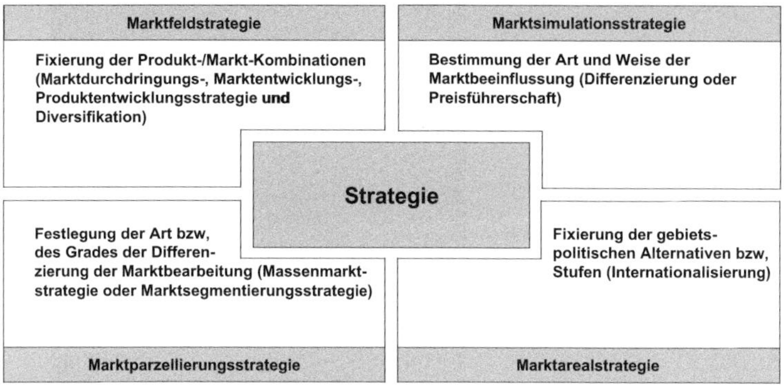

BILD 2.8 Mögliche Einordnung der Strategien

Die Strategie der Konkurrenz spiegelt sich in ihrem Verhalten auf dem Markt wider. Zu klären ist somit, welche Strategie der jeweilige Wettbewerber im jeweiligen Einzelfall einschlagen würde. Aus der Identifikation und Prognose der strategischen Stoßrichtung der Konkurrenz kann auf Art, Richtung, Intensität und Gewichtung des Marketinginstrumentariums des Wettbewerbers (Produkt-, Preis-, Kommunikations- und Distributionspolitik) geschlossen werden. Bild 2.8 zeigt mögliche Strategien der Konkurrenz. Können solche prognostiziert werden, besteht die Chance, geeignete Gegenmaßnahmen zielgerichtet zu planen und einzuleiten.

Die Kenntnis über die Ziele der Konkurrenz hilft zusätzlich bei der Vorhersage der Strategie und den daraus resultierenden Maßnahmen. Dabei können auch die Unternehmensgrundsätze Auskünfte über die Ziele geben.

- Werte und Überzeugungen (z. B. Marktführer, risikofreudig versus konservativ),
- Selbstverständnis (z. B. im Hinblick auf die Stellung im Markt),
- finanzielle Ziele (gemessen z. B. am angestrebten Umsatz, Kapitalrentabilität),
- Marketingziele (gemessen z. B. am angestrebten Marktanteil),
- Macht- und Prestigeziele (z. B. Unabhängigkeit, Image, Marke, politischer Einfluss),
- soziale Ziele (z. B. Vergütung, Sozialleistungen, Arbeitszufriedenheit),
- persönliche Ziele des Managements (Art der Manager, z. B. Charakterzüge, Hintergründe, Erfahrungen),
- Kontroll- und Anreizsysteme (insbesondere in Bezug auf die finanziellen Ziele, da Manager z. B. die Rentabilität maximieren könnten, wenn ihr Gehalt davon abhängt).

Mit Hilfe des **Konkurrenz-Markt-Schemas** wird die Stellung der Wettbewerber im Vergleich zum eigenen Unternehmen analysiert und verglichen. Zwei zu untersuchende Dimensionen sind frei wählbar und werden anschließend in einem Diagramm visualisiert. Bild 2.9 zeigt ein exemplarisches Konkurrenz-Markt-Schema mit den Dimensionen Anzahl der Mitarbeiter und Image.

Weitere mögliche Dimensionen bzw. Achsenbezeichnungen sind:

- Größe des Unternehmens (z. B. Umsatz, Börsenkapitalisierung),
- Marktanteil,
- Firmenbestand (z. B. in Jahren),
- räumliche Nähe,
- Markenwert,
- Image,
- Kooperationsbereitschaft (z. B. durch Anzahl der Kooperationen und Joint Ventures),
- Internationalisierungsgrad (z. B. durch Anteil des Auslandsumsatzes),
- Investitionsschwerpunkte (z. B. Höhe der F&E-Ausgaben, Schulungsaufwendungen).

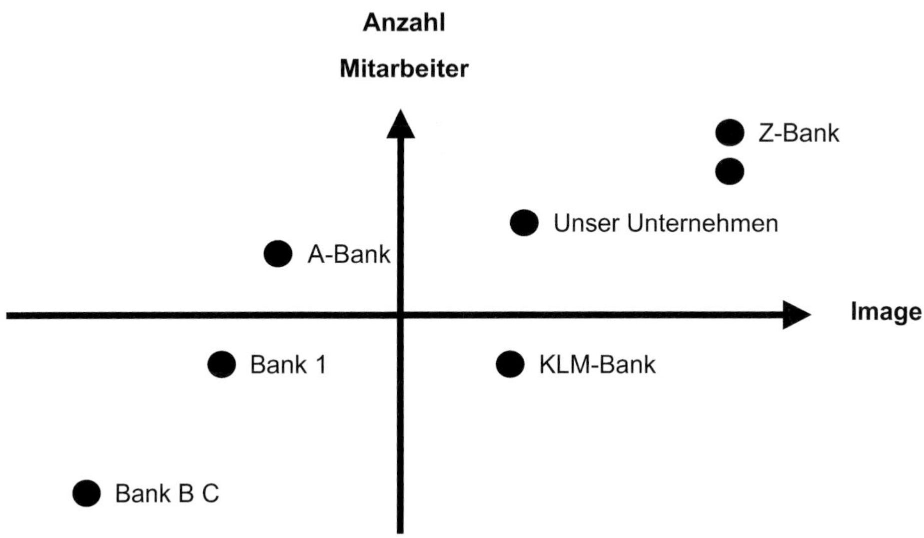

BILD 2.9 Beispielhaftes Konkurrenz-Markt-Schema

Durch die Veranschaulichung kann die eigene Position und Stärke im Vergleich zum Wettbewerber aufgezeigt werden. Wählt man zwei produktspezifische Dimensionen, die nicht wie im genannten Beispiel implizit mit einer Stärke bzw. Schwäche verbunden werden, können auch Marktlücken identifiziert werden.

Die **Konkurrenz-Angebots-Matrix** stellt dar, welcher Wettbewerber sich in welchem Angebotssegment bewegt, welches Portfolio er also hält. Hierzu sind z. B. die möglichen Geschäftsfelder in einer Tabelle abzutragen und den identifizierten Wettbewerbern zuzuordnen. Tabelle 2.6 zeigt eine beispielhafte Konkurrenz-Angebots-Matrix.

	Unser Unternehmen	Bank XY	Z-Bank
Kreditgeschäft	X	X	
Einlagengeschäft (befristete Einlagen, Spareinlagen, Kontokorrent, ...)		X	
Wertpapierhandel/ -beratung	X	X	X
Absicherungsgeschäfte/ Derivate	X		X

TABELLE 2.6 Beispielhafte Konkurrenz-Angebots-Matrix

Durch die Zuordnung erhält man einen Überblick über die Geschäftstätigkeiten und Produktpaletten der Konkurrenten.

Außerordentliche Merkmale des Wettbewerbers können mittels eines **Stärken-Schwächen-Profils** herausgearbeitet werden. Im ersten Schritt wird dabei eine Liste der Stärken und Schwächen erzeugt. Tabelle 2.7 zeigt eine kurze Darstellung einer solchen Liste.

Stärken	Schwächen
• hervorragende Qualität der Produkte • wiederholter Testsieger • gute Reputation als Arbeitgeber • ausgeprägte Kundenorientierung	• nur lokaler Markt • Schwäche After-Sales durch lokale Präsenz • kleiner Marktanteil • hohe Konkurrenz

TABELLE 2.7 Beispiel eines Stärken-Schwächen-Profils

Bei der Beurteilung des Konkurrenzunternehmens können in diesem Zusammenhang folgende Bereiche betrachtet werden:

- Marktstellung,
- Produktportfolio,
- regionale Ausdehnung,
- Strategie,
- Kundensegmente,
- funktionale Prozesse (z. B. Service/Vertrieb, Marketing, Einkauf, F&E)
- horizontale bzw. vertikale Integration.

Im nächsten Schritt wird das eigene Profil über das des Wettbewerbers gelegt, um Stärken und Schwächen im Vergleich zu verdeutlichen. Bild 2.10 zeigt ein exemplarisches Stärken-Schwächen-Diagramm.

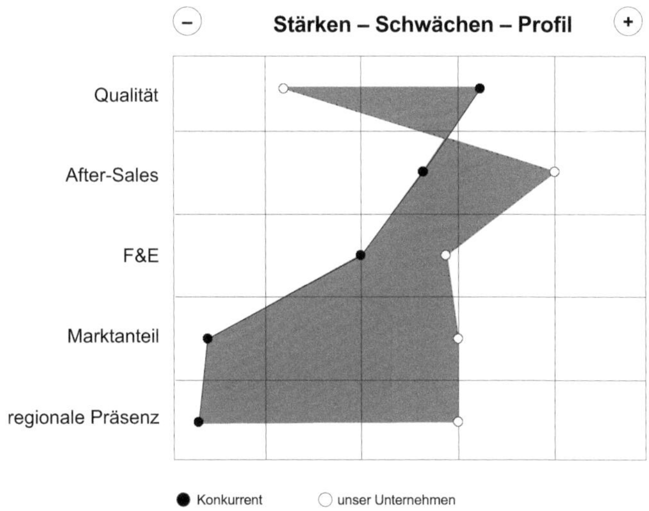

BILD 2.10 Exemplarisches Stärken-Schwächen-Diagramm

Abschließend können aus dem Stärken-Schwächen-Diagramm Zielwerte für das eigene Unternehmen abgeleitet werden, um die Lücke zum Konkurrenten zu schließen bzw. einen Wettbewerbsvorteil auszubauen (vgl. Kapitel 1.16).

Die Instrumente der Konkurrenzanalyse sollen einen Überblick über die allgemeine Konkurrenzsituation und einzelne Wettbewerber im Detail geben. Die Ergebnisse können in der Branchenstrukturanalyse oder im SWOT-Portfolio weiterverarbeitet werden (vgl. Kapitel 2.7 und 3).

2.3.5 Vor- und Nachteile

Vorteile	Nachteile
• Gibt einen klaren Überblick über die Basisfakten eines Unternehmens • Notwendig, um Konkurrenten einschätzen zu können • Flexibel ausbaubare Module, je nach Notwendigkeit • Analyse von einfach bis komplex möglich: schneller Überblick in kurzer Zeit bis hin zum detaillierten Einblick	• Es sind noch weitere Analysen notwendig (z. B. Benchmarking), um die Konkurrenz verlässlich einzuschätzen • Standardaussagen sind als Ergebnis nicht möglich – es gibt viel Spielraum bei der Interpretation der strategischen Zukunft des Wettbewerbers • Aufwendige Methode, um einen detaillierten Einblick zu erhalten • Korrektheit und Verlässlichkeit der Daten sind nicht immer gegeben

TABELLE 2.8 Vor- und Nachteile der Konkurrenzanalyse

2.3.6 Praxisbeispiel

Klein, leicht und immer beliebter: Organizer, auch PDA (Personal Digital Assistent) genannt, sind der momentane Verkaufsrenner. Vor allem für den mobilen Einsatz gebaut, speichern sie Termine, verschicken E-Mails, bearbeiten Textdokumente und führen Tabellenkalkulationen durch. Gerade einmal so schwer wie ein Handy, ersetzen sie auf Reisen immer öfter den schweren Laptop. Das Thema Betriebssystem für PDAs wird mit fortschreitender Leistungsfähigkeit der jeweiligen Geräte immer wichtiger, da es vor allem von der eingesetzten Software abhängt, inwiefern man die Leistung der Geräte ausschöpft. Des Weiteren ist das Einsatzgebiet ein wichtiger Aspekt, den der Anwender verfolgt. Im Laufe der Zeit haben sich drei Betriebssysteme durchgesetzt. Die Hauptvertreter sind Palm, Windows und Symbian. Daneben existieren noch verschiedene Ableger und herstellerspezifische Betriebssysteme für PDAs. Von der folgenden Analyse wurden weitere potenzielle Wettbewerber ausgeschlossen.

Für einen Wettbewerbsvergleich spielt weniger das Unternehmen bzw. Konsortium (wie bei Symbian) eine Rolle, sondern vielmehr die Produkteigenschaften. Von der Entwicklung der Produkte geht der hauptsächliche Verdrängungswettbewerb aus.

Tabelle 2.9 zeigt eine abgewandelte Konkurrenz-Angebots-Matrix, die um Erläuterungen ergänzt wurde.

Ausstattung	Pocket-PC und Windows CE 23 % Marktanteil	Palm 31 % Marktanteil	EPOC und Symbian 6 % Marktanteil
Vollständige E-Mail-Funktionen, einschließlich der Standards POP3 und IMAP4	Ja	Nein	Nein, POP3-E-Mail und AOL separat erhältlich
Vollständiges Surfen im Web	Enthält Microsoft Pocket Internet Explorer	Nur Webausschnitte (nur Palm VII) und textbasiertes Websurfen	Ohne integrierte Möglichkeiten zum Websurfen
Farben und Bildschirmauflösung	3202240 16-Bit-Aktiv-Matrixanzeige mit 65.000 Farben und 76.800 Pixel	602160 8-Bit, mit 256 Farben (nur Palm IIIc) und 25.600 Pixel	1602160, nur schwarz-weiß, 16 Graustufen

Industriestandard gemäßer Erweiterungssteckplatz	Compact-Flash- oder Multimedia-Karte	Eingeschränkte Erweiterung mit Compact-Flash-Karte oder herstellerunabhängige Springboard-Module	Nur herstellerunabhängige Springboard-Module
Synchronisation	Schnell und automatisch mit ActiveSync	HotSync - Tastendruck erforderlich	HotSync - Tastendruck erforderlich
Erkennung von natürlicher Handschrift	Erkennung natürlicher Handschrift einschließlich Transcriber	Nein, Erlernen der so genannten Graffiti-Sprache erforderlich	Nein, eingebautes Mikrofon und Lautsprecher, doch keine Sprachaufzeichnung oder Audiowiedergabefunktion
Sprachmemo	Sprachaufzeichnung, Mikrofon und Lautsprecher enthalten	Nein	Nein
Musik	MP3- und Windows Media-Player in Stereoqualität	Nein	Nein, nur über herstellerunabhängiges zusätzliches Springboard-Modul
Reader-Anwendung integriert	Microsoft Reader mit ClearType-Technologie zur scharfen und klaren Anzeige von Text	Nur Text mit niedriger Auflösung	Nur Text mit niedriger Auflösung

Tabelle 2.9 Vergleich der drei führenden Betriebssysteme (Microsoft)

Darüber hinaus lassen sich die in Bild 2.11 dargestellten Stärken-Schwächen-Profile beispielhaft ableiten.

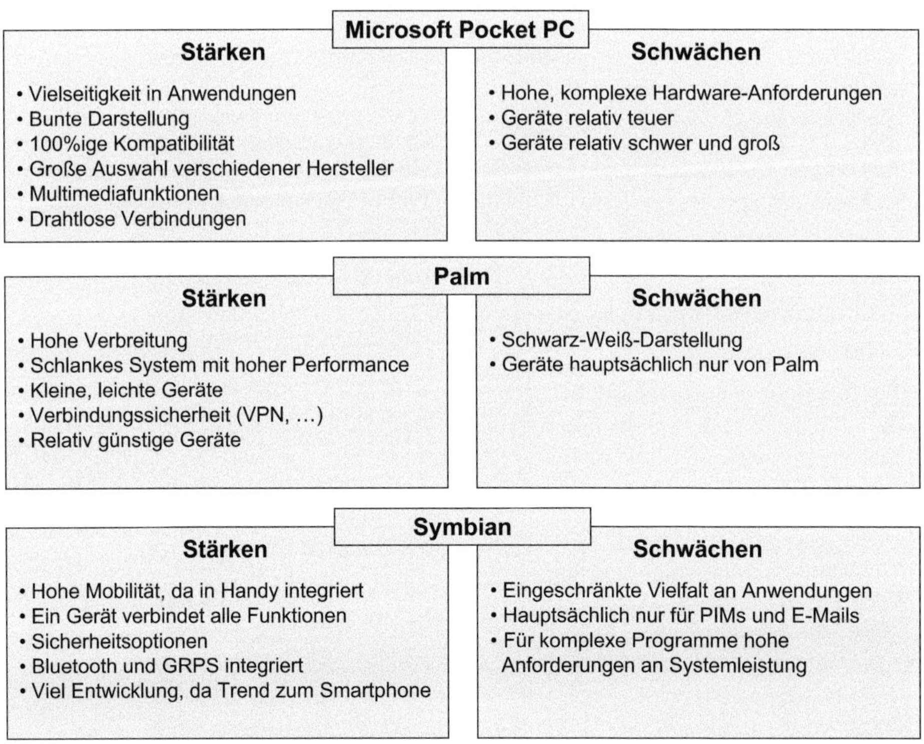

BILD 2.11 Verkürzte Stärken-Schwächen-Profile

Fortführend können weitere Informationen über die Konkurrenzprodukte erhoben werden. Bedeutend ist gerade für die Hersteller im IT-Bereich, dass die aktuellen Entwicklungen zeitnah beurteilt werden, um auf Trends und Neuentwicklungen von den Konkurrenten flexibel reagieren zu können.

2.3.7 Vorlagen zum Download

Im Downloadbereich zum Buch finden Sie eine Vorlage für die Erstellung eines Konkurrentenprofils.

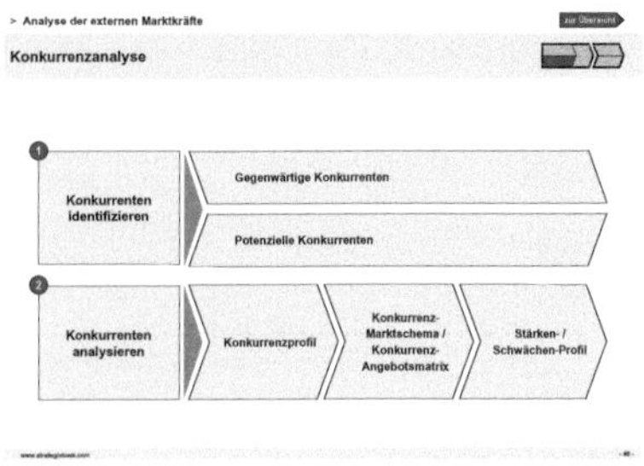

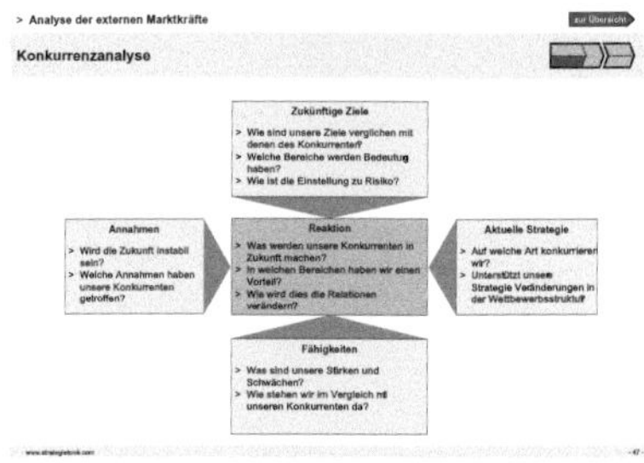

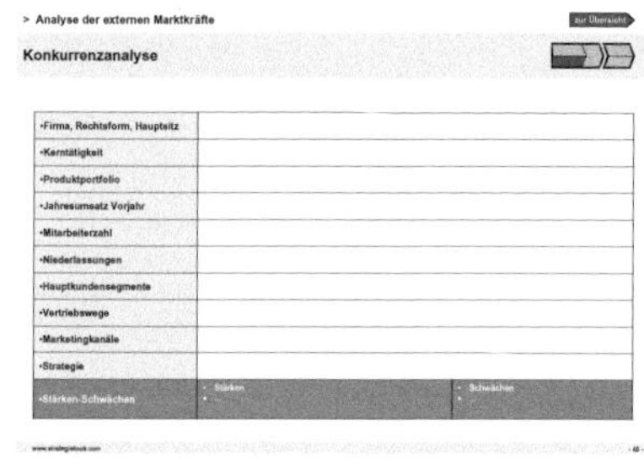

2.3.8 Verwandte und weiterführende Themen

- Radarscreenanalyse

  Bei der Identifizierung der Konkurrenten kann die Radarscreenanalyse Aufschlüsse über mögliche Gefahren durch neue Konkurrenten geben.
- Branchenstrukturanalyse

  In der Branchenstrukturanalyse werden die Ergebnisse der Konkurrenzanalyse zusammengeführt und geben – zusammen mit anderen Analysen – einen Überblick über die Branchendynamik.
- Substitutionsanalyse

  Potenzielle Konkurrenten können durch die Einführung von Substituten zu Konkurrenten werden. Durch das Beobachten der Entwicklung von Substitutionsprodukten können neue Konkurrenten erkannt werden.
- Benchmarking

  Im Rahmen des Benchmarkings können auch Konkurrenzunternehmen als Partner herangezogen werden. Dies ermöglicht einen tiefen Einblick in das Konkurrenzunternehmen.
- Stärken-/Schwächen-Analyse

  Die Erkenntnis der eigenen Stärken und Schwächen bilden einen Anknüpfungspunkt bei der Gegenüberstellung mit den Stärken und Schwächen des Wettbewerbers.
- Kernkompetenzanalyse

  Das Erkennen der eigenen Kernkompetenzen eröffnet neue Perspektiven. Unternehmen, die vormals nicht als Konkurrenten betrachtet wurden, können so als Bedrohung erkannt und als relevanter Wettbewerber eingestuft werden.

2.3.9 Literaturhinweise

DELTL, J. (2004): *Strategische Wettbewerbsbeobachtung – So sind Sie Ihren Konkurrenten laufend einen Schritt voraus,* Gabler Verlag, Wiesbaden 2004.

FULD, L. M. (1995): *The new competitor intelligence – the complete resource for finding, analyzing, and using information about your competitors,* John Wiley & Sons, New York 1995.

KAIRIES, P. (2001): *So analysieren Sie Ihre Konkurrenz – Konkurrenzanalyse und Benchmarking in der Praxis,* expert verlag, Renningen 2001.

KUNZE, C. W. (2000): *Competitive Intelligence: Ein ressourcenorientierter Ansatz strategischer Frühaufklärung,* Shaker Verlag, Aachen 2000.

LUX, C. / PESKE, T. (2002): *Competitive Intelligence und Wirtschaftsspionage – Analyse, Praxis, Strategie,* Gabler Verlag, Wiesbaden 2002.

PORTER, M. E. (1992): *Wettbewerbsvorteile – Spitzenleistungen erreichen und behaupten,* Campus Verlag, Frankfurt am Main 1992.

2.4 Substitutionsanalyse

LEITFRAGEN:

- Wie können wir damit umgehen, dass ständig neue Entwicklungen und Technologien aufkommen?
- Was können wir tun, um unser Sortiment trotz Trends zeitgemäß zu halten?

2.4.1 Zielsetzung und Anwendungsgebiet

Die Substitutionsanalyse untersucht in erster Linie, wie leicht die eigenen Produkte am Markt durch andersartige Produkte ersetzt und dadurch vom Markt verdrängt werden können. Dazu sind detaillierte Kenntnisse über die Dynamik der Produktgruppe bzw. über die relevante Branche erforderlich. Mit diesen Kenntnissen kann man einerseits die Gefahr der Nachfrageerosion und andererseits die Sensibilität gegenüber Preissteigerungen ermitteln.

Zusätzlich erhält man durch die Analyse potenzieller Ersatzprodukte (Substitute) detaillierte Kenntnisse über die „wahren" Kundenbedürfnisse. So können weitere Produktentwicklungen konsequent an den Kundenwünschen ausgerichtet werden.

Ergänzend können neue Wettbewerber schnell identifiziert und frühzeitig Abwehrstrategien entwickelt werden.

2.4.2 Beschreibung

Substitute sind Güter bzw. Dienstleistungen, die (meist von außerhalb einer bestimmten Branche) ähnliche oder gleiche Funktionen erfüllen wie das betrachtete Produkt. Klassische Beispiele sind Alcopops und Bier sowie MP3 und Audio-CDs.

MERKE: Substitute sind Ersatzprodukte, welche die gleichen Funktionen erfüllen wie das betrachtete Produkt.

Der typische Substitutionsprozess gliedert sich in vier Schritte: Informations-, Test-, Startphase sowie die Phase der oberen Grenze. Bild 2.12 veranschaulicht den Zusammenhang zwischen diesen Phasen, der sich üblicherweise als S-Kurve darstellen lässt.

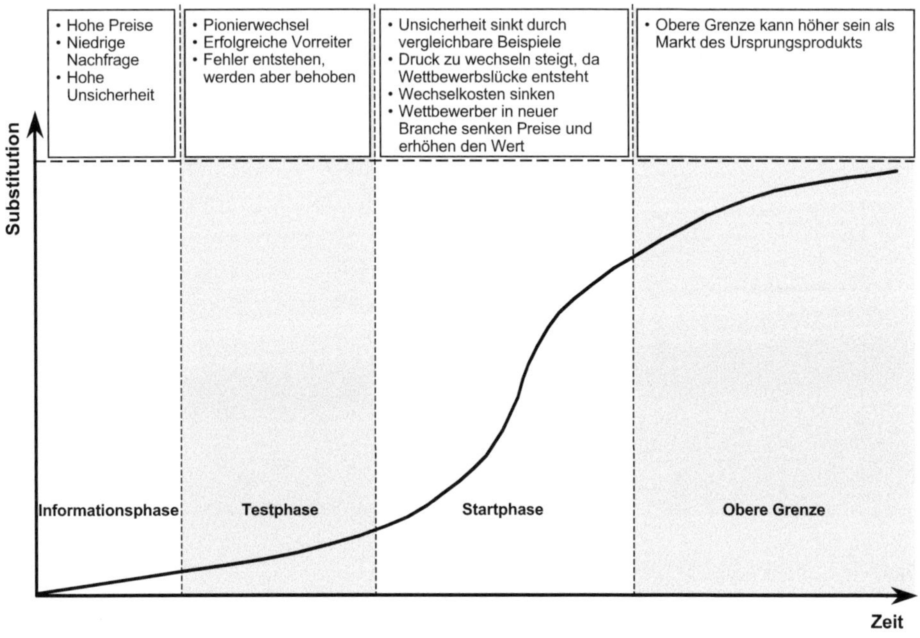

BILD 2.12 Phasen der Substitution aus Produktsicht

Um die Substitutionsgefahr zu bewerten, gibt es eine Reihe von Indikatoren, die eine Einschätzung zulassen. So gilt, dass die Substitutionsgefahr umso höher ist,

- je niedriger die Wechselkosten des Konsumenten sind,
- je niedriger der Preis ist,
- je höher die Qualität bzw. der Kundennutzen des Substituts ist,
- je weniger das Produkt in den Dimensionen des Kundenwertes (z. B. Preis, Qualität, Beschaffenheit, Verfügbarkeit, Service) differenziert wird.

BEACHTE: Nur was der Kunde registriert und ihm Nutzen stiftet, wird von ihm honoriert. Eigene Leistungen sollten sich nur auf diese registrierbaren und registrierten Eigenschaften konzentrieren.

Aus diesem Grund sollte das Kundenproblem an der Spitze der strategischen Planung stehen: Die originären Bedürfnisse des Kunden sind durch eine besondere Dauerhaftigkeit gekennzeichnet, unabhängig von den Technologien und Techniken, mit denen Unternehmen diese Nachfrage befriedigen. Wenn die Vorteile des Kunden durch die Produkte bzw. Dienstleistungen in den Mittelpunkt des unternehmerischen Handelns gerückt werden, wird im Vergleich zur Konkurrenz meistens eine bessere Produkt- und Servicequalität erzielt.

Daraus entsteht die Notwendigkeit nach einer Analyse, bei der die aktuellen und zukünftigen Bedürfnisse des Kunden im Mittelpunkt stehen.

2.4.3 Voraussetzungen und notwendiger Input

Um potenzielle Substitute aufzuspüren und die direkte Substitutionsgefahr bewerten zu können, kann man sich folgender Quellen bedienen:

- Marktanalysen,
- Branchenberichte,
- Fachzeitschriften,
- Experteninterviews.

Um Substitute zu bewerten und die Substitutionsgefahr für die eigenen Produkte einzuschätzen, sollten ergänzend folgende Quellen herangezogen werden:

- interne Zahlen, z. B. aus dem Vertrieb,
- Interview mit Fokusgruppen (z. B. Kunden, Verkäufer, Lieferanten),
- Kundenzufriedenheitsanalysen.

2.4.4 Vorgehensweise

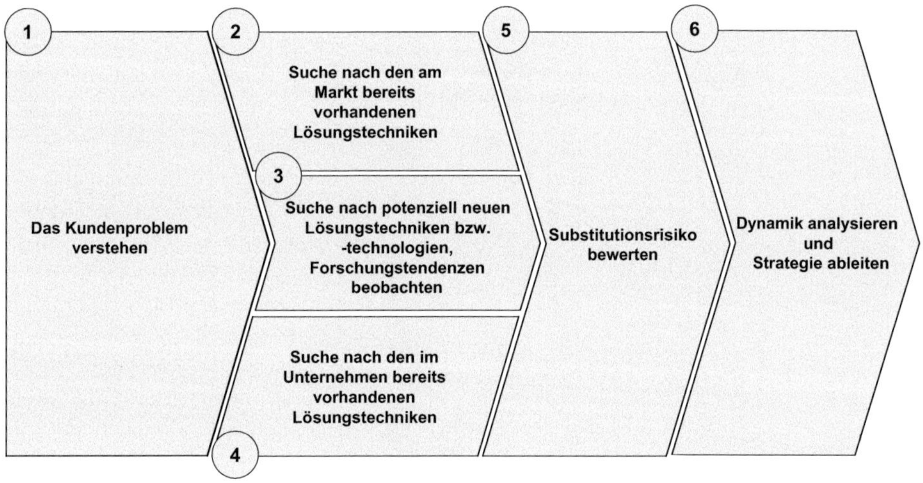

BILD 2.13 Vorgehensweise bei der Substitutionsanalyse

Schritt 1: Das Kundenproblem verstehen

Ausgangspunkt der Analyse ist das Verständnis für das originäre Kundenproblem. Dafür ist es notwendig, das Problem der Kunden mit seinen Ausprägungen zu definieren. Tabelle 2.10 zeigt eine Checkliste für mögliche Analysefragen im ersten Schritt.

TIPP: Ziehen Sie bei der Beurteilung zunächst den Preis nicht in die Überlegung mit ein, sondern konzentrieren Sie sich auf die Merkmale Ihrer Produkte (z. B. Qualität, Design, Funktionen).

✓ **Welches Problem hat der Kunde? Wie lässt sich sein Bedürfnis definieren? In welcher ursprünglichen Ausprägung tritt es auf?**

- **Ist das Problem bei unterschiedlichen Nutzergruppen auch unterschiedlich ausgeprägt?**
- **Ist das Problem ein dauerhaftes („invariant"), oder tritt es nur temporär auf?**
- **Welche Lösungsansätze bietet der Markt an?**
- **Welche Techniken sind bereits vorhanden?**
- **Dominieren bestimmte Lösungsansätze bestimmte regionale oder kundenspezifische Märkte?**

TABELLE 2.10 Checkliste für Schritt 1 (nach Nagel/Wimmer, 2006, S. 172)

Als Hilfestellung für diesen Schritt dienen die Kaufkriterien des typischen Kunden. Es werden die wichtigsten Kriterien herausgefiltert, mit denen er die angebotenen Produkte bzw. Dienstleistungen beurteilt.

Schritt 2: Suche nach am Markt bereits vorhandenen Lösungstechniken

Im nächsten Schritt wird der Markt auf Produkte bzw. Dienstleistungen untersucht, welche die im Schritt 1 formulierten Bedürfnisse befriedigen.

Hierbei wird analysiert, welche Lösungstechniken zu dem definierten Problem derzeit im Markt existieren. Dabei können Schwerpunkte gebildet werden, um einzelne Lösungstechniken in bestimmten Märkten entweder nach Anwendergruppen oder Marktregionen zu ordnen. Hierzu bietet sich die Radarscreenanalyse an (vgl. Abschnitt 2.4.5).

Schritt 3: Suche nach potenziell neuen Lösungstechniken

Die weitere Entwicklung von Substitutionsgefahren kann eingeschätzt werden, indem Experten zu ihrer Einschätzung alternativer Lösungstechniken befragt werden. Sind die Alternativen in der Lage, das Kundenproblem kostengünstiger oder besser zu lösen, sollte der voraussichtliche Zeitpunkt der Markteinführung abgeschätzt werden. Im Anschluss sind die Auswirkungen dieser neuen Lösungstechniken auf die eigenen Produkte und auf bestehende Fertigungsverfahren zu analysieren. Tabelle 2.11 zeigt die Checkliste für die dargestellte Teilanalyse.

✓ **Worin könnten potenzielle neue Lösungstechniken bestehen?**

- **Sind Lösungstechniken absehbar, mit denen das Problem des Kunden besser und billiger gelöste werden kann – bei uns, bei der Konkurrenz, in anderen Branchen, im Ausland?**
- **Wann könnten derartig neue Lösungsansätze auf den Markt kommen? Und welche Konsequenzen hätte das für unsere derzeitigen Produkte und unsere bestehenden Fertigungskapazitäten?**

TABELLE 2.11 Checkliste für Schritt 3

Ein weiterer Ansatz, um potenzielle neue Lösungstechniken zu erkennen, ist die Beobachtung von Trends in der Forschung. Dabei werden die Forschungsvorhaben im eigenen Unternehmen, bei der Konkurrenz, aber auch in anderen Branchen und unabhängigen Forschungsinstituten analysiert. Anschließend sind Erfolgswahrscheinlichkeiten abzuschätzen, so dass mögliche Auswirkungen auf die eigenen Marktanteile abgeleitet werden können. Tabelle 2.12 bildet die Kernfragen zu der Analyse der Forschungstrends ab.

✓ **Welche Tendenzen zeichnen sich in der Forschung ab?**

- **Was haben wir vor? Welche Forschungsvorhaben der Konkurrenz sind uns bekannt? Was machen Forschungsinstitute und andere Branchen im In- und Ausland, das für uns relevant werden könnte?**
- **Wie wahrscheinlich ist diesen Forschungsvorhaben Erfolg beschieden? Und welche Bedeutung könnten die Ergebnisse für den Markt bekommen?**
- **Welche Auswirkungen könnten erfolgreiche Forschungsaktivitäten auf die Verteidigung und den Ausbau bestehender Marktanteile haben?**

TABELLE 2.12 Checkliste für Schritt 3

Schritt 4: Suche nach den im Unternehmen bereits vorhandenen Lösungstechniken

Die bisherigen Untersuchungen werden auf das eigene Unternehmen fokussiert, indem analysiert wird, welche Lösungsansätze im Unternehmen zur Befriedigung der Kundenbedürfnisse existieren. Dabei wird das eigene Sortiment analysiert und direkt mit den wichtigsten Wettbewerbern verglichen (hierzu bietet sich das Stärken-Schwächen-Profil an, vgl. Kapitel 1.16). Zusätzlich ist die Marktentwicklung abzuschätzen, um die Attraktivität von Substituten zu beurteilen. Ist der Markt sehr klein und begrenzt, erscheint es für Konkurrenten nicht rentabel, ein aufwendiges Substitut zu entwickeln. Tabelle 2.13 fasst einen möglichen Fragenkatalog für den vierten Schritt zusammen.

✓ **Welche Lösungstechniken sind im Unternehmen bereits vorhanden?**

- **Wie sehen bei uns die relativen Sortimentsbreiten und Sortimentsschwerpunkte aus? Und wie bei unseren wichtigsten Konkurrenten?**
- **Wie werden die Märkte, die für unsere Lösungsansätze relevant sind, im Verhältnis zum Gesamtmarkt vermutlich wachsen? Wie entwickeln sich die Märkte für Lösungsansätze, über die wir nicht verfügen?**
- **Welche Konsequenzen sollten diese Entwicklungen auf unsere Sortimentspolitik haben?**

TABELLE 2.13 Checkliste für Schritt 4

Schritt 5: Substitutionsrisiko bewerten

Im fünften Schritt wird das Substitutionsrisiko durch Kennzahlenanalyse bewertet.

Der **relative Wert bzw. relative Preis** wird durch die Nutzungsrate und -dauer, die Finanzierungskosten, den Kaufpreis, das Lohn- und Zinsniveau (bei internationalen Vergleichen) sowie das Image beeinflusst. Je höher der relative Wert und je niedriger der relative Preis, desto geringer ist die Substitutionsgefahr.

Wechselbereitschaft bzw. -barrieren werden durch Wechselkosten (Haltekosten, Ersetzungskosten, Schulungskosten) sowie das Ressourcenprofil und die Risikobereitschaft des Kunden geprägt. Je niedriger die Wechselbereitschaft und je höher die Wechselbarrieren, desto niedriger ist das Substitutionsrisiko.

Schritt 6: Dynamik analysieren und Strategie ableiten

Abschließend wird aus den gewonnenen Ergebnissen eine Strategie abgeleitet. Dabei wird zwischen defensiven und offensiven Strategien unterschieden.

Defensive Strategien bedeuten: Kosten reduzieren, Produkt aufgeben bzw. auslaufen lassen und durch neue Produkte ersetzen.

Produkte, mit denen hervorragend die (vom Kunden als unwichtig empfundenen) Bedürfnisse des Kunden abgedeckt werden, sind auf Möglichkeiten zu Kosteneinsparungen zu untersuchen.

Offensive Strategien bedeuten: Produkt differenzieren, Produktnutzen erhöhen und parallel neue Produkte entwickeln mit der Absicht, einen höheren Nutzen zu erzielen als das Substitut.

Produkte, welche kaum die (vom Kunden als wichtig empfundenen) Bedürfnisse des Kunden abdecken, müssen auf Verbesserungspotenziale untersucht werden. Eine Differenzierungsstrategie sollte verfolgt werden, wenn die Möglichkeit besteht, das Produkt bei einzelnen Kaufkriterien (z. B. Design, Qualität) von der Konkurrenz deutlich abzuheben.

Die dargestellte Vorgehensweise erfolgt in Anlehnung an Nagel/Wimmer, 2006, bzw. Gälweiler, 1990.

2.4.5 Exkurs Radarscreen

An dieser Stelle wird der so genannte Radarscreen im Rahmen eines Exkurses als probates Instrument im Kontext der Substitutionsanalyse kurz vorgestellt.

Die Schritte 2 bis 4 der skizzierten Vorgehensweise beinhalten zusammenfassend die Identifikation von Lösungstechniken, die zur Befriedigung des Kundenbedürfnisses führen. Sie sind unabhängig davon, ob sie im eigenen Unternehmen beherrscht und angeboten werden oder ob sie der gleichen Gattung angehören wie die eigene Leistung, welche bisher angeboten wird.

Zum Beispiel könnte eine Kreuzfahrt ein Substitut für eine neue Golfausrüstung sein, gesetzt den Fall, die Kundenanforderung wäre ausschließlich auf Freizeitvergnügen bezogen. Weiterhin müssen Luxushersteller wie die Uhrenmanufaktur Rolex unter Umständen bei der eigenen Produktpositionierung potenzielle Substitute wie hochwertige Audiogeräte oder auch Schmucke berücksichtigen, sollten diese in ein ähnliches Preissegment fallen. Am Beispiel der Luxusartikel wird deutlich, dass Substitute auch fernab der eigentlichen reinen Produktfunktion gesucht werden müssen. Die Kernfrage lautet dabei: In welches Produkt könnten die Kunden das Geld alternativ investieren? Im Endeffekt muss man sich in die Lage des Kunden versetzen (vgl. Schritt 1 der Vorgehensweise). Dieser hat spezielle Bedürfnisse und im Regelfall begrenzte Mittel, so dass er sich nicht alle Wünsche erfüllen kann. Wer sind die Wettbewerber? Diese Beispiele sind zwar nicht alltäglich, verdeutlichen aber, wie abstrakt die Identifikation potenzieller Wettbewerber in der Praxis sein kann.

Der Radarscreen bietet eine einfache Technik, die Identifikation potenzieller Substitute zu strukturieren. Das Kernelement dieser Methode ist der Radarschirm selbst. Dieser besteht aus einer beliebigen Anzahl von konzentrischen Kreisen, wobei zur besseren Übersichtlichkeit eine Anzahl von drei bis fünf gewählt werden sollte. Im Zentrum des Radarschirms wird das eigene Produkt/die eigene Leistung eingetragen. Der Abstand der einzelnen Kreise zum Zentrum wird im Folgenden die Nähe zum Ursprungsprodukt symbolisieren. Das heißt, potenzielle Substitute, welche die Kundenanforderung in ähnlichem Maße befriedigen, werden nahe dem Zentrum positioniert, diejenigen, die einen komplett anderen Ansatz verfolgen und nur peripher den gleichen Anforderungen nachkommen, entsprechend weiter außen. Im Ergebnis erhält man eine übersichtliche Visualisierung der relevanten Substitute sowie eine Veranschaulichung der bestehenden Bedrohung.

Um die Komplexität der Identifikation von Substituten zu reduzieren, wird der Radarschirm üblicherweise in vier Bereiche unterteilt. Ausgehend von der Ursprungsleistung, die im Zentrum notiert wurde, werden Bereiche definiert, in welchen nach potenziellen Substituten gesucht wird. Wichtig ist, dass der Radarschirm an sich keine Relationen der Substitute untereinander abbildet, sondern ausschließlich versucht, die Abstände zum eigenen Angebot darzustellen. Es ist demnach unbedeutend, wie weit die einzelnen Elemente auf dem Radarschirm voneinander entfernt sind, sondern es interessiert nur der Abstand zum Mittelpunkt.

Der Radarschirm eignet sich aufgrund der eingängigen Visualisierung besonders zur Aufbereitung von Ergebnissen oder zur Durchführung von Workshops. Das Vorgehen kann durch die vorgelagerte Entwicklung des Schirms vor der eigentlichen Identifikation der Substitute den Workshopverlauf strukturieren. Die Teilnehmer werden sozusagen abgeholt, können der Vorgehensweise folgen und somit hochwertigen Input liefern.

Bild 2.14 zeigt einen exemplarischen Radarschirm. Hier wurde für eine kostenlose Regionalzeitung untersucht, welche Substitute sich aus Sicht der eigenen Anzeigenkunden ergeben (hier ist der Kunde also der Auftraggeber der Anzeigen). Gemäß der geschilderten Vorgehensweise ist demnach im Zentrum des Radarschirms das eigene Magazin notiert und sind die Bereiche (kostenpflichtige Zeitungen, kostenlose Zeitungen, Internet, TV und Radio) definiert. Auf dem Radarschirm sind im Ergebnis sämtliche Medien abgetragen, in denen die Kunden alternativ ihre Anzeigen schalten könnten.

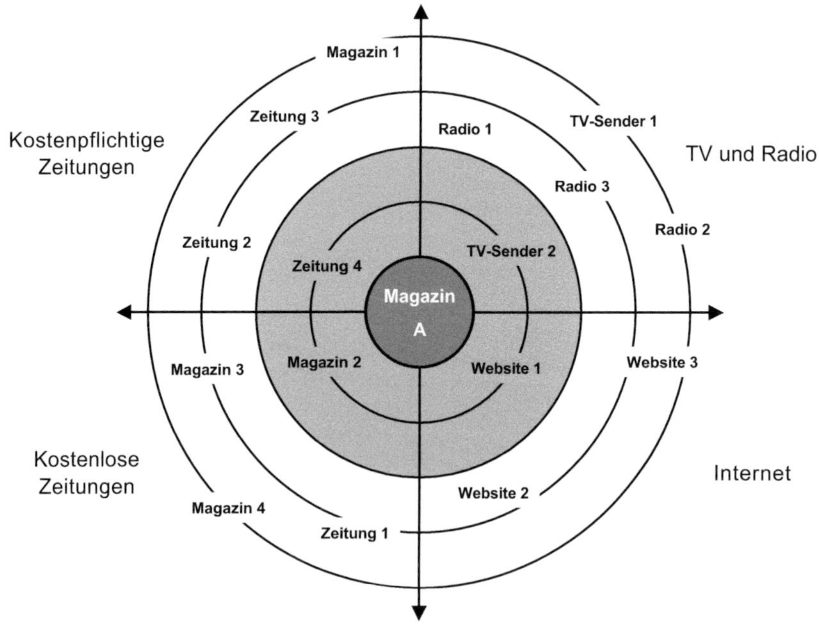

BILD 2.14 Exemplarischer Radarscreen für eine Regionalzeitung

2.4.6 Vor- und Nachteile

Vorteile	Nachteile
• Absolute Kundenorientierung: Was will der Kunde wirklich? • Gibt anhand von Neuentwicklungen Einblicke in den Lebenszyklus • Stellt einen wichtigen Faktor für die Branchenstrukturanalyse dar	• Die laufende Analyse der Kundenbedürfnisse ist sehr aufwendig • Nicht allein stehend als Instrument zur Strategieentwicklung geeignet, da die Ergebnisse nur im Zusammenhang mit anderen Analysen sinnvoll auswertbar sind

TABELLE 2.14 Vor- und Nachteile der Substitutionsanalyse

2.4.7 Praxisbeispiel

Das Musikhören gilt unter vielen Deutschen als ausgeprägte Freizeitbeschäftigung. Um dieser Beschäftigung nachzugehen, bedarf es einer Tonaufzeichnung, welche durch ein entsprechendes Wiedergabegerät abgespielt werden kann. Heutzutage liegen diese Tonaufzeichnungen meist im MP3-Format vor und werden entweder auf Abspielgeräten wie dem Computer, einem tragbaren MP3-Player oder auf einem modernen Smartphone abgespielt. Bevor aber die letztgenannten Wiedergabegeräte die gegenwärtige Popularität erreichten, vergingen viele Jahrzehnte.

Zwischen den 50er und 60er Jahren war beispielsweise der elektrische Schallplattenspieler das Abspielmedium schlechthin. Schwingungen, die vom mechanischen Tonabnehmer ausgingen, wurden in elektrische Ströme umgewandelt, die entzerrt und sodann verstärkt wurden. Die sogenannte Langspielplatte (auf Englisch „long-playing record“ oder einfach nur LP) konnte bis zu zehn Musiktitel auf einer Seite speichern. Auch als Anfang der 60er Jahre die Firma Philips den ersten Kassettenrekorder inklusive bespielbarer Kassetten auf den Markt brachte, erfreute sich der Schallplattenspieler bis Mitte der 70er Jahre weiterhin einer ausgeprägten Beliebtheit. Allerdings löste der Kassettenspieler langsam den Schallplattenspieler ab, denn mit dem Kassettenrekorder und dem eingebauten Mikrofon wurde es möglich, Musik von Radiosendern, Schallplatten sowie Fernsehsendern aufzunehmen. Diese Fähigkeit war insbesondere unter Jugendlichen sehr beliebt, da es eine besonders günstige Art und Weise war, an die aktuelle Lieblingsmusik zu kommen.

Während der 80er Jahre wurde schließlich auch der Kassettenspieler allmählich durch die Compact Disc (CD) und den dazugehörigen CD-Player substituiert. Die CD wurde Anfang der 80er Jahre zur digitalen Speicherung von Musik von Philips sowie Sony gemeinsam entwickelt und sollte von Anfang an die Schallplattentechnologie ablösen. Später wurde das Format der CD sogar erweitert, um nicht nur Musik, sondern auch andere Informationen wie z. B. Computerdateien und Filme abspeichern zu können. Diese bewusste Substitution gelang durch die technischen Entwicklungen und veränderten Bedürfnisse der Konsumenten.

In den 90er Jahren sollte dann die nächste Substitution gelingen – mit der Einführung der MiniDisc (MD) und den MD-Playern. Die Vorteile der MD waren die Größe, die Robustheit, geringe Schmutzanfälligkeit, eine erhöhte Akkulaufzeit der Geräte sowie die zahlreichen technischen Möglichkeiten der Aufnahmegeräte. Dennoch setzte sich die MD nie vollständig durch, sondern blieb ein paralleles Medium ohne den gewünschten Substitutionserfolg.

Dies lag maßgeblich an der Entwicklung des MP3-Standards. MP3, eigentlich MPEG-1 Audio Layer 3, ein Dateiformat zur verlustbehafteten Audiokompression, entwickelt am Fraunhofer-Institut für Integrierte Schaltungen in Erlangen. Viele der Vorteile der MD konnten durch den MP3-Standard sogar noch erweitert werden (z. B. geringer Speicherbedarf und damit geringe Größe der Geräte), sodass der MP3-Standard von Anfang an attraktiver war. Damit wurde die MD verdrängt. Durch die zahlreichen Internettauschbörsen und den wachsenden Markt an kostenpflichtigen Download-Portalen für Musikdateien im MP3-Format hat der Prozess der Substitution der CD begonnen.

2010 ermittelte der Bundesverband Informationswirtschaft, Telekommunikation und neue Medien e. V. (BITKOM), dass die deutsche Nachfrage an MP3-Playern signifikant geschrumpft sei. Das Forschungsinstitut GfK vermeldete innerhalb des gleichen Zeitraums, dass sich dieser Trend, aufgrund der steigenden Popularität von technisch ausgereiften Smartphones, auch in Zukunft nicht mehr ändern würde. Smartphones sind inzwischen zu anspruchsvollen Multimediageräten herangereift, die, neben dem Abspielen von Musikdateien, auch als Digitalkamera, Navigationsgerät und Spielekonsole verwendet werden können.

Im obigen Praxisbeispiel hätte sich der Einsatz einer Substitutionsanalyse sicherlich in regelmäßigen Abständen bewährt, weil man durch die Anwendung dieser Methodik etwaige Gefahren frühzeitig identifiziert hätte. Besonders die amerikanische Firma Apple Inc. reagierte souverän auf die Substitutionsgefahren innerhalb der letzten Jahre, indem sie die sich verändernden Entwicklungen nicht nur frühzeitig antizipierte, sondern diese durch fortwährende Produktinnovationen sogar maßgeblich mitbeeinflusste.

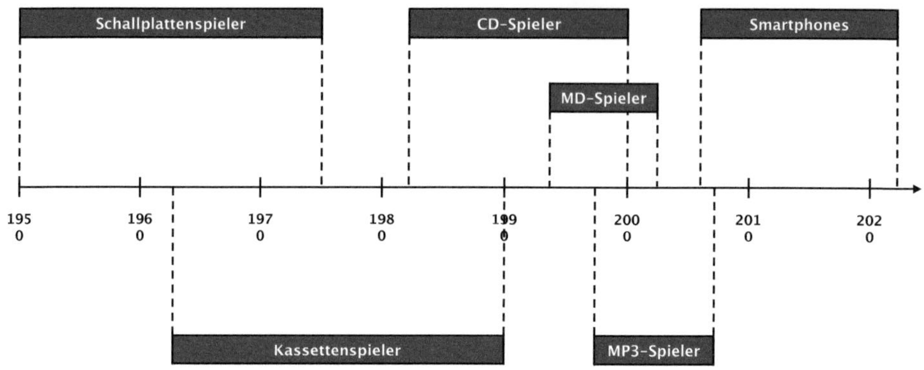

BILD 2.15 Die Hochphasen der wichtigsten Tonabspielgeräte in der Musikindustrie

2.4.8 Vorlagen zum Download

In den PowerPoint-Vorlagen befindet sich eine Checkliste mit Leitfragen.

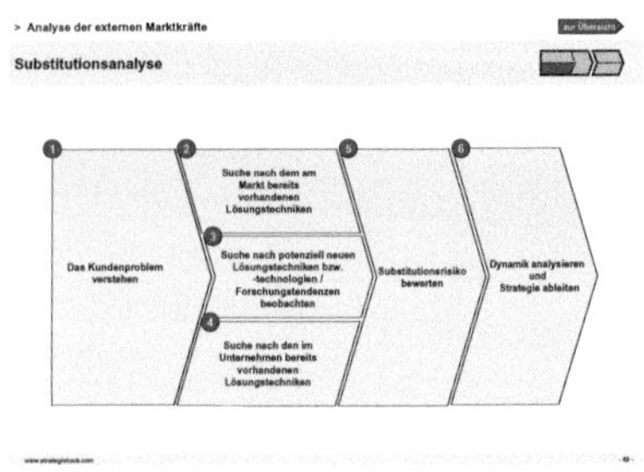

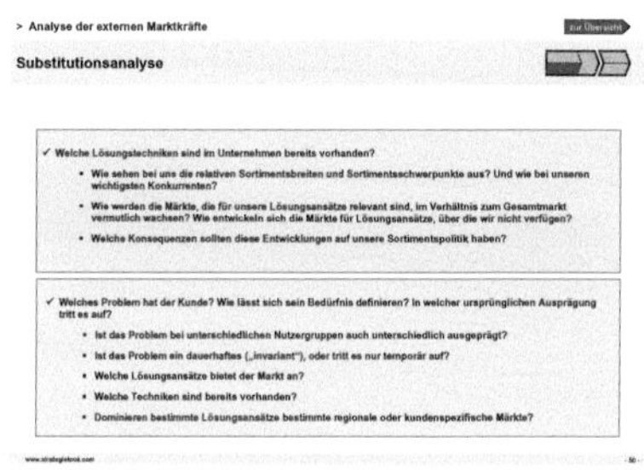

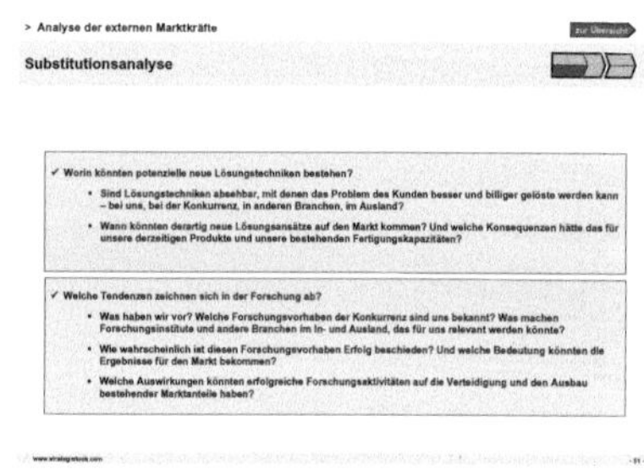

2.4.9 Verwandte und weiterführende Themen

- Branchenstrukturanalyse

  Die Branchenstrukturanalyse bringt die Substitutionsanalyse in einen Kontext mit weiteren Marktkräften, um die Wettbewerbsposition des Unternehmens insgesamt zu bewerten.

- Kundenzufriedenheitsanalyse

  Erlaubt Aussagen über den Bedürfnisdeckungsgrad der eigenen Produkte bzw. Serviceleistungen.

- Konkurrenzanalyse

  Bietet einen Einblick in die Wettbewerbssituation und analysiert einzelne Konkurrenten, von denen Substitutionsgefahren ausgehen können.

- Lebenszyklusanalyse

  Analysiert ein Produkt auf Basis seines Lebenszyklus. Dies ermöglicht Aussagen über das Substitutionsrisiko.

- Szenariotechnik

  Bewertet unterschiedliche Szenarien, so dass Strategien abgeleitet werden können, um ein negatives Szenario positiv zu beeinflussen und positive Szenarien zu unterstützen. Einflüsse, die ein Szenario bezüglich der Produktsubstitution prägen, sind z. B. Änderungen im Patentrecht und das Abschaffen von Handelshemmnissen.

- Radarscreenanalyse

  Analysiert mehrere Eintrittswege in den eigenen Markt und damit die Substitutionsgefahr auch von branchenfremden Unternehmen.

2.4.10 Literaturhinweise

DAY, G. S. / SHOCKER, A. D. / SRIVASTAVA, R. K. (1979): *„Customer-Oriented Approaches to Identifying Product-Markets“*, in: Journal of Marketing, Vol. 43, Fall 1979, p. 8-19.

ENGELHARDT, W. H. (1989): *„Produkt-Lebenszyklus- und Substitutionsanalyse“*, in: Szyperski, N. (Hrsg.): *Handwörterbuch Planung*, Stuttgart 1989, Spalte 1591-1602.

NAGEL, R. / WIMMER, R. (2006): *Systematische Strategieentwicklung*, Klett-Cotta, Stuttgart 2006, S. 170-173.

GÄLWEILER, A. (1990): *Strategische Unternehmensführung*, Campus Verlag, Frankfurt/New York 1990, S. 210ff.

PORTER, M. E. (1999): *Wettbewerbsstrategie*, 10. Aufl., Campus Verlag, Frankfurt am Main/New York 1999, S. 34.

2.5 Stakeholderanalyse

LEITFRAGEN:

- Welches sind die wichtigsten Spieler für den Erfolg unseres Unternehmens?
- Wie stark schätzen wir die Einflussnahme des Stakeholders auf unser Unternehmen?
- Wo liegen Risikopotenziale?
- Welche Chancen ergeben sich für uns?

2.5.1 Zielsetzung und Anwendungsgebiet

Vor dem Hintergrund begrenzter Ressourcen ist es für das Management eines Unternehmens von Bedeutung, auf welchen Personenkreis und welche Erwartungen das Unternehmen seine Aufmerksamkeit richten sollte.

Die Stakeholderanalyse zielt darauf ab, Interessengruppen zu identifizieren und in Entscheidungen einzubinden, damit die Unternehmensziele definiert und leichter erreicht werden können. Es wird die Bedeutung der jeweiligen Interessengruppe für das Unternehmen untersucht, woraus Anregungen für den Umgang mit Forderungen und Bedürfnissen bezogen werden können. Dieses Instrument ermöglicht, zu Beginn des Strategiefindungsprozesses konsequent eine Außenperspektive einzunehmen und dadurch Betriebsblindheit durch eine umfassende Sicht auf das Unternehmen vorzubeugen.

Oftmals wird die Stakeholderanalyse bei sensiblen Projekten (z. B. Integrations- oder Veränderungsprojekten) eingesetzt, um die beteiligten bzw. betroffenen Gruppen zu erkennen und angemessen einzubeziehen.

2.5.2 Beschreibung

MERKE: Stakeholder sind Gruppen, die Interessen bzw. Ansprüche gegenüber dem Unternehmen haben. Typische Stakeholder sind Mitarbeiter, Aktionäre, Staat, Zulieferer, Kunden etc. ■

Als Stakeholder werden Gruppen bezeichnet, die Interessen oder Ansprüche gegenüber einem Unternehmen haben (z. B. Aktionäre, Staat, Arbeitnehmer, Verbände, Kunden, Zulieferer). Stakeholder können sowohl Personengruppen als auch Einzelpersonen sein. Sie nehmen aktiv Einfluss auf Entscheidungen im Unternehmen und stellen im Gegenzug Ressourcen zur Zielerreichung und Strategieverwirklichung zur Verfügung. Häufig fallen die Interessen der Stakeholder nicht mit denen des Managements zusammen (z. B. könnten die Aktionäre eine hohe Dividende wollen, das Management hingegen eine Erhöhung der Rücklagen). So entstehen leicht Spannungen, die durch geeignete Gegenmaßnahmen zu vermindern sind.

Die Stakeholderanalyse gibt Aufschluss darüber, gegenüber welchen Stakeholdern das Unternehmen positioniert werden sollte und worauf das Management dabei achten muss. Oftmals werden gegenseitige Erwartungen und das Verständnis über Nutzenverhältnisse verzerrt und wenig realitätsgerecht wahrgenommen. Resultat ist, dass fehlerhafte Prioritäten gesetzt oder wichtige Gruppen nicht beachtet werden. Aus diesem Grund ist es notwendig, sich seiner Stakeholder und deren Einflüsse durch die Stakeholderanalyse bewusst zu werden.

TIPP: Weniger bedeutsame Stakeholdergruppen können grober analysiert werden.

Wichtigere Gruppen sollten detaillierter betrachtet werden, um ein besseres Verständnis zu gewinnen. ■

Aus der Sicht der einzelnen Geschäftsbereiche können bedeutende Stakeholder z. B. Kunden, Zulieferer und die eigene Holding sein. Aus der Sicht des Gesamtkonzerns setzen sich die wichtigen Stakeholder oft aus den einzelnen Geschäftseinheiten, den Gewerkschaften, staatlichen Stellen, Investoren und Gläubigern zusammen.

Der aktuelle Trend ist eine Vermehrung der Stakeholder, so dass unternehmerisches Handeln immer anspruchsvoller wird und mehr Sensibilität erfordert. Bei der Analyse bezieht man deshalb nur die wichtigen Stakeholder mit ein.

2.5.3 Voraussetzungen und notwendiger Input

Voraussetzung für eine Stakeholderanalyse sind allgemeine Kenntnisse über die vorhandenen Stakeholder und ein Verständnis für die verschiedenen Ansichten und Interessen.

Als Quelle können Workshops genutzt werden, die neben eigenen Mitarbeitern und Führungskräften auch externe Vertreter (z. B. Berater oder auch reale Stakeholder) umfassen. In diesen Workshops werden dann entweder durch Gespräche oder aber durch Rollenspiele (falls keine Stakeholder anwesend sind) die Erwartungen und Befürchtungen definiert.

2.5.4 Vorgehensweise

TIPP: Auch die internen Stakeholder (z. B. Mitarbeiter oder Management) sollten explizit berücksichtigt werden.

Oftmals entsprechen die Interessen nicht den Unternehmenszielen. ■

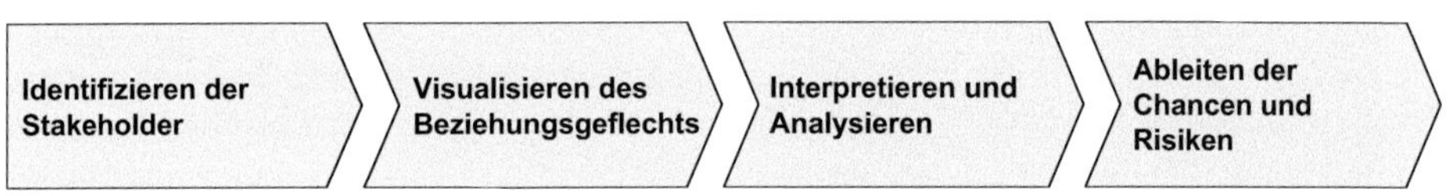

BILD 2.16 Vorgehensweise bei der Stakeholderanalyse

Schritt 1: Identifizieren der Stakeholder

Im ersten Schritt sind die relevanten Stakeholder zu identifizieren und gruppieren. Tabelle 2.15 zeigt beispielhaft einige Fragen, die das Entdecken der Stakeholdergruppen anleiten.

✓ Welche Gruppierungen nehmen **formell oder informell Einfluss auf die Formulierung der Unternehmenspolitik** bzw. -strategie (z. B. Vorstand, Aufsichtsrat)?
✓ Existieren Gruppierungen, von denen das **Unternehmen täglich abhängt**, die aber im Gegenzug **an der Entwicklung des Unternehmens** interessiert sind (z. B. Lieferanten, Kunden)?
✓ Gibt es Gruppierungen, von denen **Aktionen im Zusammenhang mit der Unternehmenspolitik** ausgehen können (z. B. Gewerkschaften)?
✓ Bestehen **enge Beziehungen zu Organisationen**, die das Unternehmen beeinflussen (z. B. Verbände, Arbeitnehmervertretungen)?
✓ Welche Gruppierungen haben **Interessen am Unternehmen und seinen Geschäften** (z. B. Kartellbehörde, Finanzamt)?
✓ Gibt es Gruppierungen, die in Bezug auf die Unternehmenspolitik **Aufmerksamkeit erregen** können (z. B. Bürgerinitiativen, Aktionärsschützer)?
✓ Gibt es Gruppierungen, die sich aus **demografischen Kriterien** ableiten lassen (z. B. Aufsichtsämter bzgl. Jugendschutz, Gleichbehandlung)?

TABELLE 2.15 Fragenkatalog zum Identifizieren der Stakeholder

Dabei ist darauf zu achten, zwischen externen und internen Stakeholdern zu unterscheiden, um beide Gruppen explizit in ihrer Bedeutung zu berücksichtigen. Alternativ können die Gruppen auch in sinnvolle Einheiten klassifiziert werden (z. B. Kapitalmarkt, Produktmarkt, organisatorisch).

CHECKLISTE: Definieren Sie in Workshops die für Ihr Unternehmen relevanten Stakeholder.

Schritt 2: Visualisieren des Beziehungsgeflechts

Im zweiten Schritt werden die Beziehungen zwischen den Stakeholdern und dem Unternehmen visualisiert. Dabei kann man zur Verdeutlichung von Beziehungsintensität und -bedeutung nach folgenden Prinzipien gliedern:

Die Bedeutung des Stakeholders für das Unternehmen wird durch die Größe des Kreises dargestellt. Die Intensität der Beziehung mit diesem Stakeholder wird durch die Nähe zum Unternehmen verdeutlicht. Dabei kann es sich sowohl um eine besonders positive, aber auch um eine konfliktreiche oder gestörte Beziehung handeln. Gegebenenfalls können auch durch unterschiedliche Linientypen die entsprechenden Beziehungen des Stakeholders zum Unternehmen verdeutlicht werden. Bild 2.17 zeigt die Visualisierung eines beispielhaften Beziehungsgeflechts.

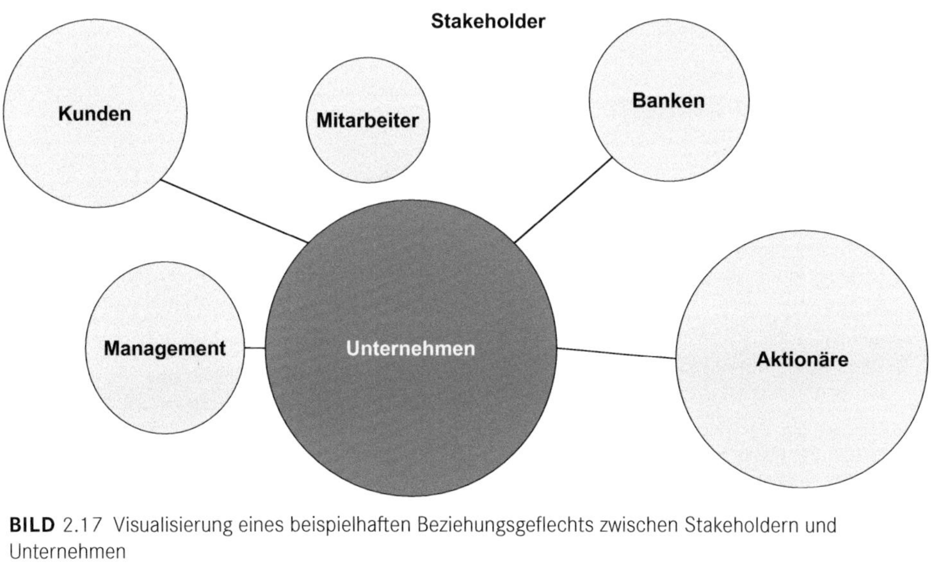

BILD 2.17 Visualisierung eines beispielhaften Beziehungsgeflechts zwischen Stakeholdern und Unternehmen

TIPP: Setzen Sie eine Stakeholderanalyse auch mal in der täglichen Projektarbeit ein. Analysieren Sie die Stakeholder des Projektes und werden Sie sich über Erwartungen und Ansprüche bewusst. ■

Schritt 3: Interpretieren und Analysieren

Im dritten Schritt werden Erwartungen und Nutzen gegenübergestellt. Dabei ist für jeden Stakeholder zu analysieren, welche Erwartungen er an das Unternehmen und welche Maßnahmen er ergreifen könnte, falls diese Erwartungen nicht erfüllt werden.

Stakeholder	Mögliche Erwartungen und Nutzen
Mitarbeiter	Einkommen, Arbeitsplatzsicherheit, Status, Verantwortung
Management	Kontrolle, Macht, Einkommen, Status
Aufsichtsrat	Kontrolle, Macht, Information, Loyalität, Leistung
Aktionäre	Wertsteigerung, Information, Investitionen, Dividende, Kursgewinne
Kunden	Abnehmermacht, Qualität, Service, Preis/Leistung, Image
Lieferanten	Abnahmesicherheit, Zahlungsmoral
Banken	Bonität, Einfluss, kalkulierbares Risiko
Öffentlichkeit	Arbeitsplätze, Spenden, Umweltschutz
Staat	Steuern, Gebühren, Einhaltung von Rechtsvorschriften

TABELLE 2.16 Beispiele von Erwartungen bzw. Nutzen ausgewählter Stakeholder (Müller-Stevens/Lechner, 2003)

CHECKLISTE:
- Stellen Sie Erwartungen und Nutzen gegenüber.
- Prüfen Sie die Möglichkeiten der Kooperation.
- Prognostizieren Sie den tatsächlich erbrachten Nutzen. ■

Die Beziehungen zwischen Stakeholdern und Unternehmen sind darauf hin zu untersuchen, in welcher Form jeder einzelne Stakeholder sowohl mit dem Unternehmen als auch mit anderen Stakeholdern kooperieren könnte.

Im Anschluss ist zu prognostizieren, welchen Nutzen das Unternehmen den jeweiligen Stakeholdern bringen wird bzw. welche Erwartungen nicht erfüllt werden können.

Schritt 4: Ableiten von Chancen und Risiken

Im letzten Schritt werden auf Basis der gewonnenen Erkenntnisse Risikopotenziale und Chancen eingeschätzt. Bei der Ausarbeitung der Strategie sind die Stakeholder entsprechend ihrer Bedeutung zu priorisieren und gegebenenfalls mit einzubinden (z. B. ist bei einem Projekt zur Veränderung der Vergütungssysteme die Mitarbeitervertretung als Stakeholder besonders zu berücksichtigen). Ziel ist, die gegenseitigen Abhängigkeiten auf eine transparente und vertrauenswürdige Basis zu stellen, um bei den Parteien eine Win-Win-Situation herzustellen.

2.5.5 Vor- und Nachteile

Vorteile	Nachteile
• Einbeziehung aller Stakeholder in die Strategiefindung bzw. in Entscheidungen • Ermöglicht die Bestimmung der Wichtigkeit eines jeden Stakeholders für ein Unternehmen bzw. spezielles Projekt • Nutzen der Chancen, die sich durch die bewusste Berücksichtigung der Stakeholder bieten können • Ansatz eines Ausdrucks von gesellschaftlicher Verantwortung	• Die größte und mächtigste Interessengruppe – wie z. B. Kapitalgeber oder Kunden – setzt sich meist durch • Komplexe Entscheidungsfindungen • Gefahr, dass man sich in der Zielableitung auf den kleinsten gemeinsamen Nenner aller Stakeholder einigt • Gefahr, dass Entscheidungsdiskussionen durch Komplexität zum Selbstzweck werden

TABELLE 2.17 Vor- und Nachteile der Stakeholderanalyse

2.5.6 Praxisbeispiel

Die Bayer AG ist ein weltweit tätiges Unternehmen mit Kernkompetenzen auf den Gebieten Gesundheit, Agrarwirtschaft und hochwertige Polymerwerkstoffe. Als Innovationsunternehmen beabsichtigt die Bayer AG, Zeichen in forschungsintensiven Bereichen zu setzen. Mit seinen Produkten und Dienstleistungen will das Unternehmen den Menschen nützen und zur Verbesserung der Lebensqualität beitragen. Gleichzeitig will der Konzern Werte durch Innovation, Wachstum und eine hohe Ertragskraft schaffen. Der Konzern bekennt sich nach eigener Aussage zu den Prinzipien der Nachhaltigkeit und handelt als „Corporate Citizen“ sozial und ethisch verantwortlich. Im Geschäftsjahr 2013 erzielte Bayer mit 113.200 Beschäftigten einen Umsatz von 40,2 Mrd. €. Die Investitionen beliefen sich auf 2,2 Mrd. € und die Ausgaben für Forschung und Entwicklung auf 3,2 Mrd. €.[1] Seit vielen Jahren veröffentlicht die Bayer AG auch einen Bericht zum Stakeholderdialog, welcher seit 2013 auch im Geschäftsbericht der Bayer AG vorzufinden ist. Durch die Stakeholderberichte werden die strategisch wichtigen Stakeholder des Konzerns in die Informationspolitik mit einbezogen. Die Bayer AG veröffentlicht in diesem Rahmen auch jedes Jahr einen Überblick über die wichtigsten Anspruchsgruppen und ihre Hauptinteressenbereiche. Wie in Bild 2.18 zu sehen ist, teilt der Konzern seine Stakeholder in vier Bereiche auf: Partner, Finanzmarktteilnehmer, Rahmenbedingungen und gesellschaftliche Interessengruppen. Zu den direkten Partnern zählt die Bayer AG seine Mitarbeiter, Kunden und Lieferanten.

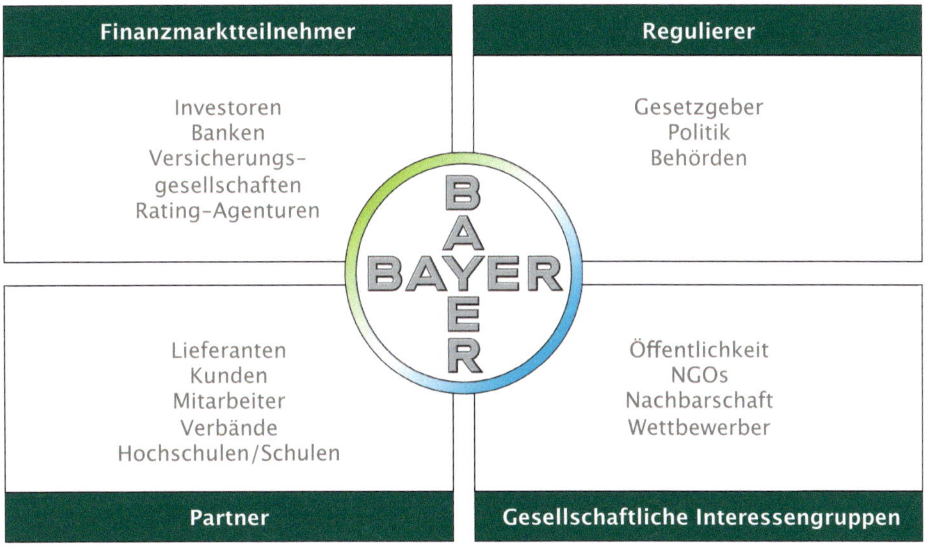

BILD 2.18 Die wichtigsten Stakeholder der Bayer AG (Quelle: Geschäftsbericht 2013 der Bayer AG)

Die Gruppe der Finanzmarktteilnehmer sichert die Refinanzierungsfähigkeit des Konzerns und beinhaltet Banken, Aktionäre, Versicherungsgesellschaften sowie Rating-Agenturen. Auch die Vertreter öffentlicher Interessen, wie Anwohner an den Bayer-Standorten, Nichtregierungsorganisationen, multilaterale Organisationen oder Politiker, nicht zuletzt aber auch die breite Öffentlichkeit stellen weitere wichtige Anspruchsgruppen dar. Nicht zuletzt bewegt sich die Bayer AG in einem Handlungsrahmen, der von der Gesetzgebung, wissenschaftlichen Erkenntnissen und den öffentlichen Trägern bestimmt wird.

Ergänzend könnten in diesem Beispiel für kurzfristige Projekte fokussierte Stakeholderanalysen Aufschluss über die Ansprüche und Erwartungen bei der Projektarbeit geben. Solche Analysen ermöglichen die entsprechende Berücksichtigung auf der kurzfristigen Strategie- und Zielerreichung.

[1] Quelle: http://www.bayer.de/de/profil-und-organisation.aspx

2.5.7 Vorlagen zum Download

Im Downloadbereich stehen eine Checkliste zur Identifikation der Stakeholder sowie Tabellenvorlagen zur Analyse der Stakeholder zur Verfügung.

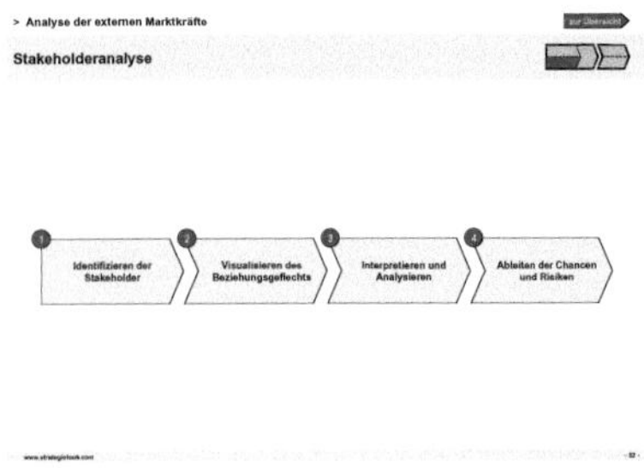

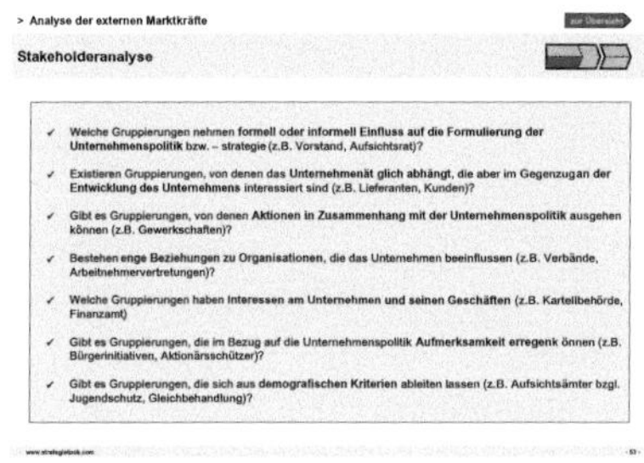

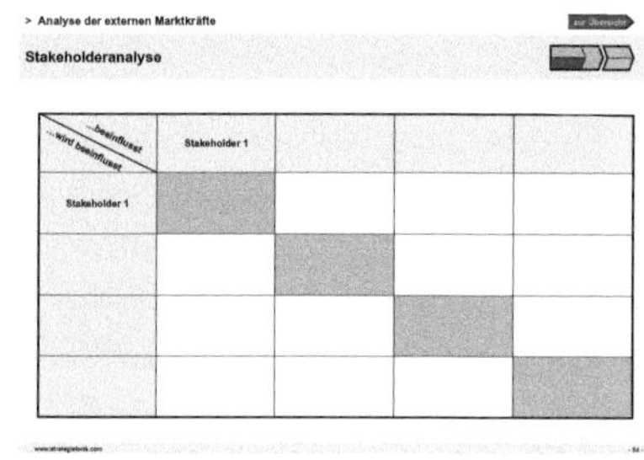

2.5.8 Verwandte und weiterführende Themen

- Konkurrenzanalyse

  Als mögliche Stakeholder sollten die Wettbewerber untersucht und gegebenenfalls Abhängigkeiten analysiert werden.
- Zufriedenheitsanalyse

  Bei Mitarbeitern, Kunden und Lieferanten können Zufriedenheitsanalysen darüber Aufschluss geben, inwieweit die jeweiligen Erwartungen gedeckt werden bzw. in welchen Punkten Unzufriedenheit herrscht.

2.5.9 Literaturhinweise

HILL, W. (1999): *„Der Shareholder Value und die Stakeholder"*, in: *Sozialwissenschaftliche Grundlagen der Organisation und Führung,* Steinmann/Schreyögg, 1997/1999, Kapitel 3.

ohne Verfasser (2004): *„Stakeholder Value: Ein Konzept, von dem alle profitieren können"*, Financial Times Deutschland vom 24. 7. 2000 im Internet http://www.ftd.de/bm/ma/1054629.html?nv=se

2.6 Benchmarking

LEITFRAGEN:

- Was können wir tun, um zu den Besten zu gehören?
- Wie können wir den Bedarf und die Ziele festlegen, um zum Weltklassestandard aufzuschließen?
- Wie können wir einzelne Unternehmensprozesse auf Verbesserungspotenziale untersuchen?
- Wie können wir unsere Verbesserungsmaßnahmen überprüfen?

2.6.1 Zielsetzung und Anwendungsgebiet

Für die Beurteilung der eigenen Stellung im Markt ist es für ein Unternehmen wichtig zu wissen, in welcher Position die eigenen Produkte und betrieblichen Prozesse im Vergleich zu den besten Wettbewerbern stehen. Mittels Benchmarking werden bei der eigenen Zieldefinition die Besten der Branche bzw. so genannte Weltklassestandards als Orientierung herangezogen, um auf diese Weise von den besten Unternehmen zu lernen. Ziel ist es, über diesen Vergleich eine Verbesserung des Unternehmens zu erreichen bzw. so genannte „Best Practices“ (führende Geschäftspraktiken) zu übernehmen.

2.6.2 Beschreibung

Das Verfahren des Benchmarkings (von englisch benchmark = Maßstab) ist ein Instrument der Wettbewerbsanalyse, mit dessen Hilfe die Marktposition eines Unternehmens festgelegt, kontrolliert und verbessert werden soll. Explizit wurde das Benchmarking 1979 entwickelt, als der Kopiergerätehersteller Xerox die japanischen Unternehmen, die eine zunehmende wettbewerbliche Bedrohung darstellten, durch ein Beobachtungsteam analysieren ließ. Die gewonnenen Erkenntnisse und „Erfolgsgeheimnisse“ wurden als Maßstab definiert und die Ziele an diesem ausgerichtet.

Das Objekt des Benchmarkings können Produkte bzw. Dienstleistungen, Methoden bzw. Verfahren (z. B. Fertigungsverfahren oder Know-how) oder innerbetriebliche Prozesse (z. B. Marketing, interne Kommunikation oder Auftragsabwicklung) sein (Tabelle 2.18)

Benchmarking-Objekt		
Produkte	Methoden	Prozesse

TABELLE 2.18 Mögliche Benchmarking-Objekte

Des Weiteren kann nach der Zielgröße des Benchmarkings differenziert werden. Das Benchmarking-Objekt kann nach den Kosten (z. B. Kosten der Produktion), der Qualität (z. B. Ausschuss bei der Produktion oder Anzahl der Reklamationen), Kundenzufriedenheit (z. B. gemessene Kundenzufriedenheit oder Kundentreue; vgl. Kapitel 1.5) oder nach der Zeit (z. B. Durchlaufzeit bei der Produktion) analysiert werden

Benchmarking-Zielgröße			
Kosten	Qualität	Kundenzufriedenheit	Zeit

TABELLE 2.19 Mögliche Zielgrößen eines Benchmarkings

Als Vergleichspartner sollte stets der „Beste“ gewählt werden. Das grenzt allerdings nicht ein, in welchem Bereich diese Leistungen gelten – unternehmensweit, branchenweit oder gar branchenübergreifend. Das heißt, der „Beste“ muss in Bezug auf das Benchmarking-Objekt führend sein. Das ist nicht zwangsläufig und sogar eher selten ein direkter Wettbewerber. Oftmals ist ein branchenübergreifendes Benchmarking wertvoll, da es den höchstmöglichen Erkenntnisgewinn freisetzt. So kann bezüglich der Vergleichspartner unterschieden werden in das interne Benchmarking, das die Vorgehensweise auf das eigene Unternehmen beschränkt (Abgrenzung z. B. über Abteilungen, Standorte, Unternehmensbereiche, Tochterunternehmen), sowie das extern ausgerichtete Benchmarking, dessen Analyse bei Fremdunternehmen ansetzt (Tabelle 2.20). Das externe Benchmarking kann dabei sein:

BEACHTE: Benchmarking ist nicht der Vergleich mit dem Durchschnitt, sondern nur mit dem Besten.

- Ein Wettbewerbsbenchmarking, das sich auf den besten Konkurrenten konzentriert (Vergleich der Produkte eines Kreditinstitutes mit einem anderen Kreditinstitut).
- Ein funktionales Benchmarking, welches das beste Unternehmen branchenübergreifend mit funktionsgleichen Prozessen analysiert (z. B. Vergleich der Online-Auftragsabwicklung bei einem Buchhändler mit einem Sportartikelversand).

BEACHTE: Ziel des Benchmarkings ist nicht das Aufschließen zum führenden Unternehmen, sondern das Überholen. Ansonsten bleibt das eigene Unternehmen immer ein Nachzügler.

- Ein generisches Benchmarking, das branchenfremde Unternehmen mit gleichen Abläufen untersucht (z. B. Vergleich der Bodenabfertigung bei einer Fluggesellschaft mit dem Boxenstopp bei der Formel 1).

	Benchmarking-Vergleichspartner			
Form des Benchmarkings	Internes Benchmarking	Wettbewerbsbenchmarking	Funktionales Benchmarking	Generisches Benchmarking
Benchmarking-Partner	Andere Abteilungen im Unternehmen	Konkurrenten	Unternehmen anderer Branchen mit funktionsgleichen Prozessen	Unternehmen anderer Branchen mit vergleichbaren Abläufen

TABELLE 2.20 Benchmarking-Formen und -Partner

Ergänzend kann zwischen kooperativem (mit einem Unternehmen, das für das Vorhaben gewonnen werden konnte) und nicht kooperativem Benchmarking (mit einem Unternehmen, das nicht freiwillig die notwendigen Informationen zur Verfügung stellt) unterschieden werden, wobei sich der Unterschied hauptsächlich in der Informationsbeschaffung widerspiegelt. Beim kooperativen Benchmarking können direkt die primären Quellen verwendet werden, wobei beim nicht kooperativen Benchmarking auf Sekundärquellen als Hauptinformationsquelle zurückgegriffen werden muss. Sollten Wettbewerber Informationen nicht austauschen wollen, ist auch ein verdeckter Vergleich möglich, der über eine Clearingstelle organisiert wird. Die beteiligten Organisationen erhalten dann meist anonymisierte Ergebnisse, die nicht einzelnen Konkurrenten zuzuordnen sind. Clearingstellen können z. B. von Unternehmen gegründete Benchmarking-Clubs, Unternehmensberatungen, Wirtschaftsverbände oder wissenschaftliche Institute sein.

Abschließend veranschaulicht Bild 2.19 die unterschiedlichen Formen des Benchmarkings im Vergleich.

TIPP: Branchenfremde Unternehmen sind oftmals eher zur Herausgabe von Daten geneigt, da sie keine Befürchtungen haben, „ausspioniert" zu werden.

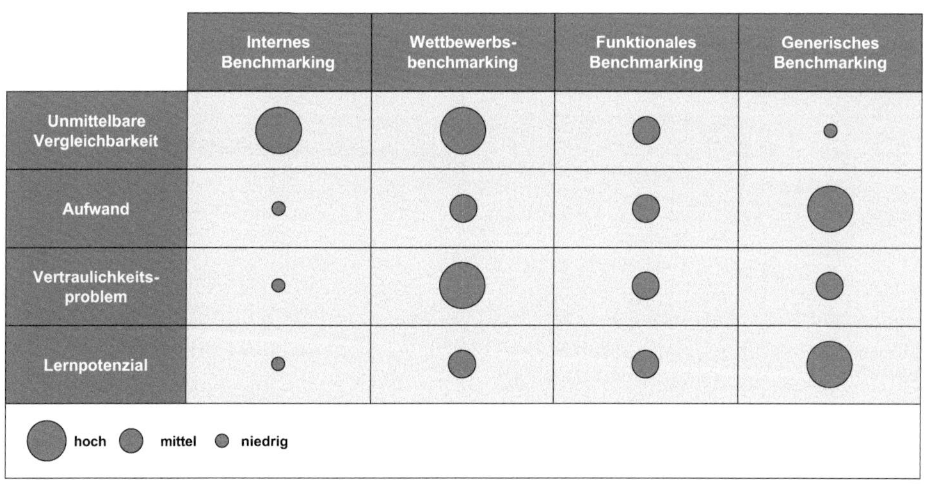

BILD 2.19 Vergleich der Benchmarking-Arten (Weber/Wertz, 1999)

2.6.3 Voraussetzungen und notwendiger Input

Das Durchführen eines Benchmarkings setzt einige Einstellungen und Denkweisen im Unternehmen voraus. So muss eine unbedingte Bereitschaft zu Veränderungen unter den Mitarbeitern herrschen. Nur wer flexibel ist, Verbesserungen unterstützt, eigene Verbesserungspotenziale akzeptiert und diese proaktiv durch Veränderung lösen möchte, treibt den Erfolg des Benchmarkings voran. Am besten lässt sich diese Einstellung verinnerlichen, wenn Benchmarking zu einem Teil der Unternehmensstrategie zählt, der sich in den Unternehmens- und Mitarbeiterzielen wieder findet. Weiterhin muss das Management die eigene Situation realistisch einschätzen können. Zu optimistische Einschätzungen verzerren den Vergleich und verfälschen das Ergebnis.

Die für ein Benchmarking relevanten Informationsquellen werden in Tabelle 2.21 dargestellt.

Primärquellen		Sekundärquellen	
Intern	**Extern**	**Intern**	**Extern**
• Fragebögen und Umfragen • Interviews • Unternehmensrundgänge • Diskussionsrunden • Produktuntersuchungen • Workshops	• Beschreibungen des Benchmarking-Objekts • Evtl. vom Partner gelieferte Dokumentationen	• Eigene Mitarbeiter • Bestehende Geschäftsbeziehungen • Betriebszeitungen	• Unternehmensverbände • Datenbanken • Fachzeitschriften, Zeitungen • Testberichte • Firmenveröffentlichungen/ -brosch üren • Geschäftsberichte • Konferenzen, Vorträge • Fachmessen • Kunden und Lieferanten • Berater

TABELLE 2.21 Mögliche Quellen- und Inputarten beim Benchmarking

2.6.4 Vorgehensweise

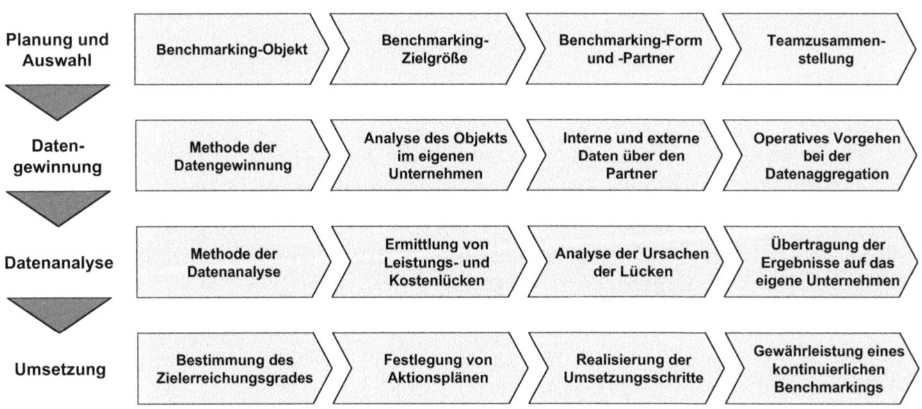

BILD 2.20 Vorgehensweise beim Benchmarking

Phase 1: Planung und Auswahl

Zunächst muss das Management die Zielsetzung des Benchmarkings definieren. Hierzu sind konkrete Projektziele herauszuarbeiten, um die Wirksamkeit des Benchmarking-Prozesses zu überprüfen. Gleichzeitig wird das **Benchmarking-Objekt** festgelegt (konkretes Produkt, konkrete Methode oder konkreter Prozess). Hierbei können die Ergebnisse aus der SWOT-Analyse Verbesserungspotenziale aufdecken, die als Objekt herangezogen werden können (vgl. Kapitel 3). Zur Festlegung der **Benchmarking-Zielgrößen** ist es zunächst erforderlich, das Benchmarking-Objekt genau zu analysieren. Dabei ist darauf zu achten, dass das Objekt aus einer neutralen Perspektive präzise verstanden wird. Erst im Anschluss werden in einem Brainstorming alle interessanten Kenngrößen aufgelistet. Diese Kenngrößen können sowohl qualitativer als auch quantitativer Art sein. In Diskussionsrunden wird nacheinander der Umfang der gewählten Kenngrößen auf diejenigen reduziert, die sinnvoll und notwendig sind, um das Benchmarking-Objekt zu beschreiben. Daraus sind diejenigen Kennzahlen besonders hervorzuheben, die bei der Erreichung des definierten Projektziels weiterhelfen könnten. Die optimale Anzahl der

CHECKLISTE:
Für ein Benchmarking sind im ersten Schritt festzulegen:

- Objekt,
- Zielgrößen,
- Partner,
- internes Team.

BEACHTE: Bei der Auswahl der Kenngrößen ist darauf zu achten, dass diese unternehmensunabhängig vergleichbar sind. Anderenfalls kann das Ergebnis verzerrt werden.

verbleibenden Kenngrößen kann nicht genau festgelegt werden. Wichtig ist aber, den zeitlichen Aspekt im Auge zu behalten und nur die dem Objekt angemessene Zeit zu investieren. Geht man von einer durchschnittlichen Bearbeitungszeit von fünf bis zehn Minuten pro Kenngröße aus, so sollte man nicht mehr als zehn Größen in den Katalog aufnehmen. Beispiele für Kennzahlen eines Benchmarkings können für Prozessanalysen sein: Durchlaufzeit, Fehlerquote, Energieverbrauch, Ausschuss, Maschinenlaufzeit, Höhe der Bestände usw.

Im nächsten Schritt ist der **Benchmarking-Partner** zu definieren. Je nach Zielsetzung und Problemstellung kann die notwendige bzw. sinnvolle Form des Benchmarkings abgeleitet werden. Dabei gilt sowohl für interne als auch für externe Partner, dass es sich um führende Unternehmen handeln muss, die bezogen auf das Benchmarking-Objekt hohe Professionalität aufweisen sollten. Es eignet sich, mit dem ausgewählten Unternehmen direkt in Kontakt zu treten, um die notwendigen Informationen im besten Falle ohne Verzerrungen zu erhalten. Dabei ist darauf zu achten, dass dem Benchmarking-Partner Vorteile für ihn verdeutlicht werden, z. B. könnten ihm die Ergebnisse zur Verfügung gestellt werden, so dass eine Win-Win-Situation entsteht.

BEACHTE: Der Vergleichspartner muss im Idealfall deutlich leistungsstärker sein als das eigene Unternehmen, um einen erheblichen Fortschritt zu gewährleisten.

Im Anschluss ist das **Team zusammenzusetzen**. Dabei sollten Mitarbeiter mit entsprechenden Fachkenntnissen sowie Führungskräfte die Analysen bewerten, um ein fachgerechtes Urteil zu erzeugen.

Phase 2: Datengewinnung

In der zweiten Phase werden die definierten Kenngrößen sowohl für das eigene Unternehmen als auch für den Benchmarking-Partner ermittelt. Dabei ist mit den aus Phase 1 resultierenden Datenquellen zu arbeiten und sind diese gegebenenfalls durch weitere Analysen und eigene Schätzungen auf Verlässlichkeit und Vertrauenswürdigkeit zu überprüfen.

CHECKLISTE: Im dritten Schritt sind:

- Idealwert abzuleiten,
- mögliche Interpretationsfehler zu suchen,
- Erfolgsfaktoren des Partners zu analysieren.

Phase 3: Datenanalyse

In der Phase 3 werden die ermittelten Daten verglichen und ausgewertet. Dabei sind Ziel- bzw. Idealwerte abzuleiten. Aus der Differenz zwischen eigenem Ist-Wert und Idealwert leitet sich die Kosten- bzw. Leistungslücke ab. Dabei gilt es, mögliche Interpretationsfehler (z. B. unterschiedliches Verständnis einer Bezugsgröße oder unterschiedliche Betrachtungszeiträume) im Vorhinein zu bereinigen. Bild 2.21 veranschaulicht mögliche Quellen für Interpretationsfehler, die es zu beachten gilt.

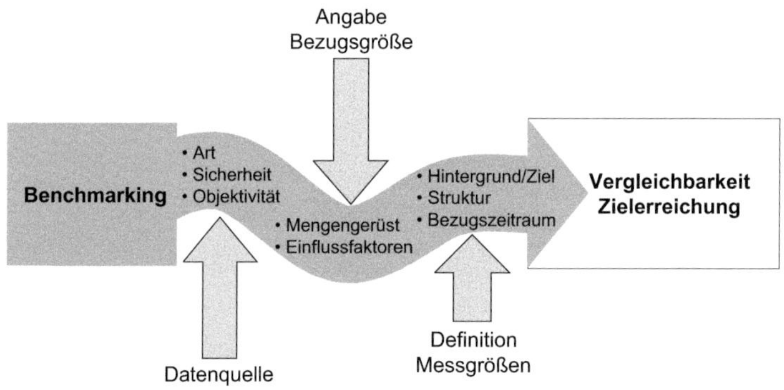

BILD 2.21 Mögliche Missverständnisse bei der Interpretation

Zu analysieren sind die wesentlichen Erfolgsfaktoren, die für die führende Position des Benchmarking-Partners verantwortlich sind. Oftmals sind es mehrere zusammenhängende, teilweise auch komplexe Faktoren, die nicht beim ersten Benchmarking zu erkennen sind. Die gewonnenen Erkenntnisse erfordern oftmals eine weiterführende Analyse, z. B. Kundenbefragungen. Zudem ist zu erörtern, warum die Kosten- bzw. Leistungslücke zum eigenen Unternehmen überhaupt besteht.

Im Anschluss sind die Ergebnisse weniger einfach zu kopieren, als vielmehr auf die eigene Situation individuell zu übertragen. Erst durch die Integration der Erfolgsfaktoren in das eigene Unternehmen und den eigenen Kontext können Verbesserungen entstehen. Das heißt, dass die Ergebnisse eines Benchmarkings keine „Anleitung" für eine Verbesserung sind, sondern nur Hinweise geben, wie und in welchen Bereichen Verbesserungen möglich sind.

Zur Erfolgskontrolle des Verbesserungsprozesses sind die zuvor gesammelten Daten sowie der definierte Idealwert zu dokumentieren.

Phase 4: Umsetzung

Als abschließende Phase werden Zielwerte abgeleitet, um sich mit den Ergebnissen dem Zielwert anzunähern. Der Zielwert muss zunächst aber nicht dem Idealwert entsprechen, denn für eine motivierende und realistische Veränderung sind erreichbare Werte als Ziel festzulegen.

Im Anschluss ist ein ideales Benchmarking-Objekt (also ein idealer Prozess, ein ideales Produkt bzw. eine ideale Methode) zu modellieren, um daraus die Maßnahmen gemeinsam mit den Fachkräften der betroffenen Bereiche abzuleiten.

Außerdem ist im Falle eines kooperativen Benchmarkings ein abschließendes Gespräch mit dem Benchmarking-Partner zu führen. Dabei wird ein gemeinsames Fazit über das durchgeführte Benchmarking und die sich daraus ergebenen Möglichkeiten gezogen und werden die Verbesserungspotenziale bzw. die entwickelten Maßnahmen vorgestellt.

Um neue Potenziale aufzudecken und immer für Verbesserungen und Veränderungen offen zu bleiben, ist stets der Wettbewerb im Auge zu behalten und zudem festzulegen, wie der Benchmarking-Prozess weitergeführt wird. Benchmarking ist weniger eine einmalige Analyse als vielmehr ein sich wiederholender Prozess.

BEACHTE:
Benchmarking ist weniger eine einmalige Analyse als vielmehr ein sich wiederholender Prozess.

2.6.5 Vor- und Nachteile

Vorteile	Nachteile
• **Beim Wettbewerbsbenchmarking ist die Bestimmung der Wettbewerbsposition leicht möglich** • **Vergleichbarkeit von Produkten und Prozessen ist beim Wettbewerbsbenchmarking gegeben** • **Bewährte Methoden oder Prozesse (bzw. Best Practices) können auf das eigene Unternehmen übertragen werden** • **Hohes Innovationspotenzial bei funktionalem und generischem Benchmarking**	• **Umfangreiche Datenermittlung und Auswertung** • **Gefahr des Kopierens statt des Übertragens von Erfolgsfaktoren** • **Teilweise schwieriger Transfer von branchenfremden Methoden oder Prozessen, erfordert viel Kreativität** • **Wenn nicht Wettbewerbsbenchmarking: Probleme der Vergleichbarkeit des Benchmarking-Objekts**

TABELLE 2.22 Vor- und Nachteile des Benchmarkings

2.6.6 Praxisbeispiel

Im Folgenden wird ein typisches Wettbewerbsbenchmarking des Marktforschungsinstituts Market Insights (MI) dargestellt. Dieses Institut analysiert im Auftrag von Krankenhäusern die Kostenstrukturen der gesamten Branche in Dänemark. Die Benchmarking-Berichte von MI vergleichen hierbei das Kostenniveau von einem bestimmten Kundenkrankenhaus in Relation zu anderen dänischen Krankenhäusern. Unter anderem beinhalten diese Berichte

Analysen auf der Gesamtkostenebene des einzelnen Kundenkrankenhauses (z. B. Kosten pro Patiententag) und auf der Diagnosegruppenebene (z. B. Kosten pro Patient in der Radiologie).

In den Bildern 2.22 und 2.23 werden Auszüge aus einem MI-Benchmarking-Bericht für ein bestimmtes Kundenkrankenhaus (grün eingefärbt) aus Kopenhagen dargestellt. In diesem Beispiel zeigt Bild 2.22 ein Balkendiagramm auf der Gesamtkostenebene. Wie aus dem Bild zu entnehmen ist, betragen die jährlichen Durchschnittskosten pro Patient 3.569 €. Der ermittelte Index veranschaulicht relativ einfach, wie gut das betrachtete MI-Krankenhaus hinsichtlich der Kostenstruktur positioniert ist. Unter anderem lässt sich aus Bild 2.22 ableiten, dass die Kosten pro Patient des Kundenkrankenhauses mit etwa 10 % über dem Durchschnitt aller vergleichbaren Krankenhäuser in Dänemark liegen. Weiterhin fällt auf, dass mehr als die Hälfte aller Benchmarking-Teilnehmer ein geringeres Kostengefüge vorweist als das grün eingefärbte Krankenhaus aus Kopenhagen.

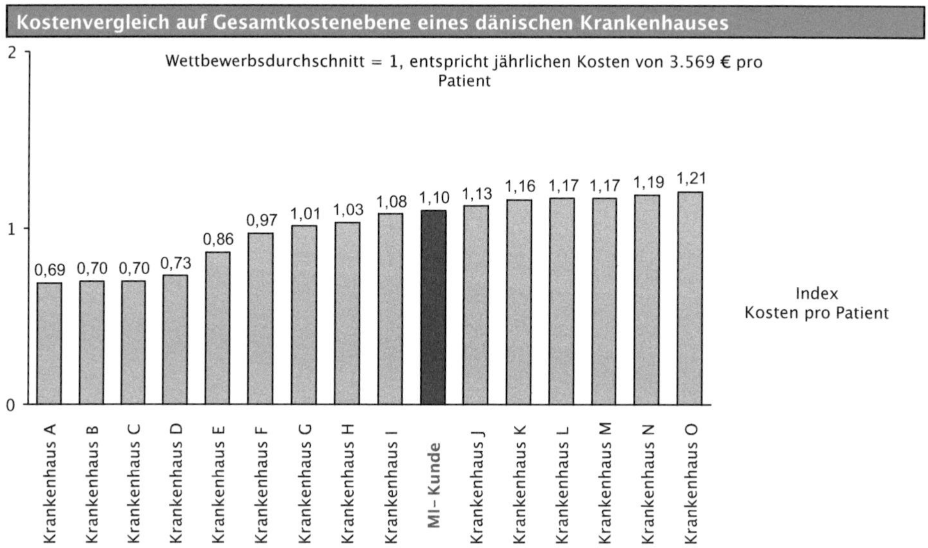

BILD 2.22 Kostenbenchmarking auf Gesamtkostenebene eines dänischen Krankenhauses

Kostenvergleich auf Diagnosegruppenebene†

Diagnose-gruppen	Kosten (€) MI-Kunden	Durchschnittl. Kosten (€) Wettbewerb	Abweichung zum Wettbewerb	Teilnehmer-ID	Durchschnittl. Kosten (€) Kostenführer	Abweichung zu Kostenführer
Schlaganfälle	33.700	31.300	8 %	B	20.500	64 %
Atemwegs-erkrankungen	66.800	53.700	24 %	A	38.400	74 %
Lungenent-zündungen	37.100	29.500	26 %	G	22.000	69 %
Herzkatheter-isierungen	24.800	21.200	17 %	B	17.100	45 %

† = Die Kosten beziehen sich auf die monatlichen Versicherungsprämien, die ein Patient an das Krankenhaus bezahlen müsste.

BILD 2.23 Kostenvergleich auf Diagnosegruppenebene

Bild 2.23 stellt die Kosten des MI-Kunden auf der Diagnosegruppenebene dar und bietet somit einen detaillierteren Einblick in die Kostenstruktur des Krankenhauses. Gemäß der Tabelle in Bild 2.23 verursacht der MI-Kunde für jeden Schlaganfallpatienten monatliche Kosten von 33.700 €. Der Marktdurchschnitt aller dänischen Krankenhäuser derselben Kategorie liegt dagegen bei 31.300 €. Dieser Vergleich ergibt, dass der MI-Kunde etwa 8 % mehr für die Behandlung seiner Schlaganfallpatienten ausgibt als vergleichbare Wettbewerber. Auch in den weiteren Diagnosegruppen ist deutlich zu erkennen, dass die Aufwendungen des MI-Kunden signifikant über allen anderen Krankenhäusern liegen. Gemessen an den Kosten des jeweiligen Kostenführers verursacht der MI-Kunde sogar etwa 50 bis 70 % Mehrkosten in Bezug auf alle vier abgebildeten Diagnosegruppen. Somit fällt der Vorsprung zum Kostenführer vergleichsweise weit aus.

Bei der Interpretation des Benchmarking-Ergebnisses gilt es jedoch zu beachten, dass die hohen Aufwendungen aus der Umsetzung einer möglichen Differenzierungsstrategie resultieren können. Es besteht nämlich die Möglichkeit, dass sich Krankenhäuser durch qualitativ hochwertigere medizinisch-therapeutische Leistungen sowie durch den Ruf von anerkannten, internationalen Ärzten hervorheben wollen. Außergewöhnliche Zusatzleistungen sowie das Gehaltsgefüge von renommierten Ärzten erfordern in diesen Fällen berechtigterweise höhere Aufwendungen. Im Krankenhauskontext gibt es jedoch weltweit nur eine geringfügige Anzahl an Krankenhäusern, bei denen dieser Fall zutrifft. Somit ergibt sich zumindest aus diesem Praxisbeispiel, dass den Leitern des Kundenkrankenhauses noch viel Arbeit bevorsteht, um an die Performance der „Klassenbesten" heranzukommen. Eine mögliche Maßnahme wäre eine umfassende Analyse der existierenden Kostenstruktur mit dem Ziel, Optimierungspotenziale aufzudecken. Besonders in den Kostenblöcken Material und Personal stecken oftmals Ineffizienzen, die noch aus Zeiten stammen, als Krankenhäuser Staatsunternehmen gewesen sind.

Zusammenfassend lässt sich anhand dieses Praxisbeispiels sagen, dass der Business-Controller des Kundenkrankenhauses mittels eines Kosten-Benchmarkings sehr gut die relative Wettbewerbsposition innerhalb der Branche identifizieren sowie kontrollieren kann, da dieses Instrument einen sehr hohen Erkenntnisgewinn freisetzt. Gleichwohl muss man die Ergebnisse dieses Benchmarkings auch mit Vorsicht interpretieren. Sowohl die Genauigkeit als auch Vollständigkeit der Datenbasis aller Benchmarking-Teilnehmer kann sehr unterschiedlich ausfallen. Dieser Umstand ist darin begründet, dass viele Krankenhäuser immer noch veraltete Informationssysteme einsetzen. Darüber hinaus können auch unbeabsichtigte Nachlässigkeiten und Fehler in der Ermittlung von komplexen Kennzahlensystemen passieren. Beispielsweise erfordert die Berechnung von Patientenkosten auf der Diagnoseebene zahlreiche Kostenallokationen, wodurch die Datenqualität insgesamt beeinträchtigt werden kann.

2.6.7 Vorlagen zum Download

Im Downloadbereich zum Buch sind Vorlagen für Benchmarking-Kenngrößen und für Idealwert, Ist-Wert und Lücke abgelegt.

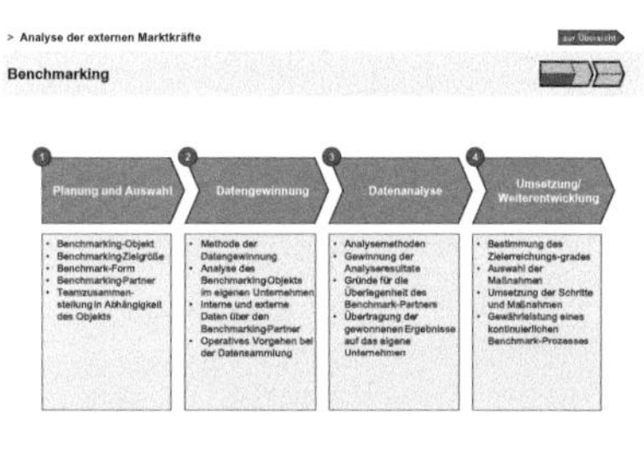

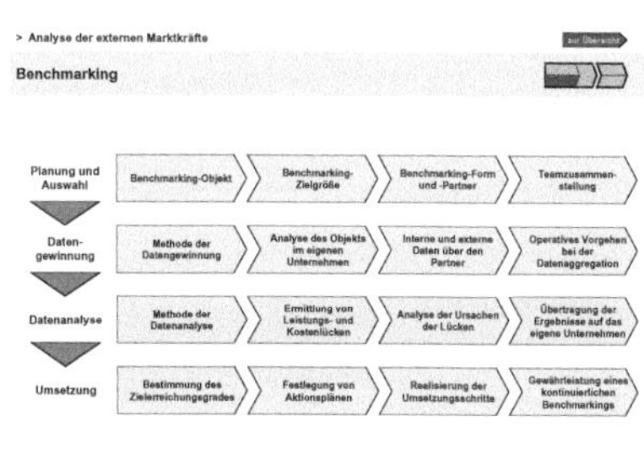

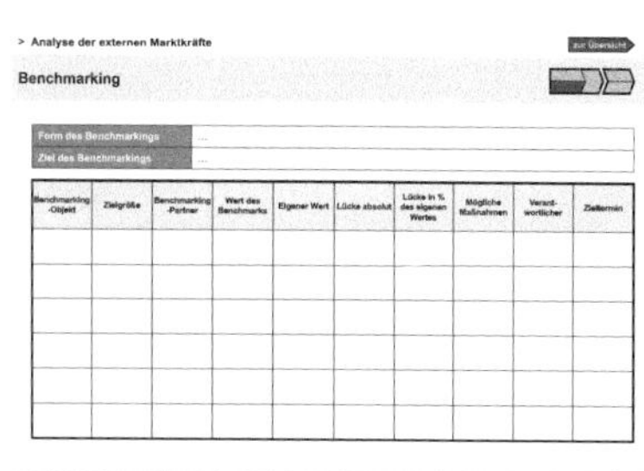

2.6.8 Verwandte und weiterführende Themen

- SWOT-Analyse

  Mit der SWOT-Analyse können Schwachstellen im Unternehmen aufgedeckt werden, die durch den Benchmarking-Prozess optimiert werden können.
- Konkurrenzanalyse

  Im Rahmen des Wettbewerbsbenchmarkings ist eine Konkurrenzanalyse durchzuführen, um den besten Wettbewerber in der Branche zu identifizieren und zu analysieren.

2.6.9 Literaturhinweise

HORVÁTH, P. / HERTER, R. (1992): *„Benchmarking"*, in: *Controlling,* 4. Jg., Heft 1, 1992, S. 4–11.

HORVÁTH, P. (2003): *Controlling,* 9. Aufl., Vahlen, München 2003.

SIEBERT, G. / KEMPF, S. (2002): *Benchmarking – Leitfaden für die Praxis,* 3., Aufl., Carl Hanser Verlag, München 2008.

WEBER, J. / WERTZ, B. (1999): *Benchmarking-Excellence,* Vallendar, 1999.

2.7 Branchenstrukturanalyse

LEITFRAGEN:
- Wie wird sich unsere Branche entwickeln?
- Welche Einflussfaktoren bestimmen den Wettbewerb?
- Welche Schritte werden unsere Konkurrenten unternehmen und wie können wir darauf reagieren?
- Wie kann unser Unternehmen langfristig wettbewerbsfähig bleiben?

2.7.1 Zielsetzung und Anwendungsgebiet

MERKE: Die Branchenstrukturanalyse betrachtet die wichtigsten Einflusskräfte eines Unternehmens:
- potenzielle Konkurrenten,
- bestehender Wettbewerb,
- Substitutionsprodukte,
- Lieferanten,
- Kunden.

Um als Unternehmen im Wettbewerb zu bestehen, ist es erforderlich, die Struktur der Branche, d. h. die Wettbewerbssituation zu untersuchen, in der man agiert. Durch die Branchenstrukturanalyse gewinnt man Klarheit darüber, wie sich die gesamte Branche entwickelt, in der man tätig ist bzw. tätig sein möchte, und beschreibt damit ihre Attraktivität. Dies ermöglicht es, Maßnahmen abzuleiten, damit das Unternehmen in der jeweiligen Branchenbeschaffenheit in eine langfristig wettbewerbsfähige Position gebracht werden kann.

2.7.2 Beschreibung

Die Branchenstrukturanalyse (auch „five forces" = englisch fünf Kräfte) beschreibt die fünf entscheidenden Wettbewerbskräfte einer Branche, um die Attraktivität einer Branche und damit die langfristig potenzielle Profitabilität eines Unternehmens zu bewerten. Der Begriff Branche wird als eine Gruppe von Unternehmen verstanden, deren Produkte sich gegenseitig nahezu ersetzen können. Alle Faktoren werden einzeln untersucht und ergeben ein umfassendes Bild der gegenwärtigen Branchensituation. Das von Michael E. Porter entwickelte Analyseraster hilft, die Logik der jeweiligen Branche zu untersuchen und zu verstehen (vgl. Porter, 1990). Die zu untersuchenden Einflusskräfte sind dabei:

- potenzielle neue Konkurrenten und die davon ausgehende Bedrohung,
- bereits etablierte Wettbewerber innerhalb der Branche,
- Bedrohung durch Substitutionsprodukte,
- Lieferanten,
- Kunden und Abnehmer.

Bild 2.24 stellt den Zusammenhang der Wettbewerbskräfte grafisch dar.

Bei der Analyse wird jeder Faktor einzeln auf seine Treiber hin untersucht. Die Treiber können dabei sehr vielfältig sein, so dass an dieser Stelle nur beispielhafte Einflüsse beschrieben werden können.

TIPP: Häufig ist es sinnvoll, bei der Operationalisierung ein separates quantitatives Modell für jeden Faktor aufzubauen.

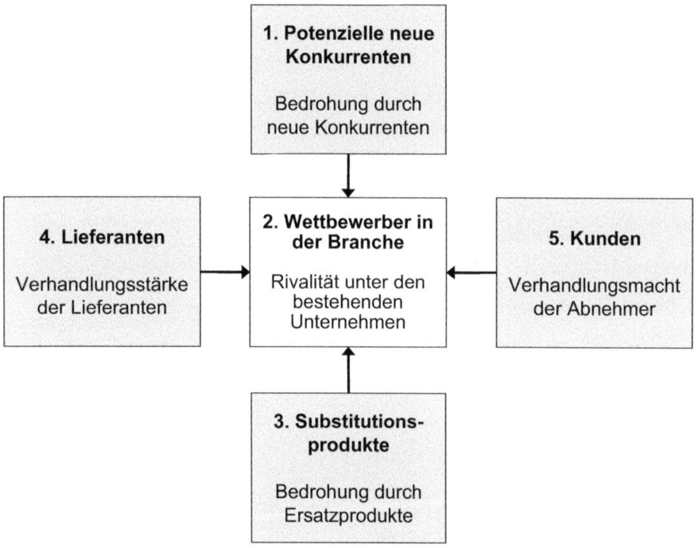

BILD 2.24 Faktoren der Wettbewerbsdynamik nach Porter (Porter, 1990)

1. Potenzielle neue Konkurrenten

Hierbei steht die Wahrscheinlichkeit im Vordergrund, mit der neue Konkurrenten in den Markt eintreten. Dazu sind im Besonderen die Markteintrittsbarrieren zu untersuchen. Zusätzlich muss berücksichtigt werden, dass auch etablierte Wettbewerber mit abwehrenden Maßnahmen auf neue Konkurrenten reagieren. Die Analyse der Bedrohung durch neue Konkurrenten beinhaltet folglich sowohl die Abschätzung der Konsequenzen zusätzlicher Marktteilnehmer als auch die Bewertung der daraus resultierenden Aktionen etablierter Konkurrenten. Die Frage lautet hierbei grundsätzlich, welche Gefahren für die eigene Wettbewerbsposition erwachsen.

Typische Eintrittsbarrieren sind (siehe auch Kapitel 2.3):

- hoher Kapitalbedarf,
- hohe Umstellungskosten,
- erschwerter Zugang zu Vertriebskanälen,
- größenunabhängige Kostennachteile,
- Betriebsgrößenersparnisse bei etablierten Unternehmen,
- ausgeprägtes Image und Marke bei etablierten Unternehmen.

2. Bereits etablierte Wettbewerber innerhalb der Branche

Die zweite Wettbewerbskraft bilden die derzeitigen Konkurrenten und die momentane und zukünftige Rivalität unter ihnen. Zudem werden die Beziehungen zwischen den Wettbewerbern (z. B. gemeinsame F&E-Kooperationen, gemeinsame Vertriebskanäle oder stille Absprachen) untersucht. Intensive Rivalität entsteht durch:

- viele ähnliche Wettbewerber,
- schwaches Branchenwachstum,
- hohe Fixkosten bei hohen Kapazitätsreserven,
- Differenzierung zwischen den Konkurrenten nur über den Preis,
- hohe strategische Einsätze (Marktanteilsgewinne um jeden Preis),
- hohe Austrittsbarrieren.

3. Substitutionsprodukte

Der dritte Einflussfaktor sind die Substitutionsprodukte (bzw. Ersatzprodukte). Im Vordergrund der Untersuchung stehen dabei diejenigen Produkte, die aus Kundensicht trotz anderer Beschaffenheit die gleiche Funktion erfüllen und damit das Kundenbedürfnis mindestens genauso gut wie das eigene Produkt befriedigen. Das bedeutet nicht, dass diese Produkte dieselbe Funktion erfüllen müssen (z. B. Sägen eines Metallstücks), sondern lediglich das Bedürfnis befriedigen (z. B. Ausschneiden einer Metallform – das kann z. B. durch Sägen, Lasern oder Schneiden gelöst werden). Zusätzlich sind die Entwicklungen der Technologien zu beobachten, um frühzeitig die Wahrscheinlichkeit einer Bedrohung zu erkennen (siehe auch Kapitel 2.4).

Substitutionsgefahr entsteht z. B. durch:

- reale oder potenzielle attraktive Ersatzprodukte,
- offensives Marketing für Ersatzprodukte und -dienstleistungen,
- unmögliche Abwehr von Substitutionsprodukten etwa durch einheitliche Standards, Besetzen von Vertriebskanälen etc.,
- neue Produkte durch die Technologieentwicklung.

4. Lieferanten

Die Lieferanten stellen ebenfalls einen entscheidenden Einflussfaktor auf die Branche dar. Die momentanen und zukünftigen Lieferanten sind insbesondere auf die Beziehung mit dem eigenen Unternehmen zu untersuchen (z. B. ist die Beziehung von Lieferanten bei Bauunternehmen auf der Seite der großen Bauunternehmen, die Lieferanten werden oft gezwungen, sich den Forderungen zu unterwerfen, somit ist die Verhandlungsstärke der Lieferanten verschwindend gering).

Faktoren, welche die Verhandlungsmacht der Lieferanten erhöhen, können z. B. sein:

- große Wettbewerbsvorteile des gelieferten Produkts,
- geringe Zahl der potenziellen Lieferanten,
- große Bedeutung des Produkts für die Qualität des Produkts des Kunden,
- hohe Umstellungs- bzw. Wechselkosten der Lieferanten,
- geringe Bedeutung des Kunden für den Lieferanten,
- glaubhaftes Interesse an einer Vorwärtsintegration des Lieferanten.

5. Kunden und Abnehmer

Die letzte Analyse betrifft die Abnehmer der Produkte. Hierbei werden die momentanen und zukünftigen Abnehmer auf die Beziehung mit dem eigenen Unternehmen betrachtet und ausgewertet, auf welcher Seite Verhandlungsstärke gegeben ist. Faktoren, welche die Verhandlungsmacht der Abnehmer erhöhen, sind z. B.:

- hohe Marktmacht auf der Seite der Abnehmer,
- eine große Zahl alternativer Anbieter für den Käufer (durch z. B. standardisierte austauschbare Produkte),
- Kosten- und Markttransparenz für die Abnehmer (z. B. durch Online-Marktplätze),
- wenige Abnehmer treten konzentriert auf,
- geringe Umstellungskosten und Risiken für den Käufer beim Wechsel des Lieferanten,
- hoher Anteil der Branchenprodukte an den Gesamtkosten der Abnehmer (strategische Einkaufspolitik),
- Ertragsprobleme auf Seiten der Abnehmer, die sie auf ihre Lieferanten überwälzen wollen,
- glaubhafte Drohung mit Rückwärtsintegration in der Wertschöpfungskette durch den Kunden.

Jede Wettbewerbskraft ist für sich zu analysieren und auszuwerten. Dementsprechend muss individuell bewertet werden, welche Maßnahmen aus den Erkenntnissen abzuleiten sind. Die Branchenstrukturanalyse ermöglicht damit lediglich, ein umfassendes Bild der Branchensituation, Gefahren und Chancen zu geben, jedoch keine quantitativ messbaren Analyseergebnisse zu erreichen.

2.7.3 Voraussetzungen und notwendiger Input

Die Wettbewerbskräfte können durch entsprechende Detailanalysen gründlich untersucht werden, z. B. durch die Substitutions- oder Konkurrenzanalyse (siehe auch Kapitel 2.3 und 2.4).

Entscheidet man sich für eine grobe Analyse, geben Interviews sowohl mit unternehmensinternen als auch -externen Experten die Chance, schnell einen kompetenten Einblick in die Marktkräfte zu erhalten.

2.7.4 Vorgehensweise

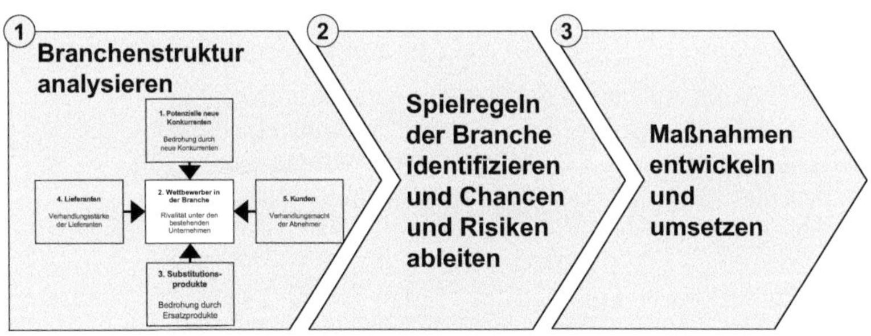

BILD 2.25 Vorgehensweise bei der Branchenstrukturanalyse

CHECKLISTE: Verschaffen Sie sich einen Überblick über die Branchenstruktur in den Bereichen

- potenzielle Konkurrenten,
- bestehende Wettbewerber,
- Substitutionsprodukte,
- Lieferanten,
- Kunden.

Schritt 1: Branchenstruktur analysieren

Im ersten Schritt ist die Branchenstruktur auf die Wettbewerbskräfte hin zu untersuchen. Dadurch wird das Potenzial einer Bedrohung durch die jeweiligen Wettbewerbskräfte (also potenzielle Konkurrenten, bestehende Wettbewerber, Substitutionsprodukte, Lieferanten und Kunden) für das eigene Unternehmen analysiert. Dazu gewinnt man die Erkenntnisse aus den einzelnen Detailanalysen, um am Ende ein Gesamtbild zu erzeugen (entsprechende Checklisten im Downloadbereich). Bild 2.26 zeigt beispielhaft eine Matrix zur Einschätzung der Wettbewerbskräfte.

			Sehr unattrakt.	Mäßig unattrakt.	Neutral	Mäßig attrakt.	Sehr attrakt.	
Verfügbarkeit Ersatzprodukte	Verfügbarkeit eng verwandter Einsatzprodukten	Hoch			●			Gering
	Umstellungskosten der Benutzer	Gering			●			Hoch
	Rentabilität und Aggressivität der Einsatzprodukt-Hersteller	Hoch			●			Gering
	Preis-Wert-Verhältnis der Einsatzprodukte	Hoch			●			Gering
Behördliche Maßnahmen	Branchenschutz	Unvorteilhaft			●			Vorteilhaft
	Branchenvorschriften	Unvorteilhaft			●			Vorteilhaft
	Politische Kontinuität	Gering			●			Hoch
	Internationaler Kapitaltransfer	Beschränkt			●			Unbeschränkt
	Zölle	Hoch			●			Gering
	Devisenverkehr	Beschränkt			●			Unbeschränkt
	Ausländischer Besitz	Beschränkt			●			Unbeschränkt
	Hilfe für Konkurrenten	Erheblich			●			Keine

BILD 2.26 Matrix zur Beurteilung der Branchenstruktur

Schritt 2: Spielregeln der Branche identifizieren und Chancen und Risiken ableiten

CHECKLISTE:
Ermitteln Sie fünf bis sieben Spielregeln der Branche und analysieren Sie, inwiefern Sie diese für das Unternehmen nutzbar machen können.

Im zweiten Schritt sind die Ergebnisse der Branchenstrukturanalyse in die Beschreibung von Wettbewerbsdynamik und die fünf bis sieben wichtigsten Spielregeln der Branche zu überführen. Spielregeln bedeuten konkret das Verständnis über die Logik des Geschäfts, die Gesetze der Branche (also wann ist man ein Gewinner, wann ein Verlierer) sowie die Entwicklung dieser Eigenschaften. Bedeutend können in diesem Zusammenhang nicht nur mehrere dominierende Marktteilnehmer, sondern durchaus auch einzelne Wettbewerber sein, welche das Potenzial haben, neue Regeln zu definieren und den übrigen Marktteilnehmern aufzuerlegen (z. B. Microsoft durch seine Monopolstellung).

Es ist entscheidend, diese Regeln geschickt zu verstehen und zu nutzen, da ein proaktives Handeln einen viel höheren individuellen Erfolg ermöglicht als die bloße Reaktion.

Abschließend werden die identifizierten Spielregeln und die daraus resultierenden Kräfte der Branche auf Chancen und Risiken für das eigene Unternehmen untersucht. Hierzu sind die bestehenden Regeln zu prüfen, inwieweit sie bewusst genutzt werden können, um in die Position als Branchenführer zu gelangen. Auf der anderen Seite sind auch diejenigen Spielregeln zu berücksichtigen, die sich negativ auf die Unternehmensentwicklung auswirken können.

Schritt 3: Maßnahmen entwickeln und umsetzen

Aus den gewonnenen Erkenntnissen sind Maßnahmenpakete zu entwickeln, um die Wettbewerbsdynamik und identifizierten Spielregeln in die Strategie zu integrieren bzw. bewusst zu nutzen. Meist ergibt sich aus der Branchenstrukturanalyse die Erkenntnis über notwendige, gezielte weiterführende Analysen. Ein denkbares Beispiel wäre die Prüfung, ob eine Internationalisierungsstrategie einen entsprechenden Vorsprung gegenüber den Konkurrenten verschaffen könnte.

Zudem sind die Ergebnisse über bestehende Bedrohungen und Marktkräfte im Rahmen von Investitionsvorhaben und Aktionsprogrammen heranzuziehen, um diese auf Chancen und Risiken zu beurteilen.

2.7.5 Vor- und Nachteile

Vorteile	Nachteile
• Betrachtung der wichtigsten Einflussfaktoren auf Attraktivität • Bedeutende Problemfelder innerhalb eines Faktors und dessen relative Stärke werden berücksichtigt • Bewertung des Gesamteinflusses aller Faktoren ist Grundlage für zukünftige strategische Entscheidungen • Umfassende Unternehmensumfeld-analyse • Übersichtlichkeit	• Stellt keine ausreichende Unternehmens-analyse dar, viele weitere Analysen notwendig • Modell schwer operationalisierbar • Modell stark an Produktunternehmen orientiert und nur bedingt auf komplexe Leistungsbündel anwendbar • Notwendige Abstrahierung der Begriffe Lieferant und Kunde bei der Anwendung auf Dienstleistungsunternehmen

TABELLE 2.23 Vor- und Nachteile der Branchenstrukturanalyse

2.7.6 Praxisbeispiel

Die Deutsche Bahn AG ist mit etwa 211.000 (2023) Mitarbeitern als ehemaliges Staatsunternehmen einer hohen Wettbewerbsdynamik unterlegen. 1994 wurde sie privatisiert und mit der Deregulierung der 1990er Jahre hat sie das staatliche Monopol für den Schienenverkehr verloren. Andere Unternehmen auf der Schiene sind z. B. Connex oder Rhenus. Seit der Privatisierung verfolgt die Bahn das Ziel, die Kapitalmarktfähigkeit zu erlangen. Bild 2.27 zeigt die Wettbewerbsdynamik der Bahn AG für den Bereich Personenverkehr.

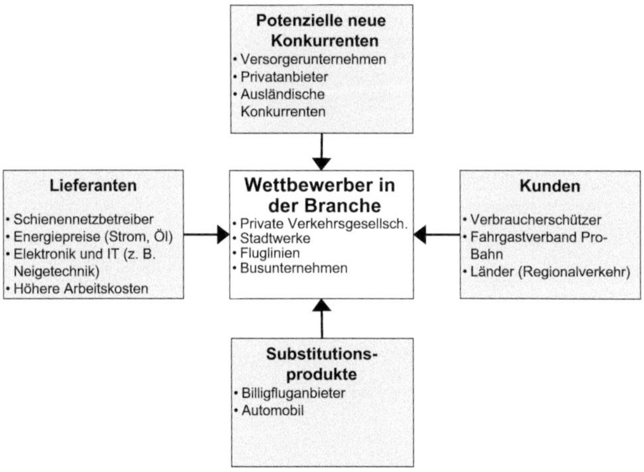

BILD 2.27 Branchenstruktur in der Branche Personenverkehr (Auswahl)

Aus der Analyse der Branchenstruktur ergibt sich, dass die Bahn in der bestehenden Form mehr und mehr Wettbewerb ausgesetzt ist. Für das betrachtete Segment des Personenverkehrs bedeutet dies, dass ein weiteres Wachstum nur schwer möglich ist, da neue Konkurrenten (hauptsächlich etablierte, kapitalstarke Unternehmen aus dem Ausland) den bestehenden Markt bedrohen und Verbraucherschützer mehr Leistungen und Transparenz (z. B. Pünktlichkeit, Haftung bei Verspätung) fordern. Auf der Seite der Lieferanten entstehen nach wie vor die Kosten, die mit den Ölpreisen überdies noch ansteigen. Die Billigfluganbieter gefährden darüber hinaus die Marktstellung, da sie dieselbe Leistung in weniger Zeit und mit weniger Kosten (so müssen sie z. B. keine Mineralölsteuer abführen) erbringen können.

Maßnahmen, welche aus den Erkenntnissen abgeleitet werden und die eigene Position stärken könnten, sind z. B. Wachstum durch Ausbau der Reisekette (bzw. Wertkette), Wachstum durch internationale Expansion oder Wachstum durch Übernahme der Konkurrenten.

2.7.7 Vorlagen zum Download

In den PowerPoint-Vorlagen befinden sich Modelle, Formulare und Checklisten zum Darstellen, Dokumentieren und Analysieren von Branchenstrukturen.

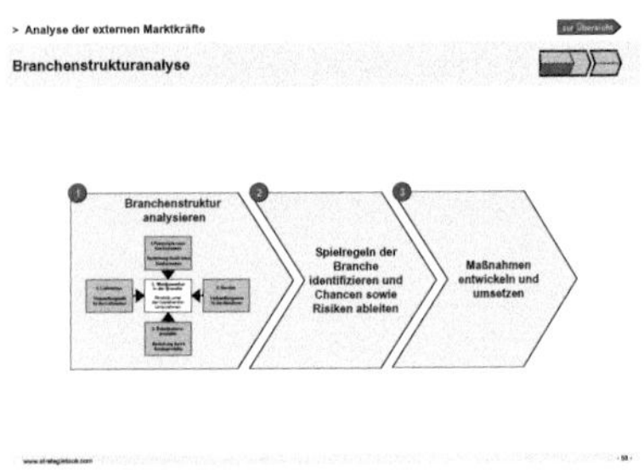

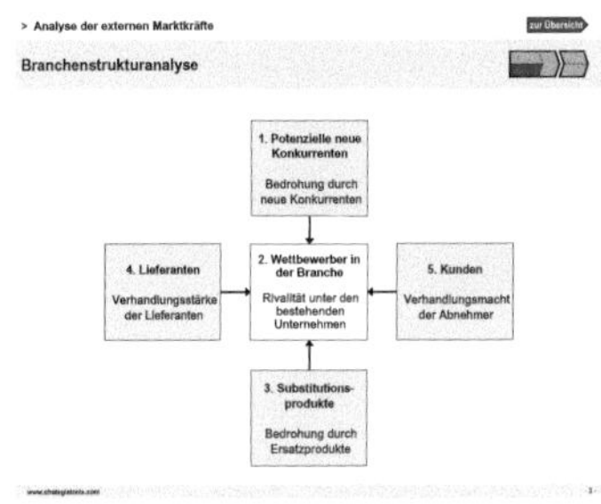

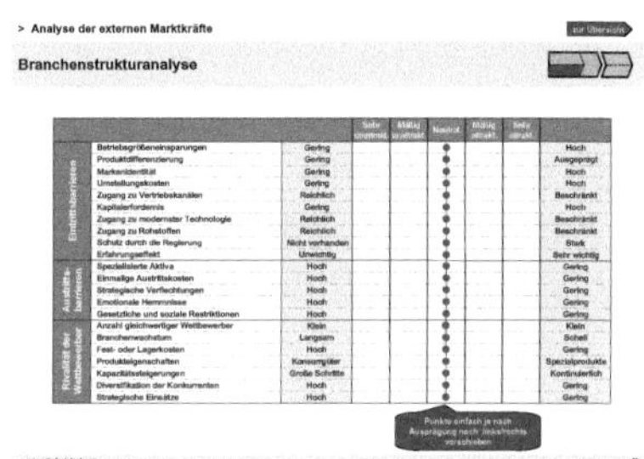

2.7.8 Verwandte und weiterführende Themen

- Substitutionsanalyse

  Die Substitutionsanalyse ist eine Detailanalyse der Branchenstrukturanalyse und stellt als alleinstehendes Analyseinstrument weitere Aspekte der Substitutionsgefahr dar.
- Konkurrenzanalyse

  Die Konkurrenzanalyse stellt eine der Detailanalysen der Branchenstrukturanalyse dar und ermöglicht als isoliertes Instrument tiefere Einblicke in die Wettbewerbsposition eines Unternehmens.
- SWOT-Analyse

  Die Ergebnisse der Branchenstrukturanalyse enthalten Aussagen über die Stärken und Schwächen sowie Chancen und Risiken eines Unternehmens, die mit Hilfe des SWOT-Ansatzes analysiert werden.
- Umweltanalyse

  Die Einflüsse der Unternehmensumwelt wirken auf die Dynamik der Branche. Bei jeder Teilanalyse kann die Umweltanalyse daher wichtige Informationen liefern.
- Lebenszyklusanalyse

  Der Fortschritt des Produktlebenszyklus wirkt auf Eintrittsbarrieren, auf Verhandlungsmacht von Kunde und Lieferant, auf die Entwicklung von Substitutionsprodukten sowie auf die Rivalität innerhalb der Branche, so dass die Erkenntnisse über den Lebenszyklus Hinweise auf die Branchendynamik geben können.

2.7.9 Literaturhinweise

PORTER, M. E. (1999): *Wettbewerbsstrategie (Competitive Strategy)*, 10. Aufl., Campus Verlag, Frankfurt am Main/New York 1999.

3 Aggregation zu einem Portfolio

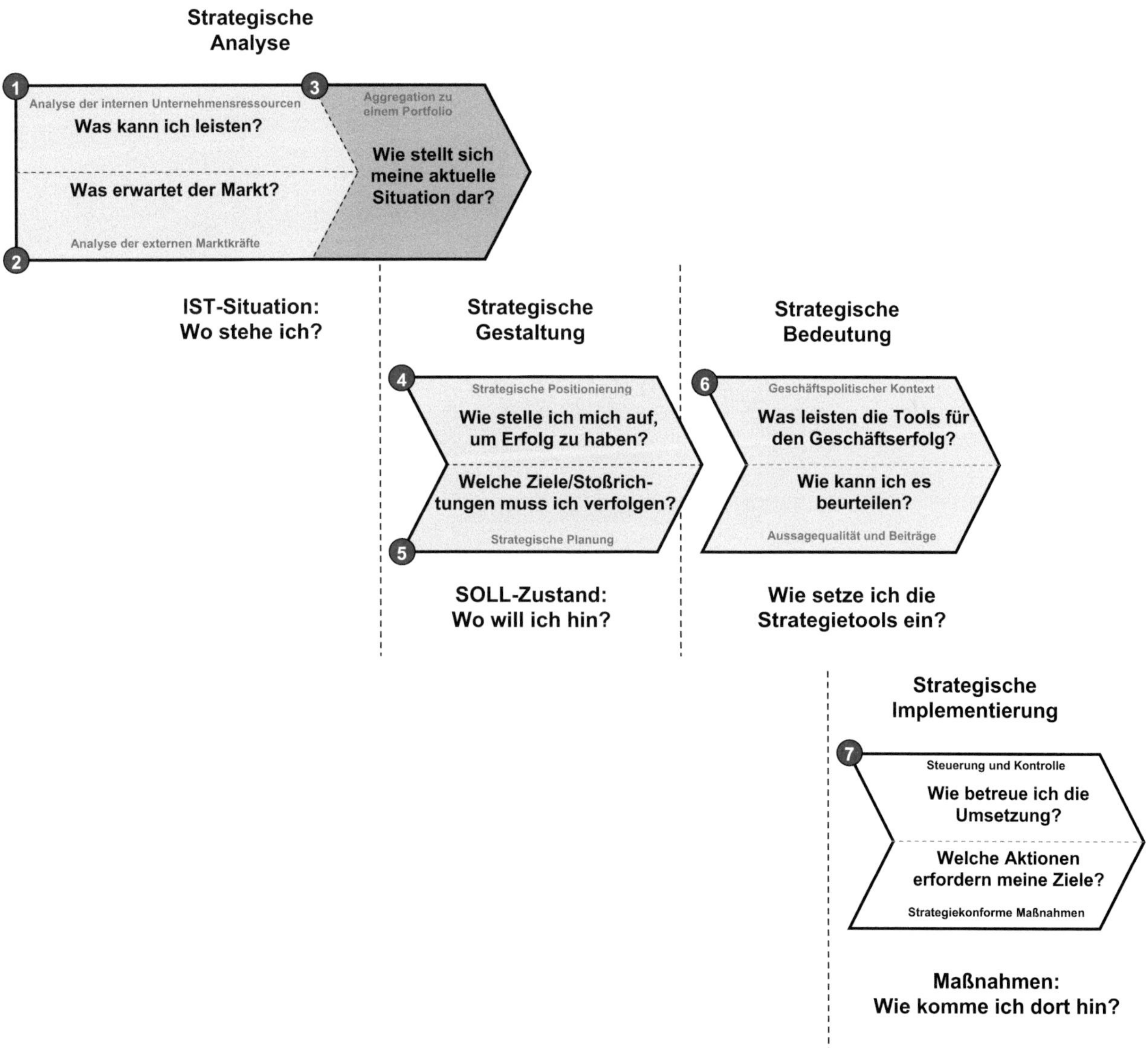

3.1 SWOT-Analyse

LEITFRAGEN:

- Welche Informationen müssen bei der Strategieentwicklung beachtet werden?
- Wie kann eine unternehmerische Ausgangssituation erfasst werden?
- Wie können verschiedene Analysen zu einem Gesamtüberblick zusammengefasst werden?

3.1.1 Zielsetzung und Anwendungsgebiet

MERKE: **SWOT =**

- Stärken
- Schwächen
- Chancen
- Risiken

SWOT ist ein Akronym und die Anfangsbuchstaben stehen für **S**trengths, **W**eeknesses, **O**pportunities and **T**hreats. Zu Deutsch bedeutet die SWOT-Analyse demnach Stärken-Schwächen-Chancen-Risiken-Analyse. Der SWOT-Analyse kommt im Kontext dieses Buches eine Schlüsselfunktion zu. Die SWOT-Analyse verkörpert die auch diesem Buch zu Grunde gelegte Struktur in besonders einfacher und plakativer Weise. Sie bietet ein Analyseraster zur Entwicklung strategischer Optionen und berücksichtigt dabei unternehmensinterne wie -externe Rahmenbedingungen, siehe Bild 3.1.

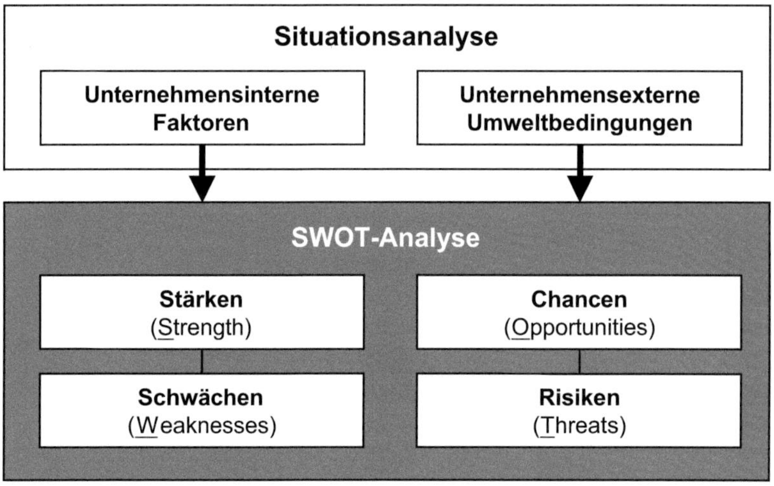

BILD 3.1 Aufbau der SWOT-Analyse

MERKE: Die SWOT-Analyse kombiniert die interne Wettbewerbsstärke mit externen Umweltbedingungen.

Diese allgemein gültige Vorgehensweise in Bezug auf strategische Fragestellungen wird in kaum einem anderen Ansatz ähnlich deutlich gemacht. Wie bei den Portfolioansätzen aggregiert die SWOT-Analyse sämtliche Informationen mittels einer Matrix und leitet individuelle strategische Handlungsempfehlungen ab. Die Anwendungsgebiete sind nicht einschränkbar. Die SWOT-Analyse kann im Grunde für sämtliche Fragestellungen angewandt werden, in denen ein Individuum in einem Umfeld agiert und Entscheidungen treffen muss.

TIPP: Die SWOT-Analyse kann auch einfach als Denkanstoß oder zur Problemstrukturierung herangezogen werden.

Die SWOT-Analyse kann sowohl isoliert und dann oberflächlicher als auch in Kombination mit anderen Instrumenten angewandt werden. Im letzteren Fall fungiert das SWOT-Portfolio dann eher als Analyseraster, welches Informationen aus spezifischen Analysen in einen Gesamtzusammenhang bringt, um konkrete Strategien und Maßnahmen ableiten zu können.

3.1.2 Beschreibung

Die SWOT-Analyse verknüpft ressourcenorientierte Denkmuster mit marktlichen Ansätzen, indem sie unternehmensinterne Stärken und Schwächen unternehmensexternen Chancen und

Risiken gegenüberstellt. Der unternehmensinterne Teil der SWOT-Analyse vergleicht spezifische Stärken und Schwächen des Unternehmens mit denen der Wettbewerber, um Wettbewerbsvor- und -nachteile zu identifizieren. Wettbewerbsvorteile ermöglichen einem Unternehmen Gestaltungsmöglichkeiten und damit die Handlungsfähigkeit als Basis strategischen Handelns. Die allgemeinste Methode zur Identifikation unternehmensinterner Stärken und Schwächen ist die gleichnamige Stärken- und Schwächenanalyse (vgl. Kapitel 1.16). Gemäß der Struktur dieses Buches können aber sämtliche Instrumente im Rahmen der **Analyse der internen Unternehmensressourcen** (Kapitel 1) als Input-Quelle für die SWOT-Analyse fungieren. Daneben können Analyseergebnisse auch mit anderweitigen Informationen angereichert werden, die Aufschluss über unternehmerische Stärke und Schwäche geben – beispielsweise Erfahrungswissen langjähriger Mitarbeiter.

Neben den internen Faktoren werden auch die externen Rahmenbedingungen in Form der Unternehmensumwelt berücksichtigt. Analog kommen als Input-Quellen sämtliche Instrumente in Frage, die in diesem Buch unter dem Kapitelnamen **Analyse der externen Marktkräfte** (Kapitel 2) vorgestellt werden. Aus jedweden Umwelt- und Marktentwicklungen ergeben sich für die Unternehmung Chancen und Risiken, die sie im Rahmen strategischer Optionen beachten muss, um die eigenen Ressourcen effizient, d. h. hier erfolgsorientiert zu nutzen.

Erst das kombinierte Wissen von unternehmensinternen Stärken und Schwächen einerseits und unternehmensextern bedingten Chancen und Risiken andererseits gewährleistet solide strategische Überlegungen. Da die SWOT-Analyse für beide Dimensionen zwei grundsätzliche Ausprägungen berücksichtigt, ergeben sich in Summe vier Kombinationsmöglichkeiten, für welche Normstrategien abgeleitet werden können (auf diese wird gesondert im Rahmen der strategischen Planung, Kapitel 5, eingegangen).

3.1.3 Voraussetzungen und notwendiger Input

Die SWOT-Analyse kann in relativ oberflächlicher Form ohne speziellen Input angewendet werden, indem erfahrene Führungskräfte oder langjährige Mitarbeiter in Workshops und Diskussionsrunden eigenständig Stärken und Schwächen sowie Chancen und Risiken beziffern. Deren Wissen bildet dann den allein notwendigen Input. Im Rahmen detaillierter Analysen sollte ein SWOT-Portfolio allerdings der Fragestellung entsprechend mit spezifischen Analyseergebnissen gespeist werden. Hierfür kommen prinzipiell sämtliche Instrumente in Betracht, die nach der gleichen Struktur in diesem Buch vorgestellt werden. Bild 3.2 visualisiert die Instrumente in einer Übersicht, deren Ergebnisse mit Hilfe eines SWOT-Portfolios aggregiert und interpretiert werden können.

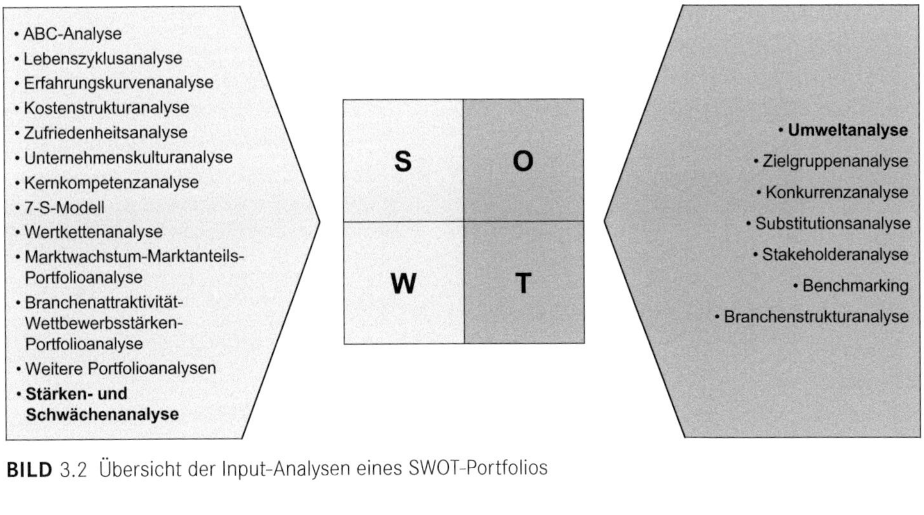

BILD 3.2 Übersicht der Input-Analysen eines SWOT-Portfolios

3.1.4 Vorgehensweise

Die Vorgehensweise gleicht vom Prinzip her dem Aufbau dieses Buches und gliedert sich in die Analyse interner und externer Kräfte sowie die finale Aggregation als Basis zur Ableitung strategischer Optionen.

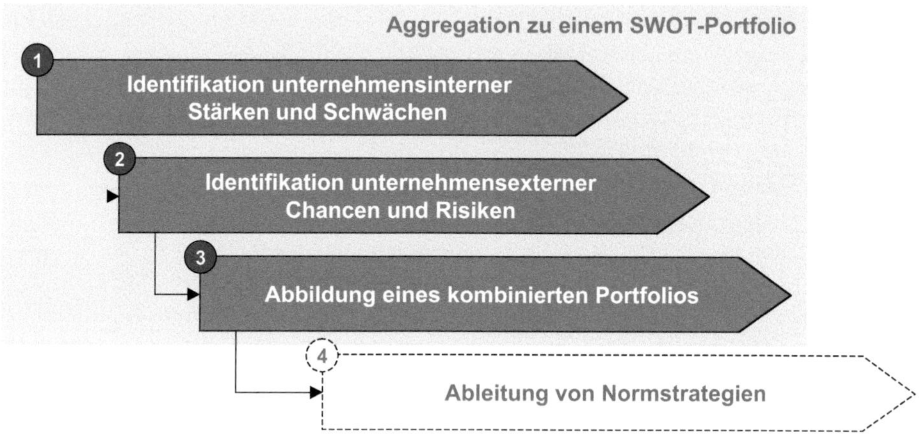

BILD 3.3 Vorgehensweise bei der SWOT-Analyse

CHECKLISTE:
1. Identifikation interner Stärken und Schwächen.
2. Identifikation extern bedingter Chancen und Risiken.
3. Kombination der beiden Dimensionen.

Schritt 1: Identifikation von Stärken und Schwächen

Unabhängig davon, dass unterschiedliche Instrumente zur Identifikation der Stärken und Schwächen hinzugezogen werden können, wird an dieser Stelle beschrieben, was in jedem Fall in diesem ersten Schritt abgedeckt werden sollte.

Stärken und Schwächen ergeben sich aus eigenen Leistungspotenzialen, die in Relation zu den Wettbewerbern gewertet werden sollten, um die nutzbare Potenzialhöhe zu erkennen. Eigene Leistungspotenziale können finanzielle, organisatorische, technologische, personelle oder zeitliche Hintergründe haben. Zur genauen Vorgehensweise mittels Profilvergleich sei auf die Stärken- und Schwächenanalyse verwiesen (Kapitel 1.16). Mit einer Wertkettenanalyse (Kapitel 1.12) würde man gar noch detailliertere Ergebnisse erhalten, indem dort die relative Wettbewerbsstärke bezüglich aller Wertschöpfungsstufen untersucht wird. Der Aufwand steigt jedoch überproportional.

BEACHTE: Bei der Aggregation muss konsequent auf die Differenzierung der externen und internen Dimension geachtet werden, was eine hohe Aufmerksamkeit des Workshop-Moderators verlangt.

Schritt 2: Identifikation von Chancen und Risiken

Chancen und Risiken ergeben sich aus dem Unternehmensumfeld. Gemäß den detaillierten Beschreibungen im Kapitel 2.1 über die Umweltanalyse können Chancen und Risiken demnach von ökonomischen, soziokulturellen, globalen, technologischen, politisch-rechtlichen und demografischen Faktoren bestimmt werden. Die genaue Vorgehensweise zur Bewertung der Umweltfaktoren wurde bereits vorgestellt, so dass darauf an dieser Stelle verzichtet wird. Eine alternative, in der Literatur häufig verwendete Differenzierung ist in diesem Kontext die zwischen Makro- und Mikroumwelt. Makroumwelt bezeichnet im Wesentlichen die aufgezählten Einflussfaktoren, wohingegen Mikroumwelt die Gesamtheit der Stakeholder umfasst. Ein entsprechendes Kapitel wird ebenfalls in diesem Buch vorgestellt (Kapitel 2.5).

Schritt 3: Abbildung eines kombinierten Portfolios

Der Kern der SWOT-Analyse ist die Zusammenfassung unternehmensinterner Stärken und Schwächen mit extern bedingten Chancen und Risiken in einem Portfolio. Aufgrund der nur vier Felder resultiert bei der Gegenüberstellung der beiden Dimensionen eine einfache

Matrix, die in Bild 3.4 gezeigt wird. Je nach Umfang der Analyse sollte gegebenenfalls vor der Aggregation eine Priorisierung durchgeführt werden, so dass eine gewisse Übersicht gewahrt bleibt.

Die Ableitung der Normstrategien wird im Kapitel 5.1 gesondert beschrieben.

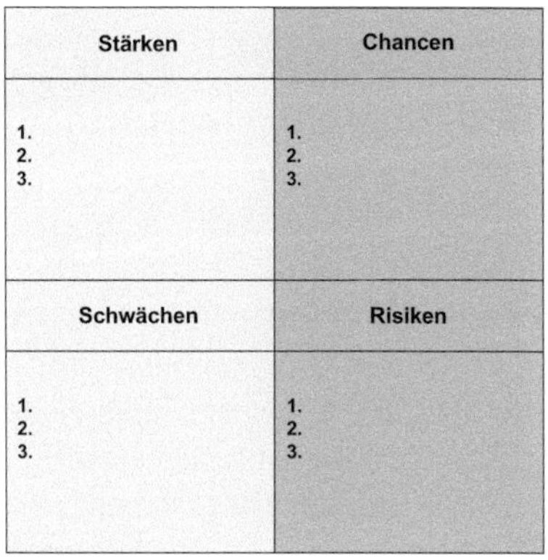

BILD 3.4 Exemplarisches SWOT-Portfolio

3.1.5 Vor- und Nachteile

Vorteile	Nachteile
• Einfache Zusammenfassung möglicherweise komplexer Analysen • Übersichtliche Strukturierung • Universelle Anwendbarkeit	• Unterschiedlicher Zeitbezug der beiden Dimensionen: Die Analyse interner Ressourcen ist vorwiegend eine reine Ist-Betrachtung, wobei die externen Umweltbedingungen häufig für die Zukunft prognostiziert werden • Mitunter schwierige Datenbeschaffung (siehe vorgelagerte Kapitel) • Gefahr mangelnder Objektivität • Quantifizierbarkeit der Faktoren kann schwierig sein

TABELLE 3.1 Vor- und Nachteile der SWOT-Analyse

3.1.6 Praxisbeispiel

Ein Praxisbeispiel wird im Rahmen der SWOT-Strategien geschildert.

3.1.7 Vorlagen zum Download

Der Downloadbereich beinhaltet Vorlagen für SWOT-Matrizen: sowohl die einfache 4-Felder-Variante als auch die Vorlage zur Ableitung der im Kapitel 5.1 vorgestellten SWOT-Strategien. Die Vorlagen zur Unterstützung der Datenbeschaffung in den beiden Dimensionen sind bei den entsprechenden Kapiteln abgelegt.

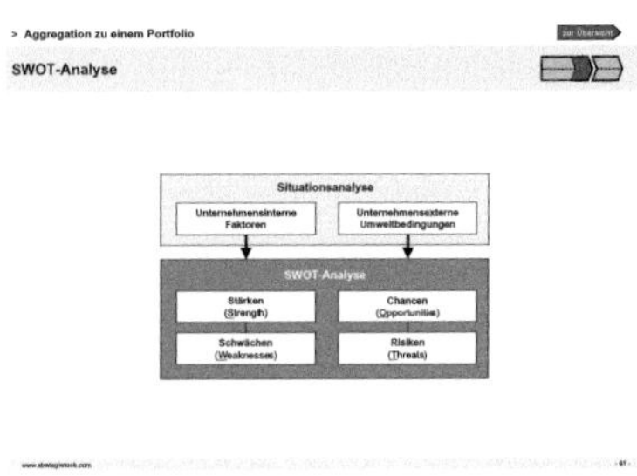

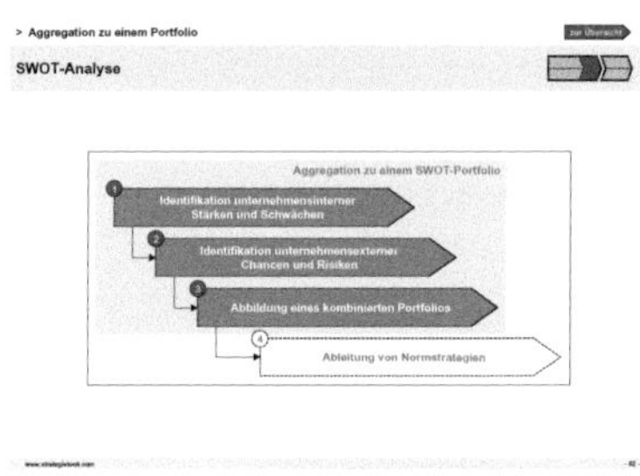

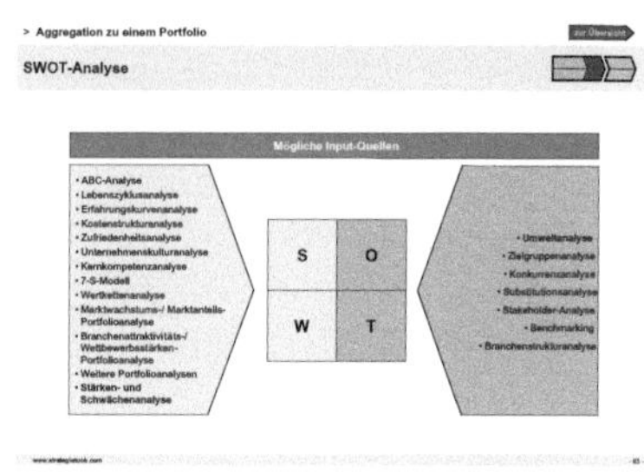

3.1.8 Verwandte und weiterführende Themen

Dieser Abschnitt könnte mit sämtlichen vor- und nachgelagerten Instrumenten gefüllt werden und hätte noch lange keinen Anspruch auf Vollständigkeit. Die anderen Instrumente bzw. deren Analyseergebnisse können jeweils entweder als Input für die SWOT-Analyse fungieren oder wiederum auf ihren Ergebnissen aufbauen (im Bereich der strategischen Positionierung und Planung). Auf lange, redundante Listen wird an dieser Stelle demnach verzichtet.

3.1.9 Literaturhinweise

HITT, M. A. / IRELAND, R. D. / HOSKISSON, R. E. (1999): *Strategic Management: Competitiveness and Globalization,* 3. Aufl., South-Western College Publishing 1999.

4 Strategische Positionierung

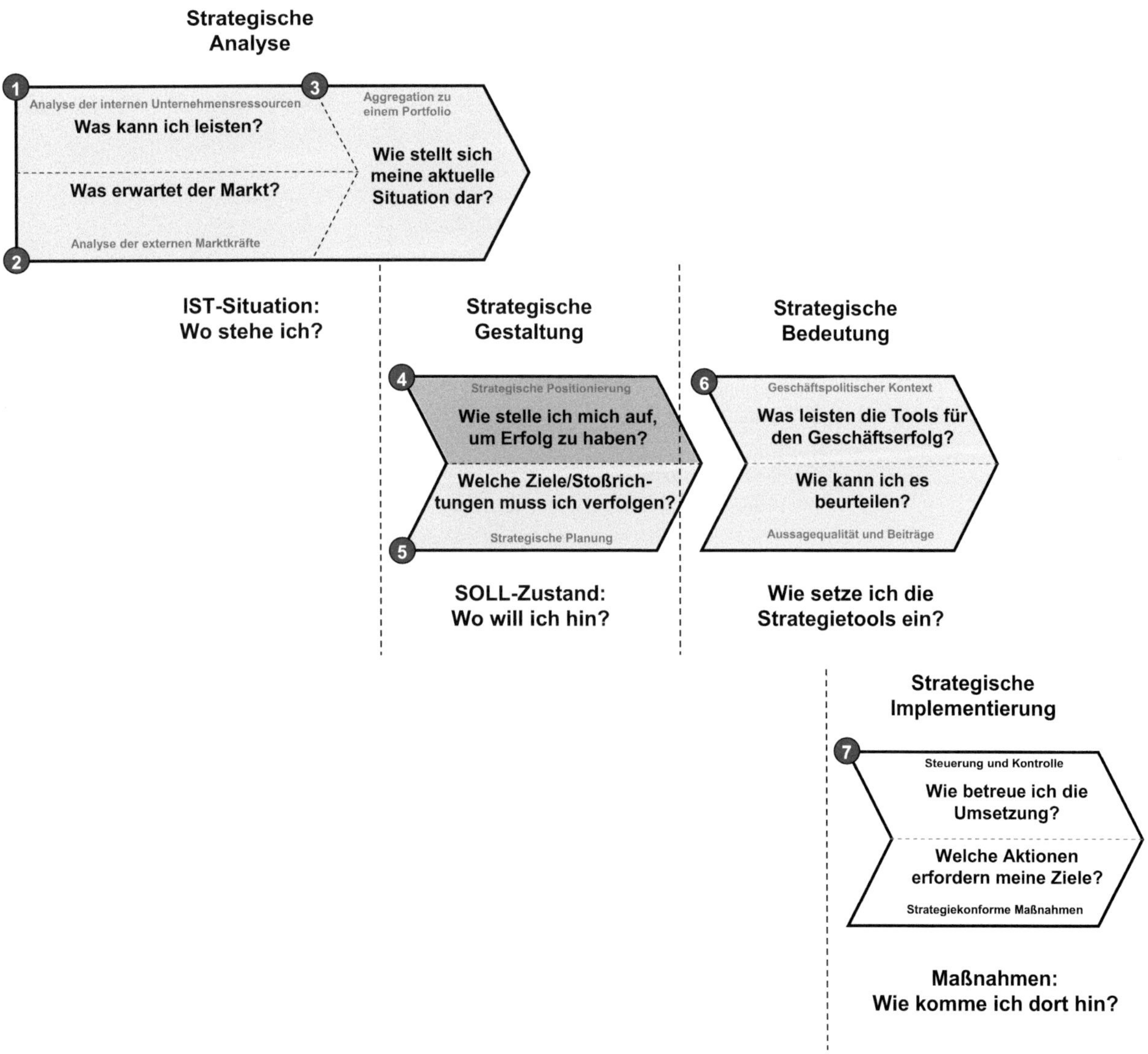

4.1 Marktfeldstrategien nach Ansoff

LEITFRAGEN:

- Welche verschiedenen Wachstumsstrategien bieten sich mir?
- Wie erfolgt die Auswahl?
- Wie plane ich die Ausweitung des Leistungsangebots?

4.1.1 Zielsetzung und Anwendungsgebiet

Die Produkt-Markt-Matrix nach Ansoff unterstützt die Konzeption von Wachstumsüberlegungen durch eine leicht nachvollziehbare Strukturierung der Weiterentwicklung des bestehenden Leistungsprogramms. Als theoretischer Rahmen bietet sie dem Management eine grundsätzliche Übersicht möglicher Marktfeldstrategie-Optionen sowie anschließend die Abbildung und Einordnung der ausgewählten Wachstumskurse.

Die Ansoff-Matrix findet insbesondere bei der Planung von Marketingstrategien Anwendung. Zwar dient sie grundsätzlich der Gestaltung allgemeiner Geschäftsstrategien, diese benötigen jedoch aufgrund der höheren Komplexität verschiedene Analysen, so dass die Ansoff-Matrix nur selten Verwendung finden kann. Hingegen lassen sich Marketingprogramme mittels der Ansoff-Matrix relativ übersichtlich auf verschiedene Wachstumsrichtungen abstimmen. Auch umgekehrt können Expansionsvorhaben an erfolgreichen Marketingstrategien ausgerichtet werden.

Vereinfacht dargestellt unterstützen die Marktfeldstrategien von Ansoff die Bearbeitung folgender Fragestellungen: warum, wo und wie wachsen?

4.1.2 Beschreibung

Die Ansoff-Matrix ordnet Wachstumsstrategien verschiedenen Kombinationen aus Märkten und Produkten zu. Die Gliederung erfolgt zweidimensional jeweils nach neuen und bestehenden Märkten zum einen sowie Produkten zum anderen. Im Ergebnis ergeben sich daraus vier allgemeine Wachstumsstrategien, die aus der Differenzierung hervorgehen und in Matrixform abgebildet werden können, siehe Bild 4.1.

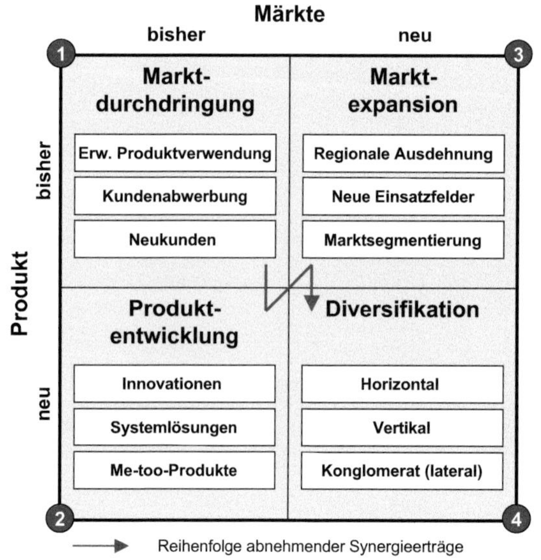

BILD 4.1 Produktfeld-Markt-Kombinationen nach Ansoff (Ansoff-Matrix)

Im Folgenden werden die einzelnen Wachstumsstrategien isoliert charakterisiert, um im Anschluss auf die Ordnung einzugehen.

Marktdurchdringung: Erhöhung des Marktanteils im bestehenden Produkt-Markt-Umfeld durch eine Intensivierung der Marktbearbeitung.

Intensivierte Marktbearbeitung kann über verschiedene Wege geschehen. Die **Erweiterung der Produktverwendung** bei bestehenden Kunden stellt eine Möglichkeit dar. Durch Produktverbesserungen in Form von Modifikationen im Design (Face-Lifting) oder ergänzenden Produkteigenschaften (Add-ons) kann eine breitere Anwendungspalette erreicht werden, um die Kundenzufriedenheit und damit infolgedessen die Kundenloyalität zu steigern. Mittels ständiger Produktverbesserungen, gesteigertem Werbeaufwand und intensiverer Nutzung bestehender Distributionskanäle wird der Ersatzbedarf des Kunden beschleunigt, d. h. die Lebensdauer der Produkte verkürzt, um den eigenen Absatz zu erhöhen. Die Veränderung der Verkaufseinheiten ist ein weiteres probates Mittel in diesem Zusammenhang (z. B. 1,5-Liter-PET-Getränkeflaschen anstatt herkömmlicher 1-Liter-Flaschen) wie auch der gezielte Relaunch bestehender Produkte.

Ein zweiter Weg intensivierter Marktbearbeitung ist die **Gewinnung zusätzlicher Kunden durch Abwerbung** von Wettbewerbern. Produktverbesserungen durch Zusatzeigenschaften, die gezielt auf Bedürfnisse der Kunden der Wettbewerber ausgerichtet sind, sollen die Neukundenakquisition unterstützen. Daneben ist bei der Abwerbung von Kunden eine konkurrenzfähige Preispolitik von entscheidender Bedeutung, da Kunden im Zuge transparenterer Märkte immer einfachere Möglichkeiten eines Preisvergleichs haben (z. B. über das Internet). Die Technologieorientierung „early follower“, d. h. die zeitnahe Imitation von Konkurrenzprodukten, ist eine branchenübergreifend weit verbreitete, effiziente Strategieoption. Hierbei überlassen die Hersteller den ersten Boom, aber auch die Entwicklungsarbeit anderen, kopieren das Produkt weitestgehend und versuchen, die Kunden mit beschriebenen Maßnahmen für sich zu gewinnen. Direktvertrieb bzw. allgemein neue, ergänzende Absatzkanäle sowie die Beeinflussung von Ausschreibungen sind ebenfalls im Rahmen der Abwerbung von Kunden zu nennen.

Der dritte und hier letzte skizzierte Weg intensivierter Marktbearbeitung ist die Gewinnung neuer Kunden, indem **latenter Bedarf bisheriger Nichtverwender** aktiviert wird. Auch hier werden die Produkte gezielt modifiziert, um dem Bedarf der bisherigen Nichtanwender gerecht zu werden. Kombiniert mit darauf abgestimmten Werbeaktionen, Verkaufsförderungen (z. B. das kostenfreie Anbieten von Proben) sowie preis- und distributionspolitischen Maßnahmen wird versucht, die latente Nachfrage von Käufern zu wecken, die bislang gezögert oder auf Substitute zurückgegriffen haben (siehe auch Kapitel 2.4).

Produktentwicklung: das Anbieten ergänzender Erzeugnisse auf bestehenden Märkten.

Man unterscheidet zum einen echte Innovationen, d. h. **Marktneuheiten.** Weiterhin können Produktentwicklungen an bestehenden Produkten anknüpfen **(quasineue Produkte),** Systemlösungen sind hierfür ein Beispiel (Handheld als Navigationssystem), oder es werden Produkte entwickelt, die nicht für den Markt, wohl aber für das eigene Unternehmen eine Innovation darstellen. Produktneuentwicklungen, die sich von anderen, bereits am Markt befindlichen Produkten nur wenig unterscheiden, werden Me-too-Produkte oder auch **Pseudo-Neuheiten** genannt. Organisationen hinter Mee-too-Produkten können über folgende Merkmale charakterisiert werden: ausgeprägtes Kostenbewusstsein, geringer Forschungs- und Entwicklungsaufwand sowie eine hohe Imitationsfähigkeit. Beispielhaft können hier sämtliche No-Name-Computerhersteller genannt werden, die ihre Systeme kostengünstig und mit geringerem Anspruch an die Qualität fertigen, die Ausstattung bzw. die Produktspezifika aber an den gängigen Standards ausrichten.

Marktexpansion: Ausweitung des aktuellen Angebots auf neue Märkte bzw. ergänzende Marktsegmente.

Das Erschließen zusätzlichen Absatzpotenzials über neue Märkte kann wie folgt unterschieden werden: Als Erstes sei das Erschließen **zusätzlicher geografischer Märkte** aufgeführt. Dieses lässt sich wiederum in regionale, nationale, internationale oder konzentrische Ausdehnung differenzieren. Als Zweites bietet sich das Eindringen in **Zusatzmärkte durch Funktionserweiterungen** an. Das heißt, bestehende Produkte oder Technologien werden modifiziert, um neue Anwendungsbereiche und Einsatzfelder bearbeiten zu können. Ein typisches Beispiel ist hier die Übersetzung einer Software auf verschiedene Sprachen bzw. deren inhaltliche Anpassung für einen internationalen Einsatz. Außerdem können neue Teilmärkte erschlossen werden, indem **Variationen vorhandener Produkte** gefördert werden. Hierunter fallen vorrangig abnehmergruppenspezifische Differenzierungen, entweder hinsichtlich der Produktausgestaltung (z. B. spezielle Computer mit Lernsoftware für Kinder) oder bezüglich des Vertriebs (z. B. Kundensegmentierungen oder Einsatz spezifischer Medien).

Diversifikation: Expansion des Unternehmens außerhalb des bestehenden Produkt-Markt-Umfelds.

Im Falle von Diversifikation wird das bestehende Leistungsangebot um Produkte ausgeweitet, die (a) höchstens bedarfsverwandt sind und (b) in keinem direkten Zusammenhang mit dem bisherigen Produkt-Markt-Umfeld des Unternehmens stehen. Ansoff unterscheidet hierbei horizontale, vertikale und konglomerate Diversifikation.

Horizontale Diversifikation bezeichnet die Erweiterung des Leistungsprogramms um verwandte Produkte oder Dienstleistungen, um eigene Kernfähigkeiten vielfältiger zu nutzen und Synergien freizusetzen. Beispielhaft ist hier, wenn ein Kfz-Motorenhersteller zusätzlich Boots- oder Motorrad-Triebwerke herstellt. Grundsätzlich verspricht man sich dabei eine Ertragssteigerung und/oder eine Risikominimierung. Speziellere Motive sind weiterhin finanzieller Natur:

- Aktivitäten auf gesättigten Märkten mit wenig Wachstum und geringen Renditen fordern die Ausweitung des bestehenden Leistungsprogramms.
- Das Konkursrisiko reduziert sich und somit kann mehr Fremdkapital eingesetzt werden.
- Horizontale Diversifikation gleicht Ertrags- und Nachfrageschwankungen aus.
- Innerbetrieblich können Gewinne steuerlich wirksam verschoben werden.

Synergien können insbesondere in produktions- und vertriebsnahen Bereichen erreicht werden, wenn z. B. der Auslastungsgrad gesteigert oder das vorhandene Vertriebsnetz effizienter genutzt werden kann. Unter Umständen spielen auch individuelle Motive der Unternehmensleitung eine Rolle, indem das Management über unternehmerisches Wachstum mehr Ansehen, Macht und damit auch persönliche Sicherheit erlangt.

Unter **vertikaler Diversifikation** wird die Ausweitung des eigenen Leistungsprogramms auf vormals vor- oder nachgelagerte Wertschöpfungsstufen verstanden (siehe auch Kapitel 1.12). Die Angliederung von Unternehmensbereichen, die bisher als Kunden beliefert wurden, wird **Vorwärtsintegration** genannt (z. B. ein Chiphersteller dehnt das Geschäft auf fertige Computersysteme aus), wohingegen **Rückwärtsintegration** die Selbstherstellung von Produkten bezeichnet, die ehemals von Lieferanten bezogen wurden (z. B. ein Computerhersteller stellt Grafikkarten selbst her). Hinter der Entscheidung des Grades vertikaler Integration steht im Grunde die im Sprachgebrauch geläufige Make-or-buy-Entscheidung, d. h. ist es wirtschaftlicher, bestimmte Wertschöpfungsstufen selbst herzustellen/zu leisten (make) oder sie extern zu beziehen (buy).

Die Motive hinter vertikaler Integration sind unterschiedlicher Natur. Vereinfacht ausgedrückt, treffen Transaktionskostenvorteile häufig die Make-or-buy-Entscheidung. Liegen die Transaktionskosten, die bei der Vertragsanbahnung, -abwicklung, -anpassung und -kontrolle entstehen (vgl. Williamson, 1985), im Rahmen der eigenen Hierarchie (make) unter den

Kosten, die durch eine Marktlösung (buy) resultieren, wird in der Regel integriert. Weiterhin ist die Sicherung von Beschaffungs- und Absatzmöglichkeiten häufig der strategische Beweggrund für vertikale Integration. Sollte die Qualität bezogener Produkte von hoher Relevanz sein, der eigene Bedarf steigen, sollte Rückwärtsintegration in Betracht gezogen werden. Besonders empfehlenswert erscheint eine Rückwärtsintegration, wenn die eigene Fertigung äußerst kapitalintensiv ist und von Unterauslastung aufgrund von Lieferengpässen bedroht ist (siehe auch Kapitel 2.7). Weitere Vorteile vertikaler Integration sind die Erhöhung der Wertschöpfung, welche Schutz vor feindlichen Übernahmen bietet und eine Steigerung der Verhandlungsmacht gegenüber Lieferanten und Kunden mit sich bringt, sowie Ertrags- und Wettbewerbsvorteile. Ertragsvorteile ergeben sich dabei besonders durch die gemeinsame Nutzung unternehmerischer Fähigkeiten und Ressourcen. Wettbewerbsvorteile resultieren aus erhöhten Markteintrittsbarrieren möglicher Konkurrenzunternehmen, erweiterten Spielräumen für Mischkalkulationen und internen Subventionierungsmöglichkeiten von Bereichen, die einem erhöhten Wettbewerbsdruck ausgesetzt sind.

Konglomerate bzw. laterale Diversifikation bezeichnet das Anbieten neuer, mit dem bestehenden Leistungsangebot nicht verwandter Produkte oder Technologien auf bis dahin nicht bearbeiteten Märkten (Konglomerat = Zusammenballung, Gemisch). Aufgrund der mangelnden Verwandtschaft zum angestammten Produktportfolio werden weniger funktionale, als vorrangig finanzielle Synergien freigesetzt. Diese äußern sich in einer Minimierung des unternehmerischen Risikos und einer Steigerung des Unternehmenswertes. Entsprechend bestimmen auch die Finanzen die Motive für konglomerate Diversifikation. Da der Cashflow aus grundsätzlich unterschiedlichen Unternehmensbereichen nicht miteinander korreliert ist, d. h. sich komplett unabhängig voneinander entwickelt und anderen Einflussfaktoren ausgesetzt ist, kann der gesamte Unternehmens-Cashflow durch konglomerate Diversifikation ausgeglichen werden, sprich er entwickelt sich konstanter. Außerdem ergibt sich durch die Diversifikation eine größere Fremdkapitalkapazität. Funktionale Synergien aus beispielsweise einer gemeinsamen Nutzung des Vertriebsnetzes hängen stark vom Einzelfall ab.

Ordnet man die vier Wachstumsstrategien der Reihe nach, entwickeln sich die Synergieerträge und das mit der Strategie verbundene Risiko gegenläufig: Die Synergieerträge nehmen ab, da funktionale Synergien mit abnehmender Verwandtschaft zwischen bestehendem und geplantem Produktangebot in geringerem Maße realisierbar werden. Das Risiko steigt aus dem gleichen Grund: je ferner das neue Produkt oder der neue Markt, desto weniger helfen die bestehenden Erfahrungswerte bei der Marktbearbeitung. Dieser Zusammenhang wird in Bild 4.2 dargestellt.

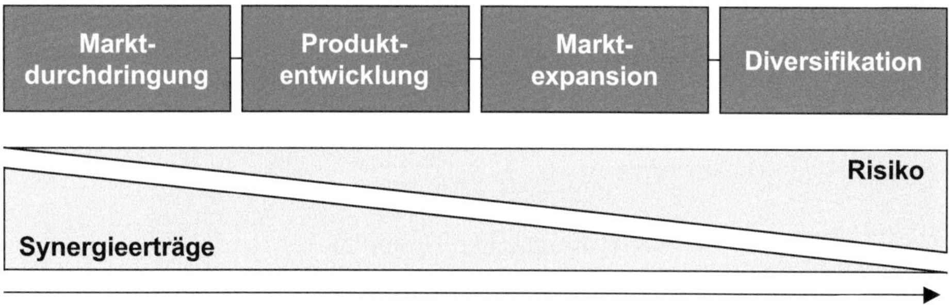

BILD 4.2 Reihenfolge der Wachstumsstrategien nach Ansoff gemäß Risiko und Synergie

4.1.3 Voraussetzungen und notwendiger Input

Die Ansoff-Matrix setzt als Instrument zur Konzeption von Wachstums-/ Marktstrategien, also zur strategischen Positionierung gemäß der in diesem Buch angewandten Gliederungsstruktur sowohl interne Unternehmensanalysen als auch Analysen der externen Marktkräfte voraus.

In der Praxis sind im Weiteren Kreativitätssitzungen mit Experten und Führungskräften notwendig, um Implikationen aus der Ansoff'schen Produkt-Markt-Matrix für die eigene unternehmerische Situation abzuleiten und weitere Schritte zu gestalten.

4.1.4 Vorgehensweise

MERKE: Phase 2 bildet den Kern der Ansoff-Matrix im Sinne der Beschreibung strategischer Optionen. Die weiteren Phasen sind Erläuterungen zur Anwendung.

Die Anwendung der Ansoff-Matrix lässt sich in ein Phasenmodell gliedern. Die erste Phase bilden Analysen der Ist-Situation als grundsätzliche Anforderung an strategische Planungsinstrumente. In der zweiten Phase werden die sich anbietenden Wachstumsstrategieoptionen dargestellt und als Entscheidungsvorlage aufbereitet. Diese Phase beinhaltet somit im Wesentlichen die Theorie der Ansoff-Matrix. Phase drei umfasst die Auswahl zielgerichteter Wachstumsstrategien auf Basis der analysierten Ausgangssituation über eine Nutzwertanalyse. In der finalen Phase 4 wird die gesamte Wachstumsstrategie für die weiteren Schritte zusammengefasst und kompakt abgebildet.

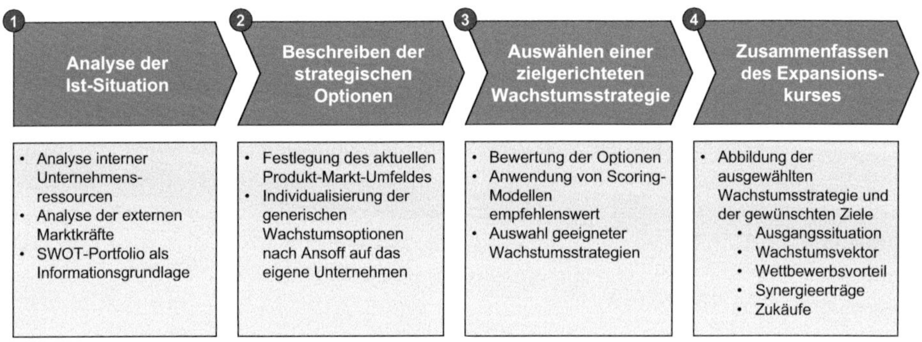

BILD 4.3 Vorgehensweise der Verwendung der Ansoff-Matrix

MERKE: Zur Abbildung der Strategieoptionen muss vorab das aktuelle Produkt-Markt-Umfeld bestimmt werden.

Potenzielle Wachstumsvektoren brauchen einen Startpunkt.

Schritt 1: Analyse der Ist-Situation

Die Notwendigkeit solider Analysen als Basis strategischen Managements ist ausreichend beschrieben (siehe Einleitung). Minimum ist die Abbildung der Ist-Situation in einem SWOT-Portfolio, um interne Stärken und Schwächen sowie externe Chancen und Risiken in die Planung mit einbeziehen zu können (siehe auch Kapitel 3). Die betrachtete Fragestellung bestimmt dann, inwieweit eine Verfeinerung der aggregierten SWOT-Übersicht notwendig wird. Je erfolgskritischer die zu erarbeitenden Wachstumsstrategien einzustufen sind, desto gründlicher und aufwendiger sollten die Analysen sein. Zum Beispiel wäre bezüglich der Erweiterung des eigenen Leistungsangebots die Verwendung von Portfoliotechniken zu empfehlen (vgl. Kapitel 1.13).

BEACHTE: Wichtig bei der „Übersetzung" der Marktfeldstrategien auf das eigene Unternehmen ist die konsequente Beachtung der Ansoff'schen Gliederung nach Produkten/Technologien einerseits und Märkten andererseits.

Schritt 2: Beschreiben der strategischen Optionen

Im Anschluss an die Analyse müssen die Strategieoptionen aufgezeigt werden, welche sich dem Unternehmen bieten. Zu diesem Zweck werden die vier skizzierten Wachstumsstrategien nach Ansoff auf das eigene Unternehmen übertragen und entsprechend abgebildet. Hinsichtlich des praktischen Vorgehens sollte zunächst das aktuell bearbeitete Produkt-Markt-Umfeld festgelegt werden, um die Ausgangsposition zu bestimmen. Im Anschluss kann jeder Quadrant, der eine allgemeine Wachstumsstrategie beschreibt, für das eigene Unternehmen individualisiert werden. Zur Erläuterung: Die Individualisierung der generischen Wachstumsstrategien muss beispielsweise die Festlegung im Bereich „Marktexpansion" umfassen, wie für das eigene Unternehmen zusätzliche geografische Märkte sowie Zusatz- oder Teilmärkte erreicht werden können. Im Ergebnis des zweiten Schritts sollten alle realistischen Wachstumsstrategien abgebildet sein, die sich dem Unternehmen zur

Erweiterung des eigenen Leistungsprogramms bieten, um als Entscheidungsgrundlage für das Management dienen zu können.

Schritt 3: Auswählen einer zielgerichteten Wachstumsstrategie

In dieser Phase müssen die sich bietenden Optionen auf Grundlage der Analyseergebnisse priorisiert werden. Das heißt, die vier grundsätzlichen Wachstumsstrategien werden hinsichtlich der festgestellten Unternehmensstärken und schwächen sowie existierenden Chancen und Risiken des Marktes bewertet. Die Bewertung kann prinzipiell auf verschiedene Wege erreicht werden. Am eingängigsten ist die Anwendung einer Nutzwertanalyse bzw. eines Scoring-Modells (vgl. Kapitel 5.3). Zielsetzung beim Aufbau einer Nutzwertanalyse im vorliegenden Auswahlproblem ist die Bewertung der einzelnen Strategieoptionen gemäß ihrer Vorteilhaftigkeit hinsichtlich der analysierten Ausgangssituation. Das heißt, sämtliche Kriterien müssen in Bezug auf die vier Optionen bewertet werden. Die einzelnen Kriterien können dabei gewichtet werden. Die Bestimmung der Zielkriterien ergibt sich grundsätzlich aus den Inhalten des vorliegenden SWOT-Portfolios sowie Elementen des Unternehmensleitbildes. Konkret kann z. B. eine ausgeprägte Stärke des Unternehmens ein sinnvolles Kriterium sein, so dass im Rahmen der Nutzwertanalyse für jede Wachstumsstrategie jeweils ein Wert festgelegt wird. Dieser bestimmt, in welcher Höhe diese Stärke unter Wahl der Wachstumsstrategie zur Geltung kommt. Andererseits sollten unternehmerische Ziele in den Kriterienkatalog aufgenommen werden, um jeweils zu bewerten, welche Wachstumsstrategie die Erreichung besonders begünstigt. Im Ergebnis werden die Teilbewertungen zusammengefasst. Es resultiert eine Priorisierung der Wachstumsstrategien für den konkreten Anwendungsfall.

> **MERKE:** Bei der Auswahl einer Option muss festgestellt werden, welche die eigenen Stärken und Schwächen nutzt und Chancen und Risiken berücksichtigt.
> Daneben sollte die ausgewählte Option die unternehmerischen Ziele besonders unterstützen.

In weniger komplexen Entscheidungssituationen kann die individuell richtige Wachstumsstrategie unter Berücksichtigung der Analyseergebnisse auch einfach im Rahmen von Workshops ausgewählt werden. Dafür können die einzelnen Wachstumsoptionen jeweils diskutiert und ihre Vor- und Nachteile erfasst werden.

Bei der Auswahl der Wachstumsstrategie sollten grundsätzlich einige Zusammenhänge berücksichtigt werden:

Das Risiko einer Strategie steigt mit abnehmendem Verwandtheitsgrad zwischen dem angestrebten und aktuellen Produkt-Markt-Feld. Ferner sinken die Synergieerträge. Jedoch sind je nach Ausgangssituation tief greifende Expansionen nötig, um die Wettbewerbsfähigkeit zu sichern/ auszubauen. Dieser gegenläufige Zusammenhang muss unbedingt beachtet werden. Das heißt, beispielsweise fordern gesättigte Märkte und rückläufige Margen die Ausweitung des Leistungsprogramms, allerdings bestehen keine wesentlichen Erfahrungswerte mit anderen Märkten oder Produkten. Zur Lösung solcher Fragestellungen gibt es keine allgemein gültige Antwort.

> **MERKE:** Kapitalstarke Unternehmen tendieren zur Produktentwicklung, kapitalschwache zur Marktentwicklung.

Weiterhin unterliegt die Wahl zwischen markt- oder produktpolitischer Expansion unternehmensindividuellen Charakteristika – z. B. der Risikobereitschaft oder den verfügbaren Ressourcen. Bei einem kapitalstarken Unternehmen erscheint es zweckmäßig, wegen der höheren Erfolgswahrscheinlichkeit auf Produktentwicklung zu setzen, während sich ein kapitalschwächeres Unternehmen für die Marktentwicklungsstrategie entscheiden sollte.

Schritt 4: Zusammenfassen des Expansionskurses

Im Ergebnis muss die ausgewählte Wachstumsstrategie so kompakt wie möglich, aber detailliert wie nötig zusammengefasst und abgebildet werden. Diese übersichtliche Zusammenfassung dient zum einen der Abstimmung und Fixierung der erarbeiteten Stoßrichtung sowie zum anderen der anschließenden Kommunikation der Wachstumsstrategie.

> **MERKE:** Abbildung der Wachstumsstrategie:
> 1. Ausgangssituation
> 2. Wachstumsvektor
> 3. Wettbewerbsvorteile
> 4. Synergieerträge
> 5. Make-or-buy

Die Zusammenfassung und endgültige Darstellung der Wachstumsstrategie kann in fünf Elemente gegliedert werden (Bild 4.4):

1. Das aktuelle *Produkt-Markt-Umfeld* (Ist) bildet im Wesentlichen die Ausgangssituation ab.
2. Der *Wachstumsvektor* stellt das Zielsystem (Plan) und die daraus abgeleiteten Aktionsprogramme – optimalerweise im Zeitablauf – dar. Eine Visualisierung des Wachstumsvektors auf der Ansoff-Matrix verdeutlicht das strategische Wachstumsziel.

3. Die angestrebten *Wettbewerbsvorteile* werden beschrieben, um die Motive der Ausweitung des Leistungsprogrammes aufzuzeigen.
4. Die Abbildung der angestrebten *Synergieerträge* verdeutlicht die Zusammenhänge und Effekte, welche die steigende Wettbewerbsfähigkeit zukünftig ermöglichen werden.
5. Abschließend sollte differenziert werden, ob das Wachstumsziel mittels *Eigenentwicklung oder Zukauf* realisiert werden soll (make-or-buy).

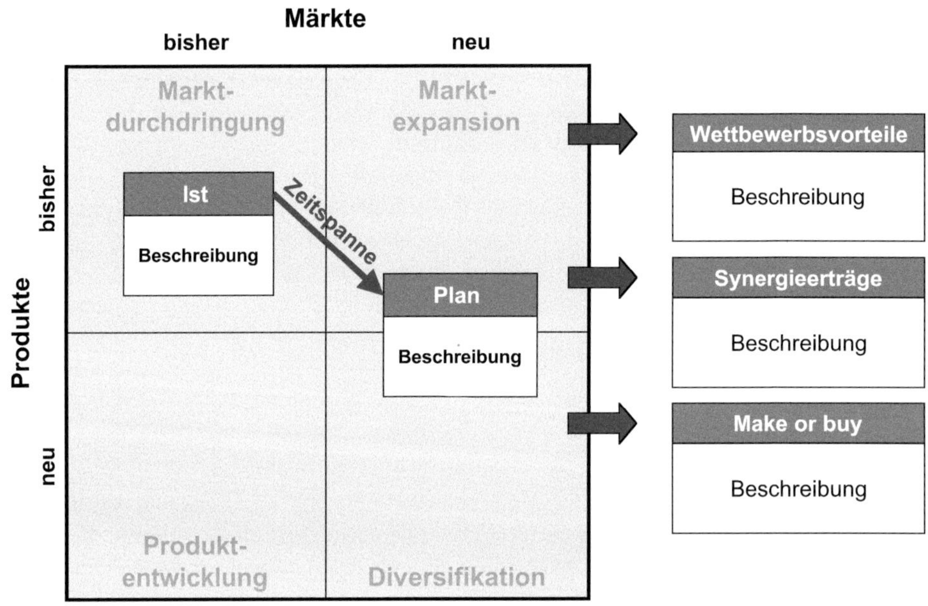

BILD 4.4 Beispielhafte Darstellung einer Wachstumsstrategie

4.1.5 Vor- und Nachteile

Vorteile	Nachteile

• **Leicht einzusetzendes Instrument zur strategischen Planung des Leistungsprogramms**
• **Gute Entscheidungsvorbereitung durch die übersichtliche Abbildung strategischer Optionen**
• **Unmittelbare Handlungsempfehlungen**
• **Große Akzeptanz und hoher Bekanntheitsgrad: Das Instrument wird seit Jahrzehnten erfolgreich in der Praxis eingesetzt**
	• **Unterstellung einer einseitigen Wachstumsorientierung**
	• **Keine Berücksichtigung der Marktteilnehmer durch die Strategieoptionen**
	• **Allgemeine Wachstumsstrategien mitunter stark vereinfacht dargestellt:**
	  • Kosten steigen mit wachsender Marktdurchdringung exponentiell
	  • Die höhere Risikobewertung der Markt- gegenüber der Produktentwicklung ist nicht allgemein gültig
	• **Nur zwei Dimensionen – keine Variationsmöglichkeiten**
	• **Keine allgemein gültigen Regeln zur Auswahl einer Strategie**
	• **Ausgewählte Wachstumsstrategien sind durch ergänzende Analysen zu verifizieren**

TABELLE 4.1 Vor- und Nachteile der Marktfeldstrategien nach Ansoff

4.1.6 Praxisbeispiel

Prinzipiell müssen defensive Wachstumsstrategien, ausgelöst durch mangelnde Perspektiven auf bestehenden Märkten, und offensive zur Realisierung von Chancen durch zusätzliche Absatzpotenziale unterschieden werden. In der Praxis muss diese Unterscheidung aber nicht immer trennscharf sein, wie auch im Folgenden. Am Beispiel der Automobilindustrie kann die Gestaltung des Leistungsportfolios mittels der Ansoff-Matrix dargestellt werden.

Zum einen identifiziert der Automobilhersteller gewisse Kundenbedürfnisse und somit Anforderungen an die eigenen Produkte. Diese Anforderungen werden spezifiziert und sollten die zukünftige Produktentwicklung maßgeblich bestimmen. Auf der anderen Seite werden bestimmte Märkte bearbeitet, ein entsprechendes Service- und Vertriebsnetz besteht dort bereits. Insofern lässt sich zum einen die Ist-Situation, zum anderen aber auch die Soll-Situation auf der Ansoff-Matrix darstellen. Bild 4.5 zeigt eine exemplarische Darstellung.

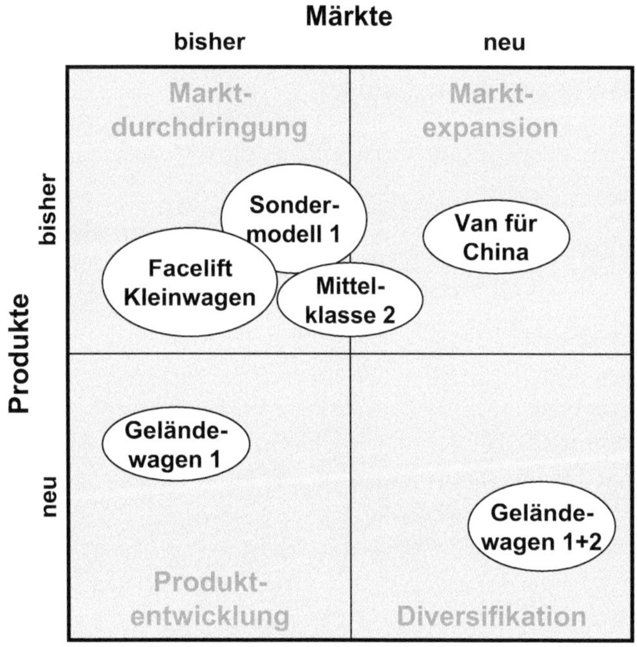

BILD 4.5 Exemplarische Modellpalettenplanung mit der Ansoff-Matrix

Weiterhin können verschiedene Detaillierungsgrade abgebildet werden. Zum Beispiel können entweder einzelne Produkte oder gesamte Modellpaletten behandelt werden oder es kann eine zeitliche Dimension ergänzt werden, indem Wachstumsvektoren mit entsprechenden Eintrittszeitpunkten versehen werden. Ob es sich jeweils um modifizierte oder vollkommen neue Produkte handelt, ergibt sich bereits aus der Matrix. Ebenfalls können und sollten auch die geplanten Marktexpansionen bereits auf der Matrix näher spezifiziert werden, um dem Betrachter ein möglichst umfangreiches Bild zu vermitteln. Außerdem könnte auch noch zwischen verschiedenen Leistungsarten differenziert werden: Produkte, Dienstleistungen, Technologien oder im vorliegenden Beispiel zwischen Neuwagen- versus Gebrauchtwagengeschäft, Service, Dienstleistungen etc.

Wie beschrieben, könnten solche Matrizen entweder als Entscheidungsgrundlage fungieren (man kann problemlos mehrere Alternativen gestalten) oder bereits beschlossene Wachstumskurse aufzeigen.

4.1.7 Vorlagen zum Download

Die PowerPoint-Vorlagen umfassen zu diesem Kapitel zum einen Grafiken inklusive Beschreibungen der 4-Felder-Matrix als auch eine Vorlage zur Nutzwertanalyse für die Auswahl der Wachstumsstrategie (Schritt 3 des Vorgehens). Außerdem finden Sie die Visualisierung der Vorgehensweise.

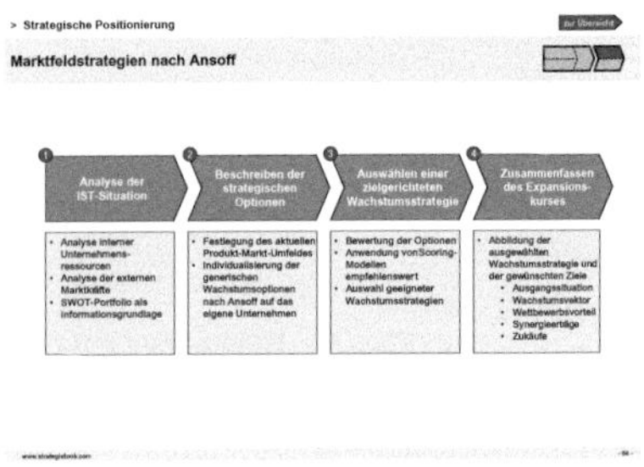

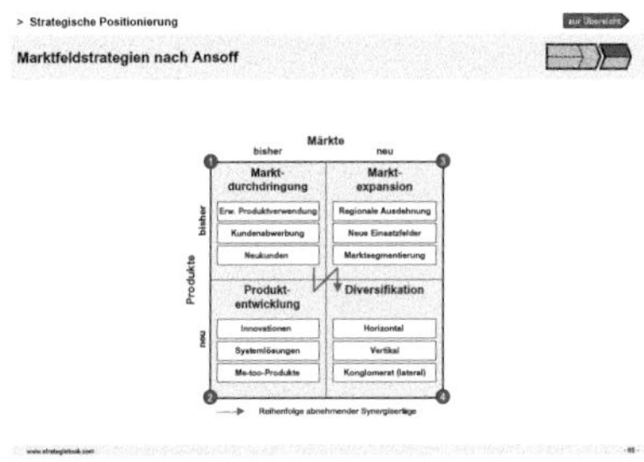

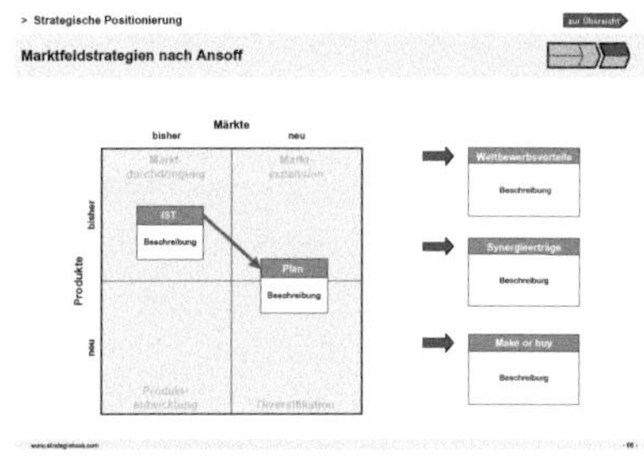

4.1.8 Verwandte und weiterführende Themen

- Diverse interne und externe Analyseinstrumente als notwendiger Input
- SWOT-Analyse

  Um die verschiedenen Wachstumsoptionen nach Ansoff beurteilen zu können, benötigt man sauber aufbereitete Stärken und Schwächen sowie Chancen und Risiken, die für das betrachtete Unternehmen gelten.
- Marktfeldstrategien nach Porter

  Die Marktfeldstrategien nach Porter bilden einen verwandten Ansatz, indem Porter ebenfalls Strategiealternativen hinsichtlich einer zielführenden Positionierung am Markt aufzeigt. Der Ansoff-Ansatz fokussiert hierbei jedoch mehr das unternehmerische Wachstum.
- Scoring-Modelle bzw. die Nutzwertanalyse

  Wie im Schritt 3 der Vorgehensweise beschrieben, benötigt man zur Auswahl einer geeigneten Wachstumsstrategie ein Instrumentarium zur möglichst objektiven Priorisierung der erarbeiteten Optionen: Scoring-Modelle bieten sich hierfür an.
- Synergie/Diversifikation

  Diversifikation im Allgemeinen sowie Synergien im Speziellen sind wesentliche Themen im Bereich des strategischen Managements und auch im Rahmen der Marktfeldstrategien nach Ansoff.

4.1.9 Literaturhinweise

ANSOFF, H. I. (1965): *Corporate Strategy: an analytical approach to business policy for growth and expansion,* New York 1965.

ANSOFF, H. I. (1966): *Managementstrategie,* Verlag Moderne Industrie, München 1966.

WILLIAMSON, O. E. (1985): *The Economic Institutions of Capitalism,* New York 1985.

4.2 Wettbewerbsstrategien nach Porter

LEITFRAGEN:

- Wie profiliert man sich am Markt?
- Welchen Fokus soll man setzen?
- Worauf müssen sich die Prozesse konzentrieren, was sollten die Kernprozesse sein?

4.2.1 Zielsetzung und Anwendungsgebiet

„Competitive Strategy is about being different. It means deliberately choosing a different set of activities to deliver an unique mix of value." Dies ist die Definition von Strategie nach Michael E. Porter. Die beste Strategie für ein Unternehmen ist demnach eine einmalige Konstruktion, die auf individuelle Rahmenbedingungen Rücksicht nimmt. Trotz allem lassen sich nach Porter drei generische Grundstrategien extrahieren, die als Basis strategischer Unternehmensausrichtung Verwendung finden können. Diese Grundstrategien werden auch Wettbewerbsstrategien bezeichnet, weil sie auf vorteilhafte Positionen im Wettbewerb abzielen.

4.2.2 Beschreibung

BEACHTE: Porters Wettbewerbsstrategien beziehen sich auf Geschäftsfelder und weniger auf das Gesamtunternehmen.

Bei Porters Wettbewerbsstrategien handelt es sich um Geschäftsfeldstrategien. Auf Gesamtunternehmensebene wird die generelle Ausrichtung festgelegt, welche im Anschluss unter bestehenden Rahmenbedingungen für die Geschäftsfelder (-bereiche) konkretisiert werden muss. Zwei zentrale Fragen müssen bei der Entwicklung der Geschäftsbereichsstrategie beantwortet werden. Erstens, welcher Markt soll bearbeitet und wie soll dieser abgegrenzt werden, und zweitens, wie soll man sich auf diesem positionieren.

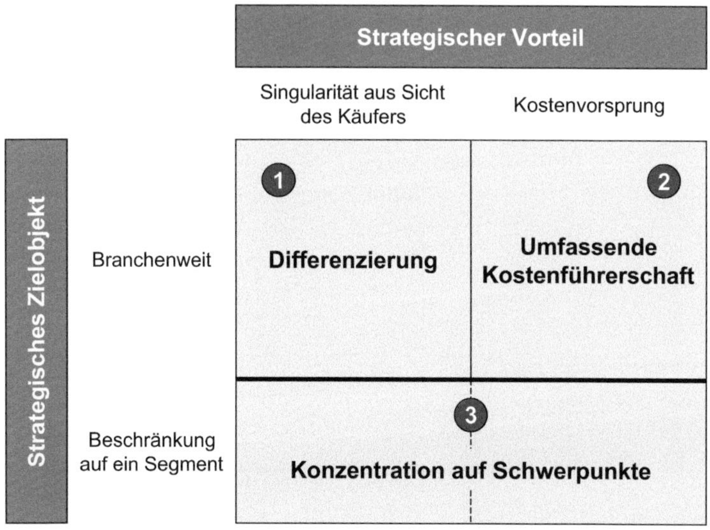

BILD 4.6 Die drei generischen Wettbewerbsstrategien nach Porter (Porter, 1999)

MERKE:
Drei Wettbewerbsstrategien:

1. Umfassende Kostenführerschaft,
2. Differenzierung und
3. Konzentration auf Schwerpunkte.

Bezüglich der ersten Fragestellung bieten sich zwei Alternativen. Entweder der zu bearbeitende Markt grenzt sich über die Branche ab oder er fokussiert eine so genannte Nische, d. h. einen engen, über bestimmte Kriterien abgegrenzten Absatzmarkt. Auch hinsichtlich der zweiten Fragestellung stehen zwei grundsätzliche Richtungen zur Auswahl. Ziel muss in beiden Fällen das Erlangen von Wettbewerbsvorteilen sein. Dies kann entweder über eine geschickte Differenzierung erreicht werden oder über eine vorteilhafte Kosten- und damit Preisstruktur. Aus diesen jeweils zwei Auswahlmöglichkeiten resultieren die drei von Porter postulierten generischen Wettbewerbsstrategien: umfassende Kostenführerschaft, Differenzierung und Konzentration auf Schwerpunkte, siehe Bild 4.6.

Differenzierung:

MERKE: Differenzierte Unternehmen möchten sich abheben und in bestimmten Bereichen einzigartige Leistungen anbieten, um dafür höhere Preise setzen zu können. ▪

Bei der Differenzierung strebt ein Unternehmen danach, seine Produkte oder Dienstleistungen von den Angeboten der Konkurrenten abzuheben und damit etwas anbieten zu können, was in der Branche nahezu einzigartig und nicht gleichwertig substituierbar ist. Dabei ist es grundsätzlich irrelevant, auf welchen Bereichen die Differenzierung angestrebt wird. Beispielsweise differenzieren sich Unternehmen über das Design, den Service, die Technologie, technische Ausstattung, das Image oder weitere Felder. Optimal ist es ohnehin, wenn sich das Unternehmen auf verschiedenen Ebenen erfolgreich differenzieren kann. Aufgrund der erreichten Einzigartigkeit gelingt es, auf dem Markt höhere Preise durchzusetzen und somit überdurchschnittliche Margen zu realisieren. Je deutlicher die Differenzierung ausfällt, desto besser schirmt man sich gegen den Wettbewerb ab, da man eine ausgeprägte Kundenbindung erreicht, weil sich den Abnehmern keine adäquaten Alternativen bieten. Dies wiederum verringert zwangsläufig die Preisempfindlichkeit der Kunden und erhöht die Ertragsspannen weiter. Voraussetzungen für den Erfolg dieser Strategie sind ein exklusives Image des Unternehmens und die Durchführung kostenintensiver Maßnahmen wie ausgedehnte Forschung, ansprechendes Produktdesign, die Verwendung von Materialien hoher Qualität und intensive Kundenbetreuung.

BEACHTE: Auch bei erfolgreicher Differenzierung darf die Kostenseite nicht bedingungslos vernachlässigt werden. ▪

Eine erfolgreiche Differenzierungsstrategie bewirkt Markteintrittsbarrieren, da die angebotenen Produkte nicht substituierbar sind. Sie äußert sich ebenfalls positiv gegenüber den restlichen Wettbewerbskräften (siehe auch Kapitel 2.7). Die Macht der Zulieferer sinkt durch eigene, komfortable Ertragsspannen und Abnehmer können aufgrund mangelnder Wettbewerber nicht woanders beziehen.

Wichtig ist, dass die Kostenseite nicht vernachlässigt werden darf, auch wenn sie weniger priorisiert werden muss, da es je nach Käufergruppen preisliche Schmerzgrenzen gibt. Die Kunden zahlen auch für das beste Produkt nur einen begrenzten Preis. Dem Anbieter steht im so genannten monopolistischen Bereich der Preis-Absatz-Funktion (Bild 4.7) eine bestimmte Preisspanne nach oben zur Verfügung. Überschreitet er aber einen gewissen Preis, wandern die Abnehmer zum Wettbewerb ab.

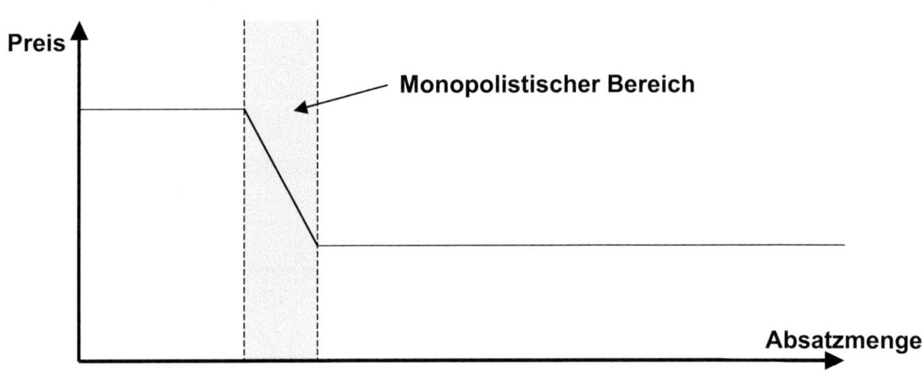

BILD 4.7 Preis-Absatz-Funktion mit monopolistischem Bereich

Die Risiken der Differenzierung knüpfen bei dem letzten Punkt an. Das zentrale Risiko besteht darin, dass die erfolgreiche Differenzierung nur zu einem marktunattraktiven Preis zu realisieren ist. Das heißt, der Kostenunterschied zwischen differenzierten Firmen und Billiganbietern wird zu groß und die Kunden sind nicht bereit, den daraus erwachsenden erheblichen Preisaufschlag für das durchaus bessere Produkt zu zahlen, und verzichten lieber auf bestimmte Produkteigenschaften. Weiterhin könnte der Bedarf des differenzierten Merkmals sinken oder es könnte zu gut imitiert werden.

Umfassende Kostenführerschaft:

Die Kernidee der umfassenden Kostenführerschaft besteht darin, durch primär kostenorientiertes Denken und Handeln in einem Unternehmen einen Leistungsvorsprung aufzubauen und zu verteidigen. Entscheidende Voraussetzung für das Erreichen einer umfassenden Kostenführerschaft sind nach dem Erfahrungskurvenkonzept ein hoher Marktanteil und die Existenz anderer erheblicher Vorteile. Diese können neben effizienten Mengen für die Produktion mit optimalen Losgrößen und einer gesteigerten Einkaufsmacht nur durch produktionsprozess- und arbeitskraftbedingte Erfahrungseffekte erreicht werden. Die umfassende Kostenführerschaft erfordert den Aufbau von modernsten Produktionsanlagen und eine stetige, konsequente Ausnutzung von Rationalisierungsmöglichkeiten, was einer dauerhaften Anstrengung gleichkommt.

MERKE: Kostenführer streben nach Leistungsvorsprüngen durch effiziente Kostenstrukturen. ■

Ohne die Basisanforderungen zu verfehlen, stehen geringere Kosten als bei den Wettbewerbern im Zentrum des unternehmerischen Interesses. Eine vorteilhafte Kostenstruktur ermöglicht dem Unternehmen größere Gewinnspannen, die teilweise an die Kunden weitergereicht werden können, um Wettbewerbsvorteile auf dem Markt zu erzielen. Auch hier können wirksame Barrieren zum Schutz der eigenen Marktposition erwirkt werden. Die eigene, vorteilhafte Kostenstruktur ist nur über signifikant hohe Mengen und damit hohe Marktanteile zu erreichen, so dass potenziell neue Wettbewerber von vornherein meist unüberwindbare Wettbewerbsnachteile erfahren.

Im Folgenden sind die Risiken gelistet, die mit der umfassenden Kostenführerschaft verbunden sind:

- Mitbewerber kopieren die kostenoptimalen Verfahren und investieren ihrerseits in modernste Technik.
- Die Fokussierung der Kostenseite führt dazu, dass produktpolitisch und marketingtechnisch notwendige Aktionen nicht verfolgt werden.
- Kürzer werdende technologische Innovationszyklen können mühsam erreichte Erfahrungseffekte eliminieren.

Konzentration auf Schwerpunkte:

Die Konzentration auf Schwerpunkte impliziert die gezielte Beschränkung der Marktbearbeitung auf eine oder mehrere Nischen, um in diesen umfassende Kostenführerschaft oder Differenzierung oder beides zusammen zu betreiben. Derartige Nischen können dabei beispielsweise selektierte Abnehmergruppen, bestimmte Teile des Leistungsprogramms oder geografisch abgegrenzte Märkte darstellen. Der Erfolg einer solchen Strategie setzt voraus, dass ein Unternehmen ein eng begrenztes Marktsegment wirkungsvoller bearbeiten kann als die Konkurrenten, die sich im Gesamtmarkt dem Wettbewerb stellen. Das heißt, man verspricht sich durch die Konzentration auf Schwerpunkte Spezialisierungseffekte, welche zu Wettbewerbsvorteilen ausgebaut werden können.

MERKE: Die Nischenstrategie kann sich auf ausgewählte Abnehmergruppen, bestimmte Teile des Produktprogramms oder abgegrenzte Märkte beziehen. ■

Die Konzentration auf Schwerpunkte eignet sich auch im Besonderen zur Identifikation und Bearbeitung von abgegrenzten Zielobjekten, die entweder am wenigsten substituierbar sind oder bei denen die stärksten Konkurrenten Schwächen haben. Auf diese Weise können gezielt hohe Gewinnspannen realisiert werden.

TIPP: Eine Konzentration auf Schwerpunkte, die schwer substituierbar sind oder die Wettbewerbern Probleme bereiten sind unter Umständen besonders ertragreich. ■

Analog zu den anderen Wettbewerbsstrategien ist auch die Konzentration auf Schwerpunkte gewissen Risiken ausgesetzt. Unter Umständen sind die kritischen Mengen für eine hinreichend günstige Kostenstruktur zu hoch, um sich gezielt auf einzelne Nischen zu konzentrieren. Sämtliche Wettbewerbsvorteile wären dann kleiner als die Kostennachteile. Ein weiteres Risiko wäre, dass Massenhersteller ihr Produktportfolio ebenfalls erweitern, Nischen besetzen und dafür viel Kapital zur Verfügung haben (z. B. Mercedes-Benz). Außerdem könnten auch Nischen verschwinden, wenn sich die Bedarfsstruktur des Marktes ändert.

BEACHTE: Eine nicht eindeutige strategische Ausrichtung führt meist zu einer unbefriedigenden Rentabilität.

Folgen unpräziser Ausrichtung:

Gelingt es einem Unternehmen nicht, sich konsequent gemäß einer der skizzierten Strategien auszurichten, muss es in der Regel mit einer niedrigen Rentabilität rechnen. Es fehlt gewollten Kostenführern einerseits an Marktanteilen und damit an Menge, um eine entsprechend günstige Kostenstruktur über beispielsweise günstige Einkaufskonditionen zu realisieren. Andererseits verfügen sie nicht über ein ausreichend differenziertes Leistungsangebot, um auch mit weniger niedrigen Kosten wünschenswerte Ertragsspannen zu erreichen. Gleiches gilt für die Konzentration auf Schwerpunkte. Im Ergebnis spricht ein solches Unternehmen weder die kosten- noch die leistungsbewussten Kunden an und kann im Grunde nichts besonders gut. Entsprechend wenige Käufer werden gefunden. Bild 4.8 visualisiert das Spannungsfeld zwischen differenzierten und kostenoptimierten Unternehmen und zeigt, dass sich die Realität dazwischen durch niedrige Erträge auf das investierte Kapital charakterisiert.

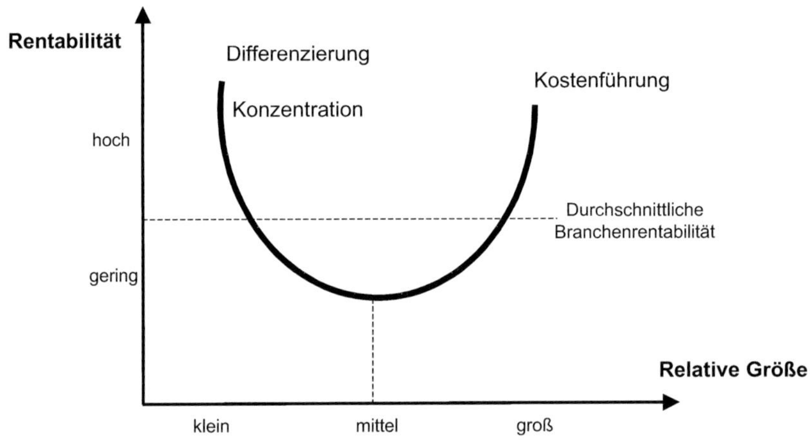

BILD 4.8 Rentabilität in Abhängigkeit von der relativen Größe

In Tabelle 4.2 sind die unterschiedlichen Anforderungen an die drei Wettbewerbsstrategien übersichtlich zusammengefasst.

Strategietypen:	Umfassende Kostenführerschaft	Differenzierung	Konzentration auf Schwerpunkte
Gewöhnlich erforderliche Fähigkeiten und Mittel	• Hohe Investitionen und Zugang zu Kapital • Verfahrensinnovationen und Verfahrensverbesserungen • Intensive Beaufsichtigung der Arbeitskräfte • Produkte, die im Hinblick auf einfache Herstellung entworfen sind • Kostengünstiges Vertriebssystem	• Gute Marketingfähigkeiten • Produktengineering • Kreativität • Starke Grundlagenforschung • Guter Ruf in Sachen Qualität und technologische Spitzenstellung • Lange Branchentradition oder einmalige Kombination aus Fähigkeiten anderer Branchen • Enge Kooperation mit Beschaffungs- und Vertriebskanälen	• Kombination der links genannten Maßnahmen, gerichtet auf das bestimmte strategische Zielobjekt
Übliche organisatorische Anforderungen	• Intensive Kostenkontrolle • Häufige detaillierte Kontrollberichte • Klar gegliederte Organisation und Verantwortlichkeiten • Anreizsystem, das auf der strikten Erfüllung quantitativer Ziele beruht	• Strenge Koordination von Tätigkeiten in F&E, Produktentwicklung und Marketing • Subjektive Bewertungen und Anreize anstelle von quantitativen Kriterien • Annehmlichkeiten, um hoch qualifizierte Arbeitskräfte, wissenschaftliche oder kreative Menschen anzuziehen	• Kombination der links genannten Maßnahmen, gerichtet auf das bestimmte strategische Zielobjekt

TABELLE 4.2 Anforderungen der Wettbewerbsstrategietypen (Porter, 1999)

4.2.3 Voraussetzungen und notwendiger Input

Das Festlegen auf eine Wettbewerbsstrategie bedarf in der Vorbereitung detaillierter Analysen (intern und extern), um möglichst das gesamte Spannungsfeld zu erfassen, in welchem das Unternehmen bzw. das Geschäftsfeld agiert. Weiterhin muss die Unternehmensstrategie fixiert sein und hinreichend über die Stoßrichtungen des Gesamtunternehmens Aufschluss geben.

Die Entscheidung für eine Wettbewerbsstrategie und deren inhaltliche Ausgestaltung muss darüber hinaus in mehreren Workshops und Klausuren mit den verantwortlichen Entscheidungsträgern erfolgen. Strategien werden in der Regel top down entwickelt und kommuniziert.

4.2.4 Vorgehensweise

Porters generische Strategien sind mehr ein Denkmodell als eine Methode. Demzufolge kann an dieser Stelle keine herkömmliche Vorgehensweise präsentiert werden. Gemäß der Gliederung des Buches folgt auch in diesem Fall die Abbildung der strategischen Optionen mit anschließender Auswahl und Ausgestaltung zunächst vorgelagerter, möglichst detailscharfer Analysen. Als Analysen bieten sich wiederum die in den Kapiteln 1 und 2 vorgestellten Instrumente an. Hinzu kommt, dass die Unternehmensstrategie entweder bekannt sein muss oder vor der Fixierung der Geschäftsfeldstrategie erarbeitet werden muss. Bild 4.9 zeigt das allgemeine Vorgehen bei der Strategieentwicklung.

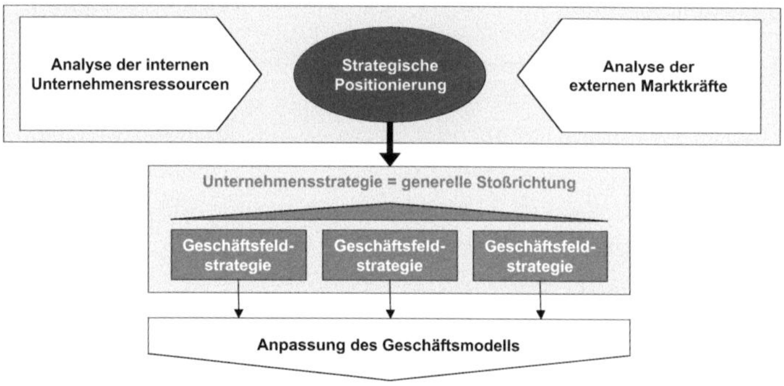

BILD 4.9 Allgemeine Vorgehensweise bei der Strategieentwicklung

4.2.5 Vor- und Nachteile

Vorteile	Nachteile
• Übersichtliche Anhaltspunkte für wichtige Alternativen der strategischen Positionierung • Vermeiden von unentschlossenen Durchschnittspositionen • Gezieltes Ansteuern eines eindeutigen Wertangebots für den Kunden • Zwang, das Geschäftsmodell bis auf die wesentlichen Faktoren zu reduzieren und zu durchdenken	• Eher ein Denkmodell: Die Operationalisierung ist u. U. schwierig und eher plausibilitätsgetrieben • Kostenführerschaft und Differenzierung lassen sich höchst erfolgreich kombinieren (Outpacing-Strategie, Beispiel ALDI) • Generische Strategien nur eine Grundlage: wären in ihrer Konsequenz unrealistisch, da eine Homogenisierung der Anbieterstrategien in Preiskämpfen enden würde

TABELLE 4.3 Vor- und Nachteile der Wettbewerbsstrategien (Porter, 1999)

4.2.6 Praxisbeispiele

Umfassende Kostenführerschaft: Die japanische Motorradindustrie (Kawasaki, Suzuki, Honda, Yamaha etc.) gilt als Paradebeispiel für erfolgreiche Kostenführerschaft. Einerseits wurde in hochmoderne Fertigungsmethoden investiert und dabei andererseits konsequent die Steigerung der Umsatzzahlen fokussiert, um Kostenvorteile durch höhere Stückzahlen zu generieren. Die japanischen Motorradhersteller drangen in immer mehr Märkte, verteilt über den gesamten Globus, ein. Durch die daraus resultierenden, in der Summe enorm hohen Stückzahlen konnte eine vorteilhafte Kostenstruktur realisiert werden. Diese wurden wettbewerbstechnisch gezielt eingesetzt, um etablierte, differenzierte Hersteller wie beispielsweise Harley-Davidson oder Ducati mittels eines unschlagbaren Preis-Leistungs-Verhältnisses zu attackieren und ihnen Marktanteile zu rauben. Weitere prominente Beispiele für Kostenführer sind unter anderem McDonald's oder das Computerhandelsunternehmen Vobis.

Differenzierung: Der dänische Elektronikhersteller Bang & Olufsen verfolgt die klassische Differenzierung. Ohne technische Basisfunktionalitäten aus den Augen zu verlieren, differenziert sich B&O erfolgreich über das Produktdesign und die eigene Marke. Aufgrund der Einzigartigkeit der Produkte kann Bang & Olufsen höhere Preise als der Wettbewerb verlangen, erreicht damit trotz sicher nicht bedingungslos optimaler Kostenstrukturen vorteilhafte Margen und ist nicht auf besonders hohe Stückzahlen angewiesen, um schwarze Zahlen zu schreiben.

Konzentration auf Schwerpunkte: Die Automobiltuningindustrie (AC Schnitzer, Brabus etc.) konzentriert sich auf die Bedürfniserfüllung einer eng abgegrenzten Zielgruppe. Viele Tuner verfolgen weniger das Ziel, auf einem bestimmten Gebiet das beste Produkt anzubieten, sondern sprechen mit ihren individuellen Lösungen eine bestimmte Käufergruppe an, die Vergleichbares bei den Massenherstellern nicht beziehen kann. So werden derzeit Flügeltürumbauten für diverse Großserienfahrzeuge angeboten und stoßen auf rege Nachfrage. Eine besonders günstige Kostenstruktur ist hier sicher nicht vorzufinden, da sie allein aufgrund der niedrigen Stückzahlen nicht zu realisieren wäre. Bild 4.10 stellt eine Übersicht aller beschriebenen Beispiele dar.

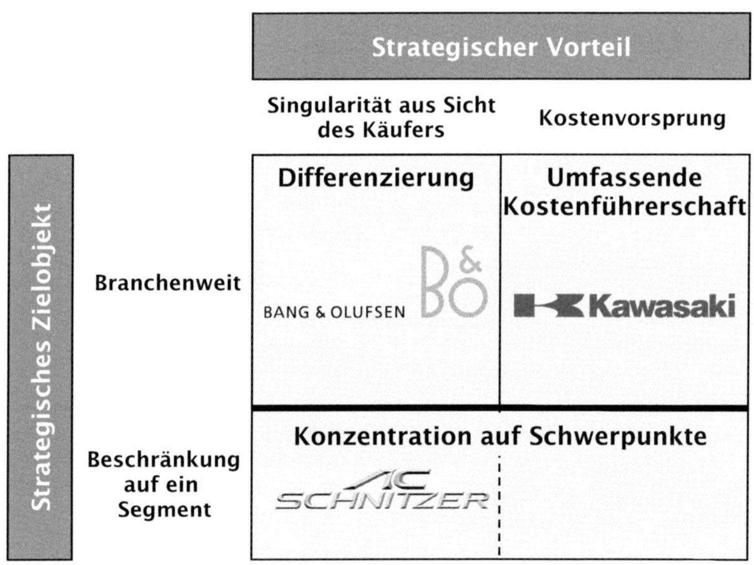

BILD 4.10 Passende Beispielfirmen für Porters generische Grundstrategien

4.2.7 Vorlagen zum Download

Im Downloadbereich befinden sich zu diesem Kapitel die tabellarische Übersicht der Anforderungen an die Wettbewerbsstrategien sowie die weiteren Visualisierungen zum Kapitel, die gegebenenfalls zur Kommunikation nützlich sein können.

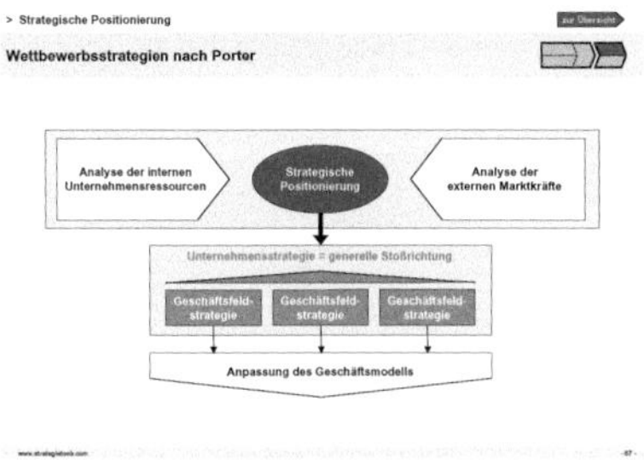

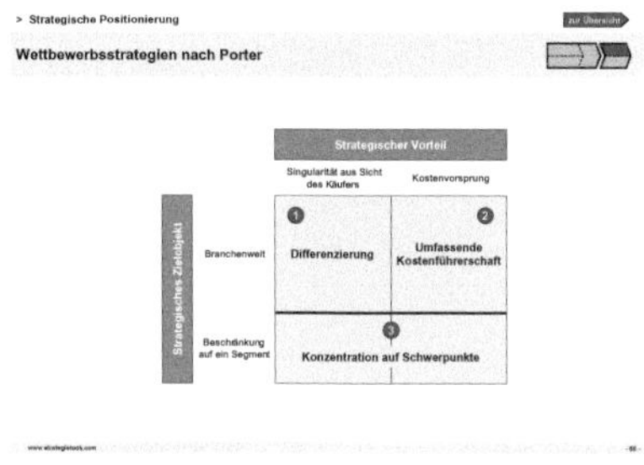

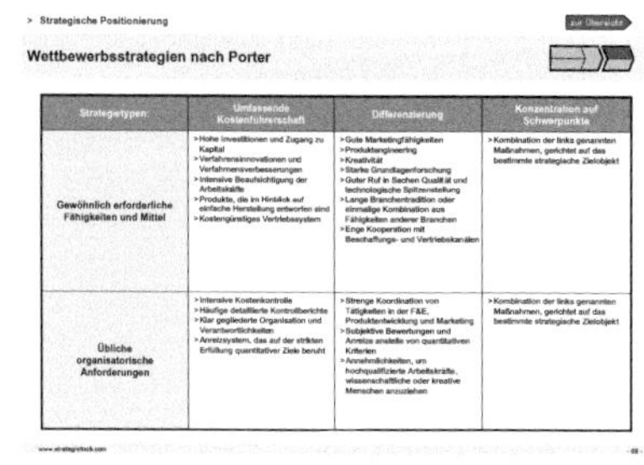

4.2.8 Verwandte und weiterführende Themen

Im erweiterten Zusammenhang sind alle, in den Kapiteln 1 und 2 präsentierten Analyseinstrumente dahingehend mit Porters Wettbewerbsstrategien verwandt, indem sie vorgelagert Anwendung finden können/sollen und wertvolle Informationen liefern, die für die Auswahl der Geschäftsfeldstrategie relevant sind. Im Speziellen stehen den Wettbewerbsstrategien nach Porter folgende Themen nahe:

- Marktpositionierung nach Treacy und Wiersema

  Sowohl die Wettbewerbsstrategien nach Porter als auch die Marktpositionierung nach Treacy/Wiersema sind hauptsächlich durch den Markt und weniger durch Ressourcen gesteuert. Treacy und Wiersema entwickelten drei so genannte Nutzenstrategien, die den hier vorgestellten Wettbewerbsstrategien relativ ähneln.

- Erfahrungskurve

  Die Erfahrungskurve liefert Aussagen, die im Rahmen der Kostenführerschaft von hohem Interesse sind. Die Lebenszykluskosten sollen minimiert werden. Dieses wird aufgrund von Erfahrungskurveneffekten durch hohe Ausbringungsmengen tendenziell begünstigt.

- Branchenstrukturanalyse

  Die Definition der einzelnen Wettbewerbsstrategien nimmt engen Bezug zur Branchenstrukturanalyse, die ebenfalls von Michael E. Porter entwickelt wurde. Konsequent verfolgte Wettbewerbsstrategien (unabhängig welche) reduzieren die auf das Unternehmen wirkenden Kräfte (five forces) nachhaltig und verringern damit die unternehmerischen Risiken.

4.2.9 Literaturhinweise

PORTER, M. E. (1999): *Wettbewerbsstrategien,* (Competitive Strategy), 10. durchgesehene und erw. Aufl., Campus Verlag, Frankfurt am Main/New York 1999.

4.3 Marktpositionierung nach Treacy und Wiersema

LEITFRAGEN:

- Wie gelangt man zur Marktführerschaft?
- Welche strategischen Optionen bieten sich an?
- Wie muss die Organisation für unterschiedliche Strategietypen angepasst werden?
- In welchen Bereichen müssen wir die Besten sein?

4.3.1 Zielsetzung und Anwendungsgebiet

MERKE: Marktführer fokussieren eine von drei Nutzenstrategien und erreichen dort die Führungsposition.

Die Marktpositionierung nach Michael Treacy und Fred Wiersema unterstützt Unternehmen bei der strategischen Ausrichtung. Treacy und Wiersema bieten drei so genannte Nutzenstrategien zur Auswahl an, wobei sie den Schlüssel zum Erfolg in der Fokussierung sehen. Es wird zwischen der Kostenführerschaft, der Produktführerschaft sowie der Kundenpartnerschaft unterschieden. Marktführer wählen für ihren Weg an die Spitze eine dieser drei Strategien aus, um in einem selbst gewählten Leistungsgebiet die absolute Führungsposition gegenüber den Wettbewerbern zu markieren. Sie entscheiden sich entweder für die Option der geringsten Lebenszykluskosten, die der innovativsten Produkte oder die der besten Problemlösung.

Die Marktpositionierung nach Treacy und Wiersema bietet unternehmerischen Entscheidungsträgern im Rahmen der strategischen Positionierung somit die drei grundsätzlichen Strategien an und erläutert ihre Implikationen für das notwendige Geschäftsmodell.

4.3.2 Beschreibung

Die erfolgreiche Markpositionierung mit dem Ziel der Marktführerschaft von Treacy/Wiersema erfolgt nach wenigen Grundsätzen, die durch eine Kausalkette aufeinander aufbauen. Jedes Unternehmen bestimmt oder identifiziert Nutzenkategorien von Kunden bzw. Werte, die Kunden besonders schätzen. Zentrales Argument ist, dass die Erfüllung nur eines Kundennutzens angestrebt wird, dieses aber konkurrenzlos befriedigt werden muss. Das heißt, Marktführer bieten ihren Kunden besonderen Nutzen und verändern ihre Vorstellung von Nutzen. Durch die (Über-)Erfüllung werden sich die Kundenerwartungen kontinuierlich heben, was dem Marktführer entgegenkommt, da nur er diese erfüllen kann.

MERKE: Es existieren drei branchenunabhängige Nutzenstrategien:

1. Kostenführerschaft
2. Produktführerschaft
3. Kundenpartnerschaft

Der Gedanke, individuellen Kundennutzen zu erzeugen, wird durch die Marktentwicklungen der vergangenen Jahre gestützt. Früher definierte sich der Wert eines Angebots, d. h. eines Produkts oder einer Dienstleistung, vornehmlich aus der Kombination aus Preis und Qualität. Dieser Maßstab hat sich im Zuge weit reichender Produktdiversifikationen verschoben. Kunden beurteilen Angebote heute nach wesentlich differenzierteren Kriterien, z. B. nach Bequemlichkeit, Service oder Lieferzeiten (diese Liste könnte beliebig fortgesetzt werden). Für Unternehmen ist es nicht möglich, hinsichtlich aller Kriterien das optimale Angebot hervorzubringen. Ein Handy kann beispielsweise das technisch beste und speziell auf bestimmte Anwendungsgebiete zugeschnitten sein, aber es ist üblicherweise damit nicht mehr das preisgünstigste Modell. Das heißt, Unternehmen müssen eine Nutzenstrategie fokussieren und sich damit bestimmten Käufergruppen zuwenden.

Die drei Nutzenstrategien sind nicht branchenspezifisch und basieren auf den Leistungsversprechen an die Kunden. Die Kostenführerschaft minimiert die Lebenszykluskosten (alle Kosten, die im Laufe des Lebenszyklus anfallen), um sich am Markt über die Preispolitik profilieren zu können. Die Produktführerschaft hat den Anspruch, die innovativsten Produkte und Dienstleistungen am Markt anzubieten. Die Kundenpartnerschaft orientiert sich an individuellen Kundenproblemen und möchte diese am besten lösen. Bild 4.11 visualisiert die drei Strategien.

BILD 4.11 Drei Nutzwertstrategien nach Treacy/Wiersema

Kostenführerschaft

Unternehmen, die eine Kostenführerschaft anstreben, versuchen, ihre Leistungen am Markt zu einem konkurrenzlosen Preis-Leistungs-Verhältnis anzubieten. Die Kombination aus Preis, Qualität und Kaufbequemlichkeit muss die Wettbewerbsvorteile generieren. Demnach sind Kostenführer keine ausgesprochenen Innovatoren, sondern streben vielmehr nach Rationalisierungen, um Preisvorteile am Markt realisieren zu können. Gemäß den Implikationen der Erfahrungskurve (vgl. Kapitel 1.3) versuchen Kostenführer, Skaleneffekte über die Ausweitung des Marktanteils und somit über höhere Ausbringungsmengen zu erzielen. Hohe Einkaufs- und Produktionsmengen bilden die Basis für eine vorteilhafte Stückkostenstruktur und daraus resultierende Vorteile gegenüber den Wettbewerbern. Voraussetzung dafür ist, dass der Preisvorteil an den Kunden weitergeleitet werden kann, ohne die eigene Marge zu eliminieren.

Grundsätzlich versuchen Kostenführer, eine möglichst schlanke, kosteneffiziente Organisationsstruktur zu schaffen bzw. möglichst direkte Vertriebswege zu wählen und teure Bürokratie zu minimieren. Direktbanken verfolgen beispielsweise diese Strategie, indem sie auf teure Schaltergeschäfte verzichten, dafür aber dem Kunden günstige Konditionen bieten. Weiterhin streben Kostenführer nach höchstmöglicher Standardisierung der Prozesse, um Synergien nutzen zu können.

MERKE: Kostenführer bieten ein hervorragendes Preis-Leistungs-Verhältnis und streben nach Rationalisierung mittels Standardisierung.

Treacy und Wiersema führen Dell Computer als Kostenführerbeispiel an. Michael Dell gelang der eindrucksvolle unternehmerische Erfolg weder über außerordentlich innovative oder individuelle Produkte noch über ein besonderes Serviceangebot. Dell wählte gegenüber bestehenden Anbietern direktere und damit kostengünstigere Vertriebswege und konnte mittels dieser Strategie und aus den resultierenden Vorteilen im Preis-Leistungs-Verhältnis hohe Marktanteile und -erfolge erwirtschaften. Die Kunden mussten keine Einbußen im Service und bei der Qualität hinnehmen, brauchten aber weniger zu bezahlen, da eine Vertriebsebene eingespart wurde.

Produktführerschaft

Klassische Produktführer sind nie zufrieden mit ihrem Angebot und entwickeln es ständig weiter. Ziel der Produktführerschaft ist es, grundsätzlich die innovativsten Produkte und Dienstleistungen am Markt anbieten zu können. Produktführer richten sich damit insbesondere an so genannte „First Mover“. Diese faszinieren sich für den neuesten Stand der Technik und sind bereit, mehr Geld zu investieren, um dafür das neueste oder das beste Produkt am

MERKE: Produktführer bieten die innovativsten Produkte an.

Markt zu besitzen. Im Idealfall besetzen Produktführer regelmäßig unerschlossene Segmente. Sie entwickeln dafür entweder neue, moderne Produkte und leiten innovative Varianten bestehender Angebote ab. Nach Treacy und Wiersema charakterisieren sich erfolgreiche Produktführer über drei zentrale Eigenschaften:

CHECKLISTE: Produktführer sind kreativ, stark in der Vermarktung ihrer Innovationen und streben permanent nach Verbesserungen.

1. Produktführer sind kreativ. Sie haben selbst innovative Ideen und erkennen Trends/Entwicklungen, die sie schneller zur Marktreife bringen als ihre Konkurrenten.
2. Produktführer vermarkten wirksam ihre Ideen. Flexible Prozesse ermöglichen kurzfristige, effektive Marketingaktionen, um Zeitvorteile gegenüber dem Wettbewerb zu realisieren. Je länger das neue Angebot ohne Konkurrenz auf dem Markt ist, desto mehr Gewinne können abgeschöpft werden (Economies of Speed).
3. Produktführer streben permanent nach Verbesserungen. Sie besitzen den für ihre Ausrichtung notwendigen Ehrgeiz, die eigenen Produkte technologisch schneller selbst zu verbessern, als es die Konkurrenz im Stande wäre, um dieser mindestens einen Schritt voraus zu sein.

Von besonderer Bedeutung ist bei Produktführern die Unternehmenskultur. Um diese Strategie erfolgreich auszufüllen, benötigen entsprechende Unternehmen eine Atmosphäre, welche Mitarbeiter ermutigt, ihre Ideen zu äußern. Die Mitarbeiter sollten unternehmerisch denken und alle aufkommenden Ansätze diskutieren, mit welchen man Markterfolge erzielen könnte. Dabei sollten auch insbesondere scheinbar absurde Ideen diskutiert werden, aus ihnen entstammen im Kern nicht selten erfolgreiche Innovationen. Bild 4.12 verdeutlicht dies.

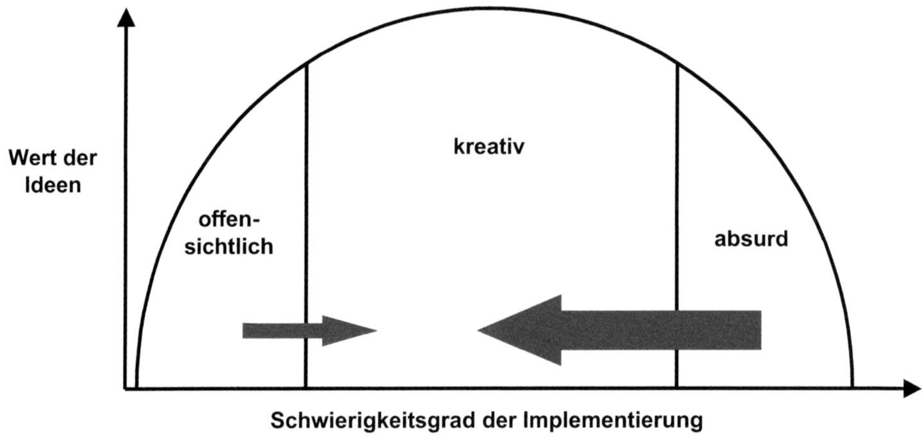

BILD 4.12 Ideenwert in Abhängigkeit von ihrem Schwierigkeitsgrad der Implementierung

Kundenpartnerschaft

MERKE: Kundenpartner orientieren sich nicht am Markt, sondern am Kunden und bieten die beste Problemlösung an.

Unternehmen, die die Nutzenstrategie Kundenpartnerschaft wählen, zeichnen sich durch enge Beziehungen zum Kunden aus. Kundenpartner orientieren sich weniger am Markt als direkt an spezifischen Kunden. Der Erfolg erwächst aus der besonderen Problemlösefähigkeit der Kundenpartner, d. h. der Bedarfsdeckungsgrad der Kunden ist besonders hoch, ohne Leistungen in Anspruch nehmen zu müssen, die gar nicht gewünscht sind. Heutzutage muss man z. B. unter Umständen ein Handy mit Kamera und MP3-Player kaufen, wenn man spezielle Anforderungen an die Möglichkeit zur Synchronisation mit dem PC stellt. Diese erfüllen nur die hochwertigen, voll ausgestatteten Handys. Würden die Handyhersteller die Strategie der Kundenpartnerschaft verfolgen, könnte es Modelle geben, die der Kunde modular ausstatten könnte. Ob dies in dem gewählten Beispiel ertragreich wäre, sei an dieser Stelle dahingestellt.

Durch die große Kundennähe, die zwar kostspielig ist, erfährt das Unternehmen aber entsprechend viel über die eigentlichen Kundenanforderungen, welche bei der Produktentwicklung Berücksichtigung finden können. Die Nutzenstrategie der Kundenpartnerschaft bedingt eine langfristige Denkweise. Kundenpartner sind nicht an einzelnen Geschäften interessiert, sondern pflegen langfristige Kundenbeziehungen und messen ihren Erfolg u. a. am Kundenwert (Customer Lifetime Value, CLV). Der Wert des gesamten Kundenstammes eines Unternehmens wird von drei Größen bestimmt: der Kundenprofitabilität, der Kundenbindung und der Anzahl an Akquisitionen (siehe Bild 4.13).

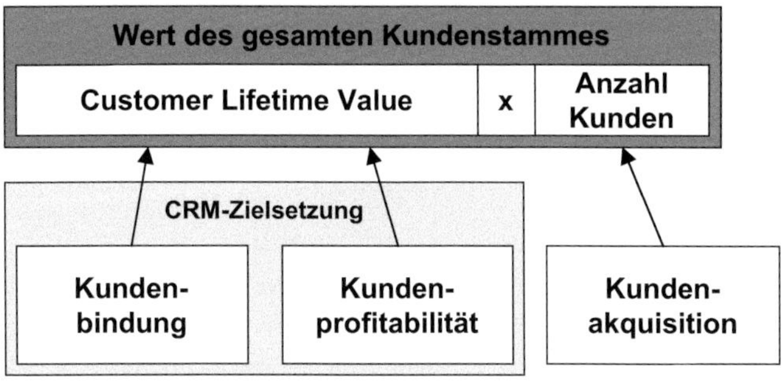

BILD 4.13 Wert des Kundenstammes eines Unternehmens

Zusammenfassend besitzen Kundenpartner besondere Fähigkeiten, die Abnehmer nicht nur zufrieden zu stellen, sondern gar zu begeistern. Dadurch erreichen sie eine ausgeprägte Kundenbindung und müssen einen in Relation geringen Marketingaufwand betreiben.

Treacy und Wiersema begründen die Notwendigkeit, sich auf nur eine der drei Nutzenstrategien zu konzentrieren, damit, dass die einzelnen strategischen Positionierungen andere Prozesse voraussetzen, woraus sich unterschiedliche Organisationsstrukturen ergeben. Dies wird beispielsweise am Vergleich von Kosten- und Produktführerschaft deutlich: Kostenführer setzen auf Standardisierung, um Komplexitäten und damit Kosten zu reduzieren, wohingegen Produktführer auf Flexibilität angewiesen sind, um Innovationen hinreichend zu fördern und zu vermarkten. Es besteht also mindestens ein prozessualer Zielkonflikt.

BEACHTE: Es muss eine Strategie ausgewählt werden, da zwischen ihnen Zielkonflikte existieren.

Fokussieren sich Unternehmen branchenübergreifend auf die gleiche Nutzenstrategie, sind sie sich deshalb erstaunlich ähnlich. So gleichen sich die Organisationsstrukturen zweier branchenfremder Kostenführer mehr als die zweier Unternehmen, die innerhalb der gleichen Branche agieren, aber eine andere Marktpositionierung anstreben.

Tabelle 4.4 fasst die Kernelemente der drei Nutzenstrategien zusammen und benennt Beispielunternehmen.

	Kostenführerschaft	Produktführerschaft	Kundenpartnerschaft
Charakteristika	• Optimierte Produktlieferungs- und Grundserviceprozesse • Möglichst unkomplizierte Bedienung der Abnehmer • Standardisierte Angebote • Vereinfachte Abläufe • Zentrale Planung und Kontrolle • Unternehmenskultur belohnt Effizienz	• Fokus auf Innovation, Produktentwicklung und Marktanalyse/ -segmentierung • Flexible Organisationsstruktur mit kurzen Reaktionszeiten und hoher Anpassungsfähigkeit an Neuausrichtungen • Ergebnisorientierte Managementsysteme, die Produkterfolg messen • Unternehmenskultur honoriert Kreativität und unkonventionelle Lösungen sowie unternehmerisches Denken	• Bedingungslose Kundenorientierung • Unterstützung des Kunden bei der Bedürfniserkennung • Problemlösungskompetenz • Kundenbeziehungspflege • Kundennahe Mitarbeiter mit Entscheidungsbefugnissen • Managementsysteme orientieren sich an Kundenanforderungen • Unternehmenskultur fördert individuelle Lösungen und enge, dauerhafte Kundenbeziehungen
Beispiel-Unternehmen	• ALDI • DiBa • Dell	• BMW • Sony • 3M	• Unternehmensberatungen • MLP • Home Depot

TABELLE 4.4 Kernelemente der Nutzenstrategien

4.3.3 Voraussetzungen und notwendiger Input

Die Auswahl der richtigen Nutzenstrategie für eine erfolgreiche Marktpositionierung setzt gemäß der Gliederung des Buches intensive Analysen der Marktkräfte einerseits und der internen Ressourcen andererseits voraus.

Die externe Analyse liefert dabei Kenntnisse über die Wettbewerbsintensität und potenzielle Kräfte, die auf die Unternehmung wirken. Die interne Analyse bewertet die eigenen Fähigkeiten in Relation zu den Wettbewerbern. Beide sind unverzichtbar, um eine Nutzenstrategie auszuwählen, die zum eigenen Unternehmen passt und die Basis für das gesamte Unternehmensdesign und die sich aus diesem abgeleiteten Prozess bildet.

4.3.4 Vorgehensweise

CHECKLISTE:
1. Analyse
2. Auswahl
3. Anpassung

Die Marktpositionierung nach Treacy und Wiersema ist keine aktiv anzuwendende Methode, sondern vielmehr ein klar strukturierter strategischer Baukasten, welcher hinreichend voneinander abgegrenzte Optionen bietet, welche die Grundlage für das operative Geschäftsmodell setzen. Die eigentliche Vorgehensweise findet sich also in der Struktur des Buches wieder, da sie der allgemeinen Herangehensweise an strategische Fragestellungen gleicht. Zunächst müssen interne und externe Analysen durchgeführt werden, um die Rahmenbedingungen des Unternehmens abzubilden. Im Anschluss werden die sich bietenden strategischen Optionen beschrieben, miteinander verglichen und es wird sich für eine entschieden. Nach der Auswahl der Nutzenstrategie muss das operative Geschäftsmodell entsprechend konstruiert oder angepasst werden. Bild 4.14 visualisiert diesen Ablauf.

BILD 4.14 Vorgehensweise bei der Marktpositionierung

Schritt 1: Analyse

In diesem Kapitel wird nicht näher auf die Analyse eingegangen. Die Kapitel 1 und 2 des Buches bieten eine umfangreiche Auswahl verschiedener Instrumente, die sich diesem Kontext widmen. Primär ist nur zu betonen, dass mindestens ein internes und ein externes Analyseinstrument zum Einsatz kommen sollten, um ein solides Abbild der Rahmenbedingungen zeichnen zu können.

Schritt 2: Auswahl der Nutzenstrategie

Die Auswahl der Nutzenstrategie erfolgt durch Bewertung der skizzierten Optionen Kostenführerschaft, Produktführerschaft und Kundenpartnerschaft hinsichtlich der individuellen Ausgangslage des Unternehmens. Das heißt, man wählt die Nutzenstrategie aus, die am ehesten auf das eigene Unternehmen passt. Es wird deutlich, dass für eine solche Auswahl unternehmerische Stärken und Schwächen einerseits sowie auf das Unternehmen wirkende Chancen und Risiken andererseits bekannt sein müssen. Verfügt das Unternehmen beispielsweise über eine überlegende Forschung und Entwicklung, bietet sich die Produktführerschaft oder Kundenpartnerschaft grundsätzlich eher an als eine Kostenführerschaft, die, wie skizziert, möglichst einfache, standardisierte Prozesse und Lösungen fokussiert usw.

Schritt 3: Anpassung des Geschäftsmodells

Die einzelnen Nutzenstrategien fordern unterschiedlich ausgelegte Kernprozesse und Strukturen im Unternehmen. Im Folgenden sind für die drei Nutzenstrategien wesentliche Merkmale für die Bereiche operative Kernprozesse, Organisationsstruktur, Managementsysteme und Unternehmenskultur tabellarisch gelistet (Tabelle 4.5). Diese Merkmale können als grobes Leitsystem fungieren. Die Anpassung des operativen Geschäftsmodells ist hochgradig individuell und kann in kein allgemeines Schema gepresst werden.

	Kostenführerschaft	Produktführerschaft	Kundenpartnerschaft
Operative Kernprozesse	• Effiziente Herstellung • Produktlieferung • Schneller, unkomplizierter Kundenservice • Nachfragesteuerung	• Innovation • Produktentwicklung • Produktvermarktung	• Beratungsleistung • Kundenbeziehung • Kundensegmentierung/ -analyse
Organisations-struktur	• Mitarbeiter im Wertschöpfungsprozess mit besonderen Befugnissen	• Flexible Strukturen • Projektorientierte Innovationsförderung • Flache Linienstrukturen zur Durchsetzung innovativer Produktentwicklungen	• Mitarbeiter mit Kundenkontakt mit besonderen Befugnissen • Flexible Strukturen für individuelle Problemlösungsteams
Management-systeme	• Überwachung und Anerkennung der Kosten- und Leistungsgrößen	• Produktorientierte Kontroll- und Steuerungssysteme	• Kunden- und Vertriebscontrolling • Orientierung am Wert des Kundenstammes
Unternehmens-kultur	• Effizienz • Marktanteil • Preis-Leistungs-Bewusstsein	• Honorierung von Kreativität und unternehmerischem Engagement • Leistungsbewusstsein • Führungsanspruch	• Bedingungslose Kundenorientierung • Individualität • Intensive, langfristige Kundenbeziehung

TABELLE 4.5 Merkmale der Nutzenstrategien

4.3.5 Vor- und Nachteile

Tabelle 4.6 skizziert die Vor- und Nachteile separat für die drei Nutzenstrategien.

Kostenführerschaft aus Kundenperspektive	
Vorteile	**Nachteile**
• **Niedrigster Preis** • **Grundservice: bequem und zuverlässig** • **Überlegener Ausgleich von Servicefehlern** • **Viel Werbung** • **Zügigste Auftragsabwicklung** • **Höchster Standardisierungsgrad**	• **Begrenzte Produktvielfalt (wenig Varianten)** • **Starker Serviceansatz** • **Produkte ohne allerneueste Merkmale** • **Wenig Direktkontakt, da hoher Grad an Standardisierung**

Produktführerschaft aus Kundenperspektive	
Vorteile	**Nachteile**
• Bahnbrechende Produkteigenschaften • Produktmerkmale mit hohem Nutzen • Aufsehenerregende Produkteinführungen und Veranstaltungen	• Hoher Preis, bei entsprechendem Wert • Begrenzte Hilfe bei Produktauswahl und -einsatz • Viele Probleme beim Grundservice

Kundenpartnerschaft aus Kundenperspektive	
Vorteile	**Nachteile**
• Ausgezeichnete Kenntnis des Kundengeschäfts • Sachverstand in vom Kunden benötigten Bereichen • Maßgeschneiderter Grundservice • Tatkräftige Außendienstmitarbeiter • Kundenbezogene Lösungen	• Produkte ohne allerneueste Merkmale • Nie Produktinnovator, aber rascher Nachahmer • Immer noch einige Serviceprobleme • Etwas höherer Preis, bei entsprechendem Wert

TABELLE 4.6 Vor- und Nachteile der Marktpositionierung nach Treacy/Wiersema

4.3.6 Praxisbeispiel

Im Rahmen der Beschreibung wurden bereits Unternehmensbeispiele genannt, welche die einzelnen Nutzenstrategien verfolgen und ihre Geschäftsmodelle an ihnen ausgerichtet haben und damit nachhaltig wirtschaftliche Erfolge erzielen konnten. Im Folgenden wird ein weiteres prominentes strategisches Konstrukt beschrieben, welches sich die Marktpositionierung nach Treacy und Wiersema zu Nutze machte.

Dem Aufbau einer Balanced Scorecard geht nach ihren Erfindern Norton und Kaplan die Konstruktion einer so genannten Strategiekarte voran. Die Strategiekarte gliedert sich analog zur Balanced Scorecard in verschiedene Perspektiven auf das Unternehmen (siehe auch Kapitel 5.6). Im Normalfall sind dies die Finanzperspektive, die Kundenperspektive, die interne Prozessperspektive sowie die Lern- und Wachstumsperspektive. Die Kundenperspektive muss sich in hohem Maße an der jeweiligen Strategie orientieren. Nach Kaplan und Norton bildet die Kundenperspektive das Wertangebot für den Kunden ab, das aus einem einzigartigen Mix an Produkten, Preisen, Dienstleistungen, Beziehungen und Image besteht. Insgesamt wird das Wertangebot über sieben Merkmale charakterisiert. Allerdings müssen diese je nach strategischer Ausrichtung unterschiedlich priorisiert werden. Eine Kategorisierung erfolgt mit Hilfe der Marktpositionierung nach Treacy/Wiersema: Ausgehend von den drei Nutzenstrategien wird festgelegt, über welches Merkmal der Kundenperspektive sich das Unternehmen differenzieren sollte und welches lediglich als Basisanforderung gewichtet wird. Bild 4.15 bildet die daraus resultierenden Kundenperspektiven in Abhängigkeit zur Nutzenstrategie ab.

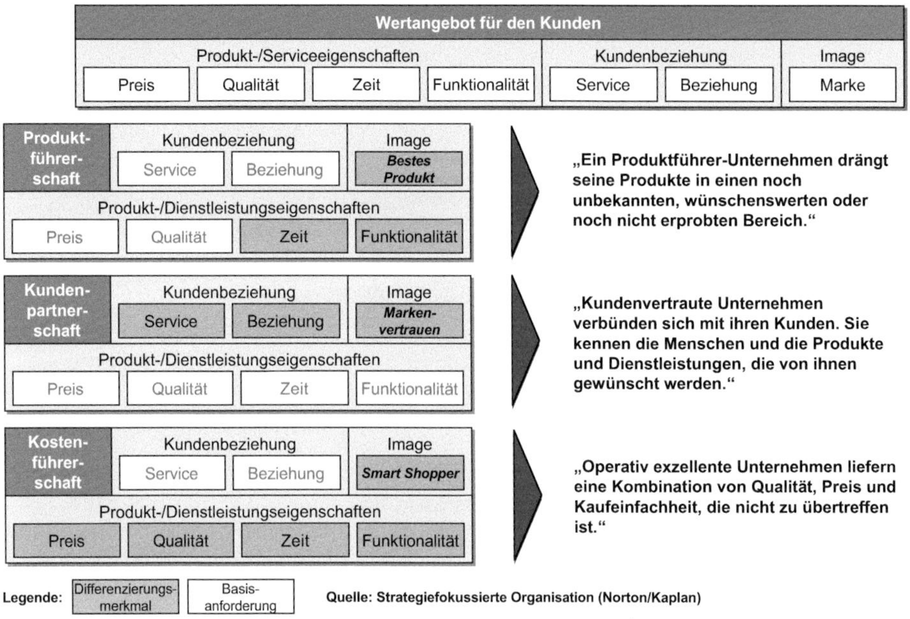

BILD 4.15 Das Wertangebot für den Kunden in Abhängigkeit von der Marktpositionierung

Aufgrund der relativ hohen Verbreitung der Balanced Scorecard in der unternehmerischen Realität kann nicht zuletzt deswegen der Marktpositionierung nach Treacy und Wiersema eine hohe Praxisrelevanz attestiert werden.

4.3.7 Vorlagen zum Download

Der Downloadbereich enthält zu diesem Kapitel hauptsächlich die Tabellen zur Charakterisierung der drei Nutzenstrategien nach Treacy/Wiersema.

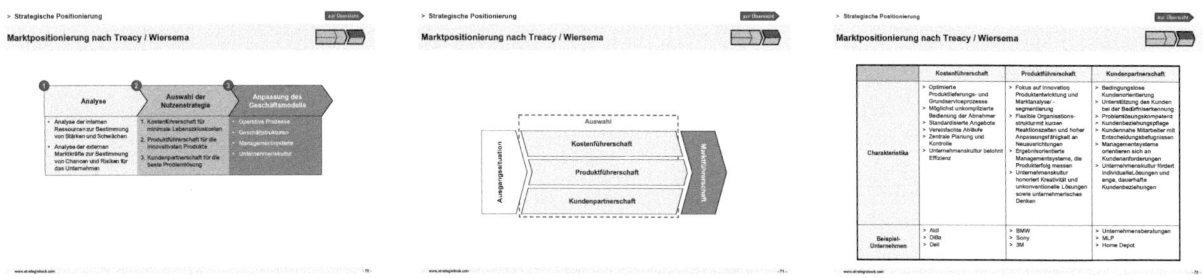

4.3.8 Verwandte und weiterführende Themen

Im weiteren Sinne sind sämtliche Analysekapitel in diesem Buch dahingehend mit der Marktpositionierung nach Treacy und Wiersema verwandt, indem sie vorgelagert durchgeführt werden können und wertvolle Informationen hervorbringen, welche für die Auswahl der Nutzenstrategie relevant sind. Im Speziellen stehen der Marktpositionierung nach Treacy/Wiersema folgende zwei Themen nahe:

- Wettbewerbsstrategien nach Porter

  Sowohl die Wettbewerbsstrategien nach Porter als auch die Marktpositionierung nach Treacy/Wiersema sind hauptsächlich durch den Markt und weniger durch Ressourcen gesteuert. Porter liefert ebenfalls drei Normstrategien, die den hier vorgestellten Nutzenstrategien relativ ähneln.

- Erfahrungskurve

  Die Erfahrungskurve liefert Aussagen, die im Rahmen der Kostenführerschaft von hohem Interesse sind. Die Lebenszykluskosten sollen minimiert werden. Dieses wird aufgrund von Erfahrungskurveneffekten durch hohe Ausbringungsmengen tendenziell begünstigt.

- Balanced Scorecard

  Die Kundenperspektive der Balanced Scorecard strukturiert sich gemäß der Marktpositionierung nach Treacy/Wiersema, siehe Praxisbeispiel.

4.3.9 Literaturhinweise

TREACY, M. / WIERSEMA, F. (1995): *Marktführerschaft*, Campus Verlag, Frankfurt am Main 1995.

TREACY, M. / WIERSEMA, F. (1993): *„Drei Wege zur Marktführerschaft“*, in: *Harvard Business Manager*, Vol. 3/93, 1993, S. 123-131.

4.4 Leitbild (Vision, Mission, Kernwerte)

LEITFRAGEN:

- Wie sehen wir unser Unternehmen, wie ist unser Selbstverständnis?
- Welche Werte verfolgen wir in unserer Arbeit?
- Was ist der Sinn unserer Arbeit, was ist die Aufgabe?
- Wie soll das Unternehmen langfristig aufgestellt sein, wo sehen wir Schwerpunkte?

4.4.1 Zielsetzung und Anwendungsgebiet

Das Leitbild eines Unternehmens bildet die Basis für Strategiearbeit. Um eine einheitliche und konsistente Strategie zu entwickeln, sind zunächst die grundlegenden Werte und Ziele in Form eines Leitbildes zu vereinbaren, um gemeinsam weitere strategische Maßnahmen und Optionen abzuleiten und zu bewerten. Die Folge ist eine in sich schlüssige und transparente Arbeit, die durch klare Ziel- und Werteorientierung von Mitarbeitern und externen Anspruchsgruppen wahrgenommen wird.

Mitarbeiter werden durch Leitbilder und die detaillierte Zuordnung personeller Einzelziele für die gemeinsame Zielerreichung motiviert und zum zielorientierten Handeln gebracht.

4.4.2 Beschreibung

MERKE: Das Leitbild besteht aus Vision, Mission und Kernwerten.

In der Theorie existieren verschiedene Ansätze, die sich in ihrer Grundaussage alle ähneln beispielsweise „Strategic Intent“ (Prahalad/Hamel, 1989), „Organizational Learning“ (Senge, 1990) oder das „Vision-Leitbild-Konzept“ (Bonsen, 2002). Von daher wird die Darstellung auf das St. Gallener Modell reduziert, das ein verbreitetes und praxistaugliches Modell ist.

Das Leitbild ist eine Kurzbeschreibung des Unternehmenszustandes und die Entwicklung visionärer Ansichten und Vorstellungen über die Zukunft. Dabei werden Ansichten und

Vorstellungen der Führungskräfte über die Zukunft harmonisiert, um sich auf eine gemeinsame Vision für die nächsten fünf bis zehn Jahre zu einigen. Zusätzlich dient das Leitbild als unternehmensinternes und -externes Kommunikationsinstrument, von dem sowohl eine Orientierungs-, Legitimations- als auch Motivationsfunktion ausgeht.

Das Leitbild lässt sich in die Bestandteile Vision, Mission und Kernwerte zerlegen (vgl. Bleicher, 1994).

Die **Vision** beschreibt die Vorstellung davon, wie das Unternehmen in Zukunft aussehen soll. Dabei gibt sie langfristige Ziele vor und geht zeitlich und quantitativ über das Tagesgeschäft hinaus. Vereinfacht dargestellt, ist sie so herausfordernd zu formulieren, dass sie zwar unerreichbar ist, aber dennoch nicht absurd erscheint (bildlich gesprochen: Der Steuermann eines Bootes steuert in Richtung Horizont, ohne ihn jemals zu erreichen). Zusätzlich sollte sie eine emotionale Komponente haben, so dass von ihr eine motivierende Wirkung ausgeht und man sich leicht an sie erinnert. Je solider eine Vision ausgearbeitet ist, desto mehr Zeit kann später durch die Vermeidung von Einzelfragen gespart werden.

CHECKLISTE: Die Vision muss sein:

1. relevant bzw. sinnstiftend,
2. motivierend und emotionalisierend,
3. handlungsanleitend,
4. leicht kommunizierbar/erinnerbar.

Die **Mission** bzw. der Handlungsauftrag beschreibt die grundsätzlichen, vom Unternehmen zu verfolgenden Aufgaben. Sie definiert dabei, warum die Organisation überhaupt existiert und erläutert den damit verbundenen Beitrag zur Gesellschaft. Die Mission sollte, in einfachen Worten formuliert, die Identität und Persönlichkeit des Unternehmens repräsentieren. Dabei sollte sie mindestens zwei zentrale Elemente umfassen: Unternehmenszweck und Strategien. Dadurch wird neben der Bedeutung für die Gesellschaft auch den Mitarbeitern verdeutlicht, warum sie als begabte und motivierte Menschen ihr Talent in genau dieses Unternehmen einbringen.

MERKE: Die Mission besteht aus mindestens zwei Elementen:

- Unternehmenszweck,
- Strategien.

Die **Kernwerte** bzw. der Handlungsgrundsatz ist die Beschreibung der Grundsätze, nach denen sich die Mitarbeiter verhalten. Die Elemente, aus denen die Kernwerte zu formen sind, sind Verhaltensnormen und zentrale Werte, an die das Unternehmen glaubt. Dabei gelten die Kernwerte sowohl für das Miteinander zwischen den Mitarbeitern im Unternehmen (Innenverhältnis) als auch für die Handlungen zu externen Gruppen (Außenverhältnis).

MERKE: Die Kernwerte bestehen aus den Elementen

- Verhaltensnormen,
- zentrale Werte.

4.4.3 Voraussetzungen und notwendiger Input

Klassischerweise wird das Leitbild ausschließlich in Führungskräfteworkshops erarbeitet. Für eine umfangreiche Einschätzung und Beurteilung der Gesamtsituation, aus der sich die Bestandteile, allen voran die Vision, ableiten lassen, sind jedoch im Rahmen des Strategieprozesses Vorabanalysen notwendig. Diese fließen in die SWOT-Analyse ein, welche dann eine Basis für das Leitbild bietet. Als besonders zu berücksichtigende Analysen sind Szenarioanalyse, Umweltanalyse, Wettbewerbs- und Branchenstrukturanalyse sowie die Unternehmenskulturanalyse zu nennen.

Um die Mitarbeiter umfassend in die Leitbildentwicklung mit einzubeziehen, können im Ausarbeitungsschritt entsprechende Fragebögen erstellt werden, in denen die Mitarbeiter die Werte und anzustrebenden Ziele aus ihrer Sicht darstellen können. Das vereinfacht die Identifikation der Mitarbeiter mit dem abgeleiteten Leitbild sowie die Motivationswirkung.

BILD 4.16 Vorgehensweise bei der Entwicklung eines Leitbildes

4.4.4 Vorgehensweise

CHECKLISTE:
Schaffen Sie zunächst die Bedingungen:

1. Akzeptanz und Unterstützung der gesamten Unternehmensführung,
2. Kerninhalte von der Geschäftsführung,
3. Teamzusammenstellung. ■

Im **Schritt 1** werden zunächst die Bedingungen für den Entwicklungsprozess geschaffen. Das umfasst vor allem organisatorische Vorbereitungen wie beispielsweise die Teamzusammenstellung und die Einbindung der Geschäftsleitung.

Die grundsätzlichen Inhalte sind von der Unternehmensspitze im Rahmen von Führungskräfteworkshops zu erarbeiten, da das Leitbild als grundlegende Basis von übergeordneter, strategischer Bedeutung und somit ausschließlich durch die Geschäftsleitung zu verantworten ist. Zusätzlich sind entsprechende Teams zusammenzustellen, deren Mitglieder unterschiedliche Perspektiven des Unternehmens vertreten sollten (Führungskräfte unterschiedlicher Produkt- oder Funktionsbereiche oder Ähnliches). Die Teamarbeit wird sich weniger auf die originäre Erarbeitung als auf die konkrete Weiterentwicklung beschränken. Daher reicht es aus, wenn Vertreter der Geschäftsleitung Koordinationsfunktionen, z. B. im Rahmen eines Lenkungsausschusses, übernehmen.

Im **Schritt 2** sind die vorgegebenen Kerninhalte zu konkretisieren, zu hinterfragen und zu verdichten. Dabei kann die folgende Liste an Leitfragen unterstützen:

Zur Vision:

- Wo sieht die Unternehmensführung das Unternehmen in fünf bis zehn Jahren?
- Wo sollen die Schwerpunkte liegen?
- Was soll das Unternehmen in Zukunft kennzeichnen und prägen?
- Was soll das Unternehmen erreichen?

Zur Mission:

- Woher kommt das Unternehmen, wo sind die Wurzeln?
- Welche Traditionen hat das Unternehmen?
- Wie ist die geschichtliche Entwicklung?
- Was ist die Aufgabe des Unternehmens?
- Was ist der Sinn in der Tätigkeit?
- Was macht das Unternehmen erfolgreich?

- Welches sind die Kernkompetenzen?
- Wo bestehen Wettbewerbsvorteile gegenüber der Konkurrenz?

Zu den Kernwerten:

- Was ist das Selbstverständnis?
- Welche Wertvorstellungen vertritt das Unternehmen?
- Was sind die zentralen Unternehmenswerte?
- Wer ist das Unternehmen?
- Welche Eigenschaften zeichnen das Unternehmen und die Produkte aus?

Ziel ist es, pro Bereich ein bis drei Themengebiete zu erarbeiten, die als zentrales Statement durch einen Kernsatz ausgedrückt werden. Dadurch entsteht ein kompaktes Kernleitbild, das den Rahmen für die weitere Arbeit bildet.

Jedes dieser Themengebiete kann detailliert in ca. fünf bis acht Aussagen vertieft werden.

Im **Schritt 3** wird das Leitbild in einer umfassenden Aktion zunächst innerhalb des Unternehmens verbreitet. Durch marketingähnliche Maßnahmen (z. B. kreative Aktionen in der Kantine, Werbegeschenke oder Veranstaltungen) sollen die Mitarbeiter das Leitbild und damit verbundene Ziele und Werte verinnerlichen. Darauf aufbauend wird das Leitbild auch an externe Gruppen kommuniziert, um Investoren, Kunden, Bewerber, Lieferanten und sämtliche andere Gruppen vom Unternehmen zu begeistern. Die Kommunikation ist nicht mit einer einmaligen Aktion abgeschlossen, sondern sollte sich in einem kontinuierlichen Prozess fortführen. Das Leitbild muss der zentrale Bestandteil des Unternehmensimages sein.

CHECKLISTE:

1. Interne Kommunikation
2. Externe Kommunikation
3. Kontinuierliche Einbindung des Leitbildes in Kommunikationsinstrumente

4.4.5 Vor- und Nachteile

Vorteile	Nachteile
• Erhöhter Zeiteinsatz für solide Visionen wird durch die Einsparung zeitraubender Einzelfragen gerechtfertigt, um eine konsistente Strategieentwicklung zu gewährleisten • Bildet eine gemeinsame Grundlage für die weitere Strategieentwicklung	• Umfangreiche Erarbeitung notwendig, ansonsten Illusion über fundierte Strategieentwicklung • Zeit- und managementintensive Erarbeitung

TABELLE 4.7 Vor- und Nachteile der Leitbildentwicklung

4.4.6 Praxisbeispiel

INSTEAD e. V. – Studentische Unternehmensberatung

Das Beispiel soll zeigen, dass nicht immer Gewinnstreben im Vordergrund des unternehmerischen Handelns stehen muss. Andere Ziele können sich ebenfalls in den Grundwerten eines Unternehmens widerspiegeln. Damit können über das Leitbild oftmals vernachlässigte Bereiche wie z. B. die Einstellung zur Unternehmensethik verankert werden.

Die Studentische Unternehmensberatung INSTEAD e. V. Passau verfolgt vorrangig das gemeinnützige Ziel, Studenten und Unternehmen über Beratungsprojekte zusammenzubringen, um die Lücke zwischen theoretischer Ausbildung und praktischer Erfahrung zu schließen. In Bild 4.17 ist das Leitbild von INSTEAD e. V. dargestellt.

Mission

„Als Studentische Unternehmensberatung an der Universität Passau schlägt INSTEAD die Brücke zwischen theoretischem Wissen und praktischer Anwendung in der Wirtschaft.

Wir bieten unseren Kunden maßgeschneiderte Lösungen und fördern die fachliche Qualifikation und persönliche Weiterentwicklung unserer Mitglieder in einem motivierenden Umfeld."

Kernwerte

„Wir sind von der Idee der Studentischen Unternehmensberatung überzeugt und verbinden Leistungs- und Qualitätsbewusstsein mit Spaß und Freude an Vereinsleben und Projektarbeit.

Mit großem Engagement stellen wir uns neuen Herausforderungen und entwickeln zielstrebig Lösungen im Team.

Unseren Anspruch, Erwartungen zu übertreffen, erfüllen wir durch Integrität und ausgeprägte Kundenorientierung."

Vision

„Wir wollen der Ansprechpartner bei Beratungsleistungen in der Region und führend in unseren Kernkompetenzen sein.

Wir möchten die engagiertesten Studenten anziehen und sie langfristig an den Verein binden.

Wir wollen unser produktives Netzwerk leben und prägen.

Wir möchten die angesehenste studentische Initiative an der Universität Passau sein."

BILD 4.17 Mission, Kernwerte und Vision von INSTEAD e. V.

Ausgehend vom Leitbild wurden im Rahmen des Strategieprozesses eine Strategiekarte nach Kaplan und Norton sowie schließlich eine Balanced Scorecard entwickelt, um die Ziele und Werte über Kennzahlen mess- und operationalisierbar zu machen. Sämtliche Bestandteile des Leitbildes wurden auf diese Weise in die tägliche Arbeit integriert und dienen über die abgeleitete Strategie hinaus als langfristiger Entwicklungsrahmen.

4.4.7 Vorlagen zum Download

Im Downloadbereich finden Sie die Vorlage für die Vorgehensweise sowie eine Checkliste mit den aufgeführten Leitfragen, um die Vision, Mission und Kernwerte auszuarbeiten.

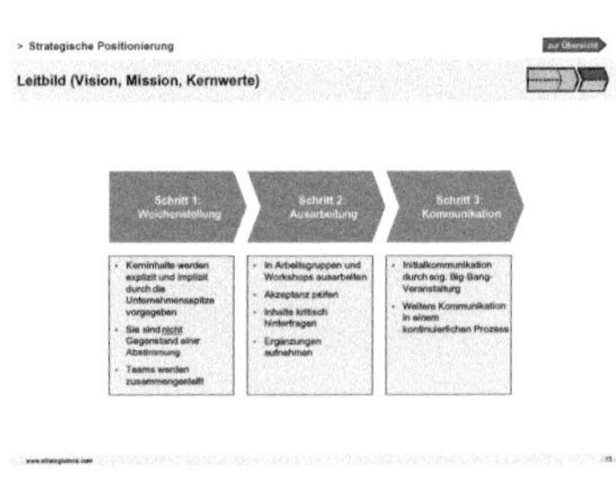

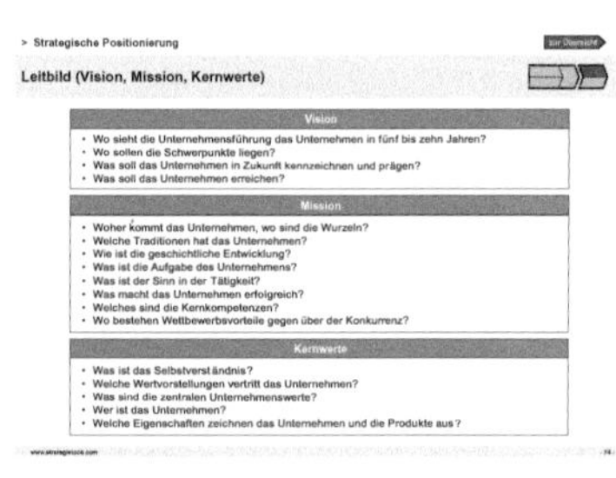

4.4.8 Verwandte und weiterführende Themen

- 7-S-Modell

  Im 7-S-Modell wird die Unternehmensvision mit weiteren Faktoren in ein ganzheitliches Bild zusammengeführt, um Stärken und Schwächen aufzudecken.

- Balanced Scorecard (BSC)

  Mit Hilfe der BSC können Mission, Kernwerte und Vision operationalisierbar gemacht und in konkrete Zielgrößen abgeleitet werden.

4.4.9 Literaturhinweise

BLEICHER, K. (1994): *Normatives Management. Politik, Verfassung und Philosophie des Unternehmens,* Frankfurt am Main/New York 1994.

BONSEN, M. zur (2002): *Führen mit Visionen,* Gabler Verlag, Wiesbaden 2002.

HAMEL, G. / PRAHALAD, C. K. (1989): *„Strategic Intent“,* in: *Harvard Business Review,* Vol. 67, No. 3, May-June, S. 63-76.

KAPLAN, R. S. / NORTON, D. P. (2001): *Die Strategiefokussierte Organisation,* Schäffer-Poeschel Verlag, Stuttgart 2001.

SENGE, P. M. (1990): *The Fifth Discipline. The art and practice of the learning organization,* Random House, London 1990.

5 Strategische Planung

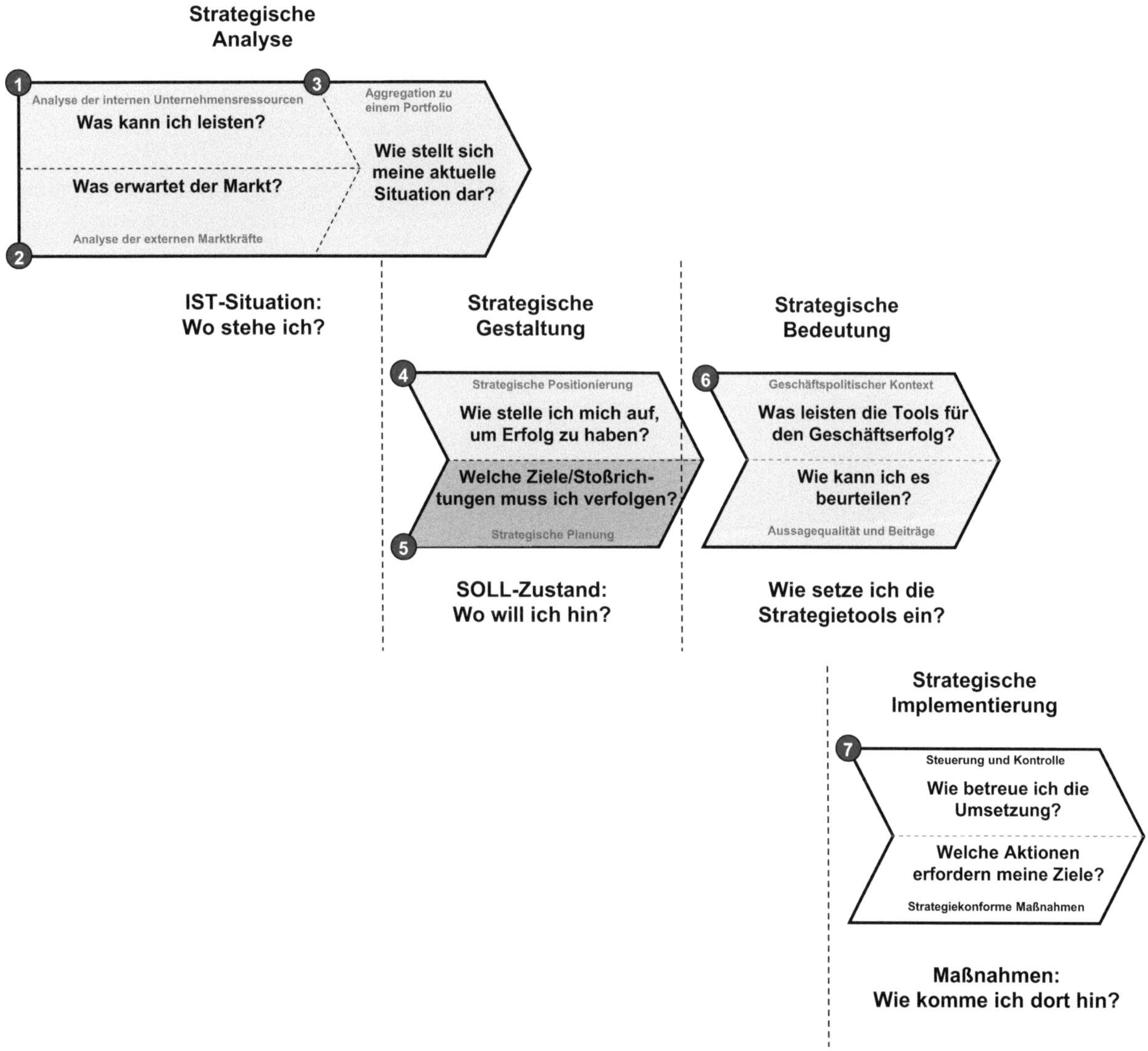

5.1 SWOT-Normstrategien

LEITFRAGEN:

- Welche Handlungsoptionen stehen mir offen?
- Welche strategischen Optionen bieten sich mir aufgrund meiner momentanen Lage?
- Wie setze ich meine Stärken richtig ein?

5.1.1 Zielsetzung und Anwendungsgebiet

Die SWOT-Analyse generiert strategische Optionen. Hinsichtlich der Aggregation bietet sie ausschließlich den methodischen Rahmen und gibt ansonsten wenig konkrete Handlungsanweisungen, bietet aber bei der Interpretation standardisierte Muster an.

Die SWOT-Normstrategien entsprechen systematischen, strategischen Optionen. Sie sind jedoch weniger als konkrete Strategieanweisungen zu interpretieren, sondern vielmehr als individuelle Stoßrichtungen, die sich aus der Komplexität externer Umweltbedingungen sowie internen Leistungsvermögens ergeben. Die SWOT-Strategien bieten dem Entscheider eine Auswahl möglicher Optionen, die (a) auf den individuellen Fall hin konkretisiert und (b) danach operationalisiert werden müssen.

5.1.2 Beschreibung

Aus den jeweils in zwei Kategorien unterteilten Dimensionen resultieren vier Kombinationen, für die jeweils Normstrategien abgeleitet werden können (siehe Tabelle 5.1).

	Chancen (Opportunities)	**Risiken** (Threats)
Stärken (Strength)	**SO-Strategien** • Wahrnehmung der Chancen unter Einsatz der Stärken • Expansionen/Investitionen • Nutzung von Trends durch vorhandene Ressourcen	**ST-Strategien** • Stärken ausnutzen, um Umweltrisiken auszugleichen bzw. zu lindern • Nutzung von Beziehungen, um Umweltbedingungen zu beeinflussen
Schwächen (Weaknesses)	**WO-Strategien** • Abbau von Unternehmensschwächen, um Chancen zu nutzen • Beispielsweise Abbau eigener Bürokratie (Schwäche), um reaktionsschneller zu sein und Chancen des Marktes nutzen zu können	**WT-Strategien** • Schwächen abbauen, um Risiko zu reduzieren • Desinvestitionsstrategien

TABELLE 5.1 SWOT-Normstrategien

MERKE: SO: Stärken anwenden, um Chancen zu nutzen.

SO-Strategien: SO steht für Strengths and Opportunities. Demnach werden im Folgenden diejenigen Strategien beschrieben, die sich aus unternehmerischen Stärken und Chancen ableiten lassen. Sie sehen die Wahrnehmung von Chancen durch Nutzung eigener Stärken vor.

Das heißt, beispielsweise können margenstarke, kurzfristig aufkommende Märkte (als Chance) nur bedient werden, weil die eigene Vertriebsorganisation besonders flexibel ist (als Stärke).

WO-Strategien: WO bezeichnet analog Weaknesses and Opportunities und kennzeichnet Strategien, die sich aus eigenen Schwächen in Kombination mit marktlichen Chancen ergeben. Chancen sollen hier durch den gezielten Abbau von Schwächen genutzt werden. Um den Unterschied der Aussage zu verdeutlichen, wählen wir das gleiche Beispiel: Unter Umständen muss die eigene Vertriebsorganisation stark verschlankt werden (Schwäche), um wieder konkurrenzfähig zu werden und marktgerecht flexibel auf kurzfristige Absatzmöglichkeiten (Chance) reagieren zu können.

MERKE: WO: Schwächen abbauen, um Chancen zu nutzen.

ST-Strategien: ST steht für Strenghts and Threats. Sie versuchen unter Einsatz der eigenen Stärken, Umweltrisiken zu lindern. Beispielsweise kann das eigene, positiv erlebte Betriebsklima (Stärke) genutzt werden, um branchenspezifische Streiks (Risiko) für das eigene Unternehmen abzuwenden.

MERKE: ST: Stärken anwenden, um Risiken zu mindern

WT-Strategien: Die Weeknesses-Threats-Strategien versuchen durch Abbau von Schwächen, Risiken zu mindern. Diese Strategien gleichen oftmals Desinvestitionsstrategien, wenn die entsprechende Schwäche nicht auf eine andere Weise behoben werden kann. Aufgrund des Gefahrenpotenzials sind diese Strategien für Unternehmen von höchster Bedeutung.

MERKE: WT: Schwächen abbauen, um Risiken zu mindern.

5.1.3 Voraussetzungen und notwendiger Input

Notwendiger Input fällt an dieser Stelle nicht an, da das Kapitel SWOT-Strategien auf der SWOT-Analyse aufbaut und dort auf die notwendigen Voraussetzungen eingegangen wurde.

5.1.4 Vorgehensweise

Die Vorgehensweise entspricht dem finalen Schritt im Rahmen der SWOT-Analyse, wie Bild 5.1 verdeutlicht.

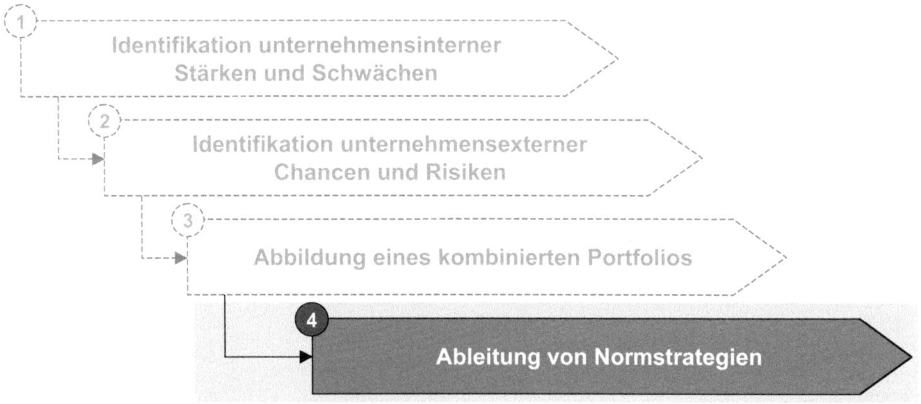

BILD 5.1 Vorgehensweise bei der SWOT-Analyse

CHECKLISTE:

1. Identifikation interner Stärken und Schwächen.
2. Identifikation extern bedingter Chancen und Risiken.
3. Kombination der beiden Dimensionen.

Schritt 4: Identifikation von Stärken und Schwächen

Zu Beginn des Schritts 4 müssen die vier Strategien den (priorisierten) Stärken und Schwächen sowie Chancen und Risiken zugeordnet werden. Obwohl die unter „Beschreibung“ skizzierten Normstrategien relativ trivial klingen, wird man feststellen, dass die Ableitung solcher in der Praxis unerwartet abstrakt und damit kompliziert wird. Empfehlenswert ist, bei der Ableitung strategischer Optionen jeweils die Stellhebel „Stärke“ und „Schwäche“ zu fokussieren. Diese sind über entsprechende Maßnahmen beeinflussbar, die Umweltbedingungen sind dies nur bedingt. Insofern tut man sich leichter, sich je nach Feld die Frage zu stellen, was ein Abbau von Schwächen bzw. eine Ausnutzung vorhandener Stärken jeweils bewirken könnte. Um im Ergebnis schlüssige strategische Optionen zu erhalten, die im Idealfall weiter operationalisiert werden und in Form konkreter Maßnahmen Umsetzung erfahren, muss immer sauber zwischen externen und internen Dimensionen differenziert werden. Ansonsten erhält man unscharfe Handlungsempfehlungen. Weiterhin sollte darauf geachtet werden, dass Chancen und Risiken sowie Stärken und Schwächen möglichst nicht voneinander abhängen. Einen schnellen Computer zu besitzen kann keine Stärke in diesem Zusammenhang sein, wenn es bereits eine Schwäche ist, keinen solchen zur Verfügung zu haben. Die Aussagen würden sich widersprechen bzw. in höchst trivialen Optionen enden, die keinerlei Mehrwert bieten würden.

5.1.5 Vor- und Nachteile

Vorteile	Nachteile
• Übersichtliche, integrierte Darstellungsweise • Zwingt zur Auseinandersetzung mit unternehmerischer Situation • Komplexitätsreduktion • Über regelmäßige Anwendung können Trends identifiziert werden	• Keine konkreten Hilfestellungen für den Anwender, sondern lediglich ein Analyserahmen • Wechselwirkungen führen zu Trivialitäten oder Widersprüchen • Keine notwendige Priorisierung der strategischen Optionen

TABELLE 5.2 Vor- und Nachteile der SWOT-Strategien

5.1.6 Praxisbeispiel

Im Folgenden wird eine denkbare SWOT-Analyse für eine beliebige Unternehmensberatung geschildert. Zunächst werden gemäß der Beschreibungen im Kapitel 3 die Stärken, Schwächen, Chancen und Risiken der Beratung identifiziert. Dies kann z. B. im Rahmen eines internen Klausurwochenendes geschehen. Das mögliche Ergebnis zeigt Tabelle 5.3.

Stärken	Chancen
1. Kundenorientierung in der Projektarbeit 2. Preis-Leistungs-Verhältnis 3. Interne Strukturen 4. Interne Weiterbildung 5. Nutzung von Rationalisierungspotenzial	1. Folgeprojekte 2. Fokussierung auf Kernkompetenzen 3. Präsenz in Netzwerken 4. Kommunikation mit Institutionen 5. Ehemalige Mitarbeiter = potenzielle Kunden 6. Finanzielle Anreize für Projektakquisition
Schwächen	**Risiken**
1. Anzahl der Projekte zu gering 2. Kundenkontaktmanagement 3. Marketing/Kommunikationspolitik 4. Zu starker interner Fokus 5. Wissensaufbereitung 6. Intransparenz des Wissensmanagements	1. Mangelnde Marktnähe 2. Mangelnde Seniorität 3. Mangelnde Wissensextrahierung aus Projekten 4. Interne Überreglementierung (Ressourcenbindung) 5. Wirtschaftliche Lage

TABELLE 5.3 Exemplarische SWOT-Analyse für eine Unternehmensberatung

Im Anschluss wurden die zentralen Punkte der vier Kategorien priorisiert und miteinander kombiniert, um Normstrategien abzuleiten. Diese Normstrategien sind noch keine konkreten Handlungsempfehlungen. Durchdeklinierte Aktionsprogramme könnten aber aus ihnen abgeleitet werden. Tabelle 5.4 zeigt die resultierenden SWOT-Normstrategien.

	Chancen 1. Folgeprojekte 2. Präsenz in Netzwerken 3. Ehemalige Mitarbeiter = pot. Kunden	**Risiken** 1. Mangelnde Marktnähe 2. Interne Überreglementierung 3. Wirtschaftliche Lage
Stärken 1. Kundenorientierung in der Projektarbeit 2. Preis-Leistungs-Verhältnis 3. Interne Weiterbildung	**SO-Strategien** • Bewusster die Stärken aus der Projektarbeit verkaufen • Qualifizierungen in Netzwerke kommunizieren • Preis-Leistungs-Verhältnis nutzen, um Projekte an Ehemalige zu verkaufen	**ST-Strategien** • Konzentration der Mitarbeiteraktivitäten auf externe Bereiche • Gezielte Akquisition mit hochwertigen Qualifizierungen
Schwächen 1. Anzahl der Projekte zu gering 2. Kundenkontakt-management 3. Marketing/ Kommunikationspolitik	**WO-Strategien** • Leistungsspektrum abgrenzen und kommunizieren • Ansprache ehemaliger Mitarbeiter • Pflege von Bestandskunden • Wissenstransfer innerhab der Netzwerke fördern	**WT-Strategien** • Abbau der internen Bürokratie • Mehr Entscheidungsbefugnisse für die einzelnen Mitarbeiter

TABELLE 5.4 Exemplarische SWOT-Normstrategien

Eine solche SWOT-Analyse könnte in regelmäßigen Abständen durchgeführt werden, um eine kontinuierliche Weiterentwicklung zu gewährleisten. Somit würden aktuelle Probleme und Entwicklungen im Kontext kontinuierlicher Verbesserungsprozesse berücksichtigt werden.

5.1.7 Vorlagen zum Download

Die Vorlagen zu diesem Kapitel sind der SWOT-Analyse zugeordnet, siehe Kapitel 3.

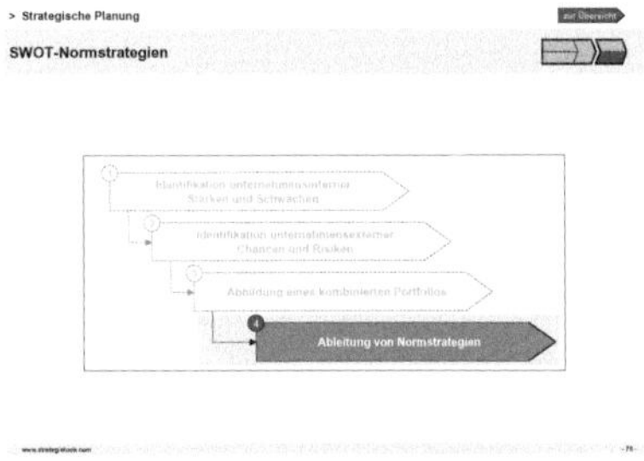

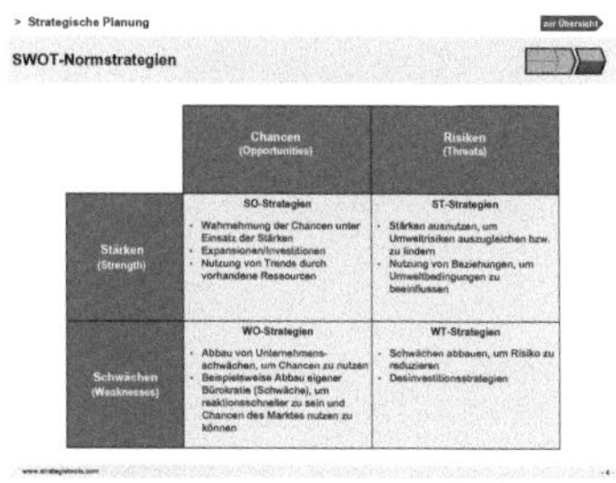

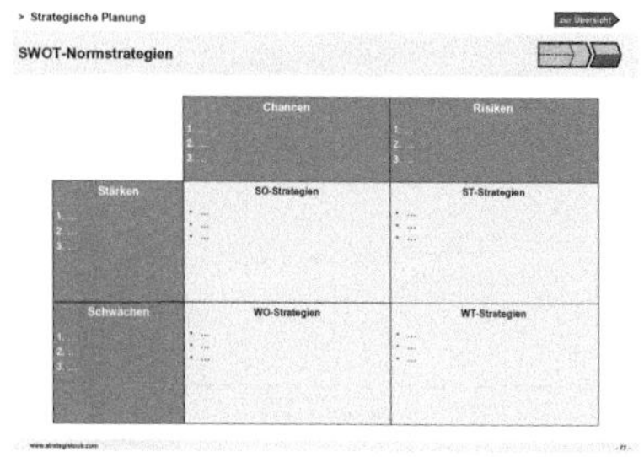

5.1.8 Verwandte und weiterführende Themen

Bereits in Abschnitt 3.1.8 wurde beschrieben, dass es schwer fällt, für die SWOT-Analyse respektive für die daraus abzuleitenden Normstrategien verwandte und weiterführende Themen zu benennen. Im SWOT-Portfolio können diverse Analyseergebnisse – externe wie interne – sinnvoll aggregiert werden, so dass entsprechend weit reichende Verwandtschaften nachgewiesen werden können.

5.1.9 Literaturhinweise

HITT, M. A. / IRELAND, R. D. / HOSKISSON, R. E. (1999): *Strategic Management: Competitiveness and Globalization,* 3. Aufl. South-Western College Publishing 1999.

TRAUNER, B. / LUCKO, S. (2004): *ABC der Management-Techniken,* Carl Hanser Verlag, München/ Wien 2004.

5.2 Portfolio-Normstrategien

LEITFRAGEN:

- In welche Geschäftseinheiten sollte investiert werden?
- Wie sollten die Unternehmensressourcen sinnvoll auf das Leistungsspektrum verteilt werden?
- Welche strategischen Optionen ergeben einzelne Geschäftseinheiten?

5.2.1 Zielsetzung und Anwendungsgebiet

MERKE: Jedes Feld des Portfolios impliziert eine bestimmte Normstrategie.

Ein Grund für die Beliebtheit der Portfoliokonzepte liegt in den Normstrategien begründet. Aus jeder Position des Portfolios sind normative Empfehlungen für strategische Konsequenzen ableitbar. Die hiermit erreichte Komplexitätsreduktion und die übersichtliche Visualisierungsform ermöglichen eine praxisnahe Veranschaulichung des eigenen Portfolios.

Ausgangspunkt für das Portfoliokonzept ist die Erkenntnis, dass Geschäftseinheiten mit jeweils unterschiedlichen Wettbewerbsbedingungen, Wachstumspotenzialen oder anderen Merkmalen differenziert gesteuert werden müssen. Dieser Gedanke lässt sich analog auch auf alternative Portfolioansätze transferieren (z. B. müssen die im Humanressourcenportfolio zugeordneten Mitarbeiter ebenfalls differenziert gesteuert werden). Der Einfachheit halber wird dieses Kapitel aber auf die Wesenszüge der zwei führenden Ansätze von BCG und McKinsey eingehen.

Gemäß der Gliederung des Buches schließt dieses Kapitel demnach nahtlos an die Analysekapitel zur BCG- und McKinsey-Matrix aus Kapitel 1 an und konzentriert sich im Rahmen der strategischen Planung auf die Handlungsempfehlungen, die sich aus Portfolios ableiten lassen.

5.2.2 Beschreibung

BEACHTE: Portfolioansätze fokussieren nicht die einzelnen Geschäftseinheiten, sondern nur ihren Wert im gesamten PORTFOLIO im Sinne einer ausgeglichenen Steuerung.

Nachdem sämtliche Geschäftseinheiten in dem Portfolio eingeordnet wurden, können Handlungsempfehlungen abgeleitet werden. Grundsätzlich verfolgen Portfolioansätze eine ganzheitliche Sichtweise. Das Ziel ist nicht, einzelne Geschäftseinheiten isoliert zu betrachten und einzig aufgrund ihrer Position Aktionen abzuleiten. Vielmehr geht es um eine ausgeglichene Steuerung des gesamten Portfolios, d. h. die Handlungsempfehlungen bedingen sich gegenseitig. Die BCG-Matrix demonstriert diese Denkweise besonders plakativ. Das übergeordnete Ziel sind hier nämlich ausgeglichene Zahlungsströme. Die Cash Cows finanzieren ausgewählte Question Marks und besonders kapitalintensive Stars (der grundlegende Mechanismus wird außerdem ausführlich im Kapitel 1.13 Marktwachstum-Marktanteils-Portfolioanalyse behandelt).

Bei sämtlichen Portfolios hängen die Normstrategien hauptsächlich von den jeweiligen Feldern der Matrix ab, die sich durch die beiden betrachteten Dimensionen bestimmt. Im Allgemeinen gliedern sich die Normstrategien in drei wesentliche Richtungen: Für besonders lohnenswerte Segmente werden grundsätzlich **Investitionsstrategien** empfohlen, für nicht eindeutige Bereiche gilt es, zu **selektieren**. Für Bereiche, die aufgrund schwacher Ausprägungen entlang beider Dimensionen der Matrix ungünstige Ausgangssituationen bieten, werden **Desinvestitionsstrategien** postuliert. Diese drei Grundrichtungen sind auf die unterschiedlichen Portfolioansätze zu übertragen. Auf diese Weise nehmen sie im Detail spezifische Formen an, aber diese grundsätzliche Herangehensweise ist in der Regel immer wieder erkennbar.

Im Folgenden werden wir dies anhand der im Kapitel 1 betonten Portfolios von BCG und McKinsey aufzeigen. Zunächst werden die Strategien im Rahmen des **Marktwachstum-Marktanteils-Portfolios (BCG-Matrix)** vorgestellt, die sich aus den normativen Behauptungen bezüglich der vier Felder ableiten lassen.

MERKE: Die Normstrategien können auf drei Richtungen zurückgeführt werden:

- investieren,
- selektieren,
- liquidieren.

Stars: Analog zum skizzierten Ansatz wird für die Stars-Produkte eine Wachstumsstrategie empfohlen. Im Kapitel 1.13 wurde hergeleitet, dass sich Geschäftseinheiten der Kategorie Stars einerseits durch eine vorteilhafte Wettbewerbssituation und damit hohe Gewinne, allerdings auch durch einen nicht unwesentlichen Kapitalbedarf aufgrund hoher Wachstumsraten auszeichnen. Die Stars befinden sich noch in frühen Lebenszyklusphasen, haben aber bereits Wettbewerbsvorteile am Markt. Diese gilt es auszubauen oder wenigstens zu konservieren, um einerseits eine in Relation zu den Wettbewerbern günstige Kostenposition zu festigen und andererseits die Marktführerschaft nachhaltig zu sichern. Zum Beispiel sind Investitionen in Technologie empfehlenswert, um frühzeitig kundenwirksame Standards zu setzen, welche im Idealfall mittels Barrieren (Geschwindigkeits-, Know-how- oder andere Barrieren) vor den Konkurrenten geschützt werden.

Poor Dogs: Die „armen Hunde" stellen die zweite, eindeutig interpretierbare Kategorie dar, weil hier die Unternehmens- und Umweltachse im Gegensatz zu den Stars ungünstige Ausprägungen aufweisen. Demzufolge wird eine konsequente Desinvestitionsstrategie postuliert. Der Rückzug ist bei stagnierenden Märkten, auf denen kein bedeutender Marktanteil erzielt wurde, die logische Konsequenz. Die einzige Einschränkung einer Rückzugsstrategie sind unverzichtbare Verbundvorteile (Synergien im engeren Sinne), deren Verzicht eine wesentliche Schwächung anderer Bereiche mit sich brächte.

Question Marks: Die Ableitung einer universellen Normstrategie ist durch die Selektionsempfehlung nicht ohne weiteres möglich. Bereits im Kapitel 1.13 wurde durch die Charakterisierung dieses Matrixfeldes betont, dass das Risiko strategischer Entscheidungen in Bezug auf Question Marks besonders groß ist. Der Marktanteil ist zwar gering, die Wachstumsraten sind aber enorm. Vielversprechende Question Marks sind demnach eine gute Investition, sofern der Marktanteil mit entsprechendem Aufwand kurzfristig, aber merklich gesteigert werden kann, wodurch aus den Question Marks erfolgreiche Stars würden. Werden einer solchen Entwicklung jedoch nur geringe Chancen eingeräumt, empfiehlt sich der umgehende Rückzug durch Desinvestition. Ein weiteres Engagement würde nur unnötig Kapital verschlingen, welches aufgrund der hohen Wachstumsraten von Nöten ist (siehe Kapitel 1.13).

Cash Cows: Die Ableitung der gültigen Normstrategie im Falle der Cash Cows ist hingegen wieder trivialer. Cash Cows befinden sich in reifen Lebenszyklusphasen und weisen einen hohen relativen Marktanteil auf, sind laut strenger Definition gar Marktführer. Aufgrund der niedrigen Wachstumsraten besteht das Ziel im Halten des Marktanteils, was deutlich weniger Kapital in Anspruch nimmt, als diesen zwangsläufig erweitern zu müssen. Die generierten Gewinne der Cash Cows sind durch die geringen, direkten Reinvestitionen hoch. Die sich daraus ableitende Normstrategie besteht im Abschöpfen. Die abgeschöpften Gewinne können zur Finanzierung der anderen Geschäftseinheiten mit hohen Wachstumsraten genutzt werden. Ohne Cash Cows könnte nicht eine Balance der Zahlungsströme innerhalb des Portfolios erzielt werden.

Bild 5.2 fasst die Normstrategien eines Marktwachstum-Marktanteils-Portfolios zusammen.

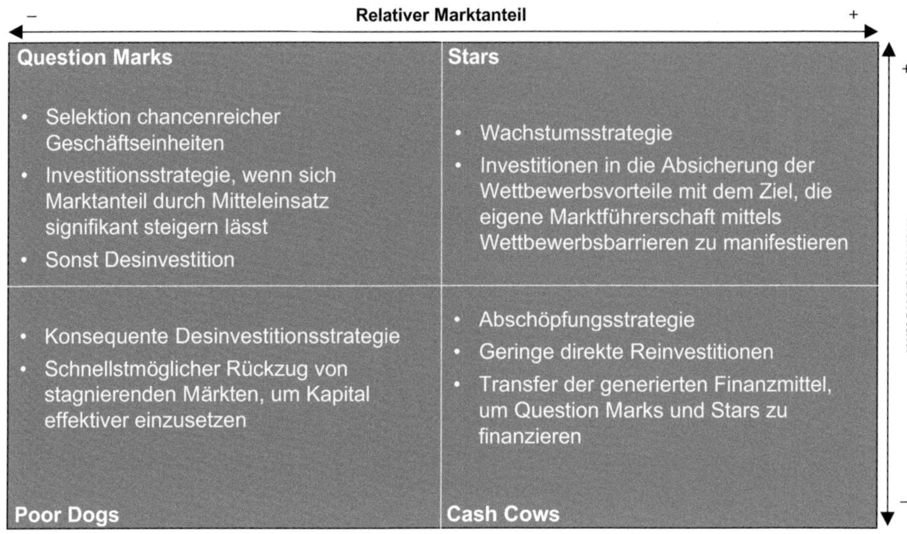

BILD 5.2 Normstrategien der BCG-Matrix

Obwohl das **Branchenattraktivität-Wettbewerbsstärken-Portfolio (McKinsey-Matrix)** als 9-Felder-Matrix konzipiert ist, funktioniert die Ableitung der Normstrategien nach einem vergleichbaren Schema. Die Handlungsempfehlungen ergeben sich aus den Ausprägungen der einzelnen Matrixfelder, wobei sich Investitionen bzw. die Ressourcenverteilung auf Segmente fokussieren sollten, die einen hohen Grad an Wettbewerbsstärke und Brachenattraktivität aufweisen. Es werden drei grundsätzliche Strategien unterschieden (Bild 5.3).

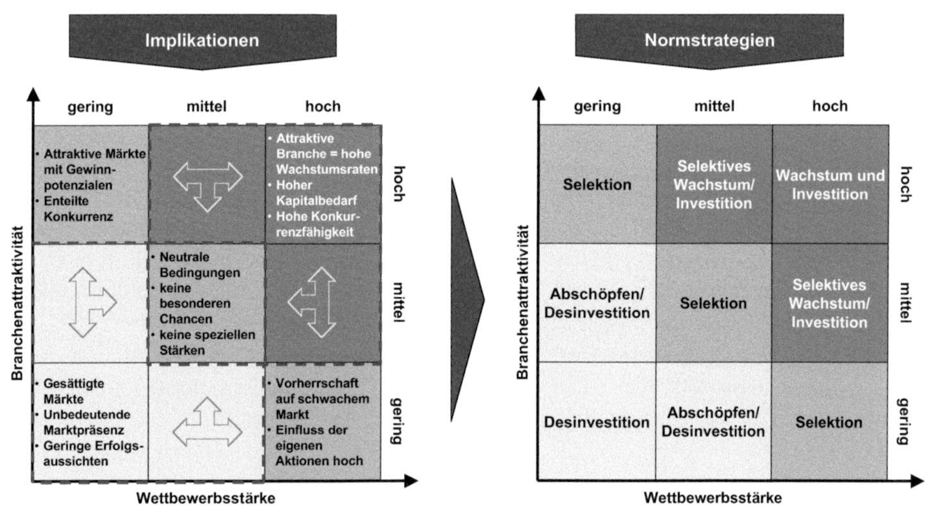

BILD 5.3 Normstrategien der McKinsey-Matrix

Im Bereich der drei Felder mit **mittlerer bis hoher Branchenattraktivität bzw. Wettbewerbsstärke** (rechts oben) gilt es, Kapital zu binden. Die diesem Bereich zugeordneten Geschäftseinheiten versprechen hohe Wachstumsraten und ausgeprägte Erfolgspotenziale, bedingen aber auch signifikant hohe Investitionen, um eine Vorherrschaft zu erreichen und die Ertragspotenziale abzuschöpfen.

Für den entgegengesetzten Fall **unattraktiver Branchen und schwacher Wettbewerbspositionen** (d. h. links unten in der Matrix) werden entsprechend Liquidierungsstrategien postuliert. Gegebenenfalls ist es denkbar, letzte Gewinne ohne nennenswerten Ressourceneinsatz abzuschöpfen, aber im Wesentlichen sollte die Taktik in diesem Bereich von der Suche nach dem richtigen Zeitpunkt für den Rückzug bestimmt sein.

Die **mittelmäßig bzw. hochgradig ungleich geprägten Segmente** der McKinsey-Matrix sind differenzierter zu betrachten. Gemäß der klassischen Trennung nach Porter können für diese nicht eindeutigen Segmente Kostenführer-, Differenzierungs- oder Nischenstrategien von Vorteil sein. Das Wachstumspotenzial des betrachteten Marktes sowie die eigene Konkurrenzfähigkeit beeinflussen die Entscheidung der richtigen Strategie. Im Wesentlichen müssen Wachstumssegmente identifiziert werden, um selektiv zu investieren. Segmente in attraktiven Branchen, aber schwacher eigener Position eignen sich tendenziell für Nischenstrategien, schwache Märkte bei eigener relativer Wettbewerbsstärke führen dagegen eher zur Kostenführerschaft. In der Literatur wird in diesem Zusammenhang auch häufig zwischen offensiven und defensiven Strategien unterschieden. Ziel ist es, die eigenen Stärken respektive Chancen in einem nicht eindeutigen Spannungsfeld zu identifizieren und zu Wettbewerbsvorteilen auszubauen, indem Marktbarrieren für die Mitbewerber geschaffen werden – entweder über Spezialisierungs- oder Kostenvorteile.

5.2.3 Voraussetzungen und notwendiger Input

Die Voraussetzung zur Ableitung von Portfolio-Normstrategien ist die Durchführung vorausgehender Analysen. Diese sind für unterschiedliche Portfolioansätze in den Kapiteln 1.13 bis 1.15 beschrieben. Dort sind auch entsprechend der Struktur dieses Buches notwendige Voraussetzungen gelistet.

5.2.4 Vorgehensweise

Die Vorgehensweise baut konsequent auf der aus dem Analyseteil auf und gilt für sämtliche Portfolioanalysevarianten:

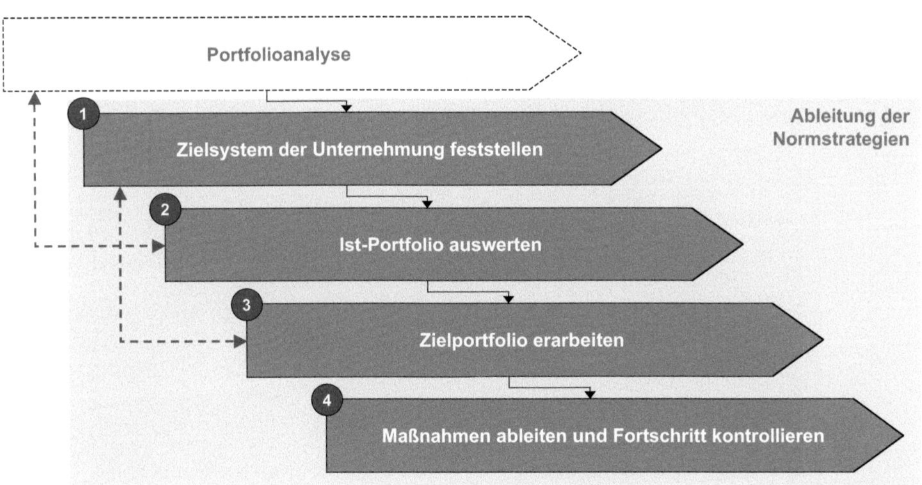

BILD 5.4 Vorgehensweise bei der Ableitung von Portfolio-Normstrategien

TIPP: Workshops mit Entscheidungsträgern zur Zielfindung entfalten außerhalb des täglichen Geschäfts besondere Wirkung!

Schritt 1: Zielsystem der Unternehmung feststellen

Das Zielsystem der Unternehmung soll Kriterien liefern, an welchen sich die Normstrategien messen lassen. Die Ableitung von Strategien kann nie völlig objektiviert werden und wird immer von persönlichen Präferenzen der Entscheidungsträger abhängen. Um den Vorgang zu strukturieren und eine möglichst intersubjektiv nachvollziehbare Strategieableitung zu gewährleisten, sollte das Zielsystem vor der Strategieerarbeitung definiert bzw. herangezogen werden (siehe auch Kapitel 4.4). Unter Umständen ist es zweckmäßig, existierende Zielsysteme auf das konkrete Problem hin anzupassen, d. h. die relevanten Passagen zu selektieren. Dies ist durch die Entscheidungsträger vorzunehmen und bedarf einer breiten Zustimmung, um die potenzielle Wirkung der Normstrategien nicht von vornherein zu mindern.

Schritt 2: Ist-Portfolio ableiten

Die Entwicklung und Analyse des Ist-Portfolios wurde bereits für unterschiedliche Varianten der Portfolioanalyse im Kapitel 1 beschrieben. Die enge Verwandtschaft zum Analyseteil ist in Bild 1.61 entsprechend gekennzeichnet. Die Auswertung des Ist-Portfolios bezieht in diesem Schritt ausschließlich noch die explizite Berücksichtigung des Zielsystems der Unternehmung mit ein. Das heißt, die normativen Implikationen für die jeweiligen Segmente des Portfolios müssen in Bezug zum Unternehmensziel betrachtet werden. Ergebnis dieser Berücksichtigung kann in erster Linie eine Priorisierung der normativen Aussagen sein. Allerdings kann so auch erst einmal grundsätzlich bestimmt werden, ob die allgemein gültigen Postulierungen der Portfolioanalyse im konkreten Fall stimmig sind. Beispielsweise spielt das Marktwachstum in kurzlebigen IT-Geschäftsfeldern eine bedeutendere Rolle als in klassischen Industrien, in welchen hingegen die Wettbewerbsstärke durch ihre Auswirkungen auf die individuelle Kostenposition von tragender Bedeutung ist. Die Geschäftsstrategie kann die Dimensionen in ähnlicher Art und Weise gewichten: Die erfahrungskurvengetriebene relative Marktposition ist für einen Kostenführer in jedem Fall essenzieller als für einen Differenzierer (vgl. Kapitel 4.2).

Schritt 3: Zielportfolio ableiten

Unter Berücksichtigung des festgehaltenen Zielsystems wird ein Zielportfolio erarbeitet. Die Entscheidungsträger übertragen die unternehmerischen Ziele auf die im Portfolio abgebildete Ausgangssituation und bestimmen zu erreichende Zielwerte.

Es gibt unterschiedliche Möglichkeiten, ein Zielportfolio zu visualisieren. Im Folgenden werden die zwei bekanntesten Methoden vorgestellt. Der eingängigste und verbreitetste Weg ist das Einzeichnen des erwarteten Ziels einer jeden Geschäftseinheit über entsprechende Kreise im Portfolio, die mit dem Ausgangspunkt verbunden werden. Mit Hilfe des Durchmessers vermittelt jeder Kreis eine dritte Zieldimension, z. B. den Umsatz. Bild 5.5 zeigt ein klassisches Zielportfolio im Sinne der BCG-Matrix.

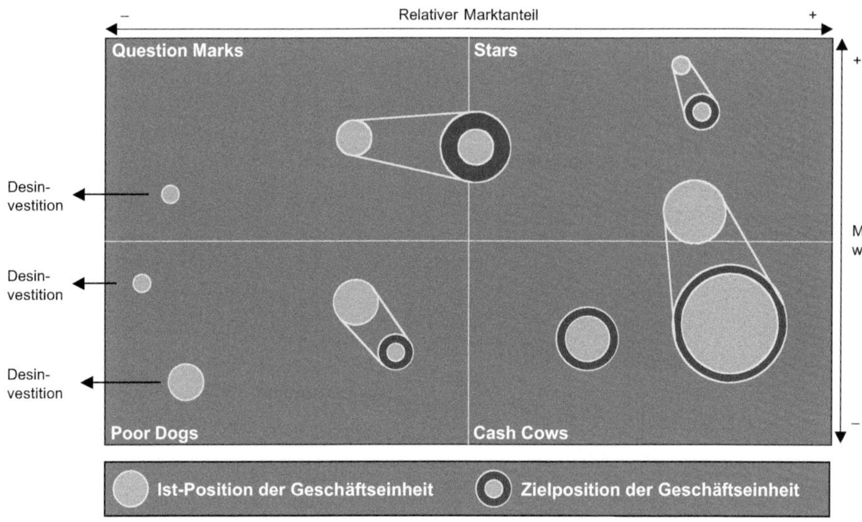

BILD 5.5 Zielportfolio am Beispiel der BCG-Matrix

Eine Stufe differenzierter ist eine Unterscheidung in unmittelbar beeinflussbare Erfolgs- respektive Misserfolgspfade (horizontal: Messung über den relativen Marktanteil) einerseits sowie Pfade der Marktdynamik (vertikal: zeitliche Dimension, repräsentiert durch den Lebenszyklus) andererseits. Bild 5.6 visualisiert diese Differenzierung exemplarisch.

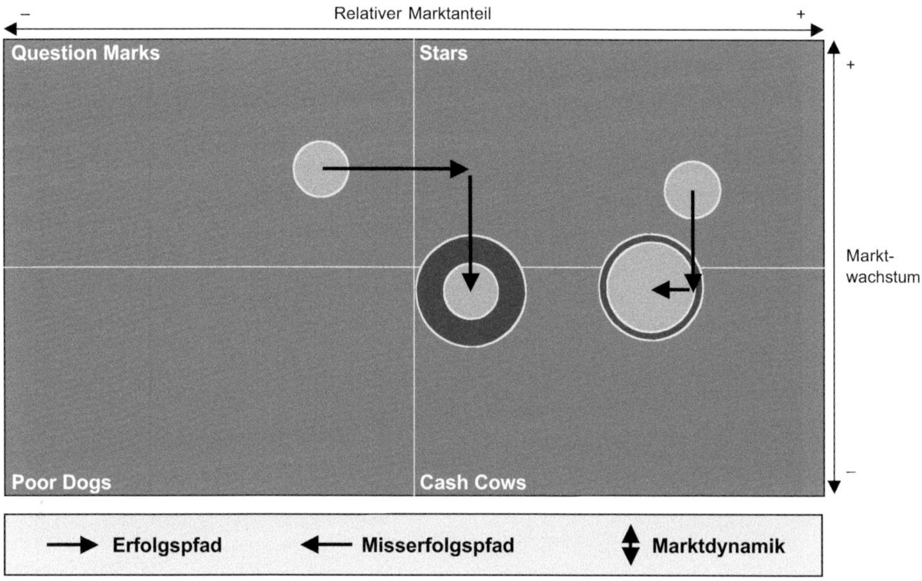

BILD 5.6 Differenzierung von Pfaden des Erfolgs und der Marktdynamik

Schritt 4: Zielportfolio ableiten

Ohne an dieser Stelle im Detail darauf einzugehen, müssen aus den im Portfolio fixierten Zielen konkrete Aktionsprogramme abgeleitet und mit Messgrößen hinterlegt werden. Darüber hinaus ist die Institutionalisierung regelmäßiger Kontrollverfahren hinsichtlich des Zielerreichungsgrades zweckmäßig, um über Transparenz Anreize für eine kontinuierliche und konsequente Umsetzung zu setzen.

TIPP: Ein kontinuierlicher Abgleich des Zielerreichungsgrades ermöglicht erst die Steuerung von Aktionsprogrammen.

5.2.5 Vor- und Nachteile

Vorteile	Nachteile
• Einfache Darstellung komplexer Zusammenhänge • Intuitive Nachvollziehbarkeit der normativen Behauptungen • Zur internen und externen Kommunikation bestens geeignet • Als Denkmodell für strategische Optionen geeignet	• Sehr allgemeine Aussagen, die in der praktischen Anwendung aufwendig für den konkreten Fall operationalisiert werden müssen • Die Normstrategien fußen auf stark verdichteten Dimensionen: Je mehr Merkmale in einer Dimension zusammengefasst sind, desto abstrakter und kritischer sind abgeleitete Normstrategien • Entwicklung konkreter Geschäftsstrategien: isoliert nicht hinreichend

TABELLE 5.5 Vor- und Nachteile der Portfolio-Normstrategien

5.2.6 Praxisbeispiel

Die Mannesmann AG war ursprünglich ein Produzent von nahtlosen Rohren. Um die Wettbewerbsposition in den 30er Jahren als Stahlrohrhersteller zu sichern, wurde im Rahmen einer Rückwärtsintegration die Beschaffung des Vormaterials zur Geschäftsbasis aufgenommen (vgl. Weisweiler, 1982).

Zusätzlich wurde in weitere Bereiche, wie z. B. Kohlezechen, Bleichweiterverarbeitungsunternehmen, Stahl- und Walzwerke sowie Maschinenbauunternehmen, investiert, um die Position weiter auszubauen. In den Folgejahren kam es zu einer Desinvestition des Kohlebereichs, der in die Ruhrkohle AG eingebracht wurde. Zudem wurden eigene Produktkapazitäten im Stahl- und Rohrsektor in Brasilien aufgebaut, um den wachsenden südamerikanischen Markt beliefern zu können. Durch den erhöhten Finanzbedarf durch die Spezialisierung auf technologisch anspruchsvolle Projekte kam es zu einer Arbeitsteilung mit Thyssen. Dadurch konzentrierte sich Mannesmann im Stahlbereich ausschließlich auf die Herstellung von Stahlrohren. Bild 5.7 visualisiert diese Strategieentwicklung bis zum Jahre 1965.

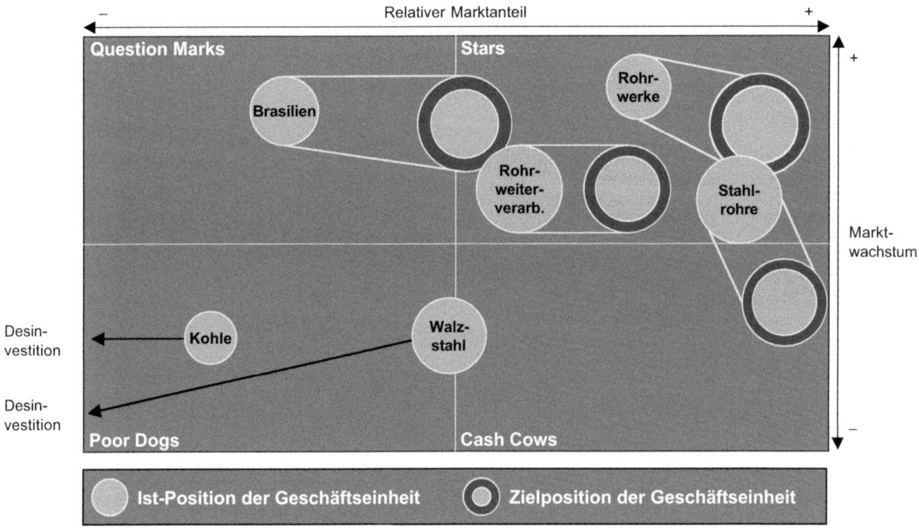

BILD 5.7 Unternehmens- und Investitionspolitik bei Mannesmann

In der folgenden Unternehmensstrategie wurden die Bereiche Maschinen- und Anlagenbau gestärkt, um die konjunkturelle Abhängigkeit vom Stahl- und Röhrenbereich auszugleichen.

Zuletzt hatte das Unternehmen Mannesmann in den Produktbereich Mobiltechnologie investiert, da hier große Wachstumschancen erkannt wurden und ein weiterer Ausgleich des Konjunkturrisikos realisiert werden sollte. Dieser Bereich verzeichnete ein derartig hohes Wachstum, dass Vodafone, damals weltgrößter Mobilfunkanbieter, im Jahre 2000 das komplette Unternehmen für eine Rekordsumme erwarb, ohne an den Ursprungsaktivitäten interessiert zu sein.

5.2.7 Vorlagen zum Download

Der Downloadbereich bietet für dieses Kapitel Vorlagen zur Visualisierung von Ist- und Zielportfolios an, mit Hilfe derer Normstrategien abgebildet werden können.

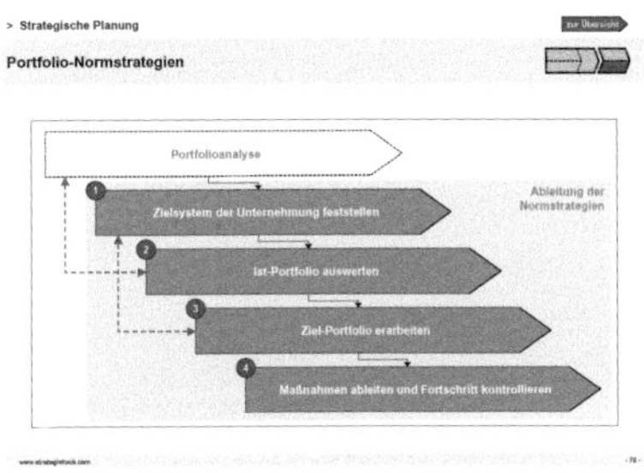

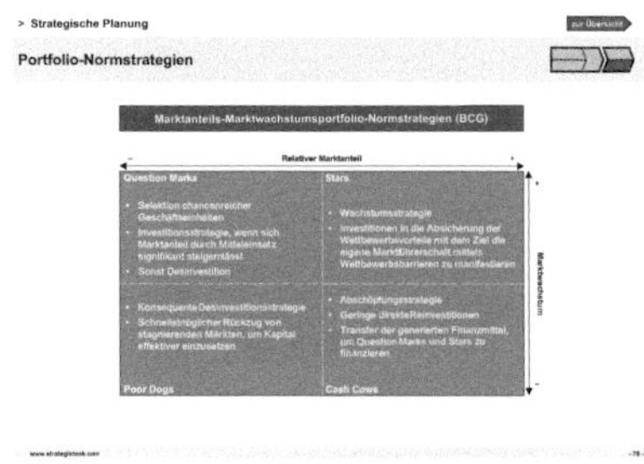

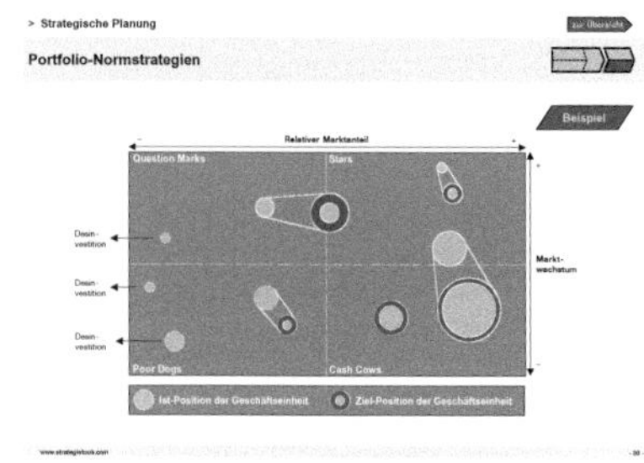

5.2.8 Verwandte und weiterführende Themen

- Marktwachstum-Marktanteils-Portfolioanalyse, Branchenattraktivität- Wettbewerbsstärken-Portfolioanalyse, weitere Portfolioanalysen

  Wie bereits geschildert, basieren die Portfolio-Normstrategien auf den vorgelagerten Analysen aller Art.
- Leitbildentwicklung

  Die Feststellung des unternehmerischen Zielsystems sollte zumindest in aggregierter Form aus dem Leitbild, im Speziellen aus der Vision hervorgehen.
- Instrumente der strategischen Positionierung (Porter, Ansoff, Treacy/ Wiersema)

  Die Nutzung der Normstrategien kann nur unter Berücksichtigung der bestehenden strategischen Positionierung sinnvoll sein.

5.2.9 Literaturhinweise

DUNST, K. (1983): *Portfolio Management,* 2. Aufl., de Gruyter, Berlin/New York 1983, S. 47-52, 65-79, 94-100.

HAX, A. C. / MAJLUF, N. S. (1991): *Strategisches Management,* Campus Verlag, Frankfurt am Main/ New York 1991, S. 159-179, 193-204.

WEISWEILER, F. J. (1982): *„Unternehmensgeschichte in der Produkt-Portfolio-Analyse - dargestellt am Beispiel des Hauses Mannesmann“,* Zeitschrift für betriebswirtschaftliche Forschung, 34. Jg., 1982, S. 281 ff.

WELGE, K. M. / AL-LAHAM, A. (2001): *Strategisches Management,* 3. Aufl., Gabler Verlag, Wiesbaden 2001, S. 336-349.

5.3 Scoring-Modelle

LEITFRAGEN:

- Wie soll zwischen verschiedenen Optionen ausgewählt werden?
- Mit welcher Option erzielt man den höchsten Nutzen?
- Welche Optionen bieten welche Vorteile?

5.3.1 Zielsetzung und Anwendungsgebiet

Scoring-Modelle (Punktbewertungsverfahren) unterstützen die Auswahl zwischen verschiedenen Optionen mittels einer Verrechnung numerischer Teilnutzenwerte. Somit dienen sie als konkrete, objektive Entscheidungshilfe für das Management.

Scoring-Modelle können für die Auswahl verschiedenster Handlungsalternativen eingesetzt werden: von einfachen Entscheidungen über die Wahl des richtigen Ziels für Betriebsausflüge bis hin zur detaillierten Bewertung von Produkt-Markt-Strategien (siehe auch Kapitel 4.1).

Besondere Relevanz erreicht ein Scoring-Modell in komplexen Entscheidungssituationen, die von mehreren Zielsystemen beeinflusst werden. Es bietet die Möglichkeit, die einzelnen Subziele zu gewichten und die von ihnen abhängige Entscheidung entsprechend objektiv treffen zu können.

5.3.2 Beschreibung

Punktbewertungsverfahren			
Produkt	A	B	C
1 (50 %)	50 %	90 %	70 %
2 (20 %)	40 %	20 %	40 %
3 (15 %)	30 %	45 %	70 %
4 (15 %)	85 %	65 %	55 %

A = 0,5 x 0,5 + 0,2 x 0,4 + 0,15 x 0,3 + 0,15 x 0,85 = **50,25 %**

B = 0,5 x 0,9 + 0,2 x 0,2 + 0,15 x 0,45 + 0,15 x 0,65 = **65,5 %**

C = 0,5 x 0,7 + 0,2 x 0,4 + 0,15 x 0,7 + 0,15 x 0,55 = **61,75 %**

BILD 5.8 Exemplarisches Punktbewertungsverfahren

Scoring-Modelle beinhalten den Vergleich und eine numerische Bewertung mehrerer Szenarien. Diese Bewertung erfolgt anhand der Erfüllungsgrade vordefinierter Erfolgsfaktoren, um die für den Entscheidungsträger optimalen Handlungsoptionen zu selektieren. Die Endscheidungsgrundlage ergibt sich aus der Summierung der einzelnen im Voraus gewichteten Erfüllungsgrade zu einem Gesamtergebnis für jede Option. Die Entscheidung kann darüber hinaus über bestimmte Regeln oder Abbruchkriterien beeinflusst werden. Zum Beispiel könnte eine Vorauswahl insofern stattfinden, dass dem Entscheidungsgremium ausschließlich Optionen vorgelegt werden, deren Gesamtergebnis aus dem Scoring-Modell oberhalb von 75 % liegt. Bild 5.8 zeigt ein exemplarisches Scoring-Modell (Punktbewertungsverfahren).

MERKE: Numerische Bewertung verschiedener Szenarien als Entscheidungsgrundlage.

5.3.3 Voraussetzungen und notwendiger Input

Die Erfolgs- und damit Bewertungskriterien müssen bekannt und eine Gewichtung zueinander muss möglich sein, um die Optionen auf ihrer Basis bewerten zu können.

Die einzelnen Optionen müssen detailliert ausgearbeitet vorliegen, um ihren Einfluss auf die definierten Entscheidungskriterien objektiv beurteilen zu können.

5.3.4 Vorgehensweise

Schritt 1: Relevante Bewertungs-/Erfolgskriterien bestimmen

Schritt 2: Restriktionen definieren (optional)

Schritt 3: Bewertungskriterien zueinander gewichten

Schritt 4: Ausprägungen/Erfüllungsgrade der einzelnen Kriterien bestimmen

Schritt 5: Ausprägungen/ Erfüllungsgrade zu Teilnutzenwerten transformieren

BILD 5.9 Vorgehensweise zu Scoring-Modellen

MERKE:

- Kriterien
- Restriktionen
- Gewichtung
- Teilnutzen
- Teilnutzenwerte
- Vorteilhaftigkeit

Schritt 1: Relevante Bewertungs-/Erfolgskriterien bestimmen

Im ersten Schritt muss das entscheidungsrelevante Zielsystem fixiert werden, d. h. es muss überlegt werden, was die einzelnen Optionen bieten sollen. Hierfür muss man sich an den Entscheidungsträgern und deren Präferenzen orientieren – als probate Mittel bieten sich Brainstorming und Workshops mit dem Management an.

Es können sowohl qualitative als auch quantitative Ziele berücksichtigt werden. Wichtig ist, dass diese Ziele im Sinne einer Ableitung mehrerer Bewertungskriterien ausreichend operationalisiert werden, um eindeutige Beurteilungen vornehmen zu können. Ein einfaches Beispiel für diese Operationalisierung bietet das klassische Ziel der Gewinnmaximierung. Dieses lässt sich im ersten Schritt in geringe Kosten und hohe Umsätze gliedern und kann nach Bedarf weiter verfeinert werden. Die Kosten können beispielsweise leicht in einzelne Bereiche der Kostenentstehung differenziert werden usw. Der Aggregationsgrad der einzelnen Kriterien muss individuell festgelegt werden.

TIPP: Die Bewertungskriterien ergeben sich aus den Präferenzen der Entscheidungsträger.

Schritt 2: Restriktionen definieren (optional)

Optional können Mindest- oder Höchstausprägungen für bestimmte Kriterien festgelegt werden, sofern dies logisch erforderlich oder sinnvoll ist. Zum Beispiel könnte bei einer Bewertung von Büroimmobilien eine Mindestgrundfläche in Quadratmetern bestimmt oder im Falle einer Beurteilung von Marktfeldstrategien eine Höchstgrenze für die Anzahl der Mitbewerber fixiert werden.

Schritt 3: Bewertungskriterien zueinander gewichten

Auch in diesem Schritt müssen neben dem Zielsystem insbesondere die Präferenzen der Entscheidungsträger berücksichtigt werden. Die einzelnen Bewertungskriterien beeinflussen das Zielsystem in der Regel in nicht gleichem Maße. Dieser Umstand muss durch das Scoring-Modell beachtet werden. Hierfür wird so vorgegangen, dass 100 % auf die einzelnen Kriterien entsprechend ihrer Gewichtung aufgeteilt werden, so dass deren Beitrag zum Zielsystem deutlich wird. Eine entsprechende Priorisierung sollte mit den Entscheidungsträgern wiederum in Workshops erarbeitet werden.

Schritt 4: Erfüllungsgrade der einzelnen Kriterien bestimmen

Unabhängig von der Gewichtung der einzelnen Kriterien müssen für sie sinnvolle Skalen festgelegt werden. Nachdem über die Skalen die möglichen Ausprägungen der Kriterien definiert wurden (z. B. Schulnoten von Eins bis Sechs), kann die isolierte Beurteilung sämtlicher Optionen auf Basis der Bewertungskriterien vorgenommen und der Erfüllungsgrad registriert werden.

Schritt 5: Erfüllungsgrade zu Teilnutzenwerten transformieren

Der so genannte Teilnutzenwert ergibt sich aus dem Beitrag des Kriteriums zum Zielsystem, repräsentiert durch die entsprechend vorgenommene Gewichtung, sowie aus der Wertigkeit der Alternative, bestimmt durch den Erfüllungsgrad des Kriteriums.

Hinsichtlich des zu errechnenden Teilnutzenwertes kann zwischen getrennter und gebundener Gewichtung unterschieden werden. Bei der getrennten Gewichtung errechnet sich der Teilnutzenwert aus dem Produkt aus prozentualer Gewichtung des Kriteriums und seinem prozentualen Erfüllungsgrad. Bei der gebundenen Variante erfolgt die Gewichtung nicht über eine Multiplikation von zwei Prozentwerten, sondern nach Punktwerten, wobei der maximal erreichbare Punktwert bereits die Gewichtung des Kriteriums beinhaltet (je wichtiger das Kriterium ist, desto mehr Punkte sind erreichbar, die in die Gesamtbeurteilung eingehen). Entscheidend ist aber, dass das Ergebnis nicht beeinflusst wird. Die Unterschiede bestehen in der Darstellung und können daher nach Belieben gewählt werden. Bild 5.10 demonstriert den Unterschied.

Kriterium	Gewichtung	Erfüllungsgrad [%]	
		Option 1	Option 2
1	60 %	25 %	80 %
2	40 %	50 %	20 %
	Summe:	0,60x0,25 + 0,40x0,50 = 0,35	0,60x0,80 + 0,40x0,20 = 0,56

Getrennte Gewichtung

Kriterium	Gewichtung	Punktwerte		
		Maximal	Option 1	Option 2
1	60 %	60	15	48
2	40 %	40	20	8
	Summe:	100	35	56

Gebundene Gewichtung

BILD 5.10 Unterscheidung zwischen gebundener und getrennter Bewertung

Schritt 6: Gesamtnutzen berechnen

Im letzten Schritt werden sämtliche Teilnutzenwerte je Option zu einem Gesamtnutzenwert aufsummiert. Diese Gesamtnutzen können im Anschluss in eine Ordnung gebracht und priorisiert werden. Die priorisierten Gesamtnutzen dienen als die gewünschte Entscheidungsgrundlage.

5.3.5 Vor- und Nachteile

Vorteile	Nachteile

• **Transparenz** (Übersicht über die zu berücksichtigenden Bewertungskriterien)
• **Nachvollziehbarkeit**
• **Universelle Einsetzbarkeit**
• **Dokumentation der Entscheidung**
• **Einbindung mehrerer Beteiligter**
• **Berücksichtigung qualitativer und quantitativer Kriterien möglich**
	• **Probleme, wenn die einzelnen Kriterien voneinander abhängen**
	• **Nur vermeintliche Objektivität:**
	  • Subjektive Gewichtung der Kriterien
	  • Subjektive Bestimmung der Ausprägungen

TABELLE 5.6 Vor- und Nachteile von Scoring-Modellen

5.3.6 Praxisbeispiel

Punktbewertungsverfahren unterstützen die Auswahl zwischen verschiedenen, numerisch bewertbaren Alternativen. Sie dienen somit als konkrete und objektivierte Entscheidungsunterstützung für das Management. Im Folgenden wird die Anwendung eines Punktbewertungsverfahrens zur Unterstützung der komplexen Entscheidungssituation im Rahmen der Auswahl eines Enterprise-Resource-Planning-Systems (ERP-System) am Beispiel der Römheld GmbH beschrieben.

Die Römheld GmbH mit Hauptsitz in Laubach entwickelt, fertigt und vertreibt Komponenten und Systeme für die hydraulische Spann-, Positionier- sowie Montagetechnik. Römheld bildet zusammen mit den Spanntechnik-Spezialisten Hilma und Stark sowie der Friedrichshütte die Römheld-Gruppe, welche eines der umfassendsten Produktprogramme für die Spann- und Positioniertechnik im Bereich der spannenden Fertigung anbietet. Hervorgegangen ist die Römheld-Gruppe aus der Gießerei Friedrichshütte, die auf Werkstücke in kleinen und mittleren Losgrößen aus Grau- und Sphäroguss spezialisiert ist und auf eine 300-jährige Tradition zurückblicken kann. Insgesamt beschäftigt die Römheld-Gruppe circa 560 Mitarbeiter und erzielte im Jahr 2018 einen Umsatz von gut 100 Mio. Euro *(die-deutsche-Wirtschaft.de)*.

Zur Unterstützung der Auftragsabwicklung bei den einzelnen Unternehmen der Gruppe waren verschiedene IT-Systeme im Einsatz. Darüber hinaus existierte eine Vielzahl weiterer Anwendungen, beispielsweise für das Qualitätswesen, die Finanzbuchhaltung, die Lagerverwaltung oder das Bestandsmanagement. Vor diesem Hintergrund beabsichtigte Römheld, diese heterogene IT-Landschaft durch eine Standard-ERP-Lösung zu ersetzen, um zukünftig auch gruppenweite Aktivitäten wie ein Intercompany-Geschäft oder eine Konzernkonsolidierung zu ermöglichen. Die Auswahl und Einführung eines neuen ERP-Systems sollte darüber hinaus zum Anlass genommen werden, die bestehenden Unternehmensabläufe zu hinterfragen und Verbesserungspotenziale zu identifizieren. Die aus den dokumentierten Ist-Prozessen und Verbesserungspotenzialen abgeleiteten Soll-Prozesse dienten somit als Basis für die Definition funktionaler Anforderungen an eine neue ERP-Lösung.

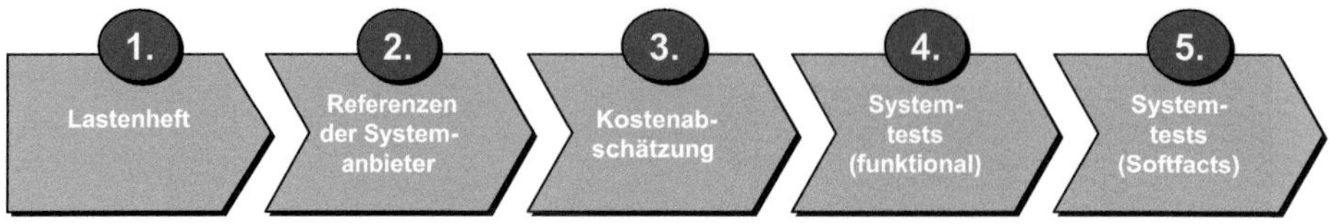

Bewertungsfaktor	Gewich-tung	Erfüllungsgrad je Systemanbieter		
		Anbieter 1	Anbieter 2	Anbieter 3
1. Lastenheft	2	9	10	10
2. Referenzen	5	7	7	8
3. Kosten	10	8	5	10
4. Systemtest (funktional)	2	9	10	7
5. Systemtest (Softfacts)	2	8	10	7
	Punktsumme	**167**	**145**	**188**

BILD 5.11 Punktebewertung der Auswahlkriterien unter Kostenpriorität

Der Entscheidungsprozess bei Römheld blieb jedoch nicht nur auf die rein funktionale Anforderungserfüllung der Systeme fokussiert, vielmehr wurden von Beginn an weitere – eher strategische – Bewertungsfaktoren mit berücksichtigt. Schließlich galt es im Rahmen des Auswahlprozesses, neben der passenden Software auch bzw. insbesondere ein geeignetes Anbieterunternehmen für eine langfristige Partnerschaft zu identifizieren.

Vor diesem Hintergrund wurden die folgenden Bewertungskriterien zur Entscheidungsunterstützung definiert (vgl. Bild 5.11):

- Erfüllungsgrad der Software gegenüber dem Lastenheft (1): Das Lastenheft dokumentiert die funktionalen Anforderungen zur Unterstützung der konkreten Geschäftsprozesse bei Römheld. Es bezieht sich u. a. auf die Kernprozesse „Vertrieb und Projektmanagement", „Konstruktion und Variantenmanagement", „Disposition und Beschaffung", „Produktion und Service", „Multi-Site-Steuerung" etc. und beinhaltete insgesamt über 2.300 detailliert ausformulierte Leistungsmerkmale.
- Referenzen des Anbieterunternehmens: Die dokumentierten Referenzprojekte eines Anbieters lassen dessen Branchenerfahrung und damit die branchenspezifische Implementierungskompetenz erkennen.
- Kostenabschätzung für das Implementierungsprojekt: Als Kostenfaktoren wurden sowohl die einmaligen Investitionskosten (Lizenzkosten für Software, Hardwarekosten sowie Dienstleistungskosten für Anpassungsprogrammierung und Einführung) als auch die aus dem späteren Systembetrieb resultierenden laufenden Kosten (insbesondere Wartungskosten und Gebühren für Support/Hotline) erhoben.
- Funktionale Performance im Rahmen der Systemtests: Im Rahmen der Systemtests wurden die Systeme an zwei aufeinander folgenden Tagen einer detaillierten Prüfung unterzogen. Hierbei wurden beispielsweise kritische Kernprozesse anhand konkreter Stamm- und Auftragsdaten von Römheld in den zu bewertenden Systemen „durchgespielt" und deren Performance sowie Bedienbarkeit durch die zukünftigen Anwender getestet.
- Softfacts: Ebenfalls im Rahmen der Systemtests werden die „weichen" Faktoren zur Bewertung des Anbieterunternehmens erhoben. Dazu zählen beispielsweise die Vorbereitung des Anbieters auf den Termin, die generelle Kompetenz der Berater oder die „menschliche Passung" des potenziellen Projektleiters bzw. Projekteams.

Auf Grundlage der vorliegenden Markt-, System- und Anbieterinformationen wurde die Erfüllung je System bzw. Anbieter auf einen Punktwert zwischen 1 und 10 objektiviert. So erhielt beispielsweise der Anbieter mit den geringsten Kosten bezogen auf die zu leistenden Inhalte des Implementierungsprojekts den Punktwert 10. Nachdem die grundlegenden

Bewertungskriterien wie dargestellt bestimmt wurden, mussten diese nun gegeneinander gewichtet werden. Dies geschah ebenfalls mit Hilfe numerischer Gewichtungsfaktoren auf einer Skala von 1 bis 10. Wie Bild 5.11 zeigt, lagen bei Römheld zunächst besondere Prioritäten einerseits auf den zu erwartenden Kosten der Systemeinführung und andererseits auf der hinreichenden Branchenerfahrung des Anbieters.

Diese Bewertung der Auswahlkriterien identifizierte Anbieter 3 als Favoriten, gefolgt von Anbieter 1. Wie die Bewertung zeigt, hilft das verwendete Punktebewertungsverfahren dabei, eine objektivierte Sicht auf eine komplexe und vielschichtige Entscheidungssituation zu erzeugen. Auf Basis dieser Bewertungsergebnisse begann Römheld anschließend die inhaltlichen und juristischen Vertragsverhandlungen mit den Anbietern 3 und 1.

5.3.7 Vorlagen zum Download

Die PowerPoint-Vorlagen enthalten unterschiedliche Muster zur Erstellung von Punktbewertungsverfahren.

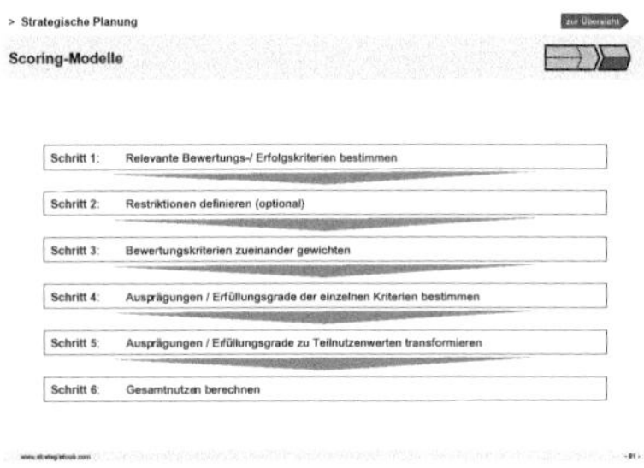

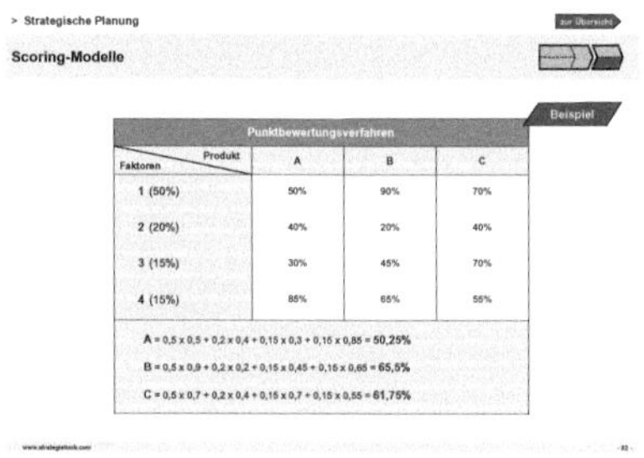

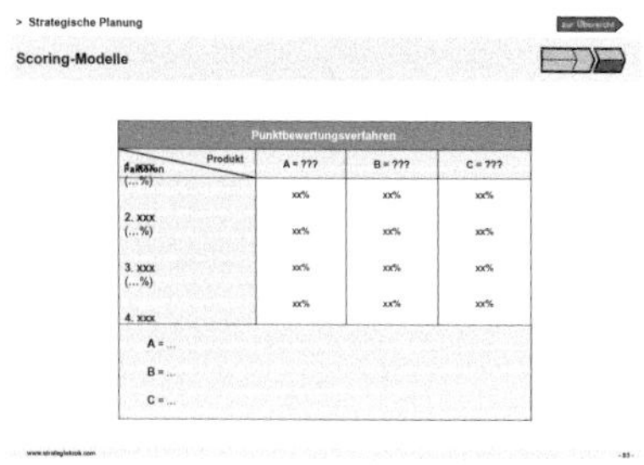

5.3.8 Verwandte und weiterführende Themen

Grundsätzlich können Verwandtschaften zu diversen anderen Methoden abgeleitet werden, da die Scoring-Modelle vielmehr ein Auswahlverfahren darstellen und somit andere Methoden im Detail unterstützen. Von besonderer Bedeutung ist dies in Verbindung mit den Kapiteln der strategischen Positionierung in diesem Buch.

Weiterhin sind die skizzierten Scoring-Modelle bzw. Punktbewertungsverfahren stark verwandt mit einfacheren Instrumenten zur Aufbereitung von Entscheidungshilfen, so z. B. das im Folgenden skizzierte Checklisten- bzw. Prüflistenverfahren.

TIPP: Bei weniger komplexen Problemen reichen vereinfachte Checklistenverfahren zur Entscheidungsfindung aus.

Prüfliste			
Faktoren \ Produkt	A	B	C
• Innovationsgrad	⊗	◍	●
• Zahl der möglichkeit Abnehmer	◍	◍	●
• Kooperationsbereitschaft im Handel	⊗	◍	○
• Eintrittsbarrieren für neue Anbieter	○	○	⊗
• Versorgungssicherheit bei Rohstoffen	⊗	●	⊗
• Qualifikation der eigenen Mitarbeiter	⊗	●	○
optimal ●	gut ⊗	ausreichend ◍	unbefriedigend ○

BILD 5.12 Exemplarisches Prüflisten-/Checklistenverfahren

Die Funktionsweise gleicht dem Scoring-Modell und ist lediglich stark vereinfacht. Das Checklistenverfahren ist ebenfalls ein Vergleich und die Bewertung von Zukunftsentwürfen hinsichtlich eines vorgegebenen Zielsystems. Allerdings erfolgt die Bewertung nicht numerisch, sondern lediglich anhand einer zu definierenden Stufung, z. B. hoch, mittel und niedrig.

Prüflisten- bzw. Checklistenverfahren sollten Anwendung finden, wenn die Komplexität deutlich geringer ist oder der Bedarf nach einer schnellen und unkomplizierten Umsetzung besteht. Bild 5.12 visualisiert ein exemplarisches Prüflistenverfahren.

5.3.9 Literaturhinweise

BLOHM, H. / LÜDER, K. (1991): *Investition – Schwachstellen im Investitionsbereich des Industriebetriebes und Wege zu ihrer Beseitigung*, 7. Aufl., S. 174–196, Vahlen, München 1991.

WEBER, J. (1999): *Einführung in das Controlling*, 8. aktualisierte und erw. Aufl., S. 210 ff., Schäffer-Poeschel Verlag, Stuttgart 1999.

5.4 Szenariotechnik

LEITFRAGEN:

- Wie kann ich die Einflussfaktoren meines Geschäfts besser einschätzen?
- Wie kann ich ohne präzise Vorhersagen Handlungsalternativen konstruieren, damit ich schnell reagieren kann?

5.4.1 Zielsetzung und Anwendungsgebiet

Die Szenariotechnik dient in erster Linie der Verbesserung der Handlungsfähigkeit, indem mögliche Alternativen vorausschauend qualitativ und quantitativ abgebildet werden. Damit wird auf Basis der gegenwärtigen Situation der Endzustand einer Entwicklung prognostiziert, wobei unterschiedliche Rahmenbedingungen berücksichtigt werden. Mit der Ableitung von so genannten Best-Case- (Entwicklung im positiven Fall) und Worst-Case-Szenarien (Entwicklung im negativen Fall) sowie der Normalentwicklung erhält man Anhaltspunkte für strategische Aktionen.

Zusätzlich reduziert die Szenariotechnik Komplexität, indem irrelevante Entwicklungen ausgeblendet werden können, und verschafft damit eine klare Vorstellung über künftige mögliche Veränderungen.

MERKE: Bei der Szenariotechnik geht es nicht darum, die Zukunft einzufangen bzw. vorherzusagen, sondern durch eine Variation der getätigten Annahmen neue Einschätzungen über alternative Entwicklungen zu gewinnen.

Mit Hilfe der Szenariotechnik können insbesondere politische und rechtliche Entwicklungen, aber auch andere externe Faktoren (wie z. B. Entwicklung der Nachfrage) in die unternehmerischen Entscheidungen einbezogen werden.

5.4.2 Beschreibung

Mit ursprünglich militärischen Wurzeln hat die Szenariotechnik mittlerweile Anwendungsmöglichkeiten in ökonomischen und gesellschaftlichen Fragestellungen gefunden. Beispiele hierfür sind im volkswirtschaftlichen Bereich die Studien des Club of Rome („Die Grenzen des Wachstums") bzw. für den Bereich der strategischen Unternehmensplanung das Unternehmen Shell. Dieses hat die Szenariotechnik weiterentwickelt, um die extreme

Instabilität und Unsicherheit der Ölbranche in den 70er Jahren mit der Erarbeitung von Handlungsoptionen zu bewältigen.

Die Szenariotechnik ist eine Methode, mit deren Hilfe die Auswirkungen von Veränderungen einzelner wichtiger Faktoren in der Zukunft systematisch durchgespielt werden. Szenariodenken ist der bewusste Versuch, sich der prinzipiellen Unberechenbarkeit der Zukunft zu stellen, Trends und Entwicklungen zu erkennen und die Konsequenzen für das Unternehmen schon im Vorhinein zu durchdenken.

Als Abgrenzung zu Prognosen versucht die Szenariomethode nicht, durch die möglichst genaue Hochrechnung der vorhandenen Informationen lediglich ein einziges Bild der Zukunft zu zeichnen. Das Ergebnis ist hingegen die bewusste Beschreibung mehrerer alternativer Zukunftsbilder (Szenarien).

- Da es allerdings weder übersichtlich noch wirtschaftlich ist, alle denkbaren Zukunftsbilder zu erstellen, werden üblicherweise bis zu drei Szenarien erarbeitet, um damit eine ausreichende Bandbreite möglicher Entwicklungen zu erreichen, auf die sich das Unternehmen einzustellen hat. Diese sind:
- Ein optimistisches Extremszenario (Best Case), das die günstigste Zukunftsmöglichkeit veranschaulicht.
- Ein pessimistisches Extremszenario (Worst Case), in dem die schlechtestmögliche Entwicklung verdeutlicht wird.
- Ein Trendszenario, das die Normalsituation als Hochrechnung der wahrscheinlichsten Entwicklung ermittelt.

Bild 5.13 zeigt den so genannten Szenariotrichter, der die drei Grundformen in einem Diagramm zusammenfasst.

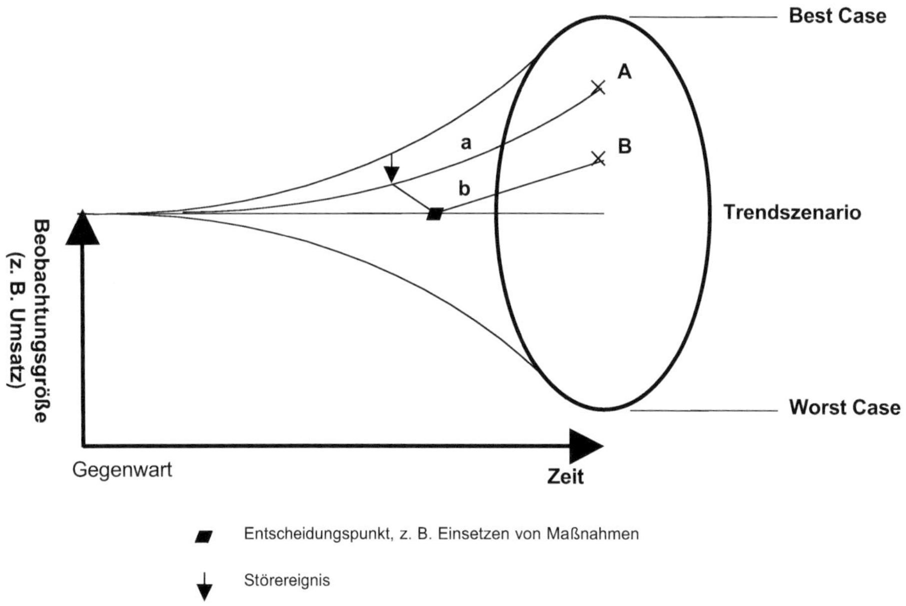

BILD 5.13 Szenariotrichter mit den drei Szenariogrundformen (Reibnitz, 1987)

Auf den ausgearbeiteten Szenarien aufbauend, können die möglichen Chancen und Risiken des Unternehmens genauer benannt werden. Diese Zukunftseinschätzungen fließen in die strategische Planung ein. Bei der Bewertung der entwickelten Strategieoptionen ist zu überprüfen, welche Szenarien auf die Umsetzung der Optionen reagieren. Es kann nämlich sein, dass die Szenarien auf die Strategieoptionen reagieren und sich dadurch verändern.

Zusätzlich zur beschriebenen Zielsetzung ermöglicht die Szenariotechnik darüber hinaus das Denken in Alternativen. Es ermöglicht, beim Eintreten unerwarteter Ergebnisse schneller reaktionsfähig zu sein. Darüber hinaus verschafft es den Beteiligten ein umfassenderes, differenzierteres Problemverständnis und zwingt zu einer systematischen Überprüfung der eigenen Sichtweise. Die Szenariotechnik bildet einen Rahmen zur Diskussion sowie bereichs- und hierarchieübergreifenden Kommunikation im Unternehmen.

5.4.3 Voraussetzungen und notwendiger Input

Wichtige Voraussetzung ist eine offene und progressive Denkweise der Führungskräfte, um Szenarien entwickeln zu können.

Zur Durchführung der Szenariotechnik eignet es sich, zunächst eine Umweltanalyse durchzuführen, um ein tieferes Verständnis für die externen Einflussfaktoren aus der Unternehmensumwelt zu gewinnen (siehe auch Kapitel 2.1).

Als primäre Quellen eignen sich unterschiedliche Methoden. Tabelle 5.7 zeigt die Anwendungsbereiche zu den jeweiligen Methoden.

Anwendungsbereich	Geeignete Methode	Beschreibung
Prognosen der Akzeptanz und des Absatzes von neuen oder veränderten Produkten	Experimentelles Verfahren	Testmärkte und kontrollierte Markttests als Feldexperimente, Laborexperimente.
Langfristige Absatzmöglichkeiten und Marktpotenziale bzw. auch allgemeine Umweltentwicklungen	Delphi-Technik, Expertenbefragungen	Mehrstufige schriftliche Befragung von Experten in mehreren Durchgängen. Ab der zweiten Befragungsrunde werden die Durchschnittswerte der vorherigen Befragung bekannt gegeben. Dadurch ergibt sich die Möglichkeit, die eigene Antwort abhängig von der Durchschnittseinschätzung zu geben.
Langfristige Prognosen von Umsatzentwicklungen bzw. Gewinnentwicklungen von Neuprodukten	Historische Analogie	Prognose einer zukünftigen Entwicklung anhand von Analogievergleichen mit vergangenen Entwicklungen bei ähnlichen Problemstellungen.
Prognose der Entwicklung des Marktes **durch qualitative Informationen**	Interviews, Befragungen	Umfragen über künftige qualitative und quantitative Entwicklungen bei sämtlichen Gruppen (z. B. bei Mitarbeitern, Lieferanten, Kunden, Führungskräften, Händlern).
Diskussion möglicher Entwicklungen des Marktes als Grundlage für Prognosen	Brainstorming	Spezielle Kreativitätstechnik mit Experten aus unterschiedlichen Bereichen und Hierarchien.

TABELLE 5.7 Methoden zur Datengewinnung bei der Szenariotechnik

Sekundärquellen, insbesondere Prognosen und Fachzeitschriften bzw. -artikel, sowie Trendstudien (z. B. Shell, Club of Rome) können weitere Informationen über Gefahren und Chancen im Rahmen der Szenariotechnik geben.

5.4.4 Vorgehensweise 1

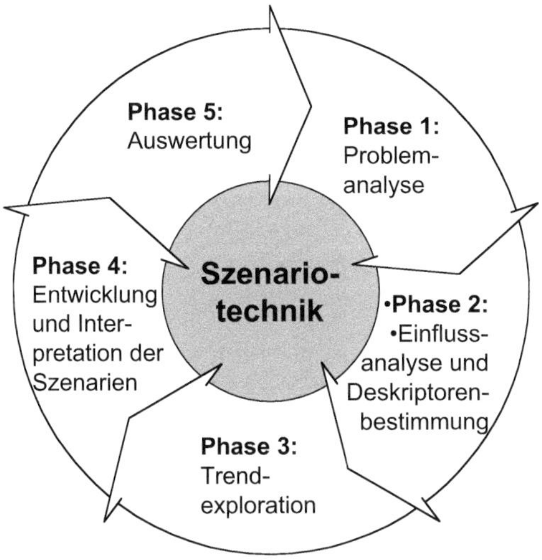

BILD 5.14 Vorgehensweise bei der Szenariotechnik

Phase 1: Problemanalyse

Ausgangspunkt jedes Szenarios ist, allgemein formuliert, ein gesellschaftliches oder unternehmensrelevantes Problem. Dieses Problem ist zunächst sachlich, zeitlich und räumlich abzugrenzen. Die sachliche Abgrenzung meint den Umfang des Problems (also betrifft es z. B. das gesamte Unternehmen oder nur einen Unternehmensbereich) sowie die Festlegung der Beobachtungsgröße, die aussagt, wie die Entwicklung gemessen werden soll (z. B. Umsatz, Gewinn, Anzahl neuer Kunden). Die räumliche Eingrenzung definiert die geografische Zuordnung (also z. B. regionale versus internationale Entwicklung). Bei der zeitlichen Abgrenzung sollte ein Zeithorizont von mindestens fünf Jahren, maximal aber 20 Jahren gewählt werden.

CHECKLISTE: In der ersten Phase ist das Problem

- sachlich,
- zeitlich,
- räumlich
- abzugrenzen.

Phase 2: Einflussanalyse und Deskriptorenbestimmung

In der zweiten Phase werden relevante Segmente aus der Unternehmensumwelt identifiziert, die auf das Unternehmen einwirken (z. B. politisch-rechtliche Entwicklungen oder Technologie). In der Folge werden sie in konkrete Einflussfaktoren heruntergebrochen, so dass diese als einzelne Größen messbar sind. Dazu sind so genannte Deskriptoren (Kenngrößen) zu bestimmen, die den Einflussfaktor beschreiben. Die Deskriptoren können sowohl quantitativ (z. B. Anzahl der PCs pro 1.000 Einwohner) als auch qualitativ (z. B. Einstellung der Bevölkerung zu PCs – positiv, neutral, negativ) sein.

CHECKLISTE: In der zweiten Phase sind:

- relevante Umweltsegmente zu bestimmen,
- diese in Einflussfaktoren zu differenzieren,
- Kenngrößen zu bestimmen.

Phase 3: Trendexploration

Für jeden identifizierten Einflussfaktor sind zunächst kurz-, mittel- und langfristige Trends zu bestimmen. Im Anschluss werden die Faktoren in zwei Gruppen zusammengefasst, in denen sie sich gegenseitig verstärken und unterstützen: in eine Gruppe von Faktoren, welche die positiven Entwicklungen bedingen, sowie in eine weitere Gruppe, in denen die Faktoren die negativen Entwicklungen bestimmen.

Phase 4: Entwicklung und Interpretation der Szenarien

CHECKLISTE: In der vierten Phase ist:

- die Normalsituation zu erstellen,
- der Best Case zu entwickeln
- der Worst Case zu identifizieren,
- eine Gruppe von Störereignissen zu entwickeln.

In der vierten Phase werden in Workshops die gewonnenen Erkenntnisse in ausführliche Szenarien überführt.

Hierbei wird zunächst das Trendszenario bzw. die Normalsituation erstellt, indem die bisherige Entwicklung hochgerechnet wird. Hierbei sind sichere Ereignisse mit einzubeziehen. Die Herausforderung besteht in der weder optimistischen noch pessimistischen Sichtweise, so dass tatsächlich ein Szenario resultiert, das unter normalen Einflüssen zustande käme.

Im zweiten Schritt wird das Extremszenario der bestmöglichen Zukunft (Best Case) erstellt, indem die Gruppe der Einflussfaktoren, welche die Zukunft positiv beeinflussen, ausgewertet wird. Diese Auswertung erfordert eine optimistische, aber dennoch realistische Einschätzung (z. B. könnte der Umsatz selbstverständlich ins Unermessliche steigen, wenn plötzlich alle das Produkt kaufen, aber oftmals ist das jenseits der Realität).

Im dritten Schritt wird das Extremszenario der schlechtestmöglichen Zukunft (Worst Case) parallel wie der Best Case erstellt.

Zusätzlich können später eintretende Störereignisse entwickelt werden, die keinen langfristigen Trend darstellen, sondern ein punktuelles Ereignis (z. B. Aufnahme eines neuen Landes in die Euro-Zone). Diese Störereignisse können einen Trend unterbrechen, stören oder vollständig neutralisieren. Daher ist ihre Auswirkung auf die Einflussfaktoren und auf das eigene Unternehmen zu analysieren. Als signifikanter Einfluss sind sie bei allen drei Szenarien zu berücksichtigen.

In der vierten Phase findet die Arbeit hauptsächlich in Workshops statt, da die Entwicklung und Interpretation der Szenarien ausgiebig zu diskutieren sind.

Phase 5: Auswertung

In der fünften Phase werden die entwickelten Szenarien in Diskussionsrunden auf Chancen und Risiken analysiert. Hierbei wird an die Ausgangssituation von Phase 1 angeknüpft. Mögliche Konsequenzen aus den entwickelten Szenarien sollen dazu dienen, Handlungsstrategien abzuleiten, um die gewünschte Entwicklung zu unterstützen bzw. unerwünschten Entwicklungen entgegenzuwirken.

Das Ergebnis dieser Phase ist die Erstellung eines Maßnahmenkatalogs zur optimalen Vorbereitung auf mögliche Entwicklungen (entsprechende Vorlage im Downloadbereich).

Die Vorgehensweise erfolgt in Anlehnung an Nagel/Wimmer, 2006.

5.4.5 Vorgehensweise 2

Die aus verschiedenen öffentlich zugänglichen Ausarbeitungen der Firma Siemens bekannte Thematik zum Thema Retropolation und Roadmap wurde zu einem Strategietool im Rahmen der Szenariotechnik ausgebaut.

Phase 1: Zukünftige Situationen des Unternehmens bestimmen

Wie stellt sich die Geschäftsführung die Unternehmenssituation in der Zukunft vor. Welche Marktposition wollen wir einnehmen? Welche Kundengruppen wollen wir ansprechen? Welche Märkte wollen wir abdecken? Welche Technologien wollen wir beherrschen? Wie stellen wir uns die Aufgabenstellung und die Rolle für das Unternehmen in der Zukunft vor?

Phase 2: Beziehen des zukünftigen Szenarios auf die heutige Situation

Abbilden des zukünftigen Szenarios als Ausgangssituation, um die Differenzen herauszustellen.

Phase 3: Abgleich mit Entwicklungslinien

Identifizieren von Entwicklungslinien: Welche sind für mich interessant?

Welche Trends wird es geben in den Bereichen Naturwissenschaft, Gesellschaft, Ökonomie und Technologie. Und wie verändern diese meine Entwicklung?

Phase 4: Roadmap

Wie kann ich unter Einbeziehung der Entwicklungslinien und des heutigen Zustandes die Zukunftssituation erreichen?

Was muss ich tun, um die Zukunftssituation zu erreichen?

Eine Überprüfung der Vorgehensweise, um die Zukunftssituation zu erreichen, ist in nicht allzu langer Zeit zu wiederholen und auf die Veränderungen anzupassen.

Mit welchen Maßnahmen kann die Lücke geschlossen werden?

Quellen

http://w1.siemens.com/innovation/de/strategie/index/methode_zukunftsforschung.htm

5.4.6 Vor- und Nachteile

Vorteile	Nachteile
• Denken in Szenarien erweitert den Horizont für vermeintlich „unwahrscheinliche" Entwicklungen der Umwelt • Erhebliche Komplexitätsreduktion durch das Ausblenden von irrelevanten Faktoren • Szenariodenken ist „Denken auf Vorrat", so dass schnelle Reaktionsfähigkeit ermöglicht wird	• Sehr aufwendiges Verfahren, meist ist intensive Primärforschung notwendig • Operationalisierung gestaltet sich oft als schwierig

TABELLE 5.8 Vor- und Nachteile der Szenariotechnik

5.4.7 Praxisbeispiel

Als Infrastruktur für so genannte E-Government-Anwendungen (z. B. Anträge oder Steuererklärungen online) sowie für die interne Kommunikation der Bundesbehörden steht der Informationsverbund Berlin-Bonn (IVBB) für elektronische Informations-, Kommunikations- und Transaktionsdienstleistungen zur Verfügung. Anlass für die Errichtung des IVBB war der Umzug des Deutschen Bundestages sowie der Bundesregierung nach Berlin. Ziel war es, die arbeitsteiligen Regierungsfunktionen zwischen Berlin und Bonn mittels moderner und sicherer Informations- und Kommunikationstechnologie zu unterstützen. Gleichzeitig entwickelt sich der Verbund zu einer tragenden Säule für die Verwaltungsmodernisierung.

Ein gutes halbes Jahr nach Beginn des Betriebs im Januar 1999 war es bereits an der Zeit, den Grundstein für die strategische Weiterentwicklung des IVBB zu legen. Im August 1999 nahm das „Quo-Vadis-Team" im Bundesministerium des Innern (BMI) die Vorbereitungen zur Szenarioanalyse auf. Eine interdisziplinäre Expertengruppe wurde zusammengestellt, um die Entwicklungen im Umfeld des IVBB in den Bereichen Gesellschaft, Politik, Wirtschaft und

Technologie zu prognostizieren. Die interdisziplinäre Betrachtung sollte gewährleisten, dass die angeschlossenen Organisationen auch die zukünftigen Anforderungen an ihre Aufgaben erfüllen können. Denn der IVBB bildet in vielen Fällen das Rückgrat für die Abwicklung heutiger und zukünftiger Aufgaben der Verwaltung.

Die Kernaussagen der Szenarioanalyse waren:

- Im Jahr 2010 wird die Nutzung des Internets in Deutschland zur Selbstverständlichkeit geworden sein.
- Informationstechnologien werden auf breiter Front akzeptiert. Durch die neu entwickelten Technologien hat sich die Arbeitswelt in erheblichem Maße verändert.
- Die Arbeit kann nun häufig unabhängig vom Aufenthaltsort ausgeführt werden, da die Entwicklung der Netzdienste eine personenbezogene Mobilität der rechnergestützten Arbeit ermöglicht hat.
- Politik und Verwaltung haben die Bedeutung des Internets erkannt.

Das Angebot des IVBB wurde den Bedürfnissen der Nutzer entsprechend qualitativ und quantitativ ausgebaut und ergänzt. So wird das Wissensmanagement in den Ministerien durch die Bereitstellung zentraler Dienstleistungen wie z. B. intelligente Suchmaschinen unterstützt.

5.4.8 Vorlagen zum Download

Im Downloadbereich ist eine PowerPoint-Vorlage für einen Maßnahmenkatalog hinterlegt.

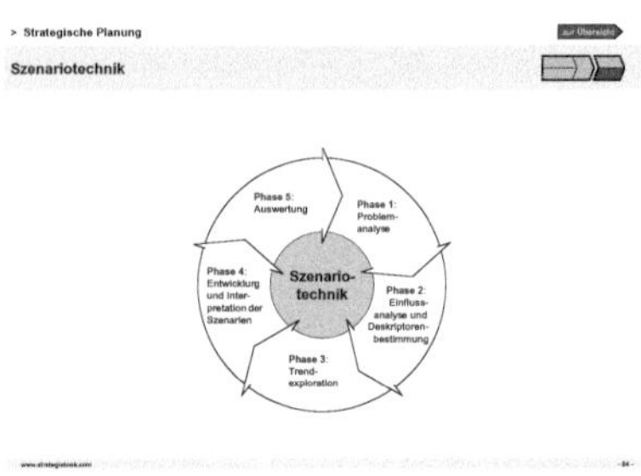

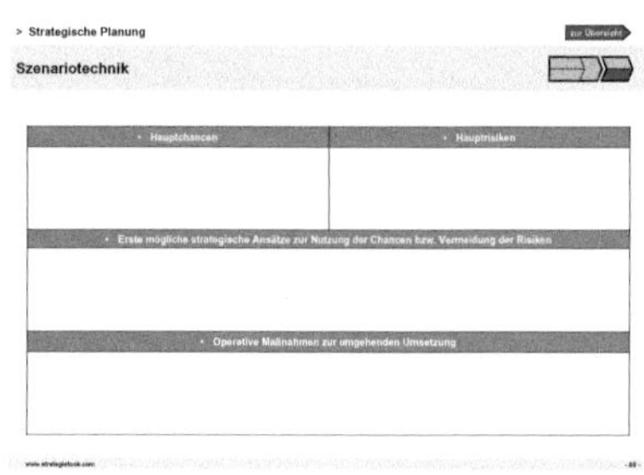

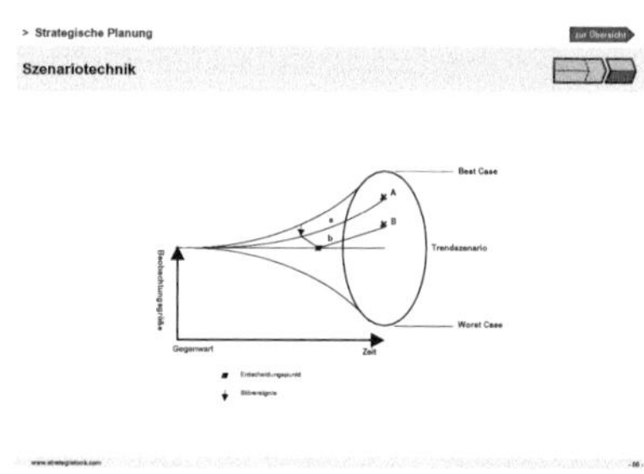

5.4.9 Verwandte und weiterführende Themen

- Umweltanalyse

  Bietet einen Überblick über sämtliche externe Einflüsse auf das Unternehmen. Mit Hilfe der Umweltanalyse können Szenarien konstruiert werden; auf der anderen Seite können Szenarien innerhalb der Umweltanalyse Anwendung finden.
- Gap-Analyse

  Die Gap-Analyse ist eine spezielle Form der Szenariotechnik, die auf die strategische Lücke abzielt und eher die internen Möglichkeiten und weniger die externen Einflussfaktoren betrachtet.
- Delphi-Technik

  Mit Hilfe der Delphi-Technik können ausführliche Erkenntnisse aus Experteninterviews (z. B. zu Entwicklung von Einflussfaktoren) gewonnen werden.

5.4.10 Literaturhinweise

GAUSEMEIER, J. / FINK, A. / SCHLAKE, O.: *Szenario Management: Planen und Führen mit Szenarien*, 2. Aufl., Carl Hanser Verlag, München 1996.

GESCHKA, H. / HAMMER, R. (1992): *„Die Szenariotechnik in der strategischen Unternehmensplanung“*, in: Hahn, D. / Taylor, B. (Hrsg.): *Strategische Unternehmensplanung, 6. Aufl.*, Heidelberg 1992, S. 311-336.

GESCHKA, H. / PAUL, I. / WINKLER-RUSS, B. (1997): *„Szenarien - ein Instrument zur Unternehmensplanung“*, in: Zerres, M. / Zerres, I. (Hrsg.): *Unternehmensplanung - Erfahrungsberichte aus der Praxis*, Frankfurt 1997.

GÖTZE, U. (1991): *Szenario-Technik in der strategischen Unternehmensplanung*, Wiesbaden 1991.

MEADOWS, D. et al. (1972): *Die Grenzen des Wachstums*, Stuttgart 1972.

MISSLER-BEHR, M. (1993): *Methoden der Szenarioanalyse*, Wiesbaden 1993.

NAGEL, R. / WIMMER, R. (2006): *Systemische Strategieentwicklung*, Klett-Cotta, Stuttgart 2006, S. 178-182.

REIBNITZ, U. *von* (1987): *Szenarien: Optionen für die Zukunft*, Hamburg 1987.

5.5 Gap-Analyse

LEITFRAGEN:

- Erreichen wir unser Ziel, wenn wir so weitermachen wie bisher?
- Worin bestehen die Lücken zur festgelegten Strategie?
- Welche Maßnahmen bieten sich an, um die strategischen Zielwerte zu erreichen?

5.5.1 Zielsetzung und Anwendungsgebiet

Die Gap-Analyse projiziert Unterschiede zwischen Plan- und Ist-Größen in die Zukunft. Mit ihrer Hilfe wird nicht nur die Planungsgröße mit der tatsächlichen Entwicklung abgeglichen, sondern auch die Abweichung zwischen der strategischen Zielsetzung und der prognostizierten operativen Entwicklung ermittelt. Diese Analyse bietet eine Ausgangsbasis für die Bestimmung der Ursachen von Abweichungen sowie Anhaltspunkte für strategische Gegenmaßnahmen, die das Unternehmen auf ein höheres Leistungsniveau heben können.

5.5.2 Beschreibung

Die Gap-Analyse (Gap von englisch: Lücke) gehört zu den klassischen Ansätzen der strategischen Unternehmensplanung. Dabei werden Ist- und Planwert einer Zielgröße (z. B. Umsatz, Gewinn oder Anzahl verkaufter Produkte) zu verschiedenen Zeitpunkten gegenübergestellt.

Bei der Analyse der Lücken unterscheidet man zwischen operativer und strategischer Lücke. Die operative Lücke stellt die Abweichung zwischen der prognostizierten Entwicklung bei unverändertem Vorgehen und der potenziellen Entwicklung bei optimalem Vorgehen dar. Die strategische Lücke bildet dagegen die Abweichung zwischen der potenziellen Entwicklung bei optimalem Vorgehen und geplantem Ergebnisziel. Bild 5.15 veranschaulicht die Zusammenhänge zwischen operativer und strategischer Lücke.

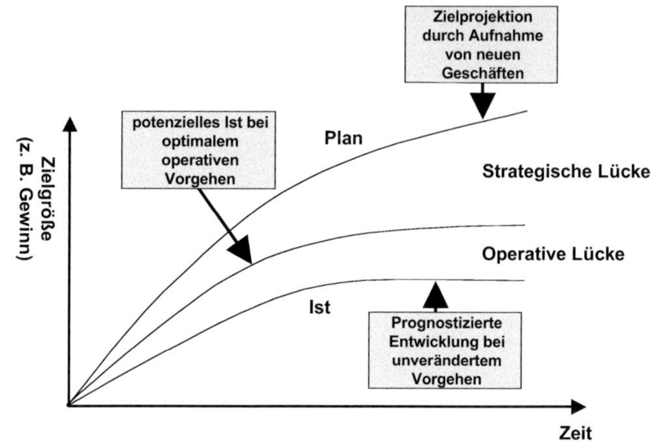

BILD 5.15 Strategische und operative Lücke im Vergleich

Die identifizierten Lücken werden anhand der vermuteten Abweichungsursachen analysiert und es können geeignete Maßnahmen abgeleitet werden.

MERKE: Es wird bei der Gap-Analyse zwischen operativer und strategischer Lücke differenziert. ■

Bei der Analyse wird meist auffallen, dass die prognostizierte Ist-Entwicklung unter der Plan-Entwicklung liegt und damit strategische und operative Lücken existieren. Strategische Ziele sind häufig zu ehrgeizig aufgestellt, so dass die Ziele in der Realität oft kaum erreicht werden. Analog ist ein fehlerfreies operatives Vorgehen in der Realität selten zu beobachten.

Möglichkeiten zur Schließung von operativen Lücken sind z. B. Effizienzsteigerungen (z. B. durch Kosteneinsparungen bzw. Rationalisierungen, Leistungssteigerungen, Überdenken von Produktionsentscheidungen, Produktverbesserungen bzw. Qualitätssteigerungen) und die Verbesserung der absatzpolitischen Instrumente.

Um strategische Lücken zu schließen, bieten sich Portfolioansätze zur Entscheidungsunterstützung an (vgl. Kapitel 1.13 bis 1.15).

5.5.3 Voraussetzungen und notwendiger Input

Da die Gap-Analyse oftmals am Anfang des Strategieprozesses steht, sind keine Voraussetzungen notwendig. Daten aus folgenden Quellen sind erforderlich, um eine umfassende Einschätzung treffen zu können:

- interne Planung bzw. internes Controlling für Ist- und Planwerte,
- Experteninterviews innerhalb der Organisation zur Erklärung der Abweichung und Aufstellung von Maßnahmenkatalogen.

5.5.4 Vorgehensweise

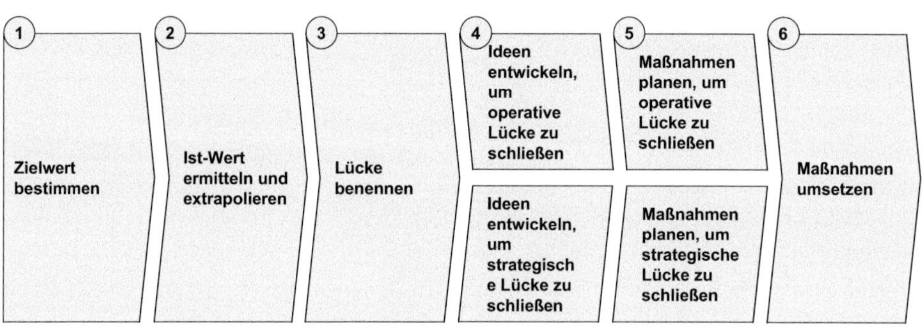

BILD 5.16 Vorgehensweise bei der Gap-Analyse

Schritt 1: Zielwert bestimmen

Zunächst ist die Zielgröße zu bestimmen, die den Erfolg des Unternehmens abbildet (z.B. Gewinn, Umsatz, EVA, neu akquirierte Kunden, abgewickelte Projekte). Danach werden die quantitativen Ergebniszielsetzungen für ein, drei und fünf Jahre als „Ziellinien" in ein Diagramm eingetragen. Dabei sind auch Erwartungen von Umwelt- und Branchenentwicklungen zu berücksichtigen. Auf der vertikalen Achse (Ordinate) wird die Zielgröße, auf der horizontalen Achse (Abszisse) die Zeit abgetragen.

Schritt 2: Ist-Wert ermitteln

Als Nächstes wird das erste Jahresergebnis eingetragen. Dieses wird für den gesamten Zeitraum extrapoliert und als Linie in das Diagramm eingezeichnet.

Eine Extrapolation (Hochrechnung der Zukunftswerte) wird vorgenommen, indem man Kosten- und gegebenenfalls Preissteigerungen unter Berücksichtigung von Inflationsraten etc. in die Zukunft rechnet. Steigerungen des Absatzes können berücksichtigt werden, wenn die historische Entwicklung und die Zukunftserwartungen das rechtfertigen.

Schritt 3: Lücke benennen

Für jede Geschäftseinheit bzw. jeden Bereich ist die Lücke zwischen Ist- und Planwerten zu identifizieren und zu analysieren. Die Lücke ist in eine strategische und eine operative Lücke aufzuspalten. Gibt es offensichtliche Gründe für die jeweiligen Lücken, weil z.B. eine bedeutende Entwicklung (Unternehmensverkauf, Schließungen von Geschäftsstellen oder Verlust eines Großabnehmers etc.) den Ergebnisverlauf stört, so sind sie in diesem Schritt festzuhalten.

Schritt 4: Ideen entwickeln, um Lücken zu schließen

Um das Soll-Ergebnis näher an das Planziel zu bringen und damit die strategische Lücke zu schließen, sind neue Ziele zu setzen und Maßnahmenkataloge zusammenzustellen. Dazu werden in einem Brainstorming alternative Wettbewerbspositionen und Investitionsalternativen abgeleitet und deren voraussichtliche Entwicklung prognostiziert. Im Anschluss werden alternative Geschäftsstrategien und Investitionsprogramme für jede einzelne Geschäftseinheit erörtert.

Zur Schließung der operativen Lücke ist die Kostenstruktur zu analysieren und Effizienz und Effektivität der einzelnen Bereiche zu überprüfen (vgl. Kapitel 1.5). Letztendlich können hier Maßnahmen zugeordnet werden, welche die Alltagsarbeit und -routinen schneller, günstiger, einfacher oder hochwertiger gestalten. Dazu sind in einer gesonderten Analyse Kosteneinsparungspotenziale zu analysieren.

CHECKLISTE:

- Entwickeln Sie durch Brainstorming mögliche Maßnahmen.
- Überprüfen Sie die Kostenstruktur und leiten Sie daraus weiterführende Analysen und Maßnahmen ab.

Schritt 5: Maßnahmen planen

Anschließend werden detaillierte Pläne erarbeitet, z.B. für Akquisitionen oder Durchführung von alternativen Investitionsprogrammen. Dazu sind die notwendigen Ressourcen (finanziell wie personell) sowie die Auswirkungen auf bestehende Geschäftseinheiten zu bestimmen. Anhand dieser Analyse können die Ziele und Strategien bestehender Geschäftseinheiten korrigiert werden, um die Auswirkungen der Maßnahmen zu berücksichtigen.

Abschließend werden die Ziele, Strategien und abgeleiteten Maßnahmen endgültig zusammengeführt.

TIPP: Mit Hilfe eines Flipcharts können die Alternativen in das Diagramm eingezeichnet werden. So können die Prognosen wirkungsvoll visualisiert werden.

Schritt 6: Maßnahmen umsetzen

Im letzten Schritt wird der Maßnahmenkatalog nach Schlüsselthemen gegliedert, so dass anhand von Aufgabenpaketen, Meilensteinen, Messgrößen, personellen Verantwortlichkeiten und Endterminen die abgeleiteten Maßnahmen umgesetzt werden. Dabei liegt die Gesamtverantwortung stets beim obersten Management, das in letzter Konsequenz über sämtliche Maßnahmen zu entscheiden hat.

5.5.5 Vor- und Nachteile

Vorteile	Nachteile
• Fundierung von Maßnahmen und Programmen auf Abweichungen von Soll/Plan • Zielorientierung durch Überprüfung der Alternativen • Weit verbreitetes Instrument • In vielen Unternehmen Ausgangspunkt der strategischen Planung	• Sehr grobes Analysemodell als Bestandsaufnahme, benötigt in der Weiterverarbeitung komplexere Modelle • Die Lücke zwischen Plan und Ist verringert die Glaubwürdigkeit der eigenen Planung • Stellt nur eindimensional und unvollständig die strategische Stoßrichtung dar

TABELLE 5.9 Vor- und Nachteile der Gap-Analyse

5.5.6 Praxisbeispiel

Ein junges Biotech-Unternehmen hat sich im Bereich der Bioprozessanalytik positioniert. Da in dem Unternehmen ausgewiesene Wissenschaftler tätig waren, fiel es diesem Unternehmen nicht schwer, im Zuge des „Biotech-Booms" einen Risikokapitalgeber zu finden, der in den Ausbau der Aktivitäten investierte. Bereits nach zwei Jahren wurde das Unternehmen an der Börse platziert. Basis der Entscheidung für den Börsengang und die Ermittlung des Verkaufskurses war u. a. eine Umsatz- und Renditeplanung. Bereits nach einem weiteren Jahr stand aber fest, dass die Planung unrealistisch hoch war. Eine durchgeführte Gap-Analyse zeigte, dass die Unternehmensleitung bei ihrer Umsatzplanung im Bereich von 100 % danebenlag. Zudem zeigte sich, dass der eigentliche Markt für die Produkte und Leistungen dieses Unternehmens weniger Chemie- und Pharma-Unternehmen in Deutschland, sondern insbesondere in den USA und Japan waren. Im Anschluss an diese Analysen wurden dann gezielte Maßnahmen zum Aufbau dieser Märkte sowie der Einstieg in Diversifikationsfelder geprüft.

Hätte man bereits im Zuge der strategischen Planung derartige Betrachtungen angestellt, wären dem Unternehmen, aber insbesondere auch allen Investoren erhebliche Sorgen erspart geblieben.

5.5.7 Vorlagen zum Download

Im Downloadbereich zum Buch finden Sie eine Vorlage zur Diagrammentwicklung.

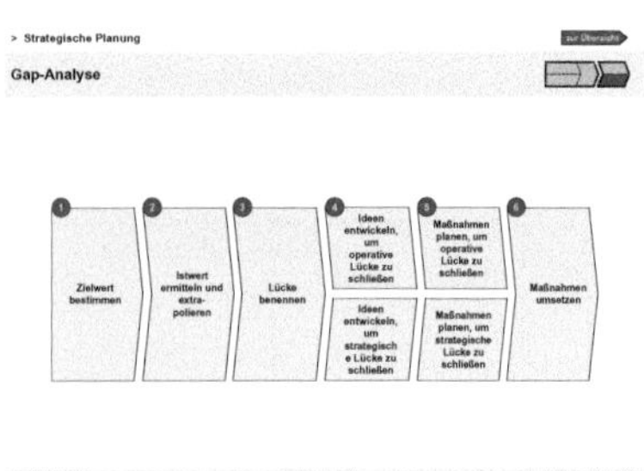

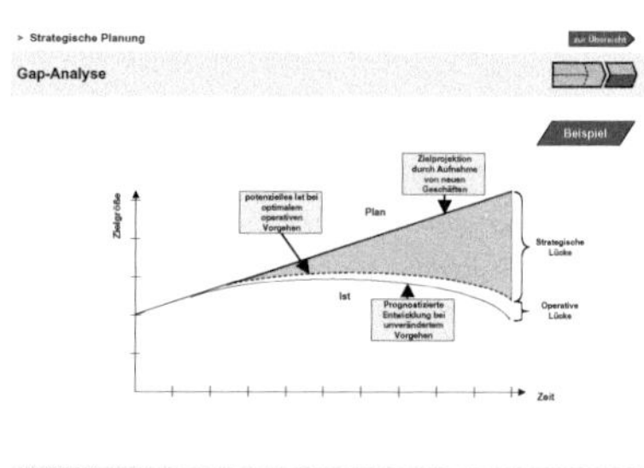

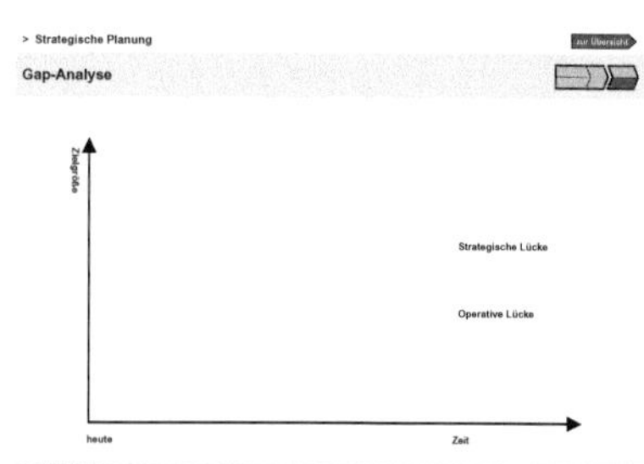

5.5.8 Verwandte und weiterführende Themen

- Szenarioanalyse

  Bietet einen Rahmen, um die Planwerte zu prognostizieren. Hierbei können z. B. politische Einflussfaktoren mit berücksichtigt werden.
- Wertkettenanalyse

  Kann als Diagnoseinstrument herangezogen werden, um Alternativen zu entwickeln, die strategische Lücke zu schließen bzw. diese Alternativen innerhalb der Wertkette zu lokalisieren.
- Portfolioansätze

  Bilden den klassischen Entscheidungsrahmen zur Schließung der strategischen Lücke.
- Lebenszyklusanalyse

  Sollte herangezogen werden, um die Ursachen der Lücke zu analysieren.
- Vision, Mission, Kernwerte

  Bei Neuentwicklung der Strategie bzw. bei der Alternativenwahl zur Schließung der Lücken ist stets das Leitbild des Unternehmens einzubeziehen.
- Kostenstrukturanalyse

  Kann herangezogen werden, um Potenziale zur Schließung der operativen Lücke aufzudecken.

5.5.9 Literaturhinweise

ANSOFF, I. et al. (1976): *From Strategic Planning to Strategic Management,* London 1976.

BOUTELLIER, R. / SCHNECKENBURGER, T. (2000): *Pocket Power Prognosen,* Carl Hanser Verlag, München/Wien 2000.

5.6 Balanced Scorecard

LEITFRAGEN:
- Wie können wir die entwickelte Strategie in den Arbeitsalltag integrieren und umsetzen?
- Wie können wir Prozesse und Projekte unter Berücksichtigung der Strategie steuern?
- Wie können wir unseren Mitarbeitern die Strategie näher bringen?
- Wie können wir den Überblick über den Erfolg unserer Maßnahmen behalten?

5.6.1 Zielsetzung und Anwendungsgebiet

Das Modell der Balanced Scorecard (BSC) fungiert als Kontroll- und Steuerungsinstrument für das Management, indem die kaum greifbare Strategie und Vision in konkrete Größen und messbare Ziele heruntergebrochen und übersichtlich dargestellt wird. Die BSC bildet dabei nicht ausschließlich finanzielle Ziele der Unternehmung ab, sondern berücksichtigt sämtliche Faktoren, die für den Unternehmenserfolg maßgeblich, aber nicht unbedingt über monetäre Größen messbar sind.

Dabei wird auf die Verknüpfung zwischen Zielen und der festgelegten Strategie Wert gelegt. Die Planung und Festlegung von Zielen, ausgehend von der übergeordneten Strategie, wird auf diese Weise schlüssig. Durch die Abstimmung der strategischen Maßnahmen untereinander entsteht Klarheit über die einheitliche Richtung: die Erreichung der Vision. Den Mitarbeitern werden sowohl die Vision als auch strategische Ziele und abgeleitete Maßnahmen kommuniziert. Von dieser Transparenz profitiert auch die Kommunikation mit Gesellschaftern, Kreditgebern und anderen Interessengruppen.

Die BSC bietet umfangreiche Steuerungsmöglichkeiten. Im Rahmen kontinuierlicher Prozesse werden alle unternehmenswichtigen Ziele und deren Erreichung zentral kontrolliert, im Zeitverlauf beobachtet und in einem ständigen Dialog mit den Mitarbeitern Maßnahmen abgeleitet, die den Unternehmenserfolg steigern.

5.6.2 Beschreibung

Ausgehend von den Unzulänglichkeiten der traditionell rein finanzwirtschaftlich ausgerichteten Kennzahlensysteme entwickelten Kaplan und Norton 1990 in Zusammenarbeit mit zwölf Firmen ein neues Performance-Measurement-System, das nach einigen Weiterentwicklungen unter dem Namen Balanced Scorecard (BSC) bekannt wurde (vgl. Kaplan/Norton, 1997). Die BSC ist ein ausgewogener (daher englisch balanced), umsetzungsorientierter Steuerungsansatz, der sowohl die interne als auch die externe Unternehmensperspektive in Einklang bringt. Sie besteht üblicherweise aus vier Perspektiven, die jeweils mit entsprechenden Kennzahlen charakterisiert werden. Die typischen Perspektiven des Standardmodells sind:

- Finanzperspektive,
- Kundenperspektive,
- interne Prozessperspektive,
- Lern- und Entwicklungsperspektive.

Die vorgeschlagenen Perspektiven bilden in der Regel die bedeutendsten Faktoren des Unternehmens ab. Da die BSC allerdings hochgradig geschäftsspezifisch ist, können die Perspektiven je nach Branche und Zusammenhang umgestaltet bzw. um weitere Perspektiven ergänzt werden (vgl. Kaplan/Norton, 1997). Bild 5.17 veranschaulicht die vier Perspektiven mit den jeweiligen Kernfragen.

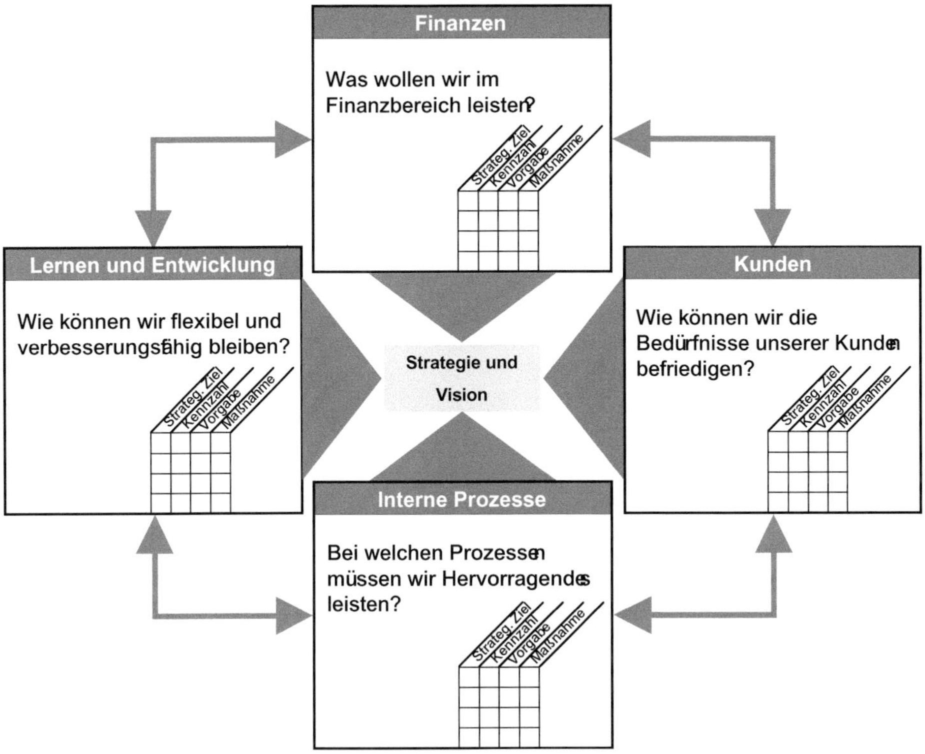

BILD 5.17 Das Grundmodell der Balanced Scorecard

Die Kennzahlen, die hinter den Perspektiven stehen, bilden eine Balance zwischen extern orientierten Messgrößen für die Gesellschafter und Kunden (z. B. Gewinn, Return on Investment, Kundenzufriedenheit, Anzahl Reklamationen) sowie intern orientierten Messgrößen für die Gesamtsteuerung (z. B. Durchlaufzeit, Deckungsbeitrag, Mitarbeiterproduktivität). Zusätzlich sollten die Kennzahlen ein Gleichgewicht zwischen den Ergebnissen vergangener Tätigkeiten (so genannte nachlaufende Ergebnisse) und Kennzahlen, welche die zukünftige Leistung antreiben (vorlaufende Leistungstreiber), darstellen. Zudem können finanzielle und nichtfinanzielle Größen (z. B. Durchlaufzeit, Anzahl von Verbesserungsvorschlägen, Anzahl Reklamationen) Einzug in die Perspektiven finden. Die finanziellen Kennzahlen (z. B. Umsatz, Gewinn, Deckungsbeitrag) werden über Ursache-Wirkungs-Ketten mit den wesentlichen Aspekten aus der Kunden-, internen Prozess- und Mitarbeiterperspektive verknüpft. Auf diese Weise werden alle vier Perspektiven in einem Ursache-Wirkungs-Modell miteinander verknüpft und die Zusammenhänge und Abhängigkeiten sichtbar. Aus den definierten Kennzahlen innerhalb der Perspektiven werden Zielwerte abgeleitet, die es zu erreichen gilt. Mittels Zielvereinbarungen mit den Mitarbeitern können die entsprechenden Maßnahmen zugeordnet und umgesetzt werden. Das Resultat ist eine gemeinsame Erreichung der angestrebten Vision unter Zusammenarbeit mit sämtlichen Mitarbeitern.

MERKE: Die BSC sollte ausgewogen sein hinsichtlich

- externer und interner,
- finanzieller und nichtfinanzieller,
- nachlaufender und vorlaufender,
- kurz- und langfristiger
- Kennzahlen.

BEACHTE: Die Voraussetzungen müssen sorgfältig geschaffen werden, da die Anwendung oft scheitert, weil z. B. die Beziehungen zwischen den Perspektiven nicht ausreichend analysiert wurden.

5.6.3 Voraussetzungen und notwendiger Input

Zunächst stellt sich die Frage, ob eine BSC für das gesamte Unternehmen (Unternehmensscorecard) oder für einen Geschäftsbereich entwickelt werden soll. Die Entwicklung einer Unternehmensscorecard ist in den meisten Fällen trotz der gemeinsamen Nutzung von Unternehmensressourcen mit Problemen verbunden, da die Prozesse der einzelnen

Einheiten unterschiedlich sind. Die BSC funktioniert am besten in einem Geschäftsbereich, dessen Aktivitäten sich über eine vollständige Wertkette erstrecken – also von Innovation, Produktion über Marketing, Vertrieb und Service (vgl. Kapitel 1.12). Ein solcher Geschäftsbereich sollte seine eigenen Produkte und Kunden, eigenes Marketing, eigene Vertriebswege und Produktionsstätten besitzen. Außerdem sollte es leicht möglich sein, charakteristische, finanzielle Kennzahlen zu bilden, ohne die Komplexitäten, die mit Verrechnungspreisen von einer Organisationseinheit zur anderen verbunden sind, berücksichtigen zu müssen.

Bei der Erarbeitung der BSC sind zunächst die strategischen Voraussetzungen zu prüfen, d. h. es muss das Leitbild (bestehend aus Vision, Mission und Kernwerten) definiert worden sein (vgl. Kapitel 4.4). Zusätzlich muss sichergestellt werden, dass die BSC durch das obere Management uneingeschränkt unterstützt wird. Da die BSC unternehmensweit und abteilungsübergreifend eingesetzt wird, muss eine umfassende Information und Kommunikation gewährleistet sein. Zweifel an den Vorzügen des Modells sollten nicht bestehen.

Der Input wird durch Projektteams und Workshops erarbeitet. Den Rahmen muss ein zentrales Projektteam bilden, das sich ausschließlich mit der BSC zu beschäftigen hat. In den Workshops mit entsprechenden Führungskräften werden z. B. die Perspektiven festgelegt, Kennzahlen abgeleitet und Maßnahmen entwickelt.

5.6.4 Vorgehensweise

BILD 5.18 Vorgehensweise bei der Einführung einer Balanced Scorecard

Schritt 1: Perspektiven festlegen

Zunächst sind im ersten Schritt die Perspektiven der BSC festzulegen. Bei den von Kaplan/Norton vorgeschlagenen Perspektiven handelt es sich zwar um Unternehmensdimensionen, die nahezu auf jedes Unternehmen zutreffen, allerdings können sie je nach Branche und Unternehmensphilosophie von den typischen Perspektiven abweichen (vgl. Kaplan/Norton, 1997). So könnte für ein Industrieunternehmen die ökologische Umwelt eine bedeutende Rolle spielen und in einer fünften Perspektive „Umwelt" berücksichtigt werden. Bei Kreditinstituten könnte das Risiko (Kreditausfallrisiko etc.) in einer eigenen Perspektive einbezogen werden. Deshalb sind durch Führungskräfteworkshops die Strategie, die Vision und die Kernwerte bzw. Unternehmensphilosophie zu analysieren, um zu bestimmen, welche Perspektiven Einzug in die BSC finden sollen.

Im Anschluss ist die Reihenfolge der Perspektiven zu definieren. Dabei steht die Frage im Vordergrund, welche Perspektive am Ende der gesamten Wirkungskette steht und von den Erfolgen der übrigen Perspektiven abhängt. Üblicherweise ist dies die Finanzperspektive, kann aber auch z. B. bei gemeinnützigen Einrichtungen die Kundenperspektive sein. Dementsprechend sind die Perspektiven nacheinander zu verketten. Bild 5.19 zeigt die Zusammenhänge der Perspektiven einer beispielhaften BSC.

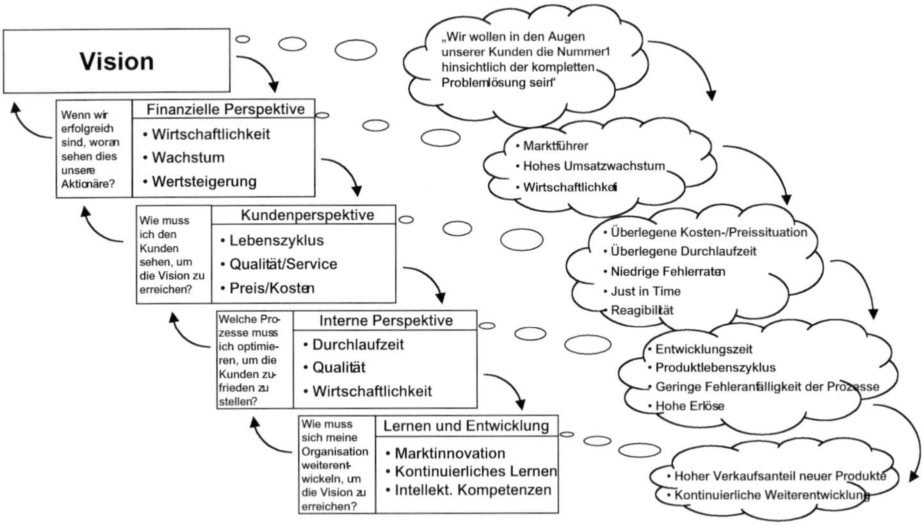

BILD 5.19 Zusammenhänge der Perspektiven einer exemplarischen BSC (vgl. Maisel, 1992)

Schritt 2: Strategische Ziele innerhalb der jeweiligen Perspektiven aus der Strategie ableiten

Im zweiten Schritt sind aus der Strategie jeweils ca. fünf strategische Ziele für jede Perspektive abzuleiten. Die Ziele sind allgemein formuliert, also z. B. „Qualität steigern“ statt „Ausschussquote senken“. Das in dieser Form definierte Ziel kann damit durch unterschiedliche Kennzahlen beschrieben und messbar gemacht werden.

Bei der **Finanzperspektive** geht es primär um wichtige finanzwirtschaftliche Stellhebel für das Unternehmen. Bei den meisten Unternehmen lautet das grundsätzliche unternehmerische Gesamtziel, Gewinn zu machen (bzw. genauer: Gewinn oberhalb der Eigenkapitalkosten zu machen) oder allgemein ausgedrückt: Wert zu schöpfen. Sämtliche Perspektiven münden letztendlich in die Finanzperspektive, denn hier schlagen sich die Einzelerfolge der jeweiligen Perspektiven in Form von Finanzkennzahlen nieder.

> **MERKE:** Eine BSC sollte maximal 25 strategische Ziele enthalten!
>
> Dies sichert die Konzentration auf die wichtigsten Schlüsselgrößen des Geschäfts.
>
> Somit wird einem Informationsüberfluss entgegengewirkt.

Die zu definierenden Unterziele müssen gemeinsam mit Führungskräften aus dem Bereich Finanzen/Controlling individuell für das Unternehmen erarbeitet werden, denn nur diese haben einen umfassenden Überblick über die angestrebten finanziellen Ziele im Unternehmen.

Beispiele für Ziele im Finanzbereich sind:

- Produktivität steigern,
- Unternehmenswert anheben,
- Wertschöpfung erhöhen,
- Kosten senken,
- Umsatz steigern,
- Vermögenswerte verstärkt nutzen.

Die **Kundenperspektive** betrachtet das Unternehmen von außen und beschreibt, welches Kundenverständnis das Unternehmen haben muss, um die Strategie erfolgreich umzusetzen. Wesentliche Voraussetzung ist, den Kunden zu definieren: Kunden können sowohl interne als auch externe Abnehmer sein, die nicht zwingend direkt für Zahlungen verantwortlich sind (z. B. betrachten Universitäten ihre Studenten als Kunden oder Vereine ihre Mitglieder). Die Ziele für die Kundenperspektive sind wieder direkt aus der Strategie und Vision abzuleiten.

Maßgeblich dabei können die Lösungen sein, mit denen das Unternehmen den Kundenwunsch befriedigen kann. Es kann auch die Frage eine Rolle spielen, was das Unternehmen auszeichnet, dass der Kunde gerade dort kaufen sollte. Hilfreich ist auch, die Sicht des Kunden einzunehmen und zu simulieren, worauf der Kunde den größten Wert legen würde und welche seine Bedürfnisse sind. Durch Workshops mit Führungskräften aus dem Vertrieb und der Kundenbetreuung, aber auch durch Befragungen der Kunden selbst können hier Erkenntnisse gewonnen werden.

Typische Ziele aus der Kundenperspektive sind z. B.:

- Kundenbindung erhöhen,
- Kundenzufriedenheit steigern,
- Reputation und Image aufbauen,
- innovative Lösungen entwickeln,
- Markt- und Gewinnanteil ausbauen,
- Kundenrentabilität steigern,
- Kundenakquisition erhöhen.

Die **interne Prozessperspektive** konzentriert sich auf die Abläufe im Unternehmen. Dazu sind diejenigen Prozesse zu ermitteln, bei denen das Unternehmen hervorragend aufgestellt sein muss, um die Ziele der vorangestellten Perspektiven (also Finanz- und Kundenperspektive) zu erreichen. Die Reihenfolge, um die Perspektiven zu erarbeiten, spielt also eine wichtige Rolle.

Bei der Zielentwicklung der internen Prozessperspektive werden die wichtigsten Geschäftsprozesse des Unternehmens identifiziert und beobachtet. Die Prozesse erkennt man, indem die Wertkette nach Porter innerhalb der typischen Hauptprozesse (also Innovationsprozess, Betriebsprozesse und Kundendienstprozess) auf diejenigen Teilprozesse untersucht wird, die zur Erreichung der Finanz- und Kundenziele und damit zur Erreichung der Strategie beitragen.

CHECKLISTE: Leiten Sie die strategischen Ziele in Workshop-Arbeit direkt aus Strategie und Vision ab – für die Perspektiven:

- Finanzen,
- Kunden,
- interne Prozesse,
- Lernen und Entwicklung.

Beispiele für Ziele der internen Prozessperspektive sind:

- Produkt- und Qualitätssicherung ausbauen,
- Innovationsgrad erhöhen,
- Waren vorrätig haben/Lieferbarkeit garantieren,
- Lieferzeit minimieren,
- internes Wissensmanagement optimieren.

Die vierte Perspektive der BSC, die **Lern- und Entwicklungsperspektive**, beschreibt Ziele zur Förderung eines lernenden und wachsenden Unternehmens. Hierbei geht es um die Zukunftsfähigkeit und das langfristige Überleben des Unternehmens, getragen durch sämtliche Bereiche. Die strategischen Ziele dieser Perspektive sind die treibenden Faktoren für langfristig hervorragende Ergebnisse der ersten drei Perspektiven.

Ziele können z. B. sein:

- Mitarbeiterzufriedenheit steigern,
- Mitarbeiterpotenziale fördern,
- Potenziale von Informationssystemen ausbauen,
- Motivation steigern,

CHECKLISTE: Erstellen Sie in Workshops die Verbindungen der strategischen Ziele durch ein Ursache-Wirkungs-Diagramm.

Schritt 3: Ursache-Wirkungs-Beziehungen aufbauen

Im nächsten Schritt sind die definierten strategischen Ziele aus Schritt 2 miteinander zu verknüpfen. Dazu ist festzulegen, welche Ziele von welchen Zielen abhängig sind. Zur Visualisierung werden die treibenden Faktoren durch Pfeile mit Ergebnisfaktoren verbunden. Jedes Ziel muss in einer Kette verbunden sein, die am Ende mit den strategischen Zielen der Finanzperspektive verknüpft ist.

Diese Aufgabe wird bereichsübergreifend in Workshops bearbeitet. Bild 5.20 zeigt beispielhaft ein Ursache-Wirkungs-Diagramm.

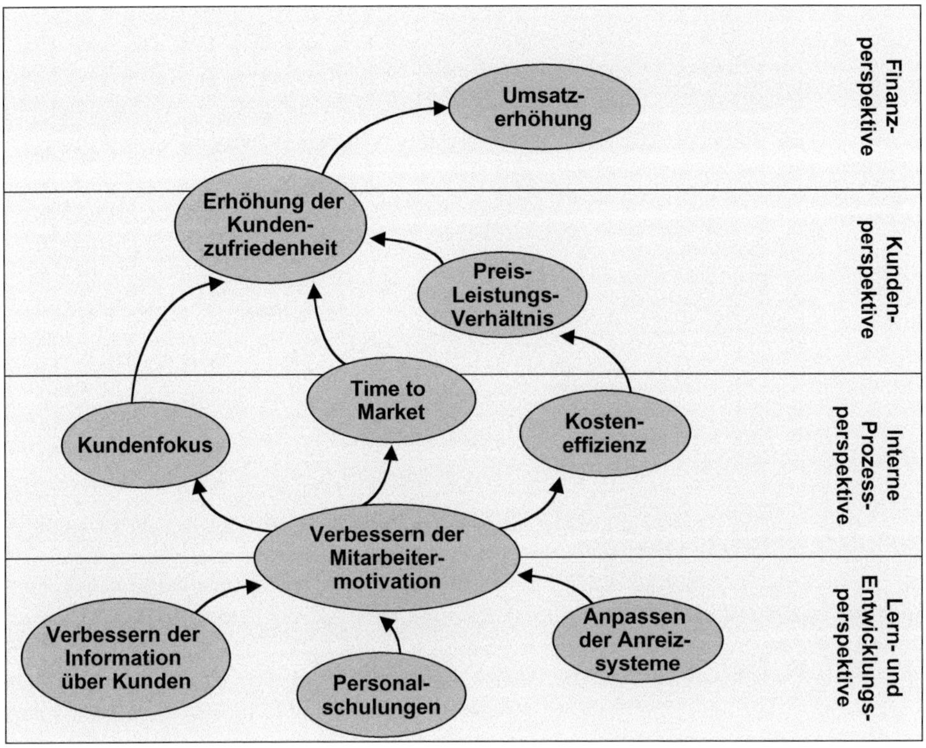

BILD 5.20 Beispielhaftes Ursache-Wirkungs-Diagramm

Schritt 4: Messgrößen auswählen

Im vierten Schritt sind konkrete Kennzahlen zu entwickeln, welche die definierten Zielsetzungen am besten zum Ausdruck bringen und vermitteln. Die Kennzahlen dienen der Messbarkeit und Operationalisierung der strategischen Zielerreichung. Damit wird deutlich, dass für jedes Ziel Kennzahlen zu entwickeln sind. Können strategische Ziele nicht durch Kennzahlen ausgedrückt werden, sind die Ziele nicht operationalisierbar.

Dafür ist zunächst in einem Brainstorming eine Liste zu erstellen, in der für jedes Ziel mögliche Kennzahlen gelistet werden. In weiteren Workshops werden diese Kennzahlen anhand der Kriterien Aussagekraft, Effizienz, Aufwand/Nutzen oder Machbarkeit/Zweckmäßigkeit bewertet. Anschließend werden die Kennzahlen priorisiert und festgelegt.

Zusätzlich sind für jede Kennzahl die Häufigkeit der Erhebung und die Verantwortlichkeit festzulegen, um die Ermittlung in das Berichtswesen zu integrieren und damit das Funktionieren der BSC sicherzustellen (Vorlage im Downloadbereich). Oftmals werden die ausgewählten Kennzahlen bereits erhoben, aber nicht in einen Gesamtzusammenhang gebracht. Falls die Kennzahlen neu zu ermitteln sind, muss geprüft werden, ob die Kennzahl regelmäßig erhoben werden kann bzw. welche Maßnahmen notwendig sind, um die relevanten Informationen verfügbar zu machen.

Tabelle 5.10 veranschaulicht die Kennzahlenübersicht für ein strategisches Ziel in der Lern- und Entwicklungsperspektive.

CHECKLISTE: Ermitteln Sie in Workshops mit Führungskräften aus entsprechenden Bereichen Kennzahlen, welche die strategischen Ziele am besten beschreiben. ■

BEACHTE: Die ausgewählten Kennzahlen müssen auch tatsächlich beeinflussbar (nicht manipulierbar) sein. ■

Strategisches Ziel	Kennzahlen	Häufigkeit der Auswertungen	Verantwortlichkeit für Datenpflege	Berichtsempfänger
Gewinnen, qualifizieren, fördern von qualifizierten Mitarbeitern	Weiterbildungstage pro Mitarbeiter	monatlich	Weiterbildungsbeauftragte(r)	Vorstand/Leitung Personal
	intern besetzte Führungspositionen in %	halbjährlich	Personalentwicklung	Vorstand/Leitung Personal
	Erhebungsgrad Qualifikationen (Ausbildung, Weiterbildung, Zusatzqualifikationen)	vierteljährlich	Weiterbildungsbeauftragte(r)	Vorstand/Leitung Personal
	Durchführung von Hochschulmessen und Vergabe von Diplomarbeiten	halbjährlich	Personalmarketing	Vorstand/Leitung Personal
	Fluktuation durch Eigenkündigungen	vierteljährlich	Personalabteilung	Vorstand/Leitung Personal
	tatsächlich umgesetzte Personalentwicklungsmaßnahmen in %	jährlich	Personalentwicklung	Vorstand/Leitung Personal

TABELLE 5.10 Exemplarische Kennzahlenübersicht

Schritt 5: Zielwerte festlegen

BEACHTE: Die Ziele sollten zwar ehrgeizig, aber dennoch erreichbar sein, da ansonsten die Motivation der verantwortlichen Mitarbeiter schwindet. ■

Nachdem die Kennzahlen im Schritt 4 die Strategie greifbar operationalisiert haben, sind im Folgeschritt Ziele gemeinsam mit den Kennzahlenverantwortlichen festzulegen. Damit wird der Beitrag zur Strategieumsetzung definiert. Zunächst können diejenigen Kennzahlen Vorrang erhalten, die als wichtige Hebel identifiziert wurden und damit wichtig für die verknüpften Ziele sind. Bild 5.21 zeigt einen Auszug einer BSC-Matrix am Beispiel eines IT-Unternehmens (Vorlage im Downloadbereich).

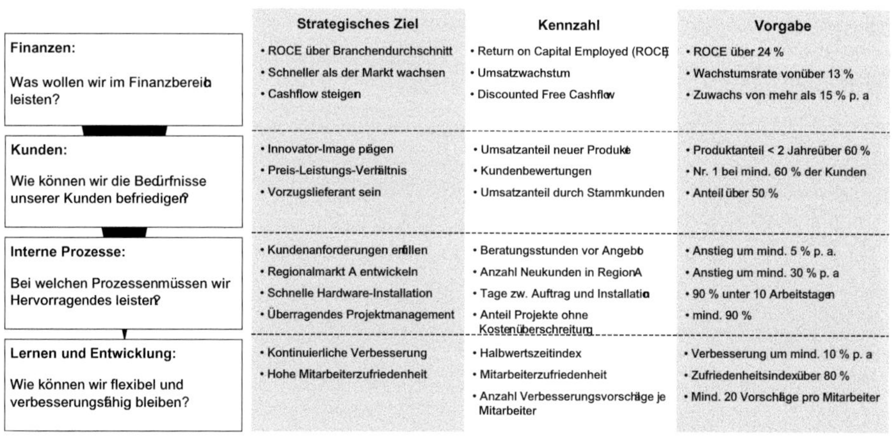

BILD 5.21 Beispielhafter Auszug einer BSC-Matrix für ein Unternehmen der IT-Branche (in Anlehnung an Nagel/Wimmer, 2006)

Schritt 6: Maßnahmen festlegen und Verantwortliche benennen

Als Folgerung aus dem fünften Schritt sind nun die Maßnahmen zu bestimmen, um die festgelegten Zielwerte zu erreichen. Dies geschieht durch einen Maßnahmenkatalog, den man in direkt umsetzbare und langfristig zu realisierende Maßnahmen trennen kann, um die Umsetzung zu strukturieren. Auf jeden Fall sind die Maßnahmen Bereichen bzw. Abteilungen zuzuordnen, um die Umsetzung sicherzustellen.

Schritt 7: Kontinuierlichen Einsatz sicherstellen und in die tägliche Arbeit integrieren

Im letzten Schritt wird die BSC in die tägliche Arbeit übernommen. Durch Zielvereinbarungen (Management by Objectives) können Teilziele direkt auf Einzelpersonen übertragen werden (Vorlage im Downloadbereich). Die Zielerreichung wird am Jahresende überprüft, so dass der Erfolg der Strategieumsetzung messbar gemacht wird. Jeder Mitarbeiter wird somit in die Strategieumsetzung direkt mit einbezogen und kann seinen Beitrag zur Erreichung der Vision leisten.

Da die BSC als Strategieprozess verstanden wird, sind regelmäßig die Maßnahmen, Ziele und auch die Strategie auf Gültigkeit zu überprüfen und gegebenenfalls anzupassen.

5.6.5 Vor- und Nachteile

Vorteile	Nachteile
• Reduziert die Komplexität der unternehmensinternen Prozesse und Ziele • Kommunikation der kaum greifbaren Strategie • Transparenz auch für externe Anspruchsgruppen (z. B. Aufsichtsräte) • Gesamte Strategie aus „einem Guss" durch logische Ableitung der Vision bis hin zu den konkreten Maßnahmen • Betrachtet sämtliche erfolgsrelevanten Unternehmensfaktoren, nicht lediglich die finanziellen Ergebnisse	• Sehr komplexes Instrument, erfordert eine hochgradig maßgeschneiderte Abstimmung auf das Unternehmen • Zeitaufwendige Erstellung • BSC muss im Unternehmen verankert sein und vom Management getragen werden

TABELLE 5.11 Vor- und Nachteile der BSC

5.6.6 Praxisbeispiel

Rockwater, eine schottische Unterwasserbaufirma, dient oftmals als Beispiel bei der Veranschaulichung der BSC, da dies als Vorzeigeprojekt der BSC-Einführung gilt. Das Unternehmen gehört zur Halliburton Corporation und beliefert Öl- und Gasproduzenten. Bis 1992 wies das Unternehmen hohe Verluste aus. Nachdem das komplette Management ausgetauscht und eine neue – kundenorientiertere – Strategie festgelegt wurde, stellte sich dennoch kein Erfolg ein. Norm Chambers, der neue Geschäftsführer, führte 1993 die BSC ein, um die Strategie deutlicher zu erklären und zu kommunizieren. Schon 1996 stellte sich der Erfolg ein: Rockwater wurde Marktführer in seiner Nische und wies sowohl Wachstum als auch Profitabilität auf (vgl. Kaplan/Norton, 1997).

Einige Kennzahlen aus der BSC von Rockwater sind in Bild 5.22 dargestellt.

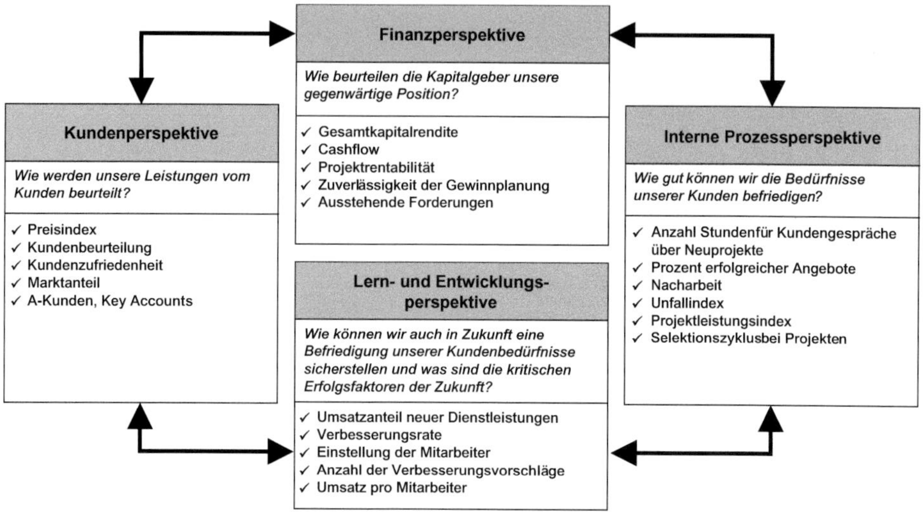

BILD 5.22 Die BSC bei der Firma Rockwater

5.6.7 Vorlagen zum Download

Die PowerPoint-Vorlagen enthalten BSC-Muster, Tabellen für strategische Maßnahmen etc. (BSC-Matrix), einen Kennzahlensteckbrief, ein BSC-Modell zur regelmäßigen Überprüfung der Kennzahlen sowie ein Formular für Zielvereinbarungen (Management by Objectives).

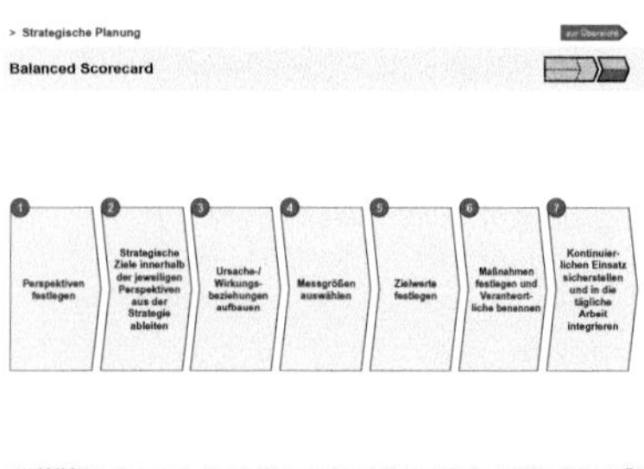

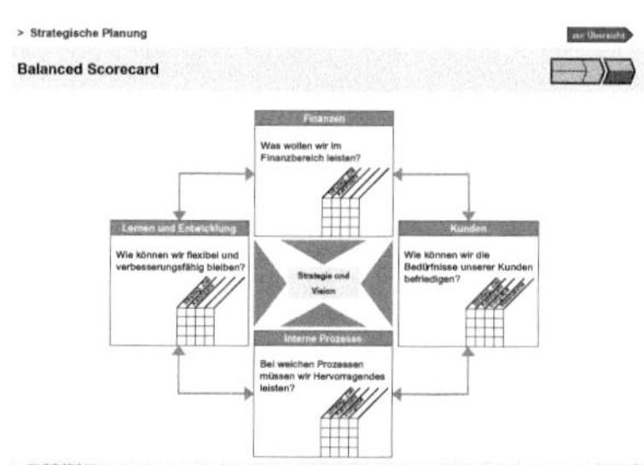

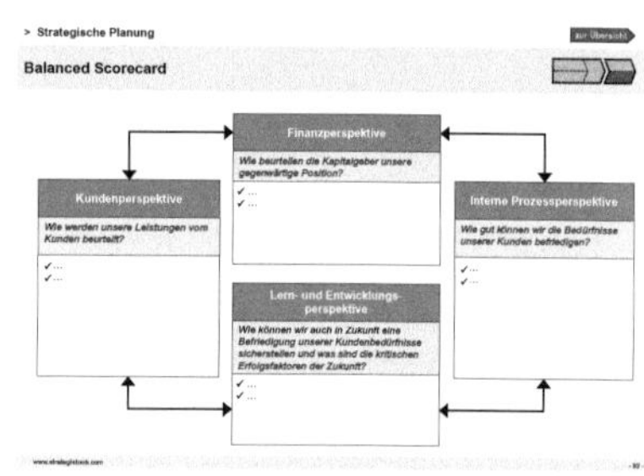

5.6.8 Verwandte und weiterführende Themen

- Vision, Mission und Kernwerte

  Grundlegende Voraussetzung für die Entwicklung einer BSC sind Vision, Mission und Kernwerte. Aus ihnen wird die Strategie abgeleitet, die in die BSC zu übertragen ist.

- Zufriedenheitsanalyse

  Als strategische Zielsetzungen könnten Mitarbeiter- und Kundenzufriedenheit Einfluss auf die Strategie haben. Um entsprechende Kennzahlen zu erheben, sind die entsprechenden Zufriedenheitsanalysen durchzuführen.

5.6.9 Literaturhinweise

HORVÁTH, P. (2000): *Balanced Scorecard umsetzen*, Horváth & Partner (Hrsg.), Schäffer-Poeschel Verlag, Stuttgart 2000.

HORVÁTH, P. / KAUFMANN, L. (1998): *„Balanced Scorecard - ein Werkzeug zur Umsetzung von Strategien"*, in: *Harvard Business Manager*, 5/1998, S. 39–48.

KAPLAN, R. S. / NORTON, D. P. (1997): *Balanced Scorecard - Strategien erfolgreich umsetzen*, Schäffer-Poeschel Verlag, Stuttgart 1997.

KAPLAN, R. S. / NORTON, D. P. (1996): *„Using the Balanced Scorecard as a Strategic Management System"*, in: *Harvard Business Review*, January-February 1996, Vol. 74, p. 75–85.

KAUFMANN, L. (2002): *„Der Feinschliff für Ihre Strategie"*, in: *Harvard Business Manager*, 6/2002, S. 35–41.

MAISEL, L. S.: *„Performance Measurement: The Balanced Scorecard Approach"*, in: *Journal of Cost Management*, Vol. 6, 1992, 2, p. 50.

NAGEL, R. / WIMMER, R. (2006): *Systemische Strategieentwicklung*, Klett-Cotta, Stuttgart 2006, S. 315–322.

PREISSNER, A. (2011): *Balanced Scorecard anwenden*, Hanser Verlag, München 2011.

5.7 Break-even-Analyse

LEITFRAGEN:

- Ab wann rechnet sich eine Investition?
- Wie entwickeln sich Ein- und Auszahlungen bezogen auf eine konkrete Investition?
- Wann wird die Gewinnzone erreicht?

5.7.1 Zielsetzung und Anwendungsgebiet

Die Break-even-Analyse ist ein bewährtes Instrument, welches in Planungsprozessen unterschiedlicher Art eingesetzt wird, um den Zeitpunkt zu bestimmen, ab wann sich eine Investition rechnet. Der Break-even selbst beschreibt dabei den genauen Zeitpunkt, an dem sich die Investition amortisiert hat.

Die Break-even-Analyse kann in unterschiedlichen Bereichen Anwendung finden und komplexe Zusammenhänge einfach abbilden, solange eine Investition mit ihnen verbunden ist, die es zu bewerten gilt. So kann z. B. errechnet werden, wann eine Bürokaffeemaschine ihren Break-even erreicht hat, oder andererseits versucht werden, die Aufwendungen komplexer Wissensmanagementaktivitäten über die Break-even-Analyse zu kontrollieren, gegebenenfalls zu steuern. Dieser exemplarische, besonders ungleiche Vergleich verdeutlicht, dass eine Break-even-Analyse nur eindeutig durchführbar ist, solange Ein- und Auszahlungen quantifizierbar sind. Kann der Nutzen der Aktivitäten nicht hinreichend beziffert werden, ist eine Break-even-Analyse nicht anwendbar.

Ein wesentlicher Vorteil der Break-even-Analyse liegt in ihrer übersichtlichen Darstellungsform.

5.7.2 Beschreibung

Die Break-even-Analyse identifiziert den genauen Zeitpunkt, wann sich eine bestimmte Investition amortisiert. Hierfür werden Ein- und Auszahlungsströme, die eindeutig einem Investitionsobjekt zugeordnet werden können, im Zeitablauf kumuliert und gegenübergestellt. Der Break-even in dieser Gegenüberstellung entspricht dem Zeitpunkt, an dem die kumulierten Auszahlungen den bis dahin erwirtschafteten Einzahlungen entsprechen. Bild 5.23 zeigt eine beispielhafte Break-even-Betrachtung.

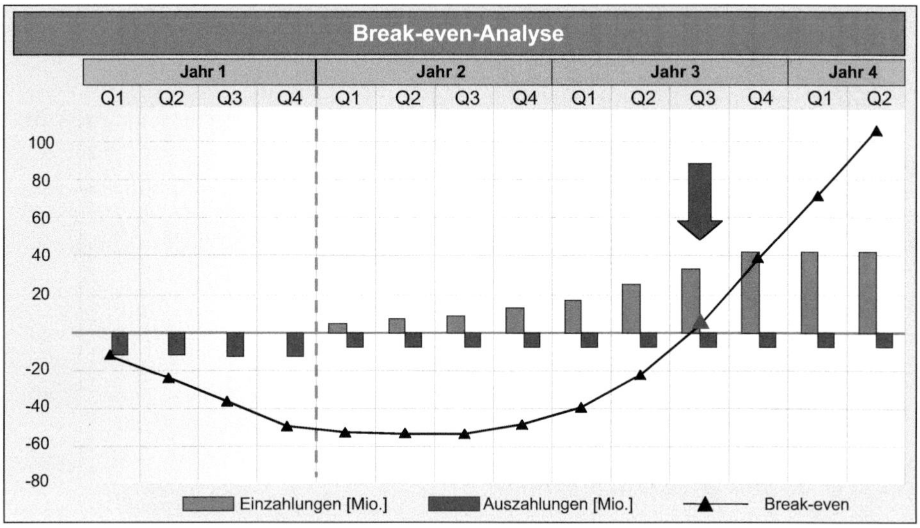

BILD 5.23 Exemplarische Break-even-Betrachtung

5.7.3 Voraussetzungen und notwendiger Input

Eine solide Break-even-Betrachtung setzt die Kenntnis und Zuordenbarkeit über alle auf das Investitionsobjekt bezogenen Zahlungen voraus. Diese Zahlungsströme müssen sowohl in ihrer Höhe als auch hinsichtlich ihres genauen Zeitpunktes bekannt sein. Je eindeutiger die Ein- und Auszahlungen quantifiziert und terminiert werden können, desto klarer und unkritischer sind die Aussagen der Break-even-Analyse.

5.7.4 Vorgehensweise

Die Vorgehensweise gliedert sich in drei Schritte (Bild 5.24):

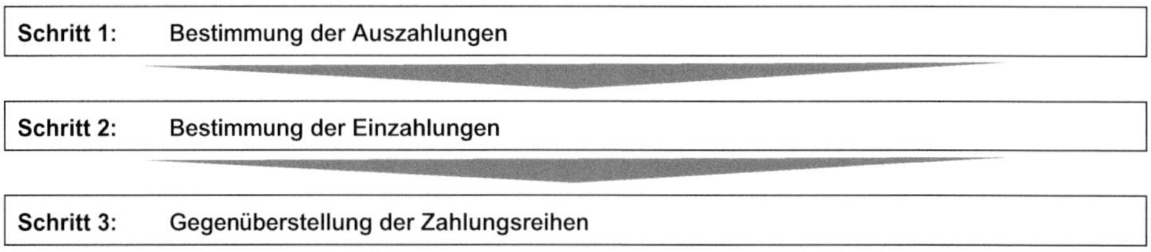

BILD 5.24 Vorgehensweise der Break-even-Analyse

Schritt 1: Bestimmung der Auszahlungen

Im ersten Schritt müssen alle Auszahlungen erfasst werden, die den Investitionsobjekten zugeordnet werden können. Hierbei sind sowohl einmalige Investitionskosten wie auch laufende Kosten zu berücksichtigen. Die Kosten müssen jeweils hinsichtlich ihrer Höhe und Fälligkeit genau bestimmt werden. Im Weiteren müssen der Planungszeitraum und vor allem seine Betrachtungsintervalle definiert werden: Zum Beispiel könnte man einen Planungshorizont von fünf Jahren bei halbjährigem Kostenvergleich definieren, woraus eine Unterteilung in zehn Abschnitte der horizontalen Zeitachse resultieren würde.

Schritt 2: Bestimmung der Einzahlungen

Die Bestimmung der Einzahlungen wird in den meisten Fällen schwerer fallen als die der Auszahlungen, da es sich in der Regel um Prognosewerte handelt. In diesem Zusammenhang sei auf die Szenariotechniken verwiesen (vgl. Kapitel 5.4). Im Fall der Beurteilung eines konkreten Fremdauftrags können die vertraglich fixierten Einnahmen einfach den Planungsintervallen zugeordnet werden. Die Einzahlungen müssen in jedem Fall in ihrer Höhe und Fälligkeit analog zu den Auszahlungen den gleichen Zeitintervallen zugerechnet werden.

Die Erfassung der Ein- und Auszahlungen kann mittels einfacher Tabellen erfolgen, die lediglich an den fixierten Planungszeitraum angepasst werden müssen. Eine Vorlage in Microsoft Excel ist im Downloadbereich zum Buch zu finden.

Schritt 3: Gegenüberstellung der Zahlungsreihen

Die Gegenüberstellung der Ein- und Auszahlungen kann genau genommen in zwei Phasen unterteilt werden. In der ersten Phase werden die Ein- und Auszahlungen pro Planungsintervall gegenübergestellt. Dies erfolgt mittels übersichtlicher Balkendiagramme. In der zweiten Phase müssen die jeweiligen Zahlungen kumuliert werden, um zu errechnen, wann die Einzahlungen die Auszahlungen in Summe übersteigen und somit der Break-even erreicht ist und sich damit die Investition amortisiert hat. Die Visualisierung erfolgt üblicherweise über eine einfache Linie, die den Saldo der kumulierten Zahlungsreihe repräsentiert, siehe Bild 5.23.

5.7.5 Vor- und Nachteile

Vorteile	Nachteile
• Logische, fast selbsterklärende Anwendung • Übersichtliche Darstellung • Schneller Ansatz (sofern die Daten verfügbar sind) • Sinnvolle Entscheidungshilfe der Erfolgs- und Gewinnplanung in weniger fortgeschrittenen Phasen • Zum regelmäßigen Einsatz geeignet: Reporting-/Controlling-Funktion	• Statische Betrachtung • Bei einmaliger Betrachtung keine Berücksichtigung lebenszyklusbedingter Schwankungen der Zahlungsströme • Kosten und Erlöse werden in Abhängigkeit einer einzigen Einflussgröße gesehen • Die Break-even-Analyse sieht nicht vor, dass die Kosten- und Erlösfunktion voneinander abhängig sein können • Datenbeschaffung bzw. Kostenzurechnung kann in der Praxis problematisch sein

TABELLE 5.12 Vor- und Nachteile der Break-even-Analyse

5.7.6 Praxisbeispiel

Die Gerry Weber International AG ist ein weltweit agierender Fashion- und Lifestyle-Konzern, der 1973 gegründet wurde. In mittlerweile 405 Stores und 2.200 Shops (Shop-in-Shop-System) werden Produkte von Gerry Weber angeboten. Zur Gerry Weber-Holding gehören die Modenamen „Gerry Weber", „Gerry Weber Edition", „G.W.", „Taifun" und „Samoon by Gerry Weber". Die lückenlose Nachverfolgung und transparente Steuerung von Textilprodukten entlang der gesamten Prozesskette gewann in den vergangenen Jahren zunehmend an Bedeutung. Mit dem jahrelang vorherrschenden Technologie- (Barcode) und IT-Einsatz konnte dies nur eingeschränkt gewährleistet werden. Erhöhte Kosten unter anderem aufgrund verlangsamter Prozessabläufe sowie erhöhte Lagerbestände waren nur zwei Konsequenzen aus der mangelnden Informationstransparenz. Hinzu kamen hohe zeitliche Aufwände für die Inventur und unvermeidbare Out-of-Shelve-Situationen von sogenannten Never-out-of-Stock-Artikeln (NOS). Im Gegensatz zu Saisonartikeln, die regelmäßig wechseln, sollen diese NOS-Artikel dem Kunden jederzeit zum Kauf zur Verfügung stehen.

Bei Gerry Weber wurde bereits frühzeitig die Radiofrequenzidentifikation (RFID) als mögliche Lösung in Betracht gezogen, um die Transparenz in der logistischen Prozesskette zu erhöhen und die Fehlerquote auf ein Minimum zu reduzieren. RFID ermöglicht die automatische Identifizierung und Lokalisierung der Waren und erleichtert damit erheblich die Erfassung von Daten.

Konfrontiert mit den skizzierten Herausforderungen hat sich Gerry Weber nach zwei erfolgreichen Pilotprojekten zwischen 2003 und 2009 dafür entschieden, die RFID-Technologie konzernweit einzuführen. In den Projekten wurde festgestellt, dass der Einsatz technisch möglich und auch eine firmenübergreifende Implementierung realisierbar ist. So werden seit Mitte 2010 in die für Gerry Weber produzierten Kleidungsstücke RFID-Transponder eingenäht und damit die gesamte textile Lieferkette von der Produktion bis zum Point-of-Sale unterstützt. Zur Vorbereitung dieser Investitionsentscheidung wurde eine Wirtschaftlichkeitsbetrachtung mit Hilfe der Break-even-Analyse durchgeführt.

Im ersten Schritt wurden die durch die Implementierung der RFID-Technologie notwendigen Auszahlungen aus Sicht von Gerry Weber erhoben. Generell war in diesem Kontext zwischen Investitions- und Betriebskosten zu unterscheiden. So waren zunächst Investitionen zur notwendigen Erweiterung und Implementierung der Softwaresysteme sowie für die Ausstattung der gesamten Lieferkette mit der für die lückenlose Verfolgbarkeit der Artikel erforderlichen Hardware notwendig. Allein die Investitionskosten für die Ausstattung der damals rund 200 „Houses of Gerry Weber“ (Retail-Shops) mit Warensicherungssystemen (Kosten für Hardware, Software und Integration von 8.500 € je Shop) summierten sich im ersten Jahr auf 1,7 Mio. €. Neben den Investitionskosten waren die Kosten des laufenden Betriebs, bspw. für die notwendigen Transponder zur Auszeichnung der Vielzahl an Kleidungsstücken, mit in die Bewertung einzubeziehen. So beliefen sich allein die jährlichen Gebühren für die Wartung der Hardware auf 15 % der Investitionssumme (260.000 €). Darüber hinaus war die Ausstattung jedes einzelnen Artikels mit den RFID-Transpondern im Produktionsprozess zu realisieren. Bei Kosten von ca. 0,09 € pro Transponder entstanden allein Kosten in Höhe von 2,34 Mio. € Euro pro Jahr bezogen auf etwa 26 Mio. Artikel. Aus diesen beiden Positionen ergaben sich jährliche Auszahlungen in Höhe von ca. 2,6 Mio. €.

Im zweiten Schritt wurden den Auszahlungen die durch die Einführung der RFID-Technologie zu erwartenden Einzahlungen bzw. Einsparungen gegenübergestellt. Die wesentlichen Einsparungen (prozentualer Anteil an den Gesamteinsparungen) ergaben sich dabei in den folgenden Kernprozessen:

- Warensicherung (22,9 %),
- Lagerlogistik (28,6 %),
- Inventur und Nachschubsteuerung (46,2 %).

Den größten Teil der zu erwartenden Einsparungen wurde der Vereinfachung und Beschleunigung der Prozesse für Inventur und Nachschubsteuerung (Replenishment) zugeschrieben. So konnte beispielsweise die erforderliche Zeit für die vollständige Inventur eines Shops von ursprünglich knapp 1,5 Tagen auf unter 15 Minuten reduziert werden. Dies hat zur Konsequenz, dass mit Hilfe der RFID-Technologie wöchentlich und somit deutlich kurzzyklischer eine vollständige Erfassung aller auf der Verkaufsfläche befindlichen Waren durchgeführt werden kann. In der Folge wurde die Bestandstransparenz auf der Verkaufsfläche deutlich erhöht und gleichzeitig unerwünschte Out-of-Stock-Situationen erheblich reduziert. Darüber hinaus wurden große Nutzenpotenziale innerhalb der Lagerlogistik erkannt. Dies resultiert insbesondere aus dem Wegfall manueller Tätigkeiten, der Verringerung von Falschlieferungen sowie dem Entfall der Wareneingangserfassung auf den eigenen Shop-Flächen. In Summe wurden hierfür jährliche Einsparungen in Höhe von 0,7 Mio. € prognostiziert. Ein weiterer wichtiger Aspekt war die Optimierung der Warensicherung. Durch die Implementierung einer RFID-gestützten Warensicherung entfällt je Kleidungsstück die Anbringung und Entfernung der herkömmlichen Sicherungsetiketten. Die durchschnittlichen Kosten von etwa 0,35 € pro Anbringung und Umlauf würden somit gänzlich eingespart. Dies spart jährlich weitere 0,6 Mio. €.

Nur schwer quantifizierbare Nutzenpotenziale wie beispielsweise die höhere Transparenz in der Supply Chain, schnellere Auslieferungen in der Logistik, besseres Marketing am Point-of-Sale sowie die Verhinderung von Produktpiraterie wurden aufgrund des hohen Unsicherheitsfaktors in der Bewertung nicht in die Wirtschaftlichkeitsbetrachtung einbezogen.

Abschließend bildete die zuvor dargestellte Analyse der Ein- und Auszahlungen die Grundlage für die Berechnung der Amortisationsdauer. Der Teilaspekt der Warensicherung rechnet sich bereits nach 20.000 verkauften Artikeln pro „House of Gerry Weber". Insgesamt wurde bei Gerry Weber ein Break-even für das Gesamtprojekt von knapp zwei Jahren errechnet.

5.7.7 Vorlagen zum Download

Der Downloadbereich enthält zum einen eine exemplarische Break-even-Betrachtung als Visualisierungsvorlage sowie die Excel-Tabelle als Hilfestellung bei der Datenerfassung.

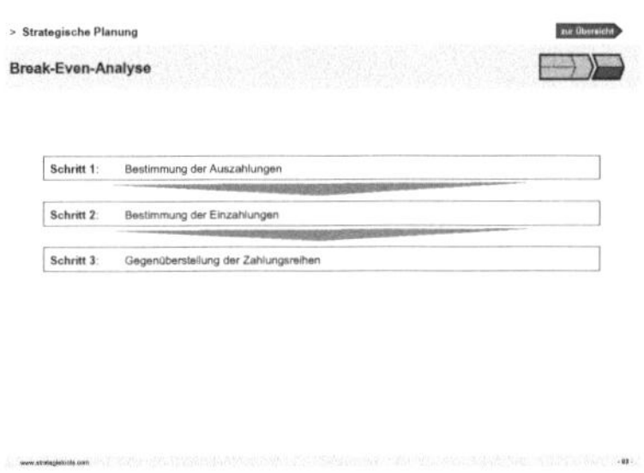

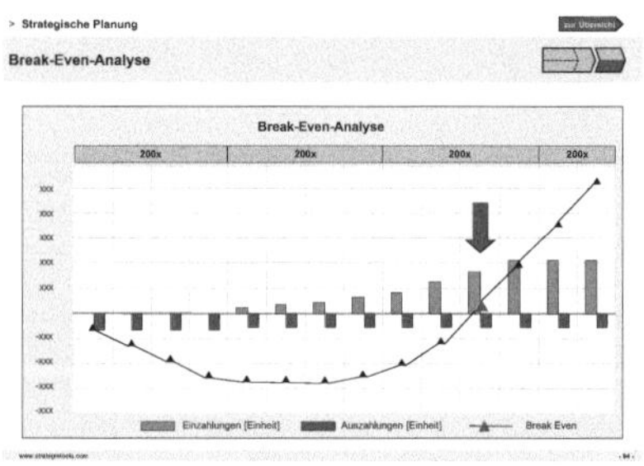

5.7.8 Verwandte und weiterführende Themen

- Szenariotechniken

  Zur Bestimmung der zukünftigen Einzahlungen sind häufig Prognosen nötig. Szenariotechniken bieten strukturierte Vorgehensmuster an, qualitative oder quantitative Prognosen zu erstellen.

5.7.9 Literaturhinweise

VOLLMUTH, H. J. (2003): *Controlling-Instrumente von A–Z,* Haufe Verlag, Freiburg im Breisgau u. a. 2003, S. 54/57.

WEBER, J. (2002): *Einführung in das Controlling,* 9., komplett überarb. Aufl., Schäffer-Poeschel Verlag, Stuttgart 2002, S. 304.

5.8 Quality Function Deployment (QFD)

LEITFRAGEN:
- Welche Produktmerkmale wünscht der Kunde?
- Welche Kundenanforderungen können am besten mit den Produktmerkmalen umgesetzt werden?
- Wie erreiche ich den höchsten Erfüllungsgrad an Kundenwünschen?

5.8.1 Zielsetzung und Anwendungsgebiet

Merkmale und Qualität eines Produktes sollten im Wesentlichen davon abhängen, was der Kunde fordert, und nicht, was technisch machbar ist. Herausfinden der Kundenanforderungen und Überprüfen der Realisierbarkeit sind die wesentlichen Aufgaben der Quality Function Deployment (QFD).

Das Anwendungsgebiet der QFD erstreckt sich dabei über alle Lebenszyklen von Produkten, Dienstleistungen, Prozessen und Technologien.

5.8.2 Beschreibung

Es werden bei der QFD-Analyse die Kundenanforderungen mit den Produktmerkmalen in einer Matrix gegenübergestellt, so lassen sich die größten Schnittmengen ermitteln. Die Schnittmengen beschreiben, mit welchen Produktmerkmalen die meisten Kundenanforderungen befriedigt werden können.

Die QFD hat sich seit ihrer Entstehung und Beschreibung durch Bob King im Jahre 1988 weiterentwickelt. Die verschiedenen Entwicklungsstufen werden in der Vorgehensweise im Abschnitt 5.8.4 beschrieben.

5.8.3 Voraussetzungen und notwendiger Input

TIPP: Team zum Durchführen einer QFD-Analyse. Sollte sich aus unterschiedlichen Mitarbeitern aus verschiedenen Abteilungen zusammensetzen.

Voraussetzung für die Durchführung einer QFD-Analyse sind fundierte Kenntnisse über Kundengruppen (z. B. ABC-Analyse, Zielgruppenanalyse), Mitbewerber (z. B. Konkurrenzanalyse, Benchmarking), den Stand der Technik (z. B. Portfolioanalysen, Stärken- und Schwächenanalyse) und die Entwicklungsrichtung von Technologien (z. B. Szenariotechnik) sowie die Bildung eines arbeitsfähigen Teams.

5.8.4 Vorgehensweise

In der ursprünglichen Form beinhaltet die QFD-Analyse folgende Vorgehensweise (Bild 5.25 und 5.26).

Schritt 1: Ermitteln der Kundenanforderungen

Schritt 2: Gewichten der Kundenanforderungen

Schritt 3: Erfüllung der Kundenanforderungen im Unternehmen

Schritt 4: Erfüllung der Kundenanforderungen bei der Konkurrenz

Schritt 5: Angestrebte Umsetzung der Kundenanforderungen im Forschungs- und Entwicklungsprogramm des Unternehmens

Schritt 6: Ermittlung des angestrebten Grades der Verbesserung (Verbesserungsverhältnis)

Schritt 7: Identifizieren und Bewerten von Verkaufsargumenten

Schritt 8: Berechnen der absoluten Gewichtung der Kundenanforderungen

Schritt 9: Berechnen der gewünschten Gewichtung pro Kundenanforderung

Schritt 10: Ermitteln relevanter Produktmerkmale für die Kundenanforderungen

Schritt 11: Beziehung zwischen Produktmerkmalen und Kundenanforderungen im Unternehmen

Schritt 12: Erfüllung der Kundenanforderung pro Produktmerkmal

Schritt 13: Bilden von Prozentsätzen

Schritt 14: Wert der Produktmerkmale aktuell im Unternehmen

Schritt 15: Wert der Produktmerkmale aktuell bei der Konkurrenz

Schritt 16: Zielwerte der Produktmerkmale

BILD 5.25 Vorgehensweise zum Ausfüllen der QFD-Matrix (vgl. King, 1994)

Schritt 1: Ermitteln der Kundenanforderungen

Im ersten Schritt müssen die Kundenanforderungen ermittelt und in Begriffe gefasst werden. Als Ermittlungsmethode lassen sich hierfür Matrix-Daten-Analyse, strukturierte Kundenbefragung, Analyse und Segmentierung von Kundenansichten nutzen. Nicht alle Produktmerkmale/Aussagen sind sinnvoll, eine Konzentration auf einige wenige, konkrete und messbare Kundenanforderungen ist zu empfehlen: „Sich nicht verzetteln.“ Die Beschränkungen der Kundenanforderungen sollten sich an Nutzenkategorien orientieren.

Schritt 2: Gewichten der Kundenanforderungen

Ermitteln des Gewichtes der verschiedenen Kundenanforderungen. Die Gewichtung aus Kundensicht kann dabei in einer Skala von 1 bis 5 (1 entspricht „relativ unbedeutend“ und 5 entspricht „am wichtigsten“) angegeben werden.

Schritt 3: Erfüllung der Kundenanforderungen im Unternehmen

Auf einer Skala von 1 bis 5 (1 – „sehr gering" und 5 – „sehr gut") wird angegeben, wie das Unternehmen heute die Kundenanforderungen erfüllt. Der Erfüllungsgrad der Kundenanforderungen wird am besten von den Kunden selbst im direkten Vergleich mit dem Konkurrenzprodukt ermittelt. Der Erfüllungsgrad der Kundenanforderungen bei der Konkurrenz wird in Schritt 4 eingetragen.

Schritt 4: Erfüllung der Kundenanforderungen bei der Konkurrenz

Eintragen der Ergebnisse für das Konkurrenzprodukt, welche in Schritt 3 ermittelt wurden.

Schritt 5: Angestrebte Umsetzung der Kundenanforderungen im Forschungs- und Entwicklungsprogramm des Unternehmens

Hier ist anzugeben, inwieweit Kundenanforderungen bereits in dem Forschungs- und Entwicklungsprogramm umgesetzt werden. Hier ist die gleiche Skala anzuwenden wie in Schritt 3.

Schritt 6: Ermittlung des angestrebten Grades der Verbesserung (Verbesserungsverhältnis)

Pro Kundenanforderung wird das Verbesserungsverhältnis durch Division der bereits angestrebten Kundenanforderungen (Schritt 5) durch die derzeitige Lage des Unternehmens (Schritt 3) ermittelt. Je größer der so ermittelte Wert, umso stärker ist das mögliche Verbesserungspotenzial.

Schritt 7: Identifizieren und Bewerten von Verkaufsargumenten

Bewerten der Kundenanforderungen in Verkaufsargumenten, und zwar mit 1,5 für ein starkes Verkaufsargument, 1,2 für ein schwaches Verkaufsargument und 1,0 für Kundenanforderungen, die keine Verkaufsargumente sind.

Es wird vorgeschlagen, maximal drei Hauptverkaufsargumente herauszusuchen, um der Versuchung, aus jedem Punkt ein Verkaufsargument zu machen, zu entgehen.

Schritt 8: Berechnen der absoluten Gewichtung der Kundenanforderungen

Die absolute Gewichtung der Kundenanforderungen wird errechnet, indem die Gewichtung (Schritt 2), der Verbesserungsquotient (Schritt 6) und das Verkaufsargument (Schritt 7) miteinander multipliziert werden.

Schritt 9: Berechnen der gewünschten Gewichtung pro Kundenanforderung

Die Gewichtung pro Kundenanforderung (Schritt 8) wird prozentual angegeben. Die prozentuale Angabe besagt, welche Kundenanforderung das größte und am besten realisierbare Verbesserungspotenzial hat.

Die Schritte 1 bis 9 sollen bei der Auswahl der wichtigsten Kundenanforderungen helfen.

Schritt 10: Ermitteln relevanter Produktmerkmale für die Kundenanforderungen

Ermitteln der Produktmerkmale, die die Kundenanforderungen am besten erfüllen (Affinitätsanalyse). Die Ergebnisse werden dokumentiert und in die QFD-Matrix übernommen. Hier ist es sinnvoll, sich auf signifikante Produktmerkmale zu konzentrieren.

Schritt 11: Beziehung zwischen Produktmerkmalen und Kundenanforderungen im Unternehmen

Angeben der Korrelation zwischen den Kundenanforderungen und den Produktmerkmalen in folgender Skala: 9 für starke Korrelation, 3 für mäßige Korrelation und 1 für mögliche Korrelation.

Schritt 12: Erfüllung der Kundenanforderung pro Produktmerkmal

Die in Schritt 11 ermittelten Zahlen werden spaltenweise addiert und ergeben so eine Maßzahl für die Bedeutung der Erfüllung der einzelnen Kundenanforderungen.

Schritt 13: Bilden von Prozentsätzen

Die prozentuale Verteilung der im vorhergehenden Schritt ermittelten Beiträge der Produktmerkmale zur Erfüllung der Kundenanforderungen.

Schritt 14: Wert der Produktmerkmale aktuell im Unternehmen

Dokumentation des aktuellen Wertes des Produktmerkmals im Unternehmen, z. B. Produktmerkmal: Patronenvolumen Wert: 20 ml.

Schritt 15: Wert der Produktmerkmale aktuell bei der Konkurrenz

Dokumentation des aktuellen Wertes des Produktmerkmals bei der Konkurrenz, z. B. Produktmerkmal: Patronenvolumen Wert: 25 ml.

Schritt 16: Zielwerte der Produktmerkmale

Dokumentation des Zielwertes. Welchen konkreten Wert soll das Produktmerkmal haben? Zum Beispiel Produktmerkmal: Patronenvolumen Zielwert: 30ml.

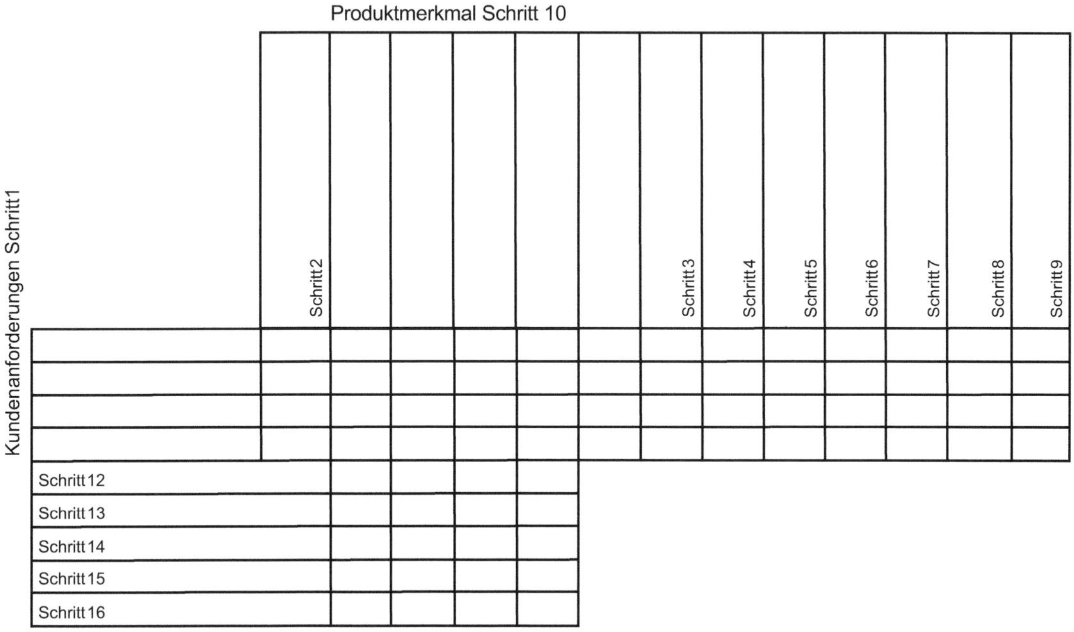

BILD 5.26 Ablauf QFD nach Bob King (vgl. King, 1994, S.99)

5.8.5 Erweiterungsmöglichkeiten der QFD

Die QFD-Analyse wurde im Laufe der Zeit abgeändert und ergänzt, um noch differenziertere Entscheidungshilfen zu bieten (Bild 5.27).

Schritt 17: Analyse der Wechselbeziehungen zwischen den Produktmerkmalen

Schritt 18: Bestimmen der Optimierungsrichtung

Schritt 19: Schwerpunkte der Kundenanforderungen aus Unternehmenssicht

Schritt 20: Wettbewerbsvergleich

Schritt 21: Gewichtung der Produktmerkmale aus Unternehmenssicht

Schritt 22: Marktschwerpunkte

Schritt 23: Kritische Produktmerkmale

BILD 5.27 Erweitertung der QFD-Analyse

Schritt 17: Analyse der Wechselbeziehungen zwischen den Produktmerkmalen

Die Art der Wechselbeziehung zwischen den Produktmerkmalen wird im Dach der QFD-Matrix dargestellt.

Die Produktmerkmale werden paarweise verglichen und auf gegenseitige Beeinflussungen untersucht. Die Beziehungen werden in drei Kategorien unterteilt:

- Positiv (+): Zielharmonie
- Negativ (–): Zielkonflikt
- Neutral (0): Zielneutralität

Zielharmonie: Die Veränderungen der Produkteigenschaften stehen sich nicht im Weg.

Zielkonflikt: Die Veränderung einer Produkteigenschaft hat einen negativen Einfluss auf eine andere Produkteigenschaft.

Zielneutralität: Die Veränderung einer Produkteigenschaft hat keinen Einfluss auf andere Produkteigenschaften.

Schritt 18: Bestimmen der Optimierungsrichtung

In welche Richtung die Produktmerkmale optimiert werden, hängt im Wesentlichen mit den Kundenanforderungen zusammen. Es gibt drei Möglichkeiten, ein Produktmerkmal zu optimieren:

↑ Maximieren der Produktmerkmalsausprägung

↓ Minimieren der Produktmerkmalsausprägung

→ Zielwert anstreben (Zielwert siehe Schritt 9)

Schritt 19: Schwerpunkte der Kundenanforderungen aus Unternehmenssicht

Lassen Sie hier die Kundenanforderungen von Ihren Mitarbeitern, die im Kundenkontakt stehen, bewerten (Wie? Wann?).

Schritt 20: Wettbewerbsvergleich

Technischer Vergleich aller im Wettbewerb stehenden Produkte unter Berücksichtigung der Fragen:

- Wie löst der Wettbewerber die Aufgabe?
- Wie erfolgt die Umsetzung der Produktmerkmale?
- Wo liegen die Kosten der Wettbewerberlösung?
- Wie sehen die Arbeitsprozesse und Funktionen aus?
- Sind andere Lösungen einfacher und robuster?

Der technische Vergleich erfordert die Bewertung der Produktmerkmale durch eine fünfstufige Skala ++, +, 0, -, -- („sehr gut“ bis „nicht gelöst“)

Schritt 21: Gewichtung der Produktmerkmale aus Kundensicht

Ziel ist die Gewichtung aus Sicht des Kunden.

Die Gewichtung des Produktmerkmals aus Kundensicht ergibt sich aus der Multiplikation von Kundengewichtungszahl (Schritt 2) und Beziehungszahl (Schritt 11).

Alle so ermittelten Produktmerkmale werden aufsummiert und in Schritt 21 festgehalten. Die Darstellung dieser jeweiligen Summen als Prozentzahl ergibt die Wichtigkeit für das jeweilige Produktmerkmal.

Schritt 22: Marktschwerpunkte

Hier werden mit Hilfe des Produktvergleichs aus Kundensicht (Schritt 3 und Schritt 4), Produktstärken und Gewichtung der Kundenanforderungen Hilfen für die Vermarktung aufgeführt/erstellt.

Schritt 23: Kritische Produktmerkmale

Erfassen aller für die Realisierung erforderlichen Produktmerkmale. Kritisch sind die Produktmerkmale, die ein Risiko darstellen und daher ausschlaggebend für den Erfolg sind. Für den Erfolg ausschlaggebend sind Produktmerkmale, die in Schritt 12 und Schritt 8 eine hohe Bewertung bekommen haben. Aus diesen kritischen Produktmerkmalen müssen Schlüsse für die Realisierung abgeleitet erden.

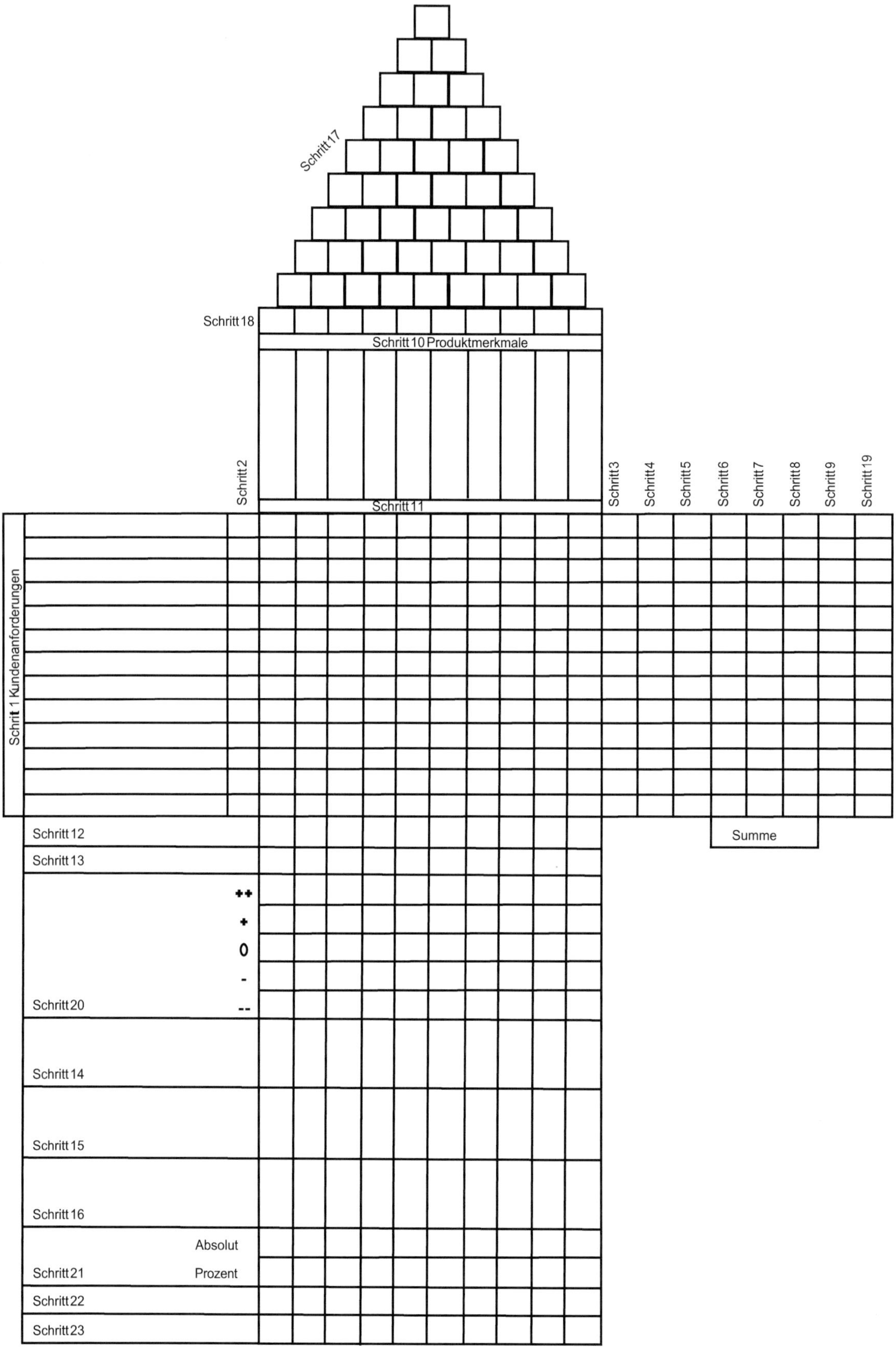

BILD 5.28 QFD-Matrix

5.8.6 Vor- und Nachteile

Vorteile	Nachteile
• **Klar und logisch gegliederte Schritte zum Ermitteln der am besten realisierbaren Kundenanforderungen** • **Bringt ein hohes Maß an Ordnung in die Entwicklung von neuen Produkten** • **Konflikte zwischen Kundenanforderungen und Produktmerkmalen werden früh entdeckt**	• **Hoher Zeit- und Personalaufwand durch die Ermittlung der Kundenanforderungen und Produktmerkmale** • **Lange Lernphase und Einarbeitungsphase**

TABELLE 5.13 Vor- und Nachteile einer QFD-Analyse

5.8.7 Praxisbeispiel

Sie haben als Entwicklungsingenieur die Aufgabe, einen Tintenstrahldrucker zu verbessern und weiterzuentwickeln. Da in diesem konkreten Fall nicht alle Schritte zum Ausfüllen der QFD-Matrix erforderlich sind, wurden im Praxisbeispiel die Schritte 1 bis 18 sowie 20 und 21 angewendet.

Im ersten Schritt wurden als besondere Kundenanforderungen die folgenden Punkte ermittelt, in die QFD-Matrix (siehe Bild 5.29, Schritte 1 bis 2) eingetragen und anschließend auf einer Skala von 1 bis 5 gewichtet:

- Schnell drucken (Gewichtung: 5)
- Leise sein (Gewichtung: 3)
- Keine Störung haben (Gewichtung: 3)
- Gut aussehen (Gewichtung: 1)
- Niedriger Anschaffungspreis (Gewichtung: 4)

Mit Hilfe einer Kundenbefragung konnten parallel die aktuelle Erfüllung der Kundenanforderungen für ihren bestehenden Drucker sowie die Anforderungserfüllung der wesentlichen Konkurrenzprodukte aus Sicht der Kunden ermittelt werden. Dabei zeigte sich, dass insbesondere bezüglich der Anforderung „Anschaffungspreis" die deutlichste Diskrepanz zum Konkurrenzprodukt besteht (siehe Bild 5.29, Schritte 3 bis 4).

Die Schritte 5 bis 9 zum Ausfüllen der QFD-Matrix zielen darauf ab, auf Basis dieser Voruntersuchung die entscheidenden Kundenanforderungen zu identifizieren. Dafür wurde hinterfragt, inwieweit die genannten Kundenanforderungen bereits im bestehenden F&E-Programm Berücksichtigung finden, welcher Grad der Verbesserung anzustreben ist und welche Kundenanforderungen sich als wesentliche Verkaufsargumente eignen.

Durch Multiplikation der Gewichtung (Schritt 2) mit dem Verbesserungsquotient (Schritt 6) und dem Verkaufsargument (Schritt 7) errechnet sich zusammenfassend die absolute Gewichtung der Kundenanforderungen (Schritt 8). Umgerechnet in einen prozentualen Wert zeigt dieser, welche Kundenanforderung das größte und am besten realisierbare Verbesserungspotenzial besitzt (siehe Bild 5.29, Schritt 9).

Im Rahmen der Affinitätsanalyse (Schritt 10) wurden die folgenden Produktmerkmale erarbeitet, welche die Kundenforderungen am besten erfüllen:

- Gewicht
- Patronenvolumen
- Antriebsleistung
- Außenmaße

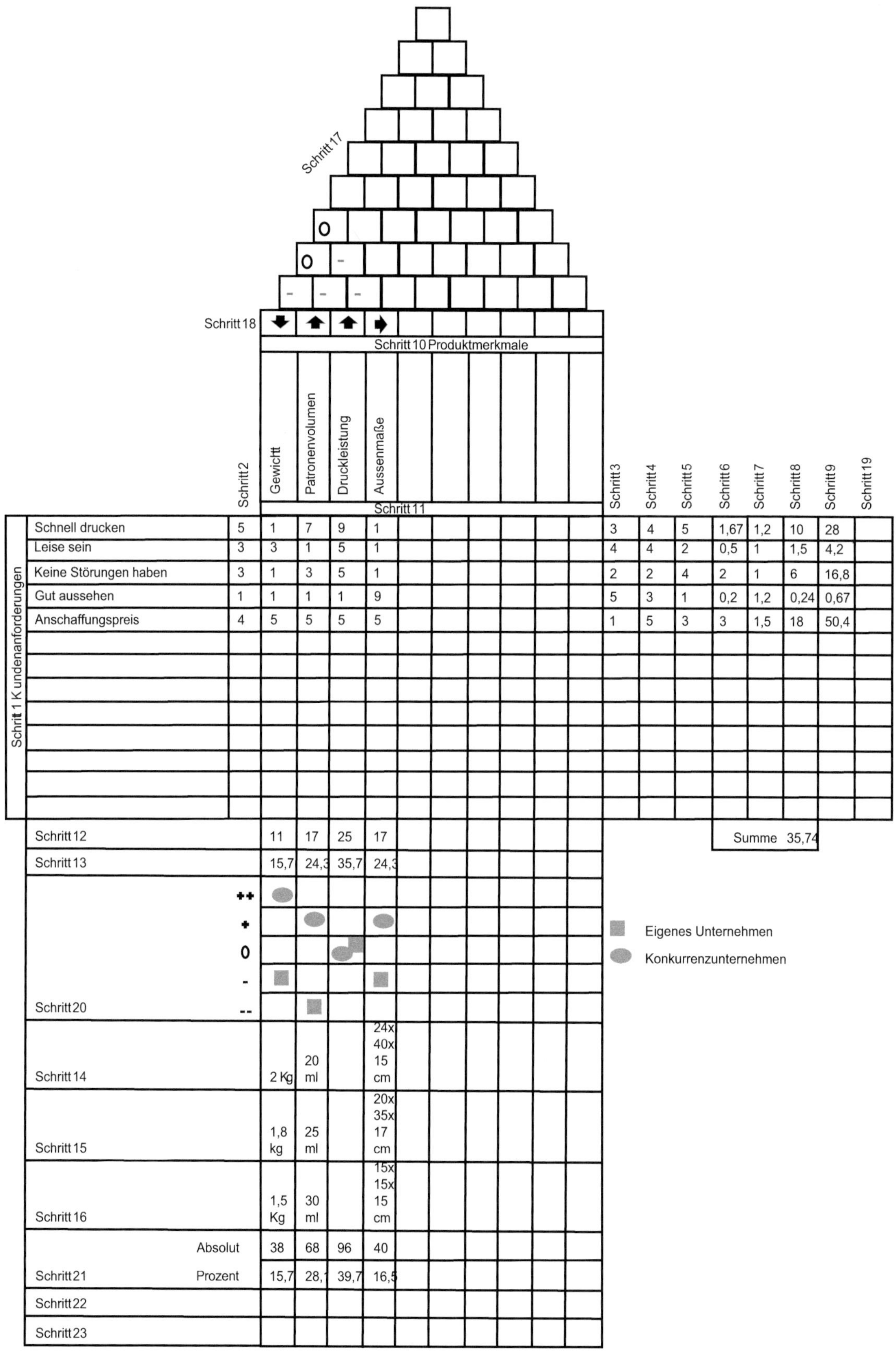

BILD 5.29 Darstellung der Schritte bei der QFD-Analyse zur Verbesserung und Erweiterung eines Tintenstrahldruckers

Das Ergebnis der Bewertung von Korrelationen zwischen den Kundenanforderungen und den Produktmerkmalen wurde anschließend in die QFD-Matrix eingetragen (siehe Bild 5.29, Schritte 11 bis 13). Auf dieser Grundlage kann nun die Frage beantwortet werden, welchen konkreten Wert die Produktmerkmale zukünftig haben sollen, um einerseits die Kundenforderungen bestmöglich zu treffen und sich gleichzeitig vom Konkurrenzprodukt zu differenzieren (siehe Bild 5.29, Schritte 14 bis 16).

Im nächsten Schritt wurde im „Dach" der QFD-Matrix die Art der Wechselwirkung (Zielharmonie „+", Zielkonflikt „-", Zielneutralität „0") zwischen den einzelnen Produktmerkmalen eingetragen und eine Optimierungsrichtung definiert (Schritt 17 bis 18).

Unter Rückgriff auf einen strukturierten Wettbewerbsvergleich (siehe Bild 5.29, Schritt 20) erfolgt abschließend die Gewichtung der Produktmerkmale aus Kundensicht durch Multiplikation von Kundengewichtungszahl (Schritt 2) und Beziehungszahl (Schritt 11). Alle so ermittelten Gewichtungen je Produktmerkmale werden aufsummiert und charakterisieren als Prozentzahl die Wichtigkeit des jeweiligen Produktmerkmals (siehe Bild 5.29, Schritt 21).

Mit Hilfe der QFD-Matrix konnte in diesem Beispiel die Erhöhung der Druckerleistung (Gewichtung: 39,7 %) und die Steigerung des Patronenvolumens (Gewichtung: 28,1 %) als wesentliche Hebel identifiziert werden, um den bestehenden Tintenstrahldrucker kundenorientiert weiterzuentwickeln.

5.8.8 Fazit

Der hier beschriebene Ablauf der QFD-Analyse ist der Versuch einer Zusammenfassung aller bekannten und möglichen Schritte. Er hat daher keinen Anspruch auf Vollständigkeit. Da der Ablauf der QFD-Analyse als Zusammenfassung zu sehen ist, muss sie nicht in der beschriebenen Reihenfolge und Vollständigkeit durchgeführt werden. Jedes Unternehmen sollte die Schritte auf seine Bedürfnisse anpassen.

5.8.9 Vorlagen zum Download

Im Downloadbereich befindet sich eine Vorlage in Excel und als PDF zum Durchführen einer QFD-Analyse.

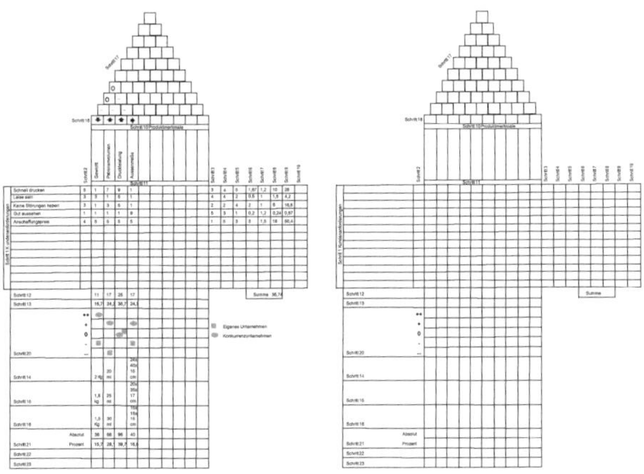

5.8.10 Verwandte und weiterführende Themen

Die Produktmerkmale eines Produktes sind Bestandteil eines umfassenden Qualitätsverständnisses, in das auch Nachhaltigkeitsaspekte mit einfließen. Insofern schafft QFD die Basis für ein strategisch ausgerichtetes Qualitäts- und Umweltmanagementsystem.

Weitere Tools: FMEA.

5.8.11 Literaturhinweise

KING, B. (1994): *Doppelt so schnell wie die Konkurrenz*, 2. Aufl., gfmt Verlag, St.Gallen 1994.

5.9 Geschäftsmodellentwicklung

LEITFRAGEN:

- Wie kann ich ein bestehendes bzw. neues Geschäftsmodell überprüfen bzw. entwickeln?
- Welche Schlüsselfaktoren gilt es im Rahmen der Geschäftsmodellentwicklung zu berücksichtigen?
- Wie verdiene ich auf Basis meines Geschäftsmodells Geld?

5.9.1 Zielsetzung und Anwendungsgebiet

Die wesentliche Zielsetzung des Geschäftsmodellkonzeptes ist es, ein ganzheitliches Verständnis für die Art und Weise zu entwickeln, wie mit einem Geschäftsmodell Geld verdient werden kann!

Hierfür wird der an sich komplexe Sachverhalt auf Schlüsselfaktoren reduziert. Mithilfe dieser Kernelemente lassen sich bestehende Geschäftsmodelle analysieren bzw. neue Geschäftsmodelle auf Basis innovativer Geschäftspotenziale planen und hinsichtlich ihrer Erfolgswahrscheinlichkeit beurteilen sowie bei Verwendung einer Leinwand (= Canvas) sehr gut für alle Beteiligten visualisieren und permanent weiterentwickeln.

Dementsprechend verfügt das Geschäftsmodellkonzept über eine große Anwendungsbreite.

5.9.2 Beschreibung

Das Geschäftsmodellkonzept hat in den vergangenen Jahren eine zunehmende Bedeutung erfahren und erfreut sich weiterhin einer stetig wachsenden Beliebtheit und Anwendung in Theorie und Praxis.

Ursächlich hierfür sind u. a. signifikante Wettbewerbsveränderungen durch neue Wettbewerber, Technologien und Innovationen (z. B. auf Basis künstliche Intelligenz), Krisen von weltweiter Relevanz oder weitreichende politische Weichenstellungen (wie beispielsweise im Verkehrssektor).

Diese Entwicklungen bzw. Veränderungen der Rahmenbedingungen führen zu einer stetig zunehmenden Intensität, Komplexität und Dynamik des Wettbewerbs. Für Unternehmen sind daher strategische Tools von besonderer Bedeutung, die durch Verdichtung und Vereinfachung der komplexen Zusammenhänge die Gestaltung neuer bzw. die Weiterentwicklung bestehender Wettbewerbsvorteile ermöglichen.

Dem Geschäftsmodellkonzept kommt in diesem Zusammenhang eine besondere Bedeutung zu!

So kann dieses Konzept sowohl im Rahmen der Entwicklung neuer, innovativer Produkt- und/oder Dienstleistungspotenziale eingesetzt werden als auch für die Weiterentwicklung bzw. Anpassung bestehender Geschäftsmodelle. Darüber hinaus kann festgestellt werden, dass in der Vergangenheit häufig Produkt- und/oder Dienstleistungsinnovationen über den Erfolg oder Misserfolg eines Unternehmens entschieden haben, heutzutage aber auch immer mehr reine Geschäftsmodellinnovationen (wie z. B. Software-as-a-Service) in den Vordergrund rücken.

Die Nutzung des Geschäftsmodellkonzepts ist insbesondere vor der Erstellung eines Businessplans sinnvoll, da hierdurch zunächst nicht erst ein umfangreicher Businessplan erstellt werden muss, um die Erfolgs- oder Misserfolgswahrscheinlichkeit eines Geschäftspotenzials bewerten zu können.

Wie in vielen betriebswirtschaftlichen Bereichen gibt es auch für den Begriff „Geschäftsmodell" keine einheitliche, allgemein in Theorie und Praxis anerkannte Definition. Wir verstehen im Folgenden unter Geschäftsmodell:

> *„Ein Geschäftsmodell ist die Grundlogik eines Unternehmens, die beschreibt, welcher Nutzen auf welche Weise für Kunden und Partner gestiftet wird. Ein Geschäftsmodell beantwortet die Frage, wie der gestiftete Nutzen in Form von Umsätzen an das Unternehmen zurückfließt. Der gestiftete Nutzen ermöglicht eine Differenzierung gegenüber Wettbewerbern, die Festigung von Kundenbeziehungen und die Erzielung eines Wettbewerbsvorteils."*
>
> *Schallmo, D. (2013), S. 22f.*

Damit hilft die Erstellung eines Geschäftsmodells, wesentliche erfolgskritische Faktoren im Rahmen eines iterativen Prozesses zu verstehen, zu analysieren, zu kommunizieren und zu visualisieren!

5.9.3 Voraussetzungen und notwendiger Input

Grundsätzlich kann ein Geschäftsmodell ohne jeglichen vorherigen Input alleine oder im Team erstellt werden. Dies geschieht beispielsweise im Rahmen der Geschäftsideengenerierung für potenzielle Start-ups, wenn eine Idee dahingehend überprüft werden soll, ob aus der Idee ein tragfähiges Geschäftsmodell generiert werden könnte.

Allerdings ist das Vorhandensein einer expliziten Unternehmensstrategie sowie strategischer Zielsetzungen bzw. Positionierungen als Orientierungsrahmen für die Geschäftsmodellentwicklung im Rahmen neuer Produkt- und/oder Dienstleistungspotenziale von Vorteil. Dementsprechend können alle entsprechenden Strategietools als Voraussetzung bzw. notwendiger Input angesehen und angewendet werden, die einen Beitrag zur Formulierung relevanter Unternehmensstrategien leisten.

Die Anwendung bestimmter Tools aus diesem Buch kann im Ergebnis wiederum auch zu dem Erfordernis der Anpassung bestehender Geschäftsmodelle führen. Dies gilt insbesondere für die Wettbewerbsstrategien nach Porter oder für die Marktpositionierung nach Treacy und Wiersema.

Hilfreiche Tools für die Strukturierung von Objekten oder Phänomenen im Rahmen des Aufbaus von Geschäftsmodellen sind darüber hinaus beispielsweise die ABC-Analyse, die Kernkompetenzanalyse sowie die Wertkettenanalyse oder zur Identifikation relevanter Kundensegmente die Zielgruppenanalyse.

5.9.4 Vorgehensweise

Gemäß Osterwalder & Pigneur lässt sich ein Geschäftsmodell idealerweise mit neun grundlegenden Schlüsselfaktoren beschreiben. Diese bilden die Grundlage für die Beschreibung der folgenden Vorgehensweise zur Erstellung eines Geschäftsmodells.

Zu diesen Schlüsselfaktoren zählen die Autoren die folgenden Bereiche:

1. Kundensegmente (= Customer Segments)
2. Wertangebote (= Value Propositions)
3. Kanäle (= Channels)
4. Kundenbeziehungen (= Customer Relationships)
5. Einnahmequellen (= Revenue Streams)
6. Schlüsselressourcen (= Key Resources)
7. Schlüsselaktivitäten (= Key Activities)
8. Schlüsselpartnerschaften (= Key Partnerships)
9. Kostenstruktur (= Cost Structure)

Bild 5.1 zeigt den Aufbau und die Zusammenhänge zwischen den einzelnen Schlüsselfaktoren, die im Folgenden Schritt für Schritt erläutert werden.

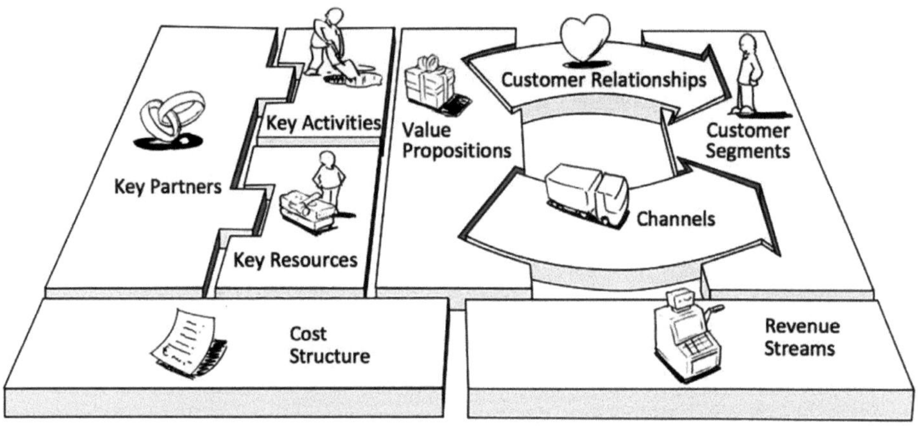

BILD 5.30 Business Model Canvas (in Anlehnung an Osterwalder & Pigneur, 2011, S. 22 – 23)

Schritt 1: Schlüsselfaktor: Kundensegmente

Wesentlich ist in diesem Bereich die Identifikation der Zielgruppe, für die das Produkt und/oder Dienstleistungsangebot einen signifikanten Nutzen stiftet. Unternehmen können sich auf ein Kundensegment fokussieren oder gleichzeitig mehrere ansprechen.

Wichtig ist, dass die potenziellen Kunden für das ausgewählte Kundensegment bzw. die ausgewählten Kundensegmente über bestimmte gemeinsame Merkmale verfügen, wie zum Beispiel im Konsumgütermarkt nach den *gemeinsamen demografischen, psychografischen, verhaltensorientierten und geografischen Merkmalen* segmentiert werden kann. Diese Festlegung bildet auch die Grundlage für die spätere Entwicklung einer effizienten und effektiven Marketing- und Vertriebsstrategie.

Mit einem bestimmten Produkt und/oder Dienstleistungsangebot lassen sich die folgenden Märkte bedienen:

- **Massenmarkt:**

  Hier findet man eine große Gruppe von Kunden vor, die über ähnliche Bedürfnisse und Probleme verfügt (beispielsweise Unterhaltungselektronik).
- **Nischenmarkt:**

  Diese Märkte stellen sehr spezifische Marktsegmente dar. Die Wertangebote, Vertriebskanäle und Kundenbeziehungen sind jeweils spezifisch (beispielsweise Fischfutter für Störe).
- **Segmentierter Markt:**

  Hier werden Märkte mit leicht unterschiedlichen Bedürfnissen und Problemen angesprochen, die jeweils leicht unterschiedliche Angebote erfordern (beispielsweise eine Bank mit der Unterscheidung von Kunden mit einem Vermögen < x und einem Vermögen > x).
- **Diversifizierter Markt:**

  Von einem diversifizierten Markt wird gesprochen, wenn zwei unterschiedliche Kundensegmente, die nicht zusammenhängen und sehr unterschiedliche Bedürfnisse und Probleme haben, angesprochen werden.
- **Multi-sided Platforms/Multi-sided Markets:**

  Zwei oder mehrere voneinander abhängige Kundensegmente werden jeweils benötigt, damit das Geschäftsmodell tragfähig ist. Beispiel Gratiszeitung: viele Leser, um Anzeigenkunden zu erhalten, viele Anzeigenkunden zur Finanzierung der Produktion und des Vertriebs.

TIPP: Stellen Sie bei diesem Schritt folgende zwei Fragen in den Mittelpunkt:

- Für welche Kundensegmente ist die Geschäftsidee bzw. das Geschäftspotenzial interessant?
- Für welche Zielgruppe(n) ist die Wertschöpfung am größten?

Schritt 2: Schlüsselfaktor: Wertangebote

Hier wird beschrieben, welche Werte mit einem bestimmten Produkt- und/oder Dienstleistungsangebot für ein Kundensegment oder mehrere Kundensegmente geschaffen werden.

Mit einem bestimmten Produkt- und/oder Dienstleistungsangebot lassen sich die folgenden Werte schaffen:

- **Neuheit:**

  Erfüllt häufig ein noch nicht bewusstes Bedürfnis der angesprochenen Kundensegmente.
- **Leistung:**

  Verbesserung des Produkt- und/oder Dienstleistungsangebots.
- **Anpassung an Kundenwünsche:**

  Hier besteht die Herausforderung darin, unter Nutzung der Massenproduktionsvorteile ein auf bestimmte Kundensegmente und deren Bedürfnisse maßgeschneidertes Angebot zu schaffen.
- **Die Arbeit für die Zielgruppe erleichtern:**

  Zum Bespiel durch das Angebot von Serviceleistungen.
- **Design:**

  Dieser Aspekt ist zwar schwer quantifizierbar, aber beispielsweise für die Mode- oder Unterhaltungsbranche ein besonders wichtiger Teil des Wertangebots.
- **Marke/Status:**

  Die Wertschaffung kann für den Kunden auch dadurch entstehen, dass er mit einer bestimmten Marke seinen Status zeigen will. So steht beispielsweise eine Rolex für Reichtum oder Skateboarder können durch das Tragen von bestimmten Marken zeigen, dass sie „hip" sind.

TIPP: Stellen Sie bei diesem Schritt folgende zwei Fragen in den Mittelpunkt:

- Welche Werte schaffen wir für unsere Zielgruppe?
- Welche Probleme/Aufgaben lösen wir für unsere Zielgruppe (auf Basis eines innovativen Problemlösungsangebotes oder eines spezialisierteren oder besser kopierten Angebotes)?

- **Preis:**

  Wertargumente können auch durch Gratisangebote, Niedrigpreise, Höchstpreise usw. geschaffen werden.
- **Kostenreduktion:**

  Die Schaffung von Einsparpotenzialen für die Kundensegmente stellt ebenfalls eine wichtige Methode zur Wertschöpfung dar.
- **Risikominderung:**

  Bei einer Risikominderung wird das Kundenrisikos durch die Übernahme von Garantien reduziert. Beispiel: Ein-Jahres-Garantie bei Gebrauchtwagen.
- **Verfügbarkeit:**

  Hier werden Produkte oder Dienstleistungen, die bestimmte Kunden vorher nicht erhalten konnten, verfügbar gemacht. Beispiel Investmentfonds für Immobilien.
- **Bequemlichkeit/Anwenderfreundlichkeit:**

  Werte für Kundensegmente können auch durch eine besonders bedienerfreundliche Produkt- und/oder Dienstleistungsgestaltung geschaffen werden. Beispiel: Apple iPhone.

TIPP: Stellen Sie bei diesem Schritt folgende zwei Fragen in den Mittelpunkt:

- Über welche Kanäle wollen wir unsere Zielgruppen erreichen?
- Welche Kanäle sind am kosteneffizientesten und funktionieren am besten?

Schritt 3: Schlüsselfaktor: Kanäle

In diesem Bereich werden die Kanäle beschrieben, mit denen man die avisierten Kundensegmente erreichen kann. Hierzu gehören Kommunikations-, Distributions- und Verkaufskanäle. Jeden Kanal kann man in fünf Phasen aufteilen und diese in direkte und indirekte sowie eigene und Partnerkanäle unterteilen (Tabelle 5.14).

<table>
<tr><th colspan="3">Kanaltypen</th><th colspan="5">Kanalphasen</th></tr>
<tr><td rowspan="3">Eigene</td><td rowspan="2">Direkt</td><td>Verkaufsabteilung</td><td rowspan="5">1. Aufmerksamkeit

Wie lenken wir die Aufmerksamkeit auf unser Produkt und/oder Dienstleistungsangebot?</td><td rowspan="5">2. Bewertung

Wie kann der Kunde das Wertangebot bewerten?</td><td rowspan="5">3. Kauf

Wie kann der Kunde das Wertangebot kaufen?</td><td rowspan="5">4. Vermittlung

Wie wird das Wertangebot vermittelt?</td><td rowspan="5">5. Nach dem Verkauf

Welche Kaufunterstützung erhält der Kunde nach dem Kauf?</td></tr>
<tr><td>Online</td></tr>
<tr><td rowspan="3">Indirekt</td><td>Eigene Filialen</td></tr>
<tr><td rowspan="2">Partner</td><td>Partnerfilialen</td></tr>
<tr><td>Großhändler</td></tr>
</table>

Quelle: in Anlehnung an Alexander Osterwalder & Yves Pigneur (2011): Business Model Generation, Campus Verlag GmbH, Frankfurt am Main, S. 31

TABELLE 5.14 Kanaltypen und Kanalphasen (in Anlehnung an Osterwalder & Pigneur, 2011, S. 31)

Die Herausforderung besteht in diesem Bereich darin, die im Hinblick auf die angesprochenen Kundensegmente geeignetsten und kosteneffizientesten Kanaltypen auszuwählen.

Je genauer das Kundensegment oder die Kundensegmente beschrieben wurden, desto besser können die adäquatesten Kanaltypen ausgewählt und den Kunden in den einzelnen Kanalphasen eine möglichst positive Kundenerfahrung vermittelt werden.

Schritt 4: Schlüsselfaktor: Kundenbeziehungen

Dieser Schlüsselfaktor beschreibt die möglichen Beziehungen, die Unternehmen mit ihren Kundensegmenten eingehen sollten. Die Arten der Beziehungen dienen der Kundenakquise und -pflege sowie der Verkaufssteigerung.

Wie die genannten Kanalphasen beeinflussen auch die Kundenbeziehungen maßgeblich die Kundenerfahrung mit dem Unternehmen.

Es lassen sich die folgenden Arten von Kundenbeziehungen unterscheiden:

- **Persönliche Unterstützung:**

  Die Kundenbeziehung basiert auf zwischenmenschlicher Interaktion, z. B. durch einen Kundenberater. Er hilft dem Kunden bei der Kaufentscheidung, persönlich vor Ort, telefonisch, per E-Mail usw.

- **Individuelle persönliche Unterstützung:**

  Die Beziehung stellt die intensivste und intimste dar. Ein persönlicher Kundenbetreuer steht einem Kunden zur Unterstützung zur Verfügung. Beispiel Bank: Betreuung von sehr vermögenden Kunden.

- **Selbstbedienung:**

  Die Beziehung stellt keine direkte Kundenbeziehung dar, sondern das Unternehmen schafft alle Voraussetzungen dafür, dass sich der Kunde selbst bedienen kann.

- **Automatisierte Dienstleistung:**

  Hier erfolgt die Selbstbedienung mit automatisierten Prozessen. Es gibt ebenfalls keine direkte Kundenbeziehung. Vielmehr wird eine automatisierte Kundenselbstbedienung auf Basis vergangenheitsbezogener Daten (Bestellungen oder Transaktionen) ermöglicht. Beispiel: Buchvorschläge auf einer Onlineplattform auf Basis bisheriger Bestellungen.

- **Communitys:**

  Unternehmen unterhalten diese und erzielen so zusätzlich Informationen über Nutzer (Bedürfnisse, Probleme etc.).

- **Mitbeteiligung:**

  Hier erfolgt eine Beteiligung an der Wertschöpfung, z. B. durch die Einbindung des Kunden in den Innovationsprozess, durch die Möglichkeit, Kundenrezensionen zu verfassen oder auf Videoportalen Videos nicht nur zu konsumieren, sondern auch eigene Filme auf dem Portal bereitzustellen.

TIPP: Stellen Sie bei diesem Schritt folgende zwei Fragen in den Mittelpunkt:

- Welche Arten von Kundenbeziehungen erwarten unsere Zielgruppen und wie kostenintensiv sind diese?
- Welche Kundenbeziehungen passen am besten zu unserem Geschäftsmodell?

Schritt 5: Schlüsselfaktor: Einnahmequellen

Zu unterscheiden sind einmalige Einnahmen durch Transaktionen sowie fortlaufende Einnahmen durch regelmäßige Zahlungen der Kunden.

Die folgenden Einnahmequellen beschreiben die grundsätzlich vorhandenen Möglichkeiten:

- **Verkauf von Wirtschaftsgütern:**

  Dies ist eine zentrale Einnahmequelle: der Verkauf der Eigentumsrechte an physischen Gütern. Beispiele: Verkauf von Autos, Häusern, Kosmetika etc.

- **Nutzungsgebühr:**

  Gebühren werden für die Nutzung einer Dienstleistung berechnet. Beispiele: Hotelzimmer, Roaminggebühren, Paketzustellungen etc.

- **Mitgliedsgebühren:**

  Auf Basis von Mitgliedschaften werden Gebühren für die fortlaufende Nutzung von Dienstleistungen erhoben. Beispiele: Fitnesscenter, Onlinespiele wie World of Warcraft etc.

- **Verleih, Vermietung, Leasing:**

  Vorübergehende Übertragung eines exklusiven Nutzungsrechtes für bestimmte Wirtschaftsgüter gegen Gebühr. Beispiele: Mietgebühren, Leasingraten.

- **Lizenzen:**

  Diese Einnahmequelle ermöglicht die Nutzung eines geschützten geistigen Eigentums gegen Gebühr. Beispiele: Lizenzen für Patente oder bestimmte Medien.

TIPP: Stellen Sie bei diesem Schritt folgende zwei Fragen in den Mittelpunkt:

- Für welche Wertangebote sind die Zielkunden wirklich bereit zu zahlen?
- Welche Art der Zahlung wird von unseren Zielkunden bevorzugt?

- **Maklergebühren:**

  Einnahmen können durch erfolgreiche Vermittlungsgeschäfte (Maklergebühren) oder Verkaufstransaktionen (Kreditkartenunternehmen) generiert werden.
- **Werbung:**

  Werbeeinkünfte werden durch das Bewerben von Produkten und/oder Dienstleistungen beispielsweise in der Medien- oder Veranstaltungsbranche erzielt.

Die Preisgestaltung bei diesen Einnahmequellen hat nicht nur einen signifikanten Einfluss auf den Gewinn, sondern auch auf den Erfolg oder Misserfolg eines Geschäftsmodells. Grundsätzlich können zwei Haupttypen, wie in Tabelle 5.15 dargestellt, unterschieden werden.

Preisgestaltung			
Festpreise Im Voraus festgelegte Preise beruhen auf statistischen Variablen		**Variable Preise** Die Preise ändern sich mit den Marktbedingungen	
Listenpreis	Festpreise für individuelle Produkte, Dienstleistungen oder andere Wertangebote	Verhandlung	Der Preis wird zwischen zwei oder mehreren Partnern ausgehandelt, abhängig von der Verhandlungsmacht und/oder dem Verhandlungsgeschick
Abhängig von den Produkteigenschaften	Der Preis beruht auf der Anzahl oder Qualität von Merkmalen des Wertangebots	Ertragsmanagement	Der Preis hängt ab vom Lagerbestand und Kaufzeitpunkt (im Allgemeinen angewendet bei begrenzt verfügbaren Gütern wie Hotelzimmern oder Flugzeugplätzen)
Abhängig vom Kundensegment	Der Preis hängt von der Art und Ausprägung eines Kundensegments ab	Echtzeitmarktwert	Der Preis wird dynamisch je nach Angebot und Nachfrage festgelegt
Abhängig von der Menge	Der Preis bestimmt sich durch die gekaufte Menge	Auktionen	Der Preis wird durch das Ergebnis von Geboten festgelegt

Quelle: in Anlehnung an Alexander Osterwalder & Yves Pigneur (2011): Business Model Generation, Campus Verlag GmbH, Frankfurt am Main, S. 37

TABELLE 5.15 Optionen der Preisgestaltung (in Anlehnung an Osterwalder & Pigneur, 2011, S. 37)

Schritt 6: Schlüsselfaktor: Schlüsselressourcen

TIPP: Stellen Sie bei diesem Schritt folgende Frage in den Mittelpunkt:

Welche Ressourcen werden für die Schaffung und das Angebot des Wertangebots, die Bedienung der Märkte, Aufrechterhaltung der Kundenbeziehungen, Erzielung von Einnahmen benötigt? ■

In diesem Bereich werden die für das Funktionieren eines Geschäftsmodells wesentlichen Ressourcen erfasst. Diese können von Geschäftsmodell zu Geschäftsmodell sehr unterschiedlich sein.

Die Einordnung des Faktors Schlüsselressourcen kann wie folgt erfolgen:

- **Physische Ressourcen:**

  Hierzu gehören alle physischen Wirtschaftsgüter wie z. B. Gebäude, Maschinen, Lkw usw.
- **Finanzielle Ressourcen:**

  Zu den finanziellen Ressourcen zählen Bürgschaften, Bargeld, Kreditrahmen usw.
- **Intellektuelle Ressourcen:**

  Steigende Bedeutung für den Erfolg von Geschäftsmodellen haben Patente, Daten, Markennamen usw.
- **Menschliche Ressourcen:**

  Der Faktor Mensch spielt eine besondere Rolle für jedes Unternehmen, nicht nur in wissensbasierten und kreativen Branchen.

Schritt 7: Schlüsselfaktor: Schlüsselaktivitäten

Damit ein Geschäftsmodell funktioniert, müssen bestimmte Hauptaktivitäten durchgeführt werden. Die Art der Aktivitäten ist wiederum – je nach vorhandenem Geschäftsmodell – sehr unterschiedlich.

Es können drei Schlüsselaktivitäten unterschieden werden:

- **Produktion:**

  Die Produktionsaktivität konzentriert sich auf das Design, die Produktion sowie die Lieferung von Gütern.
- **Problemlösung:**

  Hier geht es im Wesentlichen um die Entwicklung von neuen und teilweise kreativen Lösungen für kundenindividuelle Problemstellungen.
- **Plattform/Netzwerk:**

  Aktivitäten in diesem Bereich betreffen Unternehmen, die Plattformen betreiben (wie z. B. Vermittlungsplattformen).

TIPP: Stellen Sie bei diesem Schritt folgende Frage in den Mittelpunkt:
Welche Schlüsselaktivitäten sind wichtig für die Schaffung des Wertangebots, die Bedienung der Märkte, Aufrechterhaltung der Kundenbeziehungen oder die Erzielung von Einnahmen?

Schritt 8: Schlüsselfaktor: Schlüsselpartnerschaften

0Intelligente Partnerschaften tragen wesentlich zum Erfolg eines Geschäftsmodells bei.

Es lassen sich vier Arten sowie drei Motive für Partnerschaften unterscheiden:

Arten von Partnerschaften:

- *Strategische Allianzen* zwischen Nicht-Wettbewerbern
- *Coopetition*: strategische Partnerschaften zwischen Wettbewerbern
- Joint Ventures zur Entwicklung neuer Geschäfte
- *Käufer-Anbieter-Beziehungen* zur Sicherung zuverlässiger Versorgung

Motive für Partnerschaften:

- *Optimierung und Mengenvorteil:*

  Ein Motiv für Partnerschaften besteht in der möglichen Optimierung hinsichtlich der Aufteilung von Aktivitäten und Ressourcen. So sind Optimierungspartnerschaften beispielsweise sinnvoll, wenn sie zur Kostenminimierung oder zur effizienteren Infrastruktur- oder Ressourcennutzung beitragen.
- *Minderung von Risiken und Unsicherheiten:*

  Die Zusammenarbeit mit anderen Unternehmen (u. a. auch mit Wettbewerbern) kann zur Risikominimierung in einer von Unsicherheiten geprägten Umwelt beitragen. Auch kann damit die Erfolgswahrscheinlichkeit erhöht werden. Beispiel: die Blu-ray-Technologie. Hier haben mehrere Wettbewerber gemeinsam ein Produkt entwickelt und erfolgreich am Markt eingeführt. Ein Alleingang eines einzigen Unternehmens wäre sehr wahrscheinlich gescheitert.
- *Akquise bestimmter Ressourcen und Aktivitäten:*

  Es ist ökonomisch nicht sinnvoll, alle Aktivitäten selbst durchzuführen. In der Regel empfiehlt sich die Konzentration auf Kernkompetenzen. So wird in der Regel ein Handyhersteller nicht selbst ein Betriebssystem entwickeln, sondern vielmehr hierfür eine Lizenz erwerben und seinen Fokus auf die Entwicklung und Herstellung der Hardware legen.

Schritt 9: Schlüsselfaktor: Kostenstruktur

In diesem Bereich werden sämtliche Kosten erfasst, die bei der Umsetzung eines Geschäftsmodells entstehen.

TIPP: Stellen Sie bei diesem Schritt folgende zwei Fragen in den Mittelpunkt:

- Welche wesentlichen Kosten entstehen?
- Welche Schlüsselaktivitäten und -ressourcen verursachen die höchsten Kosten?

Auch wenn grundsätzlich bei jedem Geschäftsmodell die geringstmöglichen Kosten verursacht werden sollten, kann grob trotzdem wie folgt zwischen zwei Kostenstrukturen für Geschäftsmodelle unterschieden werden:

- **Kostenorientiertes Geschäftsmodell:**

  Diese Geschäftsmodelle sind gekennzeichnet durch Minimierung von Kosten, Niedrigpreisstrategien, maximale Automatisierung, Outsourcing usw. Beispiel: Billigfluglinien.

- **Wertorientiertes Geschäftsmodell:**

  Bei diesem Geschäftsmodell sind die Kosten zweitrangig. Hier stehen eine hohe Qualität und ausgezeichneter Service im Vordergrund (wie z. B. bei den Luxusautomarken wie Bugatti oder Maybach).

Merkmale der Kostenstrukturen:

- *Fixkosten:*

  Entstehen unabhängig von der zu produzierenden Menge wie beispielsweise Gehälter, Mieten etc.

- *Variable Kosten:*

  Diese verändern sich proportional zum Umfang der produzierten Produkte und/oder Dienstleistungen.

- *Mengenvorteile:*

  Mit wachsender Produktionsmenge können Unternehmen Kostenvorteile auf Basis von geringeren Mengeneinkaufspreisen realisieren.

- *Verbundvorteile:*

  Mit größerer betrieblicher Bandbreite entstehen Kostenvorteile aufgrund der Möglichkeit der gemeinsamen Nutzung von Vertriebs-, Distributionskanälen usw.

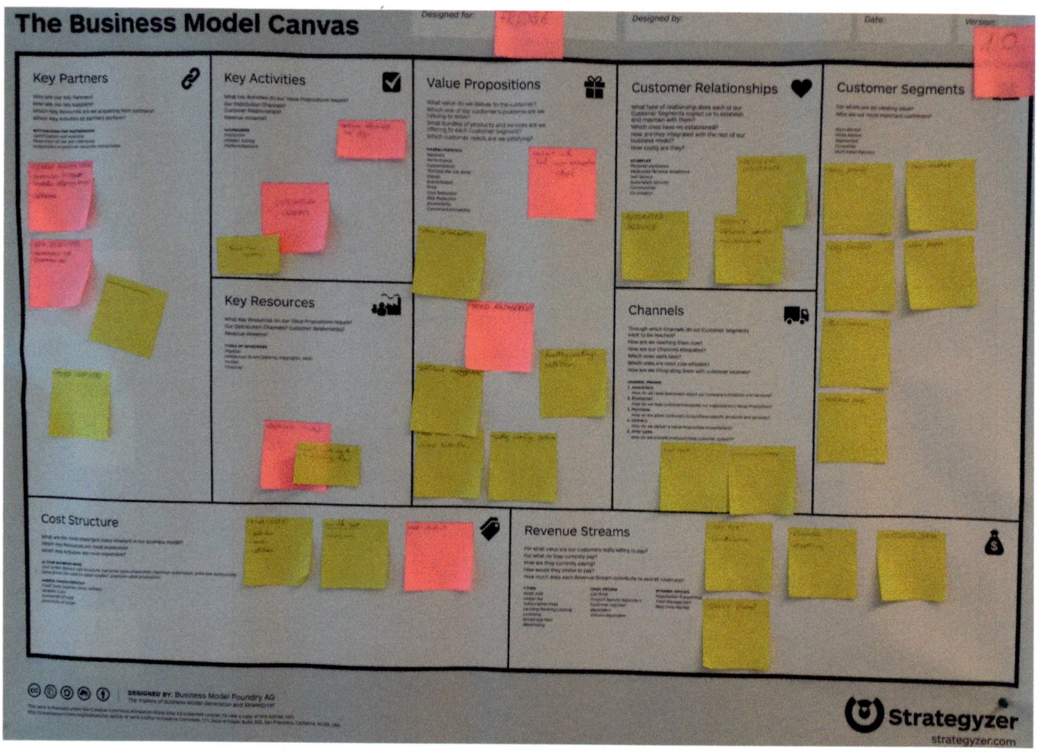

BILD 5.31 Beispiel für ein Business Model Canvas als Tool

Die Vorteile der gemeinsamen Entwicklung eines Geschäftsmodells auf Basis eines großen Posters liegen in der Möglichkeit:

- der ganzheitlichen Visualisierung des Geschäftsmodells und dadurch Schaffung eines gemeinsamen Verständnisses für die Zusammenhänge der einzelnen Schlüsselfaktoren,
- der permanenten Weiterentwicklung (z. B. durch den Austausch der Klebezettel),
- der Diskussion unterschiedlichster Aspekte vor dem Hintergrund aller Schlüsselfaktoren,
- der Nutzung in verschiedenen Anwendungssituationen. Zum Beispiel zur ersten groben Skizzierung des Geschäftsmodells (Ideenformulierung), der Erarbeitung eines konkreten Entwurfs (als Grundlage für die Businessplanerstellung) sowie als Review-Tool nach erfolgtem Markteintritt.

TIPP: Diese neun Geschäftsmodellbausteine bilden die Grundlage für ein nützliches Tool, was als Business Model Canvas bezeichnet wird. Dieses besteht aus der grafischen Darstellung der neun Elemente, beispielsweise auf Basis eines DIN-A-0-großen Ausdrucks (Bild 5.31). ■

5.9.5 Vor- und Nachteile

Vorteile	Nachteile
• Das Konzept fördert die Konzentration und die Fokussierung auf die wesentlichsten Aspekte eines Geschäftsmodells. • Das Arbeiten mit einem Business-Model-Canvas-Poster und Klebezetteln ermöglicht die permanente Anpassung und Weiterentwicklung sowie Visualisierung des Geschäftsmodells. • Unterstützt die Entscheidungsfindung hinsichtlich der Ausgestaltung bzw. Veränderung eines Geschäftsmodells.	• Isolierte Anwendung ohne Beachtung einer konkreten Unternehmensstrategie birgt die Gefahr von Fehlentwicklungen. • Der Fokus auf die Markt- und Organisationsseite vernachlässigt Wettbewerbsaspekte (z. B. potenzielle bzw. indirekte Wettbewerber). • Aspekte der Nachhaltigkeit werden nicht explizit berücksichtigt.

TABELLE 5.16 Vor- und Nachteile des Geschäftsentwicklungskonzepts

5.9.6 Praxisbeispiel

Das Beispiel nimmt Bezug auf den Markt für koffeinhaltige Lebensmittel. Auf dem von Wachstum geprägten Markt für koffeinhaltige Lebensmittel drängen sich sowohl etablierte als auch neue Unternehmen mit teils sehr ähnlichen, aber auch innovativen Produkten. Die koffeinhaltigen Lebensmittel der zahlreichen Anbieter umfassen dabei eine breite Produktpalette bzw. ein breites Produktangebot, hier einige Beispiele:

- Schokoladen
- Energy Drinks
- Bonbons
- Kekse
- Pulver
- Wasser

Exemplarisch wird im Folgenden von einem fiktiven Start-up ausgegangen, das ein Geschäftsmodell auf Basis der Geschäftsidee eines Energieriegels mit 160 mg Koffein entwickelt.

Dafür werden als Erstes die **Kundensegmente** festgelegt, für die dieses Produkt besonders interessant sein könnte. Neben einer Vielzahl von möglichen Kundensegmenten wie z. B. Studierende oder Gamer zählen hierzu alle Personengruppen, *die Ausdauersportarten betreiben*, wie z. B. Triathlon, Inline-Skaten oder Schwimmen. Für diese ist eine leistungserhaltende und -steigernde Wirkung von besonderer Bedeutung zur Erreichung der gesetzten sportlichen Ziele.

Als Nächstes werden die für dieses Kundensegment wesentlichsten **Wertangebote** festgelegt. Zu diesen zählen *die langanhaltende und leistungssteigernde Wirkung* auf Basis ausgewählter Zutaten sowie die *praktische Verpackung*, die einen Konsum unterwegs ermöglicht.

Aufbauend darauf werden die **Kanäle** festgelegt, mit denen die Zielgruppe kosteneffizient erreicht werden kann. Hierzu zählen der *eigene Onlineshop, Sportgeschäfte und Fitnessstudios, aber auch der stationäre Einzelhandel sowie E-Commerce-Plattformen*.

Im vierten Schritt werden die **Kundenbeziehungen** bestimmt, die der Kundenakquise und -pflege sowie der Verkaufssteigerung dienen. Hierzu gehören vor allem die *persönliche Unterstützung per Telefon, E-Mail sowie ein Chatbot*. Aber auch der Aufbau einer *Energieriegel-Community* über soziale Netzwerke zwecks Sammlung zusätzlicher Informationen über die Bedürfnisse der Zielgruppe (wie z. B. gewünschte Geschmacksrichtungen, eventuelle Vitaminbedarfe usw.).

Im Anschluss daran erfolgt die Bestimmung der **Einnahmequellen**. Hierzu gehört der *Verkauf der Energieriegel* über die festgelegten Kanäle zu festen Preisen mit der Einräumung von Mengenrabatten bei entsprechendem Bestellumfang. Darüber hinaus ermöglichen verkaufsfördernde *Partnerschaften mit großen Sporteventanbietern* eine weitere Einnahmequelle.

Im sechsten Schritt werden die **Schlüsselressourcen** definiert, die für das Funktionieren dieses Geschäftsmodells wesentlich sind. Zu diesen zählen die *Produktion der Riegel*, die *Lagerung und Logistik* sowie *Ressourcen für Werbematerialien*.

Daraufhin werden die **Schlüsselaktivitäten** bestimmt. Wesentliche Hauptaktivitäten sind:

- Entwicklung einer für Ausdauersporttreibende besonders geeignete Energieriegelrezeptur
- Produktion der Riegel unter Berücksichtigung der rechtlichen Rahmenbedingungen und Qualitätsstandards
- Durchführung von kosteneffizienten Werbeaktivitäten zur Verkaufsförderung auf Basis von viralem Marketing sowie Influencer-Marketing

Im vorletzten Schritt werden die **Schlüsselpartnerschaften** bestimmt, die zum Erfolg des Geschäftsmodells am meisten beitragen. Zu den wesentlichsten Partnerschaften gehören der *Lieferant, der die Produktion des Riegels als Auftragsfertiger übernimmt*, sowie die *Einzelhandelsketten* und *Sporteventanbieter*.

Im neunten und letzten Schritt wird die **Kostenstruktur** erfasst, die durch das Geschäftsmodell entsteht. Hierzu zählen die *Auftragsproduktionskosten*, die *Lagerhaltungs- und Logistikkosten* sowie die *Kosten für die Marketing- und Vertriebsaktivitäten*.

Das Beispiel verdeutlicht, wie mithilfe der Geschäftsmodellentwicklung ein komplexer Sachverhalt auf wesentliche Einflussgrößen reduziert und mit einem Geschäftsmodell Geld verdient werden kann.

Darüber hinaus werden wesentliche strategische Grundsatzentscheidungen in den Bereichen Entwicklung, Produktion sowie Vermarktung des Energieriegels deutlich.

Tabelle 5.5 visualisiert nochmal exemplarisch die wesentlichen Aspekte dieses Beispiels mithilfe des Tools Business Model Canvas.

Schlüsselpartner	Schlüsselaktivitäten	Wertangebote	Kundenbeziehungen	Kundensegmente
- Auftragsfertiger für die Produktion des Riegels - Einzelhandelsketten und Sporteventanbieter	- Energieriegelrezeptur entwickeln - Produktion der Riegel - Durchführung von Werbeaktivitäten	- Langanhaltende und leistungssteigernde Wirkung - Praktische Verpackung für die Nutzung unterwegs	- Persönliche Unterstützung per Telefon, E-Mail, Chatbot - Aufbau einer Energieriegel-Community	Personengruppen, die Ausdauersportarten betreiben
	Schlüsselressourcen		**Kanäle**	
	- Riegelproduktion - Lagerung und Logistik - Werbeaktivitäten		- Eigener Onlineshop - Stationärer Einzelhandel, E-Commerce-Plattformen - Sportgeschäfte und Fitnessstudios	
Kostenstruktur			**Einnahmequellen**	
- Auftragsproduktionskosten - Lagerhaltungs- und Logistikkosten - Kosten für die Marketing- und Vertriebsaktivitäten			- Verkauf der Energieriegel über die festgelegten Kanäle zu festen Preisen (mit Mengenrabatten) - Partnerschaften mit großen Sporteventanbietern	

TABELLE 5.17 Business Model Canvas für einen Energieriegel mit 160 mg Koffein

5.9.7 Vorlagen zum Download

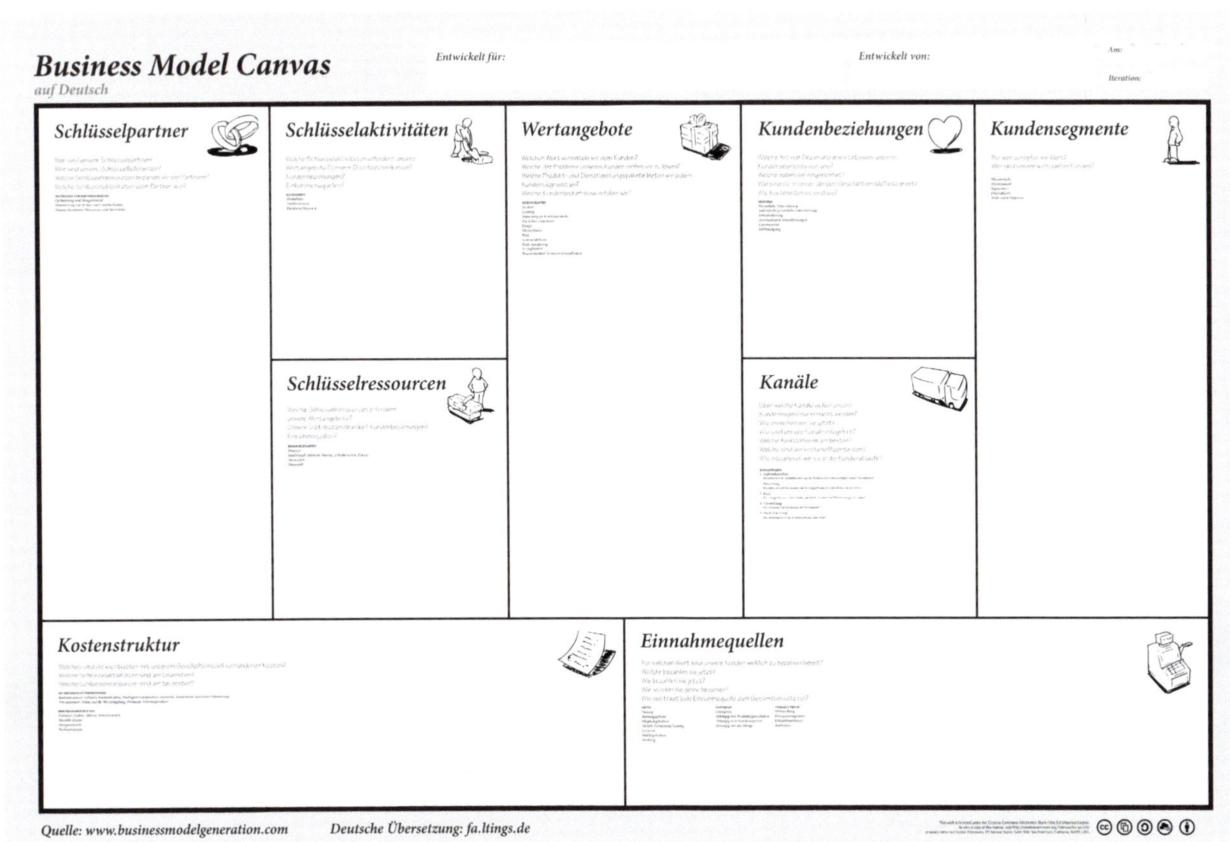

5.9.8 Verwandte und weiterführende Themen

- **Strategische Positionierung**

  Wie geschildert, baut die Geschäftsmodellentwicklung idealerweise auf einer *Unternehmensstrategie* und somit einer vorgelagerten strategischen Positionierung auf.

- **Leitbildentwicklung**

  Grundvoraussetzung für den langfristigen Unternehmenserfolg ist das Vorhandensein eines unternehmerischen Leitbilds, in diesem Fall insbesondere das Vorhandensein einer *Vision*. Diese ermöglicht es bereits heute, die richtigen Entscheidungen für die Zukunft treffen zu können.

- **Projektmanagement**

  Im Anschluss an eine Geschäftsmodellentwicklung geht es um die Umsetzung des strategischen Potenzials des Geschäftsmodells mithilfe der passenden *Projektmanagementmethode*.

5.9.9 Literaturhinweise

GASSMANN, O. / FRANKENBERGER, K. / CHOUDURY, M. (2021): *Geschäftsmodelle entwickeln. 55 innovative Konzepte mit dem St. Galler Business Model Navigator*, 3. überarbeitete und erweiterte Auflage, Carl Hanser, München 2013.

HALECKER, B. / HARTMANN, M. (2014): *Das Geschäftsmodell als „Strategic Deployment" im strategischen Denken*, Doi: *10.1007/978-3-658-08253-6_8.*

OSTERWALDER, A. / PIGNEUR, Y. (2011): *Business Model Generation. Ein Handbuch für Visionäre, Spielveränderer und Herausforderer*, Campus Verlag, Frankfurt am Main 2011.

SCHALLMO, D. (2013): *Geschäftsmodell-Innovationen. Grundlagen, bestehende Ansätze, methodisches Vorgehen und B2B-Geschäftsmodelle*, Springer Gabler, Wiesbaden 2013.

WIRTZ, B. W. (2017): *Business Model Management. Design – Instrumente – Erfolgsfaktoren von Geschäftsmodellen*, 4. Auflage, Springer Gabler, Wiesbaden 2017.

6 Geschäftspolitische Bedeutung der Strategietools

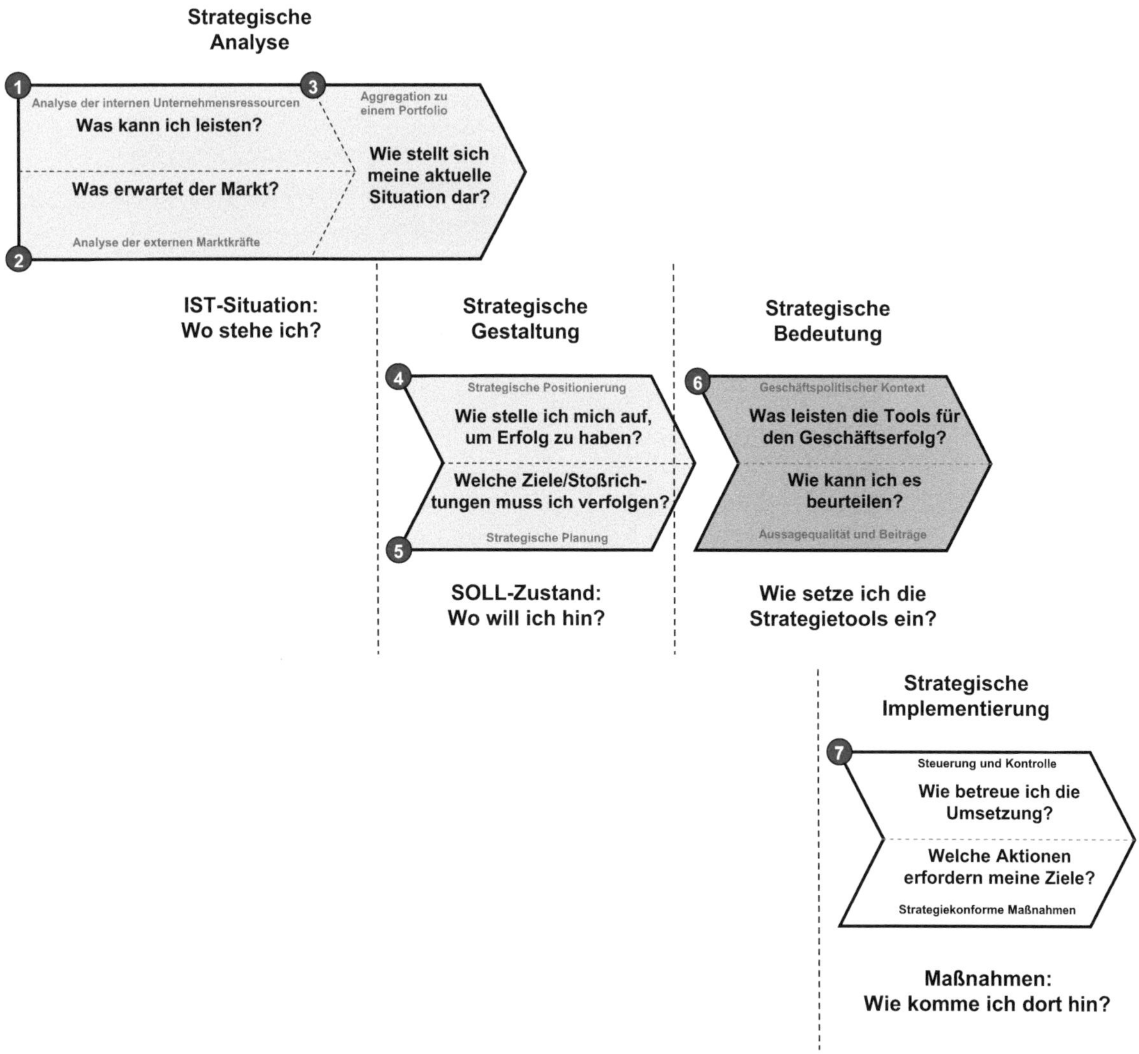

Ging es bisher um die lexikalische Aufarbeitung des Angebots an Strategietools, die so genannte Tool-Sicht, geht es nunmehr um die geschäftspolitische Bedeutung der Tools. Die Tool-Sicht ist dadurch gekennzeichnet, dass sie einen begrenzten, kontextfreien Erkenntnisraum widerspiegelt. Es werden singuläre Aussagen über einen „Sachverhalt an sich" gemacht („Aha-Effekt"), deren Bedeutung erst durch weiteres Hinterfragen bemessen werden kann. Die Strategietools repräsentieren zum großen Teil strategisches Denken, strategische Denkmodelle (das gilt insbesondere für die Ausführungen in den Kapiteln 4 und 5).

Anknüpfend an „Voraussetzungen und notwendiger Input" und „Verwandte und weiterführende Themen" bei den Einzeldarstellungen werden in diesem Kapitel Auswahl und Einsatz der Strategietools explizit in den Rahmen und Zusammenhang von

- Geschäftsmodellen,
- Marktregeln (Geschäftscharakteristiken),
- Wettbewerbskräften,
- generischen Strategien,
- strategischen Zielsetzungen
- allgemein gültigen Prinzipien und Maximen unternehmerischen Handelns

gestellt und wird nach dem Sinn und Zweck der Tools gefragt – nach dem Warum der Anwendung über die reine Tatsachenfeststellung hinaus. Das strategische Denken soll geschäftspolitisch kanalisiert und umgesetzt werden. Damit wird auf den essenziellen spezifischen Beitrag Bezug genommen, den die dargestellten Tools zu den strategischen Aufgaben eines Unternehmens und des Managements, nämlich Werte zu schaffen, leisten und leisten können. Strategietools können

- zur Definition eines Geschäftsmodells,
- zu dem, was ein Geschäftsmodell leisten muss,
- zur Gewichtung bzw. Beurteilung der fünf Wettbewerbskräfte (aktuelle Anbieter, Bedrohung durch neue Anbieter, Verhandlungsmacht der Lieferanten, Bedrohung durch Substitutionsleistungen, Verhandlungsmacht der Abnehmer) sowie der möglichen Reaktionen darauf,
- zum Ausschöpfen von Strategiepotenzialen,
- zur Auswahl der generischen Strategien,
- zum Erkennen von Erfolgstreibern und Erfolgshemmern,
- zur stimmigen Formulierung strategischer Zielsetzungen und
- zur Beantwortung geschäftspolitischer Fragestellungen

beitragen. Es wird auch gezeigt, wozu die Strategietools keinen Beitrag leisten (können).

Dazu wird eine zusätzliche Ordnung bzw. Klassifizierung der Tools vorgenommen, die ihre Auswahl und Anwendung erleichtert und falsche Annahmen über die Aussagefähigkeit vermeiden hilft.

Der Vorbereitungsaufwand, die Datenbeschaffung für den Einsatz der Tools ist teilweise erheblich. Durch den vorgegebenen geschäftspolitischen Rahmen können die Möglichkeiten und Grenzen der Strategietools von vornherein präzisiert werden. Damit wird verhindert, dass viel Aufwand für vermeintliche Aussagen geleistet wird, die von den Tools ohnehin nicht zu erwarten sind.

Auch eine höhere Präzision der Fragestellungen an die Tools wird unterstützt und der Einsatz von Tools, die keinen Beitrag im hier dargestellten Sinne leisten können, wird von vornherein ausgeschlossen.

6.1 Kontext des Einsatzes der Strategietools: Geschäftsmodell und Marktregeln

Geschäftsmodelle und Marktregeln stellen den Kontext dar für Stellenwert, Bedeutung und Beurteilung der fünf Wettbewerbskräfte, generischer Strategien und Strategiepotenzialen.

Zu den Wettbewerbskräften (nach Porter) zählen

- aktuelle Anbieter,
- Bedrohung durch neue Anbieter,
- Verhandlungsmacht der Lieferanten,
- Bedrohung durch Substitutionsleistungen und
- Verhandlungsmacht der Abnehmer.

Bei den generischen Strategien handelt es sich um Kostenführerschaft, Differenzierung und Fokussierung.

BEACHTE: Geschäftsmodell und Marktregeln bestimmen die Strategie eines Unternehmens. ■

Zu den Strategiepotenzialen gehören Produkte, Nutzen und Partnerschaften. Hierbei kann es sich beispielsweise um Preis, Design/Ästhetik, Recyclebarkeit oder Merkmale/Funktionalität des Produkts handeln.

Die Relevanz und Stimmigkeit strategischer Zielsetzungen wie z. B. Kostenführerschaft, Technologieführerschaft, Wachstum, Logistikführerschaft, Serviceführerschaft oder Kundenbindung ist abhängig von den Strategiepotenzialen, den generischen Strategien und den Erfolgsfaktoren

- Steuerung des Ressourceneinsatzes,
- Innovationsverhalten und
- Wachstumschancen.

Bild 6.1 zeigt den Rahmen, in den die Bewertung und Auswahl der Strategietools eingebunden wird, also den Bezugsrahmen für deren Aussagefähigkeit.

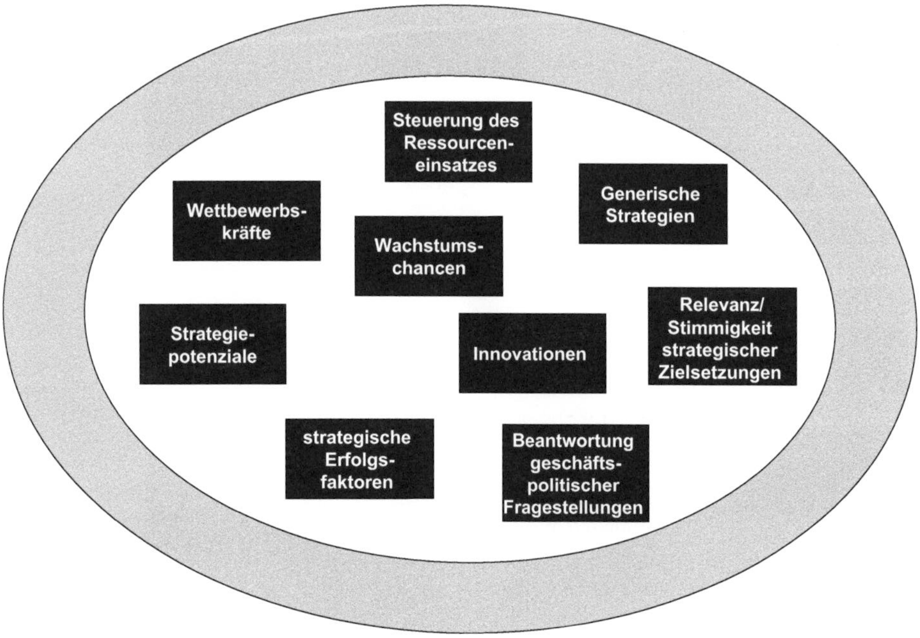

BILD 6.1 Kontext Geschäftsmodell und Marktregeln

Das Geschäftsmodell beschreibt, wie ein Unternehmen Werte schafft!

Der Wert, der von einem Unternehmen geschaffen wird, wird gemessen an bzw. beurteilt nach dem Beitrag – dem Unternehmenszweck –, den ein Unternehmen zur Lösung eines Problems bzw. zur Befriedigung eines Bedarfs oder Bedürfnisses leistet. Ein Geschäftsmodell beinhaltet dann die strategischen Grundentscheidungen über:

- die Art und Weise, wie dieser Beitrag geleistet werden soll,
- das Ausschöpfen von Strategiepotenzialen in Bezug auf Leistungen bzw. Produkte, Nutzen und Partnerschaften sowie
- die prinzipielle Reaktion auf die Wettbewerbskräfte (Porter) und deren Umsetzen in Wettbewerbsvorteile.

CHECKLISTE FÜR GESCHÄFTSMODELL:
Nutzenversprechen
Architektur der Wertschöpfung
Ertrags- und Wachstumsmodell

Die Dimensionen (Elemente) eines Geschäftsmodells sind (in Anlehnung an Stähler, 2001)

- **Nutzenversprechen** (Art des Leistungsversprechens – Beitrag des Unternehmens zur Problemlösung/Bedarfsbefriedigung des Kunden),
- **Architektur der Wertschöpfung** (Konfiguration der Leistungserstellung und -verwertung) und
- **Ertrags- und Wachstumsmodell** (Einnahmequellen)

In Bild 6.2 sind die Elemente zusammengestellt, die zu überlegen und zu definieren sind, um die erforderliche Vollständigkeit und Stimmigkeit eines Geschäftsmodells zu erreichen. Wird eines dieser Elemente z. B. in der Start-up-Phase eines Unternehmens vernachlässigt, kann sich das existenzgefährdend auswirken.

MERKE: Vollständigkeit und Stimmigkeit des Geschäftsmodells bestimmen den Unternehmenserfolg.

Bei der Formulierung des Geschäftsmodells kommt es insbesondere auch darauf an, die Einzigartigkeit des Unternehmens – seine Unique Selling Proposition (USP) – zu definieren. Das kann ein besonders innovativer Vertriebsweg sein, eine bisher in der Branche nicht übliche Serviceleistung (z. B. Hol- und Bringdienst defekter Geräte), eine bisher nicht abgedeckte Marktnische.

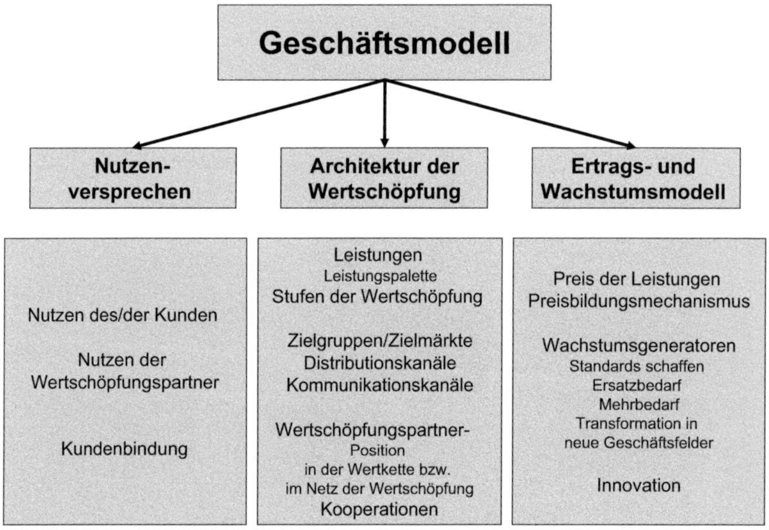

BILD 6.2 Dimensionen eines Geschäftsmodells

Ein Geschäftsmodell muss darüber hinaus

- zukunftsträchtig/innovativ,
- wettbewerbsfähig,
- stimmig und
- geschlossen

sein (Belz/Bieger, 2004).

Alle hier genannten Elemente verstehen sich als „Grundsatzstrategie“ (Belz/Bieger, 2004), die sich in Strukturmerkmalen der Umsetzung im Detail manifestiert. Das Ausschöpfen von Strategiepotenzialen z. B. manifestiert sich in der Unternehmensstruktur als Merkmal „Art der Differenzierung“.

Die hier verwendete Definition von Geschäftsmodellen beinhaltet nur nach außen gerichtete Faktoren. Nach innen gerichtete Faktoren – die Struktur eines Unternehmens, die z. B. von Nehls/Baumgartner oder von Tomczak/Schögel/Birkhofer in die Definition mit einbezogen werden – sind nach unserer hier zugrunde gelegten Definition nicht Elemente eines Geschäftsmodells (nach Belz/Bieger, 2004). Sie sind hingegen Merkmale des Unternehmens für die Realisierung des Geschäftsmodells.

Unter Marktregeln werden in diesem Zusammenhang alle Regeln, Verhaltensweisen und Erwartungen des Marktes oder des Umfelds allgemein verstanden, mit denen das Unternehmen für seine beabsichtigten und bestehenden Geschäfte und Technologien zu rechnen hat, die sich laufend verändern und auf die sich das Unternehmen immer wieder aufs Neue einzustellen hat, an die es sich anpassen muss oder die es auch unter Verwertung strategischer Zusammenhänge zu seinen Gunsten verändern kann. Zu diesen Regeln und Erwartungen gehören z. B. typische Vertriebswege, Kommunikationsplattformen, Erreichbarkeit, Leistungspalette, Verhalten und Habitus des Unternehmens und seiner Mitarbeiter. Zur Beherrschung dieses permanenten Prozesses, dieses „Spiels“, sollen und können die Strategietools in unterschiedlichster Weise beitragen. Es geht um den Beitrag, den die Strategietools leisten können, um aus dem geschilderten Kontext heraus geschäftspolitische Fragen vernünftig, nachvollziehbar und unter Einhaltung von Maximen und Prinzipien zu beantworten, wie z. B.:

- Welche Marktsegmente sind möglich, interessant, ergiebig?
- Welche Ergänzungen des Produktspektrums sind erforderlich und sinnvoll?
- Welche Markt- bzw. Kundensegmentierung ist erfolgversprechend?
- Besteht Konsistenz zwischen den strategischen Erfolgsfaktoren und den strategischen Zielsetzungen?
- Besteht ein Fit zwischen den strategischen Potenzialen und dem (aktuellen) Geschäftsmodell?
- Wie sind diese in einer Unternehmensstrategie zu berücksichtigen und umzusetzen?

> **MERKE:** Das Geschäftsmodell bildet den Rahmen für den Nutzen von strategischen Instrumenten.

6.2 Klassifizierung der Strategietools: Aussagequalitäten und Beiträge

Die Betrachtung des Nutzens von Tools in einem geschäftspolitischen Kontext erfordert es, sich mit Aussagequalitäten bzw. -typen und Beiträgen der Tools auseinander zu setzen. Aussagequalitäten werden hier so verstanden, dass sie sich durch eine bestimmte nicht inhaltliche Botschaft auszeichnen, die sie transportieren. Mit dem Begriff „Beiträge“ fassen wir alle möglichen Aussageinhalte sowie Antworten auf die verschiedensten Fragestellungen unter verschiedenen Perspektiven zusammen.

- Ein Beitrag ist ein Nutzen und bezieht sich in einer bestimmten Situation auf
- eine anstehende Aktion,
- eine Reaktion auf ein Ereignis,
- die unternehmerische Notwendigkeit einer Entscheidung oder aber
- die Befriedigung eines Bedürfnisses.

Wobei die Situation auch sein kann: Ich möchte etwas wissen (ohne das unmittelbar umsetzen zu können und in diesem Moment auch nicht zu wollen). Aber eben genau das gilt es zu differenzieren.

Bei der Entwicklung eines Bewertungs- und Auswahlinstrumentariums werden die jeweils primär starken, dominanten Beiträge berücksichtigt (nicht schwache Randbeiträge im Sinne allgemeiner Interdependenzen).

Es werden strenge Maßstäbe an die Beurteilung von Beiträgen angelegt. Damit folgen die Autoren bewusst einer verbreiteten Tendenz bzw. Gepflogenheit oder Neigung nicht, nämlich „alle Sachverhalte immer unter einem Begriff zu subsumieren“ – „alles ist irgendwie Strategie, Lean Management, Total Quality Management ...“.

CHECKLISTE:
Der Nutzen eines Strategietools wird gemessen am Beitrag

- zum strategischen Auftritt eines Unternehmens,
- zur Mehrung strategischen Wissens,
- zur Qualität der Kommunikation,
- zur strategischen Diagnose,
- zur Erfüllung existenzieller Maximen und Prinzipien.

Die Überlegungen zu Aussagequalitäten und Beiträgen verbinden sich für den Anwender der Strategietools immer auch mit den folgenden Fragestellungen:

- Welche (identifizierbare) Entscheidungsrelevanz hat Mehrwissen durch Tools?
- Lässt sich (systematisch) ein Bezug herstellen zwischen der Anwendung eines Tools und dem Erzielen von Wettbewerbsvorteilen (was ohne das Tool so nicht möglich wäre), oder ist es nur der unspezifische Vorteil des „Mehrwissens“?
- Ist die Anwendung eines Tool-Sets, einer Tool-Hierarchie erforderlich, um einen Beitrag zu identifizieren?
- Ist ein Tool allemal nur eine Denk- und Strukturierungshilfe, ein Denkmodell, gleichsam als „Vorarbeit“?
- Ist ohne eine spezifizierende „Nacharbeit“ („da fängt die Arbeit erst an“) die Anwendung eines Tools mehr oder weniger ein „nice to have“ und sein Beitrag prima vista ein reiner (strategisch zunächst) nicht bewertbarer Wissenszuwachs?

Grundsätzlich geht es aber trotz unterschiedlichster Fragestellungen mit dem Ansatz „Kontext – Aussagequalität und Beiträge“ immer darum, die Anwendung der Tools, die vorbereitende häufig aufwendige Datenbeschaffung in Abhängigkeit von der Aussagefähigkeit der Tools so wirtschaftlich wie möglich zu gestalten und den maximalen Nutzen daraus zu ziehen.

- Dazu werden Aussagequalitäten und Beiträge, die die dargestellten Strategietools leisten können, in die folgenden Kategorien bzw. Klassen eingeteilt:
- Kategorie 1: Beiträge zur Aussagequalität – phänomenologischer Beitrag
- Kategorie 2: Beiträge zum Wissenszuwachs
- Kategorie 3: Beiträge zu Aufbau und Überprüfung eines Geschäftsmodells
- Kategorie 4: Beiträge zum strategischen Handeln – Managen der Unternehmensstrategie
- Kategorie 5: Beiträge zur Erfüllung von Maximen und Prinzipien, den „Warums“
- Kategorie 6: Beiträge zur strategischen Diagnose

Dabei handelt es sich um Gruppen qualitativer Ergebnisse der Anwendung von Tools im allgemein beschriebenen Sinn. Kategorie 1 bezieht sich auf Aussagequalitäten und nimmt insoweit eine Sonderstellung ein, die anderen Kategorien beziehen sich auf die Beiträge der unterschiedlichsten Art.

Die Unterscheidung Aussagequalität und Beitrag wurde deshalb getroffen, weil bestimmte zu definierende Beiträge zu einer strategischen Aufgabenstellung nur geleistet werden können, wenn bestimmte Qualitäten von Aussagen generiert werden. Aussagen und Beiträge können zunächst sowohl per se kontextfrei sein als auch von vornherein kontextbezogen. Viele Aussagen aus Tools – und das ist hier der Ansatz – sind nur kontextbezogen von praktischem Nutzen.

Kategorie 1: Beiträge zur Aussagequalität – phänomenologischer Beitrag

Kategorie 1 dient zur Transparenz und zum besseren Erkennen von Sachverhalten bzw. Phänomenen. Hier werden grundsätzlich unterscheidbare Aussagequalitäten, Aussagetypen definiert, die den Nutzen eines Tools und seiner Anwendung (mit) bestimmen. Hier werden folgende Aussagequalitäten definiert:

- Beschreibung von Situationen,
- Erkennen und Beschreiben von Optionen,
- Strukturierung (auch z. B. Segmentierung/Differenzierung),
- Problemidentifikation/Problemformulierung,
- Herstellung von Zusammenhängen,
- Problemlösung/Lösung einer Aufgabe (Problemlösungstool),
- Erkennen von Widersprüchen,
- statistische Aussagen.

MERKE: Beitrag der Tools zu Wissen und Kommunikation.

Es geht dabei nicht um philosophische Kategorien einer Aussagelogik, sondern um sinnvolle praxisorientierte Unterscheidungen, die den Umgang mit Managementinstrumenten und -lehren im Tagesgeschäft erleichtern und durchsichtiger machen sollen. Es geht auch um Klarheit, Transparenz und um die Verbesserung der Kommunikation.

Kategorie 2: Beiträge zum Wissenszuwachs

Dieser Beitrag eines Tools ist (zunächst) kontextunabhängig und in diesem allgemeinen Sinn von unspezifischem Wert für strategische Entscheidungen. Mehr strategisches Wissen, mehr Erkenntnis und Transparenz, mehr Struktur in Bezug auf die Beschreibung von Sachverhalten und Situationen ist immer besser als weniger Wissen. In Anlehnung an die Motivationstheorie von Herzberg (1959) soll dieser Beitrag als „Hygiene-Faktor" strategischen Wissens bei der Anwendung der Strategietools bezeichnet werden.

Das „Mehrwissen" dient vor allem der Sensibilisierung für strategische Zusammenhänge und für strategisch relevante Ereignisse, die z. B. zu einer Überprüfung des Geschäftsmodells führen müssen. Tabelle 6.5 – Beiträge der Strategietools zum Aufbau eines Geschäftsmodells – macht Aussagen zum Nutzen der Strategietools in Bezug auf diesen Lernprozess. Die Analyse der Kernkompetenzen z. B. zusammen mit der Kundenzufriedenheitsanalyse und der Stärken-Schwächen-Analyse liefert Indikatoren dafür, ob die Kompetenzen noch diejenigen sind, die ursprünglich zu einer Alleinstellung des Unternehmens in Bezug auf einen angestrebten Kundennutzen aufgebaut wurden.

Kategorie 3: Beiträge zu Aufbau und Überprüfung eines Geschäftsmodells

Die Ordnung der Strategietools nach ihren Beiträgen zum Aufbau des Geschäftsmodells, d. h. zu strategischen Grundentscheidungen, zur Basiskonfiguration der Leistungserstellungs- und -verwertungsprozesse im Unternehmen intern und übergeordnet, bezieht sich auf die Beiträge zu den drei Basisdimensionen eines Geschäftsmodells, nämlich

MERKE: Beitrag der Tools zum strategischen Auftritt – Geschäftsmodell.

- Nutzenversprechen,
- Architektur der Wertschöpfung und
- Ertragsmodell

mit ihren Unterteilungen sowie auf den Beitrag zur Formulierung des USP.

Mit der Formulierung des Geschäftsmodells erfolgt die Herstellung des Kontextes für die Unternehmensstrategie, für das strategische unternehmerische Handeln sowie für die Beurteilung des dazu erforderlichen Wissens über die Regeln (Markt- und Verhaltensregeln) des Geschäfts und über die für ein Unternehmen geltenden Maximen und Prinzipien.

Kategorie 4: Beiträge zum strategischen Handeln – Managen der Unternehmensstrategie

Kategorie 4 bezieht sich auf Bearbeitung, Bedeutung, Beurteilung, den Stellenwert strategischer Problemstellungen, Entscheidungen, Reaktionen und Aktionen.

Allgemeine strategische Aufgabenstellungen des Managements sind:

- Sammlung und Bewertung von strategischem Wissen,
- Vorbereitung strategischer Entscheidungen,
- strategische Entscheidungsfindung und Entscheidung,
- Beurteilung strategischer Sachverhalte und Zusammenhänge,
- Bewerten von Chancen und Risiken,
- Abschätzung strategischer Auswirkungen des unternehmerischen Handelns,
- strategische Beurteilung von Veränderungen im Markt und in der Gesellschaft,
- strategisches Controlling – kontinuierliche Überprüfung strategischer Bedingungen und Entscheidungen,
- strategische Diagnose (strategic review, Strategie-Check),
- Erkennen der strategischen Voraussetzungen bzw. Grundbedingungen für die Erfüllung von Maximen und Prinzipien.

MERKE: Beitrag der Tools zum strategischen Auftritt – Managen der Strategie.

Die Bearbeitung dieser Fragen ist kontextabhängig, d. h. von den Bedingungen abhängig, die durch das Geschäftsmodell und die Marktregeln gegeben sind bzw. gesetzt und definiert werden.

Diese strategischen Aufgaben bzw. Fragestellungen im eigentlichen Sinne beziehen sich auf

- die Wettbewerbskräfte des Marktes,
- die generischen Strategien,
- die Strategiepotenziale bzw. Differenzierungspotenziale,
- die strategischen Erfolgsfaktoren,
- die Relevanz und Stimmigkeit strategischer Zielsetzungen und Entscheidungen

und betreffen

- das Managen von Innovationen ebenso, wie
- das Strukturieren der Wertketten,
- das Beherrschen der Komplexität,
- Produktivität und Wachstum als essenzielle Erfolgsfaktoren,
- Kooperationen sowie
- die Bearbeitung bzw. Beantwortung beliebiger geschäftspolitischer Fragestellungen aus dem geschilderten Szenario insgesamt.

Die strategische Entscheidungsrelevanz von Tools ist deshalb kontextabhängig, weil die Relevanz der Wettbewerbskräfte, generischer Strategien, der Strategiepotenziale, strategischer Ziele und deren Umsetzbarkeit sowie die Antwort auf geschäftspolitische Fragestellungen kontextabhängig sind.

Kategorie 5: Beiträge zur Erfüllung von Maximen und Prinzipien, den „Warums"

MERKE: Beitrag der Tools zur Erfüllung existenzieller Maximen und Prinzipien.

Kategorie 5 bildet eine unverzichtbare Grundlage für ein erfolgreiches unternehmerisches Handeln. Diese Beiträge lassen sich in drei Hauptkategorien und diese wiederum in jeweils mehrere Untergruppen einteilen:

- Vermeidung von Verschwendung durch
  - strategisch richtigen Ressourceneinsatz,

  - Vermeidung von „trial and error“ (Treffen der richtigen Entscheidungen/Auswahl der richtigen Optionen von vornherein z. B. in Bezug auf die Differenzierung vom Wettbewerb),
  - Unkenntnis über die strategischen Erfolgsfaktoren.
- Vermeidung falscher Annahmen in Bezug auf
  - das „richtige strategische Problem“ (Vermeidung der Lösung des „falschen strategischen Problems“),
  - die Bedeutung der Wettbewerbskräfte,
  - die strategischen Potenziale (z. B. darüber, dass es bei einem anonymen oder auch individuellen Massengeschäft [customized mass production] auf immer mehr Produktfeatures ankäme – das ist eine beobachtbare, aber ärgerliche Verhaltensweise – anstatt auf eine vernünftige Verhaltensweise im Service; das hat viel mit Erwartungen, Steuerung von Ressourcen und Kultur zu tun – Sachverhalte, denen man mit einem sinnvollen Nutzen der Strategietools „auf die Spur kommen könnte“).
- Erkennen der Kompatibilität bzw. Stimmigkeit strategischer Entscheidungen in Bezug auf das Zusammenwirken von
  - generischen Strategien,
  - strategischen Zielsetzungen,
  - der Verletzung von allgemein gültigen Prinzipien.

Kategorie 6: Beiträge zur strategischen Diagnose

Über die bisher genannten Kategorien hinaus leisten die dargestellten Strategietools einen wichtigen Beitrag zur allgemeinen Diagnose von Defiziten in einem Unternehmen in Bezug auf

MERKE: Beitrag der Tools zur strategischen Diagnose.

- strategische und organisatorische Defizite in einem umfassenden Sinne,
- unangemessene, nicht geschäftsadäquate Verhaltensweisen,
- mangelnde Markt- und/oder Kundenorientierung.

Die Beitragskategorien sind in Bild 6.3 zusammengefasst dargestellt. Mit den Kategorien bzw. Klassen werden die möglichen Zwecke beschrieben, die der Anwender mit dem Einsatz der Strategietools verfolgen will bzw. verfolgen kann.

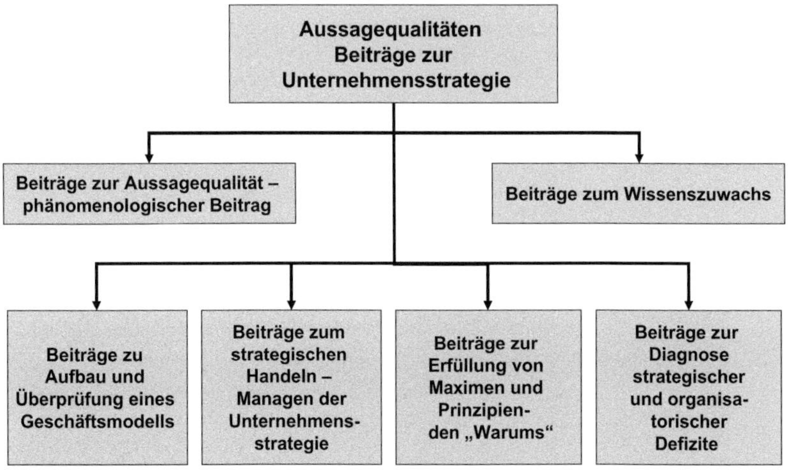

BILD 6.3 Beitragskategorien der Strategietools

Es geht bei diesen Einteilungen um die Voraussetzungen dafür, die Potenziale der Strategietools in Bezug auf ihre Aussageinhalte richtig einzuschätzen, um das Vermeiden von falschen Erwartungen, die mit ihrem Einsatz verbunden werden könnten, und um richtige Interpretation von Aussagen im Verhältnis zur Fragestellung bzw. zum Anliegen, welche den Einsatz eines Tools ausgelöst haben, und auch um die Erkenntnis, dass häufig nach der Tool-Antwort die strategische Arbeit erst beginnt.

6.3 Das Instrument zur geschäftspolitischen Beurteilung und Auswahl der Strategietools

6.3.1 Zielsetzung

TIPP: Keine falschen Erwartungen an die Tools.

Häufig ist zu beobachten, dass Strategietools eingesetzt werden, aber deren Aussagen nicht wirklich verwertet werden. Das liegt zum Teil am Missverständnis über deren Aussagefähigkeit („was ich will, leistet das Tool sowieso nicht, die Wirklichkeit ist ganz anders und viel komplizierter") und am mangelnden Vertrauen in die Aussagen, was wiederum in den falschen Erwartungen begründet ist. Der Nutzen der Tools bleibt „auf der Strecke".

Das kann z. B. darauf zurückzuführen sein, dass die Lösung eines Problems mit seiner Beschreibung (die Erfahrungskurvenanalyse liefert lediglich die Beschreibung eines Zusammenhangs zwischen Herstellungsmenge und Kosten und keine strategische Option) oder dass das Einordnen von Geschäften in die Koordinaten Marktanteil und Marktwachstum (Portfolioanalyse) mit deren geschäftspolitischer Bewertung verwechselt werden. Um die beschriebene Situation und Fehleinschätzungen zu vermeiden, wurde ein Instrumentarium entwickelt, das auf Entsprechungen, Zuordnungen und Relationen zwischen

MERKE: Die Klassifizierung der Nutzen ist Voraussetzung für den ökonomischen Einsatz der Strategietools.

- Strategietools,
- Beiträgen/Beitragskategorien,
- Aussagetypen,
- der Erfüllung von Maximen und Prinzipien sowie
- den Dimensionen eines Geschäftsmodells

beruht und zu einem befriedigenden effektiven und ökonomischen Einsatz der Tools führt. Falsche Erwartungen sollen vermieden werden. Bild 6.4 zeigt die Systematik, Ordnung bzw. hierarchische Gliederung dieser Zuordnungen für die Strategietools, wobei hier diese Bezeichnung als Sammelbegriff sowohl für strategisches Denken und Wissen als auch für strategische Methoden und Werkzeuge verwendet wird.

MERKE: Die Einteilung nach Nutzenkategorien ist Voraussetzung und ermöglicht eine Roadmap für die Anwendung der Tools.

Die in Bild 6.4 dargestellten Matrizen 1 bis 7 repräsentieren die Tabellen 6.1 bis 6.7 für die generischen Zuordnungen, also die Einteilung der Strategietools nach Nutzenkategorien, wobei die Gruppierungen nicht überschneidungsfrei sind: Ein Tool kann gleichzeitig in mehreren „Klassen" auftreten. Die in den Matrizen getroffenen Zuordnungen ergeben sich im Übrigen aus der Beschreibung der Tools in den vorangegangenen Kapiteln bzw. basieren darauf und sind daraus unmittelbar und mittelbar abzuleiten.

Generisch sind die Zuordnungen und Relationen deshalb, weil über ihren spezifischen Nutzen erst auf der Basis eines konkreten Geschäftsmodells (geschäftspolitischer Kontext) eine Aussage möglich ist.

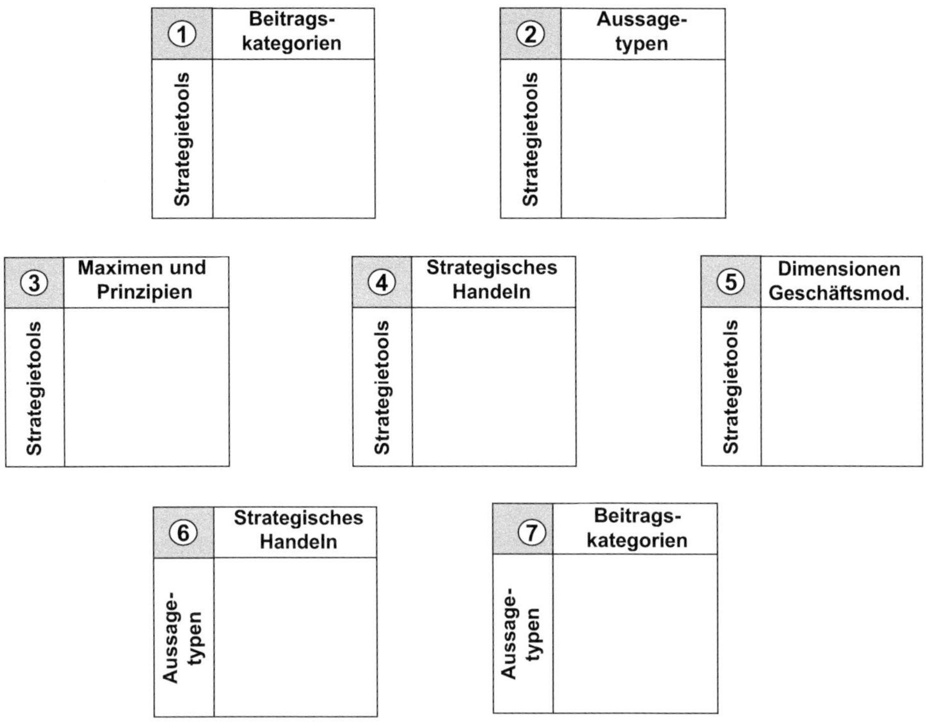

BILD 6.4 Das Auswahlinstrument – Elemente und Überblick (enthalten im Downloadbereich)

Mit seinen Zuordnungen der Tools zu den verschiedenen Klassen bzw. Kategorien dient das Instrument dabei sowohl als Ordnungs- als auch insbesondere als Suchsystem zur Auswahl der für bestimmte Fragestellungen geeigneten als auch dem Ausschluss der dafür nicht geeigneten Tools. Die Ordnung wurde in der Weise vorgenommen, dass

- die verschiedenen Kategorien sich nach Möglichkeit nicht überschneiden bzw. nicht vermischen und damit
- den unterschiedlichen Fragestellungen, Zielsetzungen, Erkenntniserwartungen und Einsatzmöglichkeiten sowie der unterschiedlichen Aussagekraft der Strategietools Rechnung getragen werden kann,
- unterschiedliche Nutzen-Perspektiven für die Strategietools berücksichtigt werden können,
- der ökonomische Umgang mit den Tools gewährleistet ist,
- die verschiedenen Perspektiven ein insgesamt schlüssiges Bild zwischen Beiträgen, Aussagequalitäten und Kontext des Geschäftsmodells ergeben. Im stimmigen Zusammenwirken der einzelnen Matrizen besteht der Gesamtnutzen des Instruments.

MERKE: Die Klassifizierung der Nutzen ist Voraussetzung für die Bewertung der geschäftspolitischen Bedeutung des Strategietools. ■

Mit den Tabellen 6.1 und 6.2 (Matrizen 1 und 2 in Bild 6.4) werden den Strategietools grundsätzlich mögliche Aussagequalitäten und Beiträge zugeordnet. Diese Grundstruktur des Nutzens der Strategietools ist die Basis für die Zuordnungen in den Tabellen 6.3 bis 6.5, die den Nutzenkategorien der Tools aus den unterschiedlichen Perspektiven

- Maximen und Prinzipien,
- strategisches Handeln und
- Geschäftsmodell

gewidmet sind.

Nur durch diese Ordnung kann der Bezug zu einem Geschäftsmodell hergestellt werden. Wenn man sich der Qualität einer Aussage und deren Beitragspotenzial nicht bewusst ist, kann man auch den geschäftspolitischen Nutzen nicht beurteilen. Die dargestellte Kategorisierung und Systematisierung sind deshalb der Weg dorthin.

Mit dem Instrument können Erkenntnisse darüber gewonnen werden, welcher Typ von Aussagen mit den Strategietools für welche Kategorien von Beiträgen zu strategischen Problemen zu welchem Zweck möglich ist, darüber hinaus über die Vielseitigkeit der Tools sowie auch darüber, welche unterschiedlichen Tools zur Gewinnung von Erkenntnissen erforderlich sind und dass die Anwendung eines Tools häufig keine Entscheidungsgrundlage liefern kann, weil ganz unterschiedliche Perspektiven zusammengeführt werden müssen.

Für jede der geschilderten strategischen Aufgaben und Fragestellungen soll das geeignete Tool ausgewählt werden können, soweit diese Fragestellungen und Problembehandlungen überhaupt durch Tools abdeckbar und mit Hilfe von Tools zugänglich sind. Dabei geht es eben nicht nur um den reinen (zweckfreien) Wissenszuwachs mit nicht von vornherein bestimmbarem Nutzen, sondern um

- eine so weit wie möglich sichere und nachvollziehbare Beurteilung strategischer Sachverhalte,
- Situationen und Bedingungen,
- Unterstützung beim Aufbau des Geschäftsmodells,
- Entscheidungshilfen bei der Strategiefindung,
- Unterstützung bei Diagnosen von Potenzialen und Defiziten und
- Controllinginstrumente.

Erst durch dieses Ordnungssystem wird aber eine geschäftspolitisch gezielte Fragestellung und Beurteilung ermöglicht, die, aufbauend auf dem generischen Ansatz, zu dem gewünschten Nutzen der Tools führt.

Selbstverständlich ist es so, dass nicht die gesamte strategische Vielfalt von Entscheidungssituationen, Entscheidungen, Bedingungen und Aktionen und Reaktionen sowie Perspektiven, Problemen und Herausforderungen abgedeckt werden. Mindestens kann aber mit dieser Einordnung der Tools in einen geschäftspolitischen Kontext ein wesentlicher Beitrag zur Vermeidung von Verschwendung in vielerlei Weise geleistet werden.

Anmerkung: Wem diese Ausführungen zu banal und an den Haaren herbeigezogen vorkommen, der möge sich vielleicht daran erinnern, mit welchen Schwierigkeiten und wie häufig „für die Katz" Tools eingesetzt wurden/werden – außer viel Aufwand für die Datenbeschaffung nichts gewesen. Das hat dann dazu geführt, dass die Dinge, die man wirklich mit den Tools anfangen kann, dann auch gelassen wurden.

Im Folgenden wird das Instrument im Einzelnen beschrieben.

6.3.2 Beschreibung

Die Zuordnung der Beiträge der Strategietools zu den einzelnen Beitragskategorien ermöglicht, bezogen auf strategische Fragestellungen, eine Erstbeurteilung bzw. eine Vorselektion geeigneter Tools (Tabelle 6.1).

Hier gilt die erwähnte Strenge der Beitragszuordnung. Kriterium ist, ob aus der Anwendung eines Tools unmittelbar eine strategische Aktion abgeleitet werden kann oder ob das gewonnene Wissen mehr zur Stärkung des strategischen Bewusstseins und der strategischen Sensibilität beiträgt. Auf der Ordinate von Bild 6.5 ist jeweils (wie in allen anderen Abbildungen dieser Art auch) die Anzahl der Tools aufgetragen, die der Bedingung genügen, nämlich einen Beitrag zu leisten.

Bei strenger Zuordnung ergibt sich, dass die Mehrzahl der Tools einen Beitrag zum Wissenszuwachs und zur Diagnose leistet, der unmittelbare Nutzen für das Managen der Strategie nur für wenige Werkzeuge zutrifft. Zum Aufbau des Geschäftsmodells können immerhin zehn der 32 Tools unmittelbar beitragen.

①	Beitragskategorien
Strategietools	Welchen Basisbeitrag kann ein Strategietool leisten?

TABELLE 6.1 Beiträge der Strategietools zu den Beitragskategorien

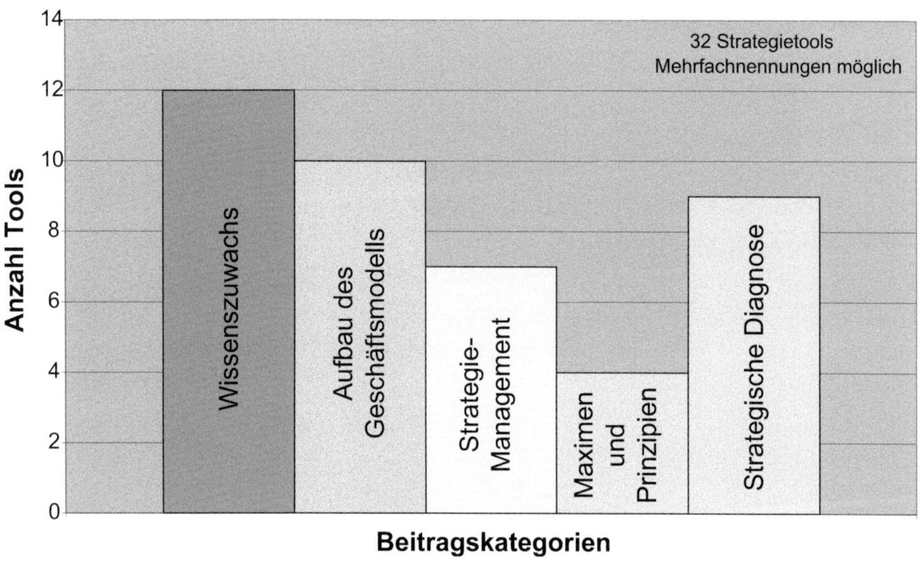

BILD 6.5 Beiträge der Tools zu den Beitragskategorien

Den Strategietools sind bestimmte Aussagetypen bzw. Aussagequalitäten zuordenbar. Tabelle 6.2 und Bild 6.6 zeigen, welche Aussagen mit Strategietools gemacht werden und welche Erwartungen an die Aussagequalität mit ihrem Einsatz („lediglich") verbunden werden können.

②	Aussagetypen
Strategietools	Welche Aussagequalität wird mit einem Strategietool erreicht?

TABELLE 6.2 Entsprechungen von Strategietools und Aussagetypen

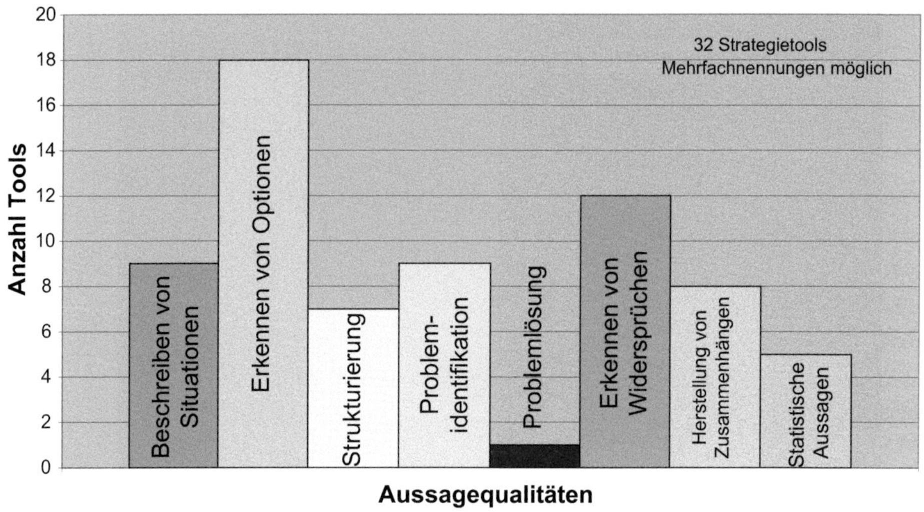

BILD 6.6 Aussagequalitäten der Strategietools

Die Schwerpunkte von Aussagen liegen dabei auf

- dem Erkennen von strategischen Optionen – dazu leisten 18 Tools (56 %) einen Beitrag,
- dem Erkennen von Widersprüchen bei strategischen Entscheidungen – dazu leisten zwölf Tools (37 %) einen Beitrag und
- dem Beschreiben von Situationen (neun Tools bzw. 28 %).

Der Erfolg eines Unternehmens wird zweifelsfrei behindert durch Verschwendung in den unterschiedlichsten Formen und durch ein Defizit in Bezug auf das umfassende Verstehen und Identifizieren von Verschwendung. Zu den verschiedenen Arten von Verschwendung gehört

- nicht nur offensichtliche Verschwendung in einem sehr engen Sinn (z. B.: Doppelarbeit oder zu teuer eingekauftes Material, weil der Einkauf operative Schwächen hat), sondern eben auch
- falsche Annahmen oder
- die Unstimmigkeiten und Inkonsistenzen in der Organisation und von strategischen Entscheidungen.

Verschwendung hat also nicht nur Ursachen im täglichen operativen Geschehen und Handeln, sondern auch in falschen strategischen Annahmen und Weichenstellungen von vornherein. Strategietools leisten unterschiedliche Beiträge dazu, strategische Ursachen von Verschwendung sichtbar zu machen, als Erfolgshindernisse zu erkennen und zu überwinden, wie in Tabelle 6.3 und Bild 6.7 dargestellt.

TABELLE 6.3 Beiträge der Strategietools zur Erfüllung von Maximen und Prinzipien

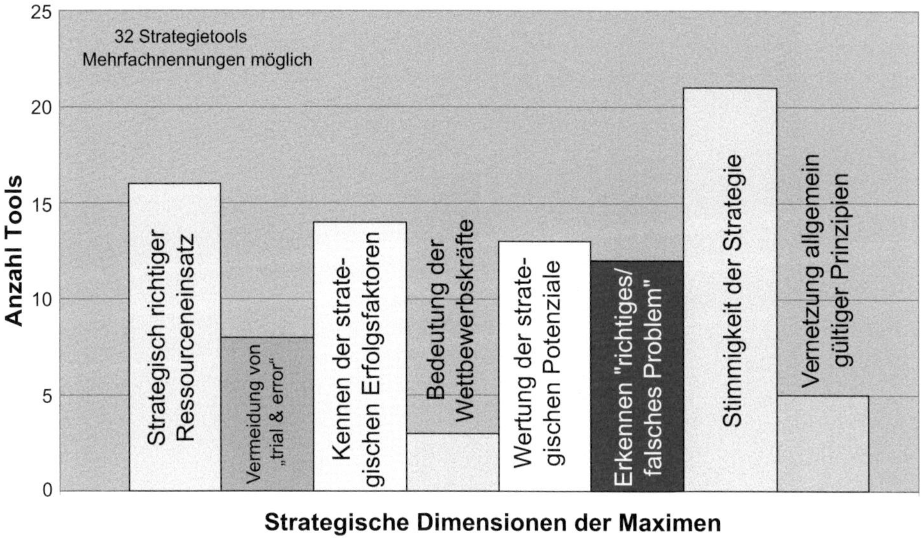

BILD 6.7 Strategietools und Maximen

Aus Tabelle 6.3 ist zu entnehmen, welche Tools und welche kombinierten Anwendungen verschiedener Tools für Indikationen der verschiedensten Art bzw. vollständige Aussagen z. B. in Bezug auf

- die Bedeutung strategischer Potenziale,
- sinnvolle Differenzierungsmöglichkeiten,
- wirksame Erfolgsfaktoren oder
- sinnvolle (bzw. auch unsinnige) oder realisierbare Zielsetzungen

und die damit verbundenen Maximen

- keine falschen Annahmen,
- Schlüssigkeit,
- Produktivität und
- Komplementarität

in Frage kommen.

Erfahrungskurvenanalyse und Lebenszyklusanalyse gemeinsam liefern z. B. Indikatoren dafür, ob die Differenzierung „Kostenführerschaft" sinnvoll ist und sich verträgt mit den Nutzenpotenzialen aus der Zufriedenheitsanalyse.

Einen quasi mengenmäßigen Überblick über die Anzahl der Tools, von denen zu den einzelnen Maximen Erkenntnisbeiträge zu erwarten sind, liefert Bild 6.7.

Mengenmäßig am stärksten vertreten sind Tools

- zur Überprüfung von Kompatibilität und Stimmigkeit strategischer Entscheidungen in Bezug auf strategische Ziele, Erfolgsfaktoren, (generische) Strategien und Strategiepotenziale (Beiträge durch 21 von insgesamt 32 Tools),
- zur Vermeidung von Verschwendung durch
  - strategisch richtigen Ressourceneinsatz (Beiträge durch 16 Tools) sowie
  - Kennen der richtigen strategischen Erfolgsfaktoren (Beiträge durch 14 Tools).

Alle Tools leisten Beiträge in Bezug auf mehrere der aufgeführten Maximen (auf durchschnittlich 3).

Tabelle 6.4 zeigt, zu welcher Art strategischer Entscheidungen und Aktionen die Strategietools beitragen können. Grundlage dieser Tabelle sind die Dimensionen strategischen

Handelns, die zu dem Begriff „Managen der Unternehmensstrategie“ zusammengefasst werden und alle Aktionen, Reaktionen und Entscheidungen ausmachen, die der Formulierung und konsequenten Umsetzung sowie dem Controlling der Unternehmensstrategie dienen.

4	Strategische Fragestellungen und Entscheidungen
Strategietools	Welche Strategietools leisten einen unmittelbaren und/oder mittelbaren Beitrag zum „Managen der Unternehmensstrategie“?

TABELLE 6.4 Beiträge der Strategietools zu strategischen Fragestellungen und Entscheidungen

Die Strenge der Zuordnung ist gegenüber der Tabelle 6.1 und Bild 6.5 insofern aufgehoben, weil hier die Beiträge die unterschiedlichsten Aussagequalitäten einschließen.

MERKE: Für fundierte strategische Aussagen ist die Anwendung mehrerer Tools erforderlich.

Es wird also bei der hier vorgenommenen Zuordnung durchaus berücksichtigt, dass in Abhängigkeit vom Geschäftsmodell nicht nur der unmittelbare Nutzen bewertet wird, sondern auch z. B. die auf bestimmte Zusammenhänge gerichtete Sensibilisierung. Es ist alles das zugeordnet, was durch ein Strategietool im Sinne des strategischen Denkens nützlich sein könnte (ohne der „Alles-hat-mit-allem-zu-tun-Masche“ zu verfallen).

Nutzenprofil und Mächtigkeit der Strategietools zeigen die Bilder 6.8 und 6.9.

Das Nutzenprofil macht eine Aussage darüber, welche (und damit gleichzeitig wie viele) Tools für bestimmte strategische Fragestellungen zur Verfügung stehen. Das heißt aber gleichzeitig auch, wie viele Tools für vollständige und schlüssige Antworten einzusetzen sind, da jeweils unterschiedliche Perspektiven berücksichtigt werden müssen.

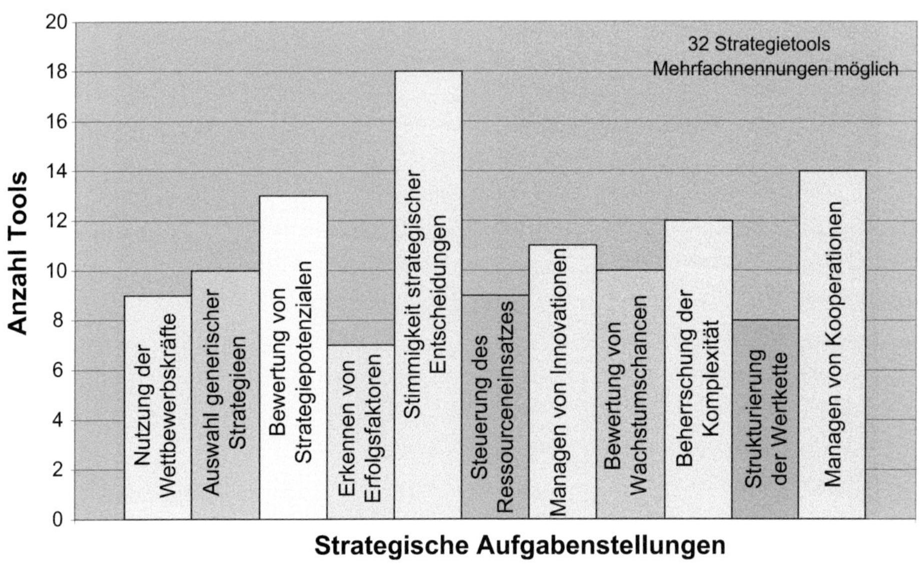

BILD 6.8 Nutzenprofil der Strategietools in Bezug auf strategische Aufgabenstellungen

Für alle strategischen Fragestellungen stehen jeweils mehrere Tools zur Verfügung, jedoch in unterschiedlicher Anzahl. Die Schwankungsbreite reicht von 18 Tools mit Beiträgen zur

Beurteilung der Stimmigkeit strategischer Entscheidungen bis zu nur sieben Tools für die Erkennung der Relevanz von Erfolgsfaktoren.

Zur Indikation der Stimmigkeit strategischer Entscheidungen trägt die ABC-Analyse ebenso bei wie die Unternehmenskulturanalyse, das 7-S-Modell, die Wertkettenanalyse und die Portfoliotechniken, jeweils aus ganz unterschiedlichen Perspektiven.

Zur Bewertung von Erfolgsfaktoren sind die Portfoliotechniken, die Erfahrungskurvenanalyse sowie die Gap-Analyse besonders geeignet.

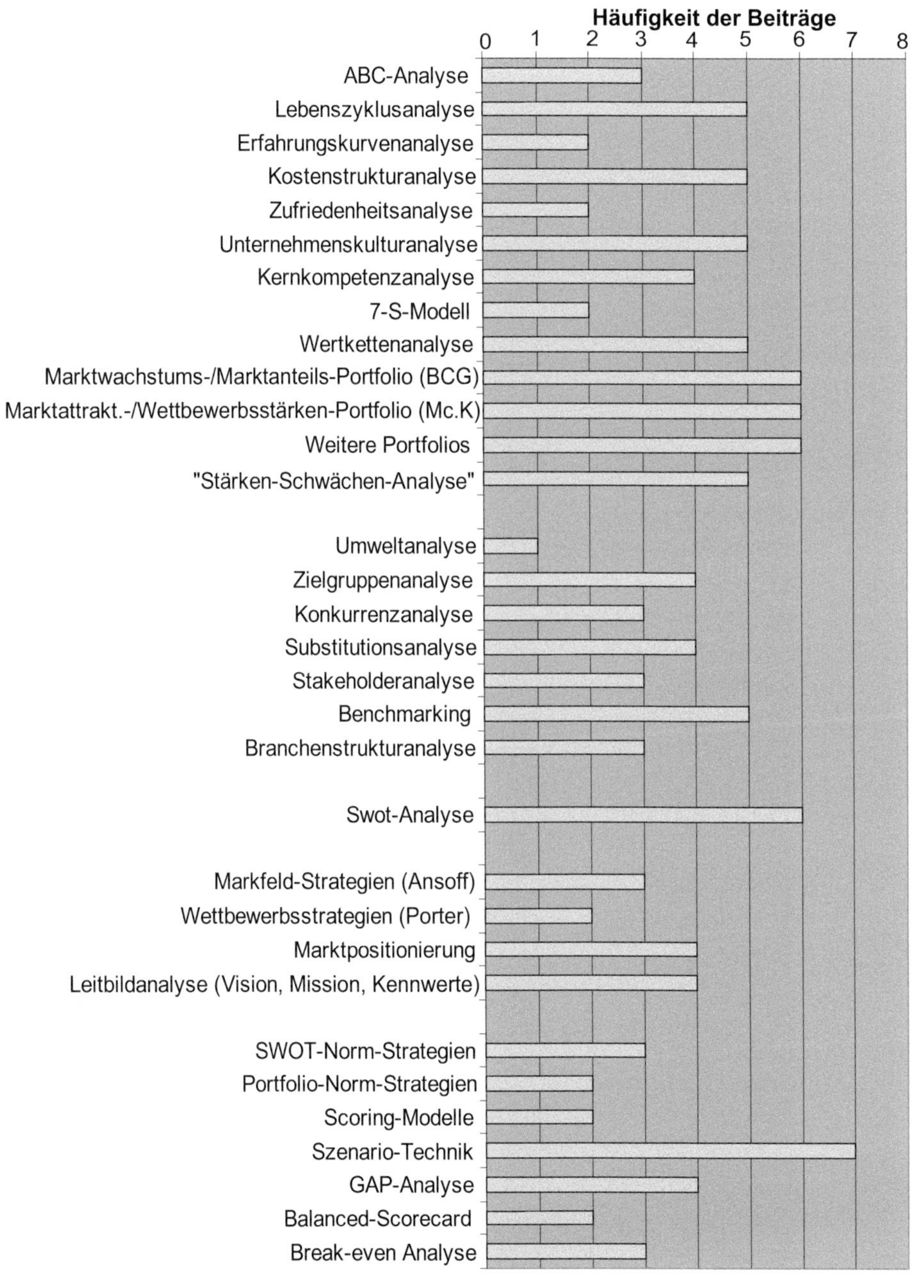

BILD 6.9 Mächtigkeit der Strategietools

Das jeweilige Gewicht der Beiträge ergibt sich allerdings erst aus dem Kontext eines konkreten Geschäftsmodells, was aber gezielt nur mit den Aussagen aus Tabelle 6.4 entwickelt werden kann. Das Zusammenführen der (generischen) Aussagen aus den verschiedenen Tools zu einer Gesamtaussage ist die „unternehmerische Aufgabe jenseits der Tools".

Die Mächtigkeit der Strategietools beschreibt die Vielfältigkeit der Verwendung für unterschiedliche Fragestellungen. Sie sagt etwas über deren Bedeutung aus und gibt Hinweise in Bezug auf die Kompetenzen, die in einem Unternehmen ausgeprägt sein sollten, sowie in Bezug auf die Steuerung des Aufwands für Schulung und Training.

Tools mit der größten Mächtigkeit, mit Beiträgen zu mehreren strategischen Fragestellungen bzw. Problemstellungen und Entscheidungssituationen, sind die Szenariotechnik, Portfoliodarstellungen und die SWOT-Analyse. Sie können am umfangreichsten genutzt werden. In welcher Weise diese ihren Beitrag leisten, ist aus der Gegenüberstellung der Tools und den Aussagetypen in der Tabelle 6.2 zu erkennen.

Den geringsten Nutzen im Sinne vielfältiger Beiträge haben Umweltanalyse und Balanced Scorecard. Letztere hat ihren unbestreitbaren Nutzen hinsichtlich der Relevanz und Stimmigkeit strategischer Entscheidungen in Bezug auf verschiedene Bereiche bzw. Handlungs- und Entscheidungsebenen: Prozesse, Kundenorientierung und Kompetenzen und ihre finanziellen Implikationen (Kapitel 5.6).

In Tabelle 6.5 sind die Beiträge der Strategietools zum Aufbau eines Geschäftsmodells dargestellt. Bild 6.10 gibt einen Überblick über das Beitragsprofil mit den Beitragsschwerpunkten. Sie zeigt, wie viele der Tools jeweils zur Definition der einzelnen Dimensionen eines Geschäftsmodells einen Beitrag leisten. Schwerpunkte liegen bei den Dimensionen

- Formulierung der USP,
- Definition der Wertschöpfungsstufen,
- Definition der Leistungen und der Leistungspalette,
- Positionierung in der Wertkette.

Mehrere Tools leisten jeweils einen dominanten Beitrag zur Bewältigung dieser strategischen Aufgaben. Hier kommt es darauf an, zu zeigen, dass die kombinierte Anwendung mehrerer Tools erforderlich ist, um ein schlüssiges und abgerundetes Bild über die strategischen Bedingungen zu erhalten, das für den Aufbau eines erfolgreichen Geschäftsmodells unerlässlich ist. Die Tabellen 6.6 und 6.7 runden das Bild über die Leistungsfähigkeit der Strategietools ab.

5	Dimensionen des Geschäftsmodells
Strategietools	Welche Strategietools leisten einen unmittelbaren Beitrag zur Formulierung des Geschäftsmodells?

TABELLE 6.5 Beitrag der Strategietools zum Aufbau eines Geschäftsmodells

Tabelle 6.6 zeigt, welche Arten von Aussagen für welche Art von strategischen Fragestellungen benötigt werden, im Sinne dessen, was die Strategietools grundsätzlich zu leisten in der Lage sind (Aussagequalitäten). Der Schwerpunkt liegt hier klar beim Aufzeigen von Optionen – was mit vielen strategischen Problemstellungen verbunden ist, gefolgt von Strukturierungsaussagen und solchen zur Segmentierung.

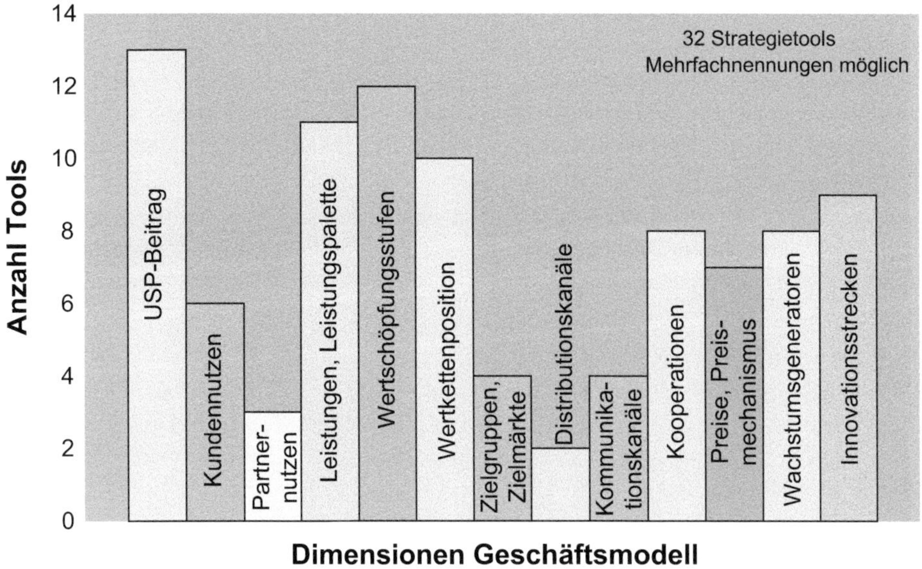

BILD 6.10 Beitragsprofil der Tools zum Aufbau eines Geschäftsmodells

Tabelle 6.7 macht allgemein gültige Aussagen darüber, mit welchen Aussagequalitäten Beiträge zu strategischen Fragestellungen bzw. zur Beurteilung des Stellenwerts und der Bedeutung strategischer Sachverhalte und Entscheidungssituationen zu erlangen sind – immer im Kontext der vorgestellten Strategietools und strategischen Grundentscheidungen (Geschäftsmodell).

6	Strategische Fragestellungen und Entscheidungen
Aussagetypen	Welche Arten von Aussagen werden für welche Art von strategischen Fragestellungen benötigt?

TABELLE 6.6 Entsprechungen von Aussagetypen und strategischen Fragestellungen und Entscheidungen

7	Beitragskategorien
Aussagetypen	Welche Aussagequalitäten sind für welche Beitragskategorien relevant?

TABELLE 6.7 Entsprechungen von Aussagetypen und Beitragskategorien

Um Beiträge zu erhalten, brauche ich Aussagen einer bestimmten Qualität. Das Tool dazu bekomme ich aus Tabelle 6.2.

Zum Aufbau eines Geschäftsmodells sind Aussagen über Strukturierung von Objekten oder Phänomenen (in diesem Zusammenhang ist der Markt ein Phänomen) hilfreich. Die entsprechenden Tools dafür sind z. B. ABC-Analyse, Kernkompetenzanalyse und Wertkettenanalyse.

Aus den Darstellungen wird insgesamt ersichtlich, dass aus den Aussagen einzelner Tools nicht wirklich eine Strategie bzw. strategische Entscheidungen oder Beurteilungen abgeleitet werden können, sondern nur aus der kombinierten Anwendung mehrerer Tools hintereinander.

Weiterhin lassen sich

- Intensitätsprofile der Tools in Bezug auf die einzelnen Aussagetypen und Beiträge/Beitragsklassen ableiten, was gleichzeitig der Bedeutung der einzelnen Tools unter Anwendungsgesichtspunkten bzw. dem Gesichtspunkt erweiterter oder nur eingeschränkter Einsetzbarkeit/Wichtigkeit entspricht,
- Erkenntnisse darüber gewinnen, welche Informationen und Analyse für bestimmte Entscheidungen erforderlich sind (Kombinationen und Sequenzen von Tool-Anwendungen),
- Häufung und Kombinationen sowie Hierarchien für bestimmte Aussagen und Fragestellungen ableiten.

Durch Überlagerungen der verschiedenen Matrizen (Tabellen) erhält man mit verschiedenen dreidimensionalen Abhängigkeiten bzw. Verknüpfungen (Würfeln, Bild 6.11) eine zielführende und ökonomische Möglichkeit der Auswahl und Anwendung der Strategietools im Kontext von Geschäftsmodellen. Die erwartbaren Aussagetypen werden anhand von Beispielen, Beispiel-Szenarien und Beispiel-Kommentaren erläutert.

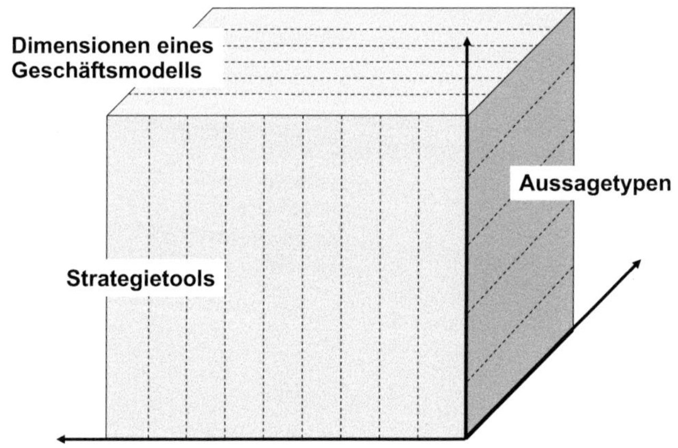

BILD 6.11 Geschäftsmodell – Würfel

Der Würfel in Bild 6.11 soll zeigen, dass bei der Beurteilung und der Auswahl eines Tools die folgenden Fragen zu beantworten sind und die Beantwortungen dieser Fragen über die Matrizen unterstützt werden:

- Welche Dimension des Geschäftsmodells ist zu definieren (Auswahl aus den Optionen der Matrix)?
- Gibt es dafür ein geeignetes Tool, bzw. welches Tool ist dafür geeignet?
- Welche Art von Aussage ist damit zu erzielen?

Der Würfel in Bild 6.12 enthält Erkenntnisse darüber, dass für bestimmte Beiträge nur bestimmte Qualitäten von Aussagen in Frage kommen bzw. dafür besser geeignet sind als andere. Diese Erkenntnisse sind wichtig für die Beurteilung des Nutzenpotenzials der Tools und für deren wirtschaftlichen Einsatz.

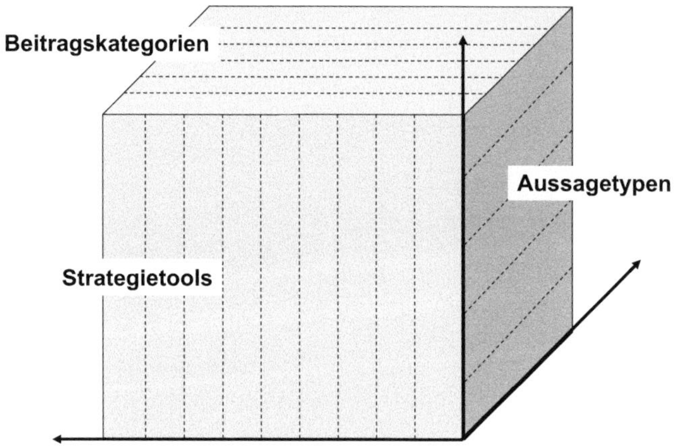

BILD 6.12 Beitragskategorien – Würfel

Der in Bild 6.13 dargestellte Würfel enthält alle kombinierten Informationen darüber, mit welchem Typ von Aussagen welches Tool zur Erfüllung von Maximen und Prinzipien beiträgt. Die Einzelinformationen dafür sind in den abgebildeten Matrizen enthalten. Der Würfel in Bild 6.14 gibt Auskunft darüber, mit welcher Art von Aussagen die Strategietools zu welchen strategischen Fragestellungen und Erkenntniszuwächsen beitragen.

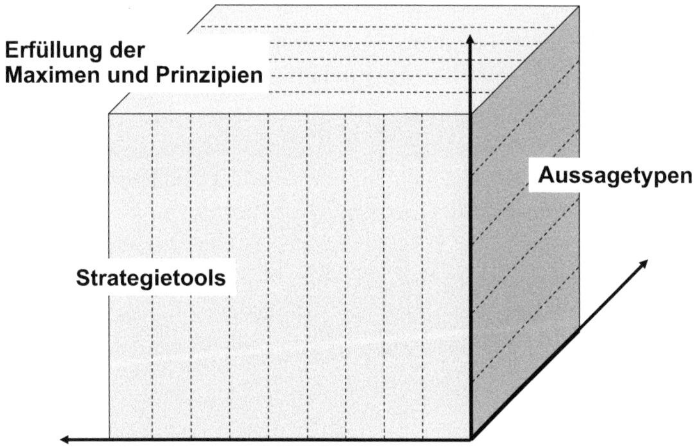

BILD 6.13 Maximen und Prinzipien – Würfel

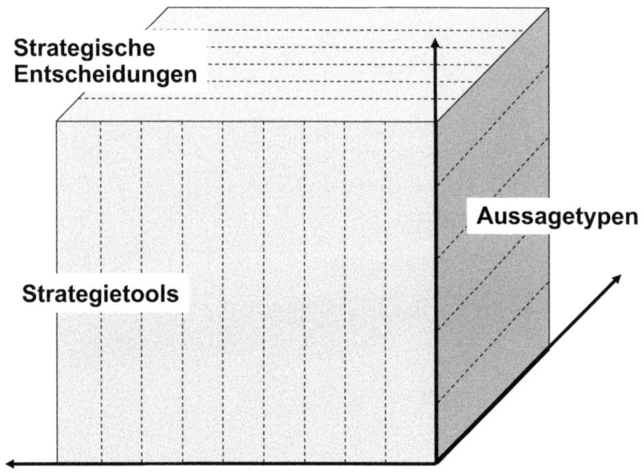

BILD 6.14 Würfel strategischer Entscheidungen

Nur die jeweils dreidimensionale Gesamtschau bietet einen vollständigen Überblick über die Leistungsfähigkeit der Tools, die realistischerweise zu erwartenden Beiträge und über ihren Nutzen sowie die Intensität der Nacharbeit, die auf der Basis der Kontexte und der Tool-Aussagen zu leisten ist.

6.3.3 Nutzen und Vorgehensweise

Nutzen

Das Instrument kann einen Beitrag leisten zur Herstellung des Kontextes (zum Aufbau des Geschäftsmodells bzw. zur Definition einzelner Dimensionen). Die Relevanz einer strategischen Situation, eines Problems oder einer strategischen Fragestellung ergibt sich aus dem Kontext des Geschäftsmodells. Ob ein Problem besteht oder nicht, kann nur aus dem Kontext heraus geklärt werden.

Die Beurteilung der Relevanz einer Fragestellung an sich ist mit keinem der dargestellten Tools zu bewerkstelligen. Dies findet auf einer Ebene statt, die sich einem Tool entzieht. Das gilt ebenso für die Gewichtung, den Stellenwert und die Tragweite von Antworten.

Erst wenn die Frage nach dem Kontext beantwortet ist, kann das dafür geeignete Tool mit dem Instrument sinnvoll ausgewählt und erfolgreich angewendet werden. Das Tool selbst kann nicht den Kontext für strategisches unternehmerisches Handeln liefern.

Häufig, auch in anderen Zusammenhängen und Bereichen, stößt man auf die Situation, dass der Nutzen von Werkzeugen mit dem Lösen von Problemen verwechselt wird (z. B. oft und immer noch und immer wieder in beklagenswerter Weise in Bezug auf IT).

Tools können aber einen Beitrag zur Formulierung eines Problems leisten bzw. zur Erkenntnis darüber, ob ein Problem besteht oder nicht. Insofern besteht eine Wechselwirkung zwischen der kontextbezogenen strategischen Analyse und dem Einsatz von Tools, die in diesem Sinne einen indirekten Beitrag leisten zur Beurteilung der Relevanz von strategischen Problemen und Fragestellungen.

Der Nutzen des Instrumentariums für die Bewertung und die Auswahl der Tools besteht in jedem Falle darin, aufzuzeigen, welche Zusammenhänge bestehen und welche Bezüge bzw. Relationen relevant sind.

Anwendung

Der Einstieg in das **Instrument zur geschäftspolitischen Beurteilung und Auswahl der Strategietools**, d. h., die Auswahl eines geeigneten Strategietools wird ausgelöst durch die folgenden, sich zunächst durch unterschiedlichste Situationen und Ereignisse unabhängig voneinander ergebenden Fragestellungen:

- Welches strategische Problem muss bearbeitet werden, welche strategische Entscheidung steht an?
- Welche Art von Aussage soll getroffen werden?
- Wozu soll ein Beitrag geleistet werden?
- Welche Art von Beitrag soll geleistet werden?
- Welches Prinzip, welche Maxime hat Bedeutung?
- Was leistet ein vorgeschlagenes Strategietool?

Die Fragestellung initiiert ein schrittweises Vorgehen:

- *Schritt 1*

  Auswahl der Tabelle, die der Fragestellung entspricht, d. h., deren Zeile oder Spalte die Fragestellung widerspiegelt – Beitrag, Aussagequalität, Maxime, Tool.

- *Schritt 2*

  Identifizierung des in Frage kommenden Strategietools oder Herstellung der Verbindung zu einer Tabelle, die die Strategietools enthält, und zwar bezogen auf die Elemente, die bei Schritt 1 ausgewählt wurden.
- *Schritt 3*

  Auswahl einer weiteren Tabelle für zusätzliche Informationen oder Erkenntnisse.

Wurde bei Schritt 1 nach der Aussagequalität für einen bestimmten Beitrag gefragt (Tabelle 6.7), so erfolgt mit Schritt 2 die Zuordnung des Beitrags zu dem geeigneten Tool (Tabelle 6.1).

Mit dem zweiten Schritt kann spätestens die Auswahl eines geeigneten Tools für eine bestimmte Aufgabenstellung erfolgen.

Mit dem Schritt 3 kann der Bezug zu den Maximen und Prinzipien hergestellt werden, um strategische Aktionen auch unter dieser Perspektive zu bewerten bzw. von deren Erfüllung abhängig zu machen.

Bild 6.4 dient dabei als Roadmap zur Anwendung des Instrumentariums, um die Stimmigkeit von Aktionen sicherzustellen und vollständige Diagnosen durchzuführen.

6.3.4 Literaturhinweise

BELZ, C. / BIEGER, T. (2004): *Customer Value - Kundenvorteile schaffen Unternehmensvorteile*, REDLINE WIRTSCHAFT, Frankfurt am Main 2004.

HERZBERG, F. (1959): *The Motivation to Work*, Wiley, New York 1959.

STÄHLER, P. (2001): *Geschäftsmodelle in der digitalen Ökonomie: Merkmale, Strategien und Auswirkungen*, Eul, Köln-Lohmar 2001, S. 38-52.

7 Case Study und Umsetzungsmethoden

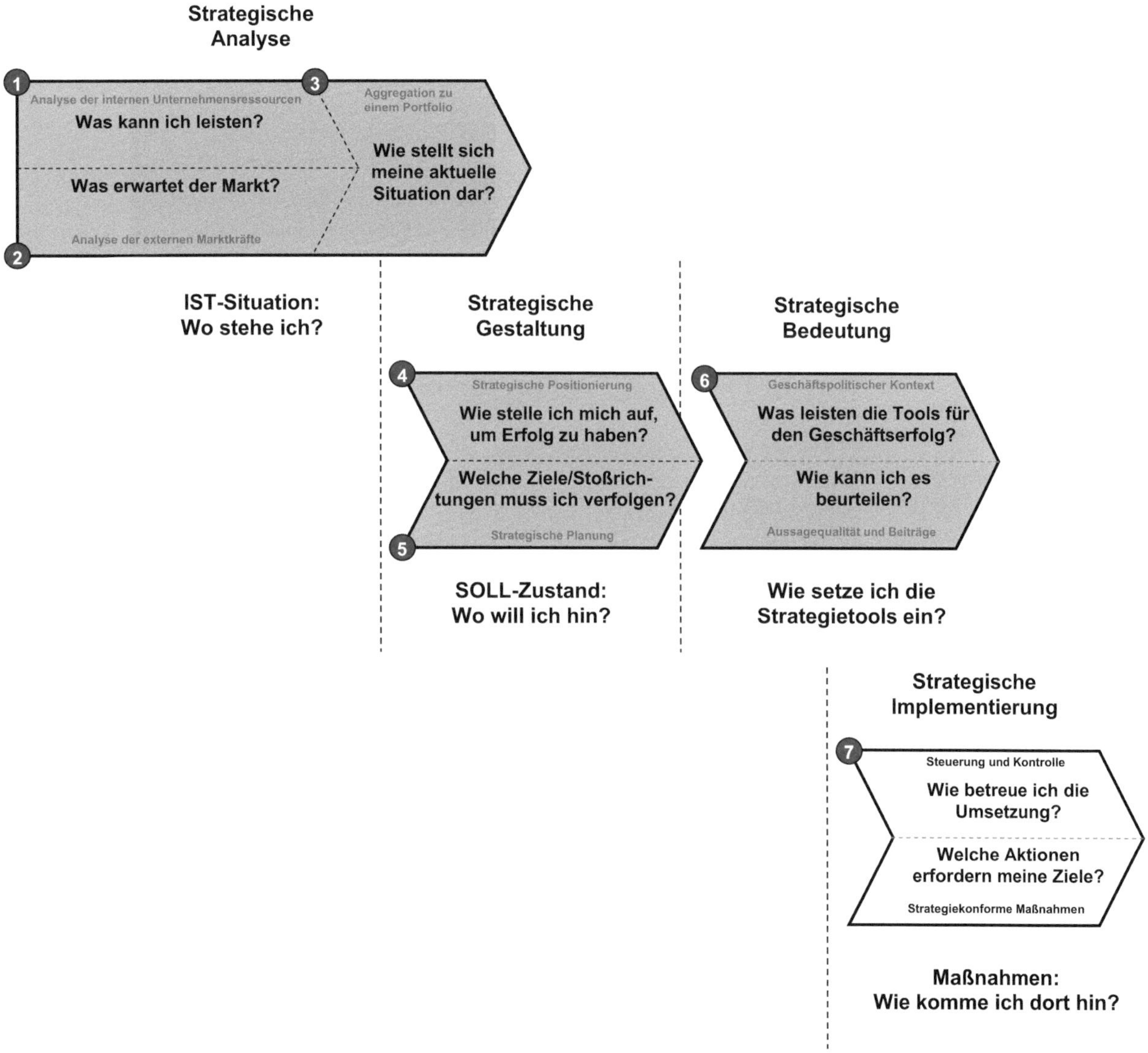

7.1 Case Study Logistikoptimierung

LEITFRAGEN:

- Wie lassen sich effiziente Logistikprozesse gestalten?
- Mit welchen Mitteln kann die Bedarfsvorhersage verbessert werden?
- Wie können Bestände gesenkt und kann der Lieferservice trotzdem erfüllt werden?
- Wie lassen sich Beschaffungsprozesse standardisieren und Prozesskosten senken?

7.1.1 Einleitung

In Zeiten hohen Kosten- und Wettbewerbsdrucks ist der Wunsch vieler Unternehmer, den klassischen Zielkonflikt der Logistik, der durch Kostenreduktion und logistischer Leistungssteigerung abgebildet wird, optimal zu lösen. Die jedoch stetig kürzer werdenden Liefer- und Produktlebenszeiten sowie die rapide steigende Variantenvielfalt haben zu einer unausweichlich ansteigenden Komplexität der Planung und Steuerung von Beständen geführt, die ohne eine angemessene systematische Herangehensweise nur noch unzureichend beherrscht werden kann.

Innerhalb dieser logistischen Herausforderungen stellt die Dispositionsplanung einen wesentlichen Potenzialbereich dar. In das Aufgabenfeld der **Disposition** fallen alle Tätigkeiten, die für eine termingerechte Versorgung eines Unternehmens und dessen Kunden mit den erforderlichen Einsatzstoffen und Waren in der richtigen Qualität und Menge verantwortlich sind. Nicht selten haben Disponenten Verantwortung für mehrere Tausend Artikel. In solchen Situationen kommt es oftmals vor, dass die Dispositionsprozesse nicht hinreichend standardisiert gestaltet sind und somit bestehende Potenziale zur Kostensenkung nicht ausgeschöpft werden.

MERKE: Die Lieferbereitschaft drückt aus, mit welcher Wahrscheinlichkeit eine Kundenbestellung aus dem Lagerbestand bedient werden kann.

Zur Entschärfung des Zielkonflikts der Logistik ist eine Optimierung der drei Hauptfunktionen der Disposition, der **Bedarfs-, Bestands**- und **Beschaffungsplanung,** zur zentralen logistischen Aufgabe geworden. Im Rahmen dieser Handlungsfelder gilt es, die vom Markt geforderte hohe Lieferbereitschaft zu gewährleisten und gleichzeitig die mit der Bereitstellung verbundenen Bestände aller Artikel zu minimieren. Die Realisierung einer hohen logistischen Leistungsfähigkeit, wie z. B. eine hohe Termintreue, kurze Lieferzeiten und eine hohe Flexibilität, können in zunehmendem Maße zur Differenzierung vom Wettbewerb genutzt werden. Bild 7.1 veranschaulicht das angestrebte Zielsystem.

Der Ansatz zur Reduzierung der Komplexität in den drei Handlungsfeldern ist eine artikelklassenspezifische Gestaltung der Disposition. Dieses Kapitel zeigt auf, wie Unternehmen mit einfachen Hilfsmitteln das Artikel- bzw. Teilespektrum strukturieren und in sinnvolle Klassen einteilen können. Jeder Klasse können sodann anforderungsgerechte, klassenspezifische Planungsstrategien zugewiesen werden. Dies ermöglicht eine optimierte Planung und Ausführung der zentralen Unternehmensprozesse und hierdurch eine deutliche Verbesserung der gesamten Kostensituation sowie eine erhöhte logistische Leistungsfähigkeit.

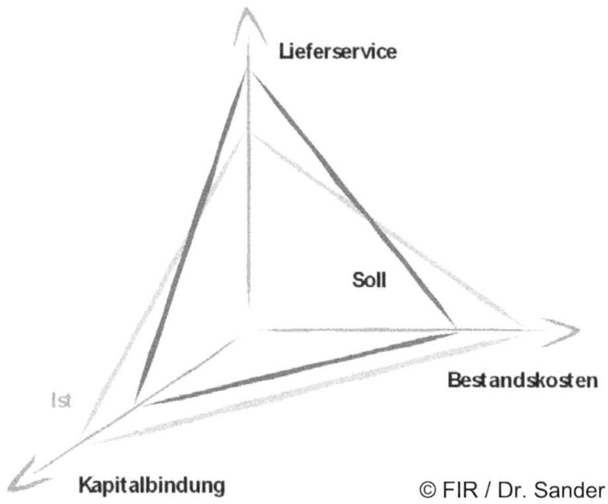

BILD 7.1 Zielsystem der Disposition

7.1.2 Zielsetzung und Anwendungsgebiet

Betrachtet man die in einem Unternehmen zu lagernden und zu disponierenden Materialien und Artikel, so kann häufig festgestellt werden, dass sowohl die Fertigungsmaterialien, Zukaufteile, Hilfs- und Betriebsstoffe auf der Beschaffungsseite als auch die Fertigwaren und bereitzuhaltenden Ersatzteile auf der Absatzseite hinsichtlich Merkmalen wie z. B. Menge, Verbrauchshäufigkeit und -regelmäßigkeit, Wiederbeschaffungszeit, Lebenszyklusphase und notwendige Lieferbereitschaft große Unterschiede aufweisen. In diesem Kontext erweist es sich als wenig sinnvoll, für das heterogene Artikelspektrum ein einheitliches, starres Strategiekonzept vorzuhalten. Beispielsweise sind Artikel wie Schrauben mit einem niedrigen Einzelwert, welche in großen, im Voraus bekannten Mengen regelmäßig benötigt werden, anders zu behandeln als hochwertige, zugekaufte Baugruppen, wie z. B. elektronische Steuerungen, die in unterschiedlichen Mengen und zu unregelmäßigen Zeitpunkten gebraucht werden. Die Anforderungen an die Dispositionsplanung hängen somit von den zu disponierenden Artikeln und deren logistikrelevanten Merkmalen ab.

Um beurteilen zu können, auf welche Weise die Disposition den unterschiedlichen Anforderungen gerecht werden kann, sind die zu disponierenden Artikel entsprechend den unterschiedlichen Anforderungen zu strukturieren. Die Artikelsegmentierung ist hierbei ein wichtiges Hilfsmittel für die differenzierte Betrachtung der Dispositionsplanung. In diesem Zusammenhang finden unterschiedliche Konzepte zur Strukturierung und Klassifizierung von Artikeln ihren Einsatz. Die Bestimmung von Mengen-Wert-Verhältnissen (ABC-Analyse) und die Differenzierung des Artikelspektrums hinsichtlich der Verbrauchsschwankung (XYZ-Analyse) stellen hierbei die bekanntesten Ansätze dar (siehe hierzu Kapitel 1).

> **TIPP:** Eine Artikelsegmentierung hilft dabei, das gesamte Artikelsortiment in sinnvolle dispositionsrelevante Artikelgruppen einzuteilen. ■

Mit einer zunehmenden Artikelvielfalt steigt die Anzahl der dispositionsrelevanten Merkmale (z. B. Menge, Stückpreis, Verbrauchsregelmäßigkeit), sodass der Aufwand und die Anforderungen an die Disposition ebenso zunehmen. Die Ausrichtung der Analyse auf lediglich ein Kriterium reicht häufig nicht mehr aus, um alle Anforderungen der zu planenden Artikel berücksichtigen zu können. Eine eindimensionale Betrachtung führt hierbei lediglich zu Teilverbesserungen, die sich im Hinblick auf das Gesamtzielsystem der Disposition jedoch kaum bemerkbar machen. Der Trend zu immer kürzeren Produktlebenszyklen verschärft die Situation zusätzlich, sodass insgesamt ein erweitertes Analysewerkzeug notwendig ist, das die herkömmlichen Methoden geschickt kombiniert und zudem die Lebenszyklusphasen der Artikel beachtet.

BEACHTE: Die zusätzliche Berücksichtigung der Lebenszyklusphase der Artikel ergänzt die bisherigen Analysewerkzeuge und lässt Rückschlüsse auf eine optimale dispositionsseitige Beplanung der Artikel zu.

Eine Kombination einzelner Analysewerkzeuge ermöglicht weiterführende Erkenntnisse hinsichtlich der optimalen Beplanung der Artikel sowie der hierfür notwendigen Konzepte und Verfahren und dient als Entscheidungsgrundlage für die strategische Gestaltung. Hierdurch können selbst umfangreiche Artikelsortimente sinnvoll strukturiert und dabei die für die Dispositionsplanung erforderlichen Artikeleigenschaften erfasst werden. Die Berücksichtigung der Lebenszyklusphase erlaubt es darüber hinaus, phasenspezifische Maßnahmen und Handlungsempfehlungen zu erarbeiten, die nicht ausschließlich für Artikel in der Hauptabsatzphase geeignet sind. Die Lücke zwischen den bekannten Ansätzen und dem nunmehr benötigten Analysewerkzeug wird geschlossen und ein ganzheitlicher Optimierungsansatz in allen drei Handlungsfeldern Bedarfs-, Beschaffungs- und Bestandsplanung erreicht.

Optimierungsfeld Bedarfsplanung

Zu den Kernaufgaben eines Unternehmens zählen unter anderem die dispositive Absatz- und Bedarfsplanung. Ziel der **Absatzplanung** ist es, eine möglichst gute Kenntnis darüber zu erlangen, welche Mengen an Produkten oder Produktgruppen wann abgesetzt bzw. nachgefragt werden. Die Absatzmengen werden hierfür über den Zeitverlauf prognostiziert und in einem Absatzplan zusammengeführt.

Die Ermittlung der Absatzmengen der Produkte erfolgt in der Regel anhand zweier unterschiedlicher Vorgehensweisen. Zum einen kann die Absatzplanung zentral erfolgen. Hierbei werden für das gesamte Netzwerk die Absatzmengen unternehmensübergreifend aggregiert ermittelt und gegebenenfalls im nächsten Schritt auf die Netzwerkpartner verteilt. Diese Vorgehensweise ist insbesondere im Kontext konzernartiger Unternehmensstrukturen, bei vergleichbaren Produkten oder vergleichbaren Absatzmärkten sinnvoll. Eine hierzu alternative Herangehensweise ist die dezentrale, konsensbasierte Absatzplanung. Hierbei wird eine Absatzmengenkonsolidierung für das gesamte Netzwerk durchgeführt. Der Planungsprozess durchläuft mehrere Phasen, in denen die Organisationseinheiten ihre Teilplanungen zusammenführen. Dieser Ansatz wird in der Regel dann herangezogen, wenn eine zentrale Gesamtabsatzplanung aufgrund von unterschiedlichen Absatzkanälen oder Absatzmärkten der Organisationseinheiten nur schwer möglich ist.

Die **Bedarfsplanung** schließt sich an die Absatzplanung an. Innerhalb der Bedarfsplanung werden die herzustellenden Erzeugnisse nach Art, Anzahl und Zeitfenster festgelegt, wobei eine genaue Spezifikation der Erzeugnisse meistens nicht erfolgt. Die im Rahmen der Absatzplanung prognostizierten Bedarfe werden auf die Netzwerkpartner verteilt und die Bedarfsdeckung wird sichergestellt. Auf lokaler Ebene finden die Feinplanung der Bedarfe und die lokale Ressourcenabstimmung statt. Die Ergebnisse der Bedarfsplanung stellen wesentliche Eingangsgrößen für das Produktionsprogramm und die Produktionsbedarfsplanung dar.

MERKE: Kurze Lieferzeiten, Kapazitätsauslastungen der Anlagen sowie Planunsicherheiten bedingen die Bevorratung von Artikeln.

Sobald die vom Markt geforderten Lieferzeiten kürzer sind als die zur Herstellung der Artikel notwendigen Durchlaufzeiten, wird die Lagerung von Waren erforderlich und die zukünftigen Bedarfe müssen im Rahmen der Absatzplanung durch Prognosen vorhergesagt werden. Für eine wirtschaftliche Bevorratung und effektive Produktionsplanung spielt die genaue Ermittlung des zukünftigen Bedarfs eine entscheidende Rolle. Gerade in diesem Handlungsfeld ist heutzutage noch erhebliches Verbesserungspotenzial vorhanden.

MERKE: Die Genauigkeit von Bedarfsvorhersagen werden anhand der sog. Prognosegüte gemessen.

Für den Zweck der **Bedarfsprognose** steht eine Vielzahl von Verfahren zur Verfügung. Hierbei stellt sich das grundsätzliche Problem, welches der Verfahren sich im Unternehmenskontext am besten eignet, um möglichst gute Prognoseergebnisse zu erzielen. Oftmals wird lediglich ein Prognoseverfahren artikelübergreifend angewandt, was in der Regel zu großen Prognosefehlern führt. Eine schlechte Prognosegüte bedeutet im Falle der Bedarfsüberschätzung überdimensionierte Lagerbestände verbunden mit entsprechend hohen Lagerhaltungskosten bzw. im Falle der Bedarfsunterschätzung eine erhebliche Verschlechterung der Lieferbereitschaft.

Um die beschriebene Situation zu vermeiden, müssen artikelklassenspezifische Prognoseverfahren herangezogen werden, die auf Grundlage der Artikelmerkmale eine möglichst gute Bedarfsprognose ermöglichen.

Optimierungsfeld Bestandsplanung

Während im Rahmen der Absatz- und der Bedarfsplanung die Bedarfe der zukünftigen Planungsperiode prognostiziert werden, erfüllt die **Bestandsplanung** die Aufgabe, die notwendigen Bestände zur Erreichung des gewünschten Lieferbereitschaftsgrades und die damit eng verbundenen Bestellauslösebestände zu ermitteln. Hierbei gilt es, anforderungsgerechte Dispositionsstrategien sowie geeignete Dispositionsparameter festzulegen. Ziel der Bestandsplanung ist es, das Auftreten von Fehlmengen zu vermeiden, um die zur Realisierung der gewünschten Absatzmengen benötigten Komponenten- bzw. Erzeugnismengen rechtzeitig bereitzustellen – zugleich jedoch keine hohen Lagerbestände hierfür vorzuhalten.

> **BEACHTE:** Im Rahmen der Bedarfsprognose ist es äußerst wichtig, saisonale Effekte und mögliches Trendverhalten der Artikelbedarfe zu identifizieren und bei der zukünftigen Prognose zu berücksichtigen. ■

Zu diesem Zweck ist es zunächst erforderlich, die Bevorratungsebenen für die einzelnen Erzeugnisse, Erzeugnisgruppen oder Teile festzulegen. In Abhängigkeit von den innerbetrieblichen Durchlaufzeiten bzw. **Wiederbeschaffungszeiten** und den vom Markt geforderten **Lieferzeiten** werden die Bevorratungsebenen so bestimmt, dass in der zur Verfügung stehenden Restdurchlaufzeit die zugesagten Liefertermine realisiert werden können. Bei der Bevorratung auf einer hohen Fertigstellungsstufe (z. B. endmontagefähige Baugruppen) sind die Lieferzeiten zwar kurz, die Kapitalbindung ist in der Regel jedoch relativ hoch aufgrund der großen Lagerbestände. Die Bevorratung auf einer Stufe mit niedrigem Fertigstellungsgrad (z. B. Teilefertigung) ermöglicht eine geringere Kapitalbindung, währenddessen die Lieferzeiten in der Regel höher sind.

Besonders hervorzuheben sind die Planung von **Sicherheitsbeständen**, die unvorhergesehene Unsicherheiten in Beschaffung, Produktion und Lieferung auffangen sollen, und die Festlegung von Bestellauslösebeständen, die für eine mengenorientierte Beschaffungsauslösung notwendig sind. Da durch die Bestandsplanung die Lagerbestände und damit das dort gebundene Kapital direkt beeinflusst werden, kommt ihr im Rahmen der Disposition eine wichtige Bedeutung zu. Insbesondere bei der Planung der **Reichweite** von Lagerbeständen und der Festlegung von Sicherheitsbeständen sind die Spezifika der einzelnen Erzeugnisse und vorauszuplanenden Komponenten, wie beispielsweise Preise, Wiederbeschaffungszeiten, Umsatzanteile und saisonales Verhalten, zu berücksichtigen.

> **MERKE:** Die Lagerreichweite zeigt die Zeit an, für die der Lagerbestand ausreicht, um den durchschnittlichen bzw. geplanten Materialverbrauch zu befriedigen und gibt damit Auskunft über die interne Versorgungssicherheit einer Periode. ■

Im Rahmen der Bestandsplanung stellt sich grundsätzlich die Frage, wie der Lagerbestand für die einzelnen Artikel zu dimensionieren ist. Einerseits gilt es dem Kunden einen möglichst hohen **Lieferbereitschaftsgrad** zu gewährleisten, was aufgrund der kurzen Lieferzeiten sowie der Planunsicherheiten (z. B. Unsicherheiten bei der Bedarfsermittlung, Liefertermin- und Liefermengenabweichungen) mit einem gewissen Lagerbestand verbunden ist. Andererseits gehen mit der Lagerung der Artikel Lagerhaltungskosten einher, die einen erheblichen Anteil an den Gesamtkosten einer Unternehmung ausmachen. Die Schwierigkeit liegt nun in der richtigen Festlegung der Bestandshöhe, um ein Gesamtoptimum der drei Zielgrößen Lieferservice, Kapitalbindung und Bestandskosten zu erreichen (siehe Bild 7.1).

Optimierungsfeld Beschaffungsplanung

Die **Beschaffungsplanung** basiert auf der Bedarfs- und Bestandsplanung und hat die Aufgabe, die zur Herstellung der Enderzeugnisse erforderlichen Einzelkomponenten und -teile anforderungsgerecht und kostenoptimal bereitzustellen. Ein wichtiges Planungstool in diesem Kontext ist die Stückliste. Sie dient der Ermittlung von Primär-, Sekundär- und Tertiärbedarfen. Wichtige Entscheidungskriterien der Beschaffungsplanung sind unter anderem der Anlieferrhythmus, die Bestandshöhe und die Wiederbeschaffungszeit.

Die Auslösung eines Beschaffungsprozesses kann bedarfs-, bestands- oder terminbezogen stattfinden. Hierfür stehen Verfahren wie Bestellpunkt-, Bestellrhythmusverfahren oder variantenreiche Kombinationen zur Verfügung. Der differenzierte Einsatz solcher Verfahren ermöglicht eine kostenoptimale Gestaltung der Beschaffungsterminierung.

Ziel der Bestimmung wirtschaftlicher Beschaffungsmengen ist es, die gegenläufigen Tendenzen der Kostengruppen Beschaffungsvorgang (z. B. Eigen- oder Fremdfertigung, Rüstkosten bei Eigenfertigung) und Lagerhaltung unter Beachtung gegebener Restriktionen so zu berücksichtigen, dass die entstehenden Gesamtkosten minimal werden. Hierfür stehen entsprechend statische, dynamische, exakte und heuristische Verfahren zur Auswahl, die unterschiedliche Rahmenbedingungen berücksichtigen und unter bestimmten Restriktionen anwendbar sind.

MERKE: Es gibt drei unterschiedliche Beschaffungsprinzipien: Einzelbeschaffung im Bedarfsfall, Vorratsbeschaffung und fertigungssynchrone Beschaffung. Für die Umsetzung dieser Prinzipien stehen eine Reihe von Beschaffungskonzepten (wie z. B. die Just-in-time Belieferung) zur Verfügung.

Die Beschaffung findet in der täglichen Unternehmenspraxis häufig nur wenig Beachtung, obwohl sie zunehmend in den Blickpunkt intensiver Rationalisierungsbemühungen rückt. Eine optimierte Beschaffung ermöglicht jedoch beachtliche Wettbewerbsvorteile durch eine bessere Bestimmung von Beschaffungsmengen und -terminen. Der Erfolg dieses Handlungsfeldes wird insbesondere durch die richtige Konfiguration der folgenden drei Teilbereiche der Beschaffungsplanung bestimmt:

- **Beschaffungsmengenrechnung:** Verfahren zur Bestimmung der Beschaffungsmengen bzw. der Losgröße,
- **Beschaffungsprinzip** und Beschaffungskonzepte,
- **Bestellpolitik:** Art der Beschaffungsauslösung.

Durch eine professionelle Beschaffungsplanung können mit relativ geringem Mitteleinsatz erhebliche Bestandssenkungen und eine gleichzeitige Verbesserung der Materialverfügbarkeit erzielt werden. Dadurch lassen sich Lagerhaltungskosten senken, lässt sich eine kostengünstige Materialversorgung sicherstellen und lassen sich Produktionsstillstände vermeiden.

MERKE: Im Rahmen der Bestellpolitik wird zwischen dem Bestellpunktverfahren, dem Bestellrythmusverfahren sowie einigen Mischformen unterschieden.

Bild 7.2 zeigt anschaulich die drei Handlungsfelder der Disposition. Da die einzelnen Planungsebenen der Bedarfs-, Bestands- und Beschaffungsplanung durch ineinandergreifende Prozesse und Parameter vernetzt sind, gilt es eine ganzheitliche Optimierung der Dispositionsplanung anzustreben.

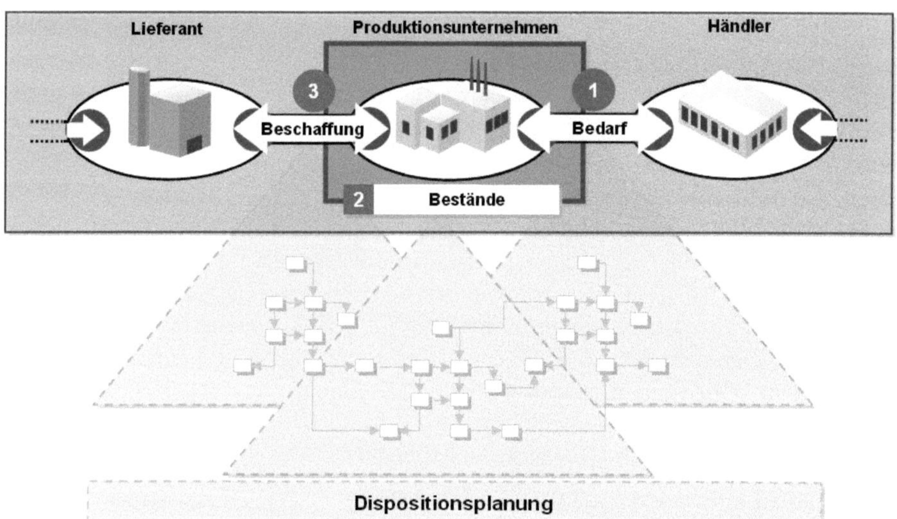

BILD 7.2 Handlungsfelder der Dispositionsplanung

7.1.3 Kombination der Analysewerkzeuge

Voraussetzung für die Einleitung von nachhaltigen Verbesserungen in den drei Aufgabenbereichen der Disposition ist die klassenspezifische Ableitung und Umsetzung von geeigneten Handlungsmaßnahmen. Eine sinnvolle Strukturierung des gesamten Artikelsortiments kann durch eine Klassifikationsmatrix gewährleistet werden, welche die für die drei Aufgabenbereiche der Disposition relevanten Artikeleigenschaften erfasst und sinnvoll miteinander verknüpft.

Durch Kombination der in Kapitel 1 erläuterten Analysewerkzeuge der **ABC-**, **XYZ-** und der **Lebenszyklusanalyse** kann ein hilfreiches und zugleich effizientes Strategieportfolio gebildet werden. Das kombinierte Analysewerkzeug berücksichtigt folgende dispositionsrelevante Klassifikationsmerkmale:

- Artikelbedeutung: Bedeutung des Artikels unter Berücksichtigung von Aspekten der Artikelwertigkeit,
- Verbrauchsverhalten: Verbrauchscharakter des Artikels hinsichtlich der Volatilität,
- Lebenszyklusphase des Artikels: Einführung, Wachstum, Reife, Rückgang.

Die Auswahl der Merkmale basiert auf der Segmentierung der unterschiedlichen Problemfelder der Dispositionsfunktionen Bedarfs-, Bestands- und Beschaffungsplanung. Jede Ausprägung der Merkmale stellt eine allgemeine charakteristische Artikelklasse dar.
Die zusätzliche Betrachtung der Lebenszyklusphase eines Artikels ist deshalb von Bedeutung, da in der Regel jeder Artikel innerhalb des Lebenszyklus ein phasenspezifisches Verbrauchs- bzw. Bedarfsverhalten aufweist. Der Produktlebenszyklus meint die Zeitdauer zwischen der Einführung des Produktes auf dem Markt und seiner Rücknahme vom Markt. Der konventionelle Produktlebenszyklus durchläuft eine Einführungsphase, eine Wachstumsphase, eine Reifephase und eine Rückgangsphase. In der Einführungsphase eines Artikels ist beispielsweise mit einem geringen Bedarf zu rechnen, der allerdings in unmittelbarer Zukunft zunächst stetig zunehmen wird. In der Rückgangsphase hingegen muss mit einem signifikant abnehmenden Bedarf gerechnet werden, da der Artikel kaum mehr nachgefragt wird. In dieser Phase gilt es, den Restbestand des Artikels möglichst aufzubrauchen und die Kapitalbindungskosten auf null zu senken, damit keine Verschrottung des Artikels stattfinden muss. Durch die Berücksichtigung der Lebenszyklusphasen der Artikel können Rückschlüsse für eine optimale dispositive Planung gezogen werden. Auf Basis der identifizierten Lebenszyklen ist es möglich, die Position der betrachteten Bezugsobjekte der Unternehmung zu bestimmen und strategische Maßnahmen abzuleiten.

BEACHTE: Artikel und Produkte weisen ein lebenszyklusorientiertes Verbrauchsverhalten auf.

Durch die Anwendung des kombinierten Analysewerkzeugs sollen den Unternehmen ihre Planungsdefizite aufgezeigt und soll die Erarbeitung praxistauglicher Handlungsempfehlungen zur Verbesserung des Einsatzes und der Konfiguration der Dispositionsplanung vorbereitet werden. Im Rahmen des Analysewerkzeugs erfolgt eine Konzentration auf die wesentlichen und zielführenden Artikelmerkmale – das Instrument trennt Wichtiges von Unwichtigem. Bild 7.3 zeigt schematisch die Kombination der einzelnen Analysewerkzeuge.

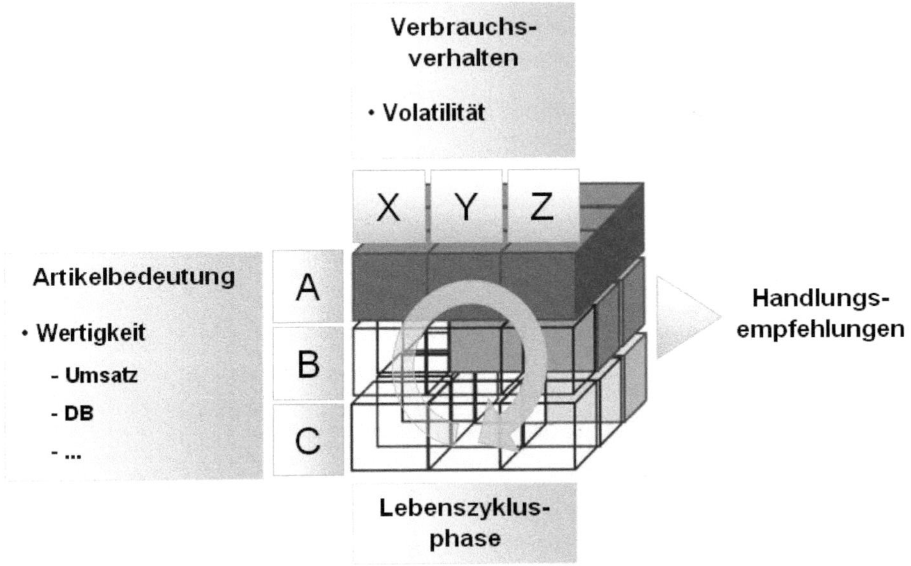

BILD 7.3 Aufbau des kombinierten Analysewerkzeugs

Der Kombinationsansatz wird durch eine fünfstufige standardisierte Vorgehensweise charakterisiert (Bild 7.4).

Schritt 1:	Durchführung der Lebenszyklusanalyse
Schritt 2:	Lebenszyklusorientierte ABC- und XYZ-Analysen
Schritt 3:	Kombination der ABC- und XYZ-Analysen
Schritt 4:	Ableitung geeigneter Handlungsmaßnahmen für die Artikelklassen
Schritt 5:	Regelmäßige Wiederholung der Schritte 1 bis 3

BILD 7.4 Vorgehensweise bei der Durchführung des kombinierten Analysewerkzeugs

Schritt 1: Durchführung der Lebenszyklusanalyse

Im ersten Schritt gilt es die zu disponierenden Artikel einer der vier Lebenszyklusphasen Einführung, Wachstum, Reife und Rückgang zuzuordnen und so eine lebenszyklusorientierte Segmentierung des gesamten Artikelsortiments vorzunehmen (siehe hierzu Kapitel 1.2). Das Ergebnis ist eine eindeutige Gruppierung aller Artikel in deren gegenwärtige Lebenszyklusphase.

Schritt 2: Lebenszyklusorientierte ABC- und XYZ-Analysen

Im zweiten Schritt erfolgt eine lebenszyklusorientierte Klassifikation der Artikel anhand der zwei Kriterien Wertigkeit und Verbrauchsverhalten, indem für jede der vier Artikelgruppierungen eine separate ABC- sowie XYZ-Analyse (siehe hierzu Kapitel 1.1 bzw. Kapitel 1.3) durchgeführt wird. Es resultieren für jede der vier Phasen des Lebenszyklus jeweils eine ABC- sowie eine XYZ-Klassifizierung.

Schritt 3: Kombination der ABC- und XYZ-Analysen

Die Ergebnisse der ABC- und XYZ-Analysen werden im nächsten Schritt innerhalb der Lebenszyklusphasen zusammengeführt, sodass für jede der vier Phasen eine Matrix mit neun verschiedenen Artikelklassen entsteht (siehe Bild 7.5). Die Charakteristika der unterschiedlichen Matrixfelder reichen dabei von Klassen mit niedriger Verbrauchsschwankung und hohem Verbrauchswert (so genannte AX-Artikel) bis zu Artikelklassen mit hoher Verbrauchsschwankung und niedrigem Verbrauchswert (so genannte CZ-Artikel).

Im Ergebnis ist jeder Artikel des Sortiments, gemäß seiner dispositionsrelevanten Eigenschaft, einem der Matrixfelder zugeordnet und in eine vordefinierte Artikelklasse eingeteilt.

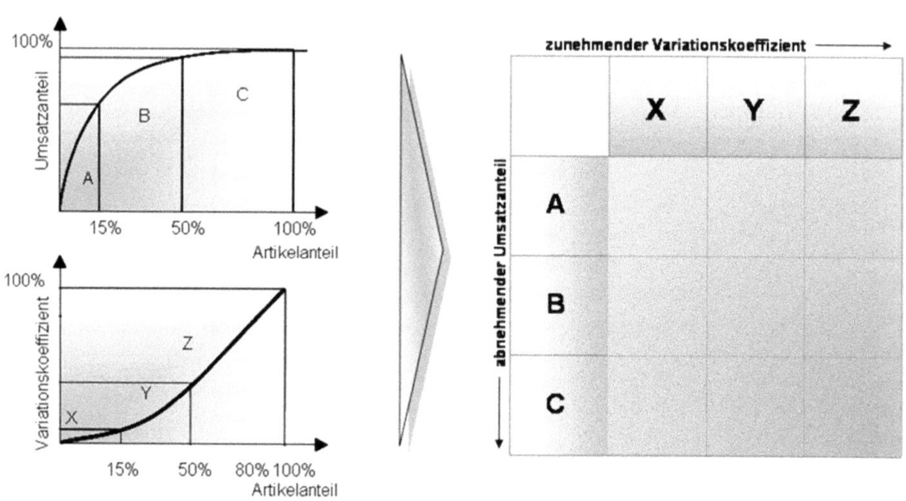

BILD 7.5 Zusammenführung der Ergebnisse der ABC- und XYZ-Analyse

Schritt 4: Ableitung geeigneter Handlungsmaßnahmen für die Artikelklassen

Mit Hilfe der resultierenden Klassifikationsmatrizen kann im nächsten Schritt der Entscheidungsprozess unterstützt werden, indem für das Artikelsortiment gemäß der Klassifizierung differenzierte Handlungsempfehlungen und Maßnahmen für die Optimierung der drei Bereiche der Disposition erarbeitet werden.

Schritt 5: Regelmäßige Wiederholung der Schritte 1 bis 3

Die Schritte 1 bis 3 müssen regelmäßig wiederholt werden, um der existierenden Dynamik der Artikel Sorge zu tragen. Als Zeitpunkte für die erneute Einordnung der Artikel in die Klassifikationsmatrizen können die Meilensteine im Produktlebenszyklus herangezogen werden. Sobald eine signifikante Menge der Artikel die Lebenszyklusphase ändert (die jeweiligen Zeitpunkte können den Materialstammdaten entnommen werden), sollte eine erneute Durchführung der Analysen erfolgen. Die Häufigkeit der Durchführung der Analysen ist somit branchen- und artikelabhängig. Durch die regelmäßigen Analysezyklen ist gewährleistet, dass die erarbeiteten klassenspezifischen Handlungsempfehlungen für die einzelnen Artikel nachhaltigen Erfolg generieren.

BEACHTE: Die Durchführung der Analyse muss regelmäßig wiederholt werden.

Im Sinne einer kontinuierlichen Verbesserung sollte im Rahmen der regelmäßigen Analysezyklen darüber hinaus ein permanentes Controlling der implementierten Maßnahmen stattfinden und gegebenenfalls eine Rückspiegelung auf die Handlungsempfehlungen bzw. eine Anpassung der Maßnahmen erfolgen.

Bild 7.6 veranschaulicht das **lebenszyklusorientierte Klassifikationsschema**.

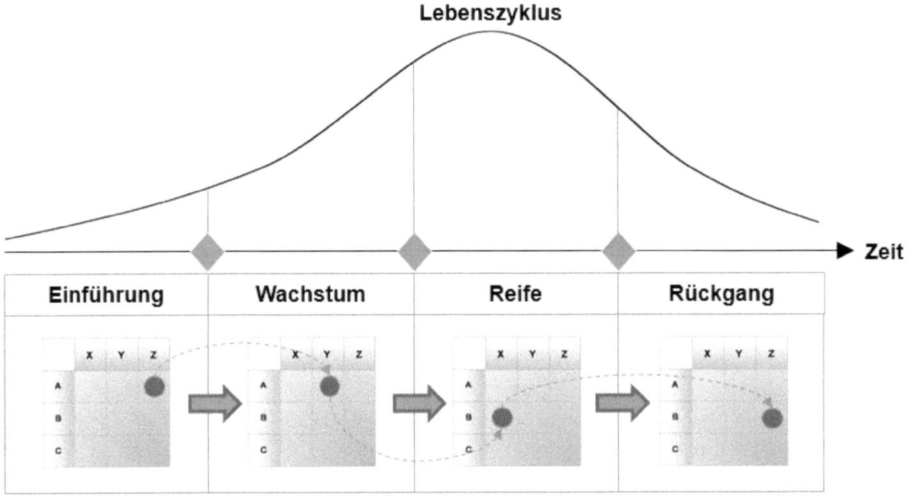

BILD 7.6 Lebenszyklusorientierte Klassifikation

Für jeden Artikel kann anhand des kombinierten Analysewerkzeugs zu jedem Zeitpunkt des Lebenszyklus die optimale Planungsstrategie bzw. dispositionsrelevante Planungsmethode vorgegeben werden. Voraussetzung hierfür ist, dass die Analysen auf einer aktuellen und gepflegten Datenbasis aufbauen und regelmäßig für die zu untersuchenden Artikel durchgeführt werden. Auf diese Weise lässt sich die Güte der Disposition erhöhen, sodass eine Reduzierung der Bestände bei gleichzeitiger Erhöhung der Lieferbereitschaft ohne hohe Investitionen erreicht werden kann.

BEACHTE: Die Bereitstellung konsistenter Daten ist für eine gute Ergebnisqualität äußerst wichtig.

Bild 7.7 fasst die Vorgehensweise des kombinierten Analysewerkzeugs anschaulich zusammen.

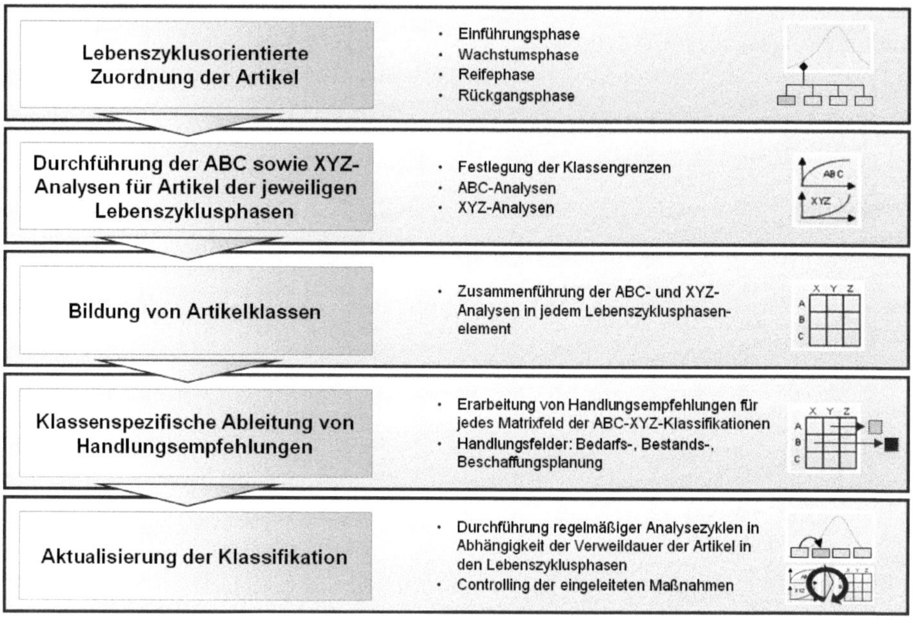

BILD 7.7 Zusammenfassung der Schritte zur Durchführung des Analysewerkzeugs

7.1.4 Einsatzbereiche des kombinierten Analysewerkzeugs

Einsatzbereich Bedarfsplanung

MERKE: Die Kennzahl der Prognosegüte gibt Auskunft über die Qualität der Bedarfsprognose.

Innerhalb der Bedarfsplanung kommt dem Aufgabenfeld der **Bedarfsprognose** eine zentrale Bedeutung zu. So lässt es sich häufig beobachten, dass die **Prognosegüte** der Bedarfsvorhersagen äußerst schlecht ist und hohe Prognosefehler in Kauf genommen werden. Der Grund hierfür liegt zumeist in der Tatsache, dass für die Prognostizierung des zukünftigen Bedarfs der Artikel lediglich ein Prognoseverfahren artikelübergreifend herangezogen wird. Dies führt zwangsläufig zu hohen Prognosefehlern und damit signifikanten Bedarfsüber- und -unterschätzungen. Um trotz der schlechten Prognosequalität eine geforderte Lieferbereitschaft gegenüber dem Kunden sicherstellen zu können, ist die Bevorratung mit entsprechend hohen Sicherheitsbeständen, verbunden mit hohen Lagerhaltungskosten notwendig.

TIPP: Die Qualität der Bedarfsprognosen sollte anhand der Prognosegüte stets beurteilt werden.

Durch die Anwendung eines einheitlichen und im Unternehmenskontext oftmals falschen Prognoseverfahrens sowie der Nichtbeachtung der jeweiligen Lebenszyklusphase der Artikel werden mögliches Trendverhalten sowie Saisonalitäten innerhalb der Prognose nicht erkannt und berücksichtigt. Häufig werden zudem sporadische Artikel prognosetechnisch gleich behandelt wie Artikel mit einem konstanten und regelmäßigen Bedarf. Die Folgen einer schlechten Prognosequalität sind vorprogrammiert.

Die Empfehlung lautet daher, unterschiedliche Verfahren für die Bedarfsvorhersage der Artikelgruppen zu verwenden, die abhängig vom artikelspezifischen Nachfragemuster bzw. Verbrauchsverhalten sind. Da die einzelnen Artikel teilweise ein grundverschiedenes Verbrauchsverhalten aufweisen, sind diese hinsichtlich der Bedarfsprognose unterschiedlich zu behandeln. Der Fokus der Verbesserungen der Prognosequalität sollte hierbei insbesondere auf Artikeln mit sporadischem und unregelmäßigem Bedarf liegen.

TIPP: Die Prognosequalität kann insbesondere bei unregelmäßigen und sporadischen Artikeln verbessert werden.

Da es jedoch eine Vielzahl verschiedener Verfahren zur Prognostizierung des zukünftigen Bedarfs der Artikel gibt, stellt sich die Frage, welches Verfahren zur Prognostizierung welcher Artikelgruppen geeignet ist. Als Hilfsmittel zur Beantwortung dieser Frage kann das kombinierte Analysewerkzeug herangezogen werden. Neben der klassischen Untersuchung des Verbrauchsverhaltens der Artikel gemäß der XYZ-Analyse wird hierbei zusätzlich die

Lebenszyklusphase berücksichtigt, anhand derer eine Vorhersage des Trendverhaltens der Artikel möglich wird. Innerhalb der Klassifikationsmatrix ist es somit möglich, für die unterschiedlichen Artikelgruppen das jeweils optimale Prognoseverfahren als Standard vorzugeben. Hierdurch lässt sich eine nachhaltige Verbesserung der Prognosequalität insbesondere bei Artikeln mit sporadischem und unregelmäßigem Nachfragemuster erzielen – Bedarfsüber- und -unterschätzungen können stark reduziert werden.

Bild 7.8 zeigt beispielhaft die klassenspezifische Vorgabe geeigneter Methoden zur Bedarfsermittlung.

TIPP: Für die Bedarfsvorhersagen sollten je nach Artikeleigenschaft unterschiedliche Verfahren herangezogen werden.

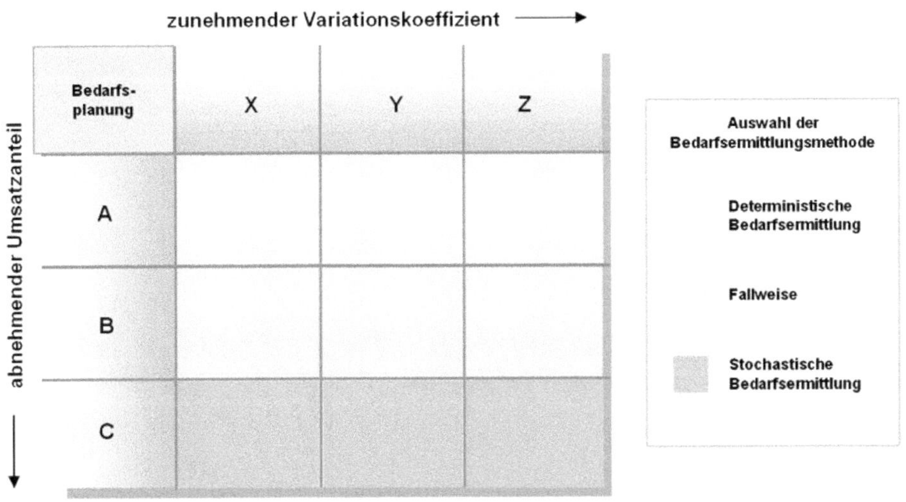

BILD 7.8 Beispielhaftes Portfolio zur Planung der Bedarfsermittlungsmethode

Gemäß Bild 7.8 sollte für A-Artikel mit hohem Umsatzanteil in der Regel eine **deterministische** Bedarfsermittlung erfolgen, d. h., die Bedarfe werden exakt nach Menge und Termin auf Basis konkreter Kunden- oder Produktionsaufträge ermittelt. Für geringwertige Artikel (C-Klasse) eignet sich hingegen oftmals eine **stochastische** Bedarfsermittlung, welche den zukünftigen Bedarf anhand von Prognosen abschätzt. Grundlage für die Bedarfsprognosen bilden die Verbrauchswerte der Vergangenheit. Für B-Artikel muss **fallweise**, abhängig von den Artikeleigenschaften, zwischen deterministischer und stochastischer Bedarfsermittlung entschieden werden. Die jeweils optimale Bedarfsermittlungsmethode ist von den zugrunde liegenden Artikeln abhängig. Eine generelle Handlungsempfehlung kann folglich nicht gegeben werden – diese ist unternehmens- bzw. artikelindividuell.

TIPP: Das Artikelsortiment ist hinsichtlich der Bedarfsermittlungsmethode differenziert zu behandeln.

Einsatzbereich Bestandsplanung

Die Bestandsplanung verfolgt das primäre Ziel, die vom Markt geforderte hohe Lieferbereitschaft zu gewährleisten und gleichzeitig die damit verbundenen Bestands- und Kapitalbindungskosten zu minimieren. Die Schwierigkeit für die logistische Planung liegt nun darin, dass die gegensätzlichen Zieldimensionen jeweils optimal zu erfüllen sind und der bestehende **Zielkonflikt** möglichst effizient entschärft werden muss. Durch den zunehmenden Wettbewerb und der damit verbundenen starken Kundenfokussierung richten viele Unternehmen ihre Aufmerksamkeit auf die Sicherstellung eines bestmöglichen Lieferservices. Viele Unternehmen sind aufgrund fehlender Konzepte nur begrenzt in der Lage, beide Zieldimensionen gleichzeitig zu erfüllen, sodass eine **hohe Lieferbereitschaft** durch **überdimensionierte Lagerbestände** erkauft wird.

BEACHTE: Zwischen der Realisierung einer hohen Lieferbereitschaft und der gleichzeitigen Minimierung der Lagerbestände besteht ein Zielkonflikt.

Die ganzheitliche Optimierung aller angestrebten Zieldimensionen erfordert eine strukturierte Vorgehensweise, die durch das vorgestellte Analysewerkzeug geleistet wird. Das gesamte Artikelsortiment muss auf die relevanten Eigenschaften der Einzelartikel untersucht und im Hinblick auf die Bestandsplanung in anforderungsgerechte Handlungsfelder eingeteilt werden, welche die momentane Lebenszyklusphase berücksichtigen. Für die einzelnen Segmente können sodann geeignete Bestandsplanungsstrategien und -konzepte erarbeitet werden. Durch das Analysewerkzeug können z. B. unbewegte Lagerbestände, überhöhte Lagerreichweiten sowie Sicherheitsbestände identifiziert werden.

Bild 7.9 zeigt beispielhaft die segmentspezifische Strategieempfehlung für die Sicherheitsbestandsplanung der Artikelgruppen. Für die einzelnen Segmente gilt es im Weiteren, geeignete Konzepte zur Sicherheitsbestandsplanung zu finden und diese umzusetzen.

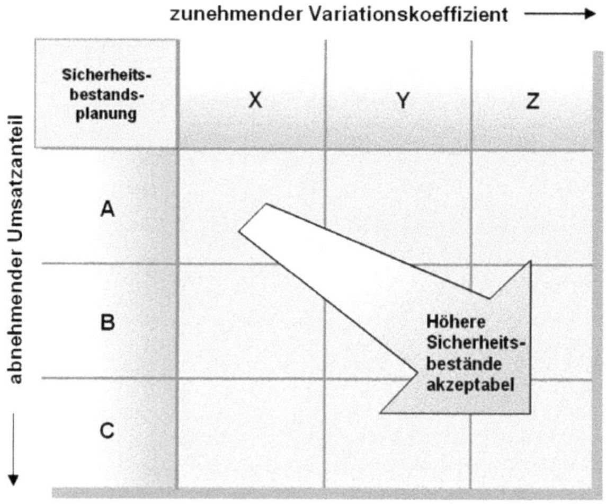

BILD 7.9 Portfolio zur Planung der Sicherheitsbestände

TIPP: Bei umsatzstarken oder strategisch wichtigen Artikeln sollte dem Lieferservice eine höhere Priorität eingeräumt werden, als dem Ziel geringer Lagerbestände. Bei umsatzschwachen, weniger wichtigen Artikeln kann hingegen eine Bestandsreduzierung angestrebt werden.

Gemäß Bild 7.9 ist für Artikelgruppen mit geringen Verbrauchsschwankungen (X-Gruppe) ein geringerer Sicherheitsbestand zu realisieren als für Artikelgruppen mit stark schwankendem bzw. sporadischem Verbrauch, um eine bestimmte Lieferbereitschaft gewährleisten zu können. Gleichzeitig ist die Bevorratung mit Sicherheitsbeständen bei hochwertigen Artikeln (A-Klasse) aus Kostengründen möglichst gering zu dimensionieren, während höhere Sicherheitsbestände bei geringwertigen Artikeln (C-Klasse) akzeptabel sind.

MERKE: Sicherheitsbestände bei hochwertigen Artikeln sind zu minimieren, ohne dabei jedoch den Lieferservice zu vernachlässigen.

Analog zum Handlungsfeld der Bedarfsplanung ist es auch bei der Optimierung der Bestände wichtig, die jeweilige Lebenszyklusphase der Artikel bei der Analyse zu berücksichtigen. So muss das gesamte Artikelsortiment zunächst gemäß den vier Lebenszyklusphasen unterteilt und im Weiteren nach der Artikelwertigkeit sowie dem Verbrauchsverhalten (ABC-XYZ-Analyse) klassifiziert werden. Die Durchführung der Klassifizierung muss regelmäßig von Neuem erfolgen.

BEACHTE: Bevorratungsstrategien müssen unternehmens- sowie artikelspezifisch konzipiert werden.

Bild 7.10 gibt ein Beispiel für die Planungsstrategie bezüglich der Sicherheitsbestände. Die lebenszyklusorientierte Betrachtung bedeutet im Rahmen der Sicherheitsbestandsplanung, dass für alle vier Phasen differenzierte Sicherheitsbestandsstrategien erarbeitet werden können. Abhängig von der Unternehmensbranche und den Artikeln könnten in der Einführungsphase z. B. geringere Sicherheitsbestände bevorratet werden als in der Wachstums- sowie Reifephase. Für Artikel in der Rückgangsphase könnte beispielsweise generell auf Sicherheitsbestände verzichtet werden, um die Restbestände kontinuierlich abzubauen. Da die Handlungsempfehlungen jedoch stark branchen- und artikelbezogen sind, müssen die Bevorratungsstrategien unternehmensspezifisch festgelegt werden.

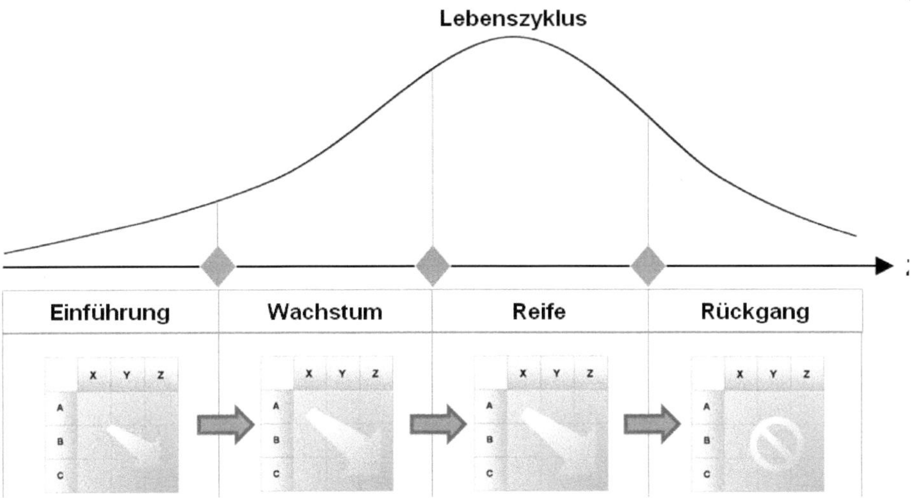

BILD 7.10 Planungsstrategien bei der Sicherheitsbestandsplanung

Einsatzbereich Beschaffungsplanung

Innerhalb der Beschaffungsplanung sind Entscheidungen zu treffen, welche die Wahl eines optimalen **Beschaffungsprinzips**, einer geeigneten **Bestellpolitik** sowie die Festlegung der zugrunde liegenden **Beschaffungsmengenrechnung** betreffen. Das Problem hierbei liegt in der Ermittlung der im Unternehmenskontext jeweils besten Prinzipien und Verfahren. Ferner ändern sich die jeweils geeigneten Beschaffungskonzepte innerhalb der Lebenszyklen der Beschaffungsartikel aufgrund des phasenspezifischen Produktionsverbrauchs. Erst eine sinnvolle Kombination des Beschaffungsprinzips, der Bestellpolitik und der Beschaffungsmengenrechnung verspricht ein optimales Beschaffungsszenario, das einen hohen Lieferservice bei minimalen Logistikkosten gewährleistet.

Eine rollierende Durchführung und Segmentierung der Artikel im Rahmen der standardisierten Vorgehensweise des kombinierten Analysewerkzeugs bildet die Grundlage zur Festlegung von unternehmensspezifischen Beschaffungsprozessen. Hierfür werden den unterschiedlichen Artikelklassen und Lebenszyklusphasen anforderungsgerechte Beschaffungskonzepte und -prozesse zugrunde gelegt, die von den Merkmalen der zu beschaffenden Artikel abhängig sind. Bei der Wahl sinnvoller Beschaffungskonzepte und deren prozessualen Ausgestaltung ist grundsätzlich darauf zu achten, dass eine Verbesserung aller Zielgrößen (Lieferservice, Kapitalbindung und Bestandskosten) erreicht wird und nicht lediglich ein Zielkriterium im Vordergrund steht, um eine ganzheitliche Optimierung der Beschaffung sicherzustellen.

BEACHTE: Beschaffungskonzepte sollten so gewählt werden, dass eine ganzheitliche Optimierung realisiert werden kann. ■

Ein mögliches Portfolio zur Steuerung des Beschaffungsnetzwerkes ist in Bild 7.11 dargestellt.

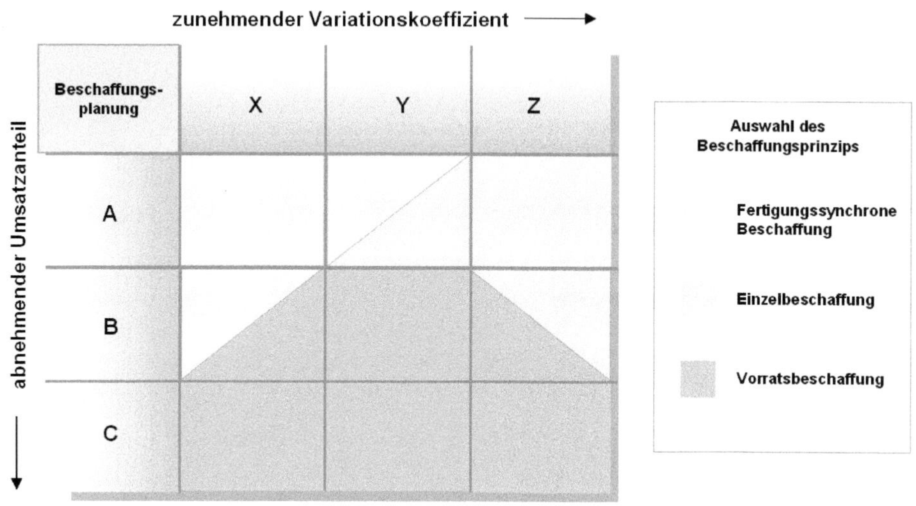

BILD 7.11 Beispielhaftes Portfolio zur Planung des Beschaffungsprinzips

TIPP: Bei Lieferanten von hochwertigen Artikeln sollte eine logistische Partnerschaft angestrebt und die Informations- als auch die Materialflussprozesse bestmöglich synchronisiert werden.

Aufgrund der kapitalintensiven Lagerhaltung ist für höherwertige Artikelgruppen (A- und teilweise B-Artikel) eine **fertigungssynchrone Beschaffung** anzustreben. Hierbei werden die zu Herstellungszwecken benötigten Artikel erst unmittelbar zum Produktionszeitpunkt angeliefert, um die Kosten in Form von gebundenem Kapital durch Lagerbestände möglichst gering zu halten. Bei einer fertigungssynchronen Beschaffung ist eine Integration und enge Zusammenarbeit mit den Zulieferern (logistische Partnerschaft) notwendig. Für hochwertige Artikel mit unregelmäßigem und sporadischem Verbrauchsmuster eignet sich die **Einzelbeschaffung** im Bedarfsfall, um keine Lagerhaltungskosten über unvorhersehbare Zeiträume zu binden. Die klassische **Vorratsbeschaffung** bietet sich schließlich für geringwertige Beschaffungsartikel an, da hier verhältnismäßig geringe Kapitalbindungskosten entstehen.

7.1.5 Fallbeispiele

Nachdem im vorherigen Kapitel die grundsätzliche Vorgehensweise für den kombinierten Einsatz der Analysewerkzeuge zur Optimierung der logistischen Planung aufgezeigt wurde, soll im Folgenden anhand dreier unterschiedlicher anonymisierter Fallbeispiele die konkrete Anwendung dargelegt werden.

Das erste Fallbeispiel befasst sich mit der Optimierung der Bedarfsplanung durch eine Festlegung von **artikelklassenspezifischen Prognoseverfahren**. Das zweite Fallbeispiel erläutert die kombinierte Analyse im Hinblick auf die Identifikation von **artikelklassenspezifischen Bestandssenkungspotenzialen**. Das dritte und letzte Fallbeispiel beschreibt den Einsatz von **artikelklassenspezifischen Beschaffungsstrategien** in Rahmen der Beschaffungsplanung.

Bei dem **ersten Fallbeispiel** handelt es sich um ein Unternehmen der Konsumgüterindustrie. Die Konsumgüterindustrie ist geprägt durch eine auftragsanonyme Planung der Produktion. Aufgrund der hohen Anforderungen der Kunden an die Lieferzeiten (häufig weniger als 24 Stunden) findet die Bevorratung auf der Ebene der Fertigfabrikate statt. Daher kommt der Bedarfsplanung eine hohe Bedeutung zu. Fehler in der Bedarfsplanung, d. h. in der Prognose der zukünftigen Kundenbedarfe, führen direkt zu Fehlmengen und damit Umsatzverlusten oder zu Überbeständen und folglich unnötiger Kapitalbindung sowie Bestandskosten.

Vor diesem Hintergrund hat das Unternehmen ein Projekt initialisiert, um die vor Projektbeginn teilweise unzureichende Prognosegenauigkeit durch einen systematischen Ansatz nachhaltig zu verbessern. Im Rahmen des Projekts wurde daher der kombinierte Ansatz der artikelklassenspezifischen Prognoseverfahren verfolgt. Gemäß dem in Kapitel 7.1.4 dargelegten Ansatz wurde das Artikelsortiment auf Fertigfabrikatsebene segmentiert. Schritt 4 der Vorgehensweise „Ableitung geeigneter Handlungsmaßnahmen für die Artikelklassen" hatte im Rahmen des Projekts das Ziel, den einzelnen Artikelklassen spezifische Prognoseverfahren zuzuordnen (vgl. Bild 7.12).

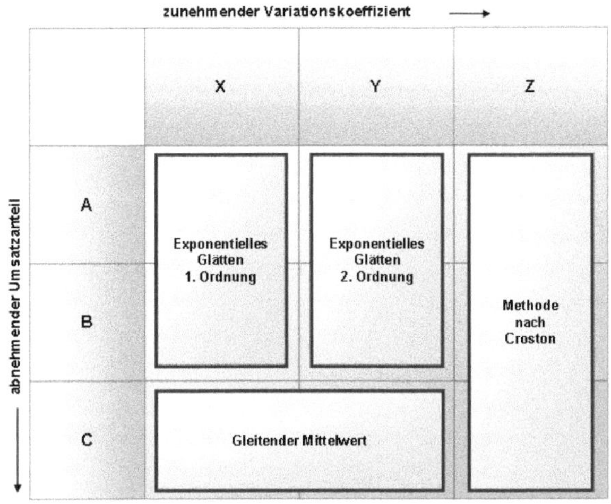

BILD 7.12 Fallbeispiel für artikelklassenspezifische Prognoseverfahren

Bild 7.12 zeigt, dass den relativ hochwertigen und gut prognostizierbaren AX- und BX-Artikeln das Verfahren der exponentiellen Glättung 1. Ordnung zugeordnet wurde. Dieses Verfahren ist ein robustes Prognoseverfahren, das bei einem stationären Bedarfsverlauf einsetzbar ist. Dagegen wurde beispielsweise den Z-Artikeln, deren Bedarf schwer prognostizierbar ist, die Methode nach Croston zugeordnet. Dieses Prognoseverfahren berücksichtigt die Sporadizität der Artikelbedarfe und errechnet neben der Prognose der Menge auch eine Prognose auf den Zeitraum der Nullbedarfe.

> **MERKE:** Für hochwertige und gut prognostizierbare Artikel liefert das Verfahren der exponentiellen Glättung 1. Ordnung gute Ergebnisse. ■

Durch den systematischen Ansatz konnte das Unternehmen nach Abschluss des Projekts die Prognosegenauigkeit signifikant erhöhen. Die vor Einführung von artikelklassenspezifischen Prognoseverfahren auf der Erfahrung der Disponenten basierende Bedarfsplanung führte im Mittel zu einer Prognosegenauigkeit von 65 %. Im Gegensatz dazu wird heute eine Prognosegüte von in der Regel mehr als 80 % erreicht.

> **MERKE:** Für Artikel mit sporadischem Verbrauch eignet sich das Prognoseverfahren nach der Croston-Methode. ■

Im **zweiten Fallbeispiel** wird ein Projekt mit dem Ziel der Reduzierung von Beständen bei gleichzeitiger Wahrung des Lieferservicegrads bei einem Unternehmen der pharmazeutischen Industrie dargestellt. Dieses Unternehmen hatte in den Jahren vor diesem Projekt sukzessiv die Bestände anhand des „Rasenmäherprinzips" gesenkt, d. h., das Gesamtniveau wurde kontinuierlich ohne Differenzierung durch Zielvorgaben reduziert. Trotz des Erfolgs dieser Vorgehensweise in den ersten Jahren stellte sich heraus, dass die Untergrenze für diese Vorgehensweise erreicht war. Daher wurde ein differenzierter Ansatz zur Identifikation von Bestandssenkungspotenzialen benötigt. Die Artikelklassifizierung war hierbei das im Rahmen des initialisierten Projekts gewählte Werkzeug.

> **TIPP:** Die ABC-XYZ-Analyse verbunden mit der Berücksichtigung der Lagerbestandsreichweiten und Wiederbeschaffungszeiten der Artikel gibt Aufschluss bezüglich eines unter Umständen zu hohen bzw. unterdimensionierten Bestandsniveaus. ■

Gemäß dem in Kapitel 7.1.4 vorgestellten Konzept wurde eine Artikelklassifizierung hinsichtlich der Wertigkeit (ABC-Analyse) und der Verbrauchsschwankungen (XYZ-Analyse) durchgeführt und das Ergebnis kombiniert. Zusätzlich wurde eine Analyse hinsichtlich der vorhandenen Lagerbestandsreichweiten (RW) und der in den Stammdaten hinterlegten Wiederbeschaffungszeiten (WBZ) durchgeführt, indem für jeden Artikel der Quotient errechnet wurde. Dieser wurde sodann auf Artikelklassenebene aggregiert (vgl. Bild 7.13). Der Quotient zeigt an, ob ein zu hohes Bestandsniveau (>1) oder ein zu geringes Bestandsniveau (<1) in der Artikelklasse vorhanden ist. Tendenziell ist dabei zu beachten, dass Quotienten größer eins bei AX-Artikeln kritischer als bei CZ-Artikeln sind. Ein entsprechendes Handlungspotenzial lässt sich aus dieser Analyse ableiten.

BEACHTE: Insbesondere bei hochwertigen Artikeln mit einem regelmäßigen Verbrauch, ist ein Bestandsniveau >1 aufgrund unnötig hoher Lagerhaltungskosten kritisch zu betrachten. ■

Nach Durchführung der Analyse konnten Potenziale in unterschiedlichen Artikelklassen identifiziert und konnte deren Höhe eingeschätzt werden. Dadurch konnten hinsichtlich des Artikelsortiments differenzierte Bestandssenkungsmaßnahmen eingeleitet werden, d. h. nur in Artikelklassen, die tatsächlich ein entsprechendes Potenzial aufwiesen. Dadurch war es dem Unternehmen möglich, die Bestände weiterhin zu senken. Insgesamt konnten eine Kapitelbindungsreduzierung von ca. 2,8 Mio. EUR sowie zusätzlich eine Einsparung von ca. 0,35 Mio. EUR p.a. an Bestandskosten realisiert werden.

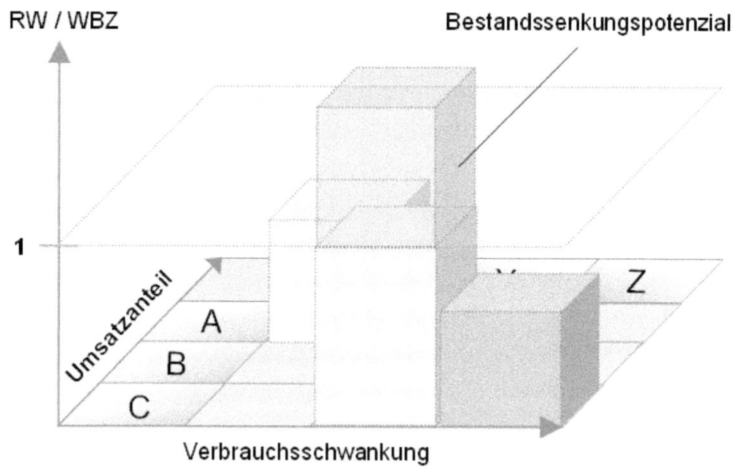

BILD 7.13 Fallbeispiel für artikelklassenspezifische Bestandssenkungspotenziale

Um die Vorgehensweise zur Festlegung von artikelklassenspezifischen Beschaffungsstrategien zu verdeutlichen, wird das **dritte Fallbeispiel** eines Zulieferers der Automobilindustrie herangezogen. Im Rahmen eines Projekts zur Optimierung der Beschaffungsprozesse wurde das kombinierte Analysewerkzeug ABC-XYZ-Analyse eingesetzt. Ziel des Projektes war die Reduzierung der Lieferzeiten und der Materialbestände sowie die Erhöhung der Liefertreue. Darüber hinaus wurde eine Standardisierung der Beschaffungsprozesse angestrebt.

Auf Basis der in Kapitel 7.1.4 beschriebenen Vorgehensweise wurde das Teilesortiment der Fremdbeschaffung segmentiert und wurden deren unterschiedliche Anforderungen analysiert. Die anschließende Ableitung von Handlungsmaßnahmen zielte insbesondere auf die Zuordnung von Beschaffungskonzepten (Best Practices) zu den einzelnen Artikelklassen (vgl. Bild 7.14).

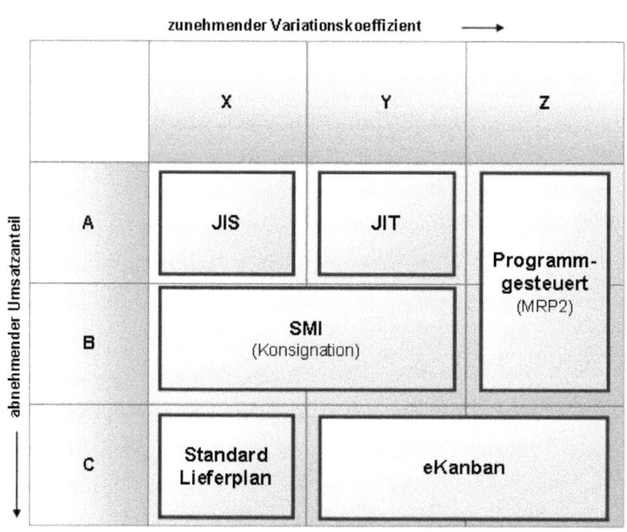

BILD 7.14 Fallbeispiel artikelklassenspezifische Beschaffungskonzepte

Beispielsweise wurde für AX-Artikel das Konzept „Just-In-Sequence“ (JIS) festgelegt. Dieses Konzept beschreibt die produktionssynchrone Anlieferung von Komponenten aus dem Bestandspuffer beim Lieferanten. Durch die hohe Planbarkeit und den hohen Wert von AX-Artikeln ist dieses Konzept für die gewählte Artikelgruppe wirtschaftlich umsetzbar und die Materialverfügbarkeit kann sichergestellt werden. Im Gegensatz hierzu nutzt das Konzept „Just-In-Time“ (JIT) für AY-Artikel einen Lkw-Bestandspuffer am Produktionsstandort, um die geringere Planbarkeit der Artikel gegebenenfalls ausgleichen zu können. Ein weiteres Beispiel ist die Festlegung des „eKanban“-Konzepts für CZ-Artikel. eKanban beschreibt die elektronische Abwicklung des Beschaffungsprozesses unter Zuhilfenahme der aus der Produktion bekannten Kanban-Logik.

Nach Abschluss des Projekts konnte das Unternehmen durch die artikelklassenspezifischen Konzepte und die standardisierten Beschaffungsprozesse die Bestände bei gleichbleibendem Servicegrad um ca. 30 % reduzieren. Ebenfalls reduzierten sich die durchschnittlichen Beschaffungskosten je Beschaffungsvorgang von 45 auf 28 EUR, d. h. eine Reduzierung von ca. 37 % in Bezug auf die Prozesskosten. Die logistische Leistungsfähigkeit und Flexibilität wurde somit signifikant verbessert und hierdurch eine gestärkte Position im globalen Wettbewerb sichergestellt.

TIPP: Bei hochwertigen Artikeln sollten die Lagerbestände auf ein Minimum beschränkt werden, gleichzeitig sollte die Materialverfügbarkeit jedoch gewährleistet sein. Durch geeignete Beschaffungskonzepte kann dies geleistet werden. ■

TIPP: Bei geringwertigen, sporadischen Artikeln bietet sich ein sog. Kanban-Konzept an. ■

7.1.6 Vorlagen zum Download

Im Downloadbereich zum Buch befinden sich die generelle Vorgehensweise zur Durchführung des kombinierten Analysewerkzeugs, Vorlagen zur Darstellung der vorgenommenen Klassifizierung der Artikel sowie die im Fallbeispiel dargestellten Portfolios mit den klassenspezifischen Handlungsempfehlungen.

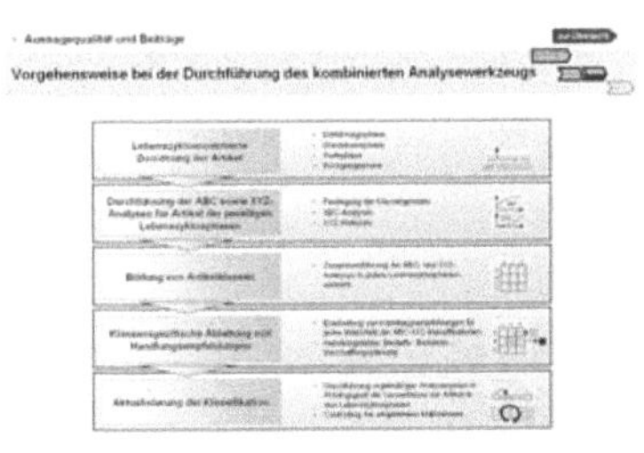

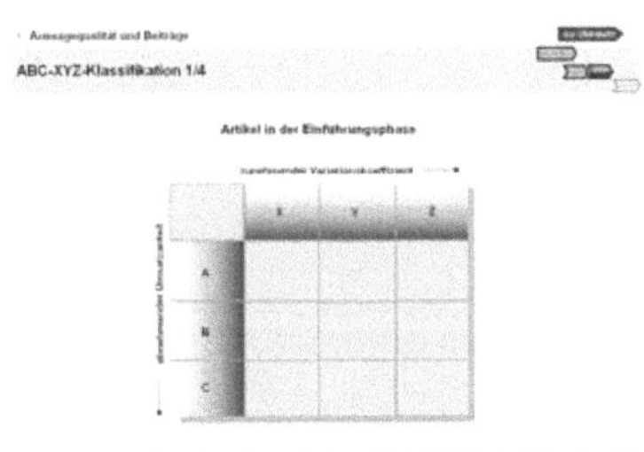

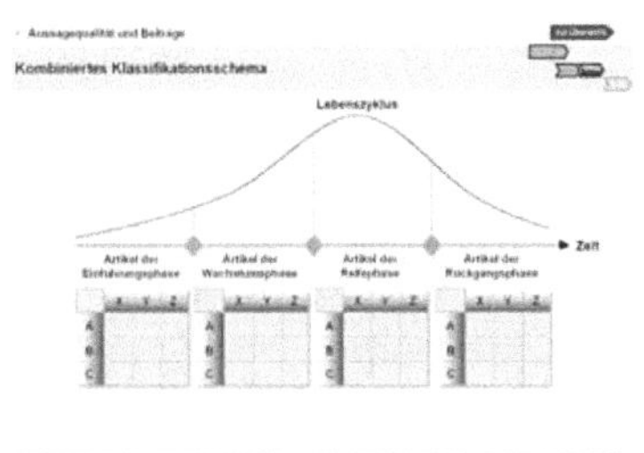

7.1.7 Literaturhinweise

ALICKE, K. (2005): *Planung und Betrieb von Logistiknetzwerken,* 2. Aufl., Berlin (u. a.): Springer-Verlag, 2005.

FRIEMUTH; U. / HARTWEG, E. (1999): *„Disposition bei schwankendem Bedarf“,* in: *ZWF* 94 (1999) 4, S. 216–219.

GEWECKE, H. / LOUKMIDIS, G. (2004): *„Lebenszyklusorientiertes Entwicklungsmodell zur Optimierung der Ersatzteildisposition“,* in: LUCZAK, H. / STICH, V. (Hrsg.): *Betriebsorganisation im Unternehmen der Zukunft,* Berlin (u. a.): Springer-Verlag, S. 43–61, 2004.

GUDEHUS, T. (2006): *Dynamische Disposition,* 2. Aufl., Berlin (u. a.): Springer-Verlag, 2006.

LOUKMIDIS, G. (2005): *Bestandsmanagement – Konzept zur Beherrschung der Planungskomplexität in der Disposition,* In: SCHUH, G.; STICH, V. (Hrsg.): *Schriftenreihe UdZ – Unternehmen der Zukunft,* Aachen: Forschungsinstitut für Rationalisierung e.V. (FIR), 6 (2005) 2, S. 5–8.

MEYER, J.C. / SANDER, U. (2008): *Bestände senken, Lieferservice steigern – Ansatzpunkt Bestandsmanagement.* In Buchreihe: SCHUH, G. / STICH, V. (Hrsg.): *„FIR-Praxis Edition“,* Band 12. Aachen: Klinkenberg Verlag, S. 31f., 2008.

RÜTTGERS, M. (1999): *Ein adaptives Verfahren zur Unterstützung der verbrauchsgesteuerten Disposition,* in: LUCZAK, H. / EVERSHEIM, W. (Hrsg.): Schriftenreihe Rationalisierung und Humanisierung. Dissertation RWTH Aachen. Aachen: Shaker Verlag, 1999.

SCHUH, G. (2006): *Produktionsplanung und -steuerung. Grundlagen, Gestaltung und Konzepte,* 3. Aufl., Berlin (u. a.): Springer-Verlag, S. 64ff., 2006.

STICH, V. (2004): *Industrielle Logistik,* 8. Aufl., Aachen: Wissenschaftsverlag Mainz, 2004.

STICH, V. / LOUKMIDIS, G. (2004): *House of Stock,* in: *PPS Management* 9 (2004) 3, S. 44–47.

WERNER, H. (2007): *Supply Chain Management,* 3, Aufl., Wiesbaden: Gabler Verlag, S. 187ff., 2007.

7.2 Case Study Planung und Bewertung des effizienten Technologieeinsatzes

LEITFRAGEN:

- Wie kann der Technologieeinsatz anwendungsfallspezifisch und mit vertretbarem Aufwand geplant werden?
- Wie können die Nutzenpotenziale einer Investitionsentscheidung monetär bewertet werden?
- Durch welche Methoden lässt sich die Unsicherheit der Entscheidungsvorlage verbessern?
- Wie kann die Wirtschaftlichkeitsbewertung von Projekten transparent und belastbar durchgeführt werden?

7.2.1 Einleitung und Zielsetzung

Die Optimierung von Prozessen stellt vor dem Hintergrund des stetig steigenden Wettbewerbsdrucks eine Kernkompetenz von erfolgreichen Unternehmen dar. Gerade auf globalisierten Märkten, wo der Preiswettbewerb für deutsche Unternehmen nicht zu gewinnen ist, gilt es durch überlegene Produkt- und Prozessqualität die Anforderungen der Kunden bestmöglich zu erfüllen. Innovative Informationstechnologien und IT-Systeme bieten hierzu enorme Potenziale. Durchlaufzeiten können verringert, der Aufwand reduziert und die Qualität kann gesteigert werden. Um diese Potenziale zur Steigerung von Prozesseffizienz und -effektivität frühzeitig zu erkennen und optimal ausschöpfen zu können, sind Unternehmen geradezu verpflichtet, innovative Technologien auf ihre Potenziale hinsichtlich der eigenen Prozesse zu überprüfen.

BEACHTE: Unsicherheit bezüglich zukünftiger Entwicklung und Unsicherheit hinsichtlich der Wirtschaftlichkeit erschweren Technologieimplementierungsprojekte.

Die Technologieplanung und -bewertung stellt Unternehmen jedoch vor große Herausforderungen. Zum einen ist die Planung des Technologieeinsatzes aufgrund der enormen Anzahl von Technologiealternativen und der schwer prognostizierbaren zukünftigen technologischen Entwicklung enorm. Zum anderen erschwert die große Unsicherheit bezüglich der Wirtschaftlichkeit der Implementierung die Einführung von innovativen Technologien. Konkret bedeutet dies, dass die Ursachen für die Zurückhaltung vielfältig sind; häufig wird u. a. der Aufwand für die Integration in bestehende IT-Systeme, fehlende Standards, mangelnde technische Reife oder hohe Kosten und unsicherer Nutzen genannt.

BEACHTE: Beim Nachweis der Wirtschaftlichkeit stellt die Bestimmung des Nutzens die Kernherausforderung dar.

Als ein typisches Beispiel gilt die Einführung der Radiofrequenzidentifikation (RFID). Während die Potenziale dieser automatischen Identifikationstechnologie, wie beispielsweise Lesung ohne Sichtkontakt und gleichzeitiges Erfassen von mehreren Transpondern, weit verbreitet sind, halten sich die Anwender noch immer stark mit Investitionen in diese

Technologie zurück. Als wesentlichste Ursache wird hierzu die fehlende methodische Unterstützung bei der Planung und Bewertung des Technologieeinsatzes genannt. Einer aktuellen Studie zu Folge gibt die Hälfte der befragten RFID-Anwender mangelhafte Möglichkeiten zur Prognose bzw. Quantifizierung des Nutzens als Hindernis bezüglich des RFID-Einsatzes an. Die Untersuchung zeigt ferner, dass keine Verfahren existieren, die eine umfassende Nutzenbewertung von RFID für die Geschäftsprozesse ermöglichen. Im Gegensatz zu den Kosten, die auf Basis von Angeboten oder Preislisten der Anbieter vergleichsweise einfach zu ermitteln sind, stellt die monetäre Bewertung des Nutzens von IT-Investitionen eine weitaus größere Herausforderung dar.

Diese Herausforderungen adressierend, wird in diesem Kapitel eine strukturierte Vorgehensweise zur Technologieeinsatzplanung vorgestellt. Diese orientiert sich an vier konkreten Anforderungen:

- **Wertorientiert**

  Auswahl geeigneter Einsatzszenarien zur Überprüfung der Potenziale für die eigenen Prozesse.
- **Transparent**

  Hinreichend große Nachvollziehbarkeit des Planungs- und Bewertungsprozesses sowie des abschließenden Ergebnisses.
- **Vollständig**

  Einbeziehung von direkten quantitativen und qualitativen Effekten sowie möglicher weiterer Szenarien, die die Wirtschaftlichkeitsbetrachtung beeinflussen können.
- **Belastbar**

  Weitestgehende Monetarisierung von Effekten auf Kosten-, wie auch auf der Nutzenseite sowie die Generierung von betriebswirtschaftlichen Kennzahlen.

Durch Integration der genannten Punkte wird eine umfassende Planung und belastbare Bewertung des Technologieeinsatzes ermöglicht.

7.2.2 Anzuwendende Analysewerkzeuge

Den stetig steigenden Herausforderungen in zumeist globalisierten Produktionsnetzwerken begegnen die meisten Unternehmen mit Bestrebungen zur Steigerung der Prozesseffizienz und -effektivität. In diesem Kontext wird dem Einsatz von innovativen Technologien ein hohes Optimierungspotenzial zugesprochen. Die Planung und Bewertung des Technologieeinsatzes ist jedoch nicht trivial und bedarf eines strukturierten Vorgehens.

Durch Kombination der Analysewerkzeuge der Szenariotechnik (siehe Kapitel 5.4) und der Break-even-Analyse (siehe Kapitel 5.7) sowie von Scoring-Modellen (Nutzwertanalyse siehe Kapitel 5.3) und einer an die Marktattraktivität-Wettbewerbsstärken-Portfolioanalyse angelehnte Portfoliotechnik (siehe Kapitel 1.14 und 1.15) kann ein solches Vorgehen definiert und die zuvor skizzierten Anforderungen erfüllt werden.

BEACHTE: Durch Kombination verschiedener Analysewerkzeuge kann die Wirtschaftlichkeitsbetrachtung belastbar und transparent durchgeführt werden.

Anforderung „wertorientiert“

Die Einsatzmöglichkeiten innovativer Technologien sind vielfältig und die Bewertung der einzelnen Szenarien aufwändig. Um diesen Aufwand zu reduzieren und die Ressourcen zur Planung und Bewertung der vielversprechendsten Einsatzszenarien einzusetzen, wird eine Vorauswahl anhand der Nutzwertanalyse durchgeführt. Durch die Anwendung dieses **Scoring-Modells** wird die Anforderung bezüglich einer impliziten Wertorientierung des Vorgehens erfüllt.

MERKE: Zur Abbildung der Unsicherheit kann die Szenariotechnik ein wertvolles Instrument darstellen.

Anforderung „transparent"

Die Planung und Bewertung des Technologieeinsatzes sind von Unsicherheit geprägt. Gerade bei der Betrachtung innovativer Einsatzszenarien kann selten auf Best Practices zurückgegriffen werden. Dies resultiert in der Forderung nach größtmöglicher Transparenz hinsichtlich des Bewertungsergebnisses. Notwendig ist diese aufgrund des schwierigen Verhältnisses von Bewerter und Entscheider. Zumeist ist der Bewerter an einem positiven Ergebnis interessiert, während der Entscheider eine objektive, wenn nicht gar eine konservative Herangehensweise bevorzugt. Ist die angesprochene Transparenz nicht gegeben, wird eine Investitionsentscheidung tendenziell negativ ausfallen, da eine zu positive Bewertung unterstellt wird. Um dem Anspruch an Bewertungstransparenz gerecht zu werden, können durch den Einsatz der **Szenariotechnik** alternative Bewertungsszenarien abgeleitet werden. Im Ergebnis kann somit die notwendige Transparenz des Bewertungsprozesses und des Bewertungsergebnisses sichergestellt werden.

Anforderung „vollständig"

Die Vollständigkeit eines Vorgehens bzw. Ergebnisses kann nicht garantiert werden. Vielmehr kann eine möglichst vollständige Betrachtung durch Anwendung verschiedener Maßnahmen unterstützt werden. Im vorliegenden Kontext der Planung und Bewertung des Technologieeinsatzes liegt ein besonderes Augenmerk auf der möglichst vollständigen Betrachtung von Kosten- und Nutzeneffekten, also jenen Elementen, die einen negativen oder positiven Effekt auf die Investitionsentscheidung haben. Im Rahmen der meisten Bewertungsverfahren werden betriebswirtschaftliche Kennzahlen auf Basis von quantifizierten Effekten berechnet. Andere Verfahren wiederum fokussieren die qualitativen Merkmale einer Investitionsentscheidung beispielsweise in Form einer Argumentenbilanz. Gerade bei der Planung und Bewertung von Technologien sind diese Ansätze zwar notwendig, aber nicht ausreichend. Vielmehr sind Erweiterungsoptionen, deren Implementierung durch die zu bewertende Investition erleichtert wird, mit in die Bewertung einzubeziehen. Hierzu können die Erweiterungsoptionen im Rahmen eines Optionsportfolios in Anlehnung an das **Marktattraktivitäts-/Wettbewerbsstärken-Portfolio** klassifiziert werden.

BEACHTE: Nutzenpotenziale können erst dann bilanzwirksam werden, wenn sie monetarisiert sind.

Anforderung „belastbar"

Die Kernherausforderung bei der Durchführung von Wirtschaftlichkeitsbewertungen stellt die Wahrung einer größtmöglichen Belastbarkeit des Bewertungsprozesses und Ergebnisses dar. Hierzu sind bewährte und akzeptierte Methoden anzuwenden. Die **Break-even-Analyse** stellt eine solche Methode zur Ermittlung von betriebswirtschaftlichen Kennzahlen dar. Darüber hinaus ist die Basis für die Kennzahlenermittlung möglichst vollständig zu ermitteln. Dies umfasst zwei Dimensionen: Zum einen die Identifikation von Kosten- und Nutzeneffekten und zum anderen deren monetäre Bewertung. Die so monetarisierten Effekte fließen in die Break-even-Analyse ein. Im Rahmen des im Folgenden geschilderten Vorgehens wird dies durch eine umfassende Analyse der Effekte und deren Bewertung anhand von Bewertungsvorschriften erreicht. Durch die Anwendung des kombinierten Analysewerkzeuges sollen Unternehmen befähigt werden, die Technologieeinsatzplanung nutzenorientiert und strukturiert durchzuführen.

7.2.3 Vorgehen zur Planung und Bewertung des Technologieeinsatzes

Die skizzierte Kombination verschiedener Analysewerkzeuge resultiert in einem strukturierten Handlungsleitfaden zur Planung und Bewertung des Technologieeinsatzes. In diesem werden die Ergebnisse der einzelnen Analysewerkzeuge sinnvoll verknüpft und somit die Basis für eine transparente und belastbare Entscheidungsvorlage gelegt.

Der Kombinationsansatz wird durch eine achtstufige standardisierte Vorgehensweise charakterisiert, die in Bild 7.15 dargestellt ist.

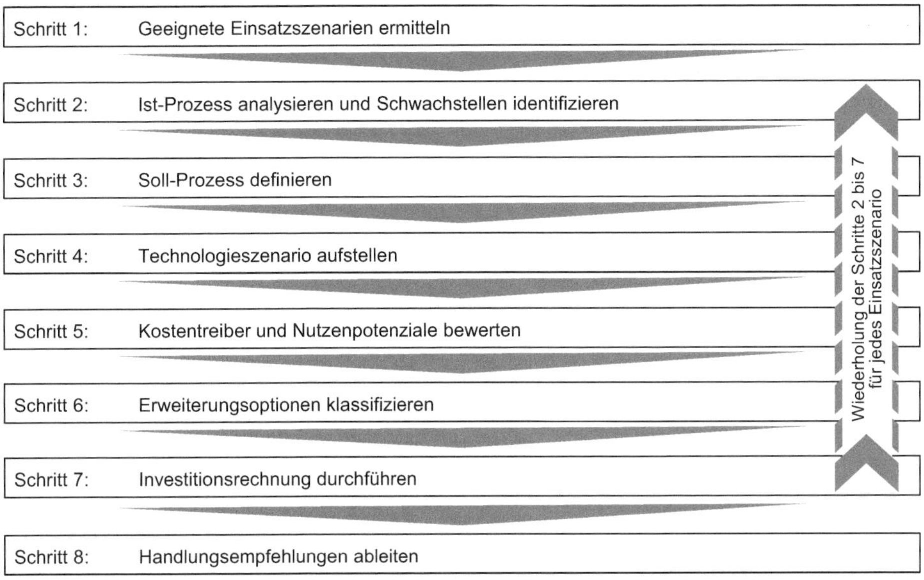

BILD 7.15 Vorgehensweise bei der Durchführung des kombinierten Analysewerkzeugs

Schritt 1: Geeignete Einsatzszenarien ermitteln

Aufgrund des zumeist breiten Einsatzspektrums der betrachteten Technologie können die möglichen Anwendungsfälle vielfältig sein. Aus diesem Grund ist die Fragestellung in Unternehmen, die sich mit innovativen Technologien beschäftigen wollen, aber noch kein konkretes Einsatzszenario für diese Technologie entwickelt haben, nicht einfach zu lösen. Um die nachfolgende Planung und Bewertung möglichst zielgerichtet vornehmen zu können, werden in einem ersten Schritt die geeigneten Einsatzszenarien mit Hilfe eines **Scoring-Modells** (Nutzwertanalyse, siehe Abschnitt 5.3) ermittelt.

Hierzu sind zunächst Kriterien zur Auswahl zu definieren. So können beispielsweise Kriterien aus den Bereichen Innovationshöhe, Nutzenpotenzial und Umsetzungshürden zur Bewertung der Einsatzszenarien herangezogen werden. Der Priorisierung der einzelnen Kriterien (beispielsweise durch einen Dualvergleich) folgt die Bewertung der einzelnen Alternativen mit dem Ergebnis eines „Nutzwertes“; konkret beispielsweise in Form des Erfüllungsgrades. Dies geschieht, indem die Summe über die gewichteten und bewerteten Kriterien gebildet wird. Eine solche Bewertung für die Analyse von RFID-Einsatzszenarien auf Basis verschiedener Nutzenpotenziale ist in Bild 7.16 beispielhaft dargestellt.

> **TIPP:** Stehen verschiedene Optionen des Technologieeinsatzes zur Auswahl, ist gerade bei unsicheren Nutzenpotenzialen eine Fokussierung angebracht.

Anhand dieser Werte kann nun eine Auswahl bezüglich der zu untersuchenden Einsatzszenarien durchgeführt werden, beispielsweise indem ein minimaler Erfüllungsgrad definiert wird. In dem dargestellten Beispiel wäre Einsatzszenario B aufgrund des größten Erfüllungsgrades die favorisierte Wahl. Dabei ist jedoch zu beachten, dass selbst die beste Alternative einer Plausibilitätsprüfung bezüglich des Technologieeinsatzes standhalten muss. Hierzu ist der Vergleich mit weiteren adäquaten Technologien ebenso anzustellen, wie die generelle Vorteilhaftigkeit des möglichen Technologieeinsatzes zu betrachten. Das Ergebnis, dass sich keine der Alternativen für den Technologieeinsatz eignet, ist somit ebenso zulässig. Somit wird eine **wertorientierte Ausrichtung** der Planung und Bewertung sichergestellt.

Faktoren	Gewicht [%]	Erfüllungsgrade für Einsatzszenario [%]		
		A	B	C
Reduktion manueller Tätigkeiten	37,5 %	50 %	80 %	70 %
Vereinfachte Identifikation und Lokalisierung	12,5 %	80 %	70 %	60 %
Erhöhte Sicherheit	27,5 %	70 %	90 %	80 %
Bessere Steuerungsmöglichkeiten	17,5%	40 %	80 %	60 %
Erhöhte Qualität durch Transparenz	5 %	60 %	70 %	80 %
	Gesamtnutzen:	58 %	81 %	70,25 %

BILD 7.16 Bewertung der Einsatzszenarien mit der Nutzwertanalyse

BEACHTE: Prozessanalyse bietet an sich bereits einen Mehrwert für das Unternehmen; unabhängig vom Technologieeinsatz. ■

TIPP: Schwachstellenanalyse mittels des Ishikawa-Diagramms liefert ein umfassendes und verständliches Ergebnis. ■

BEACHTE: Prozessreorganisation basierend auf den Technologiepotenzialen ist unausweichlich; Technologie der Technologie willen, wird keinen Nutzen stiften. ■

Schritt 2: Ist-Prozess analysieren und Schwachstellen identifizieren

Nach der Auswahl der geeigneten Einsatzszenarien werden in einem zweiten Schritt die zugehörigen Prozesse analysiert und Schwachstellen dokumentiert. Die Prozessanalyse stellt die Grundlage für die folgende Nutzen- bzw. Kostenbewertung dar. Zunächst sind sämtliche Prozesse, die von der Technologie in diesem Szenario unterstützt werden, zu identifizieren. Über die Tätigkeiten, Aktivitäten und Ereignissen hinaus werden zudem die verwendeten IT-Systeme und Daten sowie der physische Objektfluss dokumentiert.

Anschließend werden die so dokumentierten Prozesse einer Schwachstellenanalyse unterzogen. Um die Schwachstellen zu strukturieren, können verschiedene Methoden, wie beispielsweise Ishikawa-Diagramme (siehe Kapitel 1.11), eingesetzt werden. Unter der Annahme, dass sich die aufgenommenen Schwachstellen negativ auf die Prozessperformance auswirken, werden die Schwachstellen zunächst in Haupt- und Nebenursachen unterteilt. Anhand dieser Clusterung werden Problemursachen identifiziert und Abhängigkeiten zwischen den Schwachstellen dargestellt. Durch diese umfassende Analyse können Schwachstellen detailliert beschrieben und Potenziale für eine mögliche Verbesserung durch den Technologieeinsatz abgeleitet werden.

Schritt 3: Soll-Prozess definieren

Im Anschluss an die Aufnahme des Status quo werden unter Berücksichtigung der bekannten Technologiepotenziale die Soll-Prozesse gestaltet. Neben den Elementen der Prozessdokumentation sind ggf. technologiespezifische Aspekte mit aufzunehmen. Im Falle einer RFID-Implementierung sind beispielsweise zusätzlich Identifikationspunkte im Prozess zu dokumentieren. Die so entstandene umfangreiche Dokumentation der Soll-Prozesse ermöglicht im weiteren Verlauf die Identifikation der benötigten Hardware und erlaubt eine Analyse der technischen Anforderungen.

Schritt 4: Technologieszenario aufstellen

Im Anschluss an die Definition der Soll-Prozesse ist die präzise Ausgestaltung des Technologieeinsatzes auszuwählen. In dieser frühen Phase eines Projektes zur Technologieeinführung gilt es, möglichst schnell, kostengünstig und trotzdem fundiert die technische Machbarkeit zu evaluieren. Neben dem Einholen von Expertenmeinungen und dem Aufbau von Pilotszenarien, was vergleichsweise teuer ist, kann dies durch Analogiebildung zu bereits umgesetzten Lösungen erfolgen. Neben der reinen Abschätzung der technischen Machbarkeit ist nach Identifizierung der geeigneten Technologieeigenschaften das Mengengerüst aufzustellen. Dieses umfasst sämtliche Hard- und Softwarekomponenten.

Im Ergebnis liegt mit dem Technologieszenario eine umfassende Beschreibung des Mengengerüstes und der technischen Restriktionen sowie der Soll-Prozesse vor. Diese Grobspezifikation wird als Vorstufe zu einem detaillierten Lastenheft, unter anderem zur Erhebung der Investitionskosten durch Angebote von Technologieanbietern und Systemintegratoren, genutzt.

BEACHTE: Prüfung der technischen Machbarkeit ist für den Einzelfall zu betrachten.

Fehlervermeidung in der Kommissionierung									
Anzahl Fehler [#/Jahr]	*	Reduktion mit RFID [%]	*(	Fehlerfolgekosten [€/Fehler]	+	Nachbearbeitungszeit [h/Fehler]	*	Stundensatz [€/h]	)

BILD 7.17 Beispielhafte Bewertungsvorschrift für einzusparende Fehlerfolgekosten

Schritt 5: Kostentreiber und Nutzenpotenziale bewerten

Um eine umfassende Bewertung des Technologieeinsatzes vorzunehmen, werden zunächst Kostentreiber und Nutzenpotenziale gesammelt. Dazu werden die in den vorhergehenden Schritten dokumentierten Ist- und Soll-Prozesse verglichen. Anhand der Veränderungen in den Prozessschritten können die spezifischen Auswirkungen auf das benötigte Personal, die auftretenden Fehler oder den zu erwartenden Umsatz identifiziert werden. Können einzelne für die Investition relevante Zahlungsströme nicht direkt einem Prozessschritt zugeordnet werden, so gehen diese als prozessunspezifische Faktoren in die Bewertung mit ein (beispielsweise verbesserte Mitarbeiterqualifikation oder erhöhte Lieferbereitschaft).

TIPP: Ermittlung der Kosten durch Angebote von Dritten. Reduziert den Aufwand und liefert bei entsprechender Vergleichsmöglichkeiten ein valides Ergebnis.

Sind Kostentreiber und Nutzenpotenziale vollständig erfasst, müssen diese bewertet werden. Zielsetzung ist eine möglichst vollständige – gegebenenfalls indirekte – monetäre Bewertung der Kostentreiber und Nutzenpotenziale. Die Kosten für Hard- und Software sowie weitere Dienstleistungen werden auf Basis des Technologieszenarios durch Anfragen an Technologieanbieter oder Systemintegratoren ermittelt. Dadurch ist der Aufwand für die vollständige Erfassung der Kostentreiber vergleichsweise gering. Kosten, die in den Prozessen entstehen sind ebenso wie der Nutzen prozessschrittsspezifisch zu ermitteln.

BEACHTE: Monetarisierung der Kosten- und Nutzeneffekte für Ableitung betriebswirtschaftlicher Kennzahlen notwendig.

Zur monetären Bewertung der Effekte sind geeignete Berechnungsvorschriften zu verwenden. Diese verknüpfen Einsparpotenziale oder zusätzliche Aufwände durch den Technologieeinsatz (z. B. Einsparung von Arbeitszeit oder zusätzliche Wartungsarbeiten) mit betrieblichen Kennzahlen (z. B. Stundenlöhne oder Fehlerraten). Zur Berechnung der einzusparenden Fehlerfolgekosten in der Kommissionierung kann eine mögliche RFID-Implementierung verwendet werden (siehe Bild 7.17).

Die zur Berechnung erforderlichen Daten unterscheiden sich in der Güte der sie betreffenden Unsicherheit. Häufig können betriebswirtschaftliche Kennzahlen durch Auswertung von IT-Systemen ermittelt werden und zeichnen sich somit durch eine geringe Unsicherheit aus, wie beispielsweise Stundenlöhne oder auch Durchlaufzeiten und Bestände. Liegen keine konkreten Daten vor, können durch Schätzung ebenfalls häufig valide Werte ermittelt werden. Kann beispielsweise durch den Einsatz der Technologie eine Reduktion der Fehlerfolgeaufwände aufgrund nicht erfasster Güter erreicht werden (z. B. vermeidbare Suchvorgänge), kann über den Vergleich mit der Ist-Situation die Prozessverbesserung ermittelt werden. So kann aufgrund einer Ist-Ausfallwahrscheinlichkeit der Erfassung von 5 % und einer Soll-Ausfallwahrscheinlichkeit von 2 % mit RFID mit einer Fehlerreduktion von 60 % gerechnet werden.

Aufgrund der inhärenten Unsicherheiten in der Bewertung, kann zur Abbildung der Unsicherheiten eine vereinfachte **Szenariotechnik** (siehe Kapitel 5.3) verwendet werden. Dabei werden zwei Szenarien, ein erwartetes und ein pessimistisches Szenario, aufgestellt. Im Beispiel werden zwei verschiedene Werte für die mögliche Reduktion durch den Technologieeinsatz angegeben. Ein erwarteter Wert, der dem berechneten Wert von 60 % entspricht, und ein konservativer Wert von 40 %, da die Lesegenauigkeit von RFID in dem bestimmten Anwendungsumfeld noch nicht abschließend getestet wurde. Unter der Annahme, dass jedes

Jahr 30.000 Güter im Wareneingang erfasst werden und dass jeder Fehler eine halbe Stunde Nachbearbeitungszeit zu 40 € Stundenlohn sowie sonstige Fehlerfolgekosten von 100 € nach sich zieht, ergibt sich ein erwarteter monetärer Effekt von 108.000 € [1.500 × 60 % × (0,5 h × 40 € + 100 €)]. Im pessimistischen Szenario beträgt dieser 66.000 € (Bild 7.18).

Fehlervermeidung in der Kommissionierung											
A (erwartet)	1500	*	60 %	*(	100 €	+	0,5 h	*	40 €	)=	108.000 €
B (pessimistisch)	1500	*	40 %	*(	100 €	+	0,5 h	*	40 €	)=	66.000 €

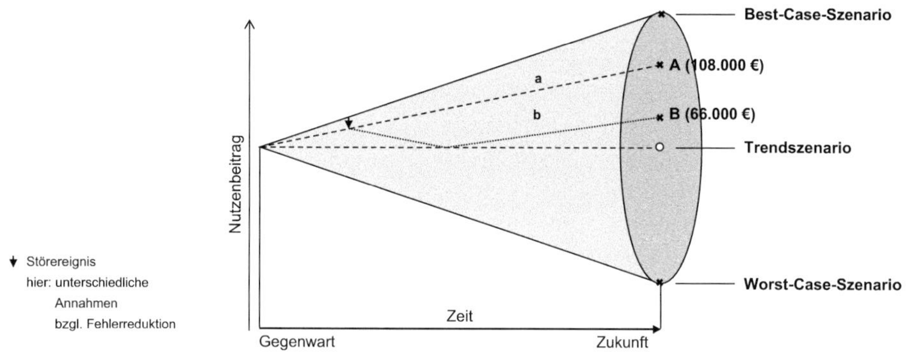

BILD 7.18 Szenariotechnik zur Abbildung eines erwarteten und eines pessimistischen Szenarios

MERKE: Unsicherheit in der Bewertung ist hinsichtlich der Belastbarkeit des Ergebnisses zu adressieren.

Diese Berücksichtigung der Unsicherheiten in zwei Szenarien führt zu einer immanenten **Erhöhung der Transparenz** bezüglich des Bewertungsprozesses sowie des Bewertungsergebnisses. Effekte, die nicht mit vertretbarem Aufwand bzw. mit zu hoher Unsicherheit behaftet sind, werden als qualitative Effekte im Rahmen einer Argumentenbilanz dokumentiert.

Schritt 6: Erweiterungsoptionen klassifizieren

Neben Kosten und Nutzen, die durch die Einführung der Technologie entstehen, ergeben sich möglicherweise zusätzliche Erweiterungsoptionen, die die Attraktivität der Investition beeinflussen. So kann beispielsweise durch die Implementierung von RFID-Gates eine Infrastruktur geschaffen werden, die die Hürde für den Einsatz von RFID in einem verwandten Anwendungsfall entscheidend senkt. Zur Integration der möglichen Erweiterungsoptionen in die Bewertung wird eine einfache Klassifizierung der zusätzlichen Optionen vorgenommen. Die möglichen Erweiterungen des Technologieeinsatzes werden anhand zweier Dimensionen in drei Ausprägungen (niedrig, mittel und hoch) bewertet.

- **Zusatzaufwand der Option**

  Aufwand, der trotz der bereits getätigten Investitionen in die zu bewertende Technologie zur Implementierung der Erweiterungsoption zu leisten ist.

- **Zusatznutzen der Option**

  Nutzen, der durch die Implementierung der Erweiterungsoption im Hinblick auf die Wirtschaftlichkeit des Unternehmens entsteht.

Das Ergebnis bildet ein in Anlehnung an das **Marktattraktivitäts-/Wettbewerbsstärken-Portfolio**, besser bekannt als McKinsey-Portfolio, entwickeltes Options-Portfolio.

Im Rahmen der McKinsey-Portfolioanalyse werden anhand der Kriterien Marktattraktivität und relativer Wettbewerbsvorteil Produkte oder Bereiche in einer Matrix mit neun Feldern eingeordnet. Für diese Felder sind Normstrategien hinterlegt, wie mit den einsortierten Produkten oder Elementen in Zukunft verfahren werden sollte.

Aus der Klassifizierung in Zusatzaufwand und -nutzen und die Unterteilung in die Ausprägungen hoch, mittel, niedrig resultiert ebenfalls eine solche Matrix. Im Gegensatz zum McKinsey-Portfolio werden anhand der Einordnung in die Matrix jedoch keine Handlungsempfehlungen, sondern Relevanzeinschätzungen gegeben. Unter Relevanz wird in diesem Kontext der positive Effekt einer Erweiterungsoption auf die zu bewertende Investition verstanden. Je höher der Zusatznutzen einer zusätzlichen Erweiterungsoption ist, desto größer ist auch die Relevanz für die zu bewertende Investition. Entgegengesetzt verhält es sich mit dem Zusatzaufwand. Die höchste Relevanz besitzen demnach Erweiterungen, die einen hohen Zusatznutzen bei niedrigem zusätzlichem Aufwand aufweisen. In Bild 7.19 ist das angepasste Portfolio beispielhaft dargestellt.

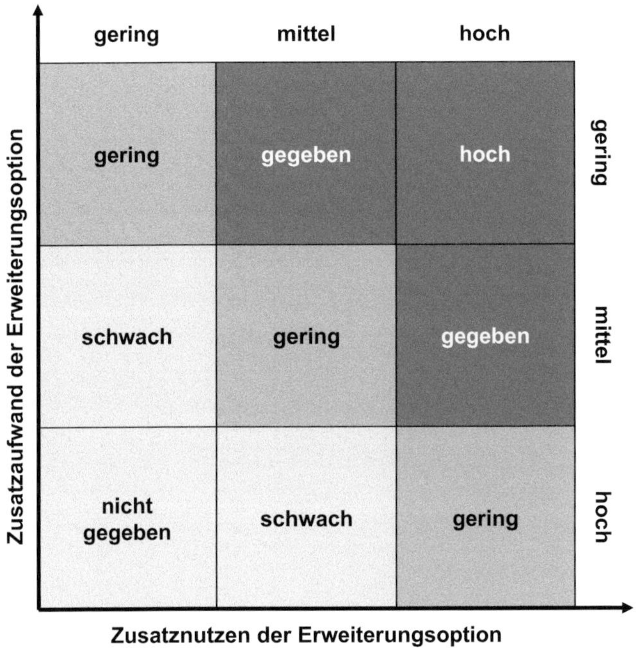

BILD 7.19 Portfolio der Erweiterungsoptionen in Anlehnung an das Marktattraktivitäts-/Wettbewerbsstärken-Portfolio

Das vorgestellte Vorgehen zur Integration der zusätzlichen Optionen in die Kosten- und Nutzenbewertung des Technologieeinsatzes dient der **Vollständigkeit** und somit auch der **Belastbarkeit** der resultierenden Entscheidungsvorlage. In Analogie zur qualitativen Kosten- und Nutzenbewertung können die getätigten Bewertungen nur eine Ergänzung zur monetären Bewertung darstellen. Dennoch besitzen diese Punkte im Rahmen der Investitionsbewertung ein nicht zu unterschätzendes Gewicht, da der Zusammenhang zur Unternehmensstrategie und anderen Einflussfaktoren hergestellt wird.

MERKE: Die Erweiterungsoptionen, die sich durch die Implementierung des initialen Technologieprojektes ergeben sind unbedingt in die Bewertung zu integrieren.

Schritt 7: Investitionsrechnung durchführen

Gemäß der in Schritt 5 geschilderten Logik werden sämtliche Prozessschritte bewertet. Die dezidierte Vorgehensweise anhand jeden Prozessschrittes dient in Kombination mit dem abgeleiteten Portfolio an Erweiterungsoptionen der Sicherstellung einer möglichst **vollständigen Bewertung**. Die so berechneten Kennzahlen werden in Form einer Entscheidungsvorlage zusammengeführt. Diese umfasst sämtliche monetär bewerteten Nutzenpotenziale, die Investitions- und Betriebskosten, das Optionsportfolio aus Schritt 6 sowie zusätzliche qualitative Vorteile, die in Form einer Argumentenbilanz mitgeführt werden.

MERKE: Erst die Ableitung betriebswirtschaftlicher Kennzahlen wird in den meisten Fällen zu einer positiven Investitionsentscheidung führen.

Im Ergebnis können auf Basis einer **Break-even-Analyse** (siehe Abschnitt 5.7) betriebswirtschaftliche Kennzahlen wie die Amortisationsdauer, der Kapitalwert oder auch der interne Zinsfuß berechnet werden.

Wiederholung der Schritte 2 bis 7 für jedes Einsatzszenario

Im Falle der Ermittlung mehrerer Einsatzszenarien in Schritt 1 des Vorgehens sind die Schritte 2 bis 7 mehrmals, nämlich für jedes Technologieszenario, zu durchlaufen.

Schritt 8: Handlungsempfehlungen ableiten

Sind alle Einsatzszenarien bewertet, können diese in einer vergleichenden Darstellung gegenübergestellt werden. Dies ermöglicht die Ableitung von Handlungsempfehlungen und Priorisierung der umzusetzenden Einsatzszenarien. Bild 7.20 fasst die Vorgehensweise des kombinierten Analysewerkzeugs anschaulich zusammen.

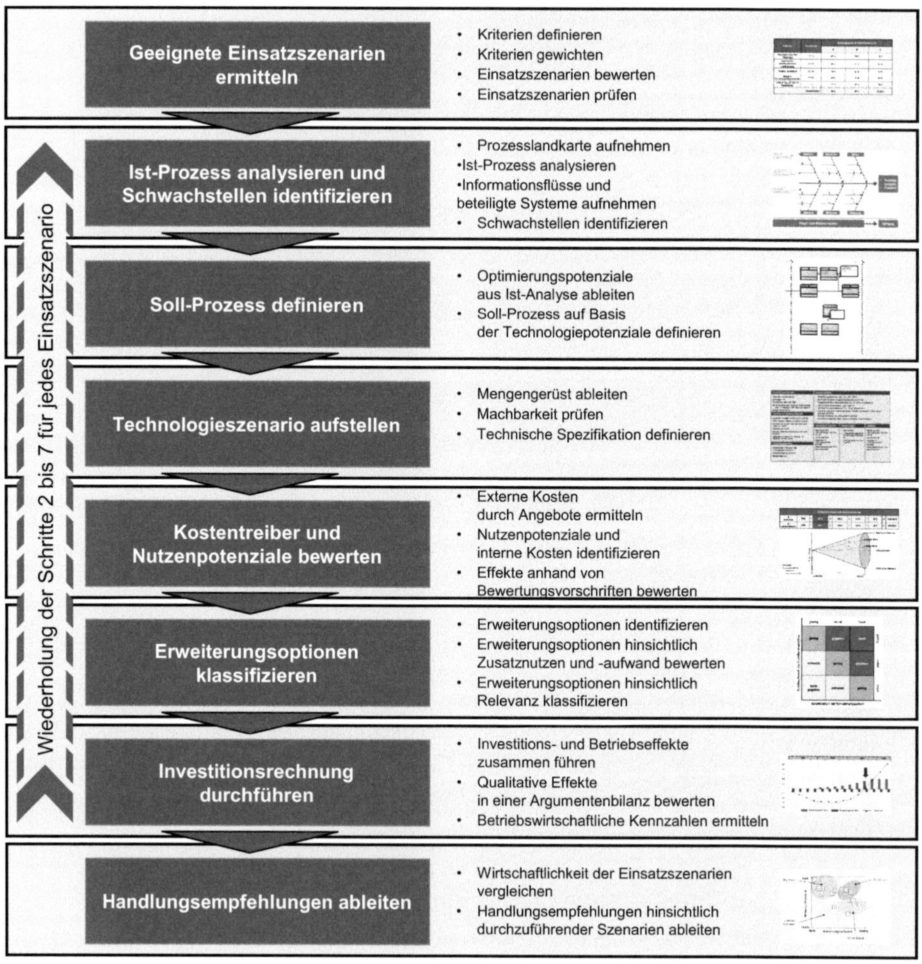

BILD 7.20 Zusammenfassung der Schritte zur Durchführung des Analysewerkzeugs

7.2.4 Fallbeispiele

Nachdem im vorherigen Kapitel die grundsätzliche Vorgehensweise zur „Planung und Bewertung des effizienten Technologieeinsatzes" aufgezeigt wurde, soll im Folgenden anhand drei unterschiedlicher Fallbeispiele die konkrete Anwendung dargelegt werden.

Allen drei Beispielen ist gemein, dass sie den Einsatz der RFID-Technologie, allerdings in unterschiedlichen Anwendungsszenarien, zum Gegenstand haben. Das erste Fallbeispiel befasst sich hierbei mit dem RFID-Einsatz zur Optimierung des Behältermanagements. Das zweite Fallbeispiel adressiert die Verbesserung der Produktionssteuerung und das dritte Fallbeispiel erläutert die Vorgehensweise am Beispiel des Asset Managements.

BEACHTE: Radiofrequenzidentifikation gilt aufgrund der zurückhaltenden Haltung von Anwendern trotz einer Vielzahl von anerkannten Potenzialen als Paradebeispiel für die Schwierigkeiten des Technologiemanagements. ■

Track & Trace von Containern bei einem Nahrungsmittelhersteller

Das erste Fallbeispiel widmet sich dem Behältermanagement bei einem der größten fruchtverarbeitenden Betriebe in Europa. Ein Großteil der logistischen Prozesse wird mit Containern abgewickelt. Im Rahmen einer Voranalyse, in der unternehmensweit mögliche Einsatzszenarien für RFID definiert und bewertet wurden, wurde der Bereich Containermanagement als aussichtsreicher Anwendungsfall identifiziert.

Mit mehr als 15.000 Behältern, die zwischen drei eigenen Werken und einem Großlager sowie den Niederlassungen der Kunden europaweit zirkulieren, sind die logistischen Abläufe äußerst komplex. Aus diesem Grund umfasste die Ist-Analyse sowohl die interne Produktionslogistik als auch die externe Logistik inklusive Vereinnahmung, Lagerung und Transport vom und zum Kunden oder Lieferanten. Die Aufgabe der Logistik besteht zum einen darin, die vollen Container bedarfsgerecht an die Kunden auszuliefern und zum anderen, die Leercontainer rechtzeitig in den eigenen Werken zur Abfüllung bereitzustellen. Dabei gilt es, die wesentlichen logistischen Zielgrößen niedriger Behälterbestand, hohe Verfügbarkeit und Reaktionsfähigkeit ständig zu optimieren. Um dies zu realisieren, hat sich das Unternehmen mit der Planung des Einsatzes von neuer RFID-Technik beschäftigt.

MERKE: Niedriger Bestand, hohe Verfügbarkeit und kurze Reaktionszeit sind wesentliche logistische Zielgrößen. ■

Im Rahmen des Projekts wurde der beschriebene Anwendungsfall gemäß dem vorgestellten achtstufigen Vorgehen geplant und bewertet. Die Grundlage bildete die Analyse der Ist-Prozesse sowie der Identifikation der Schwachstellen. Diese offenbarte unter anderem Lücken in der Erfassung der Container zwischen verschiedenen Stationen, eine mehrfache papierbasierte Etikettierung im Prozess und die Beschränkung des Informationsflusses auf die internen Prozesse.

Im Anschluss an die Analyse der Ist-Situation wurde das Technologieszenario erstellt. In diesem Kontext wurden zunächst die Soll-Prozesse für die internen Abläufe von Wareneingang über Werkstatt und Waschstraße bis zum Leercontainerlager und im Anschluss davon ausgehend über die Produktion und das Vollcontainerlager bis zum Warenausgang definiert. Darüber hinaus wurde das Lager für Zwischenprodukte und die hauseigene Lkw-Flotte mit in die Betrachtung einbezogen. Dies geschah, um eine höhere Datentransparenz hinsichtlich des Aufenthaltsorts der Container und des Vorrats an Zwischenprodukten zu erhöhen um die Dokumentation der Kühlkette auf Containerebene auf die Lkw-Flotte und damit auf den Transport der Container zum Kunden auszudehnen. Durch die Integration der Lkw-Flotte wurde noch die Möglichkeit geschaffen, beim Kunden vor Ort einen Erfassungspunkt (I-Punkt) zu erzeugen, was wiederum die Datentransparenz erhöht.

Durch den Vergleich der Prozesse wurden 18 Nutzenpotenziale identifiziert. So konnte durch die Beschleunigung der Erfassung und Verladung der Container, durch die höhere Datenqualität und die daraus resultierenden besseren Planungsdaten sowie durch die unterstützten Ein- und Auslagerungsprozesse Personal für höherwertige Aufgaben freigestellt werden. Die Fehlerfolgekosten wurden aufgrund der höheren Übereinstimmung von tatsächlichem und im System dokumentierten Bestand sowie der Reduzierung der Fehlverladungen verringert. Durch Anwendung der **Szenariotechnik** (vgl. Schritt 5) konnte ein transparentes Ergebnis erzielt werden.

MERKE: Einsatz von Technologien wirkt zumeist in eine von folgenden Dimensionen: Personal, Fehlerfolgekosten, Umsatz, Prozessperformance, Abschreibungen und Kapitalbindung. ■

Im Ergebnis lässt sich festhalten,

- dass eine Monetarisierung der Nutzenpotenziale in über 75 % der Fälle erreicht wurde,
- dass die Bewertung einen positiven Kapitalwert und eine Amortisationsdauer von knapp zwei Jahren ergeben hat (siehe Break-even-Analyse in Bild 7.21),

- dass durch die Umsetzung des geschilderten Anwendungsfalls unter anderem eine Reduzierung des Anlagevermögens, der Fehlerfolgekosten und der Abschreibungen aufgrund von Regressforderungen erreicht wurde,
- dass eine höhere Transparenz der Behälterlogistik zu einer beträchtlichen Steigerung der Wettbewerbsfähigkeit der hauseigenen Lkw-Flotte führt.

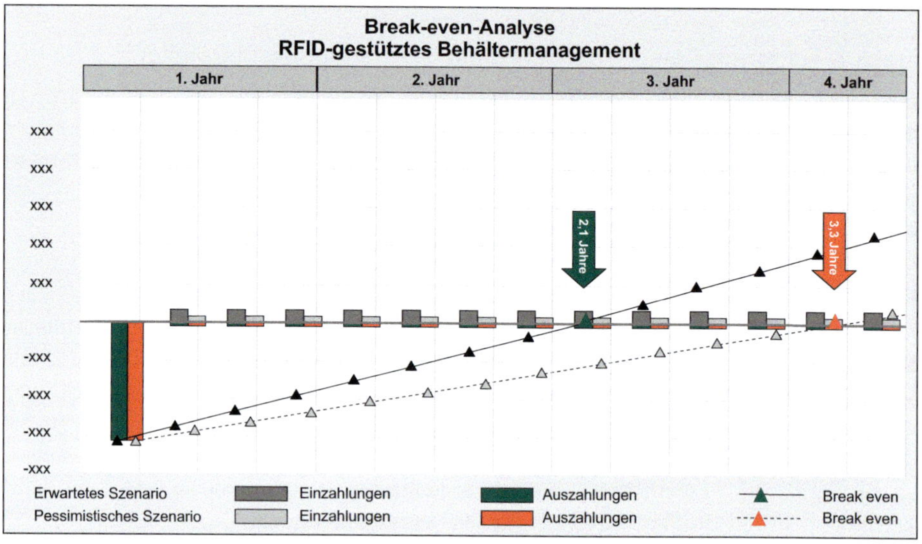

BILD 7.21 Break-even-Analyse für den Technologieeinsatz im Behältermanagement eines Nahrungsmittelherstellers

Innovativer Technologieeinsatz in der Produktionssteuerung eines Konsumgüterproduzenten

BEACHTE: Wertorientierte Gestaltung der Technologieeinsatzplanung ermöglicht bessere und schnellere Ergebnisse.

Gegenstand des zweiten Fallbeispiels ist die Produktionssteuerung bei einem europaweit tätigen Konsumgüterproduzenten. Dieser Hersteller von Handelsmarken mit einem umfangreichen Produktsortiment im Wasch-, Putz- und Reinigungsmittel- sowie Körperpflegebereich setzt RFID bereits in der externen Logistik ein, um den Anforderungen der Kunden aus dem Handel gerecht zu werden. Die Anbringung von RFID-Tags auf Paletten im Warenausgang generiert für das Unternehmen allerdings keinen Nutzen. Um auch die internen Prozesse zu optimieren, wurde mit der Auswahl und Priorisierung der möglichen Einsatzgebiete begonnen. Zur Diskussion standen vier verschiedene Anwendungsfelder. Auf Basis einer **Nutzwertanalyse** (vgl. Schritt 1) wurde die Produktionssteuerung der Flüssigprodukt-Abfüllung als Option mit den größten Optimierungspotenzialen identifiziert.

Der betrachtete Bereich ist durch eine hohe Produktvielfalt und Varianten gekennzeichnet, bedingt durch die große Anzahl unterschiedlicher Produkte („Sorten") und Kunden, verschiedenen Ausprägungen eines Produktes und verschiedenen Länderversionen. Insbesondere die Kommissionierung und Separation der unterschiedlichen Länderversionen versprach ein hohes Optimierungspotenzial. Konkret wurde sowohl eine Erhöhung der Prozesssicherheit als auch der Prozessgeschwindigkeit angestrebt. In Bezug auf die Sicherheit bestand die Herausforderung darin, Fehlverschickungen zu vermeiden. Durch eine Minimierung der Wartezeiten zum Leeren der Puffer könnte darüber hinaus der Wechsel von Länderversionen bzw. Sorten beschleunigt werden.

Nach Analyse der Ist-Prozesse wurde auf Basis der Anforderungen der Soll-Prozess definiert. Im Anschluss wurden für das identifizierte Soll-Szenario, der Ausstattung der letzten Flaschen einer Länderversion oder Sorte mit einem RFID-Tag, um so als Signalgeber an den kritischen Stationen zu dienen, das Technologieszenario erstellt. Ziel war es, den Wechsel automatisiert und genau steuern zu können.

Faktoren	Gewicht [%]	Erfüllungsgrade für Einsatzszenario [%]			
		BigPacks	Abfüllung	Chemikalien-behälter	TNT-Container
Einsparpotenzial	14 %	25 %	80 %	30 %	20 %
Fehlervermeidung	17 %	80 %	80 %	15 %	40 %
Umsetzungsaufwand	6 %	20 %	10 %	30 %	30 %
Umsetzungs-geschwindigkeit	3 %	60 %	40 %	60 %	50%
Investitionssicherheit	8 %	70 %	90 %	60 %	70 %
Technische Machbarkeit	20 %	80 %	40 %	80 %	80 %
Akzeptanz	11 %	70 %	80 %	60 %	60 %
Innovationsgrad	2 %	60 %	80 %	20 %	20 %
Handlungsbedarf	19 %	40 %	70 %	40 %	30 %
	Gesamtnutzen:	58 %	66 %	46 %	47 %

BILD 7.22 Nutzwertanalyse zur Auswahl der geeigneten Einsatzszenarien

Im Ergebnis stellte sich nach der Bewertung der Kosten und des Nutzen heraus, dass das angenommene Potenzial zur Optimierung des betrachteten Prozesses geringer war, als zunächst angenommen. Somit konnte eine Fehlinvestition vermieden werden. Konkret ergab sich im Ergebnis,

- dass eine Monetarisierung der Nutzenpotenziale in über 90 % der Fälle erreicht wurde,
- dass die Bewertung einen negativen Kapitalwert und eine Amortisationsdauer von über drei Jahren ergeben hat,
- dass durch die Umsetzung des geschilderten Anwendungsfalls vor allem die Durchlaufzeit und die Fehlerfolgekosten verringert würden,
- dass der bewertete Anwendungsfall aufgrund der hohen Investitionsausgaben als nicht geeignet für eine kurzfristige Umsetzung erscheint.

RFID-gestütztes Bettenmanagement im Krankenhausbereich

Im dritten Fallbeispiel wird die Optimierung des Asset Management durch den Einsatz von RFID in einem Großklinikum bewertet. Innerhalb des Projektes wurde das Bettenmanagement betrachtet. Enormes Einsparpotenzial des RFID-Einsatzes wurde in der Möglichkeit der sicheren Wartung und Einhaltung des im Medizinproduktegesetz vorgeschriebenen Wartungszyklus, der Dokumentation der Bettenhistorie, der Ortung und Optimierung der Reinigungshäufigkeit, der Vorrangschaltung im Aufzug und automatischen Türöffnung sowie der Zuordnung der Betten zum Patienten gesehen.

Die Basis für die Bewertung des RFID-Einsatzes stellte gemäß dem bereits beschriebenen Vorgehen die Analyse der Ist-Situation der Bettenbeschaffung, -bereitstellung, -nutzung, -wartung, -reparatur und -reinigung dar. Die Analyse der Ist-Prozesse verdeutlichte verschiedene Verbesserungspotenziale in den betrachteten Prozessen. Das Technologieszenario wurde basierend auf diesen Erkenntnissen erstellt, in das weitere Beobachtungen, technische Anforderungen und gesetzliche Rahmenbedingungen einflossen. Im Rahmen des Technologieszenarios wurde der Einsatzbereich der RFID-Lösung festgelegt. In der anschließenden Kosten- und Nutzenbewertung wurden 20 Nutzenpotenziale identifiziert. Besonderes Potenzial wurde der Beschleunigung von manuellen Tätigkeiten, der Reduzierung von Fehlerfolgekosten und der Verringerung der Kapitalbindung aufgrund höherer Transparenz bezüglich des Status der Betten zugesprochen. Neben

TIPP: Clusterung der Nutzenpotenziale bezüglich ihrer Effekte in den Wirkdimensionen erhöht die Transparenz.

den größtenteils monetär bewerteten Nutzenpotenzialen und Kostentreiber ergibt sich durch die Installation von RFID-Gates an verschiedenen Identifikationspunkten eine Vielzahl an Erweiterungsoptionen. Hierzu zählen unter anderem die Überwachung von medizinischen Geräten, die Vorrangschaltung in Aufzügen sowie die Kennzeichnung von Demenzkranken oder Neugeborenen. Das resultierende Optionsportfolio (vgl. Schritt 6) wird in Bild 7.23 dargestellt.

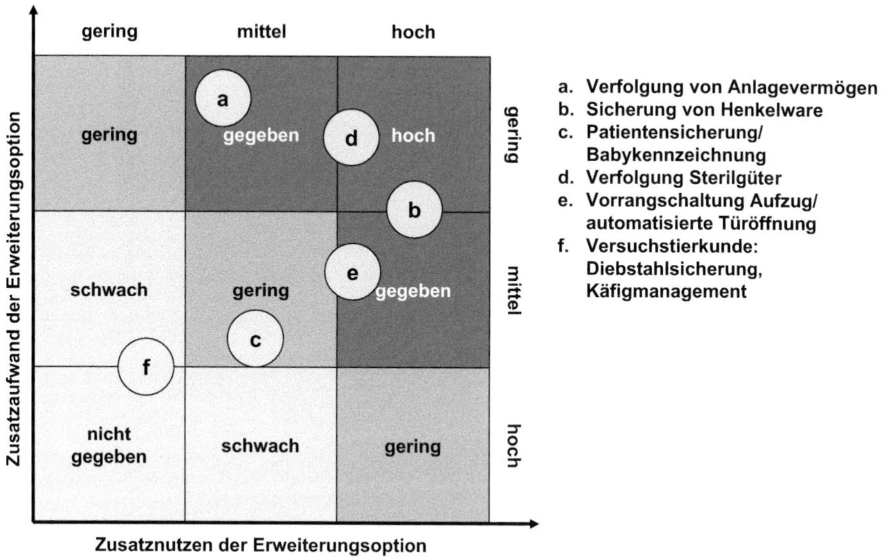

BILD 7.23 Optionsportfolio für Erweiterungsmöglichkeiten des RFID-gestützten Bettenmanagements

Die Möglichkeit, diese zusätzlichen Anwendungen durch die Umsetzung des RFID-gestützten Bettenmanagements zu realisieren, stellt im Ergebnis ein großes, wenn auch unsicheres Nutzenpotenzial der Investition dar. Sollten sich eine oder mehrere Optionen durch die dann vorhandene Hardware und die durch das Projekt gewonnenen Erfahrungen mit der Technik umsetzen lassen, so realisiert die betrachtete Investition eine über die Ergebnisse der eigentlichen Bewertung hinausgehende Wirtschaftlichkeit.

Zusammenfassend kann festgehalten werden,

- dass eine Monetarisierung der Nutzenpotenziale in mehr als zwei Drittel der Fälle erreicht wurde,
- dass die Bewertung einen nahezu neutralen Kapitalwert und eine Amortisationsdauer von knapp zwei Jahren ergeben hat,
- dass eine höhere Transparenz der Bettenlogistik zu einer enormen Reduzierung der Kapitalbindung führt,
- dass durch die Umsetzung des geschilderten Anwendungsfalls eine Vielzahl von weiteren Anwendungen ermöglicht wird.

7.2.5 Vorlagen zum Download

Im Downloadbereich zum Buch befinden sich die generelle Vorgehensweise zur Durchführung des kombinierten Analysewerkzeugs, Vorlagen zur Darstellung der vorgenommenen Abschätzung geeigneter Einsatzszenarien sowie die im Fallbeispiel dargestellten Wirtschaftlichkeitsbewertungen.

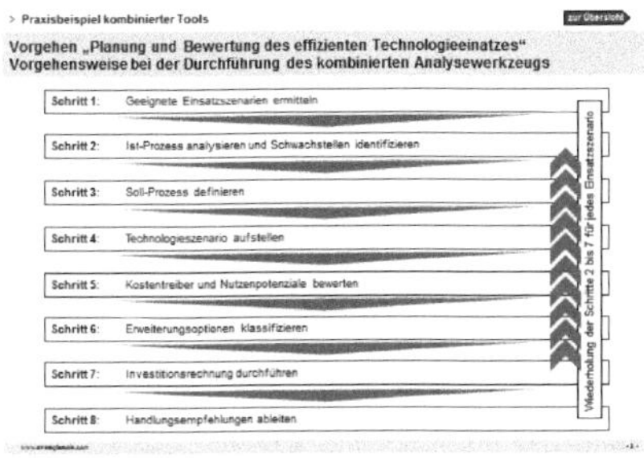

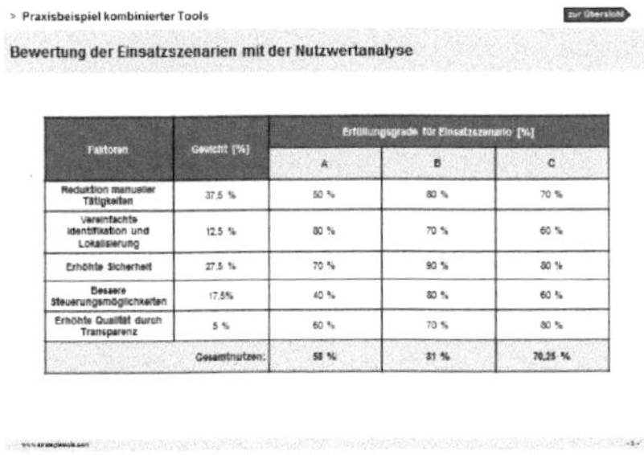

Faktoren	Gewicht [%]	Erfüllungsgrade für Einsatzszenario [%]		
		A	B	C
Reduktion manueller Tätigkeiten	37,5 %	50 %	80 %	70 %
Vereinfachte Identifikation und Lokalisierung	12,5 %	80 %	70 %	60 %
Erhöhte Sicherheit	27,5 %	70 %	90 %	80 %
Bessere Steuerungsmöglichkeiten	17,5%	40 %	80 %	60 %
Erhöhte Qualität durch Transparenz	5 %	60 %	70 %	80 %
	Gesamtnutzen:	58 %	81 %	70,25 %

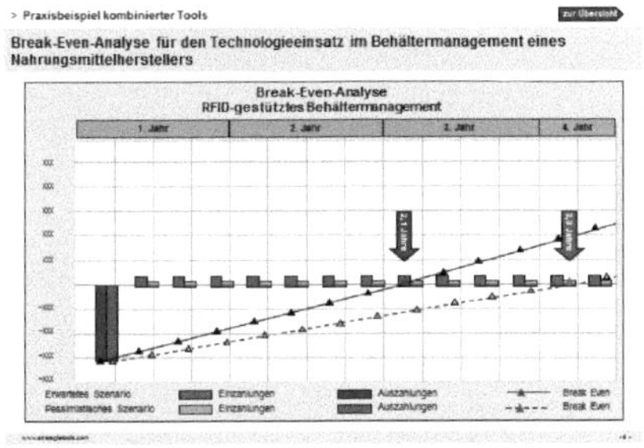

7.2.6 Literaturhinweise

BAUM, H. / COENENBERG, A. G. / GÜNTHER, T. (2007): *Strategisches Controlling,* 4. Aufl. Schäffer-Poeschel, Stuttgart 2007.

GREGORY, F. (1993): *Cause, Effect, Efficiency and Soft Systems Models,* in: *The Journal of the Operational Research Society* 44 (1993) Nr. 4, S. 333–344.

KESTEN, R. / SCHRÖDER, H. / WOZNIAK, A. (2006): *Ergebnisse einer empirischen Untersuchung zur Nutzenermittlung von IT-Investitionen,* Elmshorn 2006.

RHENSIUS, T. / DEINDL, M. (2009): *Metastudie RFID,* in: SCHUH, G. / STICH, V. (Hrsg.): Forschungsinstitut für Rationalisierung e. V. (FIR), 3. Aufl., Aachen 2009.

RHENSIUS, T. / DÜNNEBACKE, D.: *RFID – Business Case Calculation,* in: SCHUH, G. / STICH, V. (Hrsg.): Forschungsinstitut für Rationalisierung e. V. (FIR), 2. Aufl., Aachen 2010.

SCHULTE-ZURHAUSEN, M. (2005): *Organisation,* 4. Aufl. Vahlen, München 2005.

STRÜKER, J. / GILLE, D. (2006): *RFID in Deutschland,* Institut für Informatik und Gesellschaft, Freiburg 2006.

STRÜKER J. / GILLE, D. / FAUPEL, T. (2008): *RFID Report 2008,*. VDI-Verlag, Düsseldorf 2008.

7.3 Business Transformation – Kotters Acht-Schritte-Modell der Veränderung

7.3.1 Zielsetzung und Anwendungsgebiet

Das Ziel des Acht-Schritte-Modells ist es, eine zeitintensive und weitreichende Unternehmensveränderung einzuleiten sowie erfolgreich umzusetzen. Viele Unternehmen unterziehen sich einer Transformation, um effektiv auf Veränderungen im internen und externen Geschäftsumfeld reagieren zu können. Eine Transformation umfasst sowohl die Neugestaltung der Organisation und deren Leistungen unter fachlichen Gesichtspunkten als auch die Integration von Organisation und Individuum. Dies erfolgt durch einen Prozess, der hierarchisch geplant und gestaltet sowie partizipativ umgesetzt wird. Obwohl generell viele Unternehmen in den letzten 20 Jahren einen deutlichen Erfahrungszuwachs im projektbasierten Management von Transformationen verzeichnen konnten, bestätigt eine Studie von McKinsey aus dem Jahr 2008, dass nur eines von drei Transformationsprojekten von Erfolg gekrönt ist. Wesentliche Gründe für den Misserfolg von zahlreichen Transformationen sind einerseits die mangelnde Sensibilisierung der Mitarbeiter und andererseits die fehlende Integration der Mitarbeiter in den Veränderungsprozess.

Kotters Acht-Schritte-Modell der Veränderung liefert einen ganzheitlichen, prozessualen Ansatz für die Durchführung einer fundamentalen, betriebsorganisatorischen Unternehmenstransformation und wird von vielen Transformationsmanagern und renommierten Forschungsexperten empfohlen. Im Vergleich zu zahlreichen anderen Veränderungskonzepten verfolgt Kotters Acht-Schritte-Modell die explizite Miteinbeziehung der Mitarbeiter, da sie als der Schlüsselfaktor für das Gelingen eines Transformationsvorhabens angesehen werden. Weiterhin wird bei dieser Methode vorausgesetzt, dass alle Schritte sequenziell umgesetzt werden, damit der Musterwechsel innerhalb des Unternehmens ein positives Wirkungspotenzial entfalten kann. Kotters Acht-Schritte-Modell eignet sich besonders für modulare und unternehmensweite Transformationen. Zu den modularen Transformationen gehört beispielsweise die Restrukturierung einer oder mehrerer Abteilungen sowie Divisionen. Eine unternehmensweite Transformation beinhaltet dagegen eine radikale Änderung der Unternehmensstrategie oder der gesamten Organisationsstruktur.

7.3.2 Beschreibung

Immer mehr Topmanager realisieren, dass die Innovations- und Transformationsfähigkeiten des Unternehmens zu den essenziellen Erfolgsfaktoren gehören. Zu den gegenwärtigen Treibern, die Unternehmen dazu veranlassen, eine Unternehmenstransformation vorzunehmen, gehören z. B. die sogenannte vierte industrielle Revolution, der Klimawandel sowie die Digitalisierung von Unternehmen und Gesellschaft. Unternehmen, die ihre unternehmerischen Strukturen, Verfahren und Technologien fortwährend kritisch hinterfragen und veraltete Denkmuster im Rahmen von tief greifenden Transformationsprogrammen neu definieren, werden langfristig die Gewinner im globalisierten Wettbewerb sein.

Es ist unbestritten, dass erfolgreiche Transformationen häufig zu einem signifikanten Unternehmenswachstum führen oder wesentliche Effizienzsteigerungen in der Wertschöpfungskette eines Unternehmens erzielen. Nichtsdestotrotz löst jede radikale Veränderung eine breite Verunsicherung bei den Mitarbeitern aus. Die betroffene Belegschaft weiß meistens nicht, wie sie sich in der neuen Situation oder während der Transformationsphase verhalten soll. Aus diesem Grund müssen Unternehmensführer einerseits die Vision der Unternehmenstransformation transparent kommunizieren und andererseits die Umsetzung unter Einbeziehung der Belegschaft systematisch betreuen.

1995 publizierte John P. Kotter, ehemaliger Professor an der Harvard Business School, den Artikel „Leading Change: Why Transformation Efforts Fail", in welchem er sein prozessorientiertes Acht-Schritte-Modell der Veränderung das erste Mal vorstellte. Seine Methode beruht auf der Annahme, dass Unternehmen in der Lage sein müssen, sich fortwährend zu transformieren, da in der Vergangenheit einerseits die Veränderungsgeschwindigkeit im Geschäftsumfeld maßgeblich zugenommen hat und anderseits, um auf bevorstehende Herausforderungen im Wettbewerb effektiv reagieren zu können.

Nach einer umfassenden Analyse von über 100 Transformationsversuchen bei namhaften Unternehmen schlussfolgerte Kotter, dass lediglich eine Minderheit aller Transformationsbestrebungen befriedigende Ergebnisse hervorbrachte. Seine Analyse brachte zwei wesentliche Erkenntnisse zum Vorschein:

1. **Erkenntnis:** Der Transformationsprozess eines Unternehmens durchläuft acht sequenzielle Schritte, die in ihrer Gesamtheit eine hohe Umsetzungszeit voraussetzen. Weiterhin wird durch das Auslassen einzelner Schritte der Transformationserfolg erheblich gefährdet.
2. **Erkenntnis:** Sogenannte Kardinalfehler und Nachlässigkeiten in jedem dieser Schritte können den Transformationsprozess verlangsamen und bereits vorher erreichte Meilensteine sogar obsolet machen.

Im folgenden Abschnitt werden Kotters identifizierte Kardinalfehler kurz dargelegt, da sie die Grundlage für die Ableitung seines Acht-Schritte-Modells bilden.

1. Kardinalfehler: Kein ausreichendes Gespür für die Dringlichkeit

Kotter stellt die These auf, dass bereits über die Hälfte der Transformationsprogramme scheitert, weil viele Führungskräfte die Dringlichkeit einer tief greifenden Veränderung unzureichend vermitteln. Viele Führungskräfte überschätzen ihre Fähigkeit, die Belegschaft von der Transformation zu überzeugen. Weiterhin fokussieren sich viele Unternehmenslenker zu sehr auf die rationalen Aspekte einer Transformation, statt auf die Ängste und Gefühle der Mitarbeiter einzugehen. Aus diesem Grund gelingt es ihnen nicht, die Mitarbeiter aus ihrer Komfortzone herauszuführen.

2. Kardinalfehler: Fehlen einer mächtigen Koalition der Erneuerer

Zahlreiche Transformationen scheitern, weil häufig die Unterstützung des Topmanagements und einflussreicher Mitarbeiter fehlt. Zwar werden in einigen Transformationsinitiativen nachrangige Stabsmanager eingesetzt, jedoch verfügen diese oftmals nicht über genügend Macht, um eine umfassende Veränderung effektiv voranzutreiben.

3. Kardinalfehler: Es wird versäumt, eine Vision zu entwerfen

Bei vielen Transformationsprogrammen ist die Vision entweder schwer verständlich, weil sie beispielsweise zu analytisch oder zu finanzlastig ist, oder sie fehlt gänzlich. Ohne eine klare Vision ist es schwer, die Mitarbeiter von der Intention der Transformation zu überzeugen, da die Mitarbeiter das Zielbild der Bestrebung nicht nachvollziehen können. Darüber hinaus besteht das Risiko, dass ohne eine umfassende Vision nicht vereinbarten Einzelinitiativen nachgegangen wird, statt auf das Gesamtziel hinzuarbeiten.

4. Kardinalfehler: Unzulängliche Vermittlung der Vision

Häufig wird die Kommunikationsaufgabe unterschätzt oder komplett vernachlässigt. Aus diesem Grund versäumen viele Manager, ihren Mitarbeitern auf breiter Basis und über verschiedene Kommunikationskanäle die Vision der Transformation begreiflich und glaubhaft zu machen, sodass die zentrale Botschaft die Belegschaft niemals erreicht.

5. Kardinalfehler: Entgegenstehende Hürden werden nicht weggeräumt

Unternehmenstransformationen beinhalten grundlegende Veränderungen in der gesamten Organisation. In vielen Fällen treten jedoch Hürden in personifizierter Form auf. Damit sind sowohl eigene Arbeitskollegen als auch Führungskräfte gemeint, die eine Transformation nicht mittragen wollen. Diese Hürden werden weder beachtet noch aus dem Weg geräumt, sodass der gesamte Transformationsprozess an dieser Stelle erheblich entschleunigt wird.

6. Kardinalfehler: Kurzfristige Erfolge werden nicht systematisch vorbereitet

Unternehmenstransformationen sind nicht nur kosten-, sondern auch zeitintensiv, da solche Veränderungen mit viel Aufwand und Koordination verbunden sind. Bis Transformationen einen spürbaren Nutzen auf breiter Basis entfalten, vergeht viel Zeit, sodass die Motivation der Belegschaft auf lange Sicht abzunehmen droht. Zahlreiche Unternehmen versäumen es, in diesem Zusammenhang erreichbare Meilensteine einzuführen oder bereits erreichte Zwischenerfolge hervorzuheben, welche der Belegschaft kontinuierlich neuen Antrieb geben würden.

7. Kardinalfehler: Siegesfeiern werden zu früh angesetzt

Zahlreiche Topmanager neigen dazu, frühzeitig ein Transformationsvorhaben als erfolgreich zu deklarieren, sobald der erste spürbare Nutzen greifbar wird. Dies kann für den Abschluss des Gesamtprojekts sehr fahrlässig sein, da die Entschlossenheit der Belegschaft, die Transformation weiter anzutreiben, schlagartig sinken könnte. Kotter hat beobachtet, dass zu früh ausgelobte Erfolge häufig zu einem abrupten Stillstand der Transformation führen.

8. Kardinalfehler: Keine Verankerung des Neuen in der Unternehmenskultur

Kotter hat beobachtet, dass es einigen Unternehmensführern nicht gelingt, das Neue im Unternehmen fest zu manifestieren. Oftmals versäumt das Topmanagement, Maßnahmen zu entwickeln und zu installieren, damit neu geschaffene Strukturen, Verfahren oder Verhaltensweisen in die alltägliche Arbeit integriert und somit von der Belegschaft verinnerlicht werden. Zugleich verpassen viele Unternehmensführer, Vorkehrungen zu treffen, die gewährleisten, dass neue Vorgehensweisen und Einstellungen auch von der nachfolgenden Generation von Topmanagern akzeptiert und weitergelebt werden.

Kotter entwickelte auf Grundlage dieser Kardinalfehler und den Erfahrungswerten aus den erfolgreichen Transformationsvorhaben sein Acht-Schritte-Modell, welches in Bild 7.24 zusammengefasst und nachfolgend kurz erläutert wird.

Transformationsschritte	Empfohlene Maßnahmen
1 Ein Bewusstsein für die Dringlichkeit des Wandels schaffen.	• Markt- und Wettbewerbsgegebenheiten untersuchen. • Potenzielle Krisen sowie bedeutende Chancen erkennen und diskutieren. • Belege aufzeigen, dass eine Transformation unausweichlich ist.
2 Die richtungsweisenden Personen in einer Koalition vereinen.	• Befürworter der Transformation zu einer Führungskoalition vereinen. • Die Koalition mit genügend Macht ausstatten, um die Bestrebungen voranzutreiben. • Die Koalition ermutigen, eng als geschlossenes Team zusammenzuarbeiten.
3 Eine Vision für die Transformation entwickeln.	• Eine Vision schaffen, die für Transformationsbestrebungen richtungsweisend ist. • Transformationsstrategien entwickeln, die diese Vision verwirklichen.
4 Die gefundene Vision bekannt machen.	• Jeden möglichen Kanal nutzen, um die Vision und Strategien begrei ich zu machen. • Die Kommunikation muss für alle Betroffenen einfach und aufrichtig sein. • Die Vision muss aktiv von der Führungskoalition vorgelebt werden.
5 Andere ermächtigen, gemäß der Vision zu handeln.	• Jegliches Hindernis gegenüber Veränderungen beseitigen. • Strukturen und Systeme ändern, die den Erfolg ernsthaft gefährden können. • Die Belegschaft ermutigen, etwas zu wagen, und unkonventionelle Ideen fördern.
6 Kurzfristige Erfolge planerisch vorbereiten und herbeiführen.	• Sichtbare Leistungsverbesserungen transparent machen. • Die Transformationsschritte sukzessive realisieren. • An Verbesserungen beteiligte Mitarbeiter ausdrücklich benennen und belohnen.
7 Erreichte Verbesserungen weiter ausbauen.	• Gewachsene Glaubwürdigkeit nutzen, um Systeme, Strukturen und Verhaltensweisen zu verändern, die nicht zu der Vision passen. • Mitarbeiter einstellen und fördern, die die Vision erfolgreich umsetzen können.
8 Die neuen Lösungswege fest verankern.	• Zusammenhänge zwischen neuen Verhaltensweisen und dem Transformationserfolg herausstellen. • Mittel erarbeiten, um die Entwicklung in der Führung und Führungsnachfolge zu sichern.

BILD 7.24 Kotters Acht-Schritte-Modell der Veränderung

1. Schritt: Ein Bewusstsein für die Dringlichkeit des Wandels schaffen

Um bereits vor möglichen Krisen den Transformationsbedarf eines Unternehmens frühzeitig zu erkennen, empfiehlt Kotter, die Markt- und Wettbewerbssituation stetig zu analysieren. Die Intention hinter dieser Maßnahme ist es, Chancen und Risiken zu erkennen, mögliche Konsequenzen abzuleiten und damit potenzielle Krisen zu antizipieren. Auf diese Weise wird das Problembewusstsein für einen notwendigen Transformationsbedarf geweckt.

2. Schritt: Die richtungsweisenden Personen in einer Koalition vereinen

Erst wenn das Topmanagement eine Transformation aktiv befürwortet, kann sie auch gelingen. Deshalb empfiehlt Kotter, eine Gruppe von Führungspersönlichkeiten zusammenzustellen, die genügend Überzeugung, Kompetenz und Einfluss besitzt, um das Transformationsvorhaben zu gestalten. Diese Führungskoalition sollte zur erfolgreichen Zusammenarbeit im Team ermutigt werden.

3. Schritt: Eine Vision für die Transformation entwickeln

Durch Mitwirkung der Führungskoalition muss eine Vision geschaffen werden, die für die Transformationsbestrebungen richtungsweisend ist. Weiterhin sollte eine Transformationsstrategie zur Realisierung der Vision entwickelt werden, die Kennzahlen, Zielerreichungsfortschritte und Aktionsprogramme beinhalten.

4. Schritt: Die gefundene Vision bekannt machen

Jeder Kommunikationskanal und jedes Medium sollte genutzt werden, um die Vision und Transformationsstrategie fortwährend an die betroffenen Mitarbeiter zu kommunizieren. Die Führungskoalition sollte dabei als Vorbild agieren und vorleben, welches Verhalten von den Betroffenen erwartet wird.

5. Schritt: Andere ermächtigen, gemäß der Vision zu handeln

Hindernisse, die der Unternehmenstransformation im Wege stehen, gilt es, zu beseitigen. Systeme, Strukturen und Verhaltensweisen im Unternehmen, die ernsthaft die Vision der Transformation bedrohen, müssen frühzeitig verändert werden. Darüber hinaus sollten Unternehmensführer ihre Mitarbeiter an der Transformation beteiligen, indem sie Eigeninitiative einfordern und sie zur kalkulierbaren Risikobereitschaft ermutigen.

6. Schritt: Kurzfristige Erfolge planerisch vorbereiten und herbeiführen

Sichtbare Leistungsverbesserungen durch die Erreichung von Teilerfolgen sollten aktiv eingeplant und ermöglicht werden, indem das ganzheitliche Transformationsprogramm in kleinere Teilprogramme mit kurzfristigen Zielen zerlegt wird. Diese Ziele sollten realisierbar sein und kommuniziert werden. Weiterhin wird empfohlen, positive Arbeitsleistungen der beteiligten Mitarbeiter offen anzuerkennen und die Teilerfolge auch zu belohnen.

7. Schritt: Erreichte Verbesserungen weiter ausbauen

Der durch Erfolge stetig wachsende Glaube an den Nutzen der Unternehmenstransformation sollte dazu verwendet werden, Strukturen, Systeme und Verfahren, die nicht zur Verwirklichung der Vision und Transformationsstrategie beitragen, ebenfalls zu verändern. Alle gegenwärtigen sowie zukünftigen Mitarbeiter, die den Erfolg der Transformation effektiv vorantreiben, sollten eingestellt und gefördert werden. Auf diese Weise kann die Unternehmenstransformation mithilfe neuer Folgeprojekte, Themen und Impulse in Gang gehalten werden.

8. Schritt: Die neuen Lösungswege fest verankern

Der Zusammenhang zwischen neuen Strukturen, Prozessen und Verhaltensweisen und dem durch die Veränderung erzielten Unternehmenserfolg sollte nach Kotter im letzten Schritt identifiziert und kommuniziert werden. Es ist wichtig, verschiedene Maßnahmen zur Sicherung der Führungsentwicklung und -nachfolge zu erstellen, um dadurch eine Basis für weitere Transformationsprozesse zu schaffen.

7.3.3 Voraussetzungen und notwendiger Input

Einer Unternehmenstransformation gehen verschiedene Analysen voraus, die im Vorfeld durchgeführt werden müssen. Die Ergebnisse dieser Analyseverfahren dienen hierbei Unternehmensführern als Entscheidungsgrundlage, inwieweit eine Unternehmenstransformation notwendig erscheint. Weiterhin lässt sich anhand der Resultate feststellen, ob das Unternehmen über genügend Ressourcen für ein potenzielles Transformationsvorhaben verfügt. In der folgenden Aufzählung werden Methoden aufgelistet, die vom Topmanagement vor einer Transformation eingesetzt werden können:

- Kostenstrukturanalyse (Kapitel 1.5)
- Zufriedenheitsanalyse (Kapitel 1.6)
- Unternehmenskulturanalyse (Kapitel 1.7)
- Wertkettenanalyse (Kapitel 1.12)
- Stärken-Schwächen-Analyse (Kapitel 1.16)
- Benchmarking (Kapitel 2.6)
- Branchenstrukturanalyse (Kapitel 2.7)
- SWOT-Analyse (Kapitel 3.1)
- Wettbewerbsstrategien nach Porter (Kapitel 4.2)
- Leitbild (Vision, Mission, Kernwerte) (Kapitel 4.4)
- Szenariotechnik (Kapitel 5.4)
- Geschäftsmodellentwicklung (Kapitel 5.9)

Alle aufgezählten Methoden werden in diesem Buch umfassend vorgestellt und können in den vorherigen Kapiteln nachgelesen werden.

7.3.4 Vorgehensweise

Um Kotters Acht-Schritte-Modell der Veränderung geordnet umzusetzen, empfiehlt es sich, das Transformationsprogramm zu strukturieren. In diesem Zusammenhang eignet sich die Drei-Phasen-Vorgehensweise von Kurt Lewin, da Kotters Modell auf Lewins Erkenntnissen aufbaut und somit kompatibel ist.

Die Drei-Phasen-Vorgehensweise von Lewin entstand im Jahr 1947 und basiert auf Studien über soziale Veränderungen in Gesellschaftsgruppen. Lewin richtete den Fokus seiner Untersuchungen auf Faktoren, welche für die Entstehung und den Zusammenhalt sozialer Gruppierungen verantwortlich sind. Darüber hinaus versuchte er, eine Vorgehensweise zu entwickeln, mit der man das Verhalten der Protagonisten innerhalb eines sozialen Gefüges verändern konnte. Besonders im Bereich der Wirtschaftswissenschaft haben Lewins Erkenntnisse nach wie vor einen erheblichen Einfluss, da sowohl Forscher als auch Unternehmensentscheider Lewins Drei-Phasen-Modell als übersichtliche und zugleich effektive Vorgehensweise für Veränderungsvorhaben in Organisationen betrachten.

Lewin geht von der zentralen Annahme aus, dass in jeder Organisation Kräfte existieren, die einerseits Veränderung vorantreiben und andererseits eine Veränderung verhindern. Diese Kräfte sind in ihrer Dimensionierung gleich groß und bilden daher ein Gleichgewicht. Um eine Veränderung einleiten zu können, müssen die veränderungstreibenden Kräfte verstärkt und veränderungshindernden Kräfte verringert werden. Genau wie unter Kotter ist der betroffene Mitarbeiter Dreh- und Angelpunkt bei der Veränderung. Um eine Veränderung herbeizuführen, entwickelte Lewin das vielfach anerkannte Drei-Phasen-Modell. Unter Lewin durchlaufen Unternehmensveränderungen drei unterschiedliche Phasen: Auftauen, Verändern und Einfrieren. Diese Phasen werden im Folgenden kurz erklärt.

1. Phase: Auftauen (englisch: unfreezing)

In der ersten Phase ist es das Ziel, die veränderungsantreibenden Kräfte zu erhöhen und die veränderungshindernden Kräfte zu verringern, um das Gleichgewicht des Unternehmens zu verlassen. In dieser Phase gilt es, das Transformationsvorhaben zu planen, die betroffene Belegschaft von der Notwendigkeit der Transformation zu überzeugen sowie jeglichen Widerstand in Dialogform gemeinsam mit den Mitarbeitern zu beseitigen. Mögliche Impulse für eine Transformation können sowohl aus dem Unternehmen als auch aus dem externen Geschäftsumfeld kommen. Zusammenfassend lässt sich festhalten, dass innerhalb der Auftauen-Phase die breite Bereitschaft für das Transformationsprogramm erzeugt werden soll.

2. Phase: Verändern (englisch: moving)

In der zweiten Phase wird die Unternehmenstransformation schrittweise umgesetzt. Bei diesem Vorhaben werden neue Systeme, Strukturen sowie Verhaltensweisen eingeführt und im Rahmen von Workshops trainiert. Es gilt zu beachten, dass es bei betroffenen Mitarbeitern zu einer Verunsicherung kommen kann, da die Belegschaft über ihr Tagesgeschäft hinaus zusätzlichen Aufwand leisten muss, um die Transformation voranzutreiben.

3. Phase: Einfrieren (englisch: freezing)

Ziel der dritten Phase ist es, die umgesetzte Transformation zu stabilisieren und im Unternehmen wieder einen Gleichgewichtszustand herzustellen. Hierbei wird die herbeigeführte Neugestaltung innerhalb des Unternehmens manifestiert und von den Mitarbeitern verinnerlicht.

Wie in Bild 7.25 veranschaulicht wird, lassen sich Kotters Transformationsschritte in Lewins Phasenmodell integrieren. Die ersten vier Schritte nach Kotter sollten vorzugsweise in der Auftauen-Phase umgesetzt werden. In der Verändern-Phase lassen sich die darauffolgenden vier Schritte gemäß Kotter sowie die entsprechenden Handlungsmaßnahmen sinnvoll eingliedern. Kotters letzter Transformationsschritt, die Verankerung neuer Lösungswege, kann am besten in die Einfrieren-Phase von Lewin eingeordnet werden.

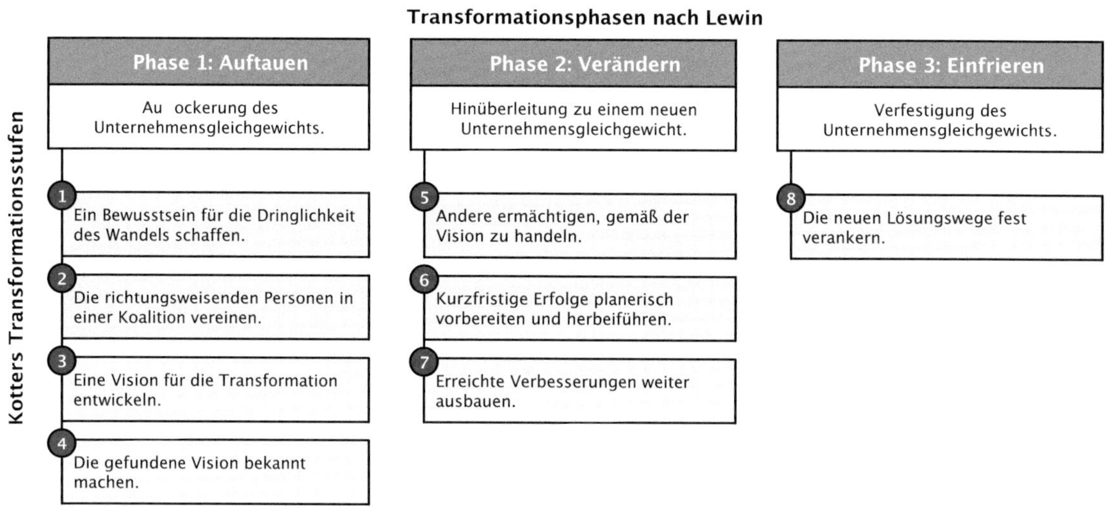

BILD 7.25 Einbettung des Acht-Schritte-Modells von Kotter in die Transformationsphasen nach Lewin

7.3.5 Vor- und Nachteile

Vorteile	Nachteile
• Bei der Umsetzung des Transformationsvorhabens werden alle betroffenen Mitarbeiter berücksichtigt und aktiv mit einbezogen. • Das Modell ist einfach nachzuvollziehen, da es aus klaren und verständlichen Transformationsschritten besteht. • Die systematische Ausführung aller Transformationsschritte erhöht maßgeblich die Chance auf einen Umsetzungserfolg. • Das Modell eignet sich für Unternehmenskulturen mit klassischen Hierarchiestrukturen.	• Das Modell folgt einem Top-down-Ansatz, in dem die Vision und Transformationsstrategie ausschließlich auf höchster Unternehmensebene entwickelt wird. Nachrangige Mitarbeiter nehmen an der Planung und Ausrichtung der Transformation nicht teil. • Sobald das Transformationsvorhaben begonnen hat, ist es nicht mehr möglich, Planungsänderungen vorzunehmen. • Das Modell eignet sich in erster Linie für zeitintensive Transformationsvorhaben und weniger für schnelle Transformation.

TABELLE 7.1 Vor- und Nachteile des Acht-Schritte-Modells nach Kotter

7.3.6 Praxisbeispiel

Das folgende Praxisbeispiel beschreibt, wie der Gründer von Interface Inc. sein Unternehmen von einem reinen Produzenten von Teppichbelägen zu einem nachhaltigen Dienstleister von Fußbodensystemen transformiert. Ray Anderson gründete Interface Inc. 1973 in LaGrange, Georgia. Heute ist Interface ein weltweit renommierter Hersteller von nachhaltigen Teppichsystemen. Das Unternehmen erzielte im Jahr 2012 mit über 3.000 Mitarbeitern einen Jahresumsatz von 932 Mio. Dollar.

Ray Anderson initiierte 1994 eine tief greifende Unternehmenstransformation. Ziel war es, ein Geschäftsmodell nach einem ganzheitlichen Nachhaltigkeitsprinzip zu etablieren. Bei diesem Vorhaben wurde das neue Geschäftsmodell besonders durch einen stärkeren Umweltschutz und eine ressourcenschonende Herstellung der Teppichsysteme geprägt. Interface gehörte damals zu den ersten weltweit agierenden Konzernen, die es sich zur Aufgabe machten, das Geschäftsmodell durch ein umfassendes Transformationsprogramm nachhaltig auszurichten. Eine solche Transformation gehört zu den komplexesten Veränderungsmaßnahmen, die Unternehmen vornehmen können. Dies gilt insbesondere für Produzenten von Teppichbelägen, denn der Herstellungsprozess setzt einen intensiven Einsatz von gefährlichen Chemiestoffen voraus, die maßgeblich zur Verschmutzung der Umwelt beitragen.

Im neuen Geschäftsmodell wurden alle zukünftigen Fußbodensysteme nicht mehr an den Kunden verkauft, sondern ausschließlich geleast. Darüber hinaus war es das Ziel, Mehrwert durch ein umfassendes Servicemanagement zu schöpfen. Statt Fußbodensysteme komplett auszutauschen, beispielsweise aufgrund von Beschädigungen oder Verschleiß, fokussierte sich Interface im neuen Geschäftsmodell auf die kontinuierliche Wartung, Reparatur und den Austausch einzelner Teppichmodule. Der Austausch einzelner Teppichmodule sorgte dafür, dass erheblich weniger Teppichböden nachproduziert werden mussten. Darüber hinaus gelang es dem Unternehmen, durch einen neuen Herstellungsprozess bereits verbrauchte Teppichmodule mithilfe des Einsatzes von Solenium zu recyceln.

In den folgenden Abschnitten werden mithilfe Kotters Acht-Schritte-Modell verschiedene einzelne Maßnahmen präsentiert, mit denen Interface eine zeitintensive Transformation eingeleitet hat, die auch gegenwärtig noch nicht abgeschlossen ist. Bild 7.26 zeigt eine Zusammenfassung der verschiedenen Maßnahmen.

1. Schritt: Ein Bewusstsein für die Dringlichkeit des Wandels schaffen

Anderson verzichtete auf den Einsatz von klassischen Präsentationen mit vielen Zahlen und leblosen Fakten. Stattdessen setzte der Unternehmensgründer in seinen Ansprachen gezielt auf Emotionen, wie Wut, Angst, Traurigkeit, Ekel, Schuldgefühle und Hoffnung. Hierbei versuchte er stets, seine persönliche Ansicht über die Notwendigkeit eines nachhaltigen Geschäftsmodells zu vermitteln, um seine Mitarbeiter auf seine Seite zu holen. Gleichzeitig zeigte Anderson die Folgen für das Ökosystem und die Umwelt auf, die durch das gegenwärtige Geschäftsmodell und den Herstellungsprozess entstanden.

2. Schritt: Die richtungsweisenden Personen in einer Koalition vereinen

Anderson kontaktierte weitere Forscher, die ihn bei der Transformation mit dem neusten Fachwissen zur Seite standen. Um ihn herum formte der Unternehmenslenker ein Expertenteam, welches seine Ansichten vollumfänglich teilte und unterstützte. Dieses Expertenteam traf sich zweimal jährlich, um über die Transformationsfortschritte zu reflektieren und das Transformationsvorhaben mithilfe neuer Ideen weiter voranzutreiben. Zusätzlich wurde der Forschungs- und Entwicklungsflügel des Unternehmens damit beauftragt, den einzelnen Produktdivisionen bei der Analyse der Herstellungsverfahren behilflich zu sein und gemeinsam neue nachhaltige Produkt- und Prozesslösungen zu entwickeln. Jeder einzelne Schritt in der Wertschöpfungskette wurde hierbei genau analysiert, um zu prüfen, welchen Einfluss die verschiedenen Herstellungsarten auf die Produktqualität, Prozesseffizienz und auf die Umwelt hatten. Nicht zuletzt wurde ein Managementteam bestehend aus einflussreichen Führungskräften installiert.

3. Schritt: Eine Vision für die Transformation entwickeln

Anderson hat persönlich eine Vision entwickelt, die für alle Mitarbeiter, Lieferanten und Kunden einen Sinn ergab. Die Vision lautete wie folgt:

> *„Alle umweltschädlichen Auswirkungen unseres Unternehmens bis zum Jahr 2020 komplett einzustellen und erneuerbar zu wirtschaften."*

Um die Vision zu verwirklichen, wurde zudem ein ambitionierter Transformationsfahrplan entwickelt.

4. Schritt: Die gefundene Vision bekannt machen

Anderson kommunizierte die Vision von Interface mithilfe verschiedener Transformationserzählungen. Mit diesen Erzählungen gelang es ihm, seine Mitarbeiter für die bevorstehende Unternehmenstransformation zu begeistern, weil sie sich mit seiner Idee sehr gut identifizieren konnten.

Die erste Erzählung handelte von dem Raumschiff Erde, welches sich in Gefahr befand. Hintergrund der Geschichte war, dass sobald dieses Raumschiff verloren ginge, niemand mehr einen Ort zur Verfügung hätte, wohin er gehen könne. Seine Vision verstärkte Anderson mithilfe einer zweiten Geschichte, die als „Power of One“ bekannt wurde. Hierbei hob der Unternehmensführer hervor, dass bereits jeder einzelne Mitarbeiter einen entscheidenden Beitrag leisten könnte.

Auch nutzte er bei seinen Erzählungen Symbole. Unter anderem erläuterte er die Bedeutung des chinesischen Schriftsymbols für Krise, welches sowohl für Gefahr als auch für Chance steht. So zählte er beispielsweise verschiedene gesellschaftliche Gefahren auf, die auf alle Menschen einwirken werden, sofern die globale Erderwärmung und die Abholzung des Regenwalds nicht gestoppt werden. Der Geschäftsführer sah darin aber zugleich die Chance, gemeinsam mit seinen Kunden eine höhere Ressourceneffizienz zu schaffen und Mehrwert durch gutes Zutun zu schöpfen.

5. Schritt: Andere ermächtigen, gemäß der Vision zu handeln

Um die Unternehmenstransformation zu bewerkstelligen, führten Anderson und sein Transformationsteam einen neuen Prozess namens QUEST™ (Quality Utilizing Employee Suggestions and Teamwork) bei Interface ein. Sogenannte QUEST-Teams wurden weltweit in jeder Division eingesetzt, um Nachhaltigkeitslösungen auf Länderebene zu lokalisieren. Die ersten QUEST-Lösungen fokussierten sich hauptsächlich auf Abfall- und Verschwendungsprobleme, da sie kurzfristig und relativ einfach umsetzbar waren. Der Erfolg von QUEST ruhte auf verschiedenen Säulen. Zum einen waren alle betroffenen Mitarbeiter dazu bevollmächtigt, aktiver Teil der Nachhaltigkeitslösung zu werden. Zum anderen erhielt man als Teil eines QUEST-Teams den Auftrag, fortwährend nach Möglichkeiten zu suchen, die eine etwaige Verschwendung in der lokalen Wertschöpfungskette eliminieren würden.

6. Schritt: Kurzfristige Erfolge planerisch vorbereiten und herbeiführen

Erste Erfolge durch das QUEST-Programm hielten die Motivation bei den Mitarbeitern auch langfristig aufrecht. Zwischen 1994 und 1997 erreichte das Unternehmen Einsparungen von knapp 84 Mio. Dollar durch geringere Materialaufwendungen, Stromkosten und die Vermeidung von Abfallrückständen. Das eingesparte Geld wurde anschließend zur Finanzierung von weiteren Transformationsmaßnahmen eingesetzt. Diese Erfolge wurden mithilfe eines neu eingeführten Nachhaltigkeitsberichts innerhalb des gesamten Unternehmens kommuniziert. Dieser Bericht beinhaltete Informationen über den Fortschritt aller Transformationsmaßnahmen. Auf diese Weise konnte jeder betroffene Mitarbeiter nachvollziehen, welche bisherigen Teilziele in der Zwischenzeit erreicht wurden und welchen Mehrwert sie für das Unternehmen sowie die Umwelt geleistet haben. Weiterhin wurden verschiedene Nachhaltigkeitslösungen vorgestellt, die von den Mitarbeitern konzipiert und umgesetzt wurden. Die Berichterstattung über die Erreichung von realen sowie messbaren Resultaten erzeugte einerseits einen gesunden innerbetrieblichen Wettbewerb zwischen den Fachbereichen und förderte andererseits die Langzeitmotivation, fortwährend nach neuen Möglichkeiten zu suchen, um das Unternehmen noch nachhaltiger zu machen.

7. Schritt: Erreichte Verbesserungen weiter ausbauen

Alle bisherigen Initiativen sowie Erfolge fanden zwischen 1994 und 1998 statt. Interface nutzte dieses Momentum, um auch in den darauffolgenden Jahren die Unternehmenstransformation weiter anzutreiben. Bis 2006 wurden über 400 neue Teilprojekte aufgesetzt, die den ökologischen Fußabdruck weiter reduzierten. Auf Basis dieser Maßnahmen wurden zusammen weitere 262 Mio. Dollar eingespart, mit denen auch zukünftige Initiativen finanziert wurden.

Darüber hinaus adressierte das Unternehmen auch komplexere Themen, die über das interne Unternehmensumfeld hinausgingen. Unter anderem beteiligte sich Interface auch an wirtschaftspolitischen Diskussionen mit anderen Interessengruppen und Politikern. In diesem Zusammenhang trat Interface verschiedenen Verbänden und Organisationen bei, deren Intention es ist, die nachhaltige Entwicklung auch auf makroökonomischer und internationaler Ebene weiter auszubauen. Zu den Organisationen gehören beispielsweise der amerikanische Rat für Nachhaltige Entwicklung, der Weltwirtschaftsrat für Nachhaltige Entwicklung und das Center for Climate and Energy Solutions (C2ES).

8. Schritt: Die neuen Lösungswege fest verankern

Alle neu geschaffenen Lösungswege, welche Interface dabei unterstützten, ein ganzheitliches, nachhaltiges Unternehmen zu werden, schöpften nicht nur messbare Werte, sondern verstärkten das Bewusstsein der gesamten Belegschaft, dass jeder Einzelne einen wertvollen Beitrag für die Umwelt leistet. Damit die Mitarbeiter auch langfristig das Thema Nachhaltigkeit stets in ihre Lösungsansätze für betriebsorganisatorische Fragestellungen integrierten, wurden verschiedene Nachhaltigkeitstrainings eingeführt. Das Ziel dieser Schulung ist es, nachhaltiges Wirtschaften und Unternehmertum im gesamten Unternehmen zu institutionalisieren. Auf diese Weise sollen aktuelle sowie zukünftige Mitarbeiter lernen, was Nachhaltigkeit bedeutet, welchen Stellenwert es für Interface hat und wie jeder einzelne Mitarbeiter seinen eignen Teil dazu leisten kann, die Transformationsstrategie des Unternehmens zu verwirklichen.

Transformationsschritte	Interface-Maßnahmen
1 Ein Bewusstsein für die Dringlichkeit des Wandels schaffen.	• Anderson erzeugte eine Dringlichkeit nicht, indem er bloße Fakten oder Gra ken präsentierte. Stattdessen vermittelte er das Bild der aktuellen Wirklichkeit und die zukünftigen ökologischen Konsequenzen, welche durch das derzeitige Geschäftsmodell entstehen würden.
2 Die richtungsweisenden Personen in einer Koalition vereinen.	• Ein „Eco Dream Team", bestehend aus externen Fachleuten und F&E-Mitarbeitern, wurde geformt, damit das Team, unter der Leitung eines ein ussreichen Transformationsteams, jeden einzelnen Herstellungsprozess in Bezug auf Nachhaltigkeit tief gehend analysiert.
3 Eine Vision für die Transformation entwickeln.	• Anderson hat dafür persönlich Sorge getragen, dass eine Vision geschaffen wird er für alle Mitarbeiter, Lieferanten und Kunden einen Sinn ergeben würde.
4 Die gefundene Vision bekannt machen.	• Anderson transportierte die Vision mithilfe verschiedener Erzählungen. Mit solchen Geschichten gelang es ihm, seine Mitarbeiter für die bevorstehende Unternehmenstransformation zu begeistern, weil sie sich mit seiner Idee sehr gut identifizieren konnten.
5 Andere ermächtigen, gemäß der Vision zu handeln.	• Das QUEST-Programm befähigte die Mitarbeiter, ein aktiver Teil der Transformation zu werden. Mitglieder der QUEST-Teams hatten den Auftrag, fortwährend nach Nachhaltigkeitspotenzialen in der Wertschöpfungskette zu suchen.
6 Kurzfristige Erfolge planerisch vorbereiten und herbeiführen.	• Erfolge sowie Fortschritte der Unternehmenstransformation wurden mithilfe eines neu eingeführten Nachhaltigkeitsberichts innerhalb des ganzen Unternehmens kommuniziert. Jeder Mitarbeiter konnte somit nachvollziehen, welche Teilziele erreicht wurden.
7 Erreichte Verbesserungen weiter ausbauen.	• Auch komplexere Nachhaltigkeitsprojekte wurden initiiert. Eine Initiative war es, gemeinsam mit ein ussreichen Forschungsinstituten und Organisationen, das Thema Nachhaltigkeit wirtschaftspolitisch stärker im Vordergrund zu positionieren.
8 Die neuen Lösungswege fest verankern.	• Schulungsmaßnahmen zum Thema Nachhaltigkeit waren ein wesentlicher Bestandteil, um den Kulturwandel innerhalb des Unternehmens zu institutionalisieren. Jeder Mitarbeiter sollte den Kerngedanken der Nachhaltigkeit begreifen und was er für das Unternehmen bedeutet.

BILD 7.26 Transformation von Interface gemäß Kotters Acht-Schritte-Modells

7.3.7 Vorlagen zum Download

Im Downloadbereich zum Buch befinden sich das Acht-Schritte-Modell nach Kotter und die grundlegende Vorgehensweise nach Lewin. Wie in diesem Kapitel herausgestellt wurde, basiert der Erfolg von Kotters Acht-Schritte-Modell der Veränderung auf einer transparenten sowie effektiven Kommunikation, um alle Mitarbeiter für die Transformation zu gewinnen. Aus diesem Grund beinhaltet der Downloadbereich auch eine PowerPoint-Vorlage eines Kommunikationsmanagementplans.

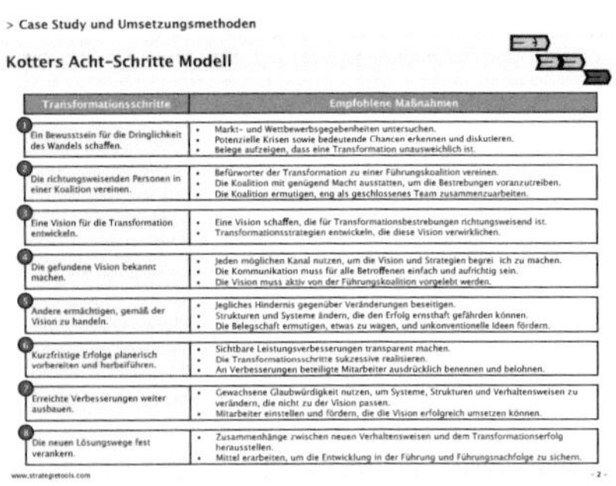

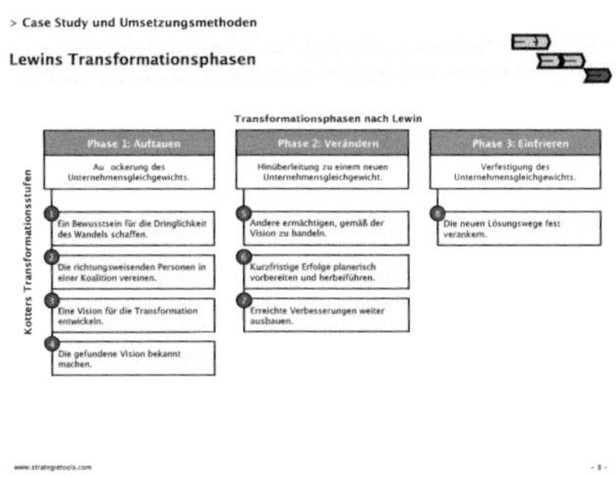

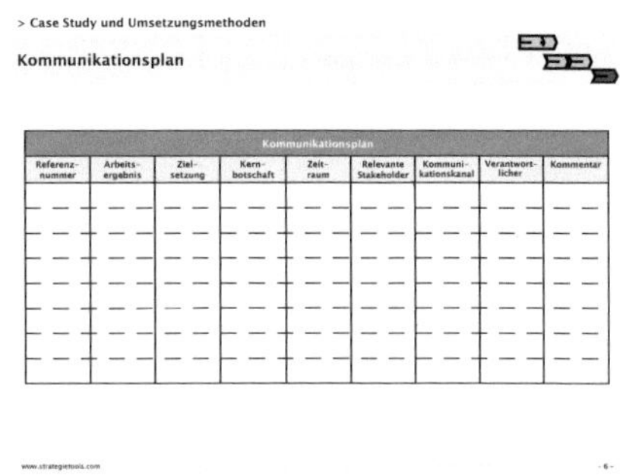

7.3.8 Verwandte und weiterführende Literatur

UHL, A. / GOLLENIA, L. (2012): A Handbook of Business Transformation Management Methodology, Ashgate Publishing 2012.

ROUSE, W. B. (2006): Enterprise Transformation: Understanding and Enabling Fundamental Change, Wiley, New Jersey, USA 2006.

7.3.9 Literaturhinweise

KOTTER, J. P. (1995): „Leading Change: Why Transformation Efforts Fail“, in: Harvard Business Review, Vol. 73 (2), 1995 S. 71–73.

KOTTER, J. P. (1996): Leading Change, Harvard Business Review Press, Boston 1996.

LEWIN, K. (1947): „Frontiers in Group Dynamics: Concept, Method and Reality in Social Science; Social Equilibria and Social Change“, in: Human Relations, Vol. 1 (5), 1947, S. 5–41.

7.4 Change Management

Strukturelle Veränderungen im Unternehmen bedeuten häufig große Belastungen für die Mitarbeiter. Eine strategische Neupositionierung und die damit zusammenhängenden neuen Ziele erfordern nicht nur Flexibilität im Denken und Handeln. Eine Umstrukturierung bedeutet in vielen Fällen eine Umwälzung des gesamten Arbeitsumfelds der Belegschaft. Das kann Arbeitsabläufe und Methoden, Vorgesetzte und Abteilungszuordnung sowie ganz konkret Arbeitsort und Kollegen betreffen.

Erfolgreiches Change Management beruht auf der Erkenntnis, dass wirkliche Veränderungen nur in enger Abstimmung mit den Beschäftigten zu bewerkstelligen sind. Da die tatsächliche Einbeziehung jedes einzelnen Mitarbeiters faktisch nicht möglich ist, werden dabei vor allem formelle und informelle Meinungsbildner eingebunden. Durch ihre Mitwirkung bei der Strategieentwicklung identifizieren sie sich mit ihr, und können als „Change Agents“ ihre Kollegen von den Veränderungen überzeugen.

Sobald die Grundzüge der Neuausrichtung feststehen, sollte die Belegschaft in ihrer Gesamtheit über die geplanten Maßnahmen informiert werden. Als Maßnahme empfehlen sich hier Infomessen: Beispielsweise werden auf Plakaten in anschaulicher Form die Ausgangslage des Unternehmens, zu meisternde Herausforderungen, der Lösungsansatz sowie nächste Schritte dargestellt. Nach einer detaillierten Erläuterung der Inhalte sollten Ansprechpartner benannt werden, die in der Folgezeit für weitere Auskünfte zur Verfügung stehen. Bei neuen Arbeitsergebnissen sollte eine erneute Infomesse stattfinden.

Wenn die Informationen hinreichend vermittelt wurden und die Umsetzung der Strategie beginnt, empfiehlt sich das Einsetzen von Umsetzungsteams. Diese haben die Funktion von Arbeitsgruppen, die sich jeweils mit einem Teilgebiet der Neuerungen auseinander setzen (z. B. neue Formulare, verbesserte Qualitätssicherung, beschleunigte Abläufe). Im günstigsten Fall wird jedes der Umsetzungsteams von einem Change Agent geleitet. Durch die Teams werden strategische Maßnahmen auf der operativen Ebene umgesetzt. Sie dienen gleichzeitig der Mobilisierung der Mitarbeiter, die so in noch größerer Zahl in die Veränderungen einbezogen werden.

Falls es zu Neuordnungen der Abteilungen kommt, ist zusätzlich Team Building durch gemeinsame Unternehmungen (z. B. „Events", „Incentives") erforderlich. Es ermöglicht ein Kennenlernen der neuen Kollegen und stärkt das Gemeinschaftsgefühl der Mitarbeiter.

7.5 Projektmanagement

In den meisten Strategieberatungssituationen steigen die oft externen Strategieberater an dieser Stelle des Optimierungsprozesses im Unternehmen aus und übergeben eine Analyse, welche im Wesentlichen aus der Anwendung der hier beschriebenen Strategietools besteht. Diese ist in den meisten Fällen ergänzt um erkenntnisbringende Schaubilder und Handlungsempfehlungen zur Umsetzung der abgeleiteten Strategie. Jetzt kommt aber erst der schwierigste Teil des Optimierungsprozesses im Unternehmen, nämlich die Umsetzung der Strategie.

Zunächst besteht die Herausforderung darin, einer häufig bisher erfolgreichen Organisation klar zu machen, dass sie sich in einer kritischen oder sogar existenziell bedrohlichen Situation befindet, welche einer Veränderung bedarf. Ist dies gelungen, stellt sich als nächstes die Frage: „Wie gelingt es uns, zusätzlich zu unserem normalen Tagesgeschäft diese Optimierung und Weiterentwicklung der Ablauf- und Aufbauorganisation sowie Unternehmenskultur zu realisieren?" An diesem Punkt wird die Frage nach den effizientesten Umsetzungstools der Strategie gestellt und jeder sucht nach dem „ultimativen Werkzeugkasten". Doch kein Handwerker kann ein Haus mit nur einem Werkzeug errichten. Hier eignen sich am besten die unter dem Begriff Projektmanagement zusammengefassten Tools und Hilfsmittel, um in begrenzter Zeit mit begrenzten Ressourcen die Organisationsveränderung herbeizuführen.

BEACHTE: Die Umsetzung der Strategie ist der schwierigste Teil des Optimierungsprozesses.

TIPP: Es empfiehlt sich, die Umsetzung als Projekt zu organisieren.

MERKE: Bei einem Projekt handelt es sich um ein Vorhaben, das im Wesentlichen einmalig ist, ein konkretes Ziel hat, zeitliche, finanzielle, personelle oder andere Begrenzungen aufweist, abgegrenzt zu anderen Vorhaben ist, und über eine projektspezifische Organisation verfügt (Definition nach DIN 69901).

7.5.1 Worum geht es beim Projektmanagement?

In einem Projekt geht es darum, eine besondere, abgeschlossene Aufgabe zu erledigen. Es unterscheidet sich damit grundlegend vom Tagesgeschäft, für das sich wiederholende Abläufe charakteristisch sind. Das Projekt zeichnet sich aus durch einen Auftraggeber, einen Projektleiter, klar definierte (möglichst messbare) Projektziele, ein Projektteam sowie zeitliche und finanzielle Abgrenzung. Das operative Projektmanagement umfasst die Dimensionen Kundenmanagement, Teammanagement und Zeitmanagement.

BEACHTE: Die Aufgabe eines Projekts ist, den Kunden/Auftraggeber zufriedenzustellen.

Analog zum Verhältnis eines Unternehmens zu seinen externen Kunden hat die Projektarbeit darauf abzuzielen, den internen Kunden zufriedenzustellen. Dafür ist die laufende Abstimmung der Arbeitsergebnisse mit den Erwartungen des Auftraggebers erforderlich. Hierzu dienen regelmäßige Meetings (Projektausschuss bzw. Lenkungsausschuss) sowie Meilensteingespräche. Das Teammanagement hat eine klare Verteilung der Aufgaben und Verantwortlichkeiten im Team zum Ziel. Der Projektleiter hat zu verantworten, dass die Ergebnisse schließlich ein kohärentes Ganzes ergeben. Ein probates Vorgehen hierbei ist, auf Teammeetings To-do-Listen zu erstellen und die Aufgaben einzelnen Mitarbeitern zuzuweisen. Soll die Aufgabe von mehreren Personen abgearbeitet werden, so ist zur Vermeidung unklarer Zuständigkeiten trotzdem nur ein Verantwortlicher zu benennen.

BEACHTE: Die Projektziele sollten innerhalb eines bestimmten Zeitrahmens erreicht werden.

Das Zeitmanagement soll sicherstellen, dass die Projektziele innerhalb des gesteckten Zeitrahmens erreicht werden. Da die Projektplanung stets auf Schätzungen beruht, kann es zu Fehleinschätzungen kommen. Trotzdem ist ein einmal aufgestellter Plan als maßgeblich zu betrachten, solange nicht der Projektleiter bzw. Auftraggeber einen neuen Plan genehmigt. Das gilt insbesondere, weil Planänderungen zumeist Verschiebungen nach hinten bedeuten, die zu einer Ausdehnung des Zeit- und Ressourcenrahmens führen können.

MERKE: Die Projektplanung ist ein Regelkreis aus Aufwandsschätzung, Planung, Durchführung und Erfolgskontrolle.

Die Projektplanung ist somit kein einmaliger Vorgang, sondern ein Regelkreis aus Aufwandsschätzung, Planung, Durchführung und Erfolgskontrolle. Je nach Grad der Zielerreichung folgt eine neue Aufwandsschätzung. Sie wird grundsätzlich dadurch erschwert, dass die tatsächliche Komplexität einer Aufgabe erst nach ihrer Fertigstellung erkennbar ist. Sollten sich Schätzungen für bestimmte Tätigkeiten als besonders schwierig erweisen, sollten Fachleute hinzugezogen werden.

7.5.2 Methoden und Tools

Der Projektatlas zeigt eine Übersicht der gängigen Projektmanagmentmethoden (Bild 7.27). Dabei werden zwei Dimensionen unterschieden: Die „harten" und „weichen" Faktoren. Die „harten Faktoren" sind alle Instrumente, die man irgendwann anfassen oder auch ausdrucken kann, die „weiche Faktoren" sind Methoden, welche sich oft nur in der Realitätskonstruktion der Projektbeteiligten abspielt und in interkulturelle Kompetenzen gegliedert werden.

TIPP: Der Projektatlas visualisiert die Projektmanagementinstrumente und sichert ein einheitliches Verständnis über Begriffe und Inhalte.

Bis zu 80 % der Eingangsinformationen in unser Gehirn erfolgen über den visuellen Eingangskanal, daher ist diese Art der visuellen Übersicht besonders hilfreich, um im Projektteam ein einheitliches Verständnis über die Begriffe und Inhalte der Methoden und Tools im Projektmanagement zu erlangen. Weiterhin kann diese Übersicht auch als Checkliste zum Projektstart verwendet werden, wo man sich im Projektteam einfach zu jeder Methode oder jedem Tool im Projektmanagement kurz fragen kann: Benötigen wir das auch in unserem Projekt? Wenn ja, in welcher Ausprägung? Wer bearbeitet dieses Arbeitspaket im Projektmanagement bis wann in welcher Qualität? Hier empfiehlt sich in einem Projektstartworkshop zuerst die Vereinbarung im Projektteam auf einem Flipchart kurz festzuhalten. Bereitet man zu jeder Methode oder jedem Tool im Projektmanagement ein eigenes Flipchart vor, so kann man kaum etwas vergessen und auch alle Vereinbarungen sind gut zuordenbar. Nach dem Workshop lassen sich diese Flipcharts schnell abfotografieren und den Projektbeteiligten zusenden. Somit ist die erste Information nach dem Projektstartworkshop schon am nächsten Tag im gesamten Projektteam verfügbar und die Arbeit kann beginnen oder fortgesetzt werden.

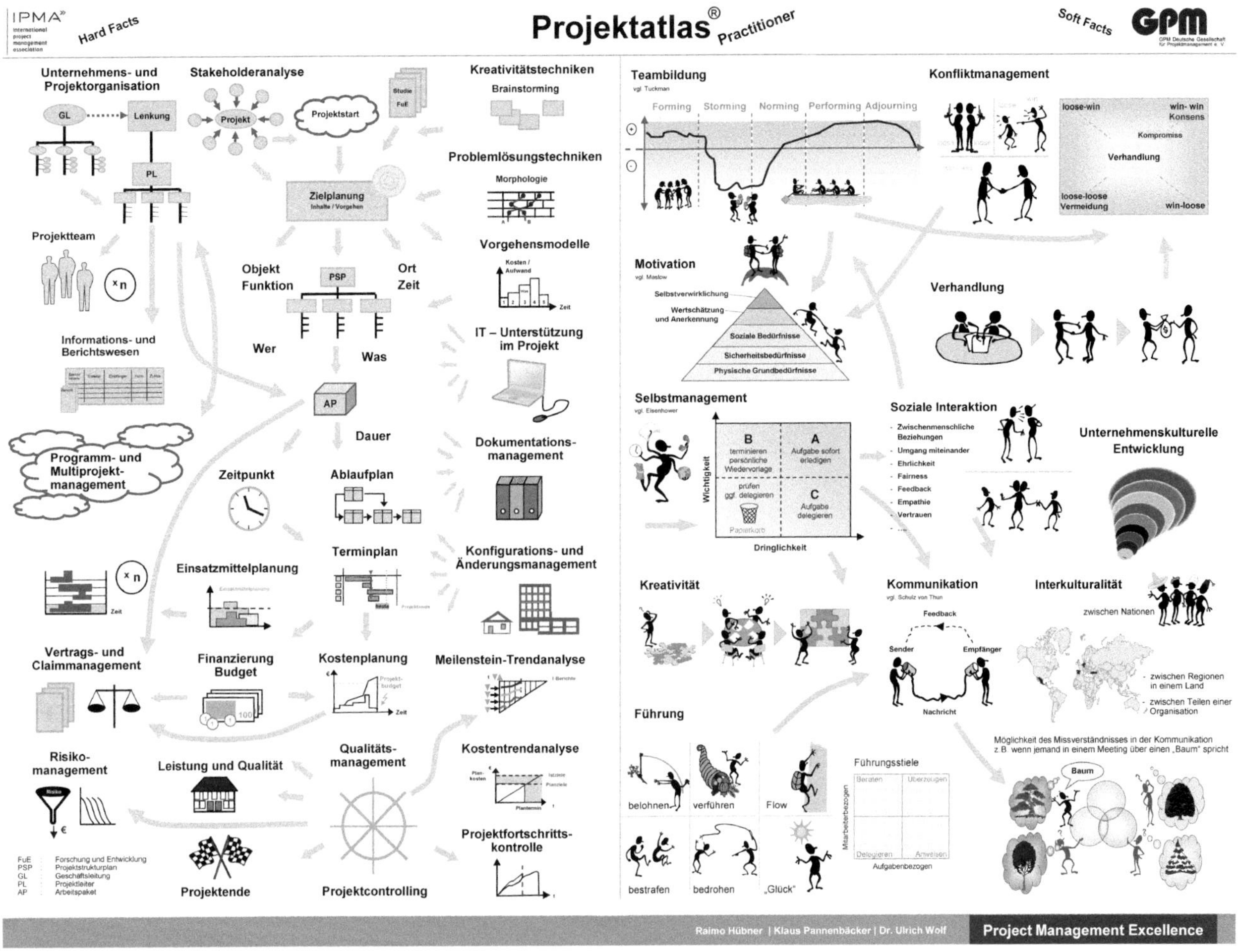

BILD 7.27 Projektatlas (Quelle: project-roadmap.com)

7.5.3 Projektmanagementprozess

Da in der Übersicht des Projektatlas durch Pfeile die Wirkungsrichtung der Methoden und Tools im Projektmanagement angedeutet wurde, vermuteten viele Nutzer des Projektatlas hier eine Reihenfolge. Erst in der DIN 69901-2, „Projektmanagement – Projektmanagementsysteme – Teil 2: Prozesse, Prozessmodell“ wird ein allgemein für alle Projekte geltendes Vorgehensmodell angeboten. Hier wird über die fünf Projektmanagementphasen: Initialisierung, Definition, Planung, Steuerung und Abschluss, das Projekt mit den jeweiligen Projektmanagementprozessschritten dargestellt. Zu jedem Projektmanagementprozess gibt es eine kurze Erläuterung der Vorgänger- und Nachfolgerprozesse, des Zweck und Hintergrundes dieses Prozesses, die Prozessbeschreibung selbst und noch Input, hier anzuwendende Projektmanagementmethoden und Output (Bild 7.28).

> **BEACHTE:** Ein Projekt besteht aus fünf Phasen: Initialisierung, Definition, Planung, Steuerung und Abschluss.

Somit steht dem Projektleiter oder Projektmanager erstmals ein allgemeines Prozessmodell vom Start über die Abwicklung bis zum Abschluss ihres Projektes zur Verfügung. Dieses Modell wurde um wichtige Elemente ergänzt und erweitert.

Dieses Prozessmodell kann wegen der wesentlichen Erweiterung der weichen Faktoren, der Berücksichtigung permanenter Unsicherheit und dem Management von Systemen in Systemen als „Next Practice“ interpretiert werden.

Projektmanagement Phasenmodell (in Anlehnung an DIN 69901)

Projekt: Projekt Start ◆ → Initialisierung → Definition → Planung ⟳ (A, P, C, D) Steuerung → Abschluss → ◆ Projekt Ende

Nr.	Projekt	Initialisierung	Definition	Planung	Steuerung	Abschluss
1	Ablauf und Termine		Meilensteine definieren	Vorgänge planen Terminplan erstellen Projektplan erstellen	Vorgänge anstoßen Termine steuern	
2	Änderungen			Umgang mit Änderungen planen	Änderungen steuern	
3	Information Kommunikation Dokumentation	Freigabe erteilen	Information, Kommunikation und Berichtswesen festlegen Projektmarketing definieren Freigabe erteilen	Information, Kommunikation und Berichtswesen planen Freigabe erteilen	Information, Kommunikation und Berichtswesen steuern Abnahme erteilen	Projektabschlussbericht erstellen Projektdokumentation archivieren
4	Kosten und Finanzen		Aufwände grob schätzen	Kosten- und Finanzmittelplan erstellen	Kosten- und Finanzmittelplan steuern	Nachkalkulation steuern
5	Organisation		Projektkernteam bilden	Projektorganisation planen	Kick-off durchführen Projektteam bilden Projektteam entwickeln	Abschlussbesprechnung durchführen Leistungen würdigen Projektorganisation auflösen
6	Qualität		Erfolgskriterien definieren	Qualitätssicherung planen	Qualität sichern	Projekterfahrung sichern
7	Ressourcen			Ressourcenplan erstellen	Ressourcen steuern	Ressourcen rückführen
8	Chancen und Risiken		Umgang mit Chancen und Risiken festlegen Projektumfeld / Stakeholder analysieren Machbarkeit bewerten	Chancen und Risiken analysieren Gegenmaßnahmen zu Risiken planen	Risiken steuern	
9	Projektstruktur		Grobstruktur erstellen	Projektstrukturplan (PSP) erstellen Arbeitspakete beschreiben Vorgänge beschreiben		
10	Verträge und Nachforderungen		Umgang mit Verträgen definieren Vertragsinhalte mit Kunden definieren	Vertragsinhalte mit Lieferanten festlegen	Verträge mit Kunden und Lieferanten abwickeln Nachforderungen steuern	Verträge beenden
11	Ziele	Ziele skizzieren	Ziele definieren Projektinhalte abgrenzen		Zielerreichung steuern	

↑ Prozess Untergruppen ↑ Projektmanagement Prozesse

BILD 7.28 Projektmanagementphasen

7.5.4 Exzellentes Projektmanagement

Ist jetzt die Erkenntnis aus den globalen Standards und Guidelines im eigenen Projekt erfolgreich umgesetzt und das Projektteam beginnt mit der kontinuierlichen Verbesserung der Projektarbeit, so kommt schnell die Frage auf: „Wie können wir noch besser werden, wie können wir von einer guten Projektarbeit zu einer exzellenten Projektarbeit gelangen?"

Hier ist die Anwendung des „Modells für Projekt Excellence" hilfreich. Das Modell für Projekt Excellence ist aus dem EFQM-Modell abgeleitet worden. Anhand dieses Modells werden die Qualität des Projektmanagements als auch die Projektzielerreichung mit unterschiedlichen Bewertungstabellen bewertet. Das Modell unterteilt sich in neun Haupt- und 21 Unterkriterien mit 121 einzelnen Bewertungsentscheidungen. Maximal können 1.000 Punkte vergeben werden. Das Projektteam nutzt das Modell für Project Excellence konsequent zur Reflektion der eigenen Projektmanagementleistung, es werden Verbesserungsbereiche erkannt und genutzt, um das Projektziel noch effizienter zu erreichen.

BEACHTE: Mit dem Modell für Projekt Excellence können Verbesserungsbereiche erkannt und die Prozesse optimiert werden.

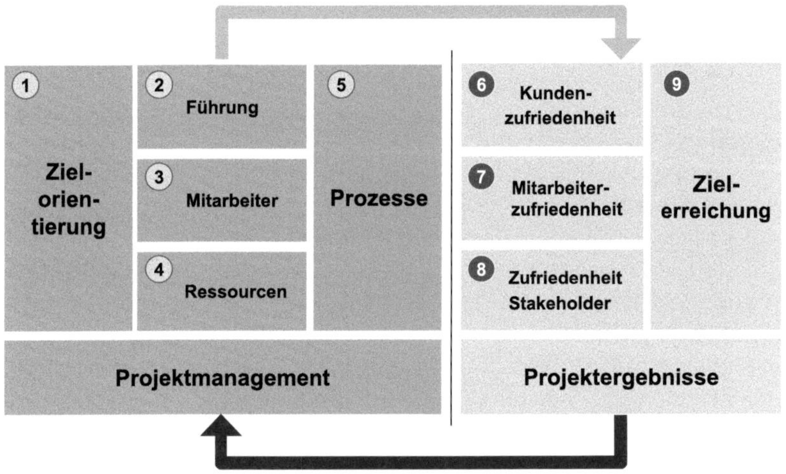

BILD 7.29 Modell für Projekt Excellence

7.5.5 Zertifizierung im Projektmanagement

In einem sich immer schneller, global verändernden Arbeitsumfeld ist eine Komplexitätsreduzierung bei der Ausbildung und Auswahl von Projektpersonal ein wesentlicher Erfolgsfaktor für eine Steigerung der langfristigen Überlebensfähigkeit auf dem globalen Weltmarkt. Nur wenn es gelingt, mit den begrenzten Ressourcen (Anzahl und Know-how) in einem Unternehmen und bei den Lieferanten oder Kooperationspartnern die erfolgskritischen Projekte mit geeignetem Projektpersonal zu versorgen, werden die unternehmerischen Risiken wenigstens annähernd sicher bewertet. Somit ist dies ein wesentliches Argument gegenüber Kunden, Eigen- und Fremdkapitalgebern als auch Ratingagenturen, dass man als zukunftsfähiger Marktteilnehmer sicher mit den Unsicherheiten des eigenen Projektgeschäftes umgehen kann und ein kreditwürdiger Partner ist.

Eine Möglichkeit dieser Komplexitätsreduktion ist die Zertifizierung des Projektpersonals. Dies kann unternehmensintern oder auch bei unabhängigen Organisationen außerhalb des Unternehmens erfolgen. Für Projektmanager oder Projektpersonal werden derzeit von den Zertifizierungsstellen der jeweiligen Landesorganisationen, vom PMI und PRINCE2 weltweit Zertifizierungen nach vergleichbaren Standards angeboten. Nach den Vergleichen der letzten Jahre in der wissenschaftlichen Fachöffentlichkeit des Projektmanagements liegen die IPMA-Zertifikate für Projektmanager über vier Qualifizierungslevel im Wertigkeitsranking vor den Zertifizierungen des PMI und PRINCE2.

BEACHTE: Eine Zertifizierung vermindert Unsicherheiten beim Auftraggeber und gibt allen Projektbeteiligten Orientierung.

Begründet wird dies mit der häufig vorgeschalteten Qualifizierung und den hohen Anforderungen an Zulassung und Durchführung der IPMA-Zertifizierung. Somit kann ein verlässlicher Wissens- und Know-how-Nachweis durch die Zertifikate sichergestellt werden. Darüber hinaus gibt es auch Möglichkeiten der Aus- und Fortbildung für Projektmanagementberater und Coaches.

7.5.6 Interkulturelle Kompetenz im Projektmanagement

In jedem größeren Unternehmen sind interkulturelle Teams an der Tagesordnung. Ist ein Unternehmen global tätig, so hat es im Regelfall auch Mitarbeiter mit unterschiedlichem kulturellen Hintergrund. Aber auch Unternehmen, die ausschließlich national tätig sind, verfügen nur noch in Ausnahmefällen über Mitarbeiter einer Nationalität. Die interkulturelle Zusammensetzung eines Projektteams kann vom Auftraggeber explizit gefordert werden, ergibt sich aber meistens aus der vorgegebenen Situation.

MERKE: Interkulturelle Kompetenz ist Voraussetzung für das Gelingen eines Projekts mit interkultureller Zusammensetzung. ■

Ein interkulturelles Projektteam birgt ein großes Konfliktpotenzial. Treffen unterschiedliche Kulturen aufeinander, treffen auch unterschiedliche Normalitätsvorstellungen aufeinander beispielsweise unterschiedliche Vorstellungen von Pünktlichkeit, ob Gastgeschenke üblich sind, Probleme direkt angesprochen werden, ob ein direktes „Nein" erlaubt ist oder ob eher durch „die Blume" gesprochen wird, ob Gesprächspausen üblich sind oder die in Deutschland übliche Körperdistanz von einem Meter unterschritten wird. Wird mit diesen kulturellen Unterschieden bewusst umgegangen, ist eine Akzeptanz oder Bewusstheit des Anderen, des Fremden, vorhanden, so können kreativ neue Wege gegangen werden. Ist bei den Projektbeteiligten diese interkulturelle Kompetenz nicht vorhanden, so empfiehlt es sich, die Beteiligten entsprechend zu schulen. Denn ansonsten sind Konflikte vorprogrammiert. Gelingt aber der bewusste Umgang mit den Unterschieden, so können diese Unterschiede gewinnbringend für das Projekt genutzt werden, denn alleine schon die Betrachtung eines Problems aus unterschiedlichen Perspektiven trägt zur Lösung des Problems bei.

BEACHTE: Kulturelle Unterschiede sind oft schwierig zu erkennen und können bereits zwischen Stammorganisation und Tochtergesellschaft oder zwischen zwei Abteilungen vorhanden sein. ■

Stammen die Projektbeteiligten aus unterschiedlichen Ländern, so wird die unterschiedliche Kultur häufig schnell thematisiert. Interkulturelle Kompetenz wird aber mitunter schon benötigt, wenn die Stammorganisation auf die Tochtergesellschaft trifft oder die geprägte Kultur von zwei Abteilungen im gleichen Unternehmen aufeinander treffen. Gleiches gilt z. B. für Betriebsteile an unterschiedlichen Standorten im gleichen Land. So z. B. wenn Bayern mit Berlinern zusammenarbeiten dürfen.

7.5.7 Literaturhinweise

APM Association for Project Management (2006): *APM Body of Knowledge*, 5th Edition, APM-Group United Kingdom, Buckinghamshire.

CHHOKAR, S. / BRODBECK, F. (2007): *Culture and Leadership Across the World: The GLOBE Book of In-Depth Studies of 25 Societies (Series in Organization and Management)*, Sage Publications Inc., London.

DREES, J. / LANG, C. / SCHÖPS, M. (2010): *Praxisleitfaden Projektmanagement*, Hanser, München.

EFQM European Foundation for Quality Management (2010): *Fundamental Concepts of Excellence 2010*, European Foundation for Quality Management, Brussels.

GPM Deutsche Gesellschaft für Projektmanagement e.V., (2010): *IPMA Competence Baseline Consulting (ICBC)*, GPM Deutsche Gesellschaft für Projektmanagement, Nürnberg.

HAMPDEN-TURNER, C. / TROMPENAARS, F. (1997): *Riding The Waves of Culture: Understanding Diversity in Global Business*, McGraw-Hill, Columbus, OH.

HÜBNER, R. (2011): *Projekt-Atlas und Project-Roadmap*, www.project-roadmap.com.

LITKE, H.-D. (2007): *Projektmanagement - Methoden, Techniken, Verhaltensweisen*, 5. Aufl., Hanser, München.

VESTNER, F. (1998): *Denken, Lernen, Vergessen: Was geht in unserem Kopf vor, wie lernt das Gehirn, und wann lässt es uns im Stich?*, Deutscher Taschenbuch Verlag, München.

Hilfreiche Internetlinks

IPMA - International Project Management Association: www.ipma.ch

PMI - Project Management Institute: www.pmi.org

GPM - Deutsche Gesellschaft für Projektmanagement: www.gpm-ipma.de

Prince2 - Projects in controlled environment: www.ogc.gov.uk/methods_prince_2.asp

BSI - British Standards Institution: www.bsigroup.com

APM - British Association for Project Management: www.apm.org.uk

PMA - Projekt Management Austria: www.p-m-a.at

DPEA - Deutscher Project Excellence Award: www.pe-award.de

CCPM - International Centre for Complex Project Management: www.iccpm.com

AIPM - Australian Institute of Project Management: www.aipm.com.au

PMAJ - Project Management Association of Japan: www.pmaj.or.jp

EFQM - European Foundation for Quality Management: www.efqm.org

CMMI - Capability Maturity Model Integration: www.sei.cmu.edu/cmmi

Projekt-Atlas/Project Roadmap: www.project-roadmap.com

7.6 Agiles Projektmanagement

7.6.1 Zielsetzung

Neben dem klassischen Projektmanagement mit den gängigen Methoden und Tools (vgl. Abschnitt 7.5.2) auf welches Abschnitt 7.5 primär Bezug nimmt, existiert die Möglichkeit, Projekte mithilfe agiler Projektmanagementmethoden durchzuführen.

Ziel in der Anwendung agiler Projektmanagementmethoden ist es, schneller auf Veränderungen oder auch Herausforderungen in Projekten reagieren zu können.

7.6.2 Beschreibung

Während das klassische Projektmanagement durch strukturierte Planung und Stabilität geprägt ist, zeichnet sich agiles Projektmanagement durch Interaktionen, Dynamik und Iterationen aus. Anders als im klassischen Projektmanagement geht agiles Denken davon aus, dass sich der Projektlebenszyklus zu Beginn des Projekts nicht ausreichend genau vorhersehen lässt, sodass die Abbildung des Projektes durch Pläne nicht erfolgsversprechend ist.

Der gesamte Projektverlauf wird, wenn überhaupt, nur sehr grob geplant. Agiles Projektmanagement gilt daher nicht als plangetrieben, die Planung erfolgt stets iterativ (in kleinen Schritten) und in kurzen Zyklen.

Weitere typische Merkmale agiler Projekte sind:

- Orientierung an Kundenanforderungen und Schaffung von Werten
- Regelmäßiges Feedback und Kommunikation
- Schnelle und proaktive Reaktion auf veränderte Anforderungen
- Selbstorganisierende Teamarbeit

7.6.3 Voraussetzungen und notwendiger Input

Voraussetzung für die erfolgreiche Anwendung agilen Projektmanagements ist, dass die gewählte Projektmanagementmethode stets zu den spezifischen Anforderungen des Projekts passt. Weiterhin sollte die gewählte Projektmanagementmethode unbedingt mit der Unternehmenskultur harmonieren und konkret und pragmatisch zu der Arbeitsweise unter den gegebenen Rahmenbedingungen im Unternehmen passen (vgl. hierzu Abschnitt 1.7, Unternehmenskultur).

MERKE: Die Wahl der geeigneten Projektmanagementmethode ist essenziell für den Erfolg eines Projekts. Die gewählte Methode sollte stets zur Unternehmenskultur und den Projektanforderungen passen.

Grundvoraussetzung für die Nutzung von agilen Projektmanagementmethoden ist ein kultureller Wandel der Unternehmensorganisation, welcher zunächst ein eigenständiges Organisationsänderungsprojekt voraussetzt. Change-Management-Ansätze können bei der Implementation agiler Projektmanagementmethoden hilfreich sein (vgl. hierzu Abschnitt 7.4).

7.6.4 Vorgehensmodelle

Im Rahmen des agilen Projektmanagements finden sich verschiedene Vorgehensmodelle mit unterschiedlichen Agilitätsintensitäten. Nach einer Umfrage aus dem Jahr 2021 wird Scrum am häufigsten als agile Methode für die Teamarbeit genutzt. Weitere häufig genutzte agile Methoden sind Kanban, Scrumban (eine Kombination aus Scrum und Kanban), Extreme Programming, Feature-Driven Development oder auch Lean-Projektmanagement. Auf die bekanntesten Vorgehensmodelle des agilen Projektmanagements „Scrum“ sowie auf die „Kanban“-Methode wird im Rahmen dieses Kapitels eingegangen.

7.6.4.1 Scrum

Die Scrum-Methode beschreibt ein „Management Framework“, welches ursprünglich entwickelt wurde, um eine Professionalisierung in der Softwareentwicklung zu erzielen und Entwicklungsmannschaften global zu befähigen, in wenigen Wochen eine Software zu liefern.

Im Rahmen von Scrum stehen Kunden und deren Anforderungen im Mittelpunkt. Das Produkt bzw. die Dienstleistung wird also explizit auf die Bedürfnisse des Kunden zugeschnitten, sodass die richtige Leistung zur richtigen Zeit, in der notwendigen Qualität (sowie Funktionalität und Usability) und zum adäquaten Preis erstellt werden kann. Änderungen der Anforderungen des Kunden sind in einem Scrum-Projekt ausdrücklich willkommen.

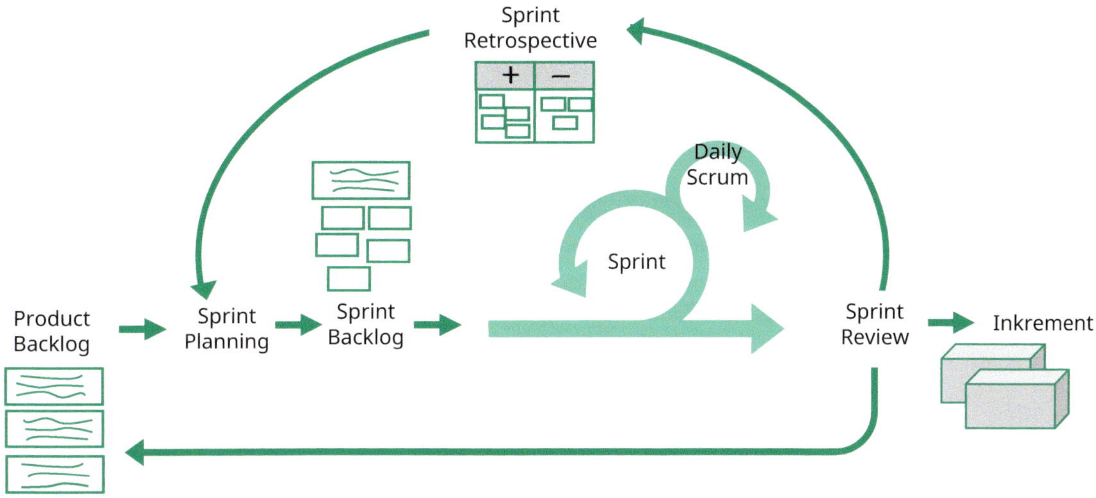

BILD 7.30 Der Scrum-Prozess (in Anlehnung an Windolph A., 2021)

Bild 7.30 zeigt den Scrum-Prozess. Mit der Scrum-Methode arbeiten Projektteams selbstorganisierend und interdisziplinär, indem sich die Teammitglieder die Aufgaben selbstständig aus dem Product Backlog ziehen (Pull-Prinzip). Im Sprint Planning werden die Aufgaben festgelegt, die im Rahmen eines Sprints bearbeitet werden sollen, und im Sprint Backlog zusammengefasst. In einem Sprint (zwei bis vier Wochen) wird dann durch das Team ein Produktinkrement geliefert. Während eines Sprints findet täglich eine Kurzbesprechung („Daily Scrum") statt, in dem jedes Teammitglied berichtet, was am gestrigen Tag erreicht wurde, was heute erreicht werden soll, welche Herausforderungen es gibt und welche Unterstützung benötigt wird. Am Ende eines jeden Sprints findet dann eine Evaluierungsbesprechung, der sogenannte Sprint Review statt, in dem das Produktinkrement aus Kundensicht evaluiert und bewertet wird. Im Rahmen der Sprint Retrospective werden im Team Verbesserungsmaßnahmen für die Zukunft erarbeitet. Diese können direkt wieder in das Product Backlog fließen und für den nächsten Sprint übernommen werden. Darauf folgen weitere Sprints mit neuen Produktinkrementen, bis am Ende das Produkt steht, welches von dem Kunden gewünscht ist.

TIPP: Achten Sie darauf, dass Sie stets Ihre Kunden fokussieren und dabei die Wertschöpfung nicht aus den Augen verlieren.

Die Scrum-Rollen

Im Rahmen von Scrum werden nur wenige Rollen definiert. Bei den Rollen handelt es sich nicht um Positionsbezeichnungen, vielmehr können die Rollen durch Personen in unterschiedlichen Positionen übernommen werden. Das Scrum-Team besteht aus dem Product Owner, dem (Entwicklungs-)Team und dem Scrum Master:

- **Scrum Master**

  Als Experte für die Planung und Durchführung von Projekten mit Scrum verfügt der Scrum Master über ein breites Spektrum an Fertigkeiten, Fähigkeiten und Erfahrungen. Zu den zentralen Aufgaben gehört es, Scrum zu implementieren, das Scrum-Team zur Produktivität zu befähigen und sämtliche Probleme aus dem Weg zu räumen. Der Scrum Master ist nicht weisungsbefugt und managt daher vielmehr den Prozess als das Team. Weiter agiert der Scrum Master als Förderer von Scrum und wirbt für die agile Arbeitsweise beim Team und ebenso bei den Stakeholdern.

- **Product Owner**

  Der Product Owner ist speziell für die Produktanforderungen zuständig und repräsentiert die Kundenwünsche aus der geschäftlichen Perspektive. Der Product Owner fasst die Kundenwünsche in einem Anforderungskatalog, dem Product Backlog, zusammen. Die Kundenwünsche werden priorisiert und dem Team zur Verfügung gestellt.

Die Aufgaben des Product Owners sind die Evaluierung der Produktinkremente (Ergebnisse eines Produkts) sowie die Erstellung, Pflege und Bewertung des Product Backlogs. Ausschließlich der Product Owner darf Anforderungen bezüglich des Produkts an das Team stellen.

- **(Entwicklungs-)Team/Developer**

  Das Entwicklungsteam besteht meist aus drei bis acht interdisziplinär zusammengestellten Experten und baut das Inkrement entsprechend der Wünsche des Product Owners. Das Team allein bestimmt, wie die Umsetzung erfolgt, organisiert sich selbst und arbeitet nach dem „Pull- Prinzip".

Das Zusammenspiel der beschriebenen Rollen wird in Scrum durch fünf Events und drei Artefakte beschrieben:

- **Die drei Scrum-Artefakte:** Product Backlog, Sprint Backlog und Inkrement

  Die Artefakte beschreiben Zwischen- oder Endergebnisse im Kontext von Vorgehensmodellen. Sie ermöglichen neben der Transparenz auch die Überprüfung und Anpassung im Projektverlauf.

- **Die fünf Scrum-Events:** Sprint, Sprint Planning, Daily Scrum, Sprint Review, Sprint Retrospective

  Die Scrum-Events umfassen Aktivitäten im Rahmen von Scrum, früher wurden diese auch als Zeremonien bezeichnet.

Zunächst werden die Scrum-Artefakte näher vorgestellt.

Product Backlog

Das Product Backlog beinhaltet die durch den Product Owner z. B. nach wirtschaftlichem Nutzen, Risiko und Dringlichkeit priorisierte Sammlung der Anforderungen an das zu entwickelnde Produkt. Das Product Backlog wird während der Projektdurchführung weiter aktualisiert und detailliert. Da es sich stetig weiterentwickelt, ist es nicht vollständig. Die Anforderungen aus dem Product Backlog werden durch User Stories formuliert.

Eine User Story beinhaltet eine Anforderung, die aus Sicht einer bestimmten Rolle, häufig der anwendenden Person, geschrieben wird. Diese User Story lässt sich wie folgt formulieren:

> *„Als ... (Rolle) will ich ... (gewünschte Funktionalität), damit ...*
> *(Business-Begründung)."*
>
> *aus Kusay-Merkle, U., 2021, S. 129*

Im Rahmen des Sprint Planning werden dann aus den User Stories die Aufgaben abgeleitet, die für den aktuellen Sprint anstehen.

Sprint Backlog

Die Sammlung der im aktuellen Sprint anstehenden Aufgaben wird als Sprint Backlog bezeichnet.

Das Sprint Backlog enthält drei Teile:

- das Sprint-Ziel (wofür wird der Sprint gemacht?)
- die Product-Backlog-Einträge, die im Sprint Planning für den Sprint ausgewählt wurden (was wird gemacht?)
- den Plan, wie das Team das Ergebnis am Ende des Sprints liefern will (wie wird es umgesetzt?)

Inkrement

Am Ende eines jeden Sprints steht ein neues (Teil-)Ergebnis des Produkts, welches als Produktinkrement bezeichnet wird. Die Bezeichnung „Inkrement" unterstreicht, dass das Gesamtprodukt schrittweise, also in einzelnen, sogenannten Inkrementen (Schritten) erstellt wird. Die Qualität eines Inkrements sollte so hoch sein, dass es bereits einsetzbar bzw. nutzbar ist.

Nachdem die Scrum-Artefakte beschrieben wurden, werden nachfolgend die fünf **Scrum-Events** erläutert.

Sprint

Als Sprint wird die Iteration, also die Ausarbeitung eines Ergebnisses in „Schleifen", bezeichnet. Die Länge der Sprints sollte immer konstant sein (meist zwei, drei oder maximal vier Wochen), und die Sprints sollten direkt aufeinander folgen. Am Ende eines Sprints werden im Sprint Review und in der Sprint Retrospective die erzielten Produktinkremente überprüft. Ergebnisse eines Sprints sollten stets den Akzeptanzkriterien des Product Owners entsprechen. Hierfür sollte ein Ergebnis vollständig fertig gestellt sein und eine potenziell produktiv einsetzbare Funktionalität aufweisen.

Sprint Planning

Im Sprint Planning entscheidet das gesamte Scrum-Team über die Arbeit eines Sprints. Dazu wird zuerst ein übergeordnetes Ziel eines Sprints festgelegt. Der Product Owner erklärt, welche Arbeiten er aus dem Product Backlog priorisiert. Nachdem durch das Team ggf. Fragen gestellt und Anregungen dazu gegeben wurden, wird die Arbeit auf kleinere Aufgaben (Tasks) über eine Dauer von ca. vier bis acht Stunden heruntergebrochen.

Daily Scrum

Als Daily Scrum wird die tägliche Kurzbesprechung (15 Minuten) des Teams mit dem Scrum Master bezeichnet. Der vorgegebene Zeitrahmen von 15 Minuten soll gewährleisten, dass Diskussionen ausschließlich mit den betroffenen Teammitgliedern in einem separaten Meeting erfolgen. Das Daily Scrum sollte täglich zur selben Uhrzeit stattfinden. Dabei berichtet jedes Teammitglied, was am gestrigen Tag erreicht wurde, was heute erreicht werden soll, welche Herausforderungen zu bewältigen sind und welche Unterstützung hierfür benötigt wird. Die Person des Scrum Masters hat dabei die Aufgabe, bei Problemen zu unterstützen, die das Team nicht lösen kann, und hierzu das Impediment Backlog zu führen. Das Impediment Backlog bezeichnet eine Liste von Hindernissen, welche z. B. durch den Scrum Master geführt wird.

Sprint Review

Im Rahmen des Sprint Reviews wird das Produktinkrement präsentiert und die Möglichkeit zur Evaluation gegeben. Nicht akzeptierte Ergebnisse gehen zurück in das Product Backlog, um diese wieder in das nächste Sprint Planning einfließen zu lassen. Ein Sprint Review sollte bei einer Sprintdauer von vier Wochen ca. vier Stunden dauern. Teilnehmende sind das Entwicklungsteam, der Scrum Master, der Product Owner und ggf. weitere Stakeholder.

Sprint Retrospective

Sprint Retrospective bezeichnet ein Meeting des gesamten Scrum-Teams mit dem Ziel einer kontinuierlichen Verbesserung in Hinblick auf die teaminterne Zusammenarbeit und Schnittstellen zu anderen Unternehmensbereichen. Bei einer Sprint-Dauer von vier Wochen sollte ein Zeitrahmen von ca. drei Stunden für die Sprint Retrospective eingeplant werden. Im Rahmen der Sprint Retrospective werden Verbesserungsmaßnahmen erarbeitet, welche direkt für den nächsten Sprint übernommen werden können. Hilfreich können hier Brainstormings zu Beginn des Meetings oder das Führen eines chronologischen Scrum-Tagebuchs sein.

7.6.4.2 Kanban

Die Kanban-Methode hatte ursprünglich das Ziel, die Durchlaufzeiten in der Produktion des japanischen Unternehmens Toyota zu reduzieren. Im Zentrum der Methode steht die Idee des kontinuierlichen Verbesserungsprozesses (KVP). Kanban basiert auf einer einfachen Idee, die Anzahl gleichzeitig bearbeitbarer Arbeitspakete pro Phase auf die Anzahl zu begrenzen, die tatsächlich abgearbeitet werden kann. Durch die Visualisierung und Limitierung parallel bearbeitbarer Aufgaben mithilfe des Kanban Boards werden Probleme und Engpässe schnell sichtbar.

Die Grundprinzipien und Praktiken von Kanban

Im Rahmen von Kanban werden keine festen Rollen vorgegeben. Die theoretischen Grundlagen der Kanban-Methode basieren auf vier Grundprinzipien und sechs Praktiken, die den kontinuierlichen Verbesserungsprozess anstreben.

TIPP: Vertrauen wird selten enttäuscht!

Die vier Grundprinzipien von Kanban lauten:

> *„Starte mit dem, was Du gerade machst.*
> *Strebe inkrementelle, evolutionäre Veränderungen an.*
> *Respektiere aktuelle Prozesse, Rollen, Verantwortlichkeiten und Titel.*
> *Fördere Führung und Verantwortung auf allen Ebenen der Organisation."*
>
> *Timinger, H., 2017, S. 199*

Die sechs Praktiken von Kanban:

1. Arbeit sichtbar machen
2. Work in Progress (die Menge an begonnener Arbeit) limitieren
3. Flow managen
4. Prozessregeln explizit deutlich machen
5. (häufige) Feedbackmechanismen implementieren
6. gemeinschaftlich Verbesserungen durchführen

Der Arbeitsfluss in einem Projekt mit Kanban wird mithilfe von Karten/Zetteln durch das Kanban Board visualisiert.

Das Kanban Board

Das Kanban Board gliedert sich in mindestens drei Spalten, welche häufig mit To Do, Work in Progress und Done betitelt werden. Die Flexibilität von Kanban lässt jedoch auch zu, dass die Anzahl und Bezeichnung der Spalten des Kanban Boards individuell an die Anforderungen eines Projekts angepasst werden können.

Die Vorgehensweise am Beispiel eines Kanban Boards mit drei Spalten ist wie folgt (Bild 7.31):

- **To Do's/Backlog:** In der ersten Spalte, dem Themenspeicher, werden alle Aufgaben eingetragen, die noch bearbeitet werden müssen.
- **Work in Progress/In Arbeit:** Sobald die Bearbeitung einer Aufgabe beginnt, wird die Karte in diese Spalte verschoben.
- **Done/Fertig:** Sobald eine Aufgabe vollständig erledigt wurde, wird sie wieder eine Spalte weiter nach rechts verschoben.

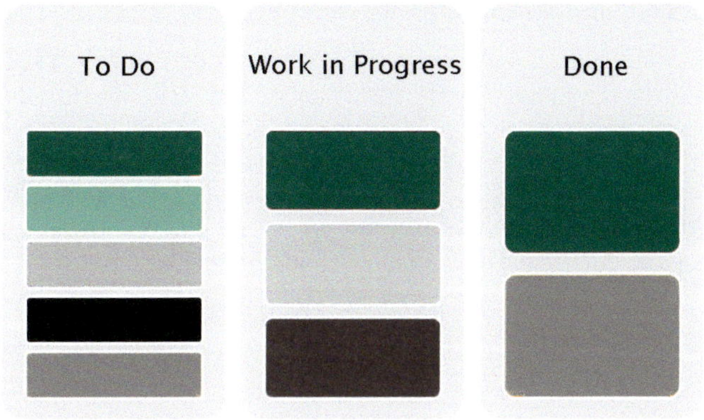

BILD 7.31 Kanban Board

Tickets

Die einzelnen Arbeitsaufträge/Arbeitspakete werden auf dem Kanban Board als „Tickets" bezeichnet. Die Tickets werden im „Pull-Prinzip" von den Teammitgliedern selbst aus dem Backlog entnommen und in die entsprechenden Spalten weitergeschoben.

Ein Ticket sollte folgende Informationen beinhalten:

- Ticketersteller
- Kurzbeschreibung zu leistender Arbeit
- ggf. Verweis auf weitere relevante Unterlagen
- Datum der Ticketerstellung
- Termin (Datum), an dem das Ticket abgearbeitet sein muss
- bei Bedarf: Datum der Fertigstellung des Tickets (zur Analyse der Dauer)

Der Kanban-Prozess

Im ersten Schritt werden der bestehende Workflow, die vorhandene Arbeit und Probleme mithilfe des Kanban Boards visualisiert. Jedes Arbeitspaket des Projektes wird zunächst auf einer farbigen Karte oder einem Zettel notiert. Die Karten wandern dann auf dem Kanban Board durch die Spalten von links nach rechts. Hierdurch wird Transparenz über die Arbeit, Engpässe und später auch über den Arbeitsfortschritt geschaffen.

Nach dem Kanban-Motto „Stop starting, start finishing" sollen möglichst nicht zu viele Arbeiten parallel angefangen und bearbeitet werden, sondern damit begonnen werden, Arbeiten fertigzustellen. Um die Menge an parallel stattfindenden Arbeiten zu limitieren, besteht im Rahmen der Nutzung von Kanban die Möglichkeit, Spalten-Limits einzuführen. Dabei wird im nächsten Schritt die Anzahl der Tickets, die sich in einer Spalte befinden dürfen, in den Spaltenkopf geschrieben. So soll sichergestellt werden, dass weniger Work-in-Progress (WIP) – also Arbeit, die begonnen wurde, aber noch nicht fertiggestellt ist – zeitgleich stattfindet. Arbeiten sollen so schneller erledigt werden als zuvor, da nicht nur die angenehmen Aufgaben und Probleme abgearbeitet werden, sondern auch weniger angenehme Arbeiten fertiggestellt werden (müssen).

> **TIPP:** Die Führung hat im agilen Arbeiten die Aufgabe, Hindernisse aus dem Weg zu räumen, also die Weichen dafür zu stellen, dass das Team die gesetzten Ziele erreichen kann.

Ein Beispiel: Die Anzahl der Tickets in der Spalte „Entwicklung" wird auf drei Tickets limitiert, sodass hier maximal drei Aufgaben parallel bearbeitet werden dürfen. Erst dann, wenn eine Aufgabe in der Konzeption abgeschlossen und aus der Spalte „Entwicklung" in die nächste geschoben wurde, darf mit einer weiteren begonnen werden.

Der Kanban-Workflow

Im Kern von Kanban steht das Konzept, den Fluss der Arbeiten zu erhalten, den so genannten „Flow". Die Tickets sollen möglichst gleichmäßig ohne lange Pausen und Blockaden durch das System „fließen". Projektteammitglieder holen sich ihre Tickets selbstständig aus dem Backlog (Pull-Prinzip) und schieben diese eigenverantwortlich in die folgenden Spalten. So soll das Projektteam den Workflow selbstständig am Laufen halten. Alle Faktoren, die den Flow behindern, werden kritisch näher betrachtet. Anhand des Kanban Boards wird deutlich erkennbar, wo sich die Arbeit staut, ob ein Teammitglied Hilfe benötigt oder ob auf Arbeitspakete gewartet wird. Da blockierte Arbeitspakete den Arbeitsfluss hindern, müssen diese Blockaden aufgelöst werden. Dieses Vorgehen soll verhindern, dass das Ziel, die Fertigstellung möglichst vieler Arbeitspakete mit hoher Qualität und Kundennutzen, gefährdet wird.

7.6.5 Vor- und Nachteile

Vorteile	Nachteile
• Effizienz: Teams werden nicht grundsätzlich schneller oder besser nur deshalb, weil sie mit agilen Projektmanagementmethoden arbeiten. Dennoch können durch agile Methoden jene Aufgaben durch das Team fokussiert werden, die eine höhere Relevanz haben, sodass priorisiert wichtige Projektbestandteile früher fertig werden können. Die Nutzung agiler Methoden schafft so potenziell die Möglichkeit, Projekte effizienter umzusetzen, als es beispielsweise mit klassischen Methoden möglich wäre. • Zusammenarbeit: Im agilen Projektmanagement wird Zusammenarbeit zwischen Menschen, der Austausch von Wissen und das organisationale Lernen gefördert. Zudem kann die Resilienz von Projekten und Organisationen gestärkt werden. Agile Methoden sind insbesondere deshalb so beliebt und erfolgreich, da sie ein Framework dafür bieten, jedes Teammitglied mit seinen Bedürfnissen zu sehen und wertzuschätzen. • Flexibilität und Anpassungsfähigkeit: Die fehlende Verbindlichkeit in der Zeitplanung bietet mehr Freiheiten für das Projektteam, so entsteht weniger Druck und Stress für alle Teammitglieder, und Ideen können frei entfaltet werden. Außerdem können Zeit und Projektgegenstand flexibler an Änderungen und die Kundenwünsche angepasst werden.	• Unvorhersehbarkeit von Kosten und Terminen: Die zeitliche Unverbindlichkeit birgt insbesondere Nachteile für das Management und die Kunden. Existieren keine Fertigstellungs- oder Liefertermine, können Aufträge zurückgezogen werden, was wiederum zu Umsatzeinbußen und Demotivation bei den Mitarbeitern führen kann. • Mangelnde Skalierbarkeit: Für große Projekte gestaltet sich die Nutzung agiler Methoden aufgrund begrenzter Skalierungsmöglichkeiten schwierig. So besteht weiterhin die Gefahr, dass Projekte zu unübersichtlich werden, wenn das Projektteam zu groß wird. • Fehlende Struktur: Treten Projektrisiken ein, bedarf es einer klaren, verbindlichen Orientierung und Strukturen, welche agile Projektmanagementmethoden typischerweise nicht bieten können. • Notwendige Voraussetzungen: Die erfolgreiche Nutzung von agilen Projektmanagementmethoden setzt eine Verinnerlichung der entsprechenden Philosophie bei allen Projektbeteiligten voraus. Um diese Verinnerlichung zu realisieren, ist zumeist ein langer Veränderungsprozess hinsichtlich der Unternehmensorganisation erforderlich. Sofern die Voraussetzungen im Unternehmen nicht gegeben sind, kann die Nutzung von agilem Projektmanagement auch zu keinen Vorteilen führen und sich nachteilig auf ein Projekt auswirken. • Limitierte Anwendbarkeit: Die unverbindliche Zeiteinteilung in agilen Projektmanagementmethoden kann funktionieren, wenn das Unternehmen nur ein einziges Projekt bearbeitet. Sobald mehrere Projekte anliegen oder die Komplexität zunimmt, kann es schnell zu Verzögerungen kommen – insbesondere dann, wenn Projekte in zeitlicher Abhängigkeit voneinander stehen.

TABELLE 7.2 Vor- und Nachteile des agilen Projektmanagements

Agile Methoden haben im Projektmanagement in den letzten Jahren stark an Beachtung und Popularität gewonnen, sodass ganze Unternehmensbereiche auf agile Methoden umgestellt wurden. Das immer breiter werdende Einsatzspektrum von agilem Projektmanagement erweckt den Anschein, dass sich mit agilen Methoden nahezu alle Probleme sehr leicht lösen lassen.

Da sich agile Methoden nicht auf alle Projekte problemlos anwenden lassen, wird agiles Projektmanagement die klassischen Methoden keinesfalls gänzlich ersetzen, sodass die große Bedeutung des klassischen Projektmanagements erhalten bleibt.

7.6.6 Unterschiede und Anwendungsbereiche klassischer und agiler Projektmanagementmethoden

Das klassische Projektmanagement ist durch strukturierte Planung und Stabilität sowie konkrete Ziele geprägt, Veränderungen in der Projektabwicklung werden eher vermieden. Im agilen Projektmanagement hingegen werden Prozesse stetig hinterfragt. Agile Projektmanagementmethoden zeichnen sich vielmehr durch Lernen, Dynamik und Iterationen aus. Tabelle 7.2 zeigt die Methoden im Vergleich.

Strukturen, Prozesse und Planung	Interaktionen, Iterationen und multidisziplinärer Austausch
Permanente Dokumentationen stehen im Vordergrund	Funktionsfähige Produkte und Dienstleistungen sind wichtiger als umfassende Dokumentationen
Vertragsverhandlungen und Zielformulierungen vor Projektbeginn stehen im Fokus	Zusammenarbeit mit Kunden während der Projektarbeit steht im Fokus
Priorität hat die Einhaltung des Plans	Priorität hat die Reaktion auf Veränderungen

TABELLE 7.3 Vergleich klassisches und agiles Projektmanagement

Trotz wesentlicher Unterschiede schließen sich klassische und agile Projektmanagementmethoden gegenseitig nicht aus. Vielmehr besteht sogar die Möglichkeit, dass sich die Methoden gegenseitig ergänzen. So bietet sich bei der Auswahl der passenden Projektmanagementmethode auch die Möglichkeit, die Vorteile beider Projektmanagementmethoden im Rahmen eines „hybriden Projektmanagements" miteinander zu kombinieren.

Anwendungsbereiche klassischer und agiler Projektmanagementmethoden

Die gewählte Projektmanagementmethode sollte stets zu den spezifischen Anforderungen eines Projekts sowie konkret und pragmatisch zu der Arbeitsweise und den gegebenen Rahmenbedingungen des Unternehmens passen. Dies geschieht stets unter der Prämisse, möglichst ein Optimum an Effizienz und Effektivität in einem Projekt zu erreichen. Wird eine nicht zum Projekt, dem Unternehmen und dessen Arbeitsweise passende Methode gewählt, können sich Probleme vervielfachen und im schlimmsten Fall zum Scheitern des Projekts führen.

Agiles Projektmanagement eignet sich im Allgemeinen insbesondere für kleine Projekte mit einer geringen Komplexität. Agile Methoden finden außerdem häufig bei laufenden Produktentwicklungen von Version zu Version Anwendung. Außerdem eignen sich agile Projektmanagementmethoden bei unklaren und unsicher formulierten Anforderungen auf der Kundenseite und bei neuen Lösungsansätzen.

Klassisches Projektmanagement hingegen empfiehlt sich für Projekte, in denen weniger mit Veränderungen zu rechnen ist. Klassische Projektmanagementmethoden schaffen die Möglichkeit, auch große Projekte mit einer hohen Komplexität zu strukturieren und zu dokumentieren.

7.6.7 Literaturhinweise

DRÄHTER, R. / KOSCHEK, H. / SAHLING, C. (2019): *Scrum - kurz & gut*, O'Reilly 2019.

GLOGER, B. (2016): *Scrum: Produkte zuverlässig und schnell entwickeln*, Carl Hanser, München 2016.

HABERMANN, F. (2013): *Hybrides Projektmanagement - agile und klassische Vorgehensmodelle im Zusammenspiel*, in: HMD, Vol. 50, Issue 5, Oktober 2013, S. 93 - 102.

HANSCHKE, I. (2017): *Agile in der Unternehmenspraxis. Fallstricke erkennen und vermeiden, Potenziale heben*, Springer Vieweg, Wiesbaden 2017.

KRÖGER, J./MARX, S. (2020): *Agile Marketing. Marketing in dynamischen Zeiten: Mindset - Methoden - Tools*, Springer Gabler, Wiesbaden 2020.

KUSAY-MERKLE, U. (2018): *Agiles Projektmanagement im Berufsalltag. Für mittlere und kleine Projekte*, Springer Gabler, Berlin/Heidelberg 2018.

TIMINGER, H. (2017): *Modernes Projektmanagement: Mit traditionellem, agilem und hybridem Vorgehen zum Erfolg*, Wiley-VCH, Weinheim 2017.

WINDOLPH, A. (2021): *Die beliebtesten agilen Methoden im Überblick - Scrum*, unter https://projekte-leicht-gemacht.de/blog/projektmanagement/agil/agile-methoden-ueberblick/.

7.7 Prozessmanagement

Als Prozesse bezeichnet man sich wiederholende Abläufe in einem Unternehmen. Bei der Prozessmodellierung werden diese Abläufe grafisch dargestellt. Dabei definiert man verschiedene Ebenen, die sich durch ihren Detaillierungsgrad unterscheiden. Sie folgen dem Prinzip der Kaskadierung: Jede Tätigkeit bzw. jeder Prozess ist einem Ablauf auf höherer Ebene eindeutig zugeordnet. Anders herum kann jeder Prozess einer hohen Ebene auf zahlreiche Einzeltätigkeiten auf der untersten Ebene heruntergebrochen werden.

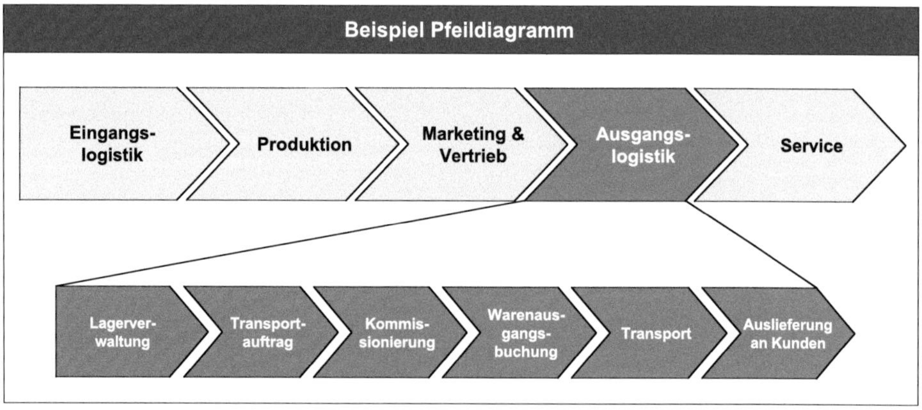

BILD 7.32 Beispiel Pfeildiagramm

Auf den hohen Ebenen nutzt man Pfeildiagramme, die die wichtigsten „Etappen" des Prozessflusses darstellen (Bild 7.32). Sobald sich der Prozess aufgrund seines Detaillierungsgrades nicht mehr als linearer Ablauf abbilden lässt, wird die Darstellung vom Pfeil- auf ein Flussdiagramm (Flowchart) umgestellt. In das letztere können Prozessvarianten, -schleifen und Entscheidungspunkte integriert werden (Bild 7.33).

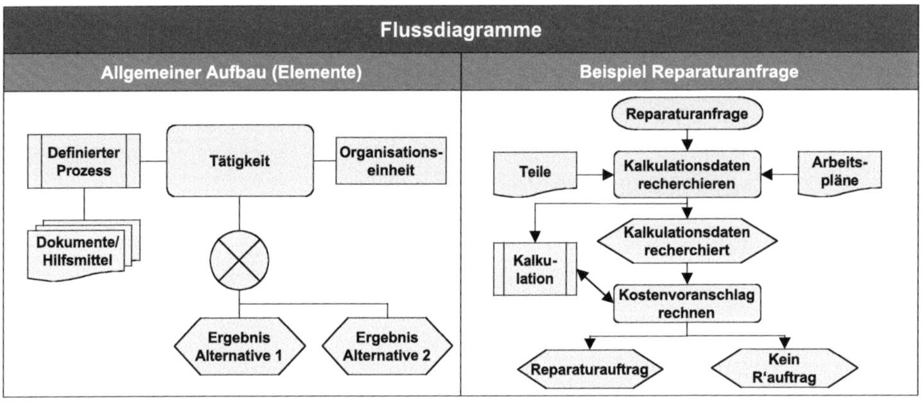

BILD 7.33 Flussdiagramme

Auf der untersten Ebene entspricht jeder Prozessschritt einer isolierten Tätigkeit, die durch eine Arbeitsanweisung genau beschrieben wird. Wenn Arbeitsmittel benötigt werden (z. B. Formulare, Dokumente, Systemeingabemasken), sind diese der Arbeitsanweisung beizufügen. Außerdem kann jedem Schritt eine eindeutige Verantwortlichkeit zugewiesen werden. Dies würde über eine zusätzliche Spalte in der Visualisierung geschehen.

Prozessmanagement begnügt sich nicht mit der Abbildung der aktuellen Prozesse, sondern schließt auch Prozessoptimierung mit ein. Dabei wird zwischen Ist- und Soll-Prozessen unterschieden. Ist-Prozesse sind die im Unternehmen gelebten Prozesse, ihre Aufzeichnung erfolgt in Workshops mit Mitarbeitern.

Im Anschluss daran werden Problemschwerpunkte identifiziert und Verbesserungsansätze erarbeitet. Vorhandene Potenziale können häufig erschlossen werden durch ein Straffen der Abläufe, Eliminieren redundanter Prozessschritte, Vermeiden von Schnittstellen oder das Reduzieren von Medienbrüchen.

Besonders die letzten beiden Maßnahmentypen sind ohne Eingriffe in die Organisation oder IT-Infrastruktur kaum zu realisieren, was zu schwerwiegenden Strukturveränderungen führen kann. Entsprechend wandeln immer mehr Unternehmen ihre gewachsene Aufbauorganisation in eine prozessorientierte Ablauforganisation um.

8 Die Autor:innen

Dr. Heiko Asum ist Geschäftsführer der Fibro Rundtische GmbH. Darüber hinaus engagiert er sich in zahlreichen Wirtschaftsausschüssen, Kommissionen und Forschungsprojekten. Zuvor war er in leitenden Positionen in der Industrie, Beratung und Automobilbranche im In- und Ausland tätig, unter anderem bei Mahle, Knorr-Bremse, VW, BMW, Airbus, TKE Aufzüge und Alvarez & Marsal.

Klaus Kerth ist Direktor Global Customer Service bei der Klöckner Pentaplast GmbH, Mitglied im Forschungsbeirat des Instituts für Rationalisierung e. V. an der RWTH Aachen sowie Inhaber der ASWW Consulting und Interims-Manager.

Zuvor war er über 20 Jahre in Führungspositionen in der Automobil- und Maschinenbauindustrie im In- und Ausland tätig, Lehrbeauftragter für Logistik und Projektmanagement an verschiedenen Universitäten in Deutschland sowie Vorsitzender mehrerer Ausschüsse des DIN e. V. Berlin.

Prof. Dr. Jürgen Klein hat die Professur für Entrepreneurship an der Technischen Hochschule Lübeck inne. Praktische Erfahrungen im Bereich Entrepreneurship sammelte Herr Prof. Klein unter anderem als Geschäftsführer der Technologietransferstelle der Universität Erlangen-Nürnberg, als Mitgründer und Vorstand der LASERQUIPMENT AG sowie als Senior Consultant bei der Rödl & Partner Consulting GmbH. Als Autor zahlreicher Publikationen verbindet er so langjährige Praxiserfahrung mit akademischer Expertise, was einen ganzheitlichen Ansatz in seinen Beratungsprojekten sowie in Lehre und Forschung ermöglicht.

Marleen J. Wohlert ist Dozentin für strategische Unternehmensführung an der Technischen Hochschule Lübeck sowie Doktorandin der Helmut-Schmidt-Universität der Bundeswehr. Als Mitglied im Institut für Entrepreneurship und Business Development an der TH Lübeck sowie im van Delph Institute in Hamburg verfasste sie bereits zahlreiche nationale wie auch internationale Publikationen.

9 Register

G

H

I

J

K

L

M

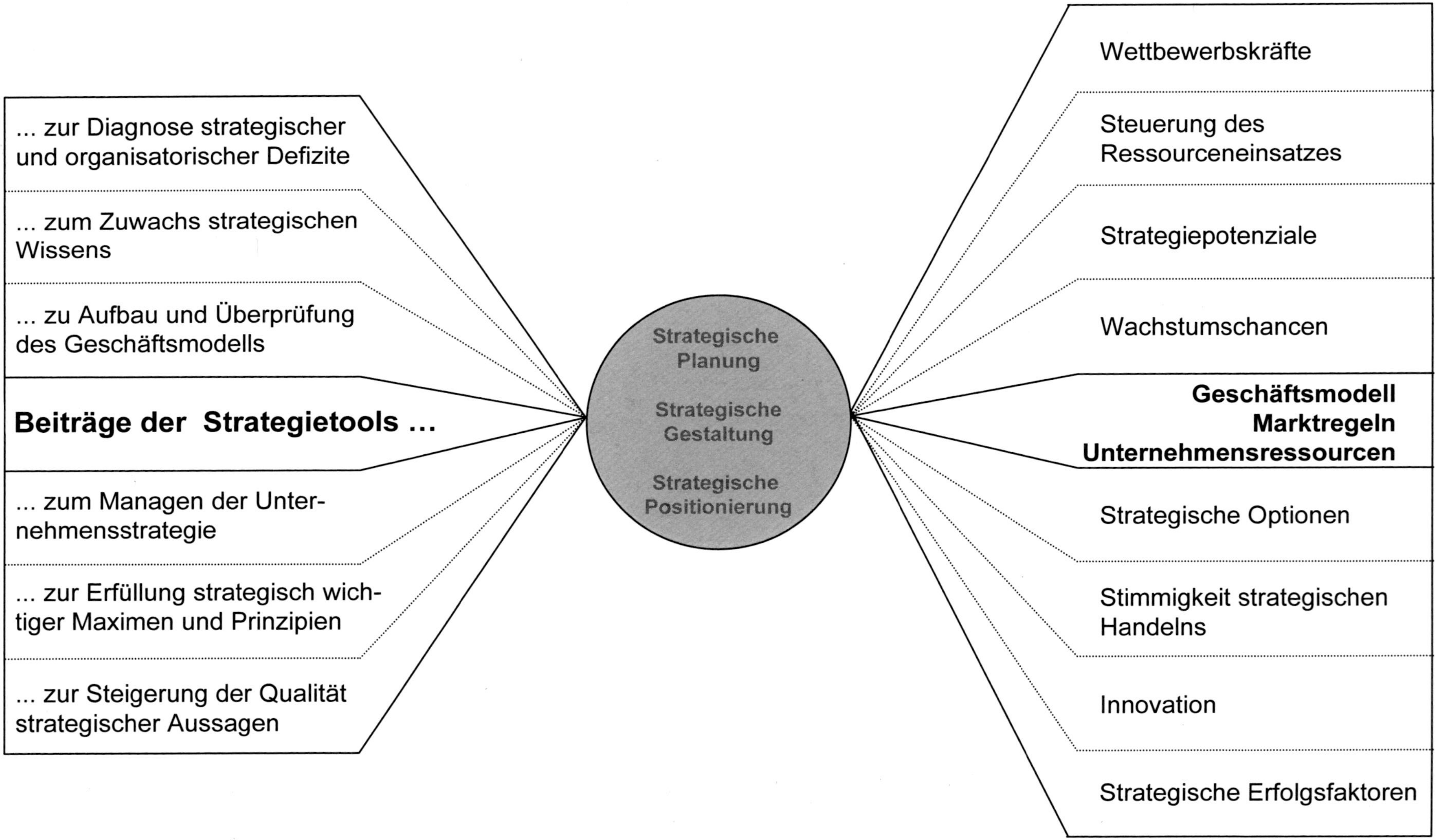
... zur Diagnose strategischer und organisatorischer Defizite
... zum Zuwachs strategischen Wissens
... zu Aufbau und Überprüfung des Geschäftsmodells
Beiträge der Strategietools ...
... zum Managen der Unternehmensstrategie
... zur Erfüllung strategisch wichtiger Maximen und Prinzipien
... zur Steigerung der Qualität strategischer Aussagen
Strategische Planung
Strategische Gestaltung
Strategische Positionierung
Wettbewerbskräfte
Steuerung des Ressourceneinsatzes
Strategiepotenziale
Wachstumschancen
Geschäftsmodell
Marktregeln
Unternehmensressourcen
Strategische Optionen
Stimmigkeit strategischen Handelns
Innovation
Strategische Erfolgsfaktoren